VORLESUNGEN

ÜBER

TECHNISCHE MECHANIK

VON

DR. PHIL. DR.-ING. AUG. FÖPPL†

PROF. AN DER TECHN. HOCHSCHULE IN MÜNCHEN
GEH. HOFRAT

VIERTER BAND

DYNAMIK

MIT 114 FIGUREN IM TEXT

BEARBEITET VON

o. PROF. DR.-ING. A. BUSEMANN · BRAUNSCHWEIG
o. PROF DR. LUDWIG FÖPPL, MÜNCHEN
UND A. O. PROF DR.-ING. O. FÖPPL · BRAUNSCHWEIG

NEUNTE AUFLAGE

MÜNCHEN UND BERLIN 1942
VERLAG VON R. OLDENBOURG

Vorwort zur achten und neunten Auflage.

Die siebente Auflage wurde noch von A. Föppl selbst herausgegeben, der inzwischen verstorben ist. Für die achte Auflage mußten neue Bearbeiter gefunden werden. Mit Rücksicht auf die starke Entwicklung, die die Dynamik in den letzten Jahren genommen hat, war es nötig, wesentliche Änderungen vorzunehmen. Soweit es aber irgend angängig war, wurde mit Rücksicht auf die vorhandenen Platten und aus dem Bestreben heraus, den Verkaufspreis des Buches niedrig zu halten, der alte Schriftsatz unverändert übernommen. Die Veränderungen beziehen sich vor allem auf die § 6, 7, 9, 11, 15, 19, 21, 41, 42, 43, 44, 48 sowie 50—66.

Der 6. Abschnitt über Hydrodynamik wurde von A. Busemann vollständig neu bearbeitet und hierbei vor allem auf die in der Prandtlschen Versuchsanstalt in Göttingen gewonnenen Ergebnisse Bezug genommen. Die Bearbeitung von § 15 sowie vom 2. und 3. Abschnitt (außer § 21) hat L. Föppl, München, die des 1. und 4. Abschnitts (außer § 15) und von § 21 O. Föppl, Braunschweig, durchgeführt.

Bei der 9. Auflage sind einige Ergänzungen in dem von Herrn Prof. Busemann verfaßten Abschnitt vorgenommen worden. Herr Busemann hat insbesondere einige Aufgaben beigefügt.

Braunschweig, Januar 1933.

Braunschweig, Anfang Mai 1942.   Otto Föppl.

Inhaltsübersicht.

Inhaltsübersicht VII

Dynamik des materiellen Punktes.

§ 1. Einleitung.

Die einfachsten Lehren der Dynamik wurden schon im ersten Bande dieses Werkes zugleich mit denen der Statik besprochen. An sie muß ich hier anknüpfen und sie so weit ergänzen, als es zur Lösung der in der Technik häufiger vorkommenden Aufgaben nötig erscheint.

Die Rücksicht auf den zulässigen Umfang dieses Bandes verbietet es freilich von vornherein, in ihm einen annähernd vollständigen Abriß der ganzen Wissenschaft der Dynamik geben zu wollen. Wer sich höhere Ziele stecken will, wird sich daher auch mit dem, was hier geboten werden kann, noch nicht zufrieden geben dürfen. Zu weiterer Ergänzung habe ich daher im sechsten Bande des ganzen Werkes eine noch erheblich darüber hinausführende Darstellung der Dynamik gegeben, durch die erst dieser Teil der Mechanik in dem ganzen für den Ingenieur überhaupt in Betracht kommenden Umfange zum Abschlusse gebracht werden konnte.

Aber auch mit dem Stoffe, der in diesem Bande behandelt ist, wird man schon ziemlich weit reichen und über die meisten zur Dynamik gehörigen Fragen, die in der Technik eine wichtige Rolle spielen, ausreichende Belehrung darin finden können. Überhaupt möchte ich hervorheben, daß gerade die einfacheren Lehren der Dynamik für die praktische Anwendung besonders wichtig sind.

Das gilt auch schon von den im ersten Bande behandelten grundlegenden Sätzen, mit denen man sich daher vor allem möglichst gut vertraut gemacht haben muß, ehe man mit Aussicht auf Erfolg an das Studium der hier vorzutragenden Lehren herantreten kann. Wegen dieser Vorbedingung wird es gut sein, wenn ich hier zunächst noch einmal eine kurze Zusammenstellung der von früher her bekannten Sätze gebe, auf die ich mich in diesem

Abschnitte hauptsächlich stützen muß. Wenn der Leser finden sollte, daß ihm von diesen Sätzen irgend etwas noch nicht ganz klar geworden ist, kann ich ihm nur dringend raten, die betreffenden Ausführungen des ersten Bandes nachzusehen. Dort ist alles ausführlich genug besprochen, um jeden Zweifel heben zu können.

In erster Linie steht hier das Trägheitsgesetz, das in der Form

$$\frac{d\mathfrak{v}}{dt} = 0 \quad \text{für} \quad \mathfrak{P} = 0$$

ausgeschrieben werden kann, wenn $\mathfrak{v}$ die Geschwindigkeit eines materiellen Punktes, $\mathfrak{P}$ die etwa an ihm angreifende äußere Kraft bedeutet. Hieran schließt sich unmittelbar die dynamische Grundgleichung in einer der Formen:

$$\mathfrak{P} = m\,\mathfrak{b} = m\,\frac{d\mathfrak{v}}{dt} = m\,\frac{d^2\mathfrak{s}}{dt^2},$$

wobei m die Masse, $\mathfrak{s}$ die gerichtete Entfernung des materiellen Punktes von einem festen Anfangspunkte, $\mathfrak{b}$ die Beschleunigung ist. Bei Zerlegung in Komponenten wird daraus

$$X = m\,\frac{d^2x}{dt^2}, \quad Y = m\,\frac{d^2y}{dt^2}, \quad Z = m\,\frac{d^2z}{dt^2}.$$

Dann kommt das Parallelogrammgesetz in der Form

$$\mathfrak{R} = \varSigma\,\mathfrak{P},$$

wenn $\mathfrak{R}$ die Resultierende der $\mathfrak{P}$ ist, das sich ebenfalls wieder in Komponentengleichungen zerlegen läßt. Ferner sind zu erwähnen die wichtigen Begriffe der Arbeit A und des statischen Momentes $\mathfrak{M}$ einer Kraft $\quad A = \mathfrak{P}\mathfrak{s} \quad$ und $\quad \mathfrak{M} = V\,\mathfrak{P}\mathfrak{r} = [\mathfrak{P}\mathfrak{r}],$ von denen A als das innere Produkt des Weges $\mathfrak{s}$ mit der Kraft $\mathfrak{P}$, und $\mathfrak{M}$ als das äußere Produkt aus Kraft und Hebelarm $\mathfrak{r}$ bezeichnet wurde. Für die Kennzeichnung des äußeren Produktes hatte ich in meinen älteren Schriften stets das Zeichen V verwendet. Seit einigen Jahren bin ich aber davon abgegangen, um mich dem in Deutschland üblich gewordenen Brauche anzuschließen, das äußere Produkt durch Einschließen in eine eckige Klammer zu bezeichnen. Die Bedeutung der beiden geometrischen Produkte für die Mechanik hängt mit der Gültigkeit der geometrischen Multiplikationssätze $\mathfrak{R}\mathfrak{s} = \varSigma\mathfrak{P}\mathfrak{s}$ und $V\,\mathfrak{R}\mathfrak{r} = \varSigma V\,\mathfrak{P}\mathfrak{r}$ oder $[\mathfrak{R}\mathfrak{r}] = \varSigma[\mathfrak{P}\mathfrak{r}]$ unter der Voraussetzung $\mathfrak{R} = \varSigma\mathfrak{P}$ zusammen.

Wenn die $\mathfrak{P}$ und $\mathfrak{R}$ Kräfte sind und $\mathfrak{s}$ einen virtuellen Weg bedeutet, spricht die erste Gleichung das Prinzip der virtuellen Geschwindigkeiten für den einzelnen materiellen Punkt und die zweite den Momentensatz in bezug auf einen beliebig gewählten Momentenpunkt aus. Die in diesem vorkommenden Momente sind gerichtete Größen, und das Summenzeichen schreibt eine geometrische Summierung vor Nur wenn die Kräfte alle in einer Ebene liegen und auch der Momentenpunkt in dieser Ebene gewählt wird, vereinfacht sich die geometrische Summierung zu einer algebraischen.

Projiziert man alle Glieder der Momentengleichung auf eine durch den Momentenpunkt gehende, beliebig gerichtete Achse, so erhält man die Momente der Kräfte in bezug auf diese Achse, und die Gleichung geht über in die Momentengleichung für diese Achse als Momentenachse. Auch in diesem Falle vereinfacht sich die geometrische Summierung zu einer algebraischen. Wie man die statischen Momente von Kräften in bezug auf eine Achse am einfachsten bilden kann, ist früher ausführlich besprochen worden.

Schließlich erinnere ich noch an den Satz vom Antriebe und an den Satz von der lebendigen Kraft. Der erste folgte aus der dynamischen Grundgleichung durch eine Integration nach der Zeit in der Form
$$\int \mathfrak{P}\, dt = m\mathfrak{v} - m\mathfrak{v}_0,$$
und der andere wird durch eine Verbindung der dynamischen Grundgleichung
$$\mathfrak{P} = m\frac{d\mathfrak{v}}{dt}$$
mit der Gleichung $\qquad d\mathfrak{s} = \mathfrak{v}\, dt \qquad\qquad$ gewonnen.

Durch Multiplikation beider Gleichungen miteinander erhält man zuerst $\qquad \mathfrak{P}\, d\mathfrak{s} = m\mathfrak{v}\, d\mathfrak{v},$
und für das innere Produkt aus $\mathfrak{v}$ und $d\mathfrak{v}$ kann man auch
$$\mathfrak{v}\, d\mathfrak{v} = v\, dv$$
setzen, wenn v den Absolutwert von $\mathfrak{v}$ bedeutet. Hiermit geht die vorhergehende Gleichung über in
$$\mathfrak{P}\, d\mathfrak{s} = m\, d\frac{v^2}{2},$$
woraus man durch Integration

$$\int \mathfrak{P} \, ds = \frac{m v^2}{2} - \frac{m v_0^2}{2}$$

erhält. — Fürs erste genügt es, diese Sätze in die Erinnerung
zurückzurufen. In den folgenden Abschnitten treten dann noch
besonders die Lehre von der Bewegung des starren Körpers und
der Kräftezusammensetzung an ihm und die Lehre vom Schwerpunkte hinzu.

§ 2. Der Flächensatz.

An allgemeiner Bedeutung und vielfacher Verwendbarkeit
steht den vorher von neuem angeführten Sätzen der Flächensatz,
zu dessen Ableitung ich jetzt übergehen will, kaum nach. Er
ist auch an sich einfach und leichtverständlich genug, so daß er
recht wohl mit unter die ersten Elemente hätte aufgenommen
werden können. Das ist aber nicht üblich, und ich habe es ebenfalls nicht getan, weil dieser Satz nur von beschränktem Nutzen
für die Dynamik eines einzelnen materiellen Punktes ist; seine
volle Bedeutung tritt erst bei der Dynamik der starren Körper
und der Punkthaufen hervor, also bei Untersuchungen, die
erst in diesem Bande ausführlicher behandelt werden können.
Dagegen muß ich den Satz jetzt schon in diesem Abschnitte, in
dem er noch wenig Verwendung finden wird, zur Sprache bringen,
um damit die späteren Untersuchungen hierüber auf eine feste
Grundlage zu stellen.

Auch der Flächensatz geht aus einer einfachen Umformung
der dynamischen Grundgleichung hervor, und er reiht sich damit
eng an die beiden vorher erwähnten Sätze vom Antriebe und von
der lebendigen Kraft an. Man denke sich nämlich einen festen
Anfangspunkt gewählt, von dem aus ein Radiusvektor $\mathfrak{r}$ nach
dem bewegten materiellen Punkte gezogen wird. Dann ist $\mathfrak{r}$ mit
der Zeit veränderlich, und man hat für die Geschwindigkeit $\mathfrak{v}$

$$\mathfrak{v} = \frac{d\mathfrak{r}}{dt}$$

Erfolgt nun die Bewegung des materiellen Punktes unter dem Einflusse der Kraft $\mathfrak{P}$, so ist nach der dynamischen Grundgleichung

$$\mathfrak{P} = m \frac{d\mathfrak{v}}{dt}.$$

Beide Seiten dieser Gleichung seien mit dem Radiusvektor $\mathfrak{r}$, den wir in diesem Zusammenhange auch als einen Hebelarm bezeichnen können, auf äußere Art multipliziert. Wir erhalten dann

$$[\mathfrak{P}\,\mathfrak{r}] = m\left[\frac{d\mathfrak{v}}{d\,t}\,\mathfrak{r}\right]. \tag{1}$$

Es bedarf jetzt nur noch einer kleinen Umformung der rechten Seite dieser Gleichung, um zum Flächensatze zu gelangen. Bildet man nämlich außerdem das äußere Produkt aus $m\mathfrak{v}$ und $\mathfrak{r}$, also mit anderen Worten das statische Moment der Bewegungsgröße, und bestimmt dessen Änderung in der Zeit, differentiert es also nach t, so findet man nach der gewöhnlichen Differentiationsregel für ein Produkt

$$\frac{d}{d\,t}[m\,\mathfrak{v}\cdot\mathfrak{r}] = \left[m\,\frac{d\,\mathfrak{v}}{d\,t}\cdot\mathfrak{r}\right] + \left[m\,\mathfrak{v}\cdot\frac{d\,\mathfrak{r}}{d\,t}\right].$$

Für das letzte Glied auf der rechten Seite kann man aber wegen $\mathfrak{v} = \frac{d\,\mathfrak{r}}{d\,t}$ auch $\qquad [m\,\mathfrak{v}\cdot\mathfrak{v}]$

schreiben, und dies wird zu Null, weil beide Faktoren des äußeren Produkts gleich gerichtet sind, also keine äußeren Komponenten zueinander besitzen. Die vorausgehende Gleichung vereinfacht sich daher zu

$$\frac{d}{d\,t}[m\,\mathfrak{v}\cdot\mathfrak{r}] = \left[m\,\frac{d\,\mathfrak{v}}{d\,t}\cdot\mathfrak{r}\right] = m\left[\frac{d\,\mathfrak{v}}{d\,t}\,\mathfrak{r}\right],$$

indem der richtungslose Faktor m auch vor die Klammer gestellt werden darf. Hiermit sind wir aber genau zu dem Ausdrucke gelangt, der auf der rechten Seite von·Gl. (1) stand. Es ist damit bewiesen, daß man diese Gleichung auch durch die mit ihr gleichbedeutende

$$[\mathfrak{P}\,\mathfrak{r}] = \frac{d}{d\,t}[m\,\mathfrak{v}\cdot\mathfrak{r}] \tag{2}$$

ersetzen kann, und diese Gleichung spricht bereits den Flächensatz für den einzelnen materiellen Punkt in seiner allgemeinsten Form aus. Es ist auch leicht, die Formel in Worten wiederzugeben, denn die in der Gleichung vorkommenden Ausdrücke haben schon früher bestimmte Bezeichnungen erhalten. Links steht das statische Moment der Kraft $\mathfrak{P}$, die die Änderung der Geschwindigkeit oder der Bewegungsgröße $m\mathfrak{v}$ hervorbringt, und rechts steht die zeitliche Änderung des statischen Moments dieser Bewegungsgröße, bezogen auf denselben Momentenpunkt. Während also nach der dynamischen Grundgleichung einfach die Kraft $\mathfrak{P}$ der zeitlichen Änderung der Bewegungsgröße gleichgesetzt wird, spricht der Flächensatz aus, daß eine solche Gleichung auch zwischen den statischen Momenten von beiden erfüllt ist. Man kann daher sagen, daß der Flächensatz aus der Verbindung der dynamischen Grundgleichung mit dem Momentenbegriffe hervorgeht.

Die ausführliche Bezeichnung „statisches Moment der Bewegungsgröße" für das äußere Produkt aus $m\mathfrak{v}$ und $\mathfrak{r}$, mit dem wir uns in der Folge noch sehr häufig zu befassen haben werden, ist etwas schwerfällig. Um zu einer kürzeren Fassung zu gelangen, die sich an manchen Stellen als sehr erwünscht herausstellen wird, habe ich dafür in früheren Auflagen das Wort „Drall" vorgeschlagen, das inzwischen vielfach aufgenommen wurde, und das ich daher auch in der Folge gewöhnlich gebrauchen werde.

Als ein statisches Moment kann der Drall entweder auf einen bestimmten Momentenpunkt oder auf eine Momentenachse bezogen werden. Im ersten Falle, mit dem wir es gewöhnlich zu tun haben, ist der Drall eine gerichtete Größe, die hier stets mit dem Buchstaben $\mathfrak{B}$ bezeichnet werden soll. Dann läßt sich Gl. (2) auch in der Form

$$\frac{d\mathfrak{B}}{dt} = [\mathfrak{P}\,\mathfrak{r}] \tag{3}$$

wiedergeben und in Worten dahin aussprechen, daß für jeden Momentenpunkt die Änderungsgeschwindigkeit des Dralls gleich dem statischen Momente der Kraft ist.

Man weiß schon von früher her, daß jede Gleichung zwischen Momentenvektoren auch durch Komponentengleichungen ersetzt werden kann, die sich auf bestimmte Achsenrichtungen, also etwa auf die Richtungen der Koordinatenachsen beziehen. Die Komponenten der Momentenvektoren erhält man durch rechtwinklige Projektion auf diese Achsenrichtungen und nennt sie die auf die Achsen bezogenen Momente. So entsteht auch der Drall für eine

Momentenachse, die in beliebiger Richtung durch den ursprünglich gewählten Momentenpunkt gezogen sein kann, durch Projektion von $\mathfrak{B}$ auf diese Achse. Schreiben wir dafür B' und für
das Moment der Kraft $\mathfrak{P}$ in bezug auf dieselbe Achse M', so geht
aus Gl. (3) die Komponentengleichung

$$\frac{dB'}{dt} = M' \tag{4}$$

hervor, die selbst wieder als eine Momentengleichung für die gewählte Momentenachse zu bezeichnen ist. In Worten heißt dies:
**Das statische Moment der Kraft $\mathfrak{P}$ für irgendeine Achse
ist gleich der Änderungsgeschwindigkeit des auf die
gleiche Achse bezogenen Dralls.**

Man kann übrigens Gl. (4) auch selbständig ableiten, ohne
dabei von Gl. (3) auszugehen und ohne von der Hilfsmitteln
der Vektorrechnung Gebrauch zu machen. In der Anmerkung
am Schlusse dieses Paragraphen werde ich darauf noch zurückkommen.

Die Bezeichnung „Flächensatz" stammt von einer besonderen
Anwendung her, die man von dem Satze machen kann. Sie bezieht
sich auf den Fall, daß das statische Moment der Kraft $\mathfrak{P}$ zu Null
wird, sei es nun, weil $\mathfrak{P}$ selbst verschwindet, sei es, weil die
Richtungslinie der Kraft $\mathfrak{P}$ fortwährend durch den Momentenpunkt geht. Unter dieser Voraussetzung folgt aus Gl. (2)

$$[m\,\mathfrak{v}\cdot\mathfrak{r}] = \mathfrak{C}, \tag{5}$$

worin $\mathfrak{C}$ eine konstante gerichtete Größe, nämlich den anfänglichen Wert des Dralls bedeutet. Gl. (5) spricht zunächst aus,
daß die Bewegung im vorliegenden Falle in einer Ebene erfolgt, nämlich in jener Ebene, die rechtwinklig zu $\mathfrak{C}$ durch den
Momentenpunkt gezogen ist, wie aus dem Begriffe des statischen
Momentes von $\mathfrak{v}$ oder $m\mathfrak{v}$ hervorgeht. Ferner hat das statische
Moment von $\mathfrak{v}$ (auf den konstanten Faktor m in Gl. (5) kommt
es hier nicht weiter an) nach dieser Gleichung auch stets denselben
Zahlwert. Früher habe ich aber auseinandergesetzt, daß der Zahlwert oder Absolutwert eines statischen Moments durch die Fläche
eines Momentendreieckes zur Darstellung gebracht werden kann.

Denken wir uns also an verschiedenen Stellen der Bahn die zugehörigen Geschwindigkeiten $\mathfrak{v}$ in irgendeinem Maßstabe nach Größe und Richtung aufgetragen, so sind die Dreiecke, die diese Strecken als Grundlinien und den Momentenpunkt zur Spitze haben, alle inhaltsgleich. Einfacher wird diese Betrachtung noch, wenn man Gl. (5) nach Beseitigung des Faktors m mit dt multipliziert, so daß

$$[\mathfrak{v}\,dt \cdot \mathfrak{r}] = \frac{\mathfrak{C}}{m}\,dt \qquad (6)$$

entsteht. Unter dt möge dabei eine sehr kleine Zeitdauer verstanden werden, die ein für allemal während der ganzen Betrachtung denselben bestimmt gewählten Wert behält. Dann ist $\mathfrak{v}\,dt$ der Weg $d\mathfrak{s}$, der während dt zurückgelegt wird, und das statische Moment dieses Weges ist ohne weiteres gleich dem doppelten Inhalte des Dreiecks, dessen Grundlinie $d\mathfrak{s}$ und dessen Spitze der Momentenpunkt ist. Die Gleichung sagt hiernach aus, daß zu gleichen dt während des ganzen Bewegungsvorgangs gleiche Dreiecksflächen gehören.

Der größeren Deutlichkeit wegen möge dies auch noch in einer Zeichnung zum Ausdrucke gebracht werden, wobei freilich die unendlich kleinen Wege $d\mathfrak{s}$ durch endliche Strecken angedeutet werden müssen. In Abb. 1 ist vorausgesetzt, daß $\mathfrak{P} = 0$ ist. In diesem Falle bewegt sich der materielle Punkt in einer geraden Linie mit gleichbleibender Geschwindigkeit. Alle $d\mathfrak{s}$, die zu gleichen dt an verschiedenen Stellen der Bahn gehören, sind einander gleich, und daraus folgt auch schon aus einfachen planimetrischen Sätzen die Gleichheit der durch Schraffierung hervorgehobenen Dreiecke. Die Wahl des Momentenpunktes ist hierbei gleichgültig. — In Abb. 2 ist dagegen angenommen, daß die Kraft $\mathfrak{P}$ nicht verschwindet, daß vielmehr der materielle Punkt eine gekrümmte Bahn durchläuft, daß aber die Kraft $\mathfrak{P}$, wie es

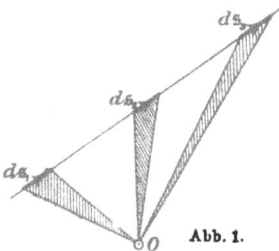

Abb. 1.

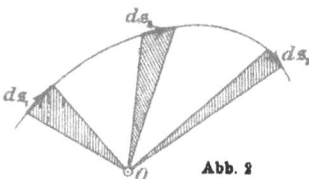

Abb. 2

die besondere Voraussetzung verlangt, von der wir bei diesen Betrachtungen ausgingen, stets durch den Momentenpunkt O geht. In diesem Falle sind die zu gleichen Zeiten dt gehörigen Wege ds an verschiedenen Stellen der Bahn verschieden groß und auch verschieden gerichtet. Dagegen sind auch hier nach Gl. (6) alle Dreiecke, die man von O aus über den verschiedenen ds errichten kann, von gleichem Flächeninhalte.

Der durch Abb. 1 erläuterte Fall hat keine weitere Bedeutung; der Flächensatz wird bei ihm, wie man sagt, trivial. Anders ist es aber mit dem durch Abb. 2 dargestellten Falle, der für viele Betrachtungen von Wichtigkeit ist. Eine Bewegung von der hier in Frage kommenden Art wird als eine **Zentralbewegung** bezeichnet. Dabei wird der zum Momentenpunkte gewählte Punkt O in diesem Falle auch das Zentrum der Bewegung genannt, weil die am bewegten Punkte wirkende Kraft nach Voraussetzung stets durch O geht und daher auch als von O ausgehend angesehen werden kann.

Besonders hervorzuheben ist übrigens in diesem Zusammenhange, daß alle zu den verschiedenen ds gehörigen Dreiecksflächen auch umgekehrt nur dann unter sich gleich sein können, wenn das Moment von $\mathfrak{P}$ verschwindet, wie aus der allgemeineren Gl. (2) oder (3) sofort geschlossen werden kann. Wenn also die Bewegung eines materiellen Punktes (z. B. eines Himmelskörpers) betrachtet wird, und es zeigt sich, daß sie erstens in einer Ebene erfolgt, und daß zweitens die zu gleichen Zeitteilchen dt gehörigen und von irgendeinem Punkte O aus gezogenen Dreiecke gleiche Flächen haben, so folgt daraus mit Notwendigkeit, daß an dem bewegten materiellen Punkte eine Kraft angreift, die stets durch O hindurchgeht, und von der wir daher auch sagen können, daß sie von O ausgeht. In der Tat kann nur auf Grund solcher Anwendungen des Flächensatzes behauptet werden, daß die Erde bei ihrer Planetenbewegung von der Sonne angezogen wird, denn wir besitzen kein anderes Mittel, das Bestehen dieser Kraft zu erkennen, als die Beobachtung der tatsächlich im Sonnensystem vor sich gehenden Bewegungen.

Für die in den Abb. 1 und 2 schraffierten Dreiecke kann

man übrigens noch eine andere sehr treffende Bezeichnung einführen. Die Flächen dieser Dreiecke werden nämlich von dem
Radiusvektor, der vom Momentenpunkte O aus nach dem bewegten Punkte gezogen ist, während der Bewegung vollständig
bestrichen. Man kann daher den Satz auch in der Form aussprechen:

Bei der Zentralbewegung beschreibt der vom Anziehungszentrum nach dem bewegten materiellen
Punkte gezogene Radiusvektor in gleichen Zeiten
gleiche Flächen.

Umgekehrt kann jede ebene Bewegung als eine Zentralbewegung aufgefaßt werden, wenn man in der Bewegungsebene einen Punkt so anzugeben vermag, daß
die von ihm gezogenen Radienvektoren in gleichen
Zeiten gleiche Flächen beschreiben. Jener Punkt ist
dann das Anziehungs- (oder Abstoßungs-)Zentrum.

Bei der Aussage dieser Sätze ist nur von gleichen Zeiten
die Rede, ohne daß wie vorher die Beschränkung hinzugefügt
wurde, daß diese Zeiten unendlich klein sein sollten. Man sieht
nämlich leicht ein, daß die Übertragung auf endliche Zeiten ohne
weiteres möglich ist. Versteht man unter n eine sehr große Zahl,
so daß das Produkt $n\,dt$ einen endlichen Wert erlangt, so werden
n Elementardreiecke, die alle von gleicher Größe sind, während
dieser Zeit $n\,dt$ beschrieben. Alle diese Dreiecke bilden zusammen
genommen einen Sektor mit dem Zentrum O, der zu dem vom
bewegten Punkte inzwischen durchlaufenen Bogen gehört. Daraus folgt, daß auch irgend zwei Sektoren denselben Inhalt haben,
falls sie nur gleich viel Elementardreiecke enthalten, d. h. falls
sie zu gleichen Zeiten $n\,dt$ gehören. Umgekehrt vermag man

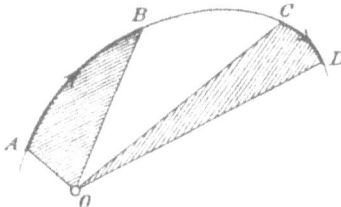

Abb. 3.

bei einer Zentralbewegung, die
etwa die in Abb. 3 angegebene
Bahn $ABCD$ durchläuft, sofort
zu sagen, daß die zum Durchlaufen von AB erforderliche Zeit
ebenso groß ist als die zu CD
gehörige, wenn man weiß, daß

die Sektoren AOB und COD gleichen Inhalt haben. Es folgt
daraus z. B. sofort, daß sich die Erde in ihrer Planetenbewegung
um die Sonne am langsamsten bewegt, wenn sie den größten Abstand von der Sonne hat, im sogenannten Aphel, und am schnellsten im Perihel, d. h., wenn sie der Sonne am nächsten steht.

Man kann schließlich noch einen anderen, sehr bezeichnenden Ausdruck für diese Gesetzmäßigkeiten wählen, indem man
den Begriff der Sektorengeschwindigkeit einführt. Man
versteht darunter die Fläche des Sektors, den der vom Bewe-
gungszentrum O gezogene Radiusvektor während der Zeiteinheit
überstreicht. Die Aussage des Flächensatzes lautet dann in unserem Falle einfach: Die Sektorengeschwindigkeit ist bei
der Zentralbewegung konstant.

In allen jetzt besprochenen Fällen ist die Bezeichnung
„Flächensatz" offenbar sehr gut gewählt; ich bemerke aber ausdrücklich, daß in der Folge auch der allgemeinere Satz unter
dieser Bezeichnung verstanden werden soll, der angibt, wie sich
das statische Moment der Bewegungsgröße oder mit anderen
Worten, wie sich die Sektorengeschwindigkeit oder die in der
Zeiteinheit überstrichene Fläche ändert, wenn das statische Moment der äußeren Kraft für den gewählten Momentenpunkt von
Null verschieden ist.

Anmerkung. Um den durch Gl. (4) für eine beliebige Momentenachse ausgesprochenen Flächensatz unmittelbar nach der Koordinaten-
methode abzuleiten, geht man von der in ihre Komponenten zerlegten
dynamischen Grundgleichung, also von den Gleichungen

$$X = m \frac{d^2 x}{dt^2}, \quad Y = m \frac{d^2 y}{dt^2}, \quad Z = m \frac{d^2 z}{dt^2}.$$

aus. Als Momentenpunkt wird der Koordinatenursprung gewählt. Für
das statische Moment der äußeren Kraft mit den Komponenten X, Y, Z
in bezug auf die X-Achse hat man, wie aus Band I bekannt ist,

$$M_1 = Yz - Zy.$$

Setzt man für Y und Z ihre Werte aus der dynamischen Grundgleichung ein, so erhält man

$$Yz - Zy = m\left(\frac{d^2 y}{dt^2} z - \frac{d^2 z}{dt^2} y\right).$$

Die rechte Seite dieser Gleichung ist aber, wie die Ausführung
der Differentiation lehrt, gleichbedeutend mit

$$\frac{d}{dt}\left(m\frac{dy}{dt}z - m\frac{dz}{dt}y\right), \qquad \text{und hiernach wird}$$

$$M_1 = Yz - Zy = \frac{d}{dt}(mv_2z - mv_3y), \qquad (7)$$

wenn v_2 und v_3 die betreffenden Komponenten von $\mathfrak{v}$ sind. Der Klammer-
wert auf der rechten Seite stellt das statische Moment der Bewegungsgröße $m\mathfrak{v}$ in bezug auf die X-Achse dar. Für diese besondere Achse
stimmt daher Gl. (7) mit der vorher auf anderem Wege abgeleiteten
Gleichung (4) überein. Beachtet man, daß der Koordinatenursprung
und die Richtung der X-Achse beliebig gewählt sein konnten, so folgt,
daß Gl. (7) auf jede Achse angewendet werden darf und daher vollständig mit der Aussage in Gl. (4) übereinstimmt, die hiermit aufs
neue bewiesen ist.

§ 3. Das Potential.

Der Begriff des Potentials, zu dessen Erläuterung ich jetzt
übergehe, ist zuerst in der Mechanik der Himmelskörper eingeführt worden, um die Untersuchungen über gravitierende Massen
zu erleichtern. Später wurde dieser Begriff auch auf andere Gebiete, namentlich auf die Lehre von der Elektrizität und dem
Magnetismus übertragen. Gerade hier hat er sich so nützlich erwiesen, daß er aus den höheren Theorien, in denen er ursprünglich allein vorkam, allmählich bis in die einfachsten Darstel-
lungen übergegangen ist. Über einen aus der Mechanik hervorgegangenen Begriff, der sich auf ein so weit umfassendes Anwendungsgebiet zu erstrecken vermochte, kann ein Lehrbuch der
Mechanik nicht allzu flüchtig hinweggehen, wenn auch die unmittelbaren Anwendungen, die hier davon gemacht werden sollen,
nicht gerade sehr zahlreich sind.

Das Potential wird zur Untersuchung von Kraftfeldern verwendet. Man stelle sich etwa vor, daß irgendwelche Massen in
beliebiger Verteilung über den Raum gegeben seien, von denen
Kräfte nach irgendeinem bekannten und der Zeit nach unveränderlichen Gesetze auf einen sich in diesem Raume bewegenden
materiellen Punkt übertragen werden. Das einfachste Beispiel
ist, wie schon erwähnt, das Gravitationsproblem, bei dem diese
Massen den bewegten Punkt nach dem Newtonschen Gesetze an-

ziehen. Das ganze Gebiet, innerhalb dessen sich die Wirkung dieser Massen noch bemerklich macht, wird das Kraftfeld genannt. In dem genannten Beispiele kann die Kraft in jedem Punkte des Feldes als die Resultierende von Einzelkräften angesehen werden, die von allen Massenelementen ausgehen und dem Quadrate der Entfernung umgekehrt proportional sind. Solche Kräfte, die von festen Anziehungs- oder Abstoßungsstellen ausgehen und als Funktionen des Abstandes gegeben sind, bezeichnet man in diesem Zusammenhange als Zentralkräfte.

Die Gravitationslehre sollte übrigens nur als ein besonderes Beispiel angeführt werden, während wir es weiterhin ganz dahingestellt sein lassen wollen, auf welche Weise das Kraftfeld zustande kommt, dessen allgemeine Eigenschaften wir zu untersuchen beabsichtigen. Vor allem sei nun darauf hingewiesen, daß der Potentialbegriff nicht bei allen beliebig gegebenen Kraftfeldern verwendbar ist, oder daß, wie man sich ausdrückt, nicht alle Kraftfelder ein Potential zulassen, oder nach einer anderen Ausdrucksweise, daß nicht alle aus einem Potentiale abgeleitet werden können. Dieser Umstand gibt den wichtigsten Einteilungsgrund für die verschiedenen Kraftfelder ab, mit denen man sich in der theoretischen Physik zu befassen hat. Jene, die ein Potential zulassen, werden hiernach als wirbelfreie von den übrigen unterschieden, die man im Gegensatze dazu als Wirbelfelder bezeichnet.

Das allgemeine Kennzeichen dafür, daß ein Kraftfeld innerhalb eines gewissen Bezirks wirbelfrei ist, besteht darin, daß für jede geschlossene Linie, die man innerhalb dieses Bezirks ziehen mag, das über sie erstreckte Linienintegral der Kraft des Feldes gleich Null ist, oder in Zeichen

$$\int \mathfrak{P}\, d\mathfrak{s} = 0. \tag{8}$$

Diese Gleichung ist so zu verstehen, daß man sich einen beweglichen Punkt längs der ganzen Kurve herumgeführt denkt und für jedes Wegeelement $d\mathfrak{s}$, das er hierbei beschreibt, das innere Produkt aus diesem Wege und der dort auftretenden Kraft $\mathfrak{P}$ des Feldes berechnet, worauf die Summierung über alle

Linienelemente der ganzen Kurve zu erstrecken ist. Nun ist aber $\mathfrak{P} ds$ nichts anderes als die von der Kraft des Feldes bei der gedachten Bewegung geleistete Arbeit. Gl. (8) läßt sich daher auch dahin aussprechen, daß für das wirbelfreie Kraftfeld die algebraische Summe der an dem bewegten Punkte geleisteten Arbeiten für jeden geschlossenen Weg zu Null wird.

Wenn $\int \mathfrak{P} ds$ von Null verschieden und etwa positiv wäre, könnte man dadurch, daß man die betreffende Bahn wiederholt von dem bewegten Punkte in dem unveränderlichen Kraftfelde durchlaufen ließe, beliebig große Arbeitsmengen gewinnen, d. h. man wäre im Besitze eines Perpetuum mobile. Wäre $\int \mathfrak{P} ds$ negativ, so brauchte man nur den Umlaufssinn entgegengesetzt zu wählen, womit sich die Vorzeichen aller Arbeiten $\mathfrak{P} ds$ umkehrten, und man hätte dann ebenfalls ein Perpetuum mobile vor sich.

Nach dem Gesetze von der Erhaltung der Energie könnte es hiernach scheinen, als wenn solche Kraftfelder überhaupt physikalisch unmöglich wären. In der Tat hat man diesen Schluß früher zuweilen gezogen; er wird aber hinfällig, wenn man bedenkt, daß die an dem bewegten Punkte gewonnene Arbeit recht wohl durch eine Energiezufuhr von anderer, nicht mechanischer Art aufgewogen werden kann. Das schlagendste Beispiel dafür ist ein gewöhnlicher elektrodynamischer Motor. Wir sehen, wie sich der Anker einer als Motor betriebenen Dynamomaschine fortwährend umdreht und dabei Arbeit nach außen abgibt, während das Kraftfeld, in dem er rotiert, konstant bleibt. Wenn man sich hier ausschließlich auf den Boden der Mechanik stellen und die elektromagnetischen Energieströme, die daneben herlaufen, außer acht lassen wollte, hätte man in der Tat ein Perpetuum mobile mit allen mechanischen Eigenschaften vor sich, wie sie die alten Erfinder von einem solchen erwarteten. Wir wissen nun zwar, daß das Gesetz von der Erhaltung der Energie oder von der Unmöglichkeit eines Perpetuum mobile im neueren Sinne hierdurch nicht umgestoßen wird; aber wir müssen doch diesem Beispiele die Lehre entnehmen, daß in der Tat Kraftfelder vorkommen, für die $\int \mathfrak{P}\,ds$ nicht gleich Null ist, die also nicht als wirbelfreie zu bezeichnen sind.

Dagegen läßt sich zeigen, daß alle Kraftfelder, die auf Zentralkräfte zurückgeführt werden können, im ganzen Raume wirbelfrei sind. Um dies zu beweisen, nehme man zunächst an, daß nur ein einziges Anziehungszentrum vorhanden sei. Wir denken uns um dieses Zentrum eine Kugelfläche von beliebigem Halbmesser beschrieben. Solange sich der angezogene Punkt nur auf der Oberfläche dieser Kugel bewegt, ist die von der Kraft $\mathfrak{P}$ des Feldes geleistete Arbeit stets gleich Null, denn $\mathfrak{P}$ fällt in jedem Augenblicke in die Richtung des Radius und steht daher senkrecht zu jedem Wege, den der bewegte Punkt auf der Kugelfläche beschreiben mag. Läßt man dagegen den Punkt auf eine konzentrische Kugelfläche übertreten, deren Halbmesser etwa um dr größer ist, so ist die von $\mathfrak{P}$ geleistete Arbeit gleich $-P\,dr$, wie auch der Übergang gewählt werden möge, denn von dem beschriebenen Wege kommt immer nur die Projektion dr auf die Richtung des Radius in Betracht. Daraus folgt, daß auch immer dieselbe Arbeit geleistet wird, wenn man den bewegten Punkt von dem Abstande r_1 zum Abstande r_2 vom Anziehungszentrum überführt ohne Rücksicht auf den Weg, der hierbei im übrigen eingeschlagen wird. Für einen Weg, der wieder zum Ausgangspunkte zurückführt, hebt sich hiernach die Summe aller $\mathfrak{P}\,ds$ hinweg. — Dies gilt zunächst für ein einzelnes Anziehungszentrum. Hat man beliebig viele Kraftzentren, so beachte man, daß sich $\mathfrak{P}$ als die Resultierende aller von diesen ausgehenden Elementarkräfte auffassen läßt, und daß die Arbeit der Resultierenden bei jeder beliebigen Bewegung gleich der algebraischen Summe aller Einzelarbeiten ist. Hiernach zerfällt $\int \mathfrak{P}\,ds$ in ebenso viele Glieder, als Kraftzentren vorhanden sind, und jedes dieser Glieder ist nach dem vorhergehenden Beweise für sich gleich Null. Wir können hiernach in der Tat allgemein behaupten, daß alle Kraftfelder wirbelfrei sind, die aus Zentralkräften zusammengesetzt sind, und daß es ein ganz vergebliches, früher freilich oft versuchtes Bemühen ist, solche nicht wirbelfreie Kraftfelder wie das, in dem z. B. der Anker einer Dynamomaschine rotiert, auf Zentralkräfte zurückzuführen.

Weiterhin möge nun angenommen werden, daß das Kraftfeld in der Tat wenigstens innerhalb eines gewissen Bezirks wirbelfrei ist, während es außerhalb dieses Bezirks immer noch ein Wirbelfeld sein könnte. Ganz allgemein folgt dann aus Gl. (8), daß die Arbeit, die von der Kraft des Feldes geleistet wird, wenn der bewegliche Punkt von einem Punkte O nach einem Punkte A des Bezirks verschoben wird, unabhängig von dem dabei durchlaufenen Wege ist (falls dieser nur ganz innerhalb des Bezirkes selbst liegt). Denkt man sich nämlich etwa den Weg I in Abb. 4 im Sinne von O nach A und hierauf den Weg II im umgekehrten Sinne durchlaufen, so entsteht eine geschlossene Kurve, für die nach Gl. (8)

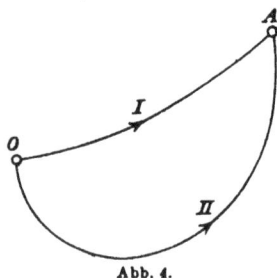

Abb. 4.

$$\int_O^{A\,\underline{\quad}I} \mathfrak{P}\,d\mathfrak{s} + \int_A^{O\,\underline{\quad}II} \mathfrak{P}\,d\mathfrak{s} = 0$$

ist. Die Umkehrung des Bewegungssinnes hat einen Wechsel im Vorzeichen der Arbeitsbeträge zur Folge; hiernach ist

$$\int_A^{O\,\underline{\quad}II} \mathfrak{P}\,d\mathfrak{s} = -\int_O^{A\,\underline{\quad}II} \mathfrak{P}\,d\mathfrak{s}\,,$$

und wenn man dies in die vorige Gleichung einsetzt, folgt in der Tat

$$\int_O^{A\,\underline{\quad}I} \mathfrak{P}\,d\mathfrak{s} = \int_O^{A\,\underline{\quad}II} \mathfrak{P}\,d\mathfrak{s}\,, \tag{9}$$

was zu beweisen war. Es ist hiernach entbehrlich, den Integrationsweg durch ein besonderes Kennzeichen hervorzuheben, wie es in diesen Formeln geschehen war; im wirbelfreien Kraftfelde hat vielmehr schon der unbestimmter gelassene Ausdruck

$$\int_O^A \mathfrak{P}\,ds$$

einen eindeutigen Wert. Der durch ihn angegebene Arbeitsbetrag heißt der Potentialunterschied zwischen den
Punkten O und A. Hiermit ist auch das Potential im Punkte A,
das mit V_A bezeichnet werden soll, bis auf eine unbestimmt
bleibende Konstante V_0 festgesetzt. Man hat dafür

$$V_A = V_0 - \int_0^A \mathfrak{P}\, d\mathfrak{s}. \tag{10}$$

Dem Potentiale im Anfangspunkte O kann man zunächst noch
einen beliebigen Wert erteilen. Hiervon abgesehen ist aber
durch Gleichung (10) jedem Punkte A des Bezirks ein eindeutig bestimmter Wert, den man das Potential nennt, zugeordnet.
Manchmal wird übrigens anstatt des vor dem Linienintegrale
stehenden Minuszeichens ein Pluszeichen gesetzt und damit eine
von der vorigen abweichende Größe definiert, die ebenfalls als
Potential oder Potentialfunktion oder auch als Kräftefunktion
bezeichnet wird. Diese Festsetzung ist an sich willkürlich, immerhin hat aber die Vorzeichenwahl, der ich mich angeschlossen
habe, einen nicht unerheblichen Vorzug vor der entgegengesetzten.
Die Größe

$$-\int_0^A \mathfrak{P}\, d\mathfrak{s}$$

gibt nämlich den Arbeitsbetrag an, der von außen her (durch
eine der Feldkraft entgegengesetzte Kraft $-\mathfrak{P}$) aufgewendet
werden muß, um den beweglichen materiellen Punkt entgegen
der Kraft des Feldes von O nach A zu verschieben oder auch,
wenn das Vorzeichen des Ausdruckes nach der vollständigen Ausrechnung negativ bleibt, den Arbeitsbetrag, der nach außen hin
während der Bewegung abgegeben werden kann. Hiernach wird
V_A kleiner als V_0, wenn bei der Lagenänderung Energie nach
außen hin abgegeben, die Energie des Feldes selbst also — falls
Energieströme von nicht mechanischer Art ausgeschlossen sind
— vermindert wird. Nach unserer Wahl des Vorzeichens kann
hiernach unter der Voraussetzung, daß die Konstante V_0 den
Einzelbedingungen des besonderen Falles entsprechend gewählt
wird, die Größe V_A selbst geradezu als das Maß der potentiellen

Energie des Feldes angesehen werden, die dadurch bedingt wird, daß sich der bewegte materielle Punkt gerade im Punkte A des Feldes befindet. Die Bezeichnung Potential stellt sich hiernach als eine Abkürzung für die Bezeichnung potentielle Energie heraus.

Durch Umkehrung der Integrationsgrenzen läßt sich übrigens ohne Änderung der hiermit getroffenen Vereinbarung auch ein positives Vorzeichen in Gl. (10) einführen, denn die Gleichung

$$V_A = V_0 + \int_A^0 \mathfrak{P} \, d\mathfrak{s}$$

ist offenbar mit der früheren gleichbedeutend.

Der Vorteil, den man mit der Einführung des Potentials in die Untersuchung der Kraftfelder erzielt, besteht darin, daß das Potential als ein Energiebetrag eine Größe ohne Richtung ist. Mit diesen richtungslosen Größen läßt sich leichter rechnen als mit den Kräften des Feldes selbst. Dabei geht diese Vereinfachung der Rechnung keineswegs auf Kosten der Vollständigkeit der Ergebnisse, die man ableiten will, denn sobald das Potential überall im Felde bekannt ist, kann man sofort auch die Kraft an jeder Stelle des Feldes nach Größe und Richtung angeben, wie ich sofort zeigen werde.

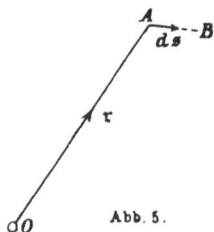

Abb. 5.

Man denke sich nämlich den beweglichen Punkt von der Stelle A aus, in der er sich vorher befand, nach irgendeinem Nachbarpunkte B (Abb. 5) verschoben. Dann ist das Potential V_B im Punkte B nach der vorher dafür gegebenen Definition

$$V_B = V_0 - \left[\int_0^A \mathfrak{P} \, d\mathfrak{s} + \int_A^B \mathfrak{P} \, d\mathfrak{s} \right] = V_A - \mathfrak{P} \, d\mathfrak{s},$$

denn für das Linienintegral längs des Weges AB kann, da dieser sehr klein sein sollte, einfach das Element $\mathfrak{P} \, d\mathfrak{s}$ gesetzt werden, wenn hierbei unter $d\mathfrak{s}$ die Strecke AB selbst verstanden wird. Bezeichnet man ferner die Änderung, die das Potential V erfährt, wenn man von A nach B übergeht, mit dV, so kann die vorige Gleichung auch in der Form

$$dV = -\,\mathfrak{P}\,d\mathfrak{s}$$

angeschrieben werden. Für das innere Produkt aus $\mathfrak{P}$ und $d\mathfrak{s}$ kann man auch $P'ds$ setzen, wenn man unter P' die in der Richtung von $d\mathfrak{s}$ gehende Komponente der Feldkraft $\mathfrak{P}$ und unter ds die Länge des Weges $d\mathfrak{s}$ versteht. Man hat daher

$$dV = -\,P'ds \text{ und hiermit } P' = -\frac{dV}{ds}. \qquad (11)$$

Hiermit allein ist nun zwar $\mathfrak{P}$ noch nicht bestimmt; man beachte aber, daß diese Beziehungen für jede beliebige Verschiebungsrichtung AB gültig bleiben, und daß man daher die Projektion der gesuchten Kraft $\mathfrak{P}$ auf jede beliebige Richtungslinie anzugeben vermag, womit auch $\mathfrak{P}$ selbst gefunden werden kann. Am einfachsten ist es, die Projektionen von $\mathfrak{P}$ auf drei rechtwinklig zueinander stehende Koordinatenachsen der x, y, z nach Gl. (11) zu berechnen. Man erhält dann für die drei Komponenten von $\mathfrak{P}$

$$P_1 = -\frac{\partial V}{\partial x}, \quad P_2 = -\frac{\partial V}{\partial y}, \quad P_3 = -\frac{\partial V}{\partial z}, \qquad (12)$$

und $\mathfrak{P}$ selbst wird als geometrische Summe dieser Komponenten, also mit Benutzung der Richtungsfaktoren $\mathfrak{i}, \mathfrak{j}, \mathfrak{k}$ in der Form

$$\mathfrak{P} = -\left(\mathfrak{i}\frac{\partial V}{\partial x} + \mathfrak{j}\frac{\partial V}{\partial y} + \mathfrak{k}\frac{\partial V}{\partial z}\right) \qquad (13)$$

gefunden. Hiermit ist die Aufgabe gelöst, $\mathfrak{P}$ anzugeben, wenn V überall bekannt ist, und man sieht, daß hierzu nur eine Ausführung von Differentiationen erforderlich ist, die keine besonderen Schwierigkeiten verursachen kann.

Der mit dem negativen Vorzeichen versehene Differential-quotient $-\frac{\partial V}{\partial x}$ gibt an, um wieviel V in der Richtung der X-Achse auf die Längeneinheit des Weges bezogen an der betreffenden Stelle des Feldes abnimmt. Man bezeichnet diese Größe kürzer als das Potentialgefäll und faßt dann die Gl. (11) und (12) in der Aussage zusammen:

Die Komponente der Kraft in irgendeiner gegebenen Richtung ist gleich dem Potentialgefälle in dieser Richtung.

Auch die Richtung der Kraft $\mathfrak{P}$ selbst läßt sich mit Hilfe dieser Bezeichnung in einfacher Weise angeben. Offenbar wird nämlich die Komponente von $\mathfrak{P}$ am größten für eine Richtung, die mit $\mathfrak{P}$ zusammenfällt. Hieraus folgt in Verbindung mit der vorigen Aussage:

Die Kraft des Feldes geht in der Richtung des größ- ten Potentialgefälles, und der Größe nach ist sie gleich diesem Gefälle.

Schließlich erwähne ich noch, daß man Gl. (13) zweckmäßig in die abgekürzte Schreibweise

$$\mathfrak{P} = - \bigtriangledown V \qquad (14)$$

zusammenfassen kann, in der $\bigtriangledown$ ein „räumlicher Differentialoperator" ist, nämlich an die Stelle von

$$\bigtriangledown = \mathfrak{i} \frac{\partial}{\partial x} + \mathfrak{j} \frac{\partial}{\partial y} + \mathfrak{k} \frac{\partial}{\partial z}$$

tritt und hiermit jene Operation durch ein einziges Symbol kennzeich- net, durch die das Gefäll der Größe V gefunden wird. Als zweckmäßig ist übrigens diese Bezeichnung nicht etwa bloß deshalb anzusehen, weil Gl. (14) mit weniger Schriftzeichen geschrieben wird als Gl. (13) oder der damit gleichwertige Verein der Gl. (12), sondern weil es die Einheit der Vorstellung fördert, wenn einem an sich einfachen Be- griffe, der selbst sprachlich durch ein einziges Wort („Potentialgefäll" oder vielmehr noch kürzer „Gefäll" überhaupt) wiedergegeben werden kann, auch in der Rechnung durch ein einfaches und nicht weiter zusammengesetztes Zeichen Ausdruck gegeben wird.

Die vorausgehenden Betrachtungen lassen sich durch eine viel verwendete geometrische Darstellung veranschaulichen. Von einem Punkte des Kraftfeldes ausgehend, sucht man nämlich alle Nachbarpunkte auf, in denen das Potential den gleichen Wert besitzt. Alle diese Punkte liegen auf einem Flächenele- mente, das senkrecht zur Feldkraft $\mathfrak{P}$ gestellt ist, denn nur für eine Verschiebung $d\mathfrak{s}$ senkrecht zu $\mathfrak{P}$ wird das zugehörige $\mathfrak{P}d\mathfrak{s}$ und hiermit dV zu Null. Geht man hierauf in derselben Weise nach allen Seiten hin weiter fort, so erhält man eine Fläche, die jene Punkte des Feldes miteinander verbindet, für die das Poten- tial denselben Wert V besitzt. Eine solche Fläche wird als eine Äquipotentialfläche oder auch als eine Niveaufläche be- zeichnet.

Wir wollen annehmen, daß eine ganze Schar von solchen Niveauflächen im Felde angegeben sei, und zwar derart, daß sich das Potential von je zwei aufeinanderfolgenden Flächen immer um den gleichen Betrag unterscheidet. Man kann dann jede dieser Niveauflächen als eine Stufenfläche und die Schar aller Stufenflächen als eine Potentialtreppe bezeichnen. Je steiler diese Treppe ist, d. h. je dichter die Stufenflächen aufeinander folgen, um so größer ist an der betreffenden Stelle die Kraft des Feldes, die ja, wie wir aus Gl. (14) wissen, gleich dem Potentialgefälle ist. Hiernach kann man aus einer Zeichnung der Potentialtreppe alle Eigenschaften des Kraftfeldes ableiten. Der Abstand aufeinanderfolgender Stufenflächen gibt ein der unmittelbaren Abschätzung bequem zugängliches Maß für die Größe der Kraft, und die Richtung der Kraft wird durch die Normale zur Stufenfläche angegeben.

Häufig gibt man, um die Richtung der Kraft des Feldes besser hervortreten zu lassen, an Stelle der Potentialtreppe oder auch neben dieser die Kraftlinien an. Das sind Linien, die, von irgendeinem Punkte des Feldes ausgehend, weiterhin überall der Richtung von $\mathfrak{P}$ folgen. Die Richtung der Kraft an irgendeiner Stelle wird hiernach durch die Tangente an die Kraftlinie angegeben. Die Kraftlinien schneiden alle Niveauflächen rechtwinklig.

Aus dem Begriffe der Kraftlinie geht auch der Begriff der Kraftröhre hervor. Man versteht darunter den röhrenförmigen Raum, der von allen unmittelbar aufeinanderfolgenden Kraftlinien abgegrenzt wird, die man durch sämtliche Punkte des Umfangs irgendeines auf einer Niveaufläche enthaltenen Flächenstücks legen kann. Dieses Flächenstück bildet hiernach einen Querschnitt der Kraftröhre. Der Querschnitt bleibt im allgemeinen nicht konstant, sondern zu jeder folgenden Niveaufläche gehört ein anderer Querschnitt. Unter den gewöhnlich vorliegenden Umständen (nämlich dann, wenn keine „Quellen des Kraftflusses" in der Kraftröhre enthalten sind) ist die Kraft des Feldes an jeder Stelle dem Querschnitte der Kraftröhre umgekehrt proportional. In solchen Fällen kann man die Größe der Feldkraft auch danach abschätzen, wie dicht die Kraftlinien an der betreffenden Stelle zusammenrücken. Der Beweis der letzteren Behauptungen würde mich weiter führen, als es hier meine Absicht sein kann; ich erlaube mir daher, den Leser, der sich mit diesen knappen Andeutungen nicht begnügen möchte, auf die im Jahre 1897 von mir veröffentlichte kleine Schrift „Die Geometrie der Wirbelfelder" zu verweisen.

Das Kraftfeld, mit dem man es in der Mechanik gewöhnlich
zu tun hat ist das Schwerefeld der Erde. Innerhalb eines kleinen
Raumes, etwa innerhalb eines Zimmers, kann die Schwerkraft
nach Größe und Richtung gewöhnlich als konstant angesehen
werden, obwohl ich nicht unerwähnt lassen möchte, daß man
besondere Beobachtungsmethoden ausgesonnen hat, die selbst
die Änderungen des Feldes innerhalb so kleiner Räume erkennen
lassen. Sehen wir aber davon ab, oder betrachten wir, wie man
auch sagt, das Feld als homogen, so sind die Kraftlinien unter
sich parallel; ihre Richtung ist die der Lotlinie. Die Niveauflächen sind horizontale Ebenen, und jeder kommt ein Potential
zu, das um so größer ist, je höher sie liegt. Die Potentialtreppe
ist hier überall gleich steil, da die einzelnen Stufenflächen in
gleichen Abständen übereinander liegen.

In einem größeren Bezirke macht sich aber die Krümmung
der Niveauflächen bemerkbar. Streng wissenschaftlich gesprochen,
versteht man unter der Gestalt der Erde nichts anderes als die
Gestalt jener Fläche gleichen Potentials, die über dem Meere
unter gewöhnlichen Umständen mit der Wasseroberfläche zusammenfällt. Daraus erklärt sich auch die Bezeichnung der Niveauflächen. Die mit dem Meeresspiegel zusammenfallende Niveaufläche wird auch als Geoid bezeichnet. — Hier möge von
diesen Dingen nur noch erwähnt werden, daß der Begriff des
Höhenunterschiedes zweier Punkte der Erdoberfläche (z. B. die
Höhe einer Bergspitze über dem Meere) in der gewöhnlichen
Fassung einer strengeren Kritik nicht standhält. Eindeutig bestimmbar ist vielmehr nur der Potentialunterschied beider
Punkte. In der Tat wird auch der Höhenunterschied der Punkte,
wenn er in gewöhnlicher Weise durch ein genaues Nivellement
bestimmt wird, etwas verschieden gefunden (auch abgesehen von
den unvermeidlichen Beobachtungsfehlern), je nach dem Wege,
längs dessen das Nivellement erfolgte. Man macht sich am einfachsten auf folgende Weise klar, daß dies gar nicht anders erwartet werden kann. Man denke sich durch beide Punkte, etwa
A und B (Abb. 6), deren Höhenunterschied ermittelt werden soll,
je eine Niveaufläche gelegt. Ein denkbarer Weg für die Aus-

führung des Nivellements würde dann darin bestehen, daß man zuerst von B senkrecht in die Höhe steigt, bis B' die Erhebung BB' mißt und dann stets horizontal von B' nach A fortschreitet. Der Höhenunterschied von A und B würde dann gleich BB' gefunden. Man sieht aber nun sofort, daß man

Abb. 6.

anstatt dessen auch von B längs der Niveaufläche bis A' fortschreiten und dann erst von hier nach A hinaufsteigen könnte. Im letzten Falle würde der Höhenunterschied gleich AA' gefunden. Im allgemeinen sind aber AA' und BB' keineswegs gleich miteinander; wenn die Fallbeschleunigung zwischen A und A' kleiner ist als zwischen B und B', muß, weil $\int \mathfrak{P} ds$ für beide Strecken gleich ist, die Höhe AA' im selben Verhältnis größer sein als die bei B gefundene Höhe BB'. — Die weitere Ausführung dieser Betrachtungen gehört der höheren Geodäsie an.

Die Kraftlinien dürfen übrigens nicht mit den Bahnen verwechselt werden, die ein im Kraftfelde frei beweglicher materieller Punkt einzuschlagen vermag. Wenn der Punkt ohne Anfangsgeschwindigkeit in das Feld gebracht wird, fängt er zwar im ersten Augenblicke seine Bewegung in der Richtung der Kraftlinie an. Aber nur dann, wenn die Kraftlinie gerade ist (wie es genau genug bei der gewöhnlichen Fallbewegung zutrifft), vermag der Punkt ihr dauernd zu folgen; im anderen Falle biegt er alsbald von ihr ab.

Durch Verbindung der Gleichung der lebendigen Kraft mit der Definitionsgleichung für das Potential gelangt man schließlich noch für den im Felde frei beweglichen Punkt zu einem einfachen Ergebnisse. Für die Bewegung von einer Stelle 1 des Feldes nach irgendeiner anderen Stelle 2 hat man beim frei beweglichen Punkte nach dem Satze von der lebendigen Kraft

$$\int_1^2 \mathfrak{P}\, d\mathfrak{s} = \frac{m\,\mathfrak{v}_2^2}{2} - \frac{m\,\mathfrak{v}_1^2}{2} = L_2 - L_1,$$

wobei zur Abkürzung die lebendige Kraft mit L bezeichnet wurde. Andererseits ist aber nach Gl. (10)

$$V_2 = V_1 - \int_1^2 \mathfrak{P}\, d\mathfrak{s},$$

und aus der Verbindung beider Gleichungen miteinander folgt

$$V_2 + L_2 = V_1 + L_1, \tag{15}$$

d. h. die Summe aus potentieller und kinetischer Energie bleibt während der Bewegung konstant.

§ 4. Die einfache harmonische Schwingung.

Ein materieller Punkt sei einer Zentralkraft unterworfen, die der Entfernung vom Anziehungszentrum proportional ist. Solange er mit dem Anziehungszentrum selbst zusammenfällt, fehlt jeder Anlaß zu einer Bewegung. Sobald er aber durch irgendeine äußere Ursache aus dieser Gleichgewichtslage entfernt und hierauf sich selbst überlassen wird, führt er Schwingungen um die Gleichgewichtslage aus, die man als einfache harmonische oder auch als Sinusschwingungen bezeichnet, und deren Gesetze hier untersucht werden sollen.

Vorher möge indessen noch darauf hingewiesen werden, daß die Bedingungen für das Eintreten solcher Bewegungen sehr häufig gegeben sind. Vor allem sind es elastische Kräfte, unter deren Einfluß harmonische Schwingungen zustande kommen. Denkt man sich etwa einen Körper, der als materieller Punkt aufgefaßt werden kann, durch elastische Bänder an einer bestimmten Stelle festgehalten, so vermag man ihn immer noch ein wenig aus dieser Ruhelage zu entfernen. Hierbei werden die elastischen Bänder, durch die er festgehalten war, etwas angespannt, und diesen Formänderungen entsprechen elastische Kräfte, die unter Voraussetzung des Hookeschen Gesetzes proportional der Verschiebung des materiellen Punktes und nach dem Anfangspunkte hin gerichtet sind. Damit haben wir die der Entfernung aus der Gleichgewichtslage proportionale Zentralkraft bereits vor uns.

Gewöhnlich kann man freilich einen Körper, von dem man sagt, daß er harmonische Schwingungen ausführe, nicht ohne weiteres als materiellen Punkt ansehen. Vielmehr treten unter den verschiedensten Umständen Schwingungen auf, die ihren Wirkungsgesetzen nach vollständig mit den harmonischen Schwingungen eines einzelnen materiellen Punktes zusammenfallen und die man daher auch selbst als harmonische bezeichnet. Sogar Vorgänge, die ganz außerhalb des Bereichs der Mechanik liegen, bezeichnet man als harmonische Schwingungen, weil sie den gleichen zeitlichen Verlauf nehmen, so daß die in der Dynamik des materiellen Punktes dafür abgeleiteten Formeln bei entsprechender Deutung der darin vorkommenden Buchstabengrößen ohne weiteres auf jene Fälle angewendet werden können. Dies trifft namentlich bei gewissen elektrischen Schwingungen zu. So kommt es, daß die harmonischen Schwingungen eines materiellen Punktes nur das einfachste Beispiel für eine Reihe verschiedener Schwingungsvorgänge bilden, bei deren Untersuchung von den hier durchzuführenden Betrachtungen mit geringen Änderungen immer wieder Gebrauch gemacht wird.

Nach dem Hinweise auf die weitere Verwendungsmöglichkeit der hier durchzuführenden Betrachtungen beschränken wir uns jetzt auf die Untersuchung des einfachen Falles der Schwingungen eines einzelnen materiellen Punktes. Dabei möge zunächst außerdem noch angenommen werden, daß die Schwingungen geradlinig erfolgen. Dies wird sicher geschehen, wenn der materielle Punkt etwas aus der Gleichgewichtslage verrückt und hierauf ohne Anfangsgeschwindigkeit sich selbst überlassen wurde, denn Kraft und Geschwindigkeit sind dann während der ganzen Bewegung stets längs derselben Geraden gerichtet, auf der die Bewegung erfolgt.

Es wird nützlich sein, über das Kraftfeld, in dem sich die Schwingung vollzieht, noch einige Erörterungen vorauszuschicken. Die Kraftlinien sind hier sämtlich geradlinig und nach dem Anfangspunkte gerichtet. Die Niveauflächen sind konzentrische Kugelflächen. Die Stufenflächen der Potentialtreppe liegen um so enger zusammen, je weiter man sich vom Anfangspunkte entfernt. Wählt man die Konstante V_0 in Gl. (10), wenn O den Anfangspunkt bedeutet, gleich Null, so wird das Potential V_A im Abstande a nach jener Gleichung

$$V_A = \int_0^a cx \cdot dx = c\frac{a^2}{2}.$$

Hierbei ist nämlich die Kraftlinie als Integrationsweg gewählt; c ist ein Proportionalitätsfaktor, durch dessen Multiplikation mit x die Kraft im Abstande x gefunden wird, also mit anderen Worten die Stärke des Feldes im Abstande 1 vom Anfangspunkte. Das in Gl. (10) vor dem Integrale stehende Minuszeichen fällt hier weg, denn in unserem Falle ist 𝔓 nach dem Anfangspunkte gerichtet, und $d\mathfrak{s}$ ist, weil wir von O nach A hin integrieren, entgegengesetzt gerichtet. Für 𝔓$d\mathfrak{s}$ erhält man daher hier $-cx \cdot dx$.

Der Ausdruck für das Potential V gibt zugleich die elastische Formänderungsarbeit jener Bänder oder Teile an, die den materiellen Punkt in die Ruhelage zurückzuführen suchen. In der Tat ist im vorliegenden Falle das Potential nur eine andere Bezeichnung für die in der Festigkeitslehre unter dem Namen Formänderungsarbeit so häufig benutzte Größe.

Je weiter wir uns vom Anfangspunkte entfernen, desto größer wird V. Im Verlaufe der Bewegung eines sich selbst überlassenen Punktes bleibt aber nach Gl. (15) die gesamte Energie $V + L$ konstant. Daraus folgt, daß der Punkt immer innerhalb jener kugelförmigen Niveaufläche bleiben muß, deren Potential gerade gleich dieser Gesamtenergie ist. Schon hieraus folgt, daß die Bewegung jedenfalls in einer Schwingung bestehen muß.

Die dynamische Grundgleichung liefert sofort die Differentialgleichung der Bewegung. Ich wähle die Gerade, längs der die Schwingung erfolgt, zur X-Achse, bezeichne die Masse des materiellen Punktes mit m, den Proportionalitätsfaktor, der die Stärke des Feldes beschreibt und der als gegeben zu betrachten ist, wie vorher schon mit c; dann lautet die Gleichung

$$m\frac{d^2x}{dt^2} = -cx. \tag{16}$$

Durch das Minuszeichen ist ausgesprochen, daß die Kraft nach dem Ursprunge geht, während die Abszisse x nach außen hin

wächst. — Von Gl. (16) kennt man die allgemeinste, also mit
zwei Konstanten versehene Lösung; sie lautet

$$x = A \sin \alpha t + B \cos \alpha t, \qquad (17)$$

worin A und B die willkürlichen Integrationskonstanten bedeuten, α aber eine Konstante ist, die aus Gl. (16) gefunden
wird. Differentiiert man nämlich x zweimal nach t, so erhält man

$$\frac{d^2 x}{d t^2} = - \alpha^2 (A \sin \alpha t + B \cos \alpha t),$$

also, vom Minuszeichen abgesehen, das α^2-fache von x. Nach
Gl. (16) soll dagegen $\frac{d^2 x}{d t^2}$ das $-\frac{c}{m}$-fache von x sein. Daraus folgt,
daß jedenfalls

$$\alpha = \sqrt{\frac{c}{m}} \qquad (18)$$

gesetzt werden muß. Wenn dies geschieht, befriedigt aber Gl. (17)
die Differentialgleichung (16) identisch.

Es bleibt jetzt nur noch übrig, die Integrationskonstanten
A und B aus den Grenzbedingungen zu ermitteln. Zu diesem
Zwecke möge festgesetzt werden, daß die Zeit t von einem Augenblicke an gerechnet werden soll, in dem x gleich Null war. Dazu muß nach Gl. (17) das den Kosinus der Zeit enthaltende Glied
verschwinden, also B gleich 0 sein. Es bleibt hiernach

$$x = A \sin \alpha t, \qquad (19)$$

und die hier noch vorkommende Integrationskonstante A hat eine
einfache und leicht ersichtliche Bedeutung. Sie stellt nämlich
den größten Wert dar, den x im Verlaufe der Zeit periodisch
immer wieder annimmt, wenn der Sinus gleich der Einheit wird.
Hiernach ist A der größte Schwingungsausschlag oder die
Amplitude der Schwingung. Diese kann entweder direkt gegeben sein, oder sie wird sich aus den Anfangsbedingungen berechnen lassen, denn diese müssen jedenfalls bekannt sein, wenn
man imstande sein soll, den weiteren Verlauf der Bewegung vorauszusagen. Wäre z. B. die Geschwindigkeit v_0 bekannt, mit der
der Punkt zu Anfang der Zeit durch den Gleichgewichtspunkt
ging, so hätte man aus Gl. (19)

$$\frac{d x}{d t} = \alpha A \cos \alpha t, \quad \text{also} \quad \left(\frac{d x}{d t}\right)_0 = \alpha A,$$

und hieraus folgte

$$A = \frac{v_0}{\alpha} \quad \text{und schließlich} \quad x = \frac{v_0}{\alpha} \sin \alpha t.$$

Der Wert x in Gl. (19) nimmt öfters wieder die früheren Werte an. Dies geschieht jedenfalls immer dann wieder, wenn der Winkel, von dem der Sinus genommen werden soll, um eine volle Umdrehung oder um 2π gewachsen ist. Auch in der Zwischenzeit nimmt der Sinus noch einmal den anfänglichen Wert an. Je nach der Lage, von der man hierbei ausgeht, dauert es aber bis dahin verschieden lang. Man achtet daher nicht auf diese erste Wiederkehr des Punktes in die vorige Lage, sondern erst auf die folgende, die stets nach Zuwachs des Winkels αt um 2π erfolgt und von der ab sich nachher beim weiteren Verlaufe der Zeit der Bewegungsvorgang in derselben Weise wiederholt. Man nennt die Zeit, die währenddessen verstreicht und einem Anwachsen von αt um 2π entspricht, die Dauer einer vollen Schwingung. Statt der Schwingungsdauer T wird auch oft die minutliche Schwingungszahl n angegeben.

$$T = \frac{2\pi}{\alpha} = 2\pi\sqrt{\frac{m}{c}}. \quad n = \frac{30}{\pi}\sqrt{\frac{c}{m}}. \tag{20}$$

Zu beachten ist hierbei, daß T unabhängig vom Schwingungsausschlage A ist. Die Schwingungsdauer hängt vielmehr nur von der Masse des schwingenden Punktes und von der durch den Faktor c ausgedrückten Stärke der elastischen Kraft ab, die ihn nach der Gleichgewichtslage hinzieht. Man nennt solche Schwingungen, deren Dauer unabhängig von der Größe des Schwingungsausschlages ist, isochron, und die hiermit ausgedrückte Eigenschaft ist als die wichtigste der harmonischen Schwingungen zu betrachten.

Zuweilen zieht man es vor, die Schwingung nur während der Zeit zu betrachten, in der die ganze Schwingungsbahn einmal in einem bestimmten Sinne durchlaufen wird, also die Rückkehr des Punktes gar nicht abzuwarten und als Schwingungsdauer nur jene Zeit zu rechnen, in der $\sin \alpha t$ von -1 bis $+1$ wächst. Dabei nimmt der Winkel αt um π zu, und diese ein-

fache Schwingungsdauer, wie man sie zum Unterschiede von
der vorigen nennt, ist genau die Hälfte von T.

Bisher war nur von der geradlinigen harmonischen Schwingung die Rede. Der allgemeinere Fall der krummlinigen
Schwingung, zu dem ich jetzt übergehe, läßt sich aber in ganz
ähnlicher Weise erledigen. Er liegt immer dann vor, wenn der
bewegliche Punkt zu irgendeiner Zeit
einmal eine Geschwindigkeit hatte, deren
Richtungslinie nicht durch den Anfangspunkt ging, worauf er ohne äußere Einwirkung den Kräften des Feldes überlassen
ist. · In Abb. 7 bedeutet O das Kraftzen-

Abb. 7.

trum (oder die Gleichgewichtslage des beweglichen Punktes),
A die Lage, die der Punkt zur Zeit t einnimmt, und $\mathfrak{v}$ die Geschwindigkeit. Die elastische Kraft kann hier nach Größe und
Richtung durch den Ausdruck

$$- c\,\mathfrak{r}$$

dargestellt werden, wenn c dieselbe Bedeutung hat wie vorher.
Durch das Minuszeichen wird ausgedrückt, daß die Kraft dem
Radiusvektor $\mathfrak{r}$ entgegengesetzt gerichtet ist. Die dynamische
Grundgleichung lautet jetzt

$$m\,\frac{d^{2}\mathfrak{r}}{dt^{2}} = - c\,\mathfrak{r},$$

und deren allgemeine Lösung ist

$$\mathfrak{r} = \mathfrak{A} \sin \alpha t + \mathfrak{B} \cos \alpha t,$$

wenn wiederum $\mathfrak{A}$ und $\mathfrak{B}$ die Integrationskonstanten bedeuten,
die aber jetzt als gerichtete Größen aufzufassen sind, während α
dieselbe Bedeutung wie vorher hat, also gleich dem durch Gl. (18)
angegebenen Werte zu setzen ist. In der Tat überzeugt man sich
durch Einsetzen des angegebenen Ausdrucks in die Differentialgleichung leicht, daß diese durch ihn für jede beliebige Wahl
von $\mathfrak{A}$ und $\mathfrak{B}$ erfüllt ist. — Zu Anfang der Zeit t möge $\mathfrak{r}$ gleich
$\mathfrak{a}$ und die Geschwindigkeit $\mathfrak{v}$ gleich $\mathfrak{v}_0$ gewesen sein. Hierdurch
bestimmen sich die Integrationskonstanten zu

$$\mathfrak{B} = \mathfrak{a} \quad \text{und} \quad \mathfrak{A} = \frac{\mathfrak{v}_0}{\alpha},$$

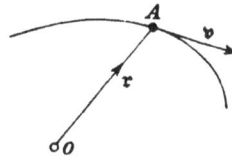

so daß nach Einsetzen des Wertes von α die vollständig bestimmte Lösung lautet

$$\mathfrak{r} = \mathfrak{v}_0 \sqrt{\frac{m}{c}} \cdot \sin t \sqrt{\frac{c}{m}} + \mathfrak{a} \cos t \sqrt{\frac{c}{m}} \cdot \qquad (21)$$

Auch diese Bewegung ist eine periodische, denn sobald der Winkel $t\sqrt{\frac{c}{m}}$ um 2π gewachsen ist, wiederholen sich in derselben Reihenfolge wieder alle Werte des Radiusvektors $\mathfrak{r}$ von neuem. Der bewegliche Punkt durchläuft demnach in steter Reihenfolge unbegrenzt oft eine in sich geschlossene Kurve. Die Zeit, die er zu einem vollen Umlaufe braucht, nennen wir wieder die Dauer einer vollen Schwingung und bezeichnen sie wiederum mit T. Dabei wird T aus der Bedingung

$$T\sqrt{\frac{c}{m}} = 2\pi, \quad \text{also} \quad T = 2\pi\sqrt{\frac{m}{c}}$$

gefunden. Dieser Wert stimmt aber genau mit dem in Gl. (20) für die geradlinige Schwingung gefundenen überein. Wir erkennen hieraus, daß die Schwingungen auch noch im allgemeinsten Falle isochron sind, d. h. daß die Schwingungsdauer nicht nur von der Größe des Ausschlages, sondern auch von der besonderen Gestalt der Bahn unabhängig ist.

Es fragt sich jetzt noch, welche Form die Bahn besitzt. Auch diese Frage kann mit Hilfe von Gl. (21) sofort beantwortet werden. Diese Gleichung bildet nämlich in der Sprache der Vektorenrechnung schon von selbst die Gleichung der Bahn, und zwar stellt sie die Gleichung einer Ellipse dar, deren Mittelpunkt mit dem Kraftzentrum O zusammenfällt. Da aber die analytische Geometrie an Stelle der Vektoren gewöhnlich mit deren Komponenten oder mit Koordinaten rechnet, bleibt mir noch übrig, Gl. (21) in zwei Komponenten zu zerlegen, um damit auf die übliche Darstellung zu kommen. Um diesen Übergang auf möglichst einfache Art bewirken zu können, nehme ich an, daß als Anfangspunkt der Zeitrechnung, auf den sich auch die zusammengehörigen Werte von $\mathfrak{a}$ und $\mathfrak{v}_0$ beziehen, ein Augenblick gewählt worden sei, in dem sich der bewegliche Punkt gerade im größten oder auch im kleinsten Abstande vom Kraftzentrum befand. Dann steht in diesem Augenblicke die Bewegungsrichtung rechtwinklig zum Radiusvektor, d. h. es ist $\mathfrak{v}_0 \perp \mathfrak{a}$. Hiermit entsprechen die beiden Glieder auf der rechten Seite von Gl (21) schon von selbst den beiden rechtwinkligen Komponenten von $\mathfrak{r}$. Wenn wir dann noch die Richtung von $\mathfrak{a}$ zur Richtung der X-Achse wählen und die Y-Achse in die Richtung von $\mathfrak{v}_0$ legen, erhalten wir aus Gl. (21) für die Komponenten x und y von $\mathfrak{r}$, d. h. für die Koordinaten des beweglichen Punktes die Gleichungen

$$x = a \cos t \sqrt{\frac{c}{m}}, \quad y = v_0 \sqrt{\frac{m}{c}} \sin t \sqrt{\frac{c}{m}}.$$

Aus diesen beiden Gleichungen eliminieren wir den veränderlichen Winkel mit Hilfe einer sehr bekannten Umformung, in dem wir

$$\sin^2 t \sqrt{\frac{c}{m}} + \cos^2 t \sqrt{\frac{c}{m}} = \left(\frac{x}{a}\right)^2 + \left(\frac{y}{v_0 \sqrt{\frac{m}{c}}}\right)^2 = 1$$

setzen. Damit sind wir aber in der Tat zu der **gewöhnlichen Form der Mittelpunktsgleichung einer Ellipse gelangt**, deren Halbachsen gleich a und gleich $v_0 \sqrt{\frac{m}{c}}$ sind. Diese Ellipse bildet die gesuchte Bahn des beweglichen Punktes.

Nebenbei sei darauf hingewiesen, daß auch bei der harmonischen Schwingung der vom Kraftzentrum gezogene Radiusvektor in gleichen Zeiten gleiche Flächen überstreicht, da diese Eigenschaft, wie früher bewiesen wurde, allen Zentralbewegungen zukommt.

§ 5. Drehschwingungen.

Früher war schon bemerkt, daß die Lehre von der harmonischen Schwingung eines materiellen Punktes mit geringen Änderungen auch auf viele andere Fälle übertragen werden kann, bei denen ebenfalls harmonische Schwingungen auftreten. Dazu gehören auch die Drehschwingungen, die ein starrer Körper auszuführen vermag, der durch einen Stab festgehalten ist, wenn dieser eine Verdrehung erfährt. Abb. 8 zeigt ein Beispiel dafür. Eine kreisförmige Scheibe A, die in Aufriß und Grundriß gezeichnet ist, sei am unteren Ende C eines senkrecht herabhängenden Stabes (einer Welle oder eines Drahtes) BC befestigt, dessen oberes Ende bei B eingeklemmt ist. Läßt man an der Scheibe in ihrer horizontalen Ebene eine Kräftepaar angreifen, so wird der die Scheibe tragende Stab BC auf Verdrehen beansprucht. Dadurch entsteht eine elastische Formänderung, durch die die Scheibe um den Verdrehungswinkel φ des Stabes aus ihrer Gleichgewichtslage gedreht wird. Entfernt man hierauf das Kräftepaar wieder, so schwingt die Scheibe nach der Gleichgewichtslage zurück, geht dann, wegen der lebendigen Kraft, die sie inzwischen erlangt hat, über die Gleichgewichtslage hinaus und führt darauf harmonische Schwingungen um die Gleichgewichtslage aus, die ohne Hinzutreten einer Dämpfung unbegrenzt lange fortdauern würden.

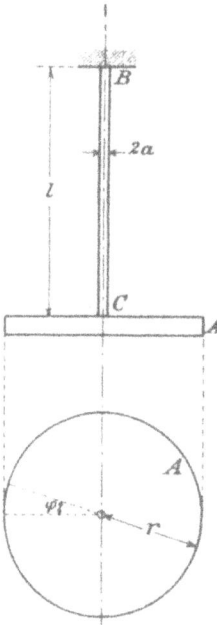

Abb. 8.

Mit den Schwingungen des materiellen Punktes stehen die Verdrehungsschwingungen in einem besonders einfachen Zusammenhang. Dieser rührt davon her, daß für die Drehung eines starren Körpers um eine feste Achse eine Gleichung gilt, die sich an die dynamische Grundgleichung für die geradlinige Bewegung eines materiellen Punktes aufs engste anschließt. Schon in Band I ist diese Gleichung abgeleitet worden, und sie lautet

$$\Theta \frac{du}{dt} = Pp,$$

worin Pp das Moment des die Beschleunigung $\frac{du}{dt}$ der Drehbewegung hervorbringenden Kräftepaares und Θ das auf die Drehachse bezogene Trägheitsmoment des starren Körpers bedeutet.

Während der Körper die Schwingung ausführt, wirkt auf ihn nur das durch die Verdrehungselastizität des Stabes hervorgerufene Kräftepaar ein, dessen Moment dem augenblicklichen

Werte des Verdrehungswinkels φ proportional ist und vorläufig gleich $c\varphi$ gesetzt werden kann, wenn unter c eine Konstante verstanden wird, deren Wert später noch ermittelt werden soll. Für die Winkelbeschleunigung $\frac{du}{dt}$ kann man auch $\frac{d^2\varphi}{dt^2}$ schreiben, und die Differentialgleichung der Bewegung geht hiermit über in

$$\Theta \frac{d^2\varphi}{dt^2} = -c\varphi \qquad (22)$$

Das negative Vorzeichen auf der rechten Seite rührt davon her, daß das Verdrehungsmoment den Körper stets in die Gleichgewichtslage zurückzubringen sucht, also bei einem positiven Wert des Winkels φ eine negative und bei einem negativen Werte von φ eine positive Winkelbeschleunigung hervorbringt.

Gl. (22) stimmt der Form nach genau mit der Differentialgleichung (16) der geradlinigen Schwingung des materiellen Punktes überein. An Stelle des Weges x ist hier nur der Winkelweg φ und an Stelle der Masse m das Trägheitsmoment Θ getreten. Auch die aus Gl. (16) hervorgegangenen Folgerungen, nämlich die Gleichungen (17) bis (20) können daher sofort übernommen werden, indem man dieselben Buchstabenvertauschungen damit vornimmt. Insbesondere erhält man für die Dauer einer vollen Schwingung nach Gl. (20)

$$T = 2\pi \sqrt{\frac{\Theta}{c}} \cdot \qquad (23)$$

Den Wert der Konstanten c endlich kann man aus den Formeln der Festigkeitslehre entnehmen, insbesondere für den Fall, daß der Stab BC einen kreisförmigen Querschnitt vom Halbmesser a hat, aus Gl. (225) von Band III

$$\Delta\varphi = \frac{2Ml}{\pi a^4 G} \cdot$$

Beachtet man, daß an Stelle von $\Delta\varphi$ hier kürzer φ geschrieben wurde, so ist dies gleichbedeutend mit

$$M = \frac{\pi a^4 G}{2l} \cdot \varphi,$$

und da wir das Verdrehungsmoment M vorher gleich $c\varphi$ gesetzt hatten, folgt daraus für c

$$c = \frac{\pi a^4 G}{2l} \cdot$$

Setzen wir diesen Wert in Gl. (23) ein, so erhalten wir die Schwingungsdauer in der weiter ausgerechneten Form

$$T = \frac{2}{a^3} \sqrt{\frac{2 \pi l \Theta}{G}}. \tag{24}$$

In dieser Form gilt die Gleichung nicht nur für eine scheibenförmige Gestalt des schwingenden Körpers, sondern für irgendeinen Umdrehungskörper. Für die zahlenmäßige Ausrechnung von T muß zuvor das Trägheitsmoment Θ ermittelt werden. Dieses läßt sich auf jeden Fall auch in der Form

$$\Theta = \frac{Q}{g} i^2$$

darstellen, wenn unter Q das Gewicht des schwingenden Körpers, unter $\frac{Q}{g}$ dessen Masse und unter i sein Trägheitshalbmesser verstanden wird. Hiermit geht Gl. (24) über in

$$T = \frac{2 i}{a^3} \sqrt{\frac{2 \pi l Q}{g G}}. \tag{25}$$

Für eine Scheibe, also für eine zylindrische Gestalt des schwingenden Körpers ist

$$i = \frac{r}{2} \sqrt{2},$$

wenn der Kreishalbmesser mit r bezeichnet wird. Für diesen besonderen Fall geht daher Gl. (25) über in

$$T = \frac{2 r}{a^3} \sqrt{\frac{\pi l Q}{g G}}. \tag{26}$$

Unter l ist in diesen Formeln die Länge des Stabes und unter G der Schubelastizitätsmodul zu verstehen.

§ 6. Gedämpfte Schwingungen.

Die bisher untersuchten Schwingungsbewegungen müßten, wenn sie einmal angeregt wären und dann vor allen äußeren Störungen geschützt werden könnten, unbegrenzt lange andauern, ohne jemals zu erlöschen oder sich auch nur irgendwie zu verändern. In Wirklichkeit beobachten wir aber stets, daß eine einmal angeregte Schwingung allmählich „abklingt", d. h. daß die Schwingungsausschläge allmählich immer kleiner werden, bis sie

sich zuletzt jeder Wahrnehmung entziehen. Der Grund dafür ist
in verschiedenen Bewegungswiderständen, wie Reibung, Luftwiderstand, unvollkommene Elastizität usw., zu suchen, die bisher vernachlässigt wurden. Um uns dem wirklichen Vorgange
mehr zu nähern, wollen wir jetzt annehmen, daß außer der elastischen Kraft des Feldes auf den bewegten Punkt auch noch ein
„dämpfender Widerstand" von irgendeiner Art einwirke, der in
jedem Augenblicke entgegengesetzt zur Bewegung des Punktes
gerichtet ist. Zugleich müssen wir aber, um die Aufgabe zu einer
bestimmten zu machen, noch eine nähere Voraussetzung über das
Wirkungsgesetz dieses Widerstandes einführen. Es steht nun
zwar frei, die Rechnung unter verschiedenen Annahmen dieser
Art durchzuführen und sich im gegebenen Falle dann für jenes
Widerstandsgesetz zu entscheiden, bei dessen Wahl die Rechnungsergebnisse am besten mit der Beobachtung übereinstimmen.
Man begnügt sich aber gewöhnlich mit der einfachsten Annahme,
die sich machen läßt, nämlich, daß der Widerstand in jedem Augenblicke der Geschwindigkeit der Bewegung proportional sei. Wenn
der dämpfende Widerstand in der Hauptsache im Luftwiderstande
besteht und die Geschwindigkeiten der Schwingungsbewegung
nicht sehr erheblich sind, trifft diese Annahme, wie aus der
Übereinstimmung der daraus abgeleiteten Formeln mit den Beobachtungen zu schließen ist, in der Tat ziemlich genau zu. Noch
besser ist die Voraussetzung erfüllt, wenn die Dämpfung etwa
dadurch erfolgt, daß ein Magnet in der Nähe einer Kupfermasse
schwingt, wobei die elektrischen Ströme, die durch die Bewegung
in dem Kupferkörper induziert werden, einen sehr kräftigen dämpfenden Widerstand auf die Schwingungsbewegung ausüben. Dieser
Fall liegt bei vielen physikalischen Meßinstrumenten vor.

Setzen wir jetzt voraus, daß diese Annahme genau genug
zutreffe, und beschränken wir uns außerdem der Einfachheit wegen
zunächst auf die Untersuchung einer geradlinigen Schwingung,
so nimmt die dynamische Grundgleichung hier die Gestalt an

$$m \frac{d^2 x}{dt^2} = -cx - k \frac{dx}{dt}. \qquad (27)$$

Sie unterscheidet sich von der früheren nur dadurch, daß das

Glied $k\dfrac{dx}{dt}$ auf der rechten Seite neu hinzugetreten ist. Dieses Glied entspricht seinem Baue nach der Annahme, die wir für den dämpfenden Widerstand machten, denn es stellt das Produkt aus einem konstanten Faktor k, der die Größe der Dämpfung im gegebenen Falle mißt, und der Geschwindigkeit $\dfrac{dx}{dt}$ dar. Wenn man $k = 0$ setzt, geht die Gleichung wieder in jene für die ungedämpfte harmonische Schwingung über.

Die Dämpfung ist eine Kraft, die sich der Bewegung widersetzt und daher stets entgegengesetzt der Geschwindigkeit gerichtet ist. Das Vorzeichen der Kraft ist daher entgegengesetzt dem des Differentialquotienten $\dfrac{dx}{dt}$ zu nehmen, durch den die Geschwindigkeit dargestellt wird. Hiermit erklärt sich das negative Vorzeichen des letzten Gliedes auf der rechten Seite von Gl. (27).

Um diese Gleichung zu integrieren, setze man

$$x = A e^{\alpha t} + B e^{\beta t}.$$

Führt man diesen Wert in die Gleichung ein, so geht sie über in

$$m(\alpha^2 A e^{\alpha t} + \beta^2 B e^{\beta t}) + c(A e^{\alpha t} + B e^{\beta t}) + k(A \alpha e^{\alpha t} + B \beta e^{\beta t}) = 0.$$

Da die Gleichung für beliebige Werte von A und B identisch erfüllt sein soll, zerfällt sie in die beiden Gleichungen

$$A e^{\alpha t}(m\alpha^2 + c + k\alpha) = 0,$$
$$B e^{\beta t}(m\beta^2 + c + k\beta) = 0,$$

die für jeden Wert von t und für beliebige Werte von A und B erfüllt sein müssen. Hiernach müssen, wenn der für x angegebene Ausdruck die richtige Lösung der Gl. (27) bilden soll, α und β so bestimmt werden, daß die beiden Klammerwerte zu Null werden, d. h. α und β sind die beiden Wurzeln der quadratischen Gleichung

$$m\varepsilon^2 + c + k\varepsilon = 0.$$

Die Auflösung der Gleichung liefert

$$\varepsilon = -\frac{k}{2m} \pm \sqrt{\frac{k^2}{4m^2} - \frac{c}{m}},$$

also, wenn wir den hierin vorkommenden Wurzelwert zur Abkürzung mit γ bezeichnen,

$$\alpha = -\frac{k}{2m} + \gamma, \quad \beta = -\frac{k}{2m} - \gamma.$$

Die Werte von α und β könnten zwar auch miteinander vertauscht werden, womit aber an der allgemeinen Form des Ausdruckes von x nichts geändert würde, da auch A und B vorläufig nur zwei ebenfalls miteinander vertauschbare Zeichen für ganz beliebig zu wählende Werte sind. — Die allgemeine Lösung von Gl. (27) ist demnach von der Form

$$x = A e^{-\frac{k}{2m}t} e^{\gamma t} + B e^{-\frac{k}{2m}t} e^{-\gamma t}. \qquad (28)$$

Hier sind nun zwei wesentlich voneinander verschiedene Fälle zu unterscheiden, je nachdem der mit γ bezeichnete Wurzelwert reell oder imaginär ist. Im ersten Falle, den wir zunächst voraus-setzen wollen, kann die Lösung in der Form von Gl. (28) un-mittelbar beibehalten werden. Diese Lösung stellt aber überhaupt keine Schwingung mehr dar, weil x als eine nichtperiodische Funktion der Zeit gefunden ist. Nehmen wir, um die fernere Untersuchung zu vereinfachen, an, daß zu Anfang der Zeit t der Punkt mit der Geschwindigkeit v_0 durch den Ursprung gegangen sei, so erhalten wir für die Konstanten A und B die beiden Grenz-bedingungen

$$0 = A + B \text{ und } v_0 = A\left(-\frac{k}{2m} + \gamma\right) + B\left(-\frac{k}{2m} - \gamma\right),$$

woraus man durch Auflösen nach A und B findet

$$A = \frac{v_0}{2\gamma} \quad \text{und} \quad B = -\frac{v_0}{2\gamma}.$$

Durch Einsetzen der hiermit bestimmten Werte in Gl. (28) geht diese über in

$$x = \frac{v_0}{2\gamma} e^{-\frac{k}{2m}t}\left(e^{\gamma t} - e^{-\gamma t}\right), \qquad (29)$$

wofür auch, unter Benutzung des schon in Band II bei der Unter-suchung der Kettenlinie eingeführten Begriffes des hyperbolischen Sinus, kürzer

$$x = \frac{v_0}{\gamma} e^{-\frac{k}{2m}t} \sinh \gamma t \qquad (30)$$

geschrieben werden kann.

Dieser Ausdruck kann sein Vorzeichen bei wachsendem nicht ändern, denn $e^{-\gamma t}$ ist für ein positives t immer ein echter Bruch, während $e^{\gamma t}$ stets größer als Eins bleibt. Der Punkt bleibt also, wenn er diese Bewegung ausführt, vom Augenblicke $t = 0$ an stets auf derselben Seite der Koordinatenachse. Für $t = \infty$ liefert Gl. (29) wieder $x = 0$, denn aus der Definition von γ folgt, daß $\frac{k}{2m}$ jedenfalls größer ist als γ. Der größte Ausschlag, den der Punkt erreicht, und die Zeit, zu der dies geschieht, kann nach der gewöhnlichen Theorie der Maxima und Minima aus Gl. (29) ermittelt werden, womit ich mich aber jetzt nicht aufhalten will. Durch die bisherigen Auseinandersetzungen ist der allgemeine Verlauf der Bewegung bereits hinreichend gekennzeichnet. Eine solche Bewegung heißt eine aperiodische; sie ist dann zu erwarten, wenn die Dämpfung sehr stark ist (z. B. beim sogenannten ballistischen Galvanometer). Jedenfalls muß der Dämpfungsfaktor k mindestens den Wert

$$k = 2\sqrt{mc}$$

erhalten. Sobald k kleiner ist, wird der mit γ bezeichnete Wurzelwert imaginär, und dann treten wieder Schwingungen ein, die wir jetzt weiter untersuchen wollen.

In diesem Falle ist die Wurzel

$$\gamma' = \sqrt{\frac{c}{m} - \frac{k^2}{4m^2}}$$

ein reeller Wert, und für γ können wir in den vorausgehenden Entwicklungen

$$\gamma = i\gamma'$$

setzen. Hiermit geht Gl. (29) über in

$$x = \frac{v_0}{\gamma'} e^{-\frac{k}{2m}t} \cdot \frac{e^{i\gamma't} - e^{-i\gamma't}}{2i} .$$

Nach einer bekannten Formel der Analysis ist aber für den hier als letzter Faktor auf der rechten Seite auftretenden Ausdruck kürzer $\sin\gamma't$ zu setzen. Wir erhalten so für die gedämpften Schwingungen die fertige Lösung

$$x = \frac{v_0}{\gamma'} e^{-\frac{k}{2m}t} \sin\gamma't. \tag{31}$$

Übrigens steht es auch frei, wenn man diesen Übergang von den imaginären zu den reellen Werten vermeiden will, die Richtigkeit von Gl. (31) unmittelbar durch Einsetzen in die Differential·

gleichung (27) und Vergleich mit den vorgeschriebenen Grenzbedingungen nachzuweisen.

Der Hauptunterschied zwischen Gl. (31) und der die ungedämpften harmonischen Schwingungen darstellenden Gl. (19)

$$x = A \sin \alpha t$$

besteht in dem Hinzutreten der Exponentialfunktion $e^{-\frac{k}{2m}t}$ als
Faktor. Solange noch wenig Zeit von Beginn der Bewegung an
verstrichen ist, unterscheidet sich dieser Faktor nur wenig von
der Einheit; die Bewegung erfolgt bis dahin fast ebenso wie eine
ungedämpfte. Wenn die Dämpfung k sehr klein ist, kann schon
eine ganze Anzahl von Schwingungen verstreichen, bevor sich
eine Änderung des Schwingungsausschlags bemerklich macht.
Sobald aber t einmal so groß geworden ist, daß der Exponentialfaktor erheblich von 1 verschieden ist, nimmt dann innerhalb
von Zeiten, die mit dieser vergleichbar sind, der Schwingungsausschlag sehr schnell ab. War z. B. für eine gewisse Zeit t_1 der Exponentialfaktor gleich $\frac{1}{2}$, so ist er nach $2t_1$ gleich $\frac{1}{4}$, nach $3t_1$
gleich $\frac{1}{8}$ und nach $10t_1$ schon gleich $\frac{1}{1024}$, also in den meisten
Fällen schon ganz unmerklich geworden. Dieses schnelle Er-
löschen ist ja überhaupt die hervorstechendste Eigenschaft der
mit Hilfe einer Exponentialfunktion beschriebenen physikalischen
Gesetzmäßigkeiten.

Die Definition einer vollen Schwingung muß hier anders gefaßt werden als bei der ungedämpften Bewegung. Wir verstehen
darunter eine Bewegung aus der Gleichgewichtslage nach der
einen Seite, die Rückkehr von da, dann den Ausschlag nach der
anderen Seite, bis schließlich der Punkt abermals in der Gleichgewichtslage angelangt ist. Es ist nun sehr bemerkenswert, daß
auch die gedämpfte Schwingung isochron ist. In die
Gleichgewichtslage ist nämlich der Punkt immer dann wieder
zurückgekehrt, wenn $\sin \gamma' t$ zu Null wird. Dies trifft zu, wenn
der Winkel $\gamma' t$ wieder um π oder ein Vielfaches davon gewachsen
ist. Zur Dauer T einer vollen Schwingung gehört demnach ein
Zuwachs des Winkels um 2π, und daraus folgt

$$T = \frac{2\,\pi}{\gamma'} = \frac{4\,\pi\,m}{\sqrt{4\,m\,c - k^2}}.$$ (32)

Dieser Ausdruck ist in der Tat ganz unabhängig von der Zeit, die seit Beginn der Bewegung verstrichen ist, oder von dem Werte, auf den sich der Schwingungsausschlag seitdem vermindert hat. Wenn die Schwingungsausschläge kleiner werden, nehmen auch die Geschwindigkeiten entsprechend ab, so daß zum Durchlaufen der kleineren Wege immer noch ebensoviel Zeit gebraucht wird wie bei den größeren.

Die Schwingungsdauer der ungedämpften Schwingung erhält man aus Gl. (32), wenn man den Wert $k = 0$ setzt; Gl. (32) geht dann in Gl. (20) über. Man sieht aus dem Vergleich der beiden Gleichungen, daß die Schwingungsdauer T_g der gedämpften Schwingung stets größer ist als die Schwingungsdauer T_u der ungedämpften Schwingung. Die Werte für T_g liegen zwischen $2\,\pi\sqrt{\dfrac{m}{c}}$ (für $k = 0$) und ∞ (für $k = \sqrt{4\,m\,c}$).

Dieses durch die Rechnung erhaltene Ergebnis wird in praktischen Fällen oft falsch gewertet insofern, als Abweichungen zwischen der rechnungsmäßig unter Vernachlässigung der Dämpfung bestimmten Schwingungsdauer T_u und der gemessenen Schwingungsdauer T auf die Dämpfung geschoben werden. Das trifft in der Regel nicht zu. Man kann durch einfache Rechnung das Verhältnis zwischen T_g und T_u in Abhängigkeit von der Dämpfung ermitteln. Die Dämpfung kann man in besonders anschaulicher Weise durch die verhältnismäßige Abnahme ϑ von zwei aufeinanderfolgenden Größtausschlägen a_n und $a_{(n+1)}$, also durch $\dfrac{a_{(n+1)}}{a_n}$ ausdrücken. Wenn die Dämpfung so groß ist, daß der folgende Ausschlag $a_{(n+1)}$ nur noch halb so groß ist wie der eine volle Schwingung vorausgehende Ausschlag a_n (also $\vartheta = \tfrac{1}{2}$), dann beträgt der Unterschied zwischen T_u und T_g noch nicht 1%, ist also für die meisten Berechnungen in der Praxis ohne Bedeutung. Einer Abweichung zwischen T_u und T_g von 5% ist eine Abnahme des Schwingungsgrößtausschlags auf $\tfrac{1}{7}$ zugeordnet. (Die zugehörige Berechnung findet man in

O. Föppl: „Grundzüge der technischen Schwingungslehre" 2. Aufl., Berlin 1931, S. 109).

Die in der Praxis auftretenden Schwingungen sind stets gedämpft. Wenn aber die Dämpfung so groß ist, daß ohne Erregung der folgende Ausschlag nur noch halb so groß ist wie der vorausgehende, dann sind die Schwingungen in der Regel ungefährlich. Die in der Praxis angestellten Resonanzbetrachtungen beziehen sich fast stets auf schwachgedämpfte Schwingungen, bei denen die Schwingungsdauer T_g um weniger als 1 % von T_u abweicht. Wenn man deshalb in der Praxis eine Schwingungsdauer zu berechnen hat, bestimmt man oft nur T_u und erhält damit ein Ergebnis, das in der Regel um weniger als 1% von der Wirklichkeit abweicht. Abweichungen von weniger als 1 % sind aber gewöhnlich geringer als die unvermeidbaren Fehler in den Annahmen für die Rechnung (z. B. Annahme des Gleitmoduls G), so daß die auf diese Weise durchgeführte Berechnung der Schwingungsdauer im allgemeinen keine Verbesserung nötig hat.

Die Geschwindigkeit v des bewegten Punktes folgt aus Gl. (31) durch Differentiation nach der Zeit

$$v = \frac{dx}{dt} = \frac{v_0}{\gamma'} e^{-\frac{k}{2m}t} \left(\gamma' \cos \gamma' t - \frac{k}{2m} \sin \gamma' t \right). \qquad (32\,\mathrm{a})$$

Die Geschwindigkeit wird jedesmal zu Null bei einer Umkehr aus einer Bewegungsrichtung in die andere. Für die Umkehrzeiten hat man daher die Bedingung

$$\gamma' \cos \gamma' t - \frac{k}{2m} \sin \gamma' t = 0$$

oder
$$\mathrm{tg}\, \gamma' t = \frac{2\,m\,\gamma'}{k} = \frac{\sqrt{4\,m\,c - k^2}}{k}.$$

Diesen Wert nimmt die Tangente von $\gamma' t$ immer von neuem wieder an, wenn der Winkel $\gamma' t$ um π, 2π, 3π usf. gewachsen ist. Daraus folgt aber, daß die Zeit zwischen zwei aufeinanderfolgenden Umkehrpunkten immer gleich groß und, wie aus Gl. (32) hervorgeht, gleich der Hälfte einer vollen Schwingungsdauer ist.

Aus der $\mathrm{tg}\,\gamma' t$ berechnen wir zunächst $\sin \gamma' t$ nach der goniometrischen Formel

$$\sin \alpha = \frac{\operatorname{tg} \alpha}{\sqrt{1 + \operatorname{tg}^2 \alpha}},$$

also in unserem Falle nach Einsetzen des für $\operatorname{tg} \gamma' t$ gefundenen Wertes

$$\sin \gamma' t = \sqrt{\frac{4 m c - k^2}{4 m c}}. \tag{33}$$

Wir brauchen nur diesen Wert in Gl. (31) einzusetzen, um danach die Größe des Schwingungsausschlags oder x_{max} zu berechnen. Diese Schwingungsamplituden seien mit a bezeichnet. Uns interessieren nur die Schwingungsausschläge, die nach der gleichen Seite zu liegen, d. h. die je um eine volle Schwingungsdauer T zeitlich gegeneinander versetzt sind. Der Index n gibt an, der wievielte Schwingungsausschlag nach einer bestimmten Seite seit Beginn der Zeit t gerade vorliegt. Wir erhalten dann

$$a_n = \frac{v_0}{\gamma'} e^{-\frac{k}{2m} t} \sqrt{\frac{4 m c - k^2}{4 m c}},$$

oder, wenn man hier außerdem noch den Wert von γ' einführt,

$$a_n = v_0 \sqrt{\frac{m}{c}} \cdot e^{-\frac{k}{2m} t}. \tag{33 a}$$

Den genaueren Wert von t muß man sich aus Gl. (33) berechnet und in den Exponentialfaktor eingesetzt denken. Beim nächsten Schwingungsausschlage nach der gleichen Seite wird ebenso

$$a_{n+1} = v_0 \sqrt{\frac{m}{c}} e^{-\frac{k}{2m} t'}$$

gefunden, denn die Bedingung (33) für die Zeiten der Bewegungsumkehr gilt für alle Schwingungsumschläge in derselben Weise. Geändert hat sich daher in a_{n+1} gegenüber a_n nur der Exponentialfaktor, indem an Stelle von t die Zeit t' getreten ist. Nun ist aber, wie vorher schon bemerkt wurde,

$$t' = t + T = t + \frac{4 \pi m}{\sqrt{4 m c - k^2}}, \tag{33 b}$$

hiernach kann a_{n+1} auf einfache Weise aus a_n abgeleitet werden, indem man

$$a_{n+1} = a_n \cdot e^{-\frac{k T}{2m}} = a_n \cdot e^{-\frac{2 \pi k}{\sqrt{4 m c - k^2}}}$$

setzt. Das Verhältnis $a_{n+1} : a_n$ ist hiernach konstant, d. h. die aufeinanderfolgenden Schwingungsweiten bilden eine geometrische Reihe. Geht man zu den natürlichen Logarithmen über, so erhält man

$$\ln a_n - \ln a_{n+1} = \frac{2\pi k}{\sqrt{4mc - k^2}} = \frac{kT}{2m} = \delta. \qquad (34)$$

Die Logarithmen der um die Schwingungsdauer T gegeneinander versetzten Schwingungsgrößtausschläge unterscheiden sich demnach immer um den gleichen Wert, den man als logarithmisches Dekrement δ der Schwingung bezeichnet. Es kann gewöhnlich leicht durch unmittelbare Beobachtung der Bewegung ermittelt werden, und Gl. (34) dient dann dazu, den Dämpfungsfaktor k zu berechnen.

Bei stark gedämpften Schwingungen ist es oft nicht möglich, das logarithmische Dekrement δ aus den nach der gleichen Seite zu liegenden Schwingungsausschlägen zu bestimmen, da nicht genügend Ausschläge bekannt sind. Man ermittelt dann δ aus zwei aufeinanderfolgenden Ausschlägen, die nach verschiedenen Seiten zu liegen. Aber auch das bereitet oft Schwierigkeiten, wenn die Nullinie der Schwingung nicht genau festliegt. Die Lage der Nullinie ist namentlich dann unbestimmt, wenn neben der von der Geschwindigkeit abhängigen Reibung noch eine unveränderliche Reibung auftritt, die bewirkt, daß die Schwingung nicht, in der Nullage, sondern um ein Stück dagegen versetzt zur Ruhe kommt. Diese Verschiebung der Nullage schadet nicht so viel, wenn man das logarithmische Dekrement aus den Ausschlägen von zwei aufeinanderfolgenden Schwingungen nach der gleichen Seite bestimmt. Wenn man aber die aufeinanderfolgenden Ausschläge nach verschiedenen Seiten zur Bestimmung verwendet, dann wird der eine Ausschlag durch die fehlerhafte Festlegung der Nullage vergrößert und der andere verkleinert, so daß das Verhältnis beider oder der Wert des logarithmischen Dekrements δ stark beeinflußt wird.

Man kann sich in einem solchen Falle dadurch helfen, daß man die Schwingungsgeschwindigkeiten beim Durchschreiten der

Mittellage bestimmt und daraus δ berechnet. In Abb. 8a ist eine Ausschwingkurve wiedergegeben, bei der der Ausschlag a in Abhängigkeit von der Zeit t dargestellt ist. In den Punkten 1 und 3 verschwindet der Ausschlag, während zur Zeit t_2 der größte Ausschlag vorhanden ist.

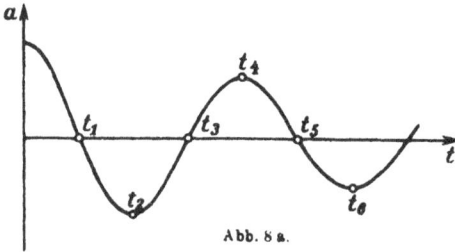

Abb. 8 a.

Aus Gl. (32a) erhält man die Geschwindigkeit v beim Durchschreiten der Mittellage, also zu einer Zeit, zu der $\gamma' t$ jedesmal ein ganzzahliges Vielfaches von π ist, zu

$$v_1 = v_0 e^{-\frac{k}{2m} t_1} \quad \text{und} \quad v_3 = v_0 e^{-\frac{k}{2m} t_3} . \tag{35}$$

Es ist ferner nach Gl. (32) und (33b)

$$t_3 - t_1 = \frac{T_y}{2} = \frac{2\pi m}{\sqrt{4mc - k^2}} \tag{35 b}$$

und nach Gl. (34, 35 und 35 b), siehe Abb. 8a:

$$\ln \frac{v_1}{v_3} = \frac{k}{2m}(t_3 - t_1) = \frac{\pi k}{\sqrt{4mc - k^2}} = \frac{1}{2} \ln \frac{a_2}{a_6} = \frac{\delta}{2} . \tag{36}$$

Die Bestimmung des logarithmischen Dekrements aus den Geschwindigkeiten beim Durchgehen durch die Mittellage hat den Vorteil, daß eine Verlagerung der Mittellage auf die beiden Geschwindigkeiten v_1 und v_3 im gleichen Sinne (entweder verringernd oder steigernd) einwirkt und daß deshalb der Fehler, der durch eine Verlagerung der Mittellage auf das logarithmische Dekrement hervorrufen wird, nicht so groß ist.

Man kann auch das logarithmische Dekrement aus einer halben Schwingung mit Hilfe der Überlegung bestimmen, daß der Schwingungshingang aus der Nullage bis zur äußersten Lage rascher erfolgt als der Rückgang aus der äußersten Lage bis zur Nullage, weil inzwischen die Dämpfung eine Verringerung der Geschwindigkeiten an entsprechenden Punkten hervorgerufen hat.[1]) In Abb. 8 a ist also z. B. die Zeit $t_2 - t_1$ kleiner als die Zeit $t_3 - t_2$. Aus dem Verhältnis der beiden Zeiten kann man eine Beziehung für die Bestimmung des logarithmischen Dekrements ableiten. Die Bestimmung ist aber deshalb verhältnismäßig ungenau, weil die Lage des Umkehrzeitpunktes t_2 ungenau ist, da in der Umgebung dieses Punktes nur geringe Geschwindigkeiten vorhanden sind.

Das logarithmische Dekrement δ wird besonders von den Physikern zur Messung der Dämpfung verwendet. Für die Ingenieure hat sich in den letzten Jahren die Dämpfung als besonders wichtige Eigenschaft zur Charakterisierung des Verhaltens eines wechselnder Beanspruchung ausgesetzten Werkstoffes im Dauerbetrieb herausgestellt. Es gibt z. B. stark dämpfungsfähige Stähle, bei denen im Tempo der Eigenschwingungszahl auftretende Impulse durch innere Werkstoffdämpfung in Wärme umgesetzt werden, so daß keine großen Ausschläge auftreten, während Schwingungsanordnungen aus wenig dämpfungsfähigen Stählen unter sonst gleichen Verhältnissen große Ausschläge machen. Wenn man also etwa eine Kurbelwelle aus einem stark dämpfungsfähigen, d. h. dyamisch zähen Stahl herstellt, so treten Schwingungsbeanspruchungen bei den im Rhythmus der Eigenschwingungszahl der Kurbelwelle auftretenden Impulsen auf, die nur einen Bruchteil (vielleicht $\frac{1}{3}$) so groß sind, wie wenn man die gleiche Kurbelwelle aus einem wenig dämpfungsfähigen, d. h. dynamisch spröden, Stahl herstellt. Die Bruchgefahr hängt aber in diesem Fall von der Größe der bei den Schwingungen auftretenden Wechselbeanspruchungen ab. Die Kurbelwelle aus wenig dämpfungsfähigem Stahl kann deshalb nach einiger Zeit zu Bruch gehen, während die aus dämpfungsfähigem, d. h. dynamisch zähem Stahl hergestellte Kurbelwelle beliebig lange hält, wiewohl ihre Schwingungsfestigkeit nur halb so groß sein mag wie die des dynamisch spröden Stahls.

Die Dämpfungsfähigkeit des Werkstoffes tritt nicht nur bei

---

1) E. Lehr, Schwingungstechnik.

Schwingungen auf, sondern in gleicher Weise bei jeder Wechselbeanspruchung zwischen einem positiven und negativen Größt
wert von gleichem absoluten Betrag. Die Randfaser der Welle
eines umlaufenden Schwungrades wird z. B., wenn sie oben liegt,
auf Druck, wenn sie unten liegt, auf Zug von gleicher Größe
beansprucht. Bei jeder Umdrehung der Welle tritt also ein
Spannungswechsel in der Faser auf, der ebenso verläuft, wie
wenn das Element ein Teil der Feder einer Schwingungsanordnung wäre. Die mit dieser Wechselbeanspruchung verbundene
Dämpfung interessiert in gleicher Weise bei der umlaufenden
Schwungradwelle wie bei der schwingenden Feder. Da man aber
nur für den letzteren Fall das logarithmische Dekrement definieren kann, muß man die Größe der Dämpfung in anderer
Weise festlegen:

Wie in der 10. Auflage des 3. Bandes, Seite 72 angegeben
ist, kann man die Spannung in Abhängigkeit von der Formänderung in Form eines Diagramms auftragen ($\varepsilon\sigma$-Diagramm
bzw. $\gamma\tau$-Diagramm). Wenn keine Werkstoffdämpfung auftritt,
ist die Abhängigkeit durch die Hookesche Gerade gegeben, die
durch den Nullpunkt hindurchgeht und gegen die Abszisse um
einen Winkel geneigt ist, dessen Tangente gleich dem Elastizi-
täts- bzw. dem Gleitmodul ist. Infolge der Werkstoffdämpfung
sind aber Hin- und Rückgang bei Be- und Entlastung etwas
gegeneinander verschoben, so daß im Spannungsformänderungs-
diagramm eine Hysteresisschleife umschlossen wird. Der Inhalt H
dieser Hysteresisschleife ist gleich der bei einer Schwingung im
Werkstoffelement in Wärme umgesetzten Dämpfungsarbeit. Man
kann diese Arbeit ins Verhältnis setzen zur bezogenen Formänderungsarbeit α, die in der äußersten Schwingungslage im
Element aufgespeichert ist, und erhält auf diese Weise die verhältnismäßige Dämpfung $\psi = \dfrac{H}{\alpha}$. ψ ist eine dimensionslose Größe,
da sowohl H als auch α in $\dfrac{\text{kg}}{\text{cm}^2}$ gemessen werden. Bei geringer
Dämpfung ist der Wert der verhältnismäßigen Dämpfung ψ
doppelt so groß wie der vorhin angegebene Wert für das logarithmische Dekrement δ, also $\psi = \sim 2\delta$. Bei großer Dämpfung

gilt eine andere Beziehung zwischen den beiden Größen. Vom
Ingenieur wird gewöhnlich statt des Wertes δ der Wert ψ verwendet.

Den Wert von ψ kann man ähnlich wie δ aus einer abklingenden Schwingung bestimmen. Man muß zu diesem Zwecke
die Abnahme der Formänderungsenergie bei zwei aufeinanderfolgenden Schwingungen betrachten. Diese Abnahme ist, da die
Formänderungsarbeit α dem Quadrate des Ausschlags verhältnisgleich ist, doppelt so groß wie die Abnahme des Schwingungsausschlags a. Man kann statt dessen den Wert von ψ auch durch
einen im Beharrungszustand durchgeführten Versuch bestimmen,
bei dem je Schwingung die gleiche Energie A_z zugeführt wird,
die an Dämpfung verbraucht wird. Wenn die Dämpfung nur
schwach ist, kann 2δ gleichgesetzt werden dem Verhältnis der
Dämpfungsarbeit A_z je Schwingung zur Formänderungsarbeit A
in der äußersten Lage, also

$$\psi = \frac{A_z}{A} = \sim 2\delta .$$

Anmerkung. Die eben angegebene Definition für die verhältnismäßige Dämpfung ψ oder für das logarithmische Dekrement δ ist
ursprünglich in der Elektrotechnik verwendet worden (s. z. B. Rein-
Wirtz, Radiotelegraphisches Praktikum, 1912, Seite 64). Ober-
ingenieur Schieferstein, Berlin, hat diese Definition aus der Elektrotechnik auf mechanische Schwingungen übertragen und sich die Anwendung der Formel auf mechanische Schwingungsvorgänge in den
Jahren 1921 und 1923 durch die Patente 463 391 und 454 398
schützen lassen. Da aber nach dieser Definitionsformel jede in Resonanz arbeitende Schwingungsordnung betrieben wird, fällt unter
diese beiden Patente jeder mit Absicht herbeigeführte mechanische
Resonanzbetrieb.

Der Herausgeber hatte eine in Resonanz betriebene Dauerprüf-
maschine gebaut und war wegen Verletzung dieser beiden Patente
verklagt worden, wiewohl er die gleiche Maschine schon vor dem
Anmeldetag der beiden Patente benutzt hatte. Das Landgericht
Berlin I hat den Herausgeber mit ungefähr folgender Begründung
verurteilt: „Der Beklagte kann sich auch nicht gegenüber diesen beiden
Patenten auf ein Vorbenutzungsrecht berufen, denn wenn die vor
Anmeldung dieser Patente von ihm betriebene Prüfmaschine auch
bereits nach der Formel der Klagepatente gearbeitet haben sollte,

so ist dieses doch damals jedenfalls nicht bewußt geschehen. Arbeitete der Beklagte aber nicht bewußt nach der genannten Formel, so fehlte ihm die Erkenntnis der Erfindung. Damit entfällt ein Vorbenutzungsrecht."

An einem einfachen Beispiel erkennt man sofort das Eigenartige dieser Urteilsbegründung: Nehmen wir an, es sei in der Flugtechnik die Definition für die Geschwindigkeit $v = \frac{\varDelta s}{\varDelta t}$ (mit $\varDelta s$ Wegänderung und $\varDelta t$ Zeitänderung) üblich gewesen, die aber vorher im Eisenbahnbetrieb noch nicht verwendet worden wäre. Es hätte sich nun jemand die Übertragung der angegebenen Definitionsgleichung aus dem Flugbetrieb auf den Eisenbahnbetrieb schützen lassen, dann würde also jede mit einer beliebigen Geschwindigkeit v betriebene Eisenbahn unter das Patent fallen und das Landgericht Berlin I müßte folgerichtig dem Eisenbahnfiskus das Vorbenutzungsrecht verweigern mit der gleichen Begründung, die es dem Herausgeber gegenüber vorgebracht hat: „Arbeitet die Reichsbahn aber nicht bewußt nach der genannten Formel, so fehlt ihr die Erkenntnis der Erfindung und damit entfällt ein Vorbenutzungsrecht."

Der Herausgeber hat inzwischen die beiden Patente nichtig geklagt und ist mit dieser Klage vor dem Patentamt durchgedrungen, so daß die Angelegenheit in befriedigender Weise beigelegt zu werden scheint.

§ 7. Dämpfung durch gewöhnliche Reibung.

Während vorher angenommen war, daß die Dämpfung proportional der Geschwindigkeit gesetzt werden könne, wollen wir jetzt den Fall betrachten, daß sie von der Geschwindigkeit unabhängig ist. Wenn die Dämpfung von einer gewöhnlichen Reibung zwischen festen Körpern herrührt, kommt man nämlich mit dieser Annahme dem wirklichen Verhalten des schwingenden Körpers näher als mit der anderen, obschon ja aus der Besprechung der Reibung in Band I bereits bekannt ist, daß auch bei

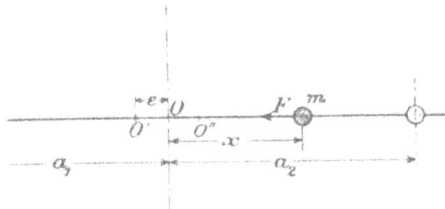

Abb. 9.

der Reibung zwischen festen Körpern die Geschwindigkeit nicht ganz ohne Einfluß ist. Davon wollen wir aber hier absehen.

In Abb. 9 sei O das Anziehungszentrum und die durch O gezogene horizontale Gerade die Schwingungsbahn des materiellen Punktes von der Masse m, dessen augenblickliche Lage durch die in dieser Richtung positiv gezählte Abszisse x angegeben werden soll. Wir wollen ferner zunächst annehmen, daß $\frac{dx}{dt}$ positiv sei. Die Reibung von dem konstanten Betrage F wirkt der Bewegung entgegen, also hier in negativer Richtung. An Stelle von Gl. (27) des vorigen Paragraphen tritt dann die Bewegungsgleichung

$$m \frac{d^2x}{dt^2} = - cx - F. \tag{37}$$

In dieser Form gilt die Gleichung aber nur für den zunächst angenommenen Fall, daß sich m in positiver Richtung bewegt. Dagegen ist es gleichgültig, ob x selbst positiv oder negativ ist, d. h. die Gleichung gilt für das einmalige Durchlaufen der Schwingungsbahn von dem Ausschlage a_1 auf der linken Seite (in der Zeichnung) bis zur Erreichung des Ausschlages a_2 auf der rechten Seite.

Bei der darauffolgenden Bewegung im umgekehrten Sinne hat dagegen die Reibung das Vorzeichen gewechselt, da sie jederzeit der Geschwindigkeit entgegengesetzt gerichtet ist, und die vorige Gleichung ist daher zu ersetzen durch

$$m \frac{d^2x}{dt^2} = - cx + F. \tag{38}$$

Hierdurch wird ein wesentlicher Unterschied gegenüber dem früheren Falle herbeigeführt, bei dem die Reibung als proportional mit der Geschwindigkeit vorausgesetzt wurde. In Gl. (27) wechselte nämlich das die Reibung darstellende Glied $k\frac{dx}{dt}$ mit $\frac{dx}{dt}$ von selbst das Vorzeichen, so daß die Gl. (27) zu jeder Zeit unverändert in derselben analytischen Form beibehalten werden konnte, während wir hier dem Vorzeichenwechsel der Reibung in anderer Weise Rechnung tragen müssen. Ebenso ist es übrigens auch für den Fall einer Dämpfung, die mit dem Quadrate der Geschwindigkeit proportional ist. Denn in diesem Falle wird die Dämpfung durch ein Glied von der Form $k\left(\frac{dx}{dt}\right)^2$ in der Be-

wegungsgleichung dargestellt, das ebenfalls von selbst keinen
Vorzeichenwechsel erfährt, wenn man die Bewegungsrichtung
umkehrt. Man hat dann gleichfalls zwei Bewegungsgleichungen
anzuschreiben, die abwechselnd für die Bewegungen in entgegengesetzten Richtungen gültig sind. In einer Anmerkung am Schlusse
dieses Paragraphen ist dieser Fall noch näher besprochen.

Bleiben wir bei der Untersuchung von Gl. (37) stehen, so
können wir diese dadurch vereinfachen, daß wir an Stelle von F
eine Strecke e einführen, die sich aus

$$e = \frac{F}{c} \qquad (39)$$

berechnen läßt. Gl. (37) lautet hiermit

$$m\,\frac{d^2 x}{dt^2} = -c(x + e).$$

Da e konstant ist, kann dafür auch

$$m\,\frac{d^2(x + e)}{dt^2} = -c(x + e)$$

geschrieben werden. Das ist aber genau übereinstimmend mit
der Differentialgleichung einer ungedämpften Schwingung, die
unter dem Einflusse eines Anziehungszentrums O' erfolgt, das
von O aus um die Strecke e nach links hin liegt. Die Lösung
lautet genau entsprechend Gl. (17)

$$x + e = A \sin \alpha t + B \cos \alpha t, \qquad (40)$$

wobei α und hiermit die Schwingungsdauer denselben Wert behalten wie früher. Hiernach fällt O' auch genau in die Mitte
der ganzen Schwingungsbahn, die wir jetzt betrachten. Dagegen
ist O um e aus der Mitte verschoben, d. h. wir haben

$$a_2 = a_1 - 2e. \qquad (41)$$

Nun können wir zur Untersuchung der Bewegung in der
entgegengesetzten Richtung schreiten, wobei wir genau in derselben Weise verfahren können. Gl. (38) läßt sich in der Form

$$m\,\frac{d^2(x - e)}{dt^2} = -c(x - e)$$

schreiben, deren Lösung sich zu

$$x - e = A' \sin \alpha t + B' \cos \alpha t$$

ergibt. Auch diese Bewegung erfolgt wieder genau so, als wenn gar keine Reibung vorhanden, dafür aber das Anziehungszentrum von O um den Betrag e nach rechts, also nach O'' verschoben wäre. Der nächstfolgende Ausschlag a_3 nach links hin folgt daher aus a_2 wiederum durch Subtraktion von $2e$, d. h.

$$a_3 = a_2 - 2e. \tag{42}$$

Übrigens wäre es gar nicht einmal nötig gewesen, dieses Ergebnis von neuem aus Gl. (38) abzuleiten, denn Gl. (37) gilt auch sofort für die Bewegung in jeder Richtung, wenn man sich nur vorbehält, jedesmal die Richtung der positiven x mit der Bewegungsrichtung umzukehren. Gl. (42) ist dann schon eine notwendige Folge von Gl. (41). Allgemein hat man daher für zwei aufeinanderfolgende Schwingungsausschläge

$$a_{n+1} = a_n - 2e. \tag{43}$$

Die Ausschläge bilden daher hier eine arithmetische Reihe, während sie in dem häufiger vorkommenden Falle, der im vorigen Paragraphen behandelt wurde, eine geometrische Reihe bildeten. Ferner erlöschen hier die Schwingungen nicht dadurch, daß sie schließlich unbegrenzt klein werden, sondern sie brechen plötzlich ab. Wenn nämlich ein Schwingungsausschlag kleiner geworden ist als $2e$, so hört weiterhin die Gültigkeit von Gl. (43) auf, in der die a nur positive Größen bedeuten können. Ist dieser Wert von a zugleich kleiner als e, so ist damit die Bewegung überhaupt beendet, da die elastische Kraft die Reibung nicht mehr überwinden kann; der schwingende Körper bleibt einfach auf der Strecke zwischen O' und O'' liegen. Wenn dagegen der letzte nach Gl. (43) berechnete Wert a größer als e und kleiner als $2e$ ist, so erfolgt noch ein letzter Schwingungsweg, der aber den Punkt nicht mehr über die Gleichgewichtslage O hinauszuführen vermag. Der Punkt bleibt dann in einem Abstande a_m von O liegen, der sich aus

$$a_m = 2e - a_{m-1}$$

berechnet, wobei a_{m-1} den letzten nach Gl. (43) berechneten Ausschlag a bedeutet.

Besonders hervorzuheben ist noch, daß auch die durch eine

konstante Reibung gedämpften Schwingungen isochron sind.
Dabei ist aber die Schwingungsdauer nicht wie in dem
früheren Falle durch die Dämpfung vergrößert, sondern
sie bleibt genau so groß, als wenn die Schwingungen
ganz ungedämpft wären.

Erste Anmerkung Besonders wichtig ist die Dämpfung von
mechanischen Schwingungsvorgängen, die vom Werkstoff selbst herrührt, da sie bei jeder Schwingung auftritt und in vielen Fällen
von ausschlaggebender Größe ist. Es ist zu beachten, daß die Werkstoffdämpfung nicht von der Geschwindigkeit, sondern vom Schwingungsausschlag abhängt. Wenn man die gleiche Feder mit verschiedenen Schwungmassen behaftet, so schwingen die Anordnungen
verschieden rasch, oder der Schwingungsvorgang verläuft mit verschiedener Geschwindigkeit. Die Dämpfung ist aber in diesem Falle
unabhängig von der Geschwindigkeit, wenn man die Betrachtung
an den verschiedenen Schwingungsanordnungen stets bei gleichem
Schwingungsausschlag durchführt. Das trifft wenigstens zu, wenn die
Verschiedenheit in der Geschwindigkeit nicht allzu groß ist, also

etwa für Schwingungen mit der Eigenschwingungszahl $n = 10 \frac{1}{\text{min}}$

bis $10\,000 \frac{1}{\text{min}}$. Bei sehr langsamen oder sehr raschen Schwingungen

können Abweichungen von der vorgenannten Regel auftreten.

Die Werkstoffdämpfung ist aber, weil sie unabhängig von der
Geschwindigkeit ist, nicht eine konstante Größe. Wenn man nämlich
für die gleiche Schwingungsordnung den Schwingungsausschlag verändert, so ändert sich die Werkstoffdämpfung ganz wesentlich und
zwar im allgemeinen so, daß die Dämpfung verhältnisgleich mit
dem Schwingungsschlag oder noch rascher zunimmt. Bei gleicher
Schwingungszahl n wächst aber die Schwingungsgeschwindigkeit
verhältnisgleich mit dem Ausschlag. Ein Schwingungsvorgang, der
durch die Werkstoffdämpfung zum Abklingen gebracht wird, verläuft deshalb ähnlich wie ein solcher, bei dem die Dämpfung verhältnisgleich mit der Geschwindigkeit ist. Vor allem ist die Endlage,
in der die Schwingungsanordnung zur Ruhe kommt, angenähert
gleich der Mittellage und nicht, wie bei der Schwingung mit konstanter Dämpfung, gegen die Mittellage um ein wesentliches Stück
verschoben.

Wenn man die Betrachtung für Schwingungsvorgänge mit Werkstoffdämpfung auf eine bestimmte Schwingungsanordnung mit einer
bestimmten Masse beschränkt, macht man deshalb mit Vorteil den
Ansatz, daß die Dämpfung verhältnisgleich der Geschwindigkeit sei,

weil ja die Schwingungsgeschwindigkeit bei der gleichen Anordnung
mit zurückgehendem Schwingungsausschlag ebenfalls abnimmt. Man
stellt für diesen Fall das logarithmische Dekrement δ ähnlich wie
in § 6 fest und trägt es nicht in Abhängigkeit von der Geschwindigkeit, sondern in Abhängigkeit vom Schwingungsausschlag oder von
der Beanspruchung des Werkstoffes auf. Gerade für diese Betrachtungen
ist es aber vorteilhafter, wenn man statt des logarithmischen Dekrements die verhältnismäßige Dämpfung ψ verwendet und diese
definiert durch die Gleichung $\psi = \dfrac{A_s}{A}$, auf die schon in § 6 hingewiesen ist. Bei geringer Dämpfung ist angenähert $\psi = 2\,\delta$, während bei starker Dämpfung eine umständlichere Abhängigkeit besteht. Insbesondere ist zu beachten, daß die Werkstoffdämpfung
einen größeren Wert als $\psi = 2$ liefern kann — für weiche Stähle
ist bei größeren Formänderungen ψ schon größer als 1 —.

Das logarithmische Dekrement δ kann nur zur Bestimmung der
Dämpfung verwendet werden, wenn ein wirklicher Schwingungsvorgang vorliegt, d. h. wenn die Dämpfung nicht so groß ist, daß
die Bewegung aperiodisch abklingt. Aber auch für den aperiodischen
Bewegungsvorgang ist es wichtig, die Größe der Dämpfung anzugeben. Wenn man das logarithmische Dekrement durch die verhältnismäßige Dämpfung ψ ersetzt, wird dieses Ziel erreicht.

Das logarithmische Dekrement ist also definiert durch die verhältnismäßige Abnahme zweier aufeinander folgenden Schwingungsausschläge einer abklingenden Schwingung, während die verhältnismäßige Dämpfung durch die Energiezufuhr bestimmt ist, die im
Beharrungszustand zur Erhaltung der Schwingung als Ersatz für
die Dämpfung nachgeliefert werden muß. Der Vorteil der Verwendung der verhältnismäßigen Dämpfung ψ gegenüber dem logarithmischen Dekrement liegt darin, daß die Betrachtung auf jeden
Spannungswechsel innerhalb gleicher Grenzen angewendet werden
kann (also nicht nur auf Schwingungsvorgänge) und daß das
Dämpfungsmaß auch für verhältnismäßig große Dämpfung Gültigkeit hat.

Zweite Anmerkung. Endlich mag hier noch die geradlinige
Schwingung besprochen werden, die gegen eine mit dem Quadrate
der Geschwindigkeit proportionale Dämpfung erfolgt. Für
jede Bewegungsrichtung ist eine besondere Gleichung aufzustellen.
Für die Bewegung im Sinne der positiven x lautet die Differentialgleichung

$$m\frac{d^2x}{dt^2} + k\left(\frac{dx}{dt}\right)^2 + cx = 0\,.$$

Gegenüber Gl. (27) im vorigen Paragraphen ist nur das Quadrat der

Geschwindigkeit an Stelle der ersten Potenz getreten; dem entsprechend hat hier auch k eine etwas andere Bedeutung. Für die Bewegung im entgegengesetzten Sinne ist das Vorzeichen des Gliedes $k \left(\dfrac{dx}{dt}\right)^2$ umzukehren.

Betrachtet man $\dfrac{dx}{dt}$ als die unbekannte Veränderliche, so läßt sich die Gleichung für diese integrieren, und zwar findet man

$$\frac{dx}{dt} = \sqrt{\frac{c\,m}{2\,k^2}\left(1 - \frac{2\,k}{m}x + C e^{-\frac{2\,k}{m}x}\right)}.$$

Dabei ist C die willkürliche Integrationskonstante. Von der Richtigkeit der Lösung überzeugt man sich leicht durch Einsetzen des Wertes in die Differentialgleichung.

Zu Anfang des betrachteten Schwingungsweges war die Geschwindigkeit $\dfrac{dx}{dt}$ gleich Null und $x = -a_0$, wenn a_0 den zugehörigen Schwingungsausschlag bezeichnet, der jedenfalls nach der negativen Richtung hin erfolgte. Aus dieser Grenzbedingung erhält man

$$C = - e^{-\frac{2\,k}{m}a_0}\left(1 + \frac{2\,k}{m}a_0\right),$$

womit die vorige Gleichung übergeht in

$$\frac{dx}{dt} = \sqrt{\frac{c\,m}{2\,k^2}\left\{1 - \frac{2\,k}{m}x - e^{-\frac{2\,k}{m}(x + a_0)}\left(1 + \frac{2\,k}{m}a_0\right)\right\}}$$

Am Ende des Schwingungsweges wird $\dfrac{dx}{dt}$ wieder zu Null und $x = a_1$, wenn der jetzt in der positiven Richtung gehende Ausschlag mit a_1 bezeichnet wird. Man erhält daher a_1 aus der Lösung der transzendenten Gleichung

$$1 - \frac{2\,k}{m}a_1 = \left(1 + \frac{2\,k}{m}a_0\right)e^{-\frac{2\,k}{m}(a_1 + a_0)},$$

die sich im allgemeinen Falle nur durch Probieren auflösen läßt. Wenn dagegen k ziemlich klein ist, genügt es, die Exponentialfunktion durch eine auf wenige Glieder erstreckte Reihenentwicklung zu ersetzen und dadurch eine brauchbare Näherungsformel abzuleiten. Schreibt man vorübergehend an Stelle von $\dfrac{2\,k}{m}a_0$ zur Abkürzung z_0 usf., so lautet die Gleichung

$$1 - z_1 = (1 + z_0)\left(1 - (z_0 + z_1) + \frac{(z_0 + z_1)^2}{2} - \frac{(z_0 + z_1)^3}{6} + \cdots\right)$$

Läßt man alle Glieder weg, die eine höhere Potenz von z_0 oder z_1

als die dritte enthalten, so kommt man auf eine quadratische Gleichung für z_1, nämlich

$$z_1^2 - z_1(3 + z_0) = 2z_0^2 - 3z_0.$$

Löst man diese auf, entwickelt die Wurzel und läßt die höheren
Potenzen von z_0 weg, so erhält man für z_1 den Näherungswert

$$z_1 = z_0\left(1 - \frac{2}{3}z_0\right),$$

oder wenn man wieder zur früheren Bezeichnung zurückkehrt,

$$a_1 = a_0\left(1 - \frac{4k}{3m}a_0\right).$$

Dieselbe Formel kann natürlich auch dazu verwendet werden, um den
nächstfolgenden Ausschlag a_2 aus a_1 zu berechnen usf. Aus der
Formel folgt, daß die Abnahme des Ausschlags während einer einfachen Schwingung einen um so kleineren Bruchteil des Ausschlags
ausmacht, je kleiner der Ausschlag selbst wird.

Für die Schwingungsdauer erhält man

$$T = 2\int\limits_{-a_0}^{+a_0} \frac{dx}{\sqrt{\dfrac{cm}{2k^2}\left\{1 - \dfrac{2k}{m}x - \left(1 + \dfrac{2k}{m}a_0\right)e^{-\frac{2k}{m}(x+a_0)}\right\}}}.$$

Im allgemeinen Falle ist man auf eine mechanische Auswertung des
Integrals angewiesen. Für ein kleines k kann indessen auch hier in
derselben Weise wie vorher eine Näherungsformel abgeleitet werden.
Die Schwingungen sind nicht isochron.

§ 8. Erzwungene Schwingungen.

Bisher war zuerst angenommen worden, daß die elastische
Kraft oder die „Kraft des Feldes" allein auf den beweglichen
Punkt einwirke, und dann, daß neben ihr noch ein dämpfender
Widerstand zu berücksichtigen sei. Jetzt wollen wir unsere Betrachtung auf den allgemeineren Fall ausdehnen, daß außerdem
zugleich noch eine andere, unmittelbar gegebene Kraft an dem
materiellen Punkt angreife. Die in diesem Falle zustande kommenden Schwingungen werden als „erzwungene" bezeichnet,

im Gegensatze zu den „freien" oder, wie man gewöhnlich sagt, zu den „Eigenschwingungen" des Punktes.

Die Lehre von den erzwungenen Schwingungen ist, wie ich zuvor bemerken möchte, nach verschiedenen Richtungen hin von großer Bedeutung für die Erklärung physikalischer Vorgänge. Dabei handelt es sich freilich auch hier wieder meist um Fälle, bei denen das einfache Bild des materiellen Punktes zur vollständigen Beschreibung des Vorgangs nicht genügt. Das hindert aber nicht, daß sich der zeitliche Verlauf der Schwingungen in allen wesentlichen Punkten mit jenem deckt, der bei einem einzelnen materiellen Punkte zu erwarten wäre. Um mit dem Gegenstande vertraut zu werden, tut man daher am besten, diese Schwingungserscheinungen unter Voraussetzung möglichst einfacher Verhältnisse, zuerst also am einzelnen materiellen Punkte zu untersuchen. Man kann sich dabei von vornherein vorbehalten, das Anwendungsgebiet dieser Betrachtungen unter entsprechender Berücksichtigung der Besonderheiten des einzelnen Falles später weiter auszudehnen. So ist es auch zu verstehen, wenn ich jetzt zur Erläuterung der physikalischen Bedeutung der uns hier beschäftigenden Untersuchung einige Fälle erzwungener Schwingungen als Beispiele anführe.

Wenn man zwei Stimmgabeln von ungefähr gleicher Tonhöhe auf einem Tische aufstellt und die eine anschlägt, gerät auch die andere ins Tönen. In diesem Falle sind es die von der ersten Stimmgabel ausgehenden Schallwellen, die beim Auftreffen auf die zweite Stimmgabel an dieser periodisch wechselnde Kräfte ausüben, die zu den elastischen Kräften dieser Stimmgabel selbst und zu ihrem dämpfenden Widerstande hinzutreten und eine Schwingungsbewegung zuerst einleiten und deren weiteren Verlauf regeln. In solchen Fällen nennt man die Bewegung der zweiten Stimmgabel auch oft ein „Mitschwingen", und die ganze Erscheinung führt den Namen „Resonanz". In anderen Fällen wird der erste Körper, von dem der Anstoß ausgeht, als der „Erreger", der andere als der „Empfänger" bezeichnet. So kommt bei den bekannten Hertzschen Versuchen mit elektrischen Schwingungen und bei der daraus hervorge-

gangenen drahtlosen Telegraphie ein Erreger oder „Oszillator"
vor, von dem die elektrischen Wellen ausgesendet werden, und
ein Resonator oder Empfänger, in dem erzwungene Schwingungen entstehen, die durch die an ihnen beobachteten Erscheinungen einen Rückschluß auf die Wellenzüge im Lufttraume
zulassen.

Als ferneres Beispiel führe ich die Schwingungen eines
Schiffes an. Wenn dieses im ruhigen Wasser aus der Gleichgewichtslage gebracht und dann sich selbst überlassen wird,
führt es pendelnde Bewegungen aus, die im großen ganzen den
für die gedämpften Schwingungen abgeleiteten Gesetzen folgen.
Sobald nun das Wasser selbst in Wellenbewegungen begriffen
ist, kommen hierzu äußere Anstöße, die zu erzwungenen Schwingungen führen. Diese können sehr gefährlich werden, wenn die
Schwingungsdauer der Wasserwellen zufällig ziemlich genau mit
der Schwingungsdauer der Eigenschwingungen des Schiffes zusammenfällt. In diesem Falle spricht man wieder von einer
Resonanz der Schwingungen, womit hiernach ein besonderer Fall
der erzwungenen Schwingungen gekennzeichnet wird. — Auch
im ruhigen Wasser kann übrigens das Schiff in erzwungene
Schwingungen versetzt werden, wenn eine Maschine in ihm umläuft, deren Massen nicht so ausgeglichen sind, daß periodisch
wechselnde Anstöße auf den Schiffskörper vermieden werden.
Hierher gehören ferner auch die durch taktmäßiges Marschieren
einer Menschenmasse über eine Brücke hervorgerufenen erzwungenen Schwingungen[1]) und noch manche andere Erscheinungen
von verwandter Art.

Um die erzwungenen Schwingungen näher untersuchen zu
können, muß man eine Annahme darüber machen, von welcher

---

1) Diese Aufgabe ist von Prof. H. Reißner ausführlich behandelt
worden; zuerst auf Grund einer ungenaueren Annahme, durch die die
Schwingungen von Brückenträgern auf erzwungene Schwingungen eines
einzelnen materiellen Punktes zurückgeführt wurden, in der Abhandlung
„Zur Dynamik des Fachwerks", Zeitschr. f. Bauwesen 1899, S. 478, und
hierauf strenger in einer zweiten Abhandlung „Schwingungsaufgaben
aus der Theorie des Fachwerks" in derselben Zeitschrift 1903, S. 137
Die strengere Lösung erfordert freilich sehr umständliche Rechnungen

Art die Kraft sein soll, die diese Schwingungen hervorbringt. Wie aus den zuvor angeführten Beispielen hervorgeht, handelt es sich dabei um periodisch der Richtung nach wechselnde Kräfte. Das einfachste Gesetz eines solchen periodischen Wechsels wird durch eine Sinus- (oder, was auf dasselbe hinauskommt, durch eine Kosinus-)Funktion der Zeit ausgesprochen. Ich werde daher jetzt annehmen, daß auf den beweglichen materiellen Punkt außer der elastischen Kraft und dem dämpfenden Widerstande noch eine Kraft P von außen her einwirkt, die

$$P = K \sin \eta t$$

ist, worin K, d. h. der größte Absolutbetrag dieser Kraft, ebenso wie die den zeitlichen Verlauf der Erregung beschreibende Konstante η beliebig gegeben sein mögen.

An Stelle von Gl. (27) ist mit Berücksichtigung des neu hinzutretenden Gliedes jetzt zu schreiben

$$m \frac{d^2 x}{d t^2} + c x + k \frac{d x}{d t} = K \sin \eta t, \qquad (44)$$

und alle Eigenschaften der erzwungenen Schwingungen sind aus dem Integrale dieser Differentialgleichung abzuleiten.

Die allgemeine Lösung der Gl. (44) ist bekannt: sie setzt sich aus drei Gliedern zusammen, von denen die beiden ersten mit den willkürlichen Integrationskonstanten behaftet, aber von K und η unabhängig sind. Diese beiden Glieder bleiben übrig, wenn man K gleich Null setzt, d. h. sie entsprechen, für sich genommen, den Eigenschwingungen des Punktes. Dazu kommt dann noch ein drittes Glied, das K und η, aber keine willkürliche Integrationskonstante enthält. Dieses Glied bleibt übrig, wenn die Integrationskonstanten infolge der Anfangsbedingungen gleich Null sind, d. h. es bildet ein partikuläres Integral der Gl. (44).

Es erleichtert die Übersicht über die Rechnungen, wenn man dieses dritte Glied, das hiernach, für sich genommen, die Gleichung schon befriedigen muß, für sich betrachtet. Es möge mit x_2 bezeichnet werden; dann läßt sich setzen

$$x_2 = C \sin (\eta t - \varphi), \qquad (45)$$

worin aber nun die beiden neu eingeführten Konstanten C und

φ nicht willkürlich sind, sondern durch Einsetzen von x_2 in die
Gl. (44) so bestimmt werden müssen, daß diese Gleichung erfüllt
wird. Man hat aus (45)

$$\frac{dx_2}{dt} = C\eta \cos(\eta t - \varphi)$$

$$\frac{d^2x_2}{dt^2} = -C\eta^2 \sin(\eta t - \varphi),$$

und Gl. (44) liefert daher beim Einsetzen dieser Werte

$$-mC\eta^2 \sin(\eta t - \varphi) + cC \sin(\eta t - \varphi)$$
$$+ kC\eta \cos(\eta t - \varphi) = K \sin \eta t.$$

Diese Gleichung soll für beliebige Werte der Veränderlichen t
erfüllt sein. Das ist aber nur möglich, wenn zwischen den Konstanten gewisse Beziehungen bestehen, zu deren Ableitung wir
den Sinus und den Kosinus der Winkelsumme nach bekannten
goniometrischen Formeln entwickeln. Bei passender Zusammenfassung der Glieder nimmt dann die Gleichung die Form an

$$\sin \eta t \{-mC\eta^2 \cos \varphi + cC \cos \varphi + kC \sin \varphi - K\}$$
$$+ \cos \eta t \{+mC\eta^2 \sin \varphi - cC \sin \varphi + kC\eta \cos \varphi\} = 0.$$

Damit diese Gleichung für jeden Wert von t bestehe, muß jeder
der beiden in den geschweiften Klammern stehenden Ausdrücke,
die nur konstante Größen enthalten, für sich gleich Null sein.
Damit haben wir die beiden Bedingungsgleichungen gewonnen,
aus denen die Konstanten C und φ berechnet werden können.
Setzt man zunächst die zweite Klammer gleich Null, so folgt (da
C nicht gleich Null sein kann, wenn K von Null verschieden ist)
zunächst für φ

$$\operatorname{tg} \varphi = \frac{k\eta}{c - m\eta^2}. \tag{46}$$

Hiermit ist φ als bekannt anzusehen. Aus der Bedingung, daß
auch die erste Klammer verschwinden muß, folgt für C

$$C = \frac{K}{\cos\varphi\,(c - m\eta^2) + k\eta \sin\varphi}, \tag{47}$$

worin der Winkel φ auf Grund der vorhergegangenen Bestimmungen als gegeben zu betrachten ist, und zwar so, daß er aus
Gl. (46) stets als ein positiver spitzer oder stumpfer Winkel zu
entnehmen ist. Schreibt man Gl. (47) zunächst in der Form

$$C = \frac{K \cos \varphi}{(c - m\eta^2)\left\{\cos^2 \varphi + \dfrac{k\eta}{c - m\eta^2}\sin \varphi \cos \varphi\right\}}$$

und beachtet hierauf (Gl. 46), so wird der Wert in der geschweiften Klammer gleich Eins, und die Gleichung vereinfacht sich zu

$$C = \frac{K \cos \varphi}{c - m\eta^2} \qquad (48)$$

Wenn $(c - m\eta^2)$ positiv ist, wird φ aus Gl. (46) als ein spitzer
Winkel gefunden, da k und η auf jeden Fall positiv sind. Dann
ist auch $\cos \varphi$ positiv. Ist dagegen $(c - m\eta^2)$ negativ, so erhält
man aus Gl. (46) einen stumpfen Winkel φ, und $\cos \varphi$ wird ebenfalls negativ Daraus folgt, daß C nach Gl. (48) stets einen
positiven Wert erhält.

Mit diesen Werten von C und φ stellt Gl. (45) eine mög-
liche Form der erzwungenen Schwingungen dar, die auch zur
wirklichen wird, wenn die Anfangsbedingungen passend gewählt
werden. Da außerdem die beiden anderen Glieder, die in der
allgemeinen Lösung noch hinzutreten, für sich dem Falle $P = 0$
entsprechen, also als Eigenschwingungen gedeutet werden können,
die sich den durch Gl. (45) angegebenen hinzufügen, so beansprucht gerade diese partikuläre Lösung unsere Aufmerksamkeit,
und sie soll daher zunächst weiter erörtert werden.

Gl. (45) stellt eine einfache ungedämpfte harmonische Schwingung dar. Ihre Schwingungsdauer ist nur von η abhängig, also
unabhängig von der Schwingungsdauer der Eigenschwingungen
und auch unabhängig von der Masse des beweglichen Punktes,
von der Größe der elastischen Kraft und der Größe des dämpfenden Widerstandes. Der größte Ausschlag tritt aber nicht zur
selben Zeit ein, in der die erregende Kraft ihren größten Wert
K annimmt, sondern erst etwas später, denn x hängt nach Gl. (45)
von $\sin(\eta t - \varphi)$ anstatt von $\sin \eta t$ ab. Im übrigen durchläuft
aber $\sin(\eta t - \varphi)$ dieselbe Wertereihe wie $\sin \eta t$, wobei zu gleichen
Werten immer derselbe Zeitunterschied von der Größe $\frac{\varphi}{\eta}$ gehört.

Man drückt dies dahin aus, daß zwischen der erzwungenen und
der sie erregenden Schwingung des Wertes von P ein Phasen-
unterschied besteht. Der zugehörige Winkel φ, der aus Gl. (46)

zu ermitteln ist, wird der Phasenverschiebungswinkel
genannt.

Wie φ von η abhängt, ist aus Gl. (46) leicht zu entnehmen.
Ein kleiner Wert von η, der einer großen Schwingungsdauer der
erregenden Ursache, also langsamen Schwingungen entspricht,
hat einen positiven und ebenfalls kleinen Wert von tg φ zur
Folge. Bei sehr langsamen Schwingungen ist daher der Phasenverschiebungswinkel sehr klein. Läßt man jetzt η zunehmen,
geht also zu immer schnelleren Schwingungen über, so bleibt
vorläufig tg φ immer noch klein, falls k sehr klein ist, wie es
bei den Schwingungen mit geringerer Dämpfung zutrifft, die man
gewöhnlich vor sich hat. In diesem Falle vermag tg φ nach
Gl. (46) erst dann größere Werte anzunehmen, wenn $m\eta^2$ nahezu
so groß wie c, der Nenner des Bruchs daher nahezu gleich Null
geworden ist. Erreicht $m\eta^2$ den Wert c, so wird tg φ = ∞ und
der Phasenverschiebungswinkel zu einem rechten. Wenn η hierauf noch weiter wächst, die Schwingungen also immer schneller
werden, so wird tg φ negativ und sinkt bald wieder auf kleine
Werte herab, nachdem η nur wenig zugenommen hat. Der
Phasenverschiebungswinkel ist dann nahezu gleich zwei Rechten
geworden, und er nähert sich dieser Grenze um so mehr, je
schneller die Schwingungen werden.

Besonders hervorzuheben ist noch, daß der Phasenverschiebungswinkel dann zu einem rechten wird, wenn

$$\eta = \sqrt{\frac{c}{m}}$$

ist. Vergleicht man diesen Ausdruck mit Gl. (18) in § 4, so erkennt man, daß η in diesem Falle gleich der dort mit α bezeichneten Größe wird, d. h. daß die erregende Schwingung gleiche
Schwingungsdauer mit der Eigenschwingung des beweglichen
Punktes ohne Dämpfung hat.

Schon aus dieser Betrachtung erkennt man die große Bedeutung des besonderen Falles, daß η gleich oder nahezu gleich
mit α wird. Sie tritt aber noch mehr hervor, wenn wir uns jetzt
zur Besprechung der Konstanten C wenden, die nach Gl. (45)

die Amplitude der erzwungenen Schwingung darstellt. Zunächst lehrt Gl. (47), daß unter sonst gleichen Umständen C proportional mit K, der Schwingungsausschlag also proportional der erregenden Kraft wächst. Außerdem hängt aber C auch von der Größe des Nenners und hiermit ganz wesentlich von η, also von der Schwingungsdauer der erregenden Kraft ab.

Für $\eta = \alpha$ wird der Winkel φ, wie wir gesehen haben, zu einem rechten, $\sin \varphi$ also gleich der Einheit und $\cos \varphi$ gleich Null. Für C erhält man daher nach Gl. (47)

$$C_{\eta = \alpha} = \frac{K}{k\eta} = \frac{K}{k}\sqrt{\frac{m}{c}}. \tag{48 a}$$

Dies wird aber für den Fall eines hinreichend kleinen Dämpfungsfaktors k ein sehr großer Wert, und wir sind damit zur Erklärung der bekannten Erfahrungstatsache gelangt, daß sehr große Schwingungen namentlich dann erzwungen werden, wenn die erregende Ursache genau oder nahezu in den gleichen Zeiten periodisch wiederkehrt, wie sie den Eigenschwingungen des erregten Körpers entsprechen. Man sagt dann, daß beide Schwingungen miteinander in Resonanz stehen. Auch dann, wenn η nicht genau gleich α ist, wird C noch verhältnismäßig groß sein. Bei einem größeren Unterschiede zwischen η und α wird aber C bald sehr viel kleiner.

Es mag noch bemerkt werden, daß C ein Maximum wird für

$$\eta = \sqrt{\frac{c}{m} - \frac{k^2}{2 m^2}},$$

also nicht genau für $\eta = \alpha$ oder für den Fall der Resonanz. Bei einem kleinen Werte von k, den wir voraussetzen müssen, um überhaupt sehr große Werte der Amplitude C zu ermöglichen, ist aber der Unterschied gegenüber $\eta = \alpha$ nur unbedeutend, so daß man gewöhnlich davon absehen kann. In der Tat wird auch mit dem vorstehenden Werte von η

$$C_{\text{max}} = \frac{K}{k}\sqrt{\frac{m}{c - \frac{k^2}{4 m}}},$$

also etwas, aber bei kleinem k nur wenig größer als $C_{\eta = \alpha}$ nach Gl. (48 a) gefunden. Diese Formeln erhält man leicht, indem man in Gl. (48) $\cos \varphi$ in $\operatorname{tg} \varphi$ ausdrückt, hierfür den Wert aus Gl. (46) einsetzt, dann nach η differentiiert und den Differentialquotienten gleich Null setzt.

Wir müssen uns noch mit der Arbeit befassen, die bei Resonanzerregung, also bei 90^0 Phasenverschiebung, ($\varphi = 90^0$) zugeführt wird. In letzter Zeit hat man mehrfach Resonanzantrieb für Arbeits- und Kraftmaschinen mit Vorteil zur Anwendung gebracht, wobei für jede Schwingung soviel Arbeit zugeführt wird, wie durch Dämpfung verbraucht wird. Die Dämpfung rührt dabei in vielen Fällen nicht von unabsichtlichen Verlusten, sondern von der absichtlich der Schwingung abgenommenen Nutzarbeit her.

Anordnungen dieser Art sind zum Antrieb von Schmiedehämmern schon seit langem, wenn auch in der Regel ohne praktischen Erfolg, verwendet worden. Zum ersten Mal in ganz großem Maßstabe ist der Resonanzantrieb bei der Humphrey-Pumpe verwendet worden, bei der eine schwingende Wassersäule im Tempo ihrer Schwingungszahl erregt und bei jeder Schwingung ein Teil der Schwingungsenergie als Nutzarbeit abgenommen wird. Es werden ferner Dauerprüfmaschinen vielfach in Resonanz betrieben und endlich kann es vorteilhaft sein, schwingende Siebe so mit Federn zu versehen, daß der Antrieb des Siebes im Tempo der Eigenschwingungszahl erfolgt.

In allen diesen Fällen ist der Idealzustand des Betriebes dadurch gegeben, daß $\varphi = 90^0$ ist. Während der unendlich kleinen Zeit dt legt die Masse den Weg $\frac{dx_2}{dt}\,dt$ zurück. Von der periodisch auftretenden Kraft $K\sin\eta t$ wird also während einer vollen Schwingung die Arbeit A auf die schwingende Anordnung übertragen:

$$A = -\int\limits_{\alpha t=0}^{\alpha t=2\pi} K\sin\alpha t \cdot \frac{dx_2}{dt}\,dt. \qquad (49)$$

Das Integral ist über eine volle Schwingung, d. h. von $\alpha t = 0$ bis $\alpha t = 2\pi$, zu erstrecken. Für η haben wir gemäß der vorausgehenden Betrachtung den Wert α eingesetzt. Den Wert von x_2 entnehmen wir aus den Gl. (45) und (48a)

$$x_2 = \frac{K}{k}\sqrt{\frac{m}{c}}\cos\alpha t, \qquad (50)$$

wobei wir statt $\sin(\alpha t - 90^0)$ den Wert $\cos \alpha t$ eingeführt haben. Aus Gl. (49) wird demnach

$$A = \frac{K^2}{k}\sqrt{\frac{m}{c}} \int\limits_0^{2\pi} \sin^2 \alpha t \, d\alpha t = \frac{K^2}{k}\sqrt{\frac{m}{c}}\pi = \pi C K. \quad (49a)$$

Wir sehen daraus, daß die bei Resonanz im Beharrungszustand je Schwingung zugeführte Arbeit gleich ist π mal Größtkraft K mal Größtweg C.

In vielen Fällen ist die Größtkraft sowohl wie der größte Ausschlag bekannt oder durch Versuche bestimmbar. Man kann dann mit Hilfe von Gl. (49a) die je Schwingung im Beharrungszustand zugeführte oder durch Dämpfung verbrauchte Arbeit bestimmen.

Eine besondere Schwierigkeit bei den in Resonanz betriebenen Arbeitsmaschinen besteht darin, daß der Betrieb im Beharrungszustand nur im Gebiet unterhalb der kritischen Schwingungszahl stabil und darüber labil ist. Man übersieht ja sofort, daß der Schwingungsausschlag mit steigender Erregerzahl zurückgeht, sobald man die kritische Erregerzahl überschritten hat. Mit zurückgehendem Ausschlag sinkt aber der Energieverbrauch der Schwingung und bewirkt in der Regel eine weitere Steigerung der Drehzahl, also eine weitere Abweichung vom Resonanzgebiet. Wenn deshalb die Aufgabe gestellt ist, eine schwach gedämpfte Schwingung im Resonanzgebiet zu betreiben, so werden die unvermeidbaren Spannungsschwankungen, die den antreibenden Motor in der Drehzahl beeinflussen, leicht zur Folge haben können, daß man vorübergehend etwas über die kritische Erregerzahl hinauskommt und der Motor dann infolge des Abfalls des Leistungsverbrauchs mit der Drehzahl außer Tritt fällt, d. h. plötzlich seine Drehzahl ein beträchtliches Stück über die Eigenschwingungszahl der Anordnung erhöht.

Die Gefahr des Außertrittfallens kann dadurch vermindert oder beseitigt werden, daß man die normale Betriebsdrehzahl etwas unter die Eigenschwingungszahl der Anordnung legt und sich mit einer Phasenverschiebung φ gleich etwa 70^0 (gegen 90^0) begnügt. Ein weiteres Hilfsmittel zur Beseitigung von unerwünschten Störungen des Resonanzbetriebs besteht darin, daß man die Dämpfung künstlich vergrößert, also eine zusätzliche Dämpfung zur Erreichung von stabilen Betriebsverhältnissen zur Anwendung bringt. Mit der zusätzlichen Dämpfung sind aber auch zusätzliche Verluste verbunden.

Es ist ferner vorgeschlagen worden, das Triebwerk von Kolbenmaschinen (z. B. von Verbrennungskraftmaschinen) oder die Steuerschieber von Dampfmaschinen durch zusätzliche Anbringung von Federn in Resonanz zu betreiben. Da die normalen Verbrennungskraftmaschinen, z. B. in Elektrizitätswerken stets mit der gleichen Drehzahl umlaufen, kann man ja Federn vorsehen, die zusammen mit den hin- und hergehenden Getriebeteilen ein schwingendes Gebilde abgeben, das die gleiche Eigenschwingungszahl hat wie die Drehzahl der Maschine. Soviel mir bekannt ist, ist die Anordnung nie zur Ausführung gekommen. Sie würde auch selbst unter den günstigsten Bedingungen kaum einen Vorteil gegenüber dem gewöhnlichen Kurbeltrieb zur Folge haben, bei dem die Arbeit, die zur Beschleunigung der Getriebemassen aufgewandt werden muß, nicht verloren geht, sondern als Verzögerungsarbeit jedesmal an die Kurbelwelle zurückgegeben wird. Der Mehraufwand an Arbeit, der zur Konstanthaltung des Resonanzbetriebs erforderlich ist, wird deshalb in der Regel größer sein als der Arbeitsgewinn selbst im günstigsten Falle.

In besonderen Fällen kann es aber vorteilhaft sein, eine Anordnung in Resonanz zu betreiben. Solche Fälle liegen z. B. bei Dauerprüfmaschinen vor, die der Herausgeber selbst mit Vorteil in Resonanz betreibt (Drehschwingungsmaschine Föppl-Busemann und Biegungsschwingungsmaschine Föppl-Heydekampf) und bei Sieben, die z. B. vom Krupp-Grusonwerk und von der Bamag als Resonanzsiebe (System Schieferstein) gebaut werden.

Anmerkung. Über die Frage der Wirtschaftlichkeit des Resonanzantriebs ist in der letzten Zeit ein lebhafter Meinungsaustausch in der ZdVDI veröffentlicht worden. G. Quincke hat am 31. Januar 1932 einen Aufsatz unter dem Titel „Entwicklung der Siebvorrichtungen" veröffentlicht, in dem er auf S. 84 behauptet hat, daß der Arbeitsbedarf eines

in Resonanz betriebenen Siebes nur etwa $\frac{1}{10}$ von dem eines nicht in
Resonanz betriebenen Siebes sei. Schon vor Veröffentlichung dieses
Aufsatzes hatte der Herausgeber einen Aufsatz „Die Wirtschaftlichkeit der Energieübertragung bei Resonanz" den Schriftleitungen
zur Verfügung gestellt, der aber auf Wunsch der Schriftleitung
ohne ihre Verantwortung nur als Zuschrift am 14. Mai 1932, S. 483,
veröffentlicht worden ist. In diesem Aufsatz ist nachgewiesen, daß
der Resonanzantrieb ohne Berücksichtigung der Reibung im Übertragungsgestänge keinen Gewinn gegenüber nicht in Resonanz
betriebenen Anordnungen aufweist und daß günstigstenfalls nur
dadurch ein Gewinn entstehen kann, daß ein Teil der Reibungsarbeit erspart wird, die bei nicht in Resonanz betriebenen Anordnungen im Übertragungsgestänge verloren geht. Auf abgefederte
und in Resonanz angetriebene Siebe angewandt, würde das also heißen,
daß die Siebarbeit bei Antrieb in oder außerhalb der Resonanz
die gleiche ist, und daß im günstigsten Falle bei Resonanzantrieb
nur im Übertragungsgestänge, durch das das Sieb in Bewegung gesetzt wird, Reibungsarbeit gespart werden kann. Man sieht aber
doch sofort ein, daß es in praktischen Fällen so gut wie ausgeschlossen zu sein scheint, den Arbeitsbedarf des Siebes durch Anwendung der Resonanz auf $\frac{1}{10}$ herunterzudrücken, wenn man nur
im Übertragungsgestänge Arbeit sparen kann.

Am 21. Jan. 1933, ZdVDI, S. 69, nimmt H. Schieferstein zu dieser
Frage Stellung, und muß dabei auch bestätigen, daß der Arbeitsgewinn durch Resonanzantrieb bei einem Nutzleistungskurbeltrieb nur
in einer Verringerung der Reibungsverluste im Übertragungsgestänge
gesucht werden kann. Trotz dieser Feststellung kommt er bei der
Durchrechnung von Zahlenbeispielen zu dem Ergebnis, daß man durch
Anwendung der Resonanz bei entsprechender Annahme der Nutz-
leistung und Reibung im Übertragungsgestänge mit einem Zehntel des
Arbeitsbedarfs eines nicht in Resonanz betriebenen Systems, oder
mit noch weniger auskommen kann. Die zahlenmäßigen Angaben
des Herrn Schieferstein haben aber wohl kaum praktische Bedeutung.

Für den heranwachsenden Ingenieur ist es wichtig, daß er sich
von der Auffassung freimacht, als ob die Anwendung der Resonanz
beim Kurbeltrieb grundsätzlich einen Arbeitsgewinn mit sich
bringen würde. Der Laie läßt sich durch die Tatsache leicht irre-
führen, daß man durch eine kleine in Resonanz mit der Schwingungsordnung auftretende Kraft große Ausschläge erzielen kann. Er
schließt daraus, daß diese geringe Kraft auch geringe Arbeit zur
Folge haben müsse, in Verkennung der Tatsache, daß der Arbeits-
verbrauch nicht nur von der Kraft, sondern auch von dem in
Richtung der Kraft zurückgelegten Weg abhängt

§ 9. Allgemeine Lösung der Differentialgleichung für die erzwungenen Schwingungen.

Ich komme jetzt zur vollständigen Lösung der Differentialgleichung (44), also zum allgemeinsten Falle der erzwungenen
geradlinigen Schwingungen. Jene Glieder, die zur partikulären
Lösung x_2 in Gl. (45) hinzutreten, um die allgemeine Lösung für
die geradlinige Schwingung herzustellen, seien zu x_1 zusammengefaßt, so daß also
$$x = x_1 + x_2$$
zu setzen ist. Um zu erkennen, welche Bedingungen von x_1
erfüllt werden müssen, setze ich $x_1 + x_2$ an Stelle von x in die
Differentialgleichung (44) ein. Diese geht dann über in

$$\left[m \frac{d^2 x_1}{dt^2} + c x_1 + k \frac{dx_1}{dt} \right] + \left[m \frac{d^2 x_2}{dt^2} + c x_2 + k \frac{dx_2}{dt} - K \sin \eta t \right] = 0.$$

Da aber x_2 die Differentialgleichung schon selbst erfüllte, fallen
die in der zweiten Klammer zusammengefaßten Glieder gegeneinander fort und man behält

$$m \frac{d^2 x_1}{dt^2} + c x_1 + k \frac{dx_1}{dt} = 0.$$

Diese Gleichung stimmt aber mit der Differentialgleichung (27)
für die gedämpften Eigenschwingungen vollständig überein, und
es ist damit die schon vorher aufgestellte Behauptung bewiesen,
daß der Bewegungsanteil, der durch x_1 dargestellt wird, aus
Eigenschwingungen besteht.

Die allgemeine Lösung von Gl. (27) wurde in Gl. (28) in
Exponentialform angegeben. Da aber der Exponent γ in unserem Falle als imaginär zu betrachten ist, führt man die Ex-
ponentialfunktionen besser sofort auf trigonometrische Funktionen zurück. Mit Hilfe der Formeln
$$e^{ix} = \cos x + i \sin x \quad \text{und} \quad e^{-ix} = \cos x - i \sin x$$
erhält man aus Gl. (28)

$$x = e^{-\frac{k}{2m}t} \{ A (\cos \gamma' t + i \sin \gamma' t) + B (\cos \gamma' t - i \sin \gamma' t) \}$$
$$= e^{-\frac{k}{2m}t} \{ (A + B) \cos \gamma' t + (A - B) i \sin \gamma' t \}.$$

Damit dieser Ausdruck reell wird, muß man sich unter den will-

kürlichen Konstanten A und B jetzt zwei komplexe Werte denken,
deren reelle Bestandteile gleich und deren imaginäre Bestandteile von gleicher Größe, aber entgegengesetztem Vorzeichen sind.
An Stelle der Summe und der mit i multiplizierten Differenz
von beiden führt man dann besser zwei neue Bezeichnungen
A_1 und B_1 ein, die zwei neue ganz willkürliche reelle Konstanten bedeuten. Für x_1 hat man dann

$$x_1 = e^{-\frac{k}{2m}t}\left\{A_1 \sin \gamma' t + B_1 \cos \gamma' t\right\}, \qquad (51)$$

und hiermit wird auch die vollständige Lösung der Differentialgleichung der erzwungenen Schwingungen bekannt, nämlich

$$x = e^{-\frac{k}{2m}t}\left\{A_1 \sin \gamma' t + B_1 \cos \gamma' t\right\} + C \sin (\eta t - \varphi). \quad (52)$$

Daß diese Lösung vollständig ist, geht daraus hervor, daß sie
die beiden willkürlichen Integrationskonstanten A_1 und B_1 enthält, womit man die Bewegung jedem beliebig gegebenen Anfangszustande anzupassen vermag.

Aus Gl. (52) ist nun sofort ein wichtiger Schluß zu ziehen.
Man denke sich den Anfangszustand beliebig gegeben und be-
stimme hiernach A_1 und B_1. Dann wird beim weiteren Fortschreiten der Zeit der Einfluß des ersten Gliedes wegen des
Faktors $e^{-\frac{k}{2m}t}$, mit dem es behaftet ist, immer kleiner, während
die Beiträge, die das letzte Glied zu den Ausschlägen liefert,
konstant bleiben, da sich C nicht ändert, solange die erregende
Ursache unverändert bestehen bleibt. Man erkennt hieraus, daß
wegen der Dämpfung die Eigenschwingungen allmählich abklingen, und daß der Punkt, nachdem er dem Einflusse der erregenden
Ursache hinreichend lange überlassen war, schließlich nur noch die
durch das partikuläre Integral x_2 angegebene Bewegung ausführt.

Wir wollen ferner noch den Fall ins Auge fassen, daß der
Punkt zur Zeit $t = 0$ in Ruhe war und erst von da an durch
die erregende Ursache zum Schwingen gebracht wurde. Die
Integrationskonstanten A_1 und B_1 sind dann aus den Bedingungen
zu bestimmen, daß für $t = 0$ sowohl x als $\frac{dx}{dt}$ gleich Null zu
setzen sind. Die erste Bedingung liefert die Gleichung

$$0 = B_1 - C \sin \varphi.$$

Für $\frac{dx}{dt}$ hat man ferner

$$\frac{dx}{dt} = - e^{-\frac{k}{2m}t} \left\{ \sin \gamma' t \left(\frac{k}{2m} A_1 + \gamma' B_1\right) + \cos \gamma' t \left(\frac{k}{2m} B_1 - \gamma' A_1\right) \right\}$$
$$+ C \eta \cos (\eta t - \varphi),$$

und für $t = 0$ hat man daher die Bedingung

$$0 = - \frac{k}{2m} B_1 + \gamma' A_1 + C \eta \cos \varphi.$$

Die Auflösung nach den beiden Unbekannten liefert

$$\left. \begin{aligned} A_1 &= \frac{C}{\gamma'} \left(\frac{k}{2m} \sin \varphi - \eta \cos \varphi\right) \\ B_1 &= C \sin \varphi. \end{aligned} \right\} \tag{53}$$

Nach Einsetzen dieser Werte in Gl. (52) kann man aus dieser sämtliche Erscheinungen des Schwingungsverlaufs ableiten. Um nicht zu weitläufig zu werden, möchte ich dies jetzt nur unter der Voraussetzung tun, daß die Dämpfung sehr gering ist, so daß sie für den ersten Anfang vernachlässigt werden kann. Mit $k = 0$ vereinfacht sich dann Gl. (52) nach Einsetzen von A_1 und B_1 aus Gl. (53) zu

$$x = C \left\{ - \frac{\eta}{\gamma'} \cos \varphi \sin \gamma' t + \sin \varphi \cos \gamma' t + \sin (\eta t - \varphi) \right\}.$$

Zugleich ist aber für den Fall $k = 0$ unter der Voraussetzung, daß wir uns nicht allzu nahe bei dem Falle der Resonanz befinden, aus den Gleichungen (46) und (47) zu entnehmen

$$\operatorname{tg} \varphi = 0 \quad \text{oder} \quad \varphi = 0 \quad \text{und} \quad C = \frac{K}{c - m \eta^2}.$$

Setzt man auch diese Werte ein, so wird

$$x = \frac{K}{c - m \eta^2} \left\{ - \frac{\eta}{\gamma'} \sin \gamma' t + \sin \eta t \right\}. \tag{54}$$

Beachtet man noch, daß für $k = 0$

$$\gamma' = \sqrt{\frac{c}{m}}$$

gesetzt werden kann, und führt man für diesen Wert wieder die frühere Bezeichnung α ein, so erhält man

$$x = \frac{K}{m(\alpha^2 - \eta^2)} \left\{ \sin \eta t - \frac{\eta}{\alpha} \sin \alpha t \right\}.$$

Die Bewegung setzt sich hiernach aus zwei einfachen harmonischen

Schwingungen zusammen, von denen die eine in der Schwingungsdauer mit den Eigenschwingungen, die andere mit den erregenden Schwingungen übereinstimmt. Die beiden einfachen Schwingungen interferieren, wie man sich ausdrückt, miteinander.

Wenn sich η und α nicht viel voneinander unterscheiden,
so jedoch, daß wir von dem genauen Zusammenfallen beider
immer noch weit genug entfernt sind, erhalten die beiden Glieder
in der geschweiften Klammer in längeren Zeiträumen abwechselnd
gleiche oder entgegengesetzte Vorzeichen und ungefähr gleiche
Absolutwerte. Je nachdem tritt ein Anschwellen oder eine Ver-
minderung der Schwingungsausschläge ein. In der Akustik
werden diese Schwankungen in der Tonstärke der erzwungenen
Schwingungen als „Schwebungen" bezeichnet.

Anmerkung. Auch für den Fall der erzwungenen Schwingungen
kann man (ebenso wie am Schlusse von § 6 bei den gedämpften Schwingungen) von der geradlinigen Schwingung, die hier vorläufig überall
vorausgesetzt wurde, ohne weiteres zu den Schwingungen in krummlinigen Bahnen übergehen. Die Differentialgleichung der Schwingung
geht dann in eine Vektorgleichung über, ohne daß sich sonst etwas
Wesentliches änderte. An Stelle von Gl. (44) hat man hier

$$m\frac{d^2\mathfrak{r}}{dt^2} + c\,\mathfrak{r} + k\frac{d\mathfrak{r}}{dt} = \mathfrak{R}\sin\eta t$$

zu schreiben, und die partikuläre Lösung x_2 in Gl. (45) geht über in

$$\mathfrak{r}_1 = \mathfrak{C}\sin(\eta t - \varphi),$$

wobei für φ ebenfalls der Wert in Gl. (46) einzusetzen, $\mathfrak{C}$ dagegen
als gerichtete Größe aufzufassen ist, die parallel zu $\mathfrak{R}$ geht und deren
absoluter Wert mit dem früheren C in Gl. (47) übereinstimmt.

Ebenso tritt an Stelle von x_1 hier $\mathfrak{r}_1$, und zwar in Übereinstimmung mit der Lösung für die krummlinige gedämpfte Schwingung

$$\mathfrak{r}_1 = \mathfrak{A}e^{\alpha t} + \mathfrak{B}e^{\beta t},$$

wobei $\mathfrak{A}$ und $\mathfrak{B}$ die als gerichtete Größen auftretenden Integrationskonstanten bedeuten. Natürlich kann man bei kleiner Dämpfung,
die zu imaginären Werten von α und β führt, wieder von den Ex-
ponentialfunktionen zu den trigonometrischen Funktionen übergehen.
Ferner erkennt man aus der allgemeinen Lösung

$$\mathfrak{r} = \mathfrak{r}_1 + \mathfrak{r}_2,$$

daß die Bahn der krummlinigen erzwungenen Schwingung im allgemeinen eine Kurve von doppelter Krümmung bildet. Nur wenn $\mathfrak{A}$,

$\mathfrak{B}$, $\mathfrak{K}$ zufällig in eine Ebene fallen, ist die Bahn eine ebene Kurve. Nach Erlöschen der Eigenschwingungen geht aber die erzwungene Schwingung auch in diesem allgemeineren Falle in eine geradlinige über.

§ 10. Kritische Geschwindigkeiten.

Die Lehre von den erzwungenen Schwingungen ist für die Technik hauptsächlich wegen der Gefahren von Wichtigkeit, die durch große Schwingungen für die davon betroffenen Baukonstruktionen, Maschinenteile usw. herbeigeführt werden, oder auch wegen der Belästigungen, die damit häufig verbunden sind. Das Hauptbestreben geht bei der Anwendung dieser Lehre darauf hinaus, unzulässig große Schwingungen durch passende Anordnung der Massen, geeignete Wahl der Geschwindigkeiten usw. zu vermeiden. Um dies zu erreichen, muß man wissen, unter welchen Umständen große Schwingungsausschläge zu erwarten sind.

Für den einfachsten Fall ist die Frage durch die vorhergehenden Betrachtungen bereits entschieden. Unveränderlich wirkende Kräfte können keine Schwingungen hervorrufen, sondern nur periodisch wechselnde. In dieser Hinsicht besteht aber der einfachste Fall darin, daß die äußere Kraft eine Sinusfunktion der Zeit ist. In anderer Hinsicht besteht er darin, daß sich der Körper, dessen Schwingungen untersucht werden sollen, als ein materieller Punkt ansehen läßt. Wir fanden, daß in diesem Falle besonders große Schwingungen nur dann zu erwarten sind, wenn erstens die Dämpfung klein ist, was aber gewöhnlich von vornherein zutrifft, und wenn sich zweitens zugleich die Schwingungsdauer der erregenden Ursache nur wenig von der Schwingungsdauer der Eigenschwingungen unterscheidet. Man muß daher, um größere Schwingungsausschläge zu vermeiden, durch geeignete Wahl der vorkommenden Geschwindigkeiten jener Körper, durch die Schwingungen erregt werden können, dafür sorgen, daß jene ungefähre Übereinstimmung zwischen den Schwingungsdauern nicht vorkommen kann, d. h. man muß vermeiden, daß nahezu eine Resonanz eintritt. Jene Geschwindigkeit, die hauptsächlich gefährlich ist und der man sich auch nicht zu sehr nähern darf, bezeichnet man gewöhnlich als eine kritische Geschwindigkeit. Im einfachsten Falle hat man es daher nur

mit einer einzigen kritischen Geschwindigkeit zu tun, und es
steht frei, die Geschwindigkeit der bewegten Körper im übrigen
nach Belieben größer oder kleiner zu wählen, wenn sie nur der
kritischen nicht zu nahe kommt.

Häufig hat man es aber mit erheblich verwickelteren Fällen
zu tun. Zunächst läßt sich häufig die periodisch wechselnde
Kraft, die die Schwingungen hervorruft, nicht als eine einfache
Sinusfunktion der Zeit genau genug darstellen, sondern sie befolgt ein verwickelteres Gesetz. Außerdem aber läßt sich der
die Schwingungen ausführende Körper öfters auch nicht als ein
einzelner materieller Punkt ansehen, sei es nun, daß er nicht nur
Translationsbewegungen, sondern zugleich auch Drehbewegungen
ausführt, oder sei es, daß bei den Schwingungen elastische
Formänderungen auftreten, so daß sich die einzelnen Teile des
Körpers dabei in ganz verschiedener Weise bewegen. Mit solchen
Fällen werden wir uns in den folgenden Abschnitten noch näher
zu beschäftigen haben.

Hier läßt sich zunächst ein sehr häufig vorkommender Fall leicht
auf den vorher besprochenen zurückführen, nämlich der Fall der einfachen Verdrehungsschwingungen. In § 5 wurde schon gezeigt,
daß die Differentialgleichung der Torsionsschwingungen aus der
für die geradlinigen Schwingungen eines materiellen Punktes
durch bloße Buchstabenvertauschungen hervorgeht, indem man
nämlich den Ausschlag x durch den Drehungswinkel φ, die
Masse m durch das Trägheitsmoment Θ ersetzt und der Feldstärke c die ihr in diesem Falle zukommende Bedeutung beilegt.
Das bleibt auch noch gültig, wenn es sich um gedämpfte oder
um erzwungene Schwingungen handelt. Unter $k\frac{d\varphi}{dt}$ und unter P
sind dann nicht mehr Kräfte, sondern statische Momente von
Kräftepaaren zu verstehen, die in einem Falle dämpfend, im anderen Falle erregend auf die Drehbewegung einwirken. Sofern
es sich nur um die Drehschwingungen eines einzigen Körpers,
etwa eines Schwungrades, handelt, lassen sich daher die Formeln
der beiden vorhergehenden Paragraphen mit dieser Deutung der
darin vorkommenden Buchstaben sonst ohne jede Änderung

darauf anwenden. Diese Bemerkung ist deshalb von Wichtigkeit, weil gerade die Verdrehungsschwingungen im Maschinenbetriebe häufig vorkommen und leicht gefährlich oder wenigstens
unbequem werden können.

Ferner kann hier auch der Fall sofort erledigt werden, daß
sich die schwingungserregende Ursache nicht als eine einfache
Sinusfunktion der Zeit ansehen läßt. Man nehme z. B. an, daß
sie sich in der Form

$$P = K_1 \sin \eta_1 t + K_2 \sin \eta_2 t$$

darstellen lasse, also aus zwei sich übereinander lagernden, einem
einfachen Sinusgesetze folgenden Teilen bestehe. An Stelle von
Gl. (44) tritt dann

$$m \frac{d^2 x}{dt^2} + cx + k \frac{dx}{dt} = K_1 \sin \eta_1 t + K_2 \sin \eta_2 t, \qquad (56)$$

und deren Lösung ergibt sich aus der früheren, indem man

$$x = x_1 + x_2 + x_3$$

setzt und unter x_1 und x_2 die früher damit bezeichneten Werte,
unter x_3 aber den in Anlehnung an x_2 gebildeten Ausdruck

$$x_3 = C_2 \sin (\eta_2 t - \varphi_2)$$

versteht. Hiermit wird

$$x = x_1 + C_1 \sin (\eta_1 t - \varphi_1) + C_2 \sin (\eta_2 t - \varphi_2)$$

gefunden. Daß die Lösung richtig ist, ergibt sich durch Einsetzen in Gl. (56). Dabei gelten für die beiden C und die beiden
φ ohne weiteres die früher dafür aufgestellten Gleichungen (46)
und (47), wenn man darin zu η und P die Zeiger 1 oder 2 beifügt. Hier hat man daher auch zwei Fälle der Resonanz oder
der kritischen Geschwindigkeit zu unterscheiden, die dann eintreten, wenn entweder η_1 oder η_2 gleich α wird. Entsprechendes gilt auch, wenn sich die schwingungserregende Ursache in
drei oder noch mehr Sinusglieder zerlegen läßt.

In der Theorie der Fourierschen Reihen, die einen der praktisch wichtigsten Teile der höheren Mathematik bildet, wird aber
gelehrt, daß man jede beliebige periodische Funktion durch eine
Reihe darstellen kann, die nach den Sinus und Kosinus der Vielfachen der unabhängigen Veränderlichen, also hier der Zeit t

fortschreitet. Im allgemeinsten Falle muß diese Reihe bis ins
Unendliche fortgesetzt werden; in den praktisch vorkommenden
Fällen genügt aber gewöhnlich schon eine Darstellung durch
wenige Glieder, da die später folgenden gering werden und daher nicht mehr viel ändern.

Bei einer mehrzylindrigen Kraftmaschine hat man es z. B.
mit einem auf die Welle übertragenen Drehmomente zu tun, das
eine periodische Funktion der Zeit bildet, so nämlich, daß sich
nach jeder vollen Umdrehung der Maschine dieselbe Wertreihe
von neuem wiederholt, während innerhalb einer Umdrehung
Schwankungen in dem Drehmomente auftreten, die von der besonderen Anordnung der Zylinder und der Steuerungen abhängen. Wie diese Schwankungen beschaffen sind, kann man
etwa aus der Abnahme von Indikatordiagrammen an den einzelnen Zylindern schließen und den Befund graphisch darstellen.
Wie das so gewonnene Diagramm aber auch aussehen möge,
jedenfalls läßt es sich analytisch durch eine Reihe von der Form

$$P_0 + P_1 \sin \eta t + P_2 \sin 2 \eta t + P_3 \sin 3 \eta t + \cdots$$
$$+ Q_1 \cos \eta t + Q_2 \cos 2 \eta t + Q_3 \cos 3 \eta t + \cdots$$

darstellen, wenn

$$\eta = \frac{2\pi}{T}$$

ist und unter T die Zeit eines vollen Umlaufs der Maschine verstanden wird. Die Koeffizienten P und Q sind nach den in der
Theorie der Fourierschen Reihen aufgestellten Formeln oder nach
einem der darauf begründeten graphischen Verfahren zu ermitteln.
Man bezeichnet diese Zerlegung als die harmonische Analyse des
periodisch wechselnden Vorgangs.

Wirkt nun das veränderliche Drehmoment auf einen schwin-
gungsfähigen Körper, z. B. auf ein Schwungrad ein, das auf der
Welle sitzt, so entstehen erzwungene Schwingungen, die sich
aus einer entsprechenden Zahl von Gliedern von der Form

$$C_n \sin (n \eta t - \varphi_n)$$

zusammensetzen. Sobald nun die Maschine mit solcher Geschwindigkeit umläuft, daß für irgendein ganzzahliges n

$$n \eta = \alpha$$

ist, wobei α die frühere Bedeutung hat, sich also auf die Eigenschwingungen bezieht, so tritt eine Resonanz ein, die zu einem
großen Werte von C_n führen kann. Ob dies wirklich zutrifft,
hängt freilich auch noch davon ab, ob die Koeffizienten P_n und
Q_n, die bei der harmonischen Analyse des Drehmoments gefunden wurden, nicht allzu klein ausfielen. Mit diesem Vorbe-
halte kann man daher sagen, daß z. B. bei einer Drehzahl
der Maschine von 100 in der Minute große Drehschwingungen
dann zu befürchten sind, wenn die Schwingungsdauer der Eigenschwingungen des in Schwingung versetzten Körpers nahezu
100 oder 200 oder allgemein n 100 vollen Schwingungen in
der Minute entspricht. Für ein großes n werden übrigens die
Koeffizienten P_n und Q_n in den praktisch vorkommenden Fällen
so klein, daß das zugehörige C_n auch im Falle der Resonanz
nicht mehr von Bedeutung ist.

Umgekehrt gehört zu jeder gegebenen Eigenschwingungs-
dauer eine Anzahl von Umlaufsgeschwindigkeiten der Maschine,
bei denen eine Resonanz zu befürchten ist. Diese Geschwindigkeiten werden dann als die kritischen Geschwindigkeiten bezeichnet.

§ 11. Gekoppelte Biegungsschwingungen.

Biegungsschwingungen von umlaufenden Wellen werden nicht
durch das veränderliche Drehmoment sondern durch eine exzentrische Schwerpunktlage hervorgerufen, die auch bei sorg-
samster Zentrierung nicht ganz vermieden werden kann. Die
Schwerpunktsverlagerungen haben aber in der Regel nur auf
jede Umdrehung einen Impuls zur Folge, so daß im Gegensatz
zu den Drehschwingungen nur dann Resonanzgefahr vorliegt,
wenn die Drehzahl der Maschine mit der Eigenschwingungszahl der Wellenanordnung unmittelbar übereinstimmt.

Die Berechnung der Schwingungsdauer einer Welle oder
eines Balkens, der durch eine Masse auf Biegung beansprucht
ist, erfolgt nach Gl. (20). Als Federungskonstante c muß
man in jene Gleichung die Kraft einsetzen, die an der Masse
senkrecht zur Balkenachse angreifen muß, um den Balken um
die Längeneinheit durchzubiegen. Man kann aber die Rechnung

6*

auch für einen Balken mit 2 Massen m_1 und m_2 (Abb. 10) verhält-nismäßig einfach durchführen, was im Nachfolgenden geschehen soll. Die Masse des Stabes soll dabei vernachlässigt werden.

Wenn eine der beiden Massen einen Anstoß erfährt, der senk-recht zur Stabachse gerichtet ist, wird der Stab gebogen, und da sich die Biegung über die ganze Stablänge erstreckt, wird auch die andere Masse aus ihrer Gleichgewichtslage verschoben. Hierin besteht die Koppelung der beiden schwingenden Massen. Wir wollen uns darauf beschrän-ken, solche ebene Schwin-gungen des Stabs zu unter-suchen, die in einer durch eine Hauptträgheitsachse des Stabquerschnitts gelegten Ebene enthalten sind, obschon auch der allgemeinere Fall in ganz ähnlicher Weise behandelt werden könnte. Die beiden punktförmigen Massen m_1 und m_2 beschreiben dann gerade und parallele Bahnen, die wir uns lotrecht gerichtet denken wollen.

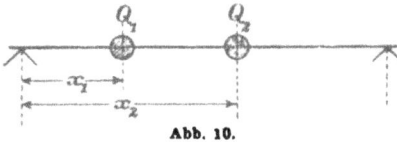

Abb. 10.

Die Lasten Q_1 und Q_2 in Abb. 10 bringen schon im Ruhe-zustande eine gewisse Durchbiegung des Stabs hervor, die man als die statische Biegung bezeichnet. Die ihr entsprechende Ge-stalt des Stabs bildet die Gleichgewichtslage, um die die Schwin-gungen erfolgen. Als Schwingungswege der beiden Massen zu irgendeiner Zeit t sind daher die Verschiebungen y_1 und y_2 zu bezeichnen, um die sich die Ordinaten der elastischen Linie über den Betrag der statischen Biegung hinaus vermehrt haben.

Vom Biegungszustande des Stabs hängen die Kräfte ab, die der Stab auf die Massen m_1 und m_2 ausübt. Im Gleichgewichts-zustande sind diese Kräfte gleich den Gewichten Q_1 und Q_2 und nach oben gerichtet. Werden die Durchbiegungen um positive Beträge y_1 und y_2 vermehrt, so wachsen auch die elastischen Kräfte entsprechend an, die der Stab auf die Massen überträgt. Diese Überschüsse über die den Gewichten Q_1 und Q_2 Gleichgewicht haltenden elastischen Kräfte seien mit P_1 und P_2 bezeichnet. Der Zusammenhang zwischen diesen Kräften und den ihnen entsprechenden Durchbiegungen ist aus der Festigkeitslehre bekannt. Mit Benutzung der Einflußzahlen α kann man dafür

$$y_1 = \alpha_{11} P_1 + \alpha_{12} P_2, \quad y_2 = \alpha_{22} P_2 + \alpha_{21} P_1$$

setzen, wobei nach dem Maxwellschen Satze von der Gegen-
seitigkeit der Verschiebungen

$$\alpha_{12} = \alpha_{21}$$

ist. Löst man die vorstehenden Gleichungen nach P_1 und P_2
auf, so erhält man

$$P_1 = \frac{\alpha_{22}}{\alpha_{11}\alpha_{22} - \alpha_{12}^2} y_1 - \frac{\alpha_{12}}{\alpha_{11}\alpha_{22} - \alpha_{12}^2} y_2$$

$$P_2 = \frac{\alpha_{11}}{\alpha_{11}\alpha_{22} - \alpha_{12}^2} y_2 - \frac{\alpha_{12}}{\alpha_{11}\alpha_{22} - \alpha_{12}^2} y_1.$$

Zur Abkürzung sei dafür geschrieben

$$P_1 = \alpha_{22}\beta y_1 - \alpha_{12}\beta y_2, \quad P_2 = \alpha_{11}\beta y_2 - \alpha_{12}\beta y_1,$$

so daß also unter der Bezeichnung β der Ausdruck

$$\beta = \frac{1}{\alpha_{11}\alpha_{22} - \alpha_{12}^2}$$

zu verstehen ist. Die dynamische Grundgleichung, auf jede der
beiden schwingenden Massen angewendet, liefert jetzt sofort die
Bewegungsgleichungen, nämlich

$$\left.\begin{aligned} m_1 \frac{d^2 y_1}{d t^2} &= -(\alpha_{22} y_1 - \alpha_{12} y_2)\beta \\ m_2 \frac{d^2 y_2}{d t^2} &= -(\alpha_{11} y_2 - \alpha_{12} y_1)\beta \end{aligned}\right\} \tag{57}$$

Dabei ist zu beachten, daß positive Werte von P_1 und P_2
Kräfte bedeuten, die am Stabe als Lasten nach abwärts, an den
Massen m daher nach dem Wechselwirkungsgesetze nach oben
gerichtet sind, während positive Werte von $\frac{d^2 y_1}{d t^2}$ oder von $\frac{d^2 y_2}{d t^2}$
Beschleunigungen angeben, die nach abwärts gerichtet sind. Aus
diesem Grunde mußte auf der rechten Seite das Minuszeichen
vor die Klammer gesetzt werden.

Hätte man drei miteinander gekoppelte schwingende Massen,
so bekäme man drei simultane Gleichungen, die im übrigen ganz
nach dem Muster der Gleichungen (57) gebildet werden könnten.
Auf jeden Fall muß man dann durch Elimination der übrigen

Unbekannten eine Gleichung herstellen, die nur noch eine davon enthält. Wir lösen die erste der Gleichungen (57) nach y_2 auf und setzen den Wert in die zweite Gleichung ein. Diese geht dann über in

$$m_1 m_2 \frac{d^4 y_1}{d t^4} + \beta (m_1 \alpha_{11} + m_2 \alpha_{22}) \frac{d^2 y_1}{d t^2} + \beta^2 (\alpha_{11} \alpha_{22} - \alpha_{12}^2) y = 0, \quad (58)$$

wobei noch zu beachten ist, daß sich das letzte Glied auf der linken Seite zu βy vereinfachen läßt.

Man überzeugt sich leicht, daß dieselbe Differentialgleichung (58) auch von y_2 erfüllt werden muß. Man braucht dazu nur y_1 aus den Gleichungen (57) zu eliminieren. — Hatte man ursprünglich drei simultane Gleichungen, so entsteht durch die Elimination eine Differentialgleichung sechster Ordnung, der jede der drei unbekannten Variabeln y genügen muß.

Die allgemeine Lösung von Gl. (58) läßt sich in der Form

$$y_1 = A_1 \sin \lambda_1 t + B_1 \cos \lambda_1 t + C_1 \sin \lambda_2 t + D_1 \cos \lambda_2 t \quad (59)$$

anschreiben, in der A_1, B_1, C_1, D_1 die vier willkürlichen Integrationskonstanten sind, während die Konstanten λ_1 und λ_2 die Wurzeln der sogenannten „charakteristischen" Gleichung sind, nämlich der Gleichung, die sich ergibt, wenn man eins der vier Glieder, aus denen sich y_1 zusammensetzt, in die Differentialgleichung einsetzt. Diese Gleichung lautet

$$m_1 m_2 \lambda^4 - \beta (m_1 \alpha_{11} + m_2 \alpha_{22}) \lambda^2 + \beta = 0. \quad (60)$$

Sie liefert, wie die Ausrechnung lehrt, vier reelle Wurzeln, von denen zwei positiv sind und zwei negativ von dem gleichen Absolutbetrage wie die positiven. Es kommt aber hier nur auf die beiden positiven Wurzeln an, die mit den gesuchten Konstanten λ_1 und λ_2 übereinstimmen. Die Auflösung nach λ^2 von Gl. (60) liefert, nachdem man den Ausdruck für β eingesetzt und die Formel vereinfacht hat,

$$\lambda^2 = \frac{m_1 \alpha_{11} + m_2 \alpha_{22} \pm \sqrt{(m_1 \alpha_{11} - m_2 \alpha_{22})^2 + 4 m_1 m_2 \alpha_{12}^2}}{2 m_1 m_2 (\alpha_{11} \alpha_{22} - \alpha_{12}^2)}. \quad (61)$$

An Stelle der Einflußzahlen α kann man auch die statischen Durchbiegungen f einführen, die von den Lasten Q_1 und Q_2 an den beiden Querschnitten x_1 und x_2 hervorgerufen werden, wenn die eine oder andere dieser Lasten allein angebracht wird. Dann ist z. B.

$$m_1 \alpha_{11} = \frac{Q_1}{g} \alpha_{11} = \frac{f_{11}}{g}$$

zu setzen usf. Man muß nur beachten, daß f_{12} und f_{21} bei verschiedener Größe der Lasten Q_1 und Q_2 nicht mehr gleich miteinander sind, wie dies von den zugehörigen Einflußzahlen zutraf. Gl. (61) geht damit über in

$$\lambda^2 = g \frac{f_{11} + f_{22} \pm \sqrt{(f_{11} - f_{22})^2 + 4 f_{12} f_{21}}}{2(f_{11} f_{22} - f_{12} f_{21})}.$$

Je nachdem man das obere oder untere Wurzelzeichen nimmt, erhält man das Quadrat von λ_1 oder λ_2. Daraus findet man dann auch die Schwingungsdauern T_1 und T_2 der beiden einfachen harmonischen Schwingungen, aus denen sich der ganze Verschiebungsweg y_1 nach Gl. (59) zusammensetzt. Die beiden ersten Glieder des Ausdrucks auf der rechten Seite dieser Gleichung durchlaufen nämlich dieselbe Wertreihe immer wieder von neuem, wenn der Winkel $\lambda_1 t$ um 2π angewachsen ist, woraus die entsprechende Zeitdauer T_1

$$T_1 = \frac{2\pi}{\lambda_1} \text{ und ebenso } T_2 = \frac{2\pi}{\lambda_2}$$

folgt. Man erkennt hieraus, daß die beiden Schwingungsdauern nur von den statischen Durchbiegungen f_{11} usf. abhängig sind, die von den Lasten hervorgebracht werden, daß sie dagegen ganz unabhängig sind von der Art des Anstoßes, also auch unabhängig von den Schwingungsweiten jeder der beiden Einzelschwingungen.

Die Formeln umfassen auch den einfacheren Fall daß der Stab nur eine Masse trägt. Um auf diesen Fall zu kommen, braucht man nur überall Q_2 und m_2 gleich Null zu setzen. Hiermit werden auch f_{12} und f_{22} zu Null, während f_{11} und f_{21} von Null verschieden bleiben. Nach den für λ^2 aufgestellten Formeln erhält man in diesem Falle $\lambda_1 = \infty$, während λ_2 in der Form $\frac{0}{0}$ gefunden wird. Der erste Wert hat keine Bedeutung, da er einer Schwingungsdauer vom Werte Null entspricht. Der andere kann dagegen nach den gewöhnlichen Regeln der Differentialrechnung ermittelt werden, indem man Zähler und Nenner des Bruches in Gl. (61) nach m_2 differentiiert und hierauf erst m_2 gleich Null setzt. Führt man dies aus, so erhält man für die Schwingungsdauer nach einfacher Umrechnung

$$T = 2\pi\sqrt{\alpha_{11}m_1},$$

wofür man unter Einführung des Biegungspfeils f_{11} auch schreiben kann

$$T = 2\pi\sqrt{\frac{f_{11}}{g}}. \tag{62}$$

Die in Gl. (59) vorkommenden Integrationskonstanten A_1, B_1, C_1, D_1 sind aus den Grenzbedingungen zu ermitteln. Diese können und werden in der Regel darin bestehen, daß für den Anfangszustand, also für $t = 0$, von beiden Massen sowohl die Lage als die Geschwindigkeit, demnach die Anfangswerte von $y_1, y_2, \frac{dy_1}{dt}$ und $\frac{dy_2}{dt}$ gegeben sind. Um die Konstanten aus diesen Bedingungen zu ermitteln, muß man beachten, daß die Konstanten A_2, B_2, C_2, D_2 in der Lösung für y_2 durch die Werte von A_1, B_1, C_1, D_1 schon mit bestimmt sind. Setzt man nämlich y_1 aus Gl. (59) in die erste der Differentialgleichungen (57) ein, so erhält man für y_2

$$y_2 = \frac{\alpha_{22}\beta - m_1\lambda_1^2}{\alpha_{12}\beta}(A_1\sin\lambda_1 t + B_1\cos\lambda_1 t)$$
$$+ \frac{\alpha_{22}\beta - m_2\lambda_2^2}{\alpha_{12}\beta}(C_1\sin\lambda_2 t + D_1\cos\lambda_2 t).$$

Bezeichnet man die Anfangswerte durch Anhängen des Zeigers 0, so hat man demnach zur Ermittlung der Integrationskonstanten die vier Gleichungen

$$B_1 + D_1 = (y_1)_0$$
$$A_1\lambda_1 + C_1\lambda_2 = \left(\frac{dy_1}{dt}\right)_0$$
$$\frac{\alpha_{22}\beta - m_1\lambda_1^2}{\alpha_{12}\beta}B_1 + \frac{\alpha_{22}\beta - m_2\lambda_2^2}{\alpha_{12}\beta}D_1 = (y_2)_0$$
$$\frac{\alpha_{22}\beta - m_1\lambda_1^2}{\alpha_{12}\beta}\lambda_1 A_1 + \frac{\alpha_{22}\beta - m_2\lambda_2^2}{\alpha_{12}\beta}\lambda_2 C_1 = \left(\frac{dy_2}{dt}\right)_0,$$

die man leicht nach den Unbekannten auflösen kann, wenn es

sich um ein Zahlenbeispiel handelt. War z. B. der Stab bis zur
Zeit $t = 0$ in Ruhe, worauf die Masse m_2 einen Stoß erhalten
haben möge, der ihr die Anfangsgeschwindigkeit v_0 erteilte,
während m_1 zur gleichen Zeit noch keine Geschwindigkeit erlangt hatte, so erhält man durch Auflösen der Gleichungen für
die Integrationskonstanten

$$B_1 = 0,\ D_1 = 0,\ A_1 = v_0 \frac{\alpha_{12}\beta}{\lambda_1(m_2\lambda_2^2 - m_1\lambda_1^2)},\ C_1 = -v_0 \frac{\alpha_{12}\beta}{\lambda_2(m_2\lambda_2^2 - m_1\lambda_1^2)},$$

womit die weitere Bewegung völlig bestimmt ist.

Um nicht zu lange Formeln anschreiben zu müssen, führe
ich die weitere Ausrechnung nur noch für den Fall durch, daß
Q_1 und Q_2 eine symmetrische Belastung des Balkens bilden.
Dazu gehört, daß $Q_1 = Q_2$ und zugleich $x_1 + x_2$ gleich der Spannweite l des Balkens ist. Dann vereinfachen sich alle vorhergehenden Formeln wesentlich, da zugleich $\alpha_{11} = \alpha_{22}$ wird. Gl.(61)
geht damit über in

$$\lambda^2 = \frac{\alpha_{11} \pm \alpha_{12}}{m(\alpha_{11}^2 - \alpha_{12}^2)}$$

Für λ_1 und λ_2 erhält man daher

$$\lambda_1 = \sqrt{\frac{1}{m(\alpha_{11} - \alpha_{12})}} \quad \text{und} \quad \lambda_2 = \sqrt{\frac{1}{m(\alpha_{11} + \alpha_{12})}}$$

Die Bestimmungsgleichungen für die Integrationskonstanten vereinfachen sich zu $$B_1 + D_1 = (y_1)_0$$

$$A_1\lambda_1 + C_1\lambda_2 = \left(\frac{dy_1}{dt}\right)_0$$

$$-B_1 + D_1 = (y_2)_0$$

$$-A_1\lambda_1 + C_1\lambda_2 = \left(\frac{dy_2}{dt}\right)_0$$

Durch deren Auflösung erhält man

$$A_1 = \frac{1}{2\lambda_1}\left(\left(\frac{dy_1}{dt}\right)_0 - \left(\frac{dy_2}{dt}\right)_0\right)$$

$$B_1 = \frac{1}{2}\left((y_1)_0 - (y_2)_0\right)$$

$$C_1 = \frac{1}{2\lambda_2}\left(\left(\frac{dy_1}{dt}\right)_0 + \left(\frac{dy_2}{dt}\right)_0\right)$$

$$D_1 = \frac{1}{2}\left((y_1)_0 + (y_2)_0\right).$$

Führt man noch an Stelle der Einflußzahlen die Ordinaten der elastischen Linie im Gleichgewichtszustande f_{11} und f_{12} ein so erhält man für die Schwingungsdauern der beiden sich übereinander lagernden einfachen harmonischen Schwingungen

$$T_1 = 2\pi \sqrt{\frac{f_{11} - f_{12}}{g}} \quad \text{und} \quad T_2 = 2\pi \sqrt{\frac{f_{11} + f_{12}}{g}}. \quad (63)$$

Die angenäherte Berechnung der Biegeschwingungszahl von Wellen, die mit mehreren Lasten behaftet sind und die an den einzelnen Stellen verschiedene Durchmesser haben können, ist in § 41 durchgeführt.

§ 12. Näherungstheorie für das einfache Pendel.

Wir betrachten ein Pendel, das aus einem dünnen Faden und einer daran befestigten Bleikugel bestehen möge. Der Durchmesser der Bleikugel soll gegenüber der Länge des Aufhängefadens so klein sein, daß es genügend erscheint, sie als einen materiellen Punkt zu betrachten. Ferner soll der Faden als unausdehnbar angesehen werden, und seine Masse soll im Verhältnisse zur Bleikugel so gering sein, daß sie vernachlässigt werden darf. Ein Pendel, für das diese Voraussetzungen hinreichend genau zutreffen, wird als ein einfaches Pendel oder auch als ein Fadenpendel bezeichnet.

Verlangt wird, die Bewegung anzugeben, die dieses Pendel ausführt, wenn es aus seiner Gleichgewichtslage gebracht und nach Erteilung einer mit den Bedingungen der Aufhängung verträglichen, sonst aber beliebigen Geschwindigkeit sich selbst überlassen wird. Dabei soll nur auf den Einfluß der Schwere geachtet, der Luftwiderstand und etwaige andere Umstände, die auf die Bewegung von Einfluß sein könnten, dagegen vernachlässigt werden.

Auch die durch die aufgezählten Voraussetzungen vereinfachte Aufgabe der Pendelbewegung macht noch erhebliche Schwierigkeiten. Diese verringern sich aber bedeutend, wenn man sich ferner noch auf die Untersuchung unendlich kleiner

Pendelschwingungen beschränkt. Sehr häufig sind nämlich die Schwingungsbahnen so klein gegenüber der Länge des Aufhänge- fadens, daß man sie, um zu einer angenäherten Lösung der Auf- gabe zu gelangen, als unendlich klein betrachten kann. Die Lösung, zu der man dabei gelangt, trifft jedenfalls um so besser zu, je kleiner jenes Verhältnis in Wirklichkeit ist. Deshalb sollen die Schwingungen hier unter der Voraussetzung untersucht werden, daß sie als unendlich klein angesehen werden könnten.

Schließlich soll zunächst außerdem noch angenommen wer- den, daß die Pendelschwingungen in einer durch den Aufhänge- punkt gelegten lotrechten Ebene erfolgen. Daß eine solche Be- wegung überhaupt möglich ist, sieht man sofort ein; sie muß immer dann zustande kommen, wenn die Anfangsgeschwindig- keit des materiellen Punktes in einer durch den Faden gelegten lotrechten Ebene enthalten ist.

Die Bahn des Punktes ist ein unendlich kleiner Kreisbogen, der durch die tiefste Lage geht, die der Punkt überhaupt ein- nehmen kann, und sie wird unter dem Einflusse von zwei Kräften nämlich dem Gewichte des Punktes und der Fadenspannung, be- schrieben. Der Punkt erfährt beim Durchlaufen der Bahn neben Horizontalverschiebungen auch Hebungen und Senkungen, die aber von der zweiten Ordnung unendlich klein sind. Man kann da- her von der Vertikalbewegung des Punktes absehen, falls man sich überall nur mit der Untersuchung der von der ersten Ord- nung unendlich kleinen Größen begnügt. Freilich darf man dann z. B. den Satz von der lebendigen Kraft nicht heranziehen, denn da auch die Geschwindigkeit in jedem Augenblicke unendlich klein bleibt, ist die lebendige Kraft, die von dem Quadrate der Geschwindigkeit abhängt, ebenfalls unendlich klein von der zweiten Ordnung.

Aus dem schon angegebenen Grunde folgt, daß die Resultierende aus Gewicht und Fadenspannung nur eine von der zweiten Ordnung unendlich kleine Vertikalkomponente haben kann. Die Horizontal- komponente ist gleich $F \sin \varphi$ (Abb. 11) und daher mit φ un- endlich klein von der ersten Ordnung. Da sich F von dem Ge- wichte Q nur unendlich wenig unterscheidet, dürfen wir an Stelle von $F \sin \varphi$ auch $Q \sin \varphi$ schreiben, oder mit Rücksicht auf die Bedeutung von φ auch

$$Q\,\frac{x}{l},$$

wenn l die Fadenlänge bedeutet. Die Horizontalbewegung des Punktes erfolgt unter dem Einflusse dieser Horizontalkomponente der Resultierenden aus F und Q. Wir sehen, daß die Kraft proportional mit dem Anschlage x und nach der Gleichgewichtslage hin gerichtet ist. Aus § 4 wissen wir aber, daß eine Kraft, die dieses Gesetz befolgt, zu einer einfachen harmonischen Schwingung führt. Wir können daher die Lehren jenes Paragraphen ohne weiteres auf den uns jetzt beschäftigenden Fall übertragen. Dabei ist nur an Stelle der dort mit c bezeichneten Konstanten hier

$$c = \frac{Q}{l}$$

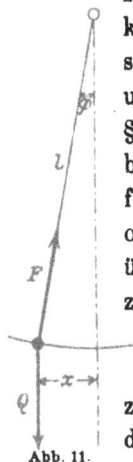

Abb. 11.

zu setzen und die Masse m im Gewichte Q auszudrücken. Für die Dauer einer vollen Schwingung erhält man daher nach Gl. (20)

$$T = 2\pi\sqrt{\frac{l}{g}}. \tag{64}$$

Freilich wird gerade bei Pendelschwingungen sehr häufig nach einfachen Schwingungen oder „Pendelschlägen" gerechnet. So versteht man unter einem Sekundenpendel ein Pendel, das die ganze Schwingungsbahn einmal in einer Sekunde zurücklegt, ohne die zum Durchlaufen der Schwingungsbahn auf dem Rückweg erforderliche Zeit mitzurechnen. Unter der Dauer eines Pendelschlages ist daher die Hälfte des in Gl. (64) angegebenen Wertes zu verstehen.

Die Pendelschwingungen sind hiernach, solange sie überhaupt nur als sehr klein angesehen werden können, isochron, also unabhängig von dem besonderen Werte des unendlich kleinen Ausschlags. Auch die früheren Betrachtungen über gedämpfte und erzwungene Schwingungen lassen sich sofort auf die unendlich kleinen Pendelschwingungen übertragen.

Ich komme jetzt zu den räumlichen Schwingungen eines
Fadenpendels. Diese können in derselben Weise behandelt werden wie die ebenen Schwingungen, solange die Schwingungsausschläge als unendlich klein betrachtet werden dürfen. Abb. 12
zeigt in axonometrischer Darstellung ein Fadenpendel in seiner
augenblicklichen Lage. Der bewegte materielle Punkt muß auf
einer Kugelfläche bleiben, deren Mittelpunkt
der Aufhängepunkt und deren Halbmesser die
Fadenlänge l ist.

Bei kleinen Schwingungen bewegt sich der
Punkt nur auf dem untersten Teile dieser Kugelfläche, und er erhebt sich über die durch den
tiefsten Punkt gelegte horizontale Berührungs-
ebene nur um Beträge, die von der zweiten
Ordnung unendlich klein sind. Die Resultierende aus der Fadenspannung $\mathfrak{F}$ und dem
Gewichte $\mathfrak{Q}$, die in Abb. 12 mit $\mathfrak{R}$ bezeichnet
ist, kann daher keine merkliche vertikale Kom-
ponente besitzen. Sie ist also horizontal gerichtet. Außerdem ist sie in der durch die
beiden Kräfte $\mathfrak{Q}$ und $\mathfrak{F}$ gelegten Lotebene enthalten. Hierdurch
ist die Richtung von $\mathfrak{R}$ bestimmt; sie geht nach der Gleichgewichtslage des Pendels. Außerdem folgt ebenso wie vorher
im Falle der ebenen Schwingungen, daß die Resultierende $\mathfrak{R}$
proportional der Entfernung aus der Gleichgewichtslage ist. Man
hat daher

$$\mathfrak{R} = -c\mathfrak{r},$$

wobei c dieselbe Bedeutung hat wie vorher. Unter dem Einflusse einer Kraft, die diesem Gesetze folgt, führt aber der
materielle Punkt eine harmonische Schwingung aus.

Die Horizontalprojektion der Bahn des beweglichen Punktes
beschreibt demnach, wie wir aus § 4 wissen, eine Ellipse, deren
Mittelpunkt mit der Gleichgewichtslage zusammenfällt, und die
Schwingungsdauer ist ebenso groß wie im Falle der ebenen
Schwingungen.

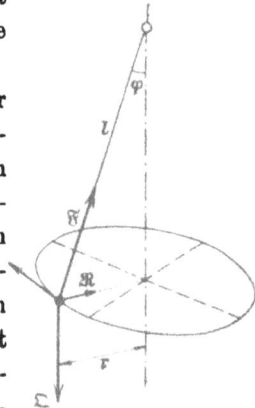

§ 13. Genauere Theorie der ebenen Pendelschwingungen.

Bei großen Ausschlägen werden die vorausgehenden Betrachtungen unzuverlässig, und man braucht daher eine Ergänzung,
die aber hier nur für den einfacheren und praktisch besonders
wichtigen Fall der ebenen Schwingungen gegeben werden soll.
Der allgemeinere Fall des „Raumpendels" ist übrigens in Band VI
ebenfalls ausführlich besprochen.

Wir müssen jetzt auch auf die Wege achten, die der materielle
Punkt in lotrechter Richtung zurücklegt. In Abb. 13 sei α der
Ausschlag des Pendels, φ gebe die augenblickliche Stellung an.
Der Höhenunterschied beider Lagen ist in der
Abbildung mit z bezeichnet. Er ist gleich dem
Unterschiede zwischen den Vertikalprojektionen
der Fadenlänge l in beiden Lagen und daher

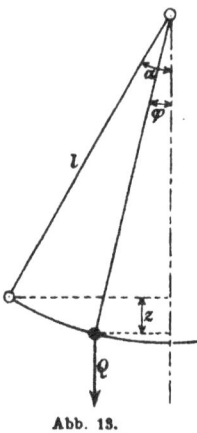

$$z = l\,(\cos\varphi - \cos\alpha).$$

Wir wenden jetzt den Satz von der lebendigen
Kraft an. Die Fadenspannung F leistet keine
Arbeit, da sie in jedem Augenblicke senkrecht
zur Bewegungsrichtung steht, und die Arbeit
von Q ist für eine Bewegung aus der Lage α in
die Lage φ (oder umgekehrt) gleich Qz (oder
$-Qz$). In der Lage α ist die Geschwindigkeit
und mit ihr die lebendige Kraft gleich Null.

Abb. 13.

Wenn also von Bewegungswiderständen abgesehen wird, muß
die lebendige Kraft in der Lage φ gleich Qz sein. Wir haben also

$$\frac{1}{2}\,\frac{Q}{g}\,v^2 = Qz$$

und berechnen daraus die Geschwindigkeit v in der Lage φ zu

$$v = \sqrt{2gz} = \sqrt{2gl\,(\cos\varphi - \cos\alpha)}. \qquad (65)$$

Der Weg im Zeitelemente dt ist $v\,dt$. Wir können dafür auch
$l\,d\varphi$ schreiben, so daß also $d\varphi$ die zur Zeit dt gehörige Richtungsänderung des Fadens bedeutet. Hiermit erhalten wir

$$l\,d\varphi = dt\sqrt{2gl\,(\cos\varphi - \cos\alpha)}.$$

Diese Gleichung lösen wir nach dt auf, da es uns vor allem darauf ankommen muß, die Zeit zu berechnen, die während der Bewegung aus einer Lage in die andere verstreicht. Wir finden

$$dt = \sqrt{\frac{l}{2g}} \cdot \frac{d\varphi}{\sqrt{\cos\varphi - \cos\alpha}}. \qquad (66)$$

Die ganze Zeit, die der Punkt braucht, um etwa aus der Lage φ in die Lage α zu gelangen, folgt hieraus durch eine Integration zwischen den Grenzen φ und α. Namentlich will man aber wissen, wie lange die Zeit ist, die zum Durchlaufen des halben Schwingungsbogens von $\varphi = 0$ bis $\varphi = \alpha$ erforderlich ist. Wir bezeichnen diese Zeit mit t; sie ist der vierte Teil der Dauer einer vollen Schwingung. Denn es ist klar, daß bei der Bewegung in umgekehrter Richtung (von $\varphi = \alpha$ bis $\varphi = 0$) ebensoviel Zeit vergeht als auf dem Hinwege, da die Geschwindigkeit in jeder Stellung nur von z abhängt und daher in beiden Fällen gleich groß ist. Das gleiche gilt auch für die Bewegung auf der andern Seite der Gleichgewichtslage. Für t haben wir

$$t = \sqrt{\frac{l}{2g}} \int_0^\alpha \frac{d\varphi}{\sqrt{\cos\varphi - \cos\alpha}}. \qquad (67)$$

Die einzige Schwierigkeit der genaueren Theorie der Pendelbewegung besteht nun darin, daß dieses Integral nicht auf die gewöhnlichen einfachen Funktionen zurückgeführt werden kann, sondern ein elliptisches ist. Da jedoch Tafeln der elliptischen Integrale berechnet und in vielen Formelbüchern abgedruckt sind, braucht man sich durch diesen Umstand nicht stören zu lassen. Es wird sich nur darum handeln, das Integral so umzuformen, daß sein Zahlenwert in einem gegebenen Falle ohne weiteres in den Tabellen aufgeschlagen werden kann.

Zum Zwecke der vorzunehmenden Umformung mache ich zunächst von der goniometrischen Formel

$$\cos\varphi = 1 - 2\sin^2\frac{\varphi}{2}$$

Gebrauch. Mit ihrer Hilfe geht Gl. (67) über in

$$t = \frac{1}{2}\sqrt{\frac{l}{g}} \int_0^\alpha \frac{d\varphi}{\sqrt{\sin^2\frac{\alpha}{2} - \sin^2\frac{\varphi}{2}}} \qquad (68)$$

An Stelle der Veränderlichen φ wird jetzt eine neue Veränderliche ψ eingeführt mit Hilfe der Substitution

$$\sin\frac{\varphi}{2} = \sin\frac{\alpha}{2}\sin\psi \qquad (69)$$

Hiermit wird φ zu α, wenn ψ ein rechter Winkel ist. Um $d\varphi$ in $d\psi$ ausdrücken zu können, differentiieren wir die Gleichung und erhalten

$$\frac{1}{2}d\varphi\cos\frac{\varphi}{2} = d\psi\sin\frac{\alpha}{2}\cos\psi$$

und hieraus, wenn wir $\cos\frac{\varphi}{2}$ in $\sin\frac{\alpha}{2}$ ausdrücken und Gl. (69) berücksichtigen,

$$d\varphi = \frac{2\sin\frac{\alpha}{2}\cos\psi}{\sqrt{1-\sin^2\frac{\alpha}{2}\sin^2\psi}}d\psi.$$

Durch Einsetzen dieser Werte in Gl. (68) geht diese über in

$$t = \frac{1}{2}\sqrt{\frac{l}{g}}\int_0^{\frac{\pi}{2}}\frac{2\sin\frac{\alpha}{2}\cos\psi}{\sqrt{\left(1-\sin^2\frac{\alpha}{2}\sin^2\psi\right)\sin^2\frac{\alpha}{2}\left(1-\sin^2\psi\right)}}d\psi.$$

Hier hebt sich aber $\cos\psi$ im Zähler gegen den gleichwertigen Faktor im Nenner weg usf., und man behält

$$t = \sqrt{\frac{l}{g}}\int_0^{\frac{\pi}{2}}\frac{d\psi}{\sqrt{1-\sin^2\frac{\alpha}{2}\sin^2\psi}} \qquad (70)$$

Damit ist die verlangte Umformung vollzogen, denn das hier noch vorkommende Integral kann bei gegebenem α ohne weiteres in den Tafeln aufgeschlagen werden. Es wird nach Legendre, von dem auch die erste Berechnung der Tafeln herrührt, die Normalform des elliptischen Integrals erster Gattung genannt und mit dem Buchstaben F bezeichnet, wobei man den Wert von $\sin\frac{\alpha}{2}$ und die obere Grenze $\frac{\pi}{2}$, die andeutet, daß das Integral ein vollständiges ist, in Klammern beifügt. An Stelle von Gl. (70) kann daher auch

$$t = \sqrt{\frac{l}{g}}\, F\left(\sin\frac{\alpha}{2},\ \frac{\pi}{2}\right) \qquad\qquad 71)$$

geschrieben werden, wobei noch zu bemerken ist, daß in manchen Tafeln an Stelle von $\sin\frac{\alpha}{2}$ kürzer ein einziger Buchstabe, gewöhnlich ε, geschrieben ist. Es wird gut sein, wenn ich hier auszugsweise wenigstens ein paar Werte der Funktion F anführe. Man hat für

$\frac{\alpha}{2} =$	0°	2,5°	5°	10°	20°
$F\left(\sin\frac{\alpha}{2},\ \frac{\pi}{2}\right) =$	1,5708	1,5715	1,5738	1,5828	1,6200
$=$	30°	45°	60°	75°	90°
$=$	1,6858	1,8541	2,1565	2,7681	∞

Man erkennt hieraus, daß die Pendelbewegung bei größeren Ausschlägen nicht mehr isochron ist. Wenn der Ausschlag α nur 5° beträgt $\left(\text{also } \frac{\alpha}{2} = 2{,}5°\right)$, ist zwar F nur etwa um $\frac{1}{2000}$ des Wertes, den es für $\alpha = 0°$ annimmt, vergrößert; nachher wächst aber F viel rascher und mit ihm die Schwingungsdauer.

Die Dauer einer vollen Schwingung ist übrigens, wie schon vorher bemerkt wurde, das Vierfache von t, also

$$T = 4\,\sqrt{\frac{l}{g}}\, F\left(\sin\frac{\alpha}{2},\ \frac{\pi}{2}\right). \qquad\qquad (72)$$

Für unendlich kleine Schwingungen stimmt dies mit Gl. (64) des vorigen Paragraphen zusammen, denn F geht in diesem Falle, wie auch aus der kleinen Tabelle entnommen werden kann, in $\frac{\pi}{2}$ über.

Für solche Fälle schließlich, bei denen α zwar noch ziemlich klein ist (vielleicht zwischen 5° und 30°), bei denen man sich aber mit der Genauigkeit der Annäherungsformel (64) nicht begnügen kann, benutzt man häufig eine andere Formel, die eine viel größere Annäherung gewährt, so daß man auch für genauere Rechnungen bis zu Ausschlägen, die nicht über 30° hinausgehen, ohne die Benutzung einer Tabelle über die Funktion F auskommen kann. Diese Formel soll jetzt auch noch abgeleitet werden. Hierzu knüpfe ich an Gl. (70) an und mache darauf aufmerksam, daß der unter dem Wurzelzeichen im Nenner stehende Ausdruck $\sin^2 \frac{\alpha}{2} \sin^2 \psi$ stets ein ziemlich kleiner echter Bruch bleibt. Höchstens kann nämlich dieser Bruch den Wert $\sin^2 \frac{\alpha}{2}$ annnehmen, und wenn z. B. der Ausschlag α selbst 30° beträgt, so ist doch $\sin^2 \frac{\alpha}{2}$ nur etwa 0,067, also jedenfalls gering gegenüber dem anderen Gliede 1 unter dem Wurzelzeichen. In solchen Fällen kann man mit geringem Fehler die Wurzel durch einen einfacheren Wert ersetzen. Ist nämlich m eine Größe, die klein ist von der ersten Ordnung, so ist bis auf Größen von der zweiten Ordnung genau

$$\sqrt{1-m} = 1 - \frac{m}{2} \quad \text{oder} \quad \frac{1}{\sqrt{1-m}} = 1 + \frac{m}{2},$$

wovon man sich am einfachsten durch Ausquadrieren überzeugt. Sonst kann man aber auch sagen, daß es sich hierbei nur um eine Reihenentwicklung nach dem binomischen Lehrsatze für gebrochene und negative Exponenten handelt, die wegen des kleinen Wertes von m sehr schnell konvergiert, so daß man schon mit dem zweiten Gliede abbrechen kann. Zugleich erkennt man hieraus auch, wie sich die Reihe ohne weiteres fortsetzen ließe, wenn etwa noch eine höhere Genauigkeit, als wir sie jetzt anstreben, verlangt werden sollte.

Machen wir von dieser Näherungsformel Gebrauch, so erhalten wir an Stelle von Gl. (70)

$$t = \sqrt{\frac{l}{g}} \int_0^{\frac{\pi}{2}} \left(1 + \frac{1}{2}\sin^2 \frac{\alpha}{2} \sin^2 \psi \right) d\psi.$$

Diese Integration kann aber sofort ausgeführt werden; dabei ist zu beachten, daß

$$\int_0^{\frac{\pi}{2}} \sin^2 \psi \, d\psi = \frac{\pi}{4}$$

ist. eine Formel, die auch sonst so häufig (namentlich in der Elektrotechnik, bei der Lehre von den Wechselströmen) gebraucht wird, daß man gut tut, sie sich besonders zu merken. Sie sagt aus, daß der durchschnittliche Wert von Sinusquadrat für alle Winkel von Null bis zu einem rechten gleich $\frac{1}{2}$ ist, und daß dies so sein muß, erkennt man sofort, wenn man beachtet, daß der Kosinus in diesem Intervalle, wenn auch in umgekehrter Reihenfolge, doch dieselbe Wertreihe durchläuft wie der Sinus, und daß daher der durchschnittliche Wert von Kosinusquadrat ebenso groß sein muß als der von Sinusquadrat. Da nun die Summe aus Kosinusquadrat und Sinusquadrat stets 1 liefert, folgt, daß jeder von beiden Mittelwerten gleich $\frac{1}{2}$ sein muß. Um das obenstehende Integral zu erhalten, braucht man nun bloß den Mittelwert $\frac{1}{2}$ mit dem ganzen Bogen $\frac{\pi}{2}$, nach dem integriert wird, zu multiplizieren, um das Resultat $\frac{\pi}{4}$ zu finden. Mit dieser Begründung, die ohne Rechnung angestellt werden kann, merkt man sich die Formel am besten, denn wenn man auch vergessen haben sollte, wieviel das Integral ausmacht, kann man dies nach kurzem Besinnen auf Grund der vorausgehenden Überlegung sofort wieder angeben.

Führen wir nun die Integration aus, so erhalten wir

$$t = \sqrt{\frac{l}{g}}\left(\frac{\pi}{2} + \frac{\pi}{8}\sin^2\frac{\alpha}{2}\right).$$

Wenn α nicht zu groß, $\frac{\alpha}{2}$ hiermit erst recht nicht groß ist, kann man an Stelle des Sinus, wenn man will, auch den Bogen setzen. Nimmt man außerdem noch das Vierfache, so erhält man für die Dauer einer vollen Schwingung

$$T = 2\pi\sqrt{\frac{l}{g}}\left(1 + \frac{\alpha^2}{16}\right). \tag{73}$$

Das letzte Glied in der Klammer bildet das Korrektionsglied der mehr angenäherten Formel gegenüber der gewöhnlich gebrauchten einfachen Formel (64).

§ 14. Schwingungen auf der Zykloide.

Beim Pendel ist der bewegliche Punkt genötigt, auf einem Kreise zu bleiben. Man gelangt zu Bewegungen, die den Pendelschwingungen ganz nahe verwandt sind, wenn man den Kreis-

bogen durch irgendeine andere Kurve ersetzt. Wegen ihrer besonderen Eigenschaften ist namentlich die Schwingung auf einer
Zykloide von Bedeutung.

Man untersucht diese genau ebenso wie die Pendelbewegung.
Zunächst sei eine Gleichung der Zykloide abgeleitet, wobei wir
von der bekannten Erzeugungsweise der Zykloide durch Rollen
eines Kreises auf einer Geraden
ausgehen. Der Winkel φ, den
die Tangente mit der X-Achse
bildet (siehe Abb. 14), ist gleich
dem Winkel, den die Sehne vom
Berührungspunkte des Erzeugungskreises nach dem Zyklo-
idenpunkte mit der Y-Achse bildet,
denn diese Sehne geht durch den
augenblicklichen Drehpunkt des
Erzeugungskreises und steht da-
her senkrecht auf dem Wege des erzeugenden Punktes, also senkrecht auf der Tangente. Hieraus folgt

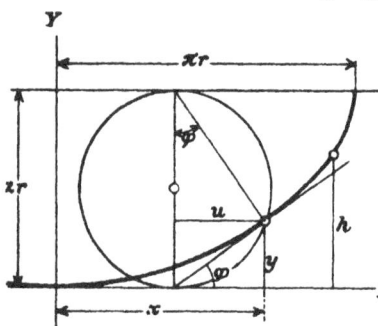

$$\frac{dy}{dx} = \operatorname{tg} \varphi = \frac{u}{2r - y},$$

wobei die dem Winkel φ gegenüberliegende Kathete einstweilen
mit u bezeichnet ist. Für u selbst findet man nach dem Satze
über die Proportionen der Abschnitte von Kreissehnen, die sich
schneiden

$$u = \sqrt{y(2r - y)},$$

und hiermit erhält man als Differentialgleichung der Zykloide

$$\frac{dy}{dx} = \sqrt{\frac{y}{2r - y}}, \tag{74}$$

mit deren Integration wir uns hier nicht aufzuhalten brauchen.

Ich nehme jetzt an, daß ein materieller Punkt (und zwar
ohne Reibung!) von einem Punkte in der Höhe h herabrolle
oder auch — was für die Vorstellung gewöhnlich bequemer ist,
weil dann die Koordinaten mit der Zeit wachsen —, daß der
Punkt auf der Zykloide hinaufrolle, und daß h die größte Höhe
sei, die er hierbei erreicht. Dann kann nach dem Satze von der

Abb. 14.

lebendigen Kraft die Geschwindigkeit v in der Höhe y genau wie beim Pendel

$$v = \sqrt{2 g (h - y)}$$

gesetzt werden, und die Zeit dt, die beim Durchlaufen eines Bogens ds verstreicht, ist

$$dt = \frac{ds}{v} = \sqrt{\frac{dx^2 + dy^2}{2 g (h - y)}} = dy \sqrt{\frac{1 + \left(\frac{dx}{dy}\right)^2}{2 g (h - y)}},$$

oder, wenn man den reziproken Wert von $\frac{dy}{dx}$ aus Gl. (74) einsetzt

$$dt = dy \sqrt{\frac{r}{g y (h - y)}}.$$

Die Zeit, die der Punkt braucht, um die halbe Schwingungsbahn von $y = 0$ bis $y = h$ einmal zurückzulegen, sei wieder mit t bezeichnet. Dann ist

$$t = \sqrt{\frac{r}{g}} \int_0^h \frac{dy}{\sqrt{y (h - y)}}. \tag{75}$$

Hier ist aber das Integral viel leichter auszuführen als bei den Pendelschwingungen. Allgemein ist nämlich

$$\int \frac{dy}{\sqrt{h y - y^2}} = - \arcsin \frac{\frac{h}{2} - y}{\frac{h}{2}},$$

wovon man sich durch Ausführung der Differentiation leicht überzeugt. Nimmt man nun das Integral zwischen den Grenzen 0 und h, so erhält man

$$- \arcsin (- 1) + \arcsin (+ 1) = \frac{\pi}{2} + \frac{\pi}{2} = \pi,$$

und hiermit geht (Gl. 75) über in

$$t = \pi \sqrt{\frac{r}{g}}.$$

Die Dauer einer vollen Schwingung auf dem Zykloidenbogen ist das Vierfache hiervon, wofür man schreiben kann

$$T = 2 \pi \sqrt{\frac{4 r}{g}}. \tag{76}$$

Zunächst erkennt man hieraus, daß die Schwingungsdauer auch für Ausschläge von beliebiger endlicher Größe

streng isochron ist, während dies bei den Pendelschwingungen nur für kleine Schwingungen annähernd
zutraf. Ferner lehrt der Vergleich mit Gl. (64), daß die Pendellänge, die bei kleinen Schwingungen zu dem gleichen Werte der
Schwingungsdauer führt wie die Schwingung auf der Zykloide,
$l = 4r$ gewählt werden muß. Es ist aber eine hier als bekannt
vorauszusetzende Eigenschaft der Zykloide, daß der Krümmungshalbmesser im Scheitel gleich dem Vierfachen vom Radius des
Erzeugungskreises ist. Dies zeigt uns, daß wir nur so lange auf
einen Isochronismus der Pendelschwingungen rechnen können,
als wir uns den Kreisbogen durch einen kleinen Zykloidenbogen
vom gleichen Krümmungsradius ersetzt denken können. Je
größer der Ausschlag des Pendels wird, um so mehr weichen
die Zykloide und ihr Krümmungskreis voneinander ab, und um
so ungenauer wird es, wenn wir die eigentlich nur für die Zykloide
gültige Formel für die Schwingungsdauer auch bei der Pendelbewegung als gültig betrachten.

Es sei noch erwähnt, daß man einen schweren Punkt leicht
zwingen kann, auf einer Zykloide zu schwingen, wenn man ihn
an einem Faden aufhängt, der sich beim Schwingen an zwei
beiderseits vom Aufhängepunkte angebrachte Backen anlegt, die
nach der Evolute der Kurve begrenzt sind. Versuche mit solchen
Zykloidenpendeln werden häufig in Vorlesungen über Ex-
perimentalphysik vorgeführt, um durch den Versuch nachzuweisen, daß die Schwingungsdauer unabhängig von der Größe
des Ausschlags ist.

Wegen der seither besprochenen Eigenschaft wird die Zykloide auch als Tautochrone bezeichnet. Sie hat aber zugleich
noch eine andere Eigenschaft, zu deren Besprechung ich jetzt
übergehen will und der sie den Namen Brachistochrone ver-
dankt. Sie ist nämlich jene Kurve, auf der ein Punkt in kürzerer
Zeit als auf jeder anderen von einer gegebenen Stelle zu einer
anderen gegebenen Stelle, die tiefer liegt als die erste, hinabrollt.

Um die Aufgabe in möglichst anschaulicher Form vorzubringen, erinnere ich an den Rücklauf, den man bei Kegelbahnen
anwendet, um die Kugeln den Spielern wieder zuzuführen. Man

könnte diesen Rücklauf zunächst geradlinig anordnen; dabei
würde es aber ziemlich lange dauern, bis die Kugel den Weg
zurückgelegt hätte. Deshalb pflegt man den Rücklauf im Anfange
viel steiler anzulegen und ihn nachher flacher verlaufen zu lassen.
Der Gewinn, den man hierdurch erzielt, ist ohne jede Rechnung
ersichtlich. Wenn die Kugel nämlich schon zu Anfang ihrer
Bahn um ein großes Stück der verfügbaren Höhe herabsinkt, so
erlangt sie sehr bald eine verhältnismäßig große Geschwindigkeit,
mit der sie dann die ganze weitere Bahn durcheilt, während sie
bei geradlinigem Rücklaufe eine so große Geschwindigkeit erst
gegen Ende ihrer Bahn erlangen könnte.

Soweit es sich nur um die Kegelbahn handelt, ist damit
die Sache im wesentlichen schon erledigt. Man wird gut tun,
dem flacheren Teile der Rücklaufbahn ein solches Gefäll zu
geben, daß die Bewegungswiderstände dadurch ungefähr aufgehoben werden, und den hiernach verfügbaren Rest des Gefälles
am Anfange des Rücklaufes in einer steilen Kurve, auf deren
besondere Form praktisch nicht viel ankommt, zusammenzu-
drängen. So wird es auch in der Regel ungefähr gemacht.

Man wird sich aber auf Grund dieser Überlegungen sofort
die weitere Frage stellen, welche Gestalt man der Kurve des
Rücklaufs geben müßte, um bei Vernachlässigung von Bewegungswiderständen u. dgl. die allerkürzeste Zeit für die Rücklaufbewegung zu erhalten. Dabei bemerke ich noch, daß hierbei auch
von der Rotation, die die Kugel in Wirklichkeit erlangt, abgesehen werden soll, damit wir sie mit Recht als materiellen Punkt
ansehen können. Wenn die Kugel niemals auf der Unterlage
gleiten könnte, würde die günstigste Form der Kurve hiervon
freilich nicht beeinflußt, da das Verhältnis zwischen Rotations-
und Translationsenergie immer denselben Wert hätte und die
Zeitdauer der Rücklaufbewegung in jedem Falle nur im ganzen
in einem entsprechenden konstanten Verhältnisse vergrößern
würde. Das ist aber im allgemeinen keineswegs zu erwarten.
Deshalb schon müssen sich zwischen der „theoretischen Lösung"
des unter den einfachsten Bedingungen behandelten Problems
und den auf die Nebenumstände wenigstens schätzungsweise

Rücksicht nehmenden „praktischen" Erwägungen Unterschiede einstellen, die den Wert der theoretischen Untersuchung stark einschränken. Deshalb pflege ich auch in den Vorlesungen selbst diese Betrachtungen nicht mit vorzubringen; ich denke aber, daß es gut sein wird, wenn ich wenigstens in dem gedruckten Buche die Aufgabe löse, da sich doch wohl der eine oder der andere dafür interessieren dürfte.

In Abb. 15 sei also A die Stelle, in der der materielle Punkt seinen Lauf ohne Anfangsgeschwindigkeit beginnt, und B sei der Punkt, nach dem er in möglichst kurzer Zeit längs der Kurve AB hinabgleiten soll. Die Geschwindigkeit im Punkte xy ist, wie wir schon wissen,

$$v = \sqrt{2gy},$$

die Zeit, die zum Durchlaufen eines Bahnelementes ds gebraucht wird

$$dt = \frac{ds}{v} = \frac{ds}{\sqrt{2gy}} = dx \sqrt{\frac{1 + \left(\frac{dy}{dx}\right)^2}{2gy}},$$

und die ganze Zeit für das Durchlaufen der Kurve AB wird

$$t = \frac{1}{\sqrt{2g}} \int_0^a \sqrt{\frac{1 + \left(\frac{dy}{dx}\right)^2}{y}} \, dx, \tag{77}$$

wenn a die Abszisse des Punktes B ist. Dieser Ausdruck soll nun durch eine geeignete Wahl der Kurvenform zu einem Minimum gemacht werden. Die notwendige Bedingung dafür besteht darin, daß die Variation des Wertes von t, die zu einer willkürlichen unendlich kleinen Änderung der Kurvenform gehört, zu Null wird. Wenn wir uns die Kurve AB durch irgendeine benachbarte ersetzt denken, wird sich jede Ordinate y um ein kleines Stück δy ändern, und wir haben zunächst einen Ausdruck für die Änderung aufzustellen, die dadurch in dem Werte von t herbeigeführt wird. Zunächst ist klar, daß die Gesamtänderung des Integrals gleich der Summe der Änderungen aller seiner einzelnen Elemente ist. Wir bilden also zunächst die Variation

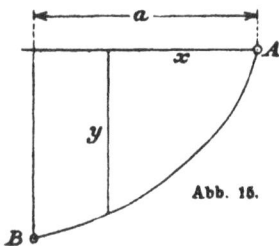

Abb. 15.

$$\delta \sqrt{\frac{1 + \left(\frac{dy}{dx}\right)^2}{y}}.$$

Der Ausdruck, der sich verändert, ist aber eine bekannte Funktion von y und $\frac{dy}{dx}$, und wir können daher die Änderung des ganzen Ausdrucks nach den Regeln der Differentialrechnung in den Variationen von y und $\frac{dy}{dx}$ ausdrücken. Allgemein gesagt ist

$$\delta F\left(y, \frac{dy}{dx}\right) = \frac{\partial F}{\partial y}\,\delta y + \frac{\partial F}{\partial\left(\frac{dy}{dx}\right)} \cdot \delta \frac{dy}{dx},$$

und wenn wir dies auf den vorliegenden Fall anwenden, erhalten wir

$$\delta \sqrt{\frac{1 + \left(\frac{dy}{dx}\right)^2}{y}} = -\frac{1}{2}\,y^{-\frac{3}{2}}\,\sqrt{1 + \left(\frac{dy}{dx}\right)^2}\cdot \delta y$$

$$+ \frac{\frac{dy}{dx}}{\sqrt{y\left(1 + \left(\frac{dy}{dx}\right)^2\right)}}\,\delta\frac{dy}{dx}.$$

Nun ist aber nach dem Begriffe der Veränderung, um die es sich hier handelt,

$$\delta\frac{dy}{dx} = \frac{d(y + \delta y)}{dx} - \frac{dy}{dx} = \frac{d\delta y}{dx}.$$

Wir haben daher jetzt für die Variation von t vorläufig den Ausdruck

$$\delta t = \frac{1}{\sqrt{2g}}\int_0^a\left[-\frac{1}{2\sqrt{y^3}}\cdot\sqrt{1 + \left(\frac{dy}{dx}\right)^2}\cdot\delta y\right.$$

$$\left. + \frac{\frac{dy}{dx}}{\sqrt{y\left(1 + \left(\frac{dy}{dx}\right)^2\right)}}\cdot\frac{d\delta y}{dx}\right]dx. \qquad (78)$$

Um ihn weiter umzugestalten, nehmen wir am zweiten Gliede in der Klammer eine partielle Integration vor. Dies kommt darauf hinaus, daß wir nach dem Satze über die Differentiation eines Produkts setzen

$$\frac{\frac{dy}{dx}}{\sqrt{y\left(1+\left(\frac{dy}{dx}\right)^2\right)}}\cdot\frac{d\,\delta y}{dx}$$

$$=\frac{d}{dx}\left[\frac{\frac{dy}{dx}}{\sqrt{y\left(1+\left(\frac{dy}{dx}\right)^2\right)}}\cdot\delta y\right]-\delta y\cdot\frac{d}{dx}\left[\frac{\frac{dy}{dx}}{\sqrt{y\left(1+\left(\frac{dy}{dx}\right)^2\right)}}\right]$$

und nun auf beiden Seiten zwischen den Grenzen 0 und a integrieren.
Wir erhalten dann

$$\int_0^a\frac{\frac{dy}{dx}}{\sqrt{y\left(1+\left(\frac{dy}{dx}\right)^2\right)}}\cdot\frac{d\,\delta y}{dx}\cdot dx$$

(79)

$$=\left[\frac{\frac{dy}{dx}}{\sqrt{y\left(1+\left(\frac{dy}{dx}\right)^2\right)}}\delta y\right]_0^a-\int_0^a\frac{d}{dx}\left[\frac{\frac{dy}{dx}}{\sqrt{y\left(1+\left(\frac{dy}{dx}\right)^2\right)}}\right]\delta y\cdot dx.$$

Beim ersten Gliede auf der rechten Seite ließ sich nämlich die Integration sofort ausführen, und das bestimmte Integral ist gleich der Differenz der Klammerwerte für $x=0$ und $x=a$. Nun sind aber die Punkte A und B der Kurve fest gegeben: wie wir also auch die Gestalt der Kurve sonst ändern mögen, an diesen beiden Stellen ist jedenfalls $\delta y=0$.

Da nun δy in dem Klammerwerte als Faktor vorkommt, erkennen wir, daß dieser Wert an der oberen Grenze $x=a$ jedenfalls verschwindet. An der unteren Grenze ist dieser Schluß freilich nicht ohne weiteres zulässig, weil hier auch y im Nenner zu Null wird. Für den unbestimmten Ausdruck von der Form $\frac{0}{0}$ setzen wir daher nach bekannten Regeln

$$\left[\frac{\frac{d}{dx}\left(\frac{dy}{dx}\delta y\right)}{\frac{d}{dx}\sqrt{y\left(1+\left(\frac{dy}{dx}\right)^2\right)}}\right]_{x=0}$$

Nun ist aber $\left[\frac{d}{dx}\left(\frac{dy}{dx}\delta y\right)\right]_{x=0}=\left[\frac{dy}{dx}\delta\frac{dy}{dx}\right]_{x=0}$

$$\left[\frac{d}{dx}\sqrt{y\left(1+\left(\frac{dy}{dx}\right)^2\right)}\right]_{x=0}=\left[\frac{1}{2}\cdot\frac{dy}{dx}\cdot\sqrt{\frac{1+\left(\frac{dy}{dx}\right)^2}{y}}\right]_{x=0}$$

Das Verhältnis beider Werte wird daher

$$\left[2\delta\frac{dy}{dx}\cdot\sqrt{\frac{y}{1+\left(\frac{dy}{dx}\right)^2}}\right]_{x=0}$$

und dies liefert wegen des Faktors y jedenfalls Null. In der Tat fällt also das erste Glied auf der rechten Seite von Gl. (79) vollständig fort, und das auf der linken Seite stehende Integral kann ohne weiteres durch das Integral im zweiten Gliede der rechten Seite ersetzt werden. Mit Rücksicht hierauf erhalten wir daher jetzt an Stelle von Gl. (78)

$$\delta t = -\frac{1}{\sqrt{2g}}\int_0^a\left[\frac{1}{2\sqrt{y^3}}\cdot\sqrt{1+\left(\frac{dy}{dx}\right)^2}\right.$$

$$\left.+\frac{d}{dx}\left(\frac{\frac{dy}{dx}}{\sqrt{y\left(1+\left(\frac{dy}{dx}\right)^2\right)}}\right)\right]\delta y\cdot dx. \tag{80}$$

Dieser Ausdruck soll nun für die Kurve, die wir suchen, zu Null werden. Dabei ist δy sonst ganz beliebig wählbar und nur an die Bedingung gebunden, daß es an beiden Grenzen verschwindet. Das Integral kann daher nur dann für jede Wahl von δy zu Null werden, wenn der Ausdruck in der eckigen Klammer selbst Null ist. Denn wäre dies nicht an jeder Stelle der Kurve der Fall, so könnte man δy überall so wählen, daß es gleiches Vorzeichen mit dem Ausdrucke in der eckigen Klammer hätte, und dann würde das Integral als eine Summe von lauter positiven Gliedern jedenfalls nicht zu Null. Für die durch diese Verschiebungen δy neugewonnene Nachbarkurve wäre dann δt jedenfalls negativ, d. h. die zuerst gegebene Kurve beanspruchte eine längere Fallzeit t als die vorgefundene. Als notwendige Bedingung für die Brachistochrone haben wir daher

$$\frac{1}{2\sqrt{y^3}}\sqrt{1+\left(\frac{dy}{dx}\right)^2}+\frac{d}{dx}\left(\frac{\frac{dy}{dx}}{\sqrt{y\left(1+\left(\frac{dy}{dx}\right)^2\right)}}\right)=0.$$

Durch Ausführung der Differentiation im zweiten Gliede und nach einer Reihe elementarer algebraischer Umformungen des zunächst ziemlich weitläufig herauskommenden Ausdrucks auf der linken Seite geht die Gleichung über in

$$\frac{2y\frac{d^2y}{dx^2}+1+\left(\frac{dy}{dx}\right)^2}{2\sqrt{y^3\cdot\left(1+\left(\frac{dy}{dx}\right)^2\right)^3}}=0.$$

Da sie für alle Werte von x gültig sein soll, kann dies nur dadurch geschehen, daß der Zähler überall zu Null wird. — Wir haben also für die gesuchte Kurve die Differentialgleichung

$$2y\,\frac{d^2y}{dx^2}+\left(\frac{dy}{dx}\right)^2+1=0. \tag{81}$$

Um sie zu integrieren, multiplizieren wir zunächst mit $\frac{dy}{dx}$ und erhalten

$$2y\,\frac{dy}{dx}\frac{d^2y}{dx^2}+\left(\frac{dy}{dx}\right)^3+\frac{dy}{dx}=0.$$

Die ersten beiden Glieder der linken Seite lassen sich nun zu einem einzigen Differentialquotienten nach x zusammenfassen, so daß die Gleichung in der Form

$$\frac{d}{dx}\left(y\left(\frac{dy}{dx}\right)^2\right)+\frac{dy}{dx}=0$$

geschrieben werden kann. Die Integration liefert

$$y\left(\frac{dy}{dx}\right)^2+y=C,$$

also bei Auflösung nach dem Differentialquotienten

$$\frac{dy}{dx}=\pm\sqrt{\frac{C-y}{y}}. \tag{82}$$

Der Vergleich mit Gl. (74), die wir früher als Differentialgleichung der Zykloide ermittelt hatten, zeigt schon, daß die gesuchte Kurve eine Zykloide ist. Man muß dabei nur auf die jetzt etwas anders gewählte Bezeichnung achten. Schreibt man an Stelle von $C-y$ kürzer z, so geht Gl. (82) über in

$$\frac{dz}{dx}=\mp\sqrt{\frac{z}{C-z}},$$

und diese Gleichung für die von unten her gezählte Ordinate z stimmt nun ganz mit Gl. (74) überein, wenn man $C=2r$ setzt. Die Integrationskonstante C gibt hiernach den Durchmesser des Rollkreises an, durch den man sich die Zykloide erzeugt denken kann.

Auch die endliche Gleichung der Zykloide kann aus Gl. (82) sofort durch eine einfache Quadratur gefunden werden. Man schreibt die Gleichung in der Form

$$dx=dy\sqrt{\frac{y}{C-y}}$$

und erhält hieraus durch Integration

$$x = K - \sqrt{Cy - y^2} - \frac{C}{2} \arcsin \frac{C - 2y}{C}. \qquad (83)$$

Die neu auftretende Integrationskonstante K folgt aus der Bedingung, daß die Kurve durch den Punkt A gehen soll. Für $x = 0$ muß daher auch $y = 0$ sein, also

$$0 = K - \frac{C}{2} \arcsin (1)$$

und hieraus
$$K = \frac{\pi}{4} C.$$

Durch zwei Punkte A und B kann man unendlich viele Zykloidenbogen mit senkrechter Achse legen. Unter diesen besitzt aber nur ein einziger die von uns verlangte Minimumseigenschaft, denn auch die andere Integrationskonstante C wird durch die Bedingung bestimmt, daß die Kurve durch den Punkt B gehen soll. Anstatt aber die Koordinaten von B in die Zykloidengleichung einzusetzen und die sich hieraus ergebende transzendente Gleichung nach C aufzulösen, bedenkt man einfacher, daß nach Gl. (82) für $y = 0$ jedenfalls $\frac{dy}{dx} = \infty$ werden muß, d. h. daß die Tangente der Kurve dort in lotrechter Richtung geht. Der materielle Punkt beginnt daher seine Fallbewegung auf der Kurve zuerst lotrecht nach abwärts. Oder mit anderen Worten: die Horizontale durch A ist die Gerade, auf der der Erzeugungskreis vom Durchmesser C rollen muß, um die Zykloide zu beschreiben. Denkt man sich nun alle Zykloiden, die dieser Bedingung genügen, vom Punkte A aus gezogen, so sind alle ähnliche und ähnlich liegende Kurven, und nur eine von ihnen geht durch den Punkt B. Man findet aber diese sofort heraus, wenn man zuerst nur irgendeine Zykloide konstruiert und dann die Verbindungsgerade AB zieht (vgl. Abb. 16), deren Schnittpunkt mit der Zykloide B' heißen möge. Wenn etwa AB' kleiner ist als AB, muß man hierauf die Zykloide im Verhältnisse $AB : AB'$ vergrößern (vom Ähnlichkeitszentrum A aus), worauf die gesuchte Brachistochrone gefunden wird.

Wenn die horizontale Entfernung beider Punkte erheblich größer ist als die vertikale (wie bei der Kegelbahn), erlangt die Brachistochrone die in Abb. 16 angegebene Gestalt. Die Kugel sinkt zuerst viel tiefer, erlangt dadurch eine erheblich größere Geschwindigkeit und kann daher den etwas größeren Weg doch in kürzerer Zeit zurücklegen als bei einer flacheren Form des Rücklaufs. Die Zeit, die nun mindestens nötig ist, um den Punkt auf der günstigsten Kurve bloß durch den Einfluß der eigenen Schwere von A nach B

gelangen zu lassen, folgt leicht aus Gl. (75). Für die in Abb. 16 angegebenen Verhältnisse wird diese Zeit

$$t = \sqrt{\frac{r}{g}} \left\{ \frac{3\pi}{2} + \text{arc sin} \frac{r - h'}{r} \right\},$$

wobei h' direkt gegeben und r aus der vorher beschriebenen Konstruktion zu entnehmen ist.

Ein Zahlenbeispiel möge dies noch näher erläutern. Die horizontale Entfernung der Punkte A und B sei 10 m, der Höhenunterschied 1 m. Dann ist die zum Durchlaufen einer geradlinigen Bahn zwischen A und B erforderliche Zeit, wenn auf Bewegungswiderstände und auf die durch das Rollen der Kugel herbeigeführte langsamere Bewegung wie seither schon keine Rücksicht genommen wird, gleich 4,52 sec. Verbindet man dagegen A und B durch eine Kreisbahn, die in B eine horizontale Tangente hat, so wird die Zeit gleich 3,57 sec. Für die Brachistochrone endlich berechnet sich die Zeit auf 2,06 sec.

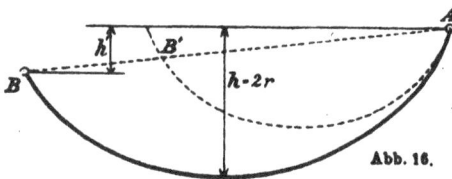

Abb. 16.

§ 15. Analogie
zwischen mechanischen und elektrischen Schwingungen.

Die mechanischen Schwingungsvorgänge gaben ursprünglich die Grundlagen ab für das Verständnis von elektrischen Schwingungsvorgängen. Es werden z. B. in den Büchern von Zenneck „Elektromagnetische Schwingungen und drahtlose Telegraphie" 1905 und von Heinke „Einführung in die Elektrotechnik" 1909 die elektrischen Schwingungsvorgänge an einfachen mechanischen Resonanzmodellen erklärt. Damals hatte es die Mechanik nicht nötig gehabt, sich ebenfalls diese Analogie zunutze zu machen, weil die mechanischen Schwingungsvorgänge einfacher zu übersehen und besser erforscht waren, so daß der Hinweis auf die elektrischen Vorgänge keinen Nutzen für die Mechanik gebracht hätte.

Heute ist die Sachlage anders. Durch die Entwicklung der drahtlosen Telegraphie sind die elektrischen Schwingungsvorgänge in ganz besonders weitgehendem Maße untersucht und aufgeklärt worden. Die Untersuchung der elektrischen Schwingungsvorgänge ist überdies mit dem großen Vorteil verbunden, daß man die gewünschten Verhältnisse sehr einfach verwirklichen und einen genügend aufschlußreichen Versuch ohne kostspielige Vorbereitungen an einem Modell im Laboratorium durchführen kann, was für die Untersuchung von mechanischen Schwingungsvorgängen nicht in gleicher Weise zutrifft. Bei dieser Sachlage kann man heute sehr wohl aus der elektrischen Schwingungsbetrachtung wertvolle Ergebnisse für die mechanischen Schwingungsuntersuchungen erhalten.

Um einen mechanischen Schwingungsvorgang in einfachster Weise verwirklichen zu können, braucht man eine Masse, die unter dem Einfluß einer Feder Bewegungen ausführt. Bei der Schwingung ist die Energie bald als Formänderungsenergie in der Feder aufgespeichert und bald als kinetische Energie in der bewegten Masse vorhanden. Der Schwingungsvorgang ist also ein Energiewogen zwischen kinetischer und Formänderungs-Energie, wobei der Übergang von der einen zur anderen Art allmählich unter dem Einfluß der Federkraft erfolgt.

Ganz ähnlich sind die Verhältnisse bei einem elektrischen Schwingungsvorgang. Wir wollen annehmen, daß sowohl im mechanischen wie im elektrischen Schwingungskreis keine Dämpfung vorhanden sei. Wir stellen den grundlegenden Beziehungen der Mechanik gewisse grundlegende Beziehungen der Elektrizitätslehre gegenüber; wir brauchen für unsere Betrachtungen die Kondensatorgleichung und das Induktionsgesetz.

Denken wir zunächst an den Vorgang beim Aufladen eines Kondensators von der Kapazität C (Farad), indem wir uns vorstellen, daß etwa die beiden Platten des Kondensators mit den beiden Polen einer Akkumulatorenbatterie von der konstanten Spannung e_0 (Volt) verbunden werden. Dann fließt ein Strom i (Ampere) vom Akkumulator zum Kondensator und lädt ihn auf. Der Strom wird während des Ladevorganges nicht konstant sein, sondern mit zunehmender Höhe der Ladung abnehmen. Zu irgendeinem Zeitpunkt t seit Beginn der Aufladung beträgt die auf den Kondensator übertragene Elektrizitätsmenge (in Coulomb gemessen)

$$Q = \int_0^t i\,dt. \tag{84}$$

Am Ende des Ladevorganges zur Zeit $t = t_0$ betrage die auf dem Kondensator befindliche Elektrizitätsmenge Q_0. Es ist dann ein Gleichgewichtszustand eingetreten, der sich hinsichtlich der Spannung dadurch ausdrückt, daß die Spannung V_0, die an den Klemmen des Kondensators herrscht, entgegengesetzt gleich der Spannung e_0 der Akkumulatorenbatterie geworden ist. Zwischen der Spannung V_0, der Elektrizitätsmenge Q_0 und der Kapazität C des Kondensators besteht die aus der Elektrizitätslehre bekannte Kondensatorgleichung

$$V_0 = \frac{Q_0}{C}. \tag{85a}$$

Zu irgendeinem Zeitpunkt t während des Ladevorganges besitzt die Klemmspannung V des Kondensators einen zwischen O und V_0 liegenden Wert, so daß in diesem Augenblick für das Aufladen des Kondensators nur die Differenz $e_0 - V$ in Betracht kommt. Aber nicht nur für den Endzustand, der durch die Indizes O an den Größen der letzten Gleichung charakterisiert ist, gilt die Kondensatorgleichung, sondern für jeden Augenblick, so daß wir allgemein schreiben können

$$V = \frac{Q}{C}. \tag{85b}$$

Um die auf den Kondensator beim Laden übertragene Arbeit zu berechnen, erinnern wir daran, daß die Arbeit eines Stromes (in Joule gemessen) durch das Produkt aus Spannung und Stromstärke (in Volt bzw. Ampere gemessen) gegeben ist. Betrachten wir beim Laden des Kondensators ein Zeitelement dt, so fließt während dieser kleinen Zeit ein Strom $i\,dt$ dem Kondensator zu und damit eine Arbeit vom Betrag

$$dA = V \cdot i\, dt.$$

Da nach Gl. (84) $$i\, dt = dQ,$$

so kann man auch schreiben

$$dA = V \cdot dQ$$

oder, indem man nach Gl. (85)

$$dQ = C\, dV \qquad\qquad \text{einsetzt,}$$

$$dA = C \cdot V \cdot dV.$$

Durch Integration über den ganzen Ladevorgang erhält man die im Kondensator aufgespeicherte Arbeit zu

$$A_0 = C \cdot \int_{V=0}^{V=V_0} V\, dV = C\, \frac{V_0^2}{2}, \qquad (86\,\text{a})$$

wofür man mit Benützung von Gl. (85a) auch schreiben kann

$$A_0 = \frac{1}{2}\, V_0 \cdot Q_0. \qquad (86\,\text{b})$$

Indem man das Integral in Gl. (86a) nicht bis zum Ende des Ladevorganges erstreckt, sondern nur bis zu irgendeinem durch die Klemmspannung V des Kondensators bestimmten Zustand, so erhält man als Arbeitsbetrag, der der augenblicklichen Ladung des Kondensators entspricht,

$$A = \frac{1}{2}\, C\, V^2 = \frac{1}{2}\, V \cdot Q. \qquad (86\,\text{c})$$

Dieser Arbeit entspricht beim mechanischen Schwingungsvorgang die potentielle Energie der Schwingung. Um dies klarzumachen, wollen wir den dem Laden eines Kondensators entsprechenden mechanischen Vorgang betrachten.

Wir denken uns einen dünnen vertikal gerichteten Stab, dessen oberes Ende fest eingespannt ist, während an dem

unteren Ende eine Scheibe angebracht sein soll, die in bezug
auf die Achse des Stabes ein Massenträgheitsmoment Θ besitzen
möge. An der Scheibe greife ein in ihrer Ebene wirkendes
Moment M an, das die Scheibe und damit den unteren Endquerschnitt des Stabes gegenüber seinem oberen eingespannten
Querschnitt um den Winkel

$$\varphi = \frac{M}{c}$$

verdrehen soll. Dabei bedeutet c die Federkonstante des Stabes,
die sich aus den Abmessungen und dem Schubelastizitätsmodul
des Stabes nach § 5 leicht berechnen läßt. Der eben betrachtete mechanische Vorgang entspricht dem oben besprochenen
elektrischen Vorgang des Ladens eines Kondensators. Um die
einander entsprechenden Größen in beiden Vorgängen zu erkennen, bilden wir noch die potentielle Energie, die in dem
tordierten Stab nach Anbringen des Verdrehungsmomentes M
steckt. Sie beträgt

$$A = \frac{1}{2} M \varphi = \frac{1}{2} \frac{M^2}{c}.$$

Der Vergleich der beiden letzten Gleichungen mit den Gl. (85b)
und (86c), die beim Laden des Kondensators gelten, führt
dazu, die folgenden Größen einander zuzuordnen:

Mechanische Größen:	Elektrische Größen:
Kraftmoment M	elektrische Spannung V oder e
Verdrehungswinkel φ	Elektrizitätsmenge oder elektrische Ladung Q
Federkonstante c	reziproke Kapazität des Kondensators $\frac{1}{C}$

Zur weiteren Verfolgung der Analogie müssen wir das Induktionsgesetz der Elektrizitätslehre heranziehen. Denken wir
uns die beiden Pole unserer oben erwähnten Akkumulatorenbatterie von der Klemmspannung e_0 an eine Leitung mit einer

Drosselspule von der Selbstinduktion L angelegt, so beginnt ein Strom i durch die Leitung zu fließen, der stetig zunimmt nach dem Induktionsgesetz

$$e_0 = L \frac{di}{dt}. \qquad (87)$$

Hätte die Leitung keinen Ohmschen Widerstand, so würde demnach der Strom i dauernd wachsen. Entsprechendes gilt für ein Schwungrad vom Trägheitsmoment Θ, das auf einer Welle sitzt und durch ein konstantes Moment M_0 angetrieben wird. Sieht man von Reibungen ab, so gilt die Gleichung

$$M_0 = \Theta \cdot \frac{d\omega}{dt},$$

wobei ω die augenblickliche Winkelgeschwindigkeit bedeutet. Die beiden letzten Gleichungen entsprechen sich, so daß der Vernachlässigung der Reibung beim mechanischen Vorgang die Vernachlässigung des Ohmschen Widerstandes beim elektrischen Vorgang entspricht. Wir wollen zunächst von beiden Reibungswiderständen absehen, so daß wir die beiden letzten Gleichungen für das Weitere zugrunde legen wollen. Wir können demnach unsere obige Liste entsprechender Größen erweitern, indem wir den mechanischen Größen des Massenträgheitsmomentes Θ und der Winkelgeschwindigkeit ω die elektrischen Größen der Selbstinduktion L bzw. des Stromes i einer Leitung zuordnen.

Es lassen sich nun mit Hilfe der gewonnenen Beziehungen zwischen den mechanischen und elektrischen Größen gewisse Ausdrücke, die in der Mechanik eine Bedeutung haben, auf Grund der Analogie rein formal in entsprechende Ausdrücke in elektrischen Größen umsetzen. Erst wenn diesen letzteren Ausdrücken auch eine entsprechende Bedeutung zukommt wie den mechanischen, ist die Analogie brauchbar. Wir wollen zu dem Zweck den Ausdruck für die kinetische Energie $\frac{1}{2}\Theta\omega^2$ in den entsprechenden elektrischen Größen schreiben und kommen damit auf $\frac{1}{2}Li^2$. Das ist aber nichts anderes als die

magnetische Energie, die ihren Sitz im magnetischen Feld hat,
das sich beim Anwachsen des Stromes in der Umgebung des
Stromleiters ausbildet.

Den beiden mechanischen Energieformen, nämlich potentielle und kinetische Energie, entsprechen also die beiden elektrischen Energieformen, die Ladungsenergie des Kondensators
oder elektrische Energie und die magnetische Energie des Feldes. Wie bei der ungedämpften mechanischen Schwingung die
Energie zwischen potentieller und kinetischer Energie hin und
her pendelt, wobei aber jederzeit die Summe aus beiden konstant bleibt, so gilt Entsprechendes für die beiden elektrischen
Energieformen in einem Schwingungskreis, der aus einem
Kondensator von bestimmter Kapazität C und einer Doppel-
spule von gegebener Selbstinduktion L besteht.

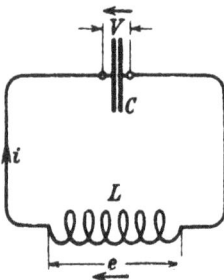

Abb. 17.

Um den zeitlichen Ablauf im elektrischen Schwingungskreis zu erhalten,
gehen wir von der Induktionsgleichung (87)
aus, in der wir nur die Spannung e an
den Klemmen der Drosselspule nicht als
konstant ansetzen dürfen, da sich beim
Schwingungsvorgang zugleich mit der
Veränderlichkeit des Stromes i auch die
Spannung e der Drosselspule fortwährend
ändert. Dieser Fall tritt z. B. ein, wenn
ein aufgeladener Kondensator C durch Schließen eines Strom-
kreises mit Selbstinduktion L zum Entladen gebracht wird;
siehe Abb. 17, in der auch die positiven Richtungen der Spannungen e bzw. V und des Stromes i eingetragen sind. Aus
der Induktionsgleichung

$$L \frac{di}{dt} = e$$

folgt durch Differentiation nach der Zeit

$$L \frac{d^2 i}{dt^2} = \frac{de}{dt}.$$

Die Zunahme der Spannung e der Drosselspule um de ist gleich

der Abnahme $- dV$ der Spannung V an den Kondensator-
klemmen, so daß wir nach Gl. (85 b) und (84) schreiben können

$$de = - dV = - \frac{1}{C} dQ = - \frac{1}{C} i dt.$$

Dies in die letzte Gleichung eingesetzt erhält man die Differentialgleichung für die freien, ungedämpften
Schwingungen eines elektrischen Schwingungs-
kreises:

$$L \frac{d^2 i}{d t^2} + \frac{1}{C} i = 0. \tag{87 a}$$

Wir hätten diese Gleichung auch unmittelbar auf Grund unserer
obigen Betrachtungen über die Analogie zwischen den mechanischen und elektrischen Vorgängen aus Gl. (22) ableiten
können, wenn wir darin statt der mechanischen Größen die
entsprechenden Größen eingesetzt hätten. Noch deutlicher ist
dies zu erkennen, wenn man Gl. (22) einmal nach der Zeit differentiert, so daß man erhält

$$\Theta \frac{d^2 \omega}{d t^2} + c \omega = 0,$$

woraus die Übereinstimmung mit Gl. (87 a) unmittelbar zu ersehen ist.

Zur Berechnung der Schwingungsdauer T beim elektrischen
Vorgang können wir unmittelbar Gl. (23) verwenden. Nach
Eintragung der entsprechenden Größen erhält man die bekannte
Maxwell-Hertzsche Beziehung

$$T = 2 \pi \sqrt{L \cdot C}$$

Da zwischen den Drehschwingungen eines Körpers und den
geradlinigen Schwingungen eines Massenpunktes m unter der
Wirkung einer Feder vollkommene Analogie besteht, wie dies
in § 5 gezeigt worden ist, so lassen sich die elektrischen
Schwingungen auch aus dem mechanischen Bild der Schwingungen eines einzelnen Massenpunktes ableiten. Die einander

entsprechenden Größen können aus der unten folgenden Tabelle entnommen werden.

Die Analogie zwischen mechanischen und elektrischen Schwingungen läßt sich auch auf den Fall der gedämpften Schwingungen übertragen, wenigstens wenn bei der mechanischen Schwingung die Dämpfung proportional der Geschwindigkeit anwächst, wie dies in § 6 angenommen und durchgeführt worden ist. In einem elektrischen Leiter wird die Dämpfung durch den Ohmschen Widerstand gemessen. Zwischen der Spannung V, dem Strom i und dem Ohmschen Widerstand R (in Ohm gemessen) besteht die bekannte Ohmsche Gleichung

$$V = R \cdot i.$$

Im Schwingungskreis ändern sich, wie wir gesehen haben, i und V fortwährend. Für ein Zeitelement dt gilt

$$dV = R \frac{di}{dt} \cdot dt.$$

Die obige Berechnung von de, die unter der Voraussetzung der Dämpfungsfreiheit erfolgt ist, muß demnach bei Berücksichtigung der Dämpfung um diesen Anteil ergänzt werden, so daß

$$de = - dV = - \frac{1}{C} i dt - R \frac{di}{dt} dt$$

in die Induktionsgleichung einzusetzen ist, die damit übergeht in

$$L \frac{d^2 i}{dt^2} + R \frac{di}{dt} + \frac{1}{C} i = 0.$$

Damit ist man aber auf eine der Gleichung (27) entsprechende Gleichung geführt worden. Der Dämpfungskonstanten k entspricht der Ohmsche Widerstand R. Alle Ergebnisse des § 6 können auf die elektrischen Schwingungen in einem geschlossenen Schwingungskreis übertragen werden.

Schließlich lassen sich auch die in § 8 und 9 behandelten erzwungenen Schwingungen auf einen elektrischen Schwingungskreis übertragen, dem eine wechselnde Spannung aufgedrückt wird.

In der folgenden Tabelle findet man die entsprechenden Größen für die mechanische Schwingung eines Massenpunktes unter dem Einfluß einer Feder und für die elektrische Schwingung nebeneinandergestellt.

Schwingung eines materiellen Punktes		Elektrisches System	
Weg x	(cm)	Elektrizitätsmenge oder Ladung Q	(Coulomb)
Geschwindigkeit $\dfrac{dx}{dt} = v$	$\left(\dfrac{\text{cm}}{\text{sec}}\right)$	Strom $i = \dfrac{dQ}{dt}$	(Ampere)
Kraft P	(kg)	Elektrische Spannung V oder e	(Volt)
Masse m	$\left(\dfrac{\text{kg sec}^2}{\text{cm}}\right)$	Induktionskoeffizient L	(Henry)
Federkonstante c	$\left(\dfrac{\text{kg}}{\text{cm}}\right)$	$\dfrac{1}{\text{Kapazität}} = \dfrac{1}{C} =$	$\dfrac{1}{\text{(Farad)}}$
Dämpfungskonstante k	$\left(\dfrac{\text{kg sec}}{\text{cm}}\right)$	Ohmscher Widerstand R	(Ohm)
Kinetische Energie $A = \dfrac{m}{2}\,v^2$	(cm kg)	Magnetische Energie $A = \dfrac{L}{2}\,i^2$	(Joule)
Potentielle Energie $A = \dfrac{1}{2}\dfrac{P^2}{c}$	(cm kg)	Elektrische Energie (Ladungsenergie des Kondensators) $A = \dfrac{C}{2}\,V^2$	(Joule)

Aufgaben.

1. Aufgabe. Was folgt aus dem Flächensatze, wenn man ihn auf den schiefen Wurf eines Steines im luftleeren Raume anwendet?

Lösung. Als äußere Kraft wirkt an dem Steine nur die Schwere. Wir können uns diese vom „Mittelpunkte" der Erde ausgehend denken und sie sonach als eine Zentralkraft auffassen. Dann muß für diesen Punkt als Momentenpunkt das statische Moment der Bewegungsgröße konstant sein. Um dieses Moment für irgendeine Stelle der Wurfbahn zu berechnen, denken wir uns den Hebelarm dahin ge-

zogen und die dazu senkrechte Komponente der Geschwindigkeit mit
ihm multipliziert. Gegenüber dem Erdhalbmesser sind aber die Er-
hebungen der Wurfbahn nur sehr klein, und wir können daher die
Hebelarme für alle Stellen der Wurfbahn als gleich groß ansehen.
Daher muß auch der andere Faktor des statischen Moments konstant
sein, d. h. die Horizontalkomponente der Geschwindigkeit wird während des Wurfs nicht geändert.

Hiermit sind wir freilich nur zu einem Ergebnisse gelangt, das
vorher schon aus einfacheren Betrachtungen bekannt war. Wie schon
früher bemerkt wurde, zeigt sich aber der Nutzen des Flächensatzes
erst bei Aufgaben über Punkthaufen oder über starre Körper im
rechten Lichte. Bei der Dynamik des einzelnen materiellen Punktes
kann er gewöhnlich leicht entbehrt werden.

Wenn die Wurfbahn als ziemlich hoch im Vergleiche zum Erdhalbmesser vorausgesetzt wird, ist es freilich nicht mehr zulässig, den
Hebelarm überall als gleich groß anzusehen. In der Tat wird aber
auch dann die ganze Bewegung geändert. Der Stein (z. B. ein Me-
teorstein, der in die Nähe der Erdoberfläche gelangt) bewegt sich
dann im allgemeinen nicht mehr in einer Parabel, sondern längs eines
elliptischen Bogens, wie bei der Planetenbewegung (oder auch längs
einer Hyperbel). Die Wurfbahn darf daher immer nur so lange als
Parabel aufgefaßt werden, als ihre Abmessungen als klein gegenüber
dem Erdhalbmesser angesehen werden können.

*2. Aufgabe. Von einem Anziehungszentrum geht eine Kraft
aus, die im Abstande a die Größe P_a hat und dem Quadrate der Entfernung umgekehrt proportional ist. Wie groß ist das Potential des
Kraftfeldes im Abstande x, wenn die willkürliche Konstante, die darin
vorkommt, so gewählt wird, daß das Potential in unendlicher Ferne
zu Null wird?*

Lösung Wir wählen als Integrationsweg eine vom Anziehungszentrum ausgehende Gerade und als Anfangspunkt O den unendlich
fernen Punkt dieser Geraden. Dann ist in Gl. (10)

$$V_A = V_0 - \int_O^A \mathfrak{P}\, d\mathfrak{s}$$

die Konstante V_0 gleich Null zu setzen. Wir haben daher

$$V = -\int_\infty^x \mathfrak{P}\, d\mathfrak{s} = \int_x^\infty \mathfrak{P}\, d\mathfrak{s}$$

Hier sind $\mathfrak{P}$ und $d\mathfrak{s}$ entgegengesetzt gerichtet. Im Abstande s ist

$$P = P_a \frac{a^2}{s^2},$$

und wenn wir für $d\mathfrak{s}$ jetzt dz schreiben, erhalten wir

$$V = -\int\limits_x^\infty P_a \frac{a^2}{z^2}\, dz = P_a a^2 \left[\frac{1}{z}\right]_x^\infty = -P_a\frac{a^2}{x}.$$

Für den Fall der Abstoßung anstatt der Anziehung, wie er bei elektrostatischen Untersuchungen vorliegt, wird dagegen V positiv. Es gibt dann sofort die potentielle Energie an, die dadurch bedingt wird, daß sich der bewegliche Punkt im Abstande x von dem Abstoßungszentrum befindet. In diesem Falle wird nämlich die potentielle Energie bei unendlicher Entfernung des beweglichen Punktes zu Null, und dadurch wird die Wahl, die für die willkürliche Konstante getroffen wurde, gerechtfertigt. Für den Fall der Anziehung dagegen wird die potentielle Energie um so größer, je mehr der Abstand wächst, und das mit derselben Wahl der Konstanten berechnete V kann daher nicht mehr als Ausdruck für die potentielle Energie angesehen werden. Immerhin ist es auch in diesem Falle gebräuchlich, das Potential derart zu bestimmen, daß es in unendlicher Entfernung verschwindet.

3. Aufgabe. Man soll für beliebig verteilte gegebene Massen, die nach dem Gravitationsgesetze auf einen anderen Massenpunkt einwirken, das Potential des von ihnen erzeugten Gravitationsfeldes berechnen.

Lösung. Ein Volumenelement der Massenverteilung sei mit $d\tau$ bezeichnet (Abb. 18), die Dichte der Massenverteilung an dieser Stelle mit μ und ihr Abstand von dem Punkte A, für den man das Potential V berechnen soll, mit r. Dann ist nach der Lösung der vorigen Aufgabe das von der Masse $\mu\,d\tau$ für sich herrührende Potential bekannt, und man braucht nur die Summe aller dieser Werte für die einzelnen Massenelemente zu nehmen, um V zu erhalten. — Rechnet man ferner mit astronomischen Masseneinheiten, so wird für die Masse 1 im Abstande $a = 1$ das von ihr herrührende P_a zu 1, und man kann in der Lösung der vorigen Aufgabe

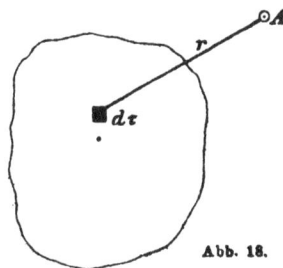

Abb. 18.

die Faktoren $P_a a^2$ streichen, wogegen die Masse $\mu\,d\tau$, die an Stelle der Masse 1 tritt, als neuer Faktor beizufügen ist. Man erhält daher

$$V = -\int \frac{\mu\,d\tau}{r},$$

wobei sich die durch das Integralzeichen angedeutete Summierung über den ganzen von Massen erfüllten Raum zu erstrecken hat. — Bei elektrostatischen Aufgaben kehrt sich auch hier das Vorzeichen des Potentials um, da sich elektrische Massen gleichen Vorzeichens abstoßen.

4. Aufgabe. Drei feste Punkte A, B, C, die mit den Massen m_1, m_2, m_3 behaftet sind, üben auf einen in derselben Ebene liegenden beweglichen Punkt Zentralkräfte aus, die den Massen proportional, von den Entfernungen aber unabhängig sind. Man soll das Potential dieser Kräfte berechnen und ferner ermitteln, an welcher Stelle es zu einem Minimum wird.

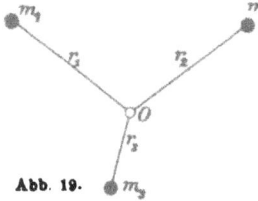

Abb. 19.

Lösung. Wir berechnen zunächst das Potential, das von einer einzigen Masse m_1 herrührt. Den Anfangspunkt des Integrationswegs lassen wir mit m_1 zusammenfallen und integrieren von da aus längs einer geraden Linie weiter bis zum Abstande r_1. In der Formel

$$V_1 = V_0 - \int_0^{r_1} \mathfrak{P} \, d\mathfrak{s}$$

ist jetzt $\mathfrak{P}$ konstant, und die Summe aller $d\mathfrak{s}$ liefert r_1. Hierbei ist nur zu beachten, daß $\mathfrak{P}$ und $d\mathfrak{s}$ entgegengesetzt gerichtet sind, das Produkt $\mathfrak{P} d\mathfrak{s}$ daher negativ ist. Ferner ist $\mathfrak{P}$ proportional mit m_1. Hierbei würde noch ein Proportionalitätsfaktor auftreten, den wir uns aber durch eine passende Wahl der Masseneinheit der Einfachheit halber vermieden denken wollen. Die Anziehung, die von jedem m ausgeht, soll also unmittelbar durch den Wert von m selbst angegeben werden. Dann wird

$$V_1 = V_0 + m_1 r_1.$$

Das Potential des von allen drei Massen herrührenden Kraftfeldes ist gleich der Summe von drei nach diesem Muster gebildeten Gliedern. Die Summe der drei willkürlichen Konstanten V_0 können wir uns hierbei zu einer einzigen willkürlichen Konstanten C zusammengefaßt denken. Wir erhalten demnach

$$V = m_1 r_1 + m_2 r_2 + m_3 r_3 + C,$$

wobei wir der willkürlichen Konstanten C schließlich auch zur weiteren Vereinfachung den Wert Null beilegen können.

Um schließlich zu ermitteln, wo V zu einem Minimum wird, beachten wir, daß an dieser Stelle für jede Verschiebung in irgendeiner Richtung $dV = 0$ sein muß. Zugleich gibt aber dV die Summe der von allen Kräften herrührenden Arbeitsleistungen an, die zu dieser

Verschiebung gehören. Nach dem Prinzip der virtuellen Geschwindigkeiten schließen wir daher, daß die von den drei Massen ausgehenden Kräfte sich an dem beweglichen Punkte an der gesuchten
Stelle im Gleichgewichte halten müssen. Auf Grund dieser Betrachtung läßt sich der Ort des Potentialminimums leicht ermitteln. Die
Größe der Kräfte ist nämlich gegeben und damit auch die Gestalt
des Kräftedreiecks, zu dem sie sich zusammensetzen lassen müssen.
Nur die Richtungen der Seiten sind einstweilen unbekannt. Wir
zeichnen vorläufig das Dreieck in irgendeiner Lage. Dadurch erfahren
wir, welche Winkel die Kraftrichtungen am Orte des Potentialminimums miteinander bilden müssen. Die Winkel der Verbindungslinien
r_1, r_2, r_3 des gesuchten Punktes mit den Massenpunkten m_1, m_2, m_3
sind die Supplemente der Dreieckswinkel. Man braucht also nur über
den Verbindungslinien von je zwei Massenpunkten einen Kreisbogen

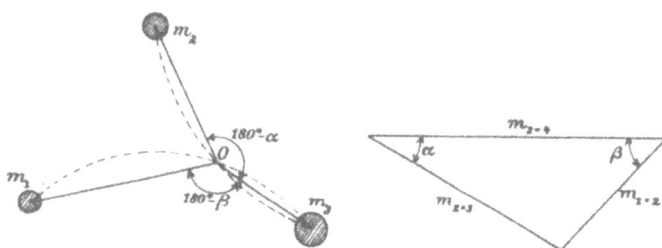

Abb. 20.

zu schlagen, der den seiner Größe nach bekannten Winkel als Peri-
pheriewinkel faßt. Dann schneiden sich alle drei Kreisbögen im Orte
des Potentialminimums.

In Abb. 20 ist diese Konstruktion unter der Voraussetzung ausgeführt, daß sich $m_1 : m_2 : m_3$ wie $2 : 3 : 4$ verhalten. O ist der Ort des
Potentialminimums.

Aus der Konstruktion erkennt man zugleich, daß das Potential
nur an einer Stelle zu einem Minimum werden kann. Ferner kann
O auf dem angegebenen Wege nur dann gefunden werden, wenn jede
Masse kleiner ist als die Summe der beiden anderen. Im entgegengesetzten Falle nimmt das Potential seinen kleinsten Absolutwert
dort an, wo sich die größte Masse befindet.

Anmerkung. Zentralkräfte, die unabhängig von der Entfernung
sind, kommen in den zur Mechanik gehörigen Anwendungen der
Potentialtheorie kaum jemals vor. Man kann aber ein sehr treffendes
Beispiel anführen, das sich den vorausgehenden Betrachtungen eng
anschließt, und das schon deshalb von Nutzen ist, weil es den wichtigen Begriff des Potentials von einer neuen Seite her zeigt, die ge-

eignet ist, ihn dem Anfänger vertrauter und verständlicher zu machen. In diesem Sinne sind die nachfolgenden Betrachtungen aufzufassen.

Unter den Massen m stelle man sich jetzt die Einwohnerzahlen von drei Dörfern vor, die die durch Abbildung 19 oder 20 gegebene Lage zueinander haben. Das Gelände sei vollständig eben, und an Stelle des beweglichen Punktes stelle man sich das Projekt für irgend-ein Gebäude vor, das den Bedürfnissen aller drei Ortschaften dienen soll, also etwa den Bahnhof einer neu zu erbauenden Bahn, der mit gleicher Leichtigkeit an jeder Stelle des in Frage kommenden Ge-ländes errichtet werden könnte und um dessen genauere Lage sich die Einwohner der drei Dörfer streiten sollen. Jedes Dorf will den Bahnhof so nahe als möglich haben, und die Einwohnerschaft sucht auf die Behörde, von der die endgültige Entscheidung über den Bau-platz abhängt, zugunsten ihres Dorfes durch die in solchen Fällen gebräuchlichen Mittel einzuwirken. Die Behörde wird sich bemühen, einen billigen Ausgleich zwischen den sich widerstreitenden Ansprüchen der verschiedenen Dörfer zu finden. — Man kann hier in der Tat in einem übertragenen Sinne von den Kräften sprechen, mit denen die Dörfer den Streitgegenstand an sich heranzuziehen suchen. In Er-mangelung anderer Unterlagen wird man auch die Kraft, die hierbei von jedem Dorfe ausgeht, proportional der Einwohnerzahl setzen dürfen; es würde ja andernfalls auch freistehen, besonders einfluß-reiche Einwohner durch eine entsprechend erhöhte Einschätzung der Einwohnerzahl in Rechnung zu stellen. Ferner ist auch, worauf es im Zusammenhange mit der vorausgehenden Aufgabe besonders ankommt, anzunehmen, daß die Kraft unabhängig von der Entfernung ist. Jeder will den Bahnhof so nahe als möglich haben, und jeder Kilometer Weg, der dabei erspart werden kann, ist gleich willkommen und wird ebenso lebhaft angestrebt, ob nun dadurch die Entfernung von 5 auf 4 oder von 3 auf 2 Kilometer herabgesetzt wird.

Für einen gerechten Ausgleich würde man in einem solchen Falle wohl den Punkt O in Abb. 20 empfehlen können, da sich die von den verschiedenen Dörfern auf ihn ausgeübten Kräfte an ihm im Gleichgewichte halten. Wäre freilich das eine Dorf größer als die Summe der beiden anderen, so müßte man wohl den Bahnhof bei ihm errichten; die anderen beiden würden diese Wahl kaum verhin-dern können.

Sehen wir nun zu, welche Rolle im vorliegenden Falle dem Poten-tialbegriffe zugewiesen ist. Wir fanden, daß der Ausdruck für das Potential

$$V = m_1 r_1 + m_2 r_2 + m_3 r_3$$

gesetzt werden kann, und hierfür läßt sich sofort eine anschauliche Deutung angeben. V ist nämlich gleich der Summe der Wege, die

von den Bewohnern aller drei Dörfer gemacht werden müssen, wenn
sie sich von ihren Wohnorten aus unter Einhaltung des nächst möglichen — also geradlinigen — Weges alle an dem Punkte versammeln
wollen, der für die Erbauung des Bahnhofs in Aussicht genommen
ist. V gibt also eine gewisse Anzahl von Personenkilometern an,
d. h. es hat eine Dimension, die sich zwar nicht auf die Fundamen-
taleinheiten der Mechanik zurückführen läßt, die aber dem technischen Eisenbahnbeamten schon durch andere Betrachtungen sehr
vertraut ist.

Wenn der Bahnhof dort errichtet wird, wo sich die von den
Dörfern geltend gemachten Anziehungskräfte im Gleichgewichte halten,
wird das Potential zu einem Minimum, d. h. bei dieser „günstigsten"
oder „gerechtesten" Wahl des Platzes ist der durchschnittliche Weg
jeder Person zum Bahnhofe möglichst klein; man kann ihn daher
zugleich als den volkswirtschaftlich besten Platz betrachten, weil die
Beförderungskosten oder die ihnen gleich zu achtenden Zeitverluste
usf., die für die Erreichung des Bahnhofs angewendet werden müssen,
möglichst klein sind.

Es steht ferner auch frei, Linien gleichen Potentials zu konstruieren, also hier solche Linien, für deren Punkte die Anzahl der
Personenkilometer, die zu ihrer Erreichung aufgewendet werden müssen,
gleich groß sind und die daher volkswirtschaftlich als gleichwertig
angesehen werden können. — Wegen der besonderen Anwendung,
die hier davon gemacht wird, kann man nach einem Vorschlage, den
ich bei einer früheren Gelegenheit selbst einmal gemacht habe, das
Wort Potential durch die hier treffendere Bezeichnung „Vial" ersetzen. Der Ort des Potentialminimums heißt dann kürzer das Vialzentrum. Man sieht leicht ein, daß diese Begriffe ganz zweckmäßig
zu manchen Betrachtungen benutzt werden können. So spricht man
z. B. öfters vom Zentrum oder vom Verkehrsmittelpunkte einer Stadt.
Damit ist nun zwar jener Ort gemeint, der tatsächlich den größten
Straßenverkehr aufweist. Offenbar hängt aber dessen Lage ganz wesentlich von der Gestaltung der Stadt, also von der Verteilung der Einwohnerschaft über die Flächen des Stadtbezirks ab, und es läßt sich
z. B. voraussehen, daß die einseitige Erweiterung der Stadt nach
einer bestimmten Richtung hin eine Verschiebung des Verkehrsmittel-
punktes zur Folge haben muß. Am wahrscheinlichsten wird sich auch
hier unter sonst gleichen Umständen der stärkste Verkehr an jenem
Platze einstellen, der von allen Einwohnern am leichtesten erreicht
werden kann. Das wäre also wiederum das Vialzentrum, wobei jetzt
auch die wirklichen Wegelängen mit Rücksicht auf die vorhandenen
Straßenzüge bei der Berechnung der Personenkilometer verwendet
werden können (anstatt der geradlinigen Wege bei der Lösung der

Aufgabe). Das Vial im Vialzentrum geteilt durch die Einwohnerzahl gibt einen mittleren Stadtradius ab, der für jede Stadt charakteristisch und beim Vergleich verschiedener Städte von Wert wäre. — Leider sind die hier angedeuteten Berechnungen recht mühsam; sonst hätte man wohl schon längst mehr Gebrauch von ihnen gemacht.

5. Aufgabe. Ein materieller Punkt, dem ein Gewicht von 981 kg zugeschrieben wird, führt eine gedämpfte harmonische Schwingung aus. Die elastische Kraft, die ihn in die Anfangslage zurückzuführen sucht, beträgt für 1 cm Ausschlag 10 kg, der dämpfende Widerstand ist bei einer Geschwindigkeit von 1 m/sec gleich 20 kg. Ist die Bewegung periodisch oder aperiodisch? Wie groß ist das logarithmische Dekrement? Wie groß müßte der dämpfende Widerstand sein, wenn die Bewegung an der Grenze zwischen der periodischen und aperiodischen stehen sollte?

Lösung. Die in § 6 mit c bezeichnete Konstante ist hier

$$c = \frac{10 \text{ kg}}{1 \text{ cm}} = 1000 \, \frac{\text{kg}}{\text{m}}.$$

Ebenso wird, mit Berücksichtigung der Dimensionen,

$$k = \frac{20 \text{ kg}}{1 \, \frac{\text{m}}{\text{sec}}} = 20 \, \frac{\text{kg sec}}{\text{m}},$$

und die Masse m ist

$$m = \frac{981 \text{ kg}}{9{,}81 \, \frac{\text{m}}{\text{sec}^2}} = 100 \, \frac{\text{kg sec}^2}{\text{m}}.$$

Hiermit läßt sich die früher mit γ bezeichnete Wurzel berechnen; sie ist

$$\gamma = \sqrt{\frac{k^2}{4 m^2} - \frac{c}{m}} = \sqrt{\frac{400}{40000} \cdot \frac{1}{\text{sec}^2} - \frac{1000}{100} \cdot \frac{1}{\text{sec}^2}}$$

Wir sehen, daß γ imaginär und daher die Bewegung periodisch ist. Zugleich haben wir uns überzeugt, daß die beiden Glieder unter dem Wurzelzeichen homogen in den Dimensionen sind. Für γ' erhalten wir

$$\gamma' = \sqrt{10 - \frac{1}{100}} \, \frac{1}{\text{sec}} = 3{,}16 \cdot \text{sec}^{-1}.$$

Bei der Berechnung des logarithmischen Dekrements wollen wir annehmen, daß die Schwingungsausschläge nach einer Seite hin beobachtet und miteinander verglichen werden sollen. Dann erhält man nach Gl. (34)

$$\lg a_n - \lg a_{n+1} = \frac{2 \pi k}{\sqrt{4 m c - k^2}} = \frac{2 \pi \cdot 20 \, \frac{\text{kg sec}}{\text{m}}}{\sqrt{(400 \cdot 1000 - 400) \frac{\text{kg}^2 \text{sec}^2}{\text{m}^2}}} = 0{,}199.$$

Vergleicht man dagegen die nach beiden Seiten erfolgenden Schwingungsausschläge oder die halben Schwingungsbahnen miteinander, so hat das logarithmische Dekrement den halben Wert.

Bei den Versuchen ist es oft bequemer (wenn nämlich gerade keine Tafel der natürlichen Logarithmen zur Verfügung steht), die Briggschen Logarithmen der Ausschläge zu nehmen. Um die vorige Zahl auf Briggsche Logarithmen umzurechnen, dividiere man sie durch den natürlichen Logarithmus von 10, also durch 2,3026.

Die Bewegung steht an der Grenze zwischen periodischer und aperiodischer, wenn γ und γ' zu Null werden. Die Bedingung dafür ist

$$\frac{k^2}{4\,m^2} = \frac{m}{c} \quad \text{oder} \quad k = \sqrt{4\,m\,c}.$$

Nach Einsetzen der Zahlenwerte geht dies über in

$$k = \sqrt{4 \cdot 100 \, \frac{\text{kg sec}^2}{\text{m}} \cdot 1000 \, \frac{\text{kg}}{\text{m}}} = 632,4 \, \frac{\text{kg sec}}{\text{m}}.$$

6. Aufgabe. Man soll für den in der vorigen Aufgabe behandelten Fall die Schwingungsdauer mit und ohne Dämpfung berechnen.

Lösung. Nach Gl. (32) ist

$$T_\varrho = \frac{4\,\pi\,m}{\sqrt{4\,m\,c - k^2}},$$

woraus nach Einsetzen der Zahlenwerte $T_\varrho = 1,99$ sec folgt. Ohne Dämpfung ist

$$T_u = 2\,\pi\,\sqrt{\frac{m}{c}} = 1,99 \text{ sec.}$$

Der Einfluß der Dämpfung ist in diesem Falle geringer als die Rechenschiebergenauigkeit.

7. Aufgabe. Der in Aufgabe 5 behandelte materielle Punkt erfährt von einer fremden Schwingung periodische Anstöße vom Größtwerte 0,5 kg. Wie groß werden die Ausschläge der erzwungenen Schwingungen (nach so langer Zeit vom Beginne der Erregung an, daß die verwickelteren Bewegungen des Anfangszustandes als abgeklungen betrachtet werden können), wenn die Schwingungsdauer der erregenden Schwingung a) 3 sec, b) 2,2 sec beträgt, c) ebenso groß ist als die der Eigenschwingungen?

Lösung. Die in § 8 mit K bezeichnete Größe ist hier

$$K = 0,5 \text{ kg.}$$

Ferner folgt die mit η bezeichnete Größe für den Fall a), der zuerst untersucht werden soll, aus

$$\eta \cdot 3 \text{ sec} = 2\,\pi \quad \text{zu} \quad \eta = 2,0944 \text{ sec}^{-1}$$

Den Phasenverschiebungswinkel φ der erzwungenen gegen die erregenden Schwingungen findet man aus Gl. (46)

$$\operatorname{tg} \varphi = \frac{k\,\eta}{c - m\,\eta^2} = \frac{20\,\dfrac{\text{kg sec}}{\text{m}} \cdot 2{,}0944\ \text{sec}^{-1}}{1000\,\dfrac{\text{kg}}{\text{m}} - 100\,\dfrac{\text{kg sec}^2}{\text{m}} \cdot 4{,}3865\ \text{sec}^{-2}} = +\,0{,}0746.$$

Der Winkel φ ist hier spitz und ziemlich klein, d. h. die erzwungenen Schwingungen bleiben nur wenig hinter den erregenden in der Phase zurück, was daher kommt, daß wir im Falle a) noch ziemlich weit von der Resonanz entfernt sind. Man findet $\varphi = 4^0\,16'$; ferner $\sin \varphi = 0{,}0744$ und $\cos \varphi = 0{,}9972$. Aus Gl. (47) folgt

$$C = \frac{0{,}5\ \text{kg}}{0{,}9972\,(1000 - 438{,}65)\,\dfrac{\text{kg}}{\text{m}} + 0{,}0744 \cdot 20\,\dfrac{\text{kg sec}}{\text{m}} \cdot 2{,}0944\ \text{sec}^{-1}}$$

$$= 0{,}00089\ \text{m} = 0{,}89\ \text{mm}.$$

Hiermit ist die Schwingungsamplitude gefunden. Die Wiederholung der Rechnung für 2,2 sec Schwingungsdauer liefert

$$\eta = 2{,}856\ \text{sec}^{-1}, \quad \operatorname{tg} \varphi = 0{,}3098, \quad \varphi = 17^0\,12'\,50'',$$
$$\sin \varphi = 0{,}2959, \qquad \cos \varphi = 0{,}9552, \quad C = 2{,}59\ \text{mm}.$$

Für den Fall der Resonanz endlich hat man $\varphi = 90^0$, und nach Gl. (49) wird die Schwingungsamplitude

$$C = \frac{P}{k}\sqrt{\frac{m}{c}} = \frac{0{,}5\ \text{kg}}{20\,\dfrac{\text{kg sec}}{\text{m}}}\sqrt{\frac{100}{1000}\ \text{sec}^2} = 0{,}0079\ \text{m} = 7{,}9\ \text{mm}.$$

Die Schwingungsausschläge sind also im letzten Falle in der Tat etwa neunmal so groß als im Falle a), obwohl die Stärke der erregenden Schwingungen dieselbe geblieben ist und nur die Schwingungsdauer sich geändert hat.

Durch Einsetzen in Gl. (49a) erhalten wir ferner die Arbeit A, die je Schwingung von der Kraft K an die schwingende Anordnung bei Resonanz abgegeben wird:

$$A = \pi\,C\,K = \pi \cdot 0{,}79 \cdot 0{,}5 = 1{,}24\ \text{cm kg/Schwingung}.$$

Wenn die Dämpfung kleiner wird, wächst der bei Resonanz erhaltene Schwingungsausschlag C und damit die von der erregenden Kraft K übertragene Arbeit A.

Die Überlegung hat praktische Bedeutung für Resonanzschwingungsdämpfer, die heute im Verbrennungskraftmaschinenbau (vor allem bei Flugzeugmotoren) vielfach zum Abdämpfen der für die

Haltbarkeit der Welle gefährlichen Drehschwingungen verwendet werden. Es ist besonders vorteilhaft, diese Dämpfer auf die gleiche Schwingungszahl abzustimmen, die die Kurbelwelle hat. Es treten in diesem Falle keine unendlich großen Schwingungsausschläge im Dämpfer auf, wenn man die Reibung vernachlässigt, weil die Schwingungen der Kurbelwelle schon gedämpft sind, so daß dem reibungsfreien, auf Resonanz mit der Kurbelwelle abgestimmten Dämpfer ein zwar sehr großer, aber nicht unendlich großer Ausschlag zugeordnet ist. Die größte Energievernichtung erhält man im Dämpfer, wenn ein ganz bestimmter Dämpfungsfaktor auftritt, der z. B. bei Resonanzschwingungsdämpfern aus Gummi in der Regel kleiner ist als der Dämpfungsfaktor für hochelastischen Gummi. Man kann also dadurch, daß man den Gummiresonanzdämpfer statt aus gewöhnlichem Gummi aus hochelastischem, d. h. besonders wenig dämpfungsfähigem Gummi herstellt, die im Dämpfer umgesetzte Dämpfungsarbeit erhöhen.

Es ist in diesem Zusammenhange auch ganz interessant festzustellen, daß durch die Abdämpfung der Schwingungen weniger nutzlose Schwingungsenergie der nutzbaren Maschinenarbeit entzogen wird als beim Betrieb ohne Dämpfer. Zahlenmäßig kommt das etwa in folgender Weise zum Ausdruck: Bei einer Dieselmaschine von 1000 PS mögen ohne Dämpfer 20 PS durch die Schwingungen der Kurbelwelle und die damit verbundene Dämpfung im Betrieb verloren gehen. Wenn man einen Resonanzschwingungsdämpfer aufsetzt, werden in diesem vielleicht 4,5 PS in Wärme umgesetzt mit dem Erfolg, daß vielleicht nur noch 13 PS nutzlose Schwingungsenergie der Maschinenarbeit entzogen werden, von denen also 8,5 PS im Getriebe und 4,5 PS im Dämpfer umgesetzt werden. Es folgt aus dieser Betrachtung, daß in vielen Fällen der Praxis die mit den Schwingungen verbundenen Energieverluste dadurch verringert werden können, daß man die Schwingung dämpft.

8. Aufgabe. Auf den in den vorigen Aufgaben behandelten materiellen Punkt wirke eine periodische äußere Kraft P, die in kg gegeben ist durch den Ausdruck

$$P = 0{,}5 \sin \eta t + 0{,}1 \sin 2\eta t.$$

Man soll zunächst die erzwungenen Schwingungen angeben, die durch P hervorgerufen werden, wenn η wie im Falle a) von Aufg. 7 gleich 2,0944 sec^{-1} ist. Bei welchen Werten von η sind besonders große Ausschläge zu erwarten?

Lösung. Wir brauchen nur die Zahlenwerte in die in § 10 aufgestellten Formeln einzusetzen. Mit Weglassung des die Eigen-

schwingungen darstellenden, hier unwesentlichen Gliedes x_1 hat man
für den Schwingungsweg x zur Zeit t

$$x = C_1 \sin (\eta t - \varphi_1) + C_2 \sin (2\eta t - \varphi_2).$$

Dabei sind die C und φ aus den Gleichungen (46) und (48) zu
berechnen. C_1 und φ_1 können wir sofort aus der Lösung der vorigen
Aufgabe entnehmen, da sich hieran nichts geändert hat. Wir haben also

$$\varphi_1 = 4^0 16' \quad \text{und} \quad C_1 = 0,89 \text{ mm}.$$

Für tg φ_2 erhalten wir nach Gl. (46) mit 2η an Stelle von η

$$\text{tg } \varphi_2 = \frac{2k\eta}{c - 4m\eta^2} = \frac{2 \cdot 20 \cdot 2,0944}{1000 - 400 \cdot 4,3865} = -0,1104.$$

Der Winkel φ_2 ist daher stumpf, und zwar gleich $173^0 42'$. Dann
erhält man noch $\sin \varphi_2 = 0,1097$ und $\cos \varphi_2 = -0,9940$. Aus Gl.
(48) findet man nun

$$C_2 = \frac{0,1 \cdot 0,9940}{400 \cdot 4,3865 - 1000} = 0,00013 \text{ m} = 0,13 \text{ mm}.$$

Hier haben wir zwei kritische Geschwindigkeiten, für die verhältnismäßig große Ausschläge zu erwarten sind, wenn nämlich entweder
η oder 2η mit der Konstanten α für die ungedämpften Eigenschwingungen übereinstimmt. Im ersten Falle, der schon in der vorigen
Aufgabe behandelt ist, bringt das erste Glied im Ausdrucke für P
die großen Ausschläge hervor. Im anderen Falle erhält man nach
Gl. (49) für C_2

$$C_2 = \frac{0,1}{20} \sqrt{\frac{100}{1000}} = 0,00158 \text{ m} = 1,58 \text{ mm}.$$

Die Dimensionsbezeichnungen sind hier überall weggelassen, da
sie mit den in der vorigen Aufgabe vorkommenden vollständig übereinstimmen.

*9. Aufgabe. Ein materieller Punkt von 10 kg Gewicht führt im
Felde einer elastischen Kraft von der Feldstärke c = 0,1 kg/cm eine
geradlinige Schwingung aus. Die Beobachtung liefert die nachstehende
Reihe aufeinanderfolgender Ausschläge in cm: 4,33; 3,73; 3,20; 2,70;
2,21; 1,73; 1,30; 0,90; 0,54. Man soll untersuchen, ob sich der beobachtete Bewegungsvorgang genügend genau durch die Annahme erklären
läßt, die Dämpfung rühre von einem Zusammenwirken einer konstanten Reibung mit einer der Geschwindigkeit proportionalen Reibung
her. Wie groß sind unter dieser Annahme die beiden Reibungswerte
zu setzen?*

Lösung. Zuvor sei bemerkt, daß die angeführte Zahlenreihe nicht willkürlich gewählt, sondern von einem wirklich ausgeführten Versuche entnommen ist. Die Reihe ist weder eine arithmetische noch eine geometrische, wie es sein müßte, wenn die Dämpfung entweder von einer konstanten oder von einer der Geschwindigkeit proportionalen Reibung allein hervorgebracht wäre. In solchen Fällen wird man öfters zu einer befriedigenden Theorie des Vorgangs gelangen, wenn man ein Zusammenwirken von zwei Reibungsursachen annimmt.

Aus § 7 weiß man, daß der Schwingungsweg von der äußersten Lage auf der einen Seite zum größten Ausschlage nach der anderen Seite unter der Einwirkung einer konstanten Reibung genau so erfolgt, als wenn die Reibung fehlte, dafür aber die Gleichgewichtslage, um die die Schwingung ausgeführt wird, um eine dort mit e bezeichnete Strecke verschoben wäre. Diese Betrachtung bleibt auch noch anwendbar, wenn zugleich andere Kräfte (also hier außerdem noch eine der Geschwindigkeit proportionale Reibung) an dem bewegten materiellen Punkte angreifen. Die Wirkung der konstanten Reibung kann auf jeden Fall, solange die Bewegung in der gleichen Richtung erfolgt, auch durch die Verlegung des Anziehungszentrums um die Strecke e entgegengesetzt der Bewegungsrichtung hervorgebracht werden. Wenn dies geschieht, haben wir für einen Schwingungsweg außer der Verlegung des Anziehungszentrums nur noch die der Geschwindigkeit proportionale Reibung zu berücksichtigen. Bezeichnen wir die von dem verlegten Anziehungszentrum aus gemessenen Ausschläge nach beiden Richtungen, zwischen denen der betrachtete Schwingungsweg erfolgt, mit a'_n und a'_{n+1}, so ist nach § 6, Gl. (35)

$$a'_{n+1} = a'_n e^{-\dfrac{\pi k}{\sqrt{4mc - k^2}}}$$

zu setzen, wofür jetzt zur Abkürzung

$$a'_{n+1} = \lambda a'_n$$

geschrieben sei. Die vom wirklichen Anziehungszentrum aus gemessenen Ausschläge seien mit a_n und a_{n+1} bezeichnet. Sie unterscheiden sich von a'_n und a'_{n+1} um die Strecke e, und zwar ist

$$a_n = a'_n + e \quad \text{und} \quad a_{n+1} = a'_{n+1} - e.$$

Eliminiert man aus diesen beiden Gleichungen und der vorhergegangenen a'_n und a'_{n+1}, so erhält man

$$a_{n+1} = \lambda a_n - (1 + \lambda)e$$

als Gesetz für die Abnahme der Schwingungsausschläge beim Zusammenwirken beider Dämpfungsursachen. Um zu prüfen, ob die gegebene Zahlenreihe mit dieser Formel durch passende Wahl von λ

9*

und e in genügende Übereinstimmung gebracht werden kann, bilden wir am besten zuerst die Differenzen d der aufeinanderfolgenden Ausschläge, die sich zu

$$0{,}60; \quad 0{,}53; \quad 0{,}50; \quad 0{,}49; \quad 0{,}48; \quad 0{,}43; \quad 0{,}40; \quad 0{,}36 \text{ cm}$$

ergeben. Andererseits erhält man aus der vorhergehenden Formel

$$d_n = a_n - a_{n+1} = (1 - \lambda)a_n + (1 + \lambda)e.$$

Die Differenzen d_n müssen sich daher als lineare Funktionen der Ausschläge a_n ansehen lassen. Um dies zu prüfen, tragen wir in Abb. 21 auf einer horizontalen a-Achse die beobachteten Ausschläge und in der Richtung der Ordinatenachse der d ihre Unterschiede in einem passend gewählten Maßstabe, nämlich viermal so groß als die a auf. Die so erhaltenen Punkte

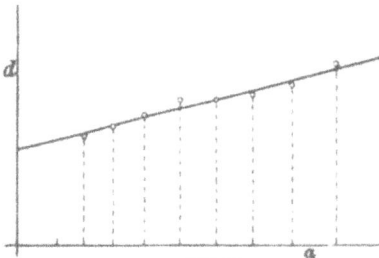

Abb. 21.

müßten, wenn die Gleichung für d_n erfüllt sein sollte, auf einer Geraden liegen. Man sieht, daß dies nicht genau zutrifft. Wenn man aber bedenkt, daß die Ablesungen der Ausschläge beim Versuche mit unvermeidlichen Beobachtungsfehlern behaftet waren, kann man trotzdem sagen, daß die Annahme, die wir prüfen sollen, ungefähr mit der Beobachtung übereinstimmt.

Wir ziehen eine gerade Linie nach Augenmaß, die sich möglichst gut an die Punktreihe anschließt. Eigentlich sollte man die Linie so ziehen, daß für sie das Trägheitsmoment der Punkte, die man sich alle mit gleichen Massen behaftet denkt, möglichst klein ausfällt. Man kann aber schon durch bloße Schätzung die Linie so eintragen, daß sie dieser Forderung hinlänglich genau genügt. Der Abschnitt, den die Linie auf der d-Achse bildet, entspricht nach der vorhergehenden Gleichung dem letzten Gliede auf der rechten Seite; andererseits wird er aus der Zeichnung mit Berücksichtigung des angewendeten Maßstabs zu 0,32 cm gefunden. Man hat also

$$(1 + \lambda)e = 0{,}32,$$

und für die letzte Ordinate der geraden Linie erhält man aus der Zeichnung 0,58 cm mit der Abszisse 4,33, so daß man nach der Gleichung der Geraden

$$(1 - \lambda)4{,}33 + (1 + \lambda)e = 0{,}58$$

findet, woraus sich

$$\lambda = 0{,}940 \quad \text{und} \quad e = 0{,}165 \text{ cm}$$

ergibt. Für die konstante Reibung F hat man daher

$$F = ce = 0{,}0165 \text{ kg},$$

und für die Reibungskonstante k erhält man nach Einsetzen des Wertes von λ die Gleichung

$$\frac{\pi k}{\sqrt{4mc - k^2}} = \lg \frac{1}{0{,}940} = \lg 1{,}064 = 0{,}062,$$

aus der durch Auflösen nach k

$$k = 0{,}00124 \, \frac{\text{kg sec}}{\text{cm}}$$

folgt, womit die Aufgabe vollständig gelöst ist.

10. Aufgabe. Ein Draht von 4 mm Stärke und 150 cm freier Länge ist am oberen Ende eingespannt und hängt lotrecht herab. Unten ist daran eine dünne kreisförmige Scheibe von 30 cm Durchmesser und 20 kg Gewicht befestigt, wie aus Abb. 22 hervorgeht. Wie groß ist die Schwingungsdauer der Drehschwingungen um den lotrechten Durchmesser der Scheibe, wenn die Masse des Drahtes gegenüber der Scheibenmasse vernachlässigt und die überall gleich große Dicke der Scheibe als unendlich klein angesehen wird? Wie groß müßte ferner eine der Geschwindigkeit proportionale Reibung sein, die man der Drehbewegung der Scheibe entgegenzustellen hätte, um die Bewegung aperiodisch zu machen? Der Schubelastizitätsmodul des Drahtmaterials soll zu 800 000 atm angenommen werden.

Lösung. Gegenüber dem in § 5 behandelten Falle einer Drehschwingung besteht nur der Unterschied, daß die Scheibenebene hier nicht senkrecht zur Drehachse steht, sondern durch die Drehachse hindurchgeht. Die Masse kann als gleichmäßig über die Kreisfläche verteilt angesehen werden, und der Trägheitshalbmesser der Scheibe bezogen auf die

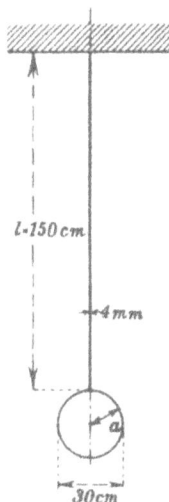

Abb. 22.

Drehachse kann daher ebenso wie der in Band III ermittelte Trägheitshalbmesser einer kreisförmigen Querschnittsfläche

$$i = \frac{a}{2}, \quad \text{also hier} \quad i = 7{,}5 \text{ cm}$$

gesetzt werden. Das Trägheitsmoment folgt daraus zu

$$\Theta = \frac{20 \text{ kg sec}^2}{981 \text{ cm}} \cdot 7{,}5^2 \text{ cm}^2 = 1{,}147 \text{ kg cm sec}^2.$$

Die Schwingungsdauer der ungedämpften Schwingungen findet man nach Gl. (24), wenn jetzt unter a der Halbmesser des Querschnitts-kreises des Drahtes verstanden wird,

$$T = \frac{2}{a^2}\sqrt{\frac{2\pi l \Theta}{G}} = \frac{2}{0.2^2\,\text{cm}^2}\sqrt{\frac{2\pi \cdot 150 \cdot 1.147\ \text{kg cm}^2\,\text{sec}^2}{800\,000\ \dfrac{\text{kg}}{\text{cm}^2}}} = 1.84\ \text{sec}.$$

Die Bewegung wird aperiodisch durch eine Dämpfung, für die der Dämpfungsfaktor k mindestens

$$k = 2\sqrt{mc}$$

ist. Diese Bedingung gilt für eine Drehschwingung ebenso wie für die geradlinige Schwingung eines materiellen Punktes, wenn nur an Stelle von m das Trägheitsmoment Θ und für c der hier zutreffende Wert

$$c = \frac{\pi a^4 G}{2l}$$

gesetzt wird, wobei unter a jetzt der Halbmesser des Drahtquerschnitts zu verstehen ist. Setzt man die Zahlenwerte ein, so erhält man

$$k = 7.84\ \text{kg cm sec}.$$

Die Benennung von k weicht von der in Aufg. 5 für die gerad-linige Schwingung festgestellten ab; hier muß nämlich k mit einer Winkelgeschwindigkeit, also mit sec^{-1}, multipliziert ein statisches Moment, also kg cm liefern.

11. Aufgabe. Für irgendeine Lage des einfachen Pendels, das Schwingungen von beliebiger endlicher Größe ausführt, soll man den genaueren Wert der Fadenspannung berechnen.

Lösung. Die Geschwindigkeit in der durch den Winkel φ in Abb. 13 S. 86 bezeichneten Lage ist, wie wir früher fanden,

$$v = \sqrt{2gl(\cos\varphi - \cos\alpha)}.$$

Die Normalkomponente der Resultierenden aus der Fadenspannung F und dem Gewichte Q ist die Zentrifugalkraft, die wir nach der von früher her bekannten Formel berechnen können. Wir finden

$$C = \frac{Q}{g}\cdot\frac{v^2}{l} = 2\,Q(\cos\varphi - \cos\alpha).$$

Die Projektion der Resultierenden auf die augenblickliche Faden-richtung ist gleich der algebraischen Summe der Projektionen von F und Q, also

$$C = F - Q\cos\varphi,$$

und nach dem Einsetzen des Wertes von C folgt daraus

$$F = Q(3\cos\varphi - 2\cos\alpha).$$

Um diesen Wert anschaulicher zu deuten, formen wir ihn um in

$$F = Q \frac{3 l (\cos \varphi - \cos \alpha) + l \cos \alpha}{l} = Q \frac{3 z + l \cos \alpha}{l},$$

wenn wir die schon in Abb. 13 mit z bezeichnete Strecke wieder einführen. Die Fadenspannung wird hiernach gleich dem Gewichte Q, wenn $3z$ die Vertikalprojektion des Fadens in der äußersten Lage gerade zur ganzen Fadenlänge ergänzt, d. h. dann, wenn der bewegliche Punkt $\frac{1}{3}$ seiner ganzen Fallhöhe zurückgelegt hat. Bei größerem Ausschlage des Pendels ist F kleiner, bei kleinerem Ausschlage größer als Q.

12. Aufgabe. Ein Wagen (Abb. 23) ist auf seinen beiden Achsen mit Federn gelagert, die eine kleine Bewegung in vertikaler Richtung gestatten. Man soll die Schwingungsdauer für die Drehschwingungen berechnen, die der Wagenkasten um die durch den Punkt O senkrecht zur Zeichenebene gehende Achse auszuführen vermag.

Lösung. Ein gefederter Wagen vermag außer den Drehschwingungen, um die es sich hier handelt, auch noch andere auszuführen, die sich in ähnlicher Weise behandeln lassen, die hier aber nicht besprochen werden sollen. Die Lage des Punktes O oder der Achse, um die sich der Wagenkasten gegen den Radsatz zu drehen vermag, hängt von der besonderen Anordnung der Verbindung zwischen beiden ab und ist hier als gegeben anzusehen.

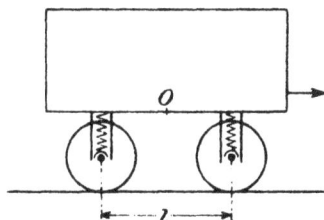

Abb. 23.

Die Bewegungsgleichung läßt sich ebenso anschreiben wie bei den in § 5 behandelten Verdrehungsschwingungen. Wie in Gl. (22) hat man auch hier

$$\Theta \frac{d^2 \varphi}{d t^2} = - c \varphi.$$

Dabei ist φ der Drehungswinkel und Θ das auf die Drehungsachse bezogene Trägheitsmoment des Wagenkastens. In einem bestimmten Falle wird man es dadurch genau genug erhalten, daß man den Trägheitshalbmesser abschätzt, während das Gewicht und hiermit die Masse von vornherein als gegeben angesehen werden können. Die Konstante c ist dagegen aus einer Angabe über die Zusammendrückbarkeit der Federn zu berechnen. Bezeichnet man nämlich die Zusammendrückung, die eine Feder durch die Lasteinheit erfährt, mit a, so entspricht einem Drehungswinkel φ ein Kräftepaar vom Momente

$$\frac{l^2 \varphi}{a},$$

wobei zu beachten ist, daß vorn sowohl wie hinten je zwei Federn hintereinander liegen, von denen jede für einen Federhub $\frac{l}{2}\varphi$ eine Kraft von der Größe $\frac{l\varphi}{2a}$ ausübt. Die Konstante c ist daher

$$c = \frac{l^2}{a},$$

und für die Dauer einer vollen Schwingung hat man nach Gl. (23), wenn noch das Gewicht des Wagenkastens mit Q und der Trägheitshalbmesser mit i bezeichnet wird,

$$T = 2\pi\,\frac{i}{l}\sqrt{\frac{a\,Q}{g}} = 4\pi\,\frac{i}{l}\sqrt{\frac{b}{g}},$$

wobei unter b die Zusammendrückung zu verstehen ist, die jede Feder durch das Eigengewicht des Wagens erfährt, falls alle gleich belastet sind.

13. Aufgabe. Ein Körper A in Abb. 24 von 196,2 kg Gewicht ist durch die Federn B an einem feststehenden Rahmen C aufgehängt

Abb. 24.

und durch eine Stange D geführt, so daß er sich nur in lotrechter Richtung verschieben kann. Einer Verschiebung von A aus der Gleichgewichtslage um 1 mm soll eine Änderung in der Spannung der Federn von 6 kg entsprechen. Wie groß ist die Schwingungsdauer, a) wenn die Reibung zwischen A und D vernachlässigt werden kann, b) wenn zwischen beiden eine der Geschwindigkeit proportionale Reibung auftritt, die 500 kg für eine Geschwindigkeit von $1\frac{m}{sec}$ beträgt?

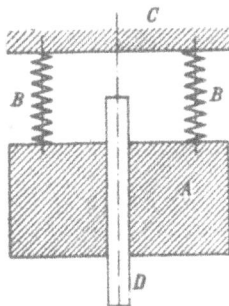

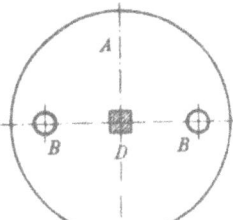

Ferner soll noch die Differentialgleichung für die erzwungenen Schwingungen aufgestellt werden, die A ausführt, wenn D nicht in Ruhe ist, wie bisher vorausgesetzt war, sondern selbst eine schwingende Bewegung in vertikaler Richtung macht, die durch $y = a\sin\eta t$ mit gegebenen Werten von a und η dargestellt wird. Die Reibung zwischen A und D soll dabei der Angabe unter b) entsprechen.

Lösung. Auf 1 m als Längeneinheit bezogen ist $m = 20$ und $c = 6000$, die Schwingungsdauer der reibungs freien Schwingung daher

$$T = 2\pi\sqrt{\frac{m}{c}} = 0{,}36 \text{ sec.}$$

In denselben Einheiten ausgedrückt ist $k = 500$ und T nach Gl. (40) für die gedämpfte Schwingung

$$T = \frac{4\pi m}{\sqrt{4mc - k^2}} = 0,52 \text{ sec.}$$

Wenn sich auch D bewegt, sei die Entfernung von A aus der Gleichgewichtslage mit x, die von D aus der mittleren Lage mit y bezeichnet. Dabei sind x und y nach derselben Richtung hin positiv zu rechnen, also etwa, wenn sie beide nach abwärts gehen. Die relative Geschwindigkeit zwischen A und D ist $\frac{dx}{dt} - \frac{dy}{dt}$, und zwar bedeutet ein positiver Wert dieses Ausdrucks, daß A gegen D in der positiven Richtung voreilt. Die von D auf A übertragene Reibung widersetzt sich dieser Bewegung, geht also dann in der negativen Richtung. Hiernach hat man für Körper A die Bewegungsgleichung

$$m\frac{d^2x}{dt^2} = -cx - k\left(\frac{dx}{dt} - \frac{dy}{dt}\right)$$

Mit $y = 0$ geht diese Gleichung wieder in die der gedämpften Schwingungen über. Setzen wir den hier vorgeschriebenen Ausdruck für y ein, so erhalten wir

$$m\frac{d^2x}{dt^2} + k\frac{dx}{dt} + cx = ka\eta \cos \eta t.$$

Diese Gleichung unterscheidet sich von Gl. (44) für die erzwungenen Schwingungen nur dadurch, daß $\cos \eta t$ anstatt $\sin \eta t$ geschrieben ist. Wenn t unbegrenzt wächst, durchläuft aber $\cos \eta t$ dieselbe Wertreihe wie $\sin \eta t$ und man kann daher in der vorstehenden Gleichung bei anderer Wahl des Anfangspunktes der Zeitrechnung $\cos \eta t$ auch durch $\sin \eta t$ ersetzen. Hierauf kann man für die Lösung der Gleichung die in § 8 gegebenen Formeln ohne Änderung benutzen.

14. Aufgabe. Ein Eisenbahnwagen I (Abb. 25) steht an einem Prellbocke, so daß sich die Puffer gerade berühren, während ein Wagen II mit einer Geschwindigkeit v_0 auf I auffährt. Man soll die Stoßvorgänge, die sich hierbei abspielen, näher untersuchen.

Lösung. Wir betrachten zunächst den Vorgang vom Auftreffen des Wagens II an, von dem ab wir die Zeiten t rechnen, bis zu dem Augenblicke $t = t_1$, in dem sich Wagen II wieder von Wagen I trennt, um nach links hin

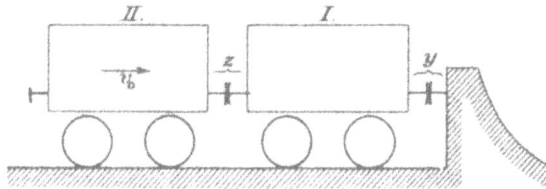

Abb. 25.

zurückzurollen. Innerhalb dieser Zeit führen beide Wagen zwei miteinander gekoppelte Schwingungen aus. Allerdings wird von jeder der beiden Schwingungsbewegungen nur ein Bruchteil einer vollen Schwingung innerhalb dieser Zeit vollendet. Es mag jedoch bemerkt werden, daß die Schwingungen nach demselben Gesetze längere Zeit fortbestehen würden, wenn eine Einrichtung getroffen wäre, durch die die Puffer nach ihrem Zusammenstoßen (etwa durch Einhaken) miteinander verbunden würden, so daß sie sich im weiteren Verlaufe nicht mehr trennen könnten.

Zu einer Zeit t, die kleiner ist als t_1, sei die Zusammendrückung der Puffer zwischen I und dem Prellbocke mit y, die der Puffer zwischen I und II mit z bezeichnet. Die Beschleunigung von I ist dann gleich $\dfrac{d^2 y}{d t^2}$ und die von II gleich $\dfrac{d^2 (y + z)}{d t^2}$ zu setzen. An Wagen II wirkt in diesem Augenblicke eine verzögernde Kraft, die gleich cz, und an Wagen I als Resultierende der hinten und vorn angreifenden Pufferdrücke eine beschleunigende Kraft, die gleich $cz - cy$ zu setzen ist, wenn man unter c den Pufferdruck versteht, der einer Zusammendrückung gleich der Längeneinheit entspricht und alle Pufferfedern als gleich stark voraussetzt.

Die Bewegungsgleichungen lauten daher

$$m_1 \frac{d^2 y}{d t^2} = c\,(z - y),$$

$$m_2 \left(\frac{d^2 y}{d t^2} + \frac{d^2 z}{d t^2}\right) = - c z.$$

Löst man die erste Gleichung nach z auf und setzt den erhaltenen Ausdruck in die zweite ein, so erhält man

$$m_1 m_2 \frac{d^4 y}{d t^4} + (m_1 + 2 m_2)\, c \frac{d^2 y}{d t^2} + c^2 y = 0.$$

Will man umgekehrt y fortschaffen, so differentiiere man die erste Gleichung zweimal nach t und setze darauf den aus der zweiten Gleichung hervorgehenden Ausdruck für $\dfrac{d^2 y}{d t^2}$ ein. Man findet dann, daß z derselben Differentialgleichung genügen muß wie y.

Diese Differentialgleichung ist von derselben Form wie Gl. (58) für die in § 11 als Beispiel behandelten gekoppelten Schwingungen, abgesehen davon, daß die konstanten Koeffizienten hier durch andere Ausdrücke dargestellt werden. Jedenfalls kann aber die Lösung hier in derselben Weise wie damals angeschrieben werden. Man hat also

$$y = A \sin \lambda_1 t + B \cos \lambda_1 t + C \sin \lambda_2 t + D \cos \lambda_2 t,$$

wenn unter λ_1 und λ_2 die beiden positiven Wurzeln der charakteristischen Gleichung

$$m_1 m_2 \lambda^4 - (m_1 + 2m_2)\, c\lambda^2 + c^2 = 0$$

verstanden werden. Zur Vereinfachung der weiteren Ausrechnung möge von hier ab angenommen werden, daß beide
Wagen gleiche Massen haben, daß also $m_2 = m_1$ ist, wofür
kürzer m geschrieben werden kann. Die Auflösung der Gleichung
liefert dann zunächst

$$\lambda_1^2 = \frac{c}{2m}(3 + \sqrt{5}), \quad \lambda_2^2 = \frac{c}{2m}(3 - \sqrt{5}).$$

Die Quadratwurzeln aus den Klammerwerten lassen sich leicht auf
eine einfache Form bringen, so daß man

$$\lambda_1 = \frac{\sqrt{5}+1}{2}\sqrt{\frac{c}{m}} \quad \text{und} \quad \lambda_2 = \frac{\sqrt{5}-1}{2}\sqrt{\frac{c}{m}}$$

erhält, oder auch, wenn man die Zahlenrechnung durchführt,

$$\lambda_1 = 1{,}618\sqrt{\frac{c}{m}}, \quad \lambda_2 = 0{,}618\sqrt{\frac{c}{m}}.$$

Setzt man ferner den Wert von y in die erste der beiden Differentialgleichungen ein, so findet man

$$z = \left(1 - \frac{m}{c}\lambda_1^2\right)(A \sin \lambda_1 t + B \cos \lambda_1 t)$$

$$+ \left(1 - \frac{m}{c}\lambda_2^2\right)(C \sin \lambda_2 t + D \cos \lambda_2 t).$$

Die Werte der Integrationskonstanten A, B, C, D findet man wie gewöhnlich aus den Grenzbedingungen. Zur Zeit $t = 0$ wird nämlich

$$y = 0, \quad z = 0, \quad \frac{dy}{dt} = 0, \quad \frac{dz}{dt} = v_0.$$

Hiermit erhält man vier Gleichungen, die sich nach den Unbekannten
leicht auflösen lassen. Man findet

$$A = -\frac{v_0}{\lambda_1\sqrt{5}}, \quad C = +\frac{v_0}{\lambda_2\sqrt{5}}, \quad B = D = 0.$$

Die fertigen Lösungen lauten demnach, wenn man auf die Werte von
λ_1 und λ_2 achtet, um die Ausdrücke zu vereinfachen,

$$y = -\frac{v_0}{\lambda_1\sqrt{5}} \sin \lambda_1 t + \frac{v_0}{\lambda_2\sqrt{5}} \sin \lambda_2 t,$$

$$z = \frac{v_0}{\sqrt{5}} \cdot \sqrt{\frac{m}{c}}(\sin \lambda_1 t + \sin \lambda_2 t).$$

Aus diesen Gleichungen läßt sich nun das Weitere entnehmen. Wagen
II trennt sich von dem anderen, wenn z zum ersten Male wieder seit

$t = 0$ zu Null wird. Die Zeit t_1 ergibt sich dabei aus der Gleichung

$$\sin \lambda_1 t_1 + \sin \lambda_2 t_1 = 0.$$

Hiernach muß $\lambda_1 t_1$ ein Winkel im dritten (oder vierten) Quadranten sein, der ebensoviel größer als π ist, wie $\lambda_2 t_1$ kleiner ist als π. Man hat daher

$$(\lambda_1 + \lambda_2) t_1 = 2\pi,$$

und wenn man auf die Werte von λ_1 und λ_2 achtet,

$$t_1 = \frac{2\pi}{\sqrt{5}} \sqrt{\frac{m}{c}} = \frac{2\pi}{2{,}236} \sqrt{\frac{m}{c}}.$$

Die Geschwindigkeit v_2, mit der Wagen II zurückrollt, findet man aus den Gleichungen für y und z, nämlich

$$v_2 = \left(\frac{dy}{dt} + \frac{dz}{dt}\right)_{t=t'}$$

$$= v_0 \cos \lambda_1 t_1 \cdot \frac{\sqrt{5} - 1}{2\sqrt{5}} + v_0 \cos \lambda_2 t_1 \cdot \frac{\sqrt{5} + 1}{2\sqrt{5}};$$

denn auf diese Form läßt sich der Ausdruck durch einige Vereinfachungen bringen. Nach dem, was vorher über die Winkel $\lambda_1 t_1$ und $\lambda_2 t_1$ gefunden war, ist aber

$$\cos \lambda_1 t_1 = \cos \lambda_2 t_1,$$

und hiermit erhält man kürzer

$$v_2 = v_0 \cos \lambda_2 t_1.$$

Auch dies läßt sich weiter ausrechnen. Durch Einsetzen der Zahlenwerte findet man nämlich

$$\lambda_2 t_1 = 0{,}2764 \cdot 2\pi = 99^0\, 30',$$

wenn man auf Gradmaß umrechnet, und durch Aufschlagen in einer trigonometrischen Tafel

$$\cos \lambda_2 t_1 = -0{,}165,$$

woraus schließlich das einfache Ergebnis

$$v_2 = -0{,}165\, v_0$$

folgt. Das negative Vorzeichen ist natürlich dadurch begründet, daß v_0 und v_2 entgegengesetzt gerichtet sind.

Die Geschwindigkeit v_2 hängt also weder von m noch von c, d. h. nicht von der Stärke der Puffer ab. Dabei ist natürlich, wie in der ganzen vorhergehenden Betrachtung, stillschweigend vorausgesetzt, daß der Stoß nicht so heftig ist, daß die Puffer an der Hubgrenze anlangen oder höchstens bis dahin, ohne aufzustoßen. — Es mag auch noch darauf aufmerksam gemacht werden, daß andererseits die Zeit t_1, wie die dafür abgeleitete Formel lehrt, nur von m und c, dagegen nicht von der Geschwindigkeit v_0 abhängt, mit der Wagen II auf I aufstieß.

Wir haben jetzt weiter die Bewegung des Wagens I nach dem Ablaufen von Wagen II zu verfolgen. Von $t = t_1$ an bis zu einer Zeit $t = t_2$ besteht diese Bewegung in einer einfachen Sinusschwingung, von der freilich auch wieder nur ein Bruchteil einer vollen Schwingung zur Ausführung gelangt. An dem Wagen greift nämlich innerhalb dieser Zeit nur der Pufferdruck $- cy$ an, und ein materieller Punkt, an dem eine Kraft wirkt, die diesem Gesetze folgt, führt, solange dies zutrifft, eine einfache Sinusschwingung aus. Wir können dafür ohne weiteres Gl. (17) in der Form

$$y = A \sin \alpha\,(t - t_1) + B \cos \alpha\,(t - t_1)$$

gültig von $t = t_1$ bis $t = t_2$ übernehmen. Dabei bedeutet, wie früher in § 4, α den Wert $\sqrt{\frac{c}{m}}$, während die jetzt neu eingeführten Integrationskonstanten A und B, die mit den vorher ebenso bezeichneten nicht verwechselt werden dürfen, aus den Anfangsbedingungen zu ermitteln sind. Zur Zeit $t = t_1$ finden wir nämlich das zugehörige y, das wir y_1 nennen wollen, sowie auch die Geschwindigkeit v_1 des Wagens aus der für die Zeit von $t = 0$ bis $t = t_1$ gültigen Formel für y, und zwar erhält man

$$y_1 = \frac{v_0}{\sqrt{5}}\left(\frac{1}{\lambda_1} + \frac{1}{\lambda_2}\right) \sin \lambda_2 t_1 = v_0 \sqrt{\frac{m}{c}} \sin \lambda_2 t_1 = 0{,}986\, v_0 \sqrt{\frac{m}{c}},$$

$$v_1 = \frac{v_0}{\sqrt{5}}\left(- \cos \lambda_1 t_1 + \cos \lambda_2 t_1\right) = 0.$$

Die Pufferfedern am Prellbocke haben also, wegen $v_1 = 0$, gerade die größte Zusammendrückung erfahren, wenn sich Wagen II von Wagen I trennt. Ferner muß wegen $v_1 = 0$ die Integrationskonstante A gleich Null gesetzt werden, während $B = y_1$ wird. Setzt man dies ein, so wird

$$y = 0{,}986\, v_0 \sqrt{\frac{m}{c}} \cos\left(\sqrt{\frac{c}{m}}\,(t - t_1)\right),$$

gültig von $t = t_1$ bis zu einer gewissen Zeit $t = t_2$. Der Zeitpunkt t_2 ist dann erreicht, wenn sich entweder Wagen I vom Prellbock trennt oder wenn, falls dies schon früher eintritt, Wagen I wieder auf den im Davonrollen begriffenen Wagen II aufstößt.

Um dies zu entscheiden, denken wir uns einmal vorläufig Wagen II ganz beseitigt. Dann würde sich jedenfalls die Sinusschwingung so lange fortsetzen, bis die Zusammendrückung y der Puffer am Prellbock wieder zu Null geworden ist. Das geschieht, wenn der Winkel, dessen Kosinus in der Formel vorkommt, ein rechter wird. Die unter dieser Voraussetzung bestimmte Zeit t_2, die wir t'_2 nennen wollen, folgt daher aus

$$t'_2 - t_1 = \frac{\pi}{2} \sqrt{\frac{m}{c}}$$

Wagen I hätte dann in dieser Zeit einen Weg von der Länge y_1 nach links hin zurückgelegt. Andererseits hätte der Wagen II in der gleichen Zeit, wenn er ungestört fortgerollt wäre, den Weg

$$(t'_2 - t_1)\, v_2 = -\, 0{,}165 \, \frac{\pi}{2} \, v_0 \sqrt{\frac{m}{c}}$$

beschrieben. Das ist aber, wie der Vergleich lehrt, weniger als der Weg y_1 des Wagens I. Wir schließen daraus, daß Wagen I schon wieder auf Wagen II stößt, ehe er sich vom Prellbock trennen konnte. Die Zeit t_2 ist daher kleiner als t'_2, und sie ist aus der Bedingung zu bestimmen, daß beide Wagen in der Zeit $t_2 - t_1$ gleiche Wege nach links hin zurückgelegt haben müssen. Das liefert die Gleichung

$$0{,}986 \, v_0 \sqrt{\frac{m}{c}} \left\{ 1 - \cos\left(\sqrt{\frac{c}{m}} (t_2 - t_1) \right) \right\} = (t_2 - t_1)\, 0{,}165 \, v_0,$$

also eine transzendente Gleichung für $t_2 - t_1$, die durch Probieren leicht nach der Unbekannten aufgelöst werden kann, wobei es sich natürlich nur um die kleinste auf Null folgende positive Wurzel handelt. Dazu ist freilich nötig, daß man weiterhin für c und m bestimmte Zahlenwerte einführt. Davon soll jetzt abgesehen und der weitere Gang der Rechnung nur noch kurz angedeutet werden, damit die Auseinandersetzung nicht noch länger ausfällt, als sie ohnehin schon geworden ist. Übrigens sei wenigstens noch darauf hingewiesen, daß v_0 aus der vorstehenden Gleichung fortfällt, so daß auch t_2 ebenso wie früher schon t_1 unabhängig von der Heftigkeit des Stoßes gefunden wird, falls dieser die zulässige Grenze nicht überschreitet.

Nach der Zeit t_2, die aus der vorhergehenden Gleichung zahlenmäßig bestimmt werden kann, setzen wieder bis zu einer ferneren Zeit $t = t_3$ die gekoppelten Schwingungen ein, die schon in dem ersten Zeitabschnitte zwischen 0 und t_1 bestanden. Die allgemeine Gleichung für y kann dafür ohne weiteres übernommen werden; dagegen sind die Konstanten A, B, C, D wieder von neuem zu bestimmen. Dazu stehen die Grenzbedingungen zur Verfügung, daß für $t = t_2$ zunächst $z = 0$ ist, während y und $\frac{dy}{dt}$ aus der Gleichung für y, gültig von $t = t_1$ bis $t = t_2$ entnommen werden können, und daß endlich $\frac{dy}{dt} + \frac{dz}{dt}$ gleich v_2 wird.

Nachdem mit Verwertung dieser Grenzbedingungen die fertige Lösung für y und z für den dritten Zeitabschnitt aufgestellt ist, hat man von neuem zu untersuchen, wie lange dieser dauert, d. h. wann wieder eine Trennung stattfindet. Diese weiteren Rechnungen spielen sich aber dann genau nach dem Muster der vorhergehenden ab.

Ich breche die Betrachtung hier ab, empfehle aber ihre weitere Fortsetzung als ein gutes Übungsbeispiel, dem für die Beurteilung von Stoßvorgängen, bei denen mehrfache Federungen mitspielen, immerhin auch eine gewisse praktische Bedeutung beigemessen werden darf.

Anmerkung. Jeder Aufgabe über Bewegungen von materiellen Punkten, die längs derselben Geraden erfolgen, entspricht zugleich eine Aufgabe über die Drehbewegung von Schwungmassen, deren Drehachsen ebenfalls mit derselben Geraden zusammenfallen. Hat man die Lösung der einen Aufgabe gefunden, so folgt daraus auch die der anderen, indem man die Massen durch die Trägheitsmomente, die Kräfte durch die statischen Momente der Kräftepaare usf. ersetzt. Das gilt auch hier. An Stelle von Wagen I in Abb. 25 kann man sich ein Schwungrad gegeben denken, dessen Welle am einen Ende festgeklemmt ist, während das andere Ende mit einer einrückbaren Kuppelung versehen sein mag. Dem Wagen II entspricht dann ein zweites Schwungrad, das mit einer gegebenen Geschwindigkeit umläuft. Für die Untersuchung der Stoßvorgänge beim Einrücken der Kuppelung kann man sich ohne weiteres an das hier gegebene Vorbild anlehnen, wobei nur auf die geänderten Grenzbedingungen entsprechend zu achten ist. Wie dies zu geschehen hat, geht aus den in § 5 durchgeführten Betrachtungen deutlich genug hervor.

Zweiter Abschnitt.

Dynamik des Punkthaufens.

Vorbemerkung. Schon im ersten Bande dieser Vorlesungen wurde die Mechanik beliebiger Körper dadurch an die Mechanik des materiellen Punktes angeknüpft, daß wir diese Körper als Punkthaufen auffaßten. Denselben Weg müssen wir auch hier wieder einschlagen. Die Beziehungen, die zwischen den Punkten des Haufens anzunehmen sind, richten sich nach den physikalischen Eigenschaften des Körpers oder des Verbandes verschiedener Körper, mit dem wir es gerade zu tun haben, sowie nach der Genauigkeit, mit der wir dem wirklichen Verhalten im besonderen Falle Rechnung tragen wollen. Halten wir es z. B. für genügend, von der Gestaltänderung, die ein fester Körper in einem bestimmten Falle erfährt, abzusehen, so gelangen wir zu dem Bilde des starren Körpers, unter dem wir uns einen Punkthaufen von unveränderlicher Gestalt zu denken haben. In diesem Abschnitte soll aber zunächst ganz allgemein von Punkthaufen die Rede sein, die beliebigen Bedingungen unterworfen sind, und von starren Körpern, die freilich das wichtigste Anwendungsgebiet der hier anzustellenden Betrachtungen ausmachen, nur nebenher und insoweit, als es sich um die Anführung von Beispielen zur Erläuterung der vorgetragenen Lehren handelt. Im folgenden Abschnitte wird erst der starre Körper ausführlich für sich behandelt werden.

§ 16. Das Prinzip von d'Alembert.

Wir betrachten einen Punkthaufen, der in beliebiger Bewegung begriffen sein soll. Auch die Gestalt des Punkthaufens kann und wird sich im allgemeinen während der Bewegung ändern. An einem einzelnen Punkte des Haufens, auf den wir unser Augenmerk richten wollen, greifen verschiedene Kräfte an, die sich in äußere und in innere einteilen lassen. Das ist schon im ersten Bande näher besprochen worden, und in Übereinstimmung mit den damals gebrauchten Bezeichnungen sei $\mathfrak{P}$ die Resultierende der äußeren und $\Sigma\mathfrak{J}$ die Resultierende der inneren Kräfte. Wenn man unter m die Masse des Punktes und unter $\mathfrak{r}$ den von einem festen Anfangspunkte nach ihm gezogenen Radiusvektor versteht, hat man nach der dynamischen Grundgleichung

$$m\frac{d^2\mathfrak{r}}{dt^2} = \mathfrak{P} + \Sigma\mathfrak{J},\qquad(88)$$

und eine Gleichung von dieser Art gilt für jeden Punkt des Haufens.

Wir wollen uns ferner den Punkthaufen in seiner augenblicklichen Gestalt und Lage und unter Aufrechterhaltung aller übrigen Bedingungen jetzt noch ein zweites Mal gegeben denken; nur mit dem Unterschiede, daß an jedem Punkte noch eine fernere äußere Kraft $\mathfrak{H}$ willkürlich zugefügt sein soll, die nach Größe und Richtung entsprechend der Gleichung

$$\mathfrak{H} = - m\frac{d^2\mathfrak{r}}{dt^2}\qquad(89)$$

gewählt ist, in der die Beschleunigung $\dfrac{d^2\mathfrak{r}}{dt^2}$ so einzusetzen ist, wie sie bei der wirklichen Bewegung des ersten Punkthaufens im Augenblicke der Betrachtung gerade stattfindet.

Im zweiten Punkthaufen haben wir dann, da die Kräfte $\mathfrak{P}$ und $\mathfrak{J}$ unverändert beibehalten wurden, die aus der Verbindung der beiden vorhergehenden folgende Gleichung

$$\mathfrak{P} + \Sigma\mathfrak{J} + \mathfrak{H} = 0,\qquad(90)$$

d. h. alle Kräfte halten sich jetzt an dem Punkte im Gleichgewichte, und zwar gilt dies für jeden Punkt des zweiten Punkthaufens.

Endlich wollen wir uns drittens noch einen starren Körper denken, der groß genug ist, um den ganzen Punkthaufen in seiner augenblicklichen Gestalt darauf abbilden zu können. Damit ist gemeint, daß jedem Punkte des Punkthaufens ein Punkt des starren Körpers zugewiesen werden soll, so daß die zugewiesenen Punkte ein dem Punkthaufen in seiner augenblicklichen Gestalt kongruentes und parallel liegendes Gebilde ausmachen. An jedem dieser Punkte des starren Körpers denken wir uns hierauf alle Kräfte $\mathfrak{P}$, $\mathfrak{H}$ und $\mathfrak{J}$ an-

gebracht, die vorher an dem entsprechenden Punkte des zweiten
Punkthaufens vorkamen. Die Kräfte $\mathfrak{Z}$ sollen dabei ebenso wie
die $\mathfrak{P}$ und $\mathfrak{H}$ als äußere Kräfte am starren Körper angebracht
werden, ohne jede Rücksicht darauf, daß sie am ersten Punkt-
haufen sich unter den gegebenen Bedingungen von selbst als
innere Kräfte in dieser Größe und Richtung einstellten.

Da sich alle Kräfte, die wir anbrachten, an jedem Angriffspunkte für sich im Gleichgewichte befinden, wird der starre
Körper, wenn er vorher in Ruhe war, auch weiterhin in Ruhe
bleiben. Zwischen den Kräften $\mathfrak{P}$, $\mathfrak{H}$ und $\mathfrak{Z}$ müssen daher alle
Gleichgewichtsbedingungen erfüllt sein, die wir für Kräfte am
starren Körper schon im ersten Bande näher besprochen haben.

Hierbei ist aber zu beachten, daß nach der allgemeinen Fassung
des Wechselwirkungsgesetzes auf jeden Fall die Kräfte $\mathfrak{Z}$ unter
sich eine Gleichgewichtsgruppe am starren Körper bilden müssen.
Daher müssen auch die $\mathfrak{P}$ und $\mathfrak{H}$ unter sich im Gleichgewichte
stehen und allen früher hierfür aufgestellten Bedingungen ge-
nügen. Insbesondere muß

$$\Sigma'\mathfrak{P} + \Sigma\mathfrak{H} = 0$$

sein, wenn man die Summe über alle $\mathfrak{P}$ und $\mathfrak{H}$ an allen Punkten
des starren Körpers erstreckt. Diese Bedingung ist indessen nur
eine notwendige und nicht zugleich eine hinreichende. Vielmehr
muß außerdem für jeden Momentenpunkt die Summe der Mo-
mente aller $\mathfrak{P}$ und $\mathfrak{H}$ gleich Null sein, und ebenso muß für jede
virtuelle Verschiebung des starren Körpers die Summe der Arbeitsleistungen aller $\mathfrak{P}$ und $\mathfrak{H}$ gleich Null sein.

In der zuletzt gegebenen Form wird das d'Alembertsche
Prinzip gewöhnlich in den Lehrbüchern der analytischen Mechanik dargestellt. Denkt man sich nämlich irgendeine unendlich
kleine virtuelle Verschiebung des starren Körpers vorgenommen,
und bezeichnet man den Weg, den der zunächst ins Auge gefaßte
Punkt dabei zurücklegt, mit $\delta\mathfrak{s}$, so lautet die notwendige und
zugleich auch hinreichende Gleichgewichtsbedingung für die
Kräfte $\mathfrak{P}$ und $\mathfrak{H}$ an allen Punkten des starren Körpers

$$\Sigma(\mathfrak{P} + \mathfrak{H})\delta\mathfrak{s} = 0,$$

gültig für jede virtuelle Verschiebung. Setzt man $\mathfrak{H}$ aus Gl. (89) ein, so geht sie über in

$$\Sigma\left(\mathfrak{P} - m\frac{d^2\mathfrak{r}}{dt^2}\right)\delta\mathfrak{s} = 0 \,. \tag{91}$$

Bezeichnet man die Komponenten von $\mathfrak{P}$ nach den Richtungen eines rechtwinkligen Koordinatensystems mit X, Y, Z, die Komponenten von $\mathfrak{r}$ mit x, y, z, und die Komponenten von $\delta\mathfrak{s}$ mit $\delta x, \delta y, \delta z$, so läßt sich dafür auch schreiben

$$\sum\left[\left(X - m\frac{d^2x}{dt^2}\right)\delta x + \left(Y - m\frac{d^2y}{dt^2}\right)\delta y + \left(Z - m\frac{d^2z}{dt^2}\right)\delta z\right] = 0, \tag{92}$$

und das ist die Formel, die gewöhnlich als die Aussage des d'Alembertschen Prinzips angegeben wird. Es entspricht aber eigentlich mehr dem ursprünglichen Sachverhalte, das d'Alembertsche Prinzip darin zu erblicken, daß man durch die Zufügung der Kräfte $\mathfrak{H}$ an dem Punkthaufen ein System von Kräften $\mathfrak{P}$ und $\mathfrak{H}$ erhält, das allen Gleichgewichtsbedingungen an einem starren Körper genügt. Ob man dieses Gleichgewicht nachher mit Hilfe des Prinzips der virtuellen Geschwindigkeiten oder mit Hilfe des Satzes von den statischen Momenten untersucht — was oft bequemer ist —, bleibt nebensächlich.

Die Hauptleistung von d'Alembert bei der Aufstellung seines Prinzips kann freilich vielleicht darin gefunden werden, daß er erkannt hat, daß sich die inneren Kräfte, weil sie für sich im Gleichgewichte stehen, aus den Gleichgewichtsbedingungen fortheben. Aber darum zu sagen, daß hierin der Kern des d'Alembertschen Prinzips zu erblicken sei, halte ich für unzweckmäßig, weil eben die Tatsache, daß die inneren Kräfte für sich ein Gleichgewichtssystem bilden, schon durch das Wechselwirkungsgesetz ihrem vollen Inhalte nach zum Ausdrucke kommt. Und darüber hinaus lehrt das Prinzip nur noch, daß man durch den Kunstgriff der Einführung der Kräfte $\mathfrak{H}$ ein Gleichgewichtssystem der $\mathfrak{H}$ und $\mathfrak{P}$ herstellen kann, wodurch es möglich wird, Aufgaben der Dynamik auf statische Aufgaben zurückzuführen.

Die Kräfte $\mathfrak{H}$ werden gewöhnlich als „Trägheitskräfte" bezeichnet, und ich werde mich dieser Bezeichnung ihrer Kürze wegen anschließen. Man hat freilich gegen den Gebrauch dieses Wortes öfters eingewendet, daß es zu Mißdeutungen oder falschen Vorstellungen Veranlassung geben könne, da hiermit eine Größe als Kraft bezeichnet wird, die als solche gar nicht vorhanden ist, sondern nur zur Vereinfachung der Betrachtungen zu den wirklich bestehenden Kräften willkürlich zugefügt wird. Daß die Trägheitskräfte in der Tat nur in diesem Sinne als Hilfsgrößen und nicht als an dem ersten Punkthaufen, den wir eigentlich untersuchen wollen, wirklich angreifende Kräfte aufzufassen sind, darf man freilich nicht aus den Augen verlieren. Sofern dies geschieht, wird man aber jene Bedenken fallen lassen können, und ich habe auch, gerade um nach dieser Richtung keinen Zweifel zu lassen, ausdrücklich von zwei Punkthaufen und einem starren Körper gesprochen, von denen der erste Punkthaufen den unmittelbaren Gegenstand unserer Untersuchung bildet und an dem die Kräfte $\mathfrak{H}$ fehlen, während der zweite und der starre Körper, an dem die Kräfte $\mathfrak{H}$ angreifen sollen, nur zum Vergleiche mit dem ersten gebraucht werden Ich trage auch um so weniger Bedenken gegen die gewählte Bezeichnung, als schon die „fingierte" Zentrifugalkraft, von der im ersten Bande die Rede war, unter den Begriff der Trägheitskräfte fällt und man schon mit Rücksicht auf den in diesem Falle fest eingewurzelten Sprachgebrauch genötigt ist, zwischen den fingierten oder von uns willkürlich zugefügten Kräften und den physikalisch nachweisbaren oder, wie wir sagen, wirklich vorhandenen sorgfältig zu unterscheiden.

Man kann diesen Betrachtungen auch noch eine allgemeinere Form geben. Anstatt den ganzen Punkthaufen auf einen starren Körper abzubilden, wie es vorher geschehen war, können wir ebenso mit einem beliebig herausgegriffenen Teil verfahren. Der starre Körper, der diesen Teil abbildet und an dem alle zugehörigen Kräfte $\mathfrak{P}$, $\mathfrak{H}$ und $\mathfrak{J}$ angebracht sind, ist unter dem Einflusse dieser Kräfte jedenfalls im Gleichgewichte. Dagegen bilden jetzt nicht mehr alle Kräfte $\mathfrak{J}$ eine Gleichgewichtsgruppe, sondern nur jene davon untereinander, die auch für den in dieser Weise herausgegriffenen Teil des Punkthaufens noch als innere zu bezeichnen sind. Rechnen wir aber die übrigen, also die von den fortgelassenen Teilen des Punkthaufens auf die beibehaltenen Teile übertragenen Kräfte jetzt zu den äußeren, so daß sie an dem starren Körper mit unter den $\mathfrak{P}$ erscheinen, so bleiben die vorhergehenden Schlüsse und Aussagen ohne Änderung auch für das Teilstück bestehen.

Davon kann man z. B. Gebrauch machen bei einer Maschine, die aus Teilen zusammengesetzt ist, von denen jeder für sich genommen genau genug als starrer Körper betrachtet werden kann, während sich die Teile gegeneinander bewegen. Man kann dann eine zweite Maschine angeben, die im übrigen vollständig mit der vorigen übereinstimmt, die aber in Ruhe ist und dauernd in Ruhe bleibt, wenn man an jedem Teile der Maschine dieselben Kräfte $\mathfrak{P}$ wie bei der ersten Maschine und außerdem noch die Trägheitskräfte $\mathfrak{H}$ anbringt. Zu den Kräften $\mathfrak{P}$ gehören dann auch die Kräfte zwischen den einzelnen Maschinenteilen, also etwa Gelenkdrücke o. dgl., die bei der ruhenden Maschine ebenso anzunehmen sind wie bei der bewegten. Wenn man dann aus der Gleichgewichtsbetrachtung an der ruhenden Maschine die Gelenkdrücke usw. gefunden hat, kennt man sie zugleich für die bewegte Maschine.

Entsprechend läßt sich auch das Anwendungsgebiet von Gl. (91) oder (92) erweitern. Zuerst war gesagt, daß sich die Formeln nur auf eine Bewegung ohne Gestaltänderung beziehen sollten, denn darauf kam es ja hinaus, wenn wir den Punkthaufen auf einem starren Körper abbildeten.

Die Formeln gelten aber auch noch in einem allgemeineren Falle, nämlich immer dann, wenn zwar eine Gestaltänderung eintritt, die inneren Kräfte aber dabei trotzdem keine Arbeit leisten. Denn in der Tat bestand ja der einzige Gebrauch, den wir vorher von der Voraussetzung der unveränderlichen Gestalt gemacht hatten, nur darin, daß wir die Summe der Arbeiten der inneren Kräfte gleich Null setzen konnten. Das ist immer erfüllt bei Bewegungen ohne Gestaltänderung; es kann aber auch noch in anderen Fällen erfüllt sein. Sobald es aber zutrifft, bleibt auch die Gültigkeit der Gleichungen (91) oder (92) bestehen.

Man denke sich z. B. zwei starre Körper, die in einem Gelenke ohne Reibung drehbar miteinander verbunden sind. Das System beider Körper kann als ein Punkthaufen von veränderlicher Gestalt aufgefaßt werden. Betrachten wir nun eine vir-

tuelle Verschiebung des Punkthaufens, bei der zwar jeder starre
Körper unveränderlich bleibt, während sich aber die beiden
Körper gegeneinander drehen, so ist die Summe der Arbeiten
aller inneren Kräfte immer noch Null, wenigstens dann, wenn
zwischen beiden Körpern nur im Gelenke eine Kraft übertragen
wird. Trügen beide Körper Magnete, die Fernkräfte aufeinander
ausübten, so wäre dies freilich nicht mehr richtig, und die Gleichungen (91) oder (92) blieben nicht mehr anwendbar. Man
könnte sich in diesem Falle jedoch dadurch helfen, daß man die
magnetischen Fernkräfte nicht als innere Kräfte, sondern als unmittelbar gegebene äußere Kräfte auffaßte und sie daher in die
$\mathfrak{P}$ mit einrechnete, wobei die Anwendbarkeit der Formeln gewahrt bliebe.

In der analytischen Mechanik denkt man bei der Anwendung von Gl. (92) gewöhnlich an solche virtuelle Verschiebungen,
für die die inneren Kräfte keine Arbeit leisten, obschon Gestaltänderungen dabei nicht ausgeschlossen sein sollen. Man kann
dies, weil man sich die Körper, die den Punkthaufen ausmachen,
nur in solcher Weise miteinander in Verbindung gebracht denkt,
daß bei den hierdurch zugelassenen Verschiebungen der Teile
gegeneinander in der Tat keine inneren Arbeiten geleistet werden.
Um dies zum Ausdrucke zu bringen, pflegt man zu sagen, daß
unter den in Gl. (92) auftretenden Verschiebungskomponenten
nur solche zu verstehen seien, die zwar sonst willkürlich, aber
dabei mit den Systembedingungen verträglich seien. Das
kommt aber darauf hinaus, daß $\Sigma\Sigma\mathfrak{P}\delta\mathfrak{s}$ gleich Null sein soll.
Insbesondere sollen keine elastischen Formänderungen mit der
virtuellen Verschiebung verbunden sein und keine Reibungen
an den Berührungsstellen der verschiedenen Körper auftreten

§ 17. Festigkeitsberechnung für bewegte Körper.

In der Festigkeitslehre untersucht man die Spannungen und
die Formänderungen eines elastischen Körpers unter der Voraussetzung, daß die an ihm angreifenden äußeren Kräfte im Gleichgewichte miteinander stehen und der Körper in Ruhe ist. Häufig
muß man aber auch Festigkeitsaufgaben für bewegte Körper lösen

Dazu dient das d'Alembertsche Prinzip, mit dessen Hilfe man dieseAufgaben auf solche an ruhenden Körpern zurückführen kann.

Bei einem beliebig bewegten Körper stehen nämlich die an einem Raumelemente angreifenden Spannungen und die daran wirkenden äußeren Kräfte nicht im Gleichgewichte miteinander, sondern sie liefern eine Resultierende, durch die die Beschleunigung der in dem Körperstück enthaltenen Masse herbeigeführt wird. Sobald man sich aber die Trägheitskraft als fernere äußere Kraft dazugefügt denkt, herrscht wieder überall Gleichgewicht. Dadurch wird die Möglichkeit eröffnet, die inneren Kräfte, die man in diesem Zusammenhange als Spannungen bezeichnet, am ruhenden Körper untersuchen zu können, der neben den Lasten 𝔓 auch noch die Lasten 𝔥 trägt.

Um streng zu sein, muß man hierbei jedoch noch eine weitere Erwägung eintreten lassen. Man weiß aus der Festigkeitslehre, daß es im allgemeinen nicht möglich ist, die Spannungen, die zu gegebenen Lasten gehören, ausschließlich auf Grund von Gleichgewichtsbetrachtungen zu ermitteln. Es könnte daher vorkommen, daß in dem ruhenden Körper, der die Lasten 𝔓 und 𝔥 trägt, ein anderer Spannungszustand herauskäme wie bei dem ihm entsprechenden bewegten Körper. Zunächst wenigstens können wir nur behaupten, daß die Spannungen, die am Umfange jedes Raumelements angreifen, in beiden Fällen statisch gleichwertig sein müssen, d. h., daß sie dieselbe Resultierende ergeben müssen. Darum brauchen sie aber noch nicht notwendig auch in den Einzelheiten miteinander übereinzustimmen. Vielmehr könnten sich beide Spannungszustände derart voneinander unterscheiden, daß ihr Unterschied einem Zustande von Eigenspannungen entspräche, also solchen Spannungen, wie sie auch in einem unbelasteten Körper unter gewissen Umständen, z. B. bei den sogenannten Gußspannungen, auftreten können.

Um hierüber eine Entscheidung zu treffen, müssen wir nochmals auf die allgemeinen Betrachtungen des vorigen Paragraphen zurückkommen.

Wir hatten neben dem ersten Punkthaufen, auf den sich die Untersuchung bezog, einen zweiten eingeführt, an dem die Trägheitskräfte $\mathfrak{H}$ zugefügt waren, während sich sonst nichts geändert haben sollte. Jetzt wollen wir an Stelle des starren Körpers, auf den wir hierauf alle Kräfte übertrugen, einen dritten Punkthaufen annehmen, der sich von dem zweiten dadurch unterscheidet, daß seine Punkte zur gegebenen Zeit in Ruhe sein sollen. Die Kräfte $\mathfrak{P}$ und $\mathfrak{H}$ wirken an ihm gerade so wie vorher an dem zweiten Punkthaufen. Dagegen dürfen wir jetzt nicht willkürlich annehmen, daß die Kräfte $\mathfrak{J}$ bei ihm genau dieselben seien wie bei dem ersten Punkthaufen. Bei dem starren Körper konnten wir dies in den Betrachtungen des vorigen Paragraphen unbedenklich tun, da für ihn die Kräfte $\mathfrak{J}$ überhaupt nicht als innere aufzufassen waren, sondern geradeso wie die äußeren nach Belieben angebracht werden konnten, indem es nur darauf ankam, daß sie sich, wenn dies geschieht, nach dem Wechselwirkungsgesetze aus den Gleichgewichtsbedingungen hinweghehen. Das wird aber ganz anders, wenn wir die inneren Kräfte selbst und ihre nähere Verteilung am dritten Punkthaufen berechnen wollen, und zwar nicht auf Grund von Gleichgewichtsbetrachtungen allein, sondern auch auf Grund von anderen Erwägungen, und wenn wir sie dann später denen im ersten Punkthaufen gleich setzen wollen.

Diese anderen Erwägungen bestehen darin, daß der Spannungszustand durch die übrigen Bedingungen schon im einzelnen mitbestimmt ist. Wir haben uns also zu fragen, ob nach den besonderen physikalischen Eigenschaften der Körper, die durch die Punkthaufen dargestellt werden sollen, beim dritten Punkthaufen dieselben inneren Kräfte zu erwarten sind wie beim ersten. Offenbar ist diese Frage nur dann zu bejahen, wenn wir es als Erfahrungstatsache ansehen dürfen, daß die inneren Kräfte nur von jenen Bedingungen abhängen, in denen beide Punkthaufen miteinander übereinstimmen, und nicht von jenen, in denen sie sich voneinander unterscheiden. Die Punkthaufen unterscheiden sich in dem Augenblicke, auf den sich unsere Betrachtung bezieht, dadurch voneinander, daß der eine in Bewegung begriffen, der andere aber in Ruhe ist. Hat man es also mit einem Körper von solcher Be-

schaffenheit zu tun, daß die inneren Kräfte nicht nur von der
augenblicklichen Gestalt, sondern auch von der Geschwindigkeit
der Gestaltänderung abhängen, so ist die aufgeworfene Frage
zu verneinen. Insbesondere wird man sie zu verneinen haben bei
allen Körpern, die deutlich ausgesprochene elastische Nach-
wirkungen erkennen lassen.

Gewöhnlich aber darf man bei den zu praktischen Zwecken
vorzunehmenden Festigkeitsberechnungen annehmen, daß die Geschwindigkeiten ohne Einfluß auf die Ausbildung der inneren
Kräfte sind. Soviel wir bis jetzt wenigstens wissen, hängen die
Spannungen in den elastischen Körpern, solange die Elastizitäts-
grenze nicht überschritten ist und daher merkliche elastische Nach-
wirkungen nicht in Frage kommen, nur von den Formänderungen
selbst und nicht von deren Änderungsgeschwindigkeiten ab.

Mit den ausgesprochenen Vorbehalten dürfen wir daher die vorher aufgeworfene Frage bejahen. Hiermit sind wir aber in der
Tat berechtigt, die Festigkeitsbetrachtung am ruhenden Körper vorzunehmen und die Rechnungsergebnisse
ohne Änderung auf den bewegten Körper anzuwenden.

Eines der bekanntesten Beispiele für die Anwendung der
vorhergehenden Betrachtungen bildet die Berechnung der
Biegungsbeanspruchung, der die Pleuelstange in einem
schnell umlaufenden Kurbelmechanismus unterworfen
ist. In Abb. 26 ist der Kurbelmechanismus einer Dampfmaschine
gezeichnet. Hierbei kann auf die schon im ersten Bande durchgeführten Betrachtungen über den Kurbelmechanismus verwiesen
werden.[1]

Wie ich damals schon auseinandersetzte, genügt es in vielen
Fällen, $\cos \psi$ näherungsweise gleich 1 zu setzen. Bei einer Festigkeitsberechnung
kommt es auf große
Genauigkeit ohne-
hin nicht an, und
daher genügt hier-

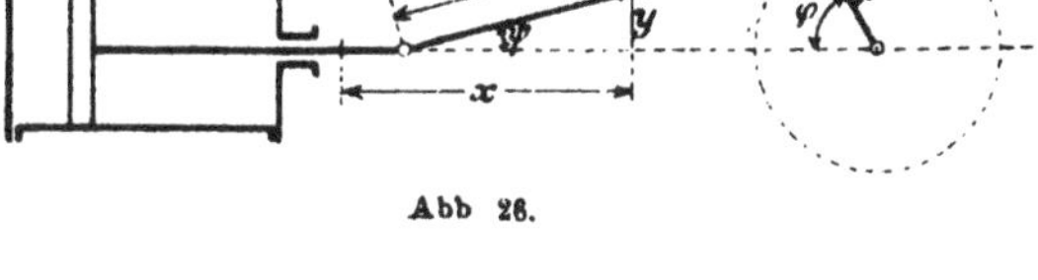

Abb. 26.

1) Band I, 7. Aufl., S. 210.

für diese Näherung vollständig Damit erhält man für die von
der linken Totpunktlage des Kreuzkopfes aus gerechnete Abszisse x eines Längenelements dz der Stange, das die Entfernung z
vom Kreuzkopfzapfen hat, wie aus der Abbildung unmittelbar
entnommen werden kann,

$$x = z + r - r \cos \varphi,$$

und für die Ordinate y desselben Elements ergibt sich

$$y = \frac{z}{l} r \sin \varphi$$

Wir differentieren beide Koordinaten zweimal nach der Zeit,
um die Komponenten der Beschleunigung des ins Auge gefaßten
Massenteilchens zu erhalten. Hierbei ist z als konstant zu betrachten, und auch die Winkelgeschwindigkeit der Kurbelwelle

$$\frac{d\varphi}{dt} = u$$

kann als konstant angesehen werden. Damit findet man

$$\frac{d^2x}{dt^2} = r u^2 \cos \varphi, \quad \frac{d^2y}{dt^2} = - \frac{z}{l} r u^2 \sin \varphi = - y u^2.$$

Die Komponenten X und Y der Trägheitskraft, die am Län
genelemente dz angebracht werden muß, um die dynamische
Aufgabe auf eine Gleichgewichtsaufgabe zurückzuführen, werden
aus den Beschleunigungskomponenten durch Multiplikation mit
der Masse gefunden, die mit m bezeichnet werden mag. Dabei
ist noch ein Vorzeichenwechsel vorzunehmen. Man findet daher

$$X = - m r u^2 \cos \varphi, \quad Y = m y u^2$$

Hiernach ist X unabhängig von z, also für alle Teile der
Stange bei gleichem Werte von m gleich groß. Dagegen wächst
Y proportional mit y oder z vom Kreuzkopfende der Stange zum
Kurbelzapfenende hin gleichmäßig an Die den Vorzeichen ent-
sprechenden Richtungen von X und Y sind für die in Abb. 26
angegebene Stellung des Mechanismus in Abb. 27, in der die
Pleuelstange für sich herausgezeichnet ist, besonders eingetragen
Die Biegungsbeanspruchung der Pleuelstange wird von den
Lasten X und Y hervorgebracht. Da aber X nahezu mit der
Richtung der Stange zusammenfällt, kommt es hauptsächlich auf

die Komponenten Y an, und es fragt sich, bei welchen Stellungen
des Mechanismus diese Komponenten am größten werden. Das
geschieht, wenn y seinen größten Wert annimmt, also für $\sin \varphi = 1$
Dann wird $\cos \varphi = 0$, und die Lastkomponenten X verschwinden
vollständig. Der Winkel, den die Richtung der Y mit der Stangenrichtung einschließt, weicht um ψ von
einem Rechten ab. Da wir es aber vorher
schon als genügend an-
sahen, $\cos \psi = 1$ zu
setzen, also ψ gleich
Null anzunehmen, kön-
nen wir mit demselben

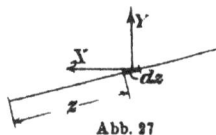

Abb. 27

Abb. 28.

Grade der Annäherung sagen, daß die Lastkomponenten Y nahezu senkrecht zur Stangenrichtung stehen.

Wir haben jetzt die Stange als einen Balken aufzufassen, der
an beiden Enden drehbar aufgelagert ist und an dem die vorher
bestimmten Lasten Y angreifen. Die Belastungsfläche ist hiernach
ein Dreieck, das in Abb. 28 unter Annahme einer horizontalen
Richtung des der bewegten Stange gleichwertigen Balkens aufgetragen ist. Wegen des Faktors y in dem Ausdrucke für Y ist
nämlich die Belastungsstärke am linken Balkenende gleich Null,
und sie nimmt von da gleichmäßig nach dem rechten Balkenende hin zu. Dabei ist vorausgesetzt, daß die Stange überall
gleich dick ist, so daß zu gleichen Längenelementen dz an verschiedenen Stellen der Stange gleiche Massen m gehören Im
anderen Falle wären die Ordinaten des Dreiecks in Abb 28 erst
noch mit den Verhältnissen der auf die Längeneinheit treffenden
Massen zu multiplizieren

Am rechten Balkenende gehört zum Massenteilchen m die
Last mru^2. Das ist, wie schon aus Band I bekannt ist, die Größe
der Zentrifugalkraft für das den Kurbelzapfenkreis durchlaufende
Teilchen. In der Tat geht die Trägheitskraft am rechten Stab-
ende, das eine kreisförmige Bahn mit gleicher Winkelgeschwindigkeit durchläuft, in eine einfache Zentrifugalkraft über.

Bezeichnet man das Gewicht der Stange mit Q, so ist die
auf die Längeneinheit kommende Belastung q durch die Träg-

heitskräfte Y an der Stelle s

$$q = \frac{Q}{gl}\, ru^2\, \frac{s}{l}.$$

Die weitere Ausrechnung des Biegungsmoments und der Biegungsspannung bildet nun eine einfache Aufgabe der Festigkeitslehre, über die hier hinweggegangen werden kann. In Aufg. 17 ist aber die Rechnung für ein Zahlenbeispiel vollständig durchgeführt.

Da die Belastungsstärke q den Faktor u^2 enthält, wird die Biegungsbeanspruchung der Pleuelstange um so größer, je schneller die Maschine umläuft. Wenn die Umlaufzahl verzehnfacht wird, steigt die Biegungsbeanspruchung auf das Hundertfache. Bei langsam umlaufenden Maschinen ist daher die Biegungsanstrengung der Stange ganz unerheblich, so daß gar nicht darauf geachtet zu werden braucht, während sie bei den Schnellläufern sehr gefährlich werden kann.

§ 18. Das zusammengesetzte Pendel.

Im vorigen Abschnitte wurden die Schwingungen eines einfachen Pendels untersucht. Man dachte sich die ganze schwingende Masse in einem einzigen Punkte vereinigt, der in unveränderlicher Entfernung vom Aufhängepunkte gehalten und dadurch zur Ausführung einer kreisförmigen Bewegung genötigt sein sollte. Mit diesem Bilde reicht man aber nur in seltenen Fällen aus. Gewöhnlich sind die Massen von Körpern, die Pendelschwingungen ausführen, räumlich so ausgedehnt, und namentlich in so verschiedenen Abständen von der festen Drehachse verteilt, daß es von vornherein an jedem Anhaltspunkte dafür fehlt, wo man sich etwa die ganze Masse vereinigt denken müßte, um das Pendel als ein einfaches behandeln zu können. Hier hilft nun — obschon auch andere Wege zum Ziele führen — das d'Alembertsche Prinzip zur Lösung der Aufgabe.

In Abb. 29 sei O der Drehpunkt, d. h. die Projektion der Drehachse auf die senkrecht dazu gedachte Zeichenebene, S der Schwerpunkt des Pendels und m irgendein Massenteilchen im Abstande x, das wir als einen der materiellen Punkte des ganzen

Haufens auffassen. Wenn alle übrigen Massen gegenüber *m* vernachlässigt werden könnten, hätten wir ein einfaches Pendel von der Länge *x* vor uns, und die Schwingungsdauer könnte aus *x* nach den Lehren des vorigen Abschnitts berechnet werden. Jene Massen *m*, die nahe beim Drehpunkte *O* liegen, suchen, für sich genommen, eine kleine, die weiter abstehenden eine größere Schwingungsdauer des Pendels herbeizuführen, und die wirkliche Schwingungsdauer wird einen gewissen Mittelwert annehmen.

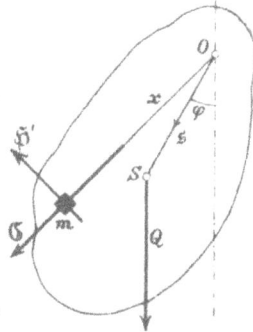

Abb. 29.

Die augenblickliche Stellung des Pendels sei durch den Winkel φ beschrieben, den der vom Aufhängepunkte nach dem Schwerpunkte gezogene Radiusvektor $\mathfrak{s}$ mit der Lotrichtung bildet. In der Gleichgewichtslage des Pendels ist hiernach φ = 0. Die Winkelgeschwindigkeit ist $\frac{d\varphi}{dt}$, und die Winkelbeschleunigung $\frac{d^2\varphi}{dt^2}$. Kehren wir nun zum Massenteilchen *m* zurück, so kann dessen Geschwindigkeit gleich $x\frac{d\varphi}{dt}$ und die Tangentialkomponente der Beschleunigung, die es im Augenblicke erfährt, gleich $x\frac{d^2\varphi}{dt^2}$ gesetzt werden. Dazu kommt dann noch eine Normalkomponente der Beschleunigung wegen der Richtungsänderung der Geschwindigkeit. — Wir führen jetzt die Trägheitskraft

$$\mathfrak{H} = -m\frac{d^2\mathfrak{r}}{dt^2}$$

ein, die wir ebenso wie die Beschleunigung in eine Tangentialkomponente $\mathfrak{H}'$ und eine Normalkomponente $\mathfrak{C}$ spalten können. Die letzte ist nichts anderes als die Zentrifugalkraft. Die Tangentialkomponente $\mathfrak{H}'$ hat den Absolutwert

$$H' = mx\frac{d^2\varphi}{dt^2}$$

Sie ist, wie in Abb. 29 eingetragen, nach außen und obenhin gerichtet. Schwingt nämlich das Pendel nach außen, so ist $\frac{d\varphi}{dt}$ positiv und im Abnehmen begriffen; schwingt es dagegen nach

der Gleichgewichtslage hin, so ist $\frac{d\varphi}{dt}$ negativ und der Absolutbetrag nimmt zu. In jedem Falle ist daher $\frac{d^2\varphi}{dt^2}$ negativ und die
Tangentialbeschleunigung nach innen und abwärts gerichtet.
Die Trägheitskraft hat aber die entgegengesetzte Richtung wie
die zu ihr gehörige Beschleunigung; sie ist also stets nach oben
und außen gerichtet.

Nachdem die Trägheitskräfte $\mathfrak{H}'$ und $\mathfrak{C}$ überall zugefügt sind,
haben wir eine Gruppe von Kräften, die sich mit dem im Drehpunkt
übertragenen Auflagerdruck und dem Gewicht Q im Gleichgewichte halten. Zur Untersuchung des Gleichgewichts betrachten
wir den Körper, da er sich um eine feste Achse dreht, als einen
Hebel. Wir schreiben daher die Bedingung an, daß die Summe
der statischen Momente für den Drehpunkt gleich Null sein muß.
In dieser Momentensumme kommen die Normalkomponenten $\mathfrak{C}$
der Trägheitskräfte nicht vor, da sie alle durch den Momentenpunkt gehen. Die Tangentialkomponenten $\mathfrak{H}'$ haben alle gleiches
Momentenvorzeichen, und die Summe ihrer Momente muß daher
gleich dem Momente der entgegengesetzt drehenden Kraft Q
sein. Wir erhalten damit die Gleichung

$$- \Sigma m x^2 \frac{d^2\varphi}{dt^2} = Qs \sin \varphi. \tag{93}$$

Das Minuszeichen auf der linken Seite ist beigefügt, weil wir
erkannt hatten, daß $\frac{d^2\varphi}{dt^2}$ an sich negativ ist. Der Faktor $\frac{d^2\varphi}{dt^2}$
ist allen Gliedern gemeinsam und kann daher auch vor das Summen-
zeichen gestellt werden. Die zurückbleibende Summe $\Sigma m x^2$
stellt das Trägheitsmoment für die Drehachse dar und soll mit Θ
bezeichnet werden. Hiermit geht die vorige Gleichung über in

$$- \Theta \frac{d^2\varphi}{dt^2} = Qs \sin \varphi. \tag{94}$$

Selbstverständlich hätte man diese letzte Gleichung auch
sofort aus der dynamischen Grundgleichung für Drehbewegung
um die Achse O ableiten können. Die Integration der Gleichung (94) würde eine umständliche Rechnung erfordern, die
sich umgehen läßt, indem man die Theorie des zusammen-

gesetzten Pendels auf jene des einfachen Pendels zurückführt. Man gibt nämlich ein einfaches Pendel an, das mit
dem gegebenen genau gleich schwingt, so daß es zur Berechnung der Schwingungsdauer usw. an die Stelle des zusammengesetzten Pendels gesetzt werden kann. Die Länge des
gleichwertigen einfachen Pendels wird die reduzierte Pendellänge des zusammengesetzten Pendels genannt. Trägt man die
reduzierte Pendellänge l vom Drehpunkte O aus auf dem durch
den Schwerpunkt gehenden Radiusvektor s ab, so wird der Endpunkt dieser Strecke der Schwingungsmittelpunkt des Pendels genannt. Denkt man sich nämlich alle übrigen Massen des
Pendels verschwindend klein gegenüber einer in diesem Punkte
vereinigten Masse m, so geht das Pendel in ein einfaches über,
das gleiche Schwingungen wie das gegebene ausführt. Man kann
also sagen, daß die an dieser Stelle befindliche Masse von den
übrigen nicht beeinflußt wird, sondern daß sie geradeso schwingt,
als wenn die anderen nicht vorhanden wären.

Um nun das gleichwertige einfache Pendel wirklich zu finden,
wenden wir Gl. (94) auf den Fall an, daß nur eine Masse m auf
dem Radiusvektor s im Abstande l vom Drehpunkte vorhanden
sei. Auch auf den Fall dieses einfachen Pendels läßt sich Gl. (94)
anwenden, da sie nach ihrer Ableitung für jede beliebige Massenverteilung gültig bleibt. In diesem Falle ist $\Theta = m l^2$ und $s = l$,
also geht Gl. (94) über in

$$- m l^2 \frac{d^2 \varphi}{d t^2} = m g l \sin \varphi$$

oder kürzer
$$- l \frac{d^2 \varphi}{d t^2} = g \sin \varphi. \tag{95}$$

Von dieser Gleichung kennen wir aber die Lösung bereits, da t
schon in § 13 als Funktion von φ dargestellt wurde.

Um zu erreichen, daß das zusammengesetzte Pendel genau
gleich mit dem einfachen schwinge, so daß zu gleichen Zeiten
stets auch gleiche Ausschläge gehören, genügt es, daß die Anfangsbedingungen bei beiden gleich waren, und daß ferner die
Gleichungen (94) und (95) in den Beiwerten miteinander übereinstimmen. Freilich ist dazu nicht nötig, daß die Koeffizienten

jeder Seite einzeln gleich sind; es genügt vielmehr die Gleichheit der Verhältnisse zwischen den Koeffizienten auf beiden Seiten. Man überblickt dies am besten, wenn man beide Gleichungen in der Form

$$-\frac{d^2\varphi}{dt^2} = \frac{Qs}{\Theta}\sin\varphi \quad \text{und} \quad -\frac{d^2\varphi}{dt^2} = \frac{g}{l}\sin\varphi$$

anschreibt. Beide Gleichungen sprechen dasselbe Gesetz für die Veränderlichkeit von φ in der Zeit t aus, wenn man

$$\frac{Qs}{\Theta} = \frac{g}{l}$$

setzt, und hieraus folgt für die reduzierte Pendellänge l

$$l = \frac{g\Theta}{Qs}. \tag{96}$$

Führt man an Stelle des Trägheitsmomentes den Trägheitsradius i ein, so geht Gl. (96) über in

$$l = \frac{i^2}{s}. \tag{97}$$

Wie schon vorher bemerkt wurde, kann man die Bewegung des physischen Pendels auch ohne Benutzung des d'Alembertschen Prinzips auf verschiedenen anderen Wegen untersuchen. Namentlich der Satz von der lebendigen Kraft führt in allen Fällen, bei denen es sich, wie hier, um Bewegungen eines Körpers oder eines Verbandes von Körpern handelt, die nur einen Freiheitsgrad besitzen oder die, wie man sagt, zwangläufig erfolgen, schnell zum Ziele. Es sei daher noch gezeigt, wie sich die Lösung auf diesem Wege gestaltet. Bezeichnet man den größten Ausschlag mit α, so liefert die Gleichsetzung der von dem Gewichte Q geleisteten Arbeit mit der lebendigen Kraft, geradeso wie früher beim einfachen Pendel, die Gleichung

$$\frac{1}{2}\Theta\left(\frac{d\varphi}{dt}\right)^2 = Qs(\cos\varphi - \cos\alpha), \tag{98}$$

die hierauf entweder unmittelbar weiter integriert oder so wie vorhin mit der entsprechenden Gleichung für das gleichschwingende einfache Pendel verglichen werden kann. Gl. (98) ist, wie man sich leicht überzeugt, ein erstes Integral von Gl. (94), wobei die auftretende Integrationskonstante schon der Grenzbedingung, daß der größte Ausschlag α sein soll, angepaßt ist.

Dieser Weg ist eher noch kürzer und einfacher als der vorher eingeschlagene. Wenn aber z. B. zugleich verlangt wird, die Biegungsbeanspruchung zu berechnen, die das Pendel erfährt, muß man

doch wieder zur Benutzung des d'Alembertschen Prinzips zurück-
greifen, und schon aus diesem Grunde ist es nützlich, die Aufgabe
von vornherein auf diesem Wege zu behandeln; ganz abgesehen davon,
daß hier auch an einem möglichst einfachen Beispiele der Gebrauch
dieses Prinzips erläutert werden sollte.

§ 19. Schwerpunkts- und Flächensätze für den Punkthaufen.

Die Schwerpunktssätze sind schon im ersten Bande behandelt; des Zusammenhangs wegen werde ich aber das Wichtigste davon hier noch einmal kurz wiederholen. Zunächst erinnere ich daran, daß die Lage des Schwerpunkts, der dabei als
Massenmittelpunkt aufzufassen ist, durch die Gleichung

$$M\mathfrak{s} = \Sigma m\mathfrak{r} \qquad (99)$$

festgesetzt wird, in der $\mathfrak{r}$ der Radiusvektor für irgendeinen materiellen Punkt m des Haufens, M die Gesamtmasse des Haufens
und $\mathfrak{s}$ den Radiusvektor des Schwerpunkts bedeuten. Diese Glei
chung gilt für beliebige Punkthaufen in jedem Augenblicke, auch
dann, wenn sie während der Bewegung ihre Gestalt verändern
Durch Differentiation nach der Zeit folgt

$$M\frac{d\mathfrak{s}}{dt} = \Sigma m\,\frac{d\mathfrak{r}}{dt},$$

oder mit Einführung der Geschwindigkeit $\mathfrak{v}$ und der Schwerpunktsgeschwindigkeit $\mathfrak{v}_0$

$$M\mathfrak{v}_0 = \Sigma m\mathfrak{v}, \qquad (100)$$

d. h die Bewegungsgröße des ganzen Haufens ist ebenso groß,
als wenn die ganze Masse im Schwerpunkte vereinigt wäre und
sich mit dessen Geschwindigkeit bewegte Eine nochmalige
Differentiation nach der Zeit liefert

$$M\frac{d\mathfrak{v}_0}{dt} = \Sigma m\frac{d\mathfrak{v}}{dt} = \Sigma(\mathfrak{P} + \Sigma\mathfrak{Z}) = \Sigma\mathfrak{P}, \qquad (101)$$

und diese Gleichung sagt aus. daß sich der Schwerpunkt stets
so bewegt, als wenn die ganze Masse in ihm vereinigt und alle
äußeren Kräfte parallel nach ihm verlegt wären.

Nach diesen Vorbemerkungen wende ich mich zur Über
tragung des im vorigen Abschnitte für einen einzelnen materieller
Punkt bewiesenen Flächensatzes auf einen beliebigen Punkt

haufen. Für jeden Punkt des Haufens besteht nach Gl. (2) oder (3), § 2 die Beziehung

$$\frac{d\mathfrak{B}}{dt} = \frac{d}{dt}[m\,\mathfrak{v}\cdot\mathfrak{r}] = [(\mathfrak{P} + \Sigma\mathfrak{Z})\,\mathfrak{r}] = [\mathfrak{P}\mathfrak{r}] + \Sigma[\mathfrak{Z}\mathfrak{r}].$$

Gegenüber der früheren Formel war hier nur nötig, alle Kräfte, die an dem Punkte angreifen, in äußere und in innere Kräfte der Haufens einzuteilen, jene zu $\mathfrak{P}$ und diese zu $\Sigma\mathfrak{Z}$ zusammenzufassen und daher die Resultierende $\mathfrak{P} + \Sigma\mathfrak{Z}$ an die Stelle der in § 2 mit $\mathfrak{P}$ bezeichneten Kraft, die allein an dem materiellen Punkte angreifen sollte, treten zu lassen. Die vorstehende Gleichung gilt für jeden beliebigen Momentenpunkt und für jeden Punkt des Haufens. Wir wollen sie uns für alle Punkte des Haufens unter Zugrundelegung desselben Momentenpunktes angeschrieben denken und alle so erhaltenen Gleichungen addieren. Wir finden dann

$$\frac{d}{dt}\Sigma[m\,\mathfrak{v}\cdot\mathfrak{r}] = \Sigma[\mathfrak{P}\mathfrak{r}] + \Sigma\Sigma[\mathfrak{Z}\mathfrak{r}].$$

Nach dem Wechselwirkungsgesetze verschwindet aber das letzte Glied auf der rechten Seite, und wir behalten daher

$$\frac{d}{dt}\Sigma[m\,\mathfrak{v}\cdot\mathfrak{r}] = \Sigma[\mathfrak{P}\mathfrak{r}], \qquad (102)$$

oder auch in kürzerer Schreibweise

$$\frac{d\mathfrak{B}}{dt} = \Sigma[\mathfrak{P}\mathfrak{r}]. \qquad (103)$$

Der Ausdruck $\Sigma[m\,\mathfrak{v}\cdot\mathfrak{r}]$ oder $\mathfrak{B}$ stellt die geometrische Summe der statischen Momente der Bewegungsgrößen aller Punkte des Haufens dar; wir wollen diese Summe als das statische Moment der Bewegungsgröße des ganzen Haufens oder als dessen Drall bezeichnen. Dabei ist indessen wohl zu beachten, daß man sich, um dieses statische Moment zu bilden, nicht etwa zuvor die Bewegungsgröße nach Gl. (100) im Schwerpunkte vereinigt denken darf, um dann von ihr das Moment zu nehmen. Das ist deshalb nicht zulässig, weil der Faktor $\mathfrak{r}$ nicht für alle Glieder der Summe konstant ist, sondern für jeden materiellen Punkt einen anderen Wert annimmt. In der „Theorie des Kreisels" von Klein und Sommerfeld, in der auf die Anwendung des Flächensatzes ein besonderes Gewicht gelegt ist, wird die Größe $\Sigma[m\mathfrak{v}\cdot\mathfrak{r}]$ als der „Impulsvektor" bezeichnet. Ihrer Kürze wegen dürfte aber die von mir eingeführte Bezeichnung „Drall" vorzuziehen sein.

Der durch Gl. (102) ausgedrückte Flächensatz läßt sich in Worten wie folgt aussprechen:

Für jeden beliebigen Momentenpunkt ist die Änderungsgeschwindigkeit des Dralls irgendeines Punkthaufens gleich der geometrischen Summe der statischen Momente aller äußeren Kräfte.

Im folgenden sollen zunächst Anwendungen des Flächensatzes besprochen werden, bei denen besonders einfache Bedingungen vorliegen.

a) *Punkthaufen, der zu Anfang ruhte und auf den keine äußeren Kräfte wirken.*

Durch die inneren Kräfte können in diesem Falle Bewegungen hervorgerufen werden, die zu Gestaltänderungen des Haufens führen. Wir schließen zunächst nach dem Schwerpunktsatze Gl. (101), daß der Schwerpunkt jedenfalls stets in Ruhe bleibt. Ferner folgt aus dem Flächensatze, daß $\mathfrak{B}$ konstant und daher stets gleich Null bleiben muß, da es zu Anfang Null war. Auch die Projektion von $\mathfrak{B}$ auf irgendeine Ebene oder irgendeine Achse muß daher zu jeder Zeit gleich Null sein. — Die Projektion des statischen Moments einer Kraft oder eines anderen Vektors auf eine Achse kann nach den Lehren des ersten Bandes als das statische Moment der Projektion dieses Vektors auf eine zur Achse senkrecht stehende Ebene aufgefaßt werden. Projiziert man also alle Punkte des Haufens auf eine beliebige Ebene, so ist auch für jeden Punkt dieser Ebene als Anfangspunkt die Summe der mit den Massen m multiplizierten Flächenräume oder Sektorengeschwindigkeiten stets gleich Null. Man kann dies einfach so ausdrücken, daß ein Teil der materiellen Punkte den beliebig gewählten Punkt im Sinne des Uhrzeigers, ein anderer Teil ihn im entgegengesetzten

Sinne umkreisen muß, und zwar so, daß die statischen Momente der Bewegungsgrößen für beide Umkreisungsrichtungen gleich groß sind.

b) *Punkthaufen mit sonst beliebiger Anfangsbewegung, dessen Schwerpunkt aber zu Anfang ruhte und auf den keine äußeren Kräfte wirken.*

Der Schwerpunkt muß hier wie im vorigen Falle dauernd in Ruhe bleiben und auch der Drall kann sich nicht ändern· Der Drall ist aber jetzt nicht gleich Null, sondern gleich dem durch den Anfangszustand gegebenen Werte. Bezeichnen wir diesen mit $\mathfrak{C}$, so ist

$$\Sigma[m\mathfrak{v}\cdot\mathfrak{r}] = \mathfrak{C} \quad \text{oder} \quad \mathfrak{B} = \mathfrak{C}.$$

Von Wichtigkeit ist die Bemerkung, daß im vorliegenden Falle der Drall unabhängig von der Wahl des Momentenpunktes ist. Um dies zu beweisen, wähle man einen zweiten Momentenpunkt, von dem die Hebelarme $\mathfrak{r}'$ gerechnet werden. Dann ist für diesen

$$\Sigma[m\mathfrak{v}\cdot\mathfrak{r}'] = \mathfrak{C}'.$$

Für $\mathfrak{r}'$ können wir aber schreiben

$$\mathfrak{r}' = \mathfrak{r} + \mathfrak{a},$$

wenn mit $\mathfrak{a}$ der Radiusvektor vom zweiten zum ersten Momentenpunkte bezeichnet wird. Damit erhalten wir

$$\mathfrak{C}' = \Sigma[m\mathfrak{v}\cdot(\mathfrak{r}+\mathfrak{a})] = \Sigma[m\mathfrak{v}\cdot\mathfrak{r}] + \Sigma[m\mathfrak{v}\cdot\mathfrak{a}].$$

In der letzten Summe ist $\mathfrak{a}$ konstant, und man hat daher

$$\Sigma[m\mathfrak{v}\cdot\mathfrak{a}] = [(\Sigma m\mathfrak{v})\cdot\mathfrak{a}] = 0$$

nach Gl. (100) und der Voraussetzung, daß der Schwerpunkt ruhen sollte. In der Tat wird also

$$\mathfrak{C}' = \Sigma[m\mathfrak{v}\cdot\mathfrak{r}] = \mathfrak{C}.$$

Der Drall eines Punkthaufens, dessen Schwerpunkt ruht, ist daher eine von der Wahl des Momentenpunktes unabhängige und überdies, wenn keine äußeren Kräfte wirken, der Zeit nach unveränderliche Größe. Die Bedeutung dieses Satzes möge noch an einer seiner bekanntesten Anwendungen näher erläutert werden.

Wir wählen das Sonnensystem, also die Sonne samt ihren Planeten und deren Trabanten u. dgl. als den Punkthaufen, auf den wir den Satz anwenden wollen. Zugleich setzen wir voraus, daß der Schwerpunkt dieses Haufens gegenüber einem festen Raume, für den das Trägheitsgesetz gilt, zu Anfang in Ruhe war, und daß die äußeren Kräfte, die von den fernen Weltkörpern des Fixsternhimmels ausgehen, so gering sind, daß sie vernachlässigt werden dürfen. — Zugleich sei übrigens bemerkt, daß man diese Voraussetzungen zum Teile auch fallen lassen kann; man würde dann zu ganz ähnlichen Schlüssen gelangen. Hier beschränke ich mich aber auf die Besprechung des einfachsten Falles.

Die Wahl des Momentenpunktes ist, wie bewiesen, gleichgültig, und wir können dazu etwa den Sonnenmittelpunkt nehmen, Um diesen bewegen sich die Planeten alle in demselben Sinne und auch die Sonne besitzt eine Drehung in der gleichen Richtung. Jedenfalls wird also der Drall des Sonnensystems nicht gleich Null sein. Dagegen muß er nach Größe und Richtung konstant sein. Hierdurch ist eine, trotz aller Lagenänderungen, die vorkommen mögen, konstante Richtung gegeben. Wenn die Planetenbahnen alle in einer Ebene enthalten wären und auch die Drehbewegungen usf. alle parallel zu dieser Ebene erfolgten, wäre der Drall, als ein statisches Moment, senkrecht zu dieser Ebene gerichtet. Diese Voraussetzung ist zwar nicht erfüllt, aber die meisten Planetenbahnen usf. treten doch auch nicht sehr erheblich aus einer gewissen mittleren Ebene heraus. Hiernach liegt es nahe, nach einer solchen mittleren Ebene zu suchen, die unbeweglich im Raume festliegt, trotz aller Abweichungen und Schwankungen, die bei den einzelnen Bestandteilen der Bewegungsgröße des Haufens vorkommen mögen. Diese Ebene wird durch den Flächensatz gegeben; es ist jene, die senkrecht zu der unveränderlichen Richtung von $\mathfrak{C}$ steht. Sie heißt nach Laplace, von dem diese Betrachtung herrührt, die unveränderliche Ebene des Sonnensystems. Natürlich kommt es, wenn man von ihr redet, nur auf ihre Stellung, nicht auf ihre besondere Lage an. Am einfachsten ist es zwar, sie sich durch den Schwerpunkt des ganzen Haufens gezogen zu denken; aber auch jede zu dieser parallele Ebene kann als unveränderliche Ebene im Sinne unseres Satzes angesehen werden.

Eine Ergänzung zum allgemeinen Flächensatz, wie er durch Gl. (103) seinen formelmäßigen Ausdruck findet, ist noch von Wichtigkeit für viele Anwendungen. Die Bewegung eines Punkthaufens ist durch die Bewegung seines Schwerpunktes und die Bewegung der einzelnen Massenpunkte relativ zum Schwerpunkt bestimmt. Die Schwerpunktsbewegung folgt bei gegebenen äußeren Kräften aus dem Schwerpunktsatz. Für die Beschreibung der Bewegung der einzelnen Punkte relativ zum Schwerpunkt ist der Flächensatz maßgebend. Für die Anwendung des Flächensatzes ist es unter Umständen von Vorteil, wenn man als Bezugspunkt bzw. Momentenpunkt den Schwerpunkt wählt. Da aber der Flächensatz für einen im Raum ruhenden Bezugspunkt abgeleitet worden ist, muß zunächst gezeigt werden, wie er sich für den im allgemeinen Fall in Bewegung befindlichen Schwerpunkt als Bezugspunkt darstellt. Um dies abzuleiten, denken wir uns von einem festen Raumpunkt O aus die Radienvektoren $\mathfrak{r}$ nach den Massenpunkten m des Haufens sowie den Radiusvektor $\mathfrak{s}$ nach dem Schwerpunkt des Haufens gezogen. Der Radiusvektor, der die dritte Seite des Dreiecks OSm ausmacht und von S nach m gerichtet ist, sei mit $\mathfrak{r}'$ bezeichnet, so daß

$$\mathfrak{r} = \mathfrak{s} + \mathfrak{r}'$$

gilt. Durch Differentiation dieser Gleichung nach der Zeit folgt

$$\frac{d\mathfrak{r}}{dt} = \frac{d\mathfrak{s}}{dt} + \frac{d\mathfrak{r}'}{dt}$$

oder

$$\mathfrak{v} = \mathfrak{v}_S + \mathfrak{v}',$$

worin also $\mathfrak{v}_S$ die Schwerpunktsgeschwindigkeit und $\mathfrak{v}$ bzw. $\mathfrak{v}'$ die absolute bzw. die auf den Schwerpunkt bezogene Geschwindigkeit des betreffenden Massenpunktes bedeutet.

Wir berechnen den Drall $\mathfrak{B}$ des Punkthaufens für den raumfesten Punkt O als Bezugspunkt:

$$\mathfrak{B} = \Sigma[m\mathfrak{v}\cdot\mathfrak{r}] = \Sigma[m\mathfrak{v}\cdot\mathfrak{s}] + \Sigma[m\mathfrak{v}\cdot\mathfrak{r}']$$

oder, wenn man den Drall für den Schwerpunkt als Bezugspunkt mit $\mathfrak{B}_s$ bezeichnet, wobei

$$\mathfrak{B}_s = \Sigma[m\mathfrak{v}\cdot\mathfrak{r}'],$$

so erhält man $\quad \mathfrak{B} = \mathfrak{B}_s + \Sigma[m\mathfrak{v}\cdot\mathfrak{s}] = \mathfrak{B}_s + [(\Sigma m\mathfrak{v})\cdot\mathfrak{s}].$

Wegen des Schwerpunktsatzes nach Gl. (100) ist, wenn man für $\Sigma m = M$ setzt,

$$[(\Sigma m\mathfrak{v})\cdot\mathfrak{s}] = \lfloor M\mathfrak{v}_s\cdot\mathfrak{s}],$$

so daß folgt $\quad\quad \mathfrak{B} = \mathfrak{B}_s + [M\mathfrak{v}_s\cdot\mathfrak{s}].$

Der Flächensatz für den raumfesten Punkt O lautet nach Gl. (103)

$$\Sigma[\mathfrak{P}\mathfrak{r}] = \frac{d\mathfrak{B}_s}{dt} + \left[M\frac{d\mathfrak{v}_s}{dt}\cdot\mathfrak{s}\right] + \left[M\mathfrak{v}_s\cdot\frac{d\mathfrak{s}}{dt}\right],$$

worin das letzte Vektorprodukt wegen $\frac{d\mathfrak{s}}{dt} = \mathfrak{v}_s$ zu Null wird.

Nach Gl. (101) kann man noch setzen

$$M\frac{d\mathfrak{v}_s}{dt} = \Sigma\mathfrak{P} = \mathfrak{R},$$

worin $\mathfrak{R}$ die Resultierende aller äußeren Kräfte, die am Punkthaufen angreifen, bedeutet. Dies in die letzte Gleichung eingesetzt, erhält man

$$\Sigma[\mathfrak{P}\mathfrak{r}] = \frac{d\mathfrak{B}_s}{dt} + [\Sigma\mathfrak{P}\cdot\mathfrak{s}] = \frac{d\mathfrak{B}_s}{dt} + \Sigma[\mathfrak{P}\cdot\mathfrak{s}]$$

oder $\quad\quad\quad \dfrac{d\mathfrak{B}_s}{dt} = \Sigma[\mathfrak{P}\,(\mathfrak{r}-\mathfrak{s})].$

Beachtet man, daß $\mathfrak{r}-\mathfrak{s}=\mathfrak{r}'$ ist, so bekommt man schließlich

$$\frac{d\mathfrak{B}_s}{dt} = \Sigma[\mathfrak{P}\mathfrak{r}'],$$

d. h. der Flächensatz gilt ebenso wie für einen raumfesten Bezugspunkt auch für den im allgemeinen Fall bewegten Schwerpunkt als Bezugspunkt.

Es ist damit der strenge Nachweis erbracht, daß sich der

Flächensatz in unveränderter Form für den im allgemeinen bewegten Schwerpunkt als Bezugspunkt ebenso anwenden läßt wie
für einen raumfesten Bezugspunkt. Man kann sich dieses Ergebnis
auch noch durch die folgende Überlegung klarmachen. Für die
Bewegung des Schwerpunktes ist nach dem Schwerpunktsatz die
Resultierende der äußeren Kräfte, die im Schwerpunkt angreifend
zu denken ist, maßgebend. Für den Schwerpunkt als Bezugspunkt
ist aber das Moment dieser Resultierenden Null, so daß die Gültigkeit des Flächensatzes davon unabhängig ist, ob diese Resultierende
Null oder von Null verschieden ist, und somit auch unabhängig
davon, ob der Schwerpunkt in Ruhe ist oder in Bewegung.

§ 20. Einfache Anwendungen des Flächensatzes.

Die einfachste und eine der wichtigsten Anwendungen des
Flächensatzes besteht in der Entscheidung der Frage, ob und
unter welchen näheren Umständen ein sich selbst überlassener
Punkthaufen, zwischen dessen einzelnen Teilen beliebige innere
Kräfte auftreten, sich selbst im Raume umzudrehen vermag.
Fast immer wird hierbei der Flächensatz in Verbindung mit
dem Schwerpunktssatze gebraucht. Nach diesem vermag sich
der Punkthaufen durch innere Kräfte nicht selbst fortzubewegen,
da trotz aller relativen Bewegungen zwischen den einzelnen
Punkten des Haufens der Schwerpunkt stets in Ruhe bleiben
muß. Früher hat man öfters in Anlehnung hieran den Flächensatz dahin ausgesprochen, daß sich ein Punkthaufen ohne fremde
Beihilfe, d. h. ohne Auftreten äußerer Kräfte an ihm, auch nicht
selbst umzudrehen vermöge. Dies war aber eine irrige Deutung
des Flächensatzes, die freilich lange Zeit fast allgemein ver-
breitet war und als Irrtum erst erkannt wurde, nachdem ein
Widerspruch zwischen ihr und den Erfahrungstatsachen festgestellt war. An der Aussage des Satzes selbst, an den Formeln,
Ableitungen und Beweisen dafür brauchte übrigens nicht das
geringste geändert zu werden; nur bei der Anwendung auf den
konkreten Fall muß, wie sich hierbei herausstellte, mit größerer
Vorsicht verfahren werden als früher.

Diese Frage wurde erst im Jahre 1894 in der Pariser Akademie der Wissenschaften angeregt und entschieden. Es handelte sich darum, eine mechanische Erklärung dafür zu finden, wie es eine Katze fertig bringt, beim Fallen aus größerer Höhe stets mit den Füßen voran auf den Boden zu kommen. Von den Vertretern der Mechanik wurde auf Grund der üblichen älteren Deutung des Flächensatzes zunächst die Ansicht ausgesprochen, daß die Drehung nur die Folge eines Abstoßes sei, der im Augenblicke des Herabfallens, solange also die Katze noch mit anderen Körpern in Berührung war, erteilt wurde. Man schloß auf Grund des Flächensatzes ungefähr so: Wenn der Körper während des Herabfallens zunächst keine Drehbewegung hätte, so könnte etwa die Katze den Vorderkörper nach einer ihr genehmen Richtung umdrehen. Hierbei müßte aber dem Flächensatze zufolge gleichzeitig auch eine Drehung des Hinterkörpers in entgegengesetzter Richtung zustande kommen. Wenn nun etwa vorher alle vier Beine der Katze nach oben gestanden hätten, so müßte sie, um nachher alle vier nach unten zu bringen, Vorder- und Hinterkörper nach Art eines Schraubenumlaufs gegeneinander verdreht haben.

Diese Betrachtung war an sich nicht unrichtig; es wurde dabei nur übersehen, daß noch andere Möglichkeiten einer relativen Drehbewegung der Körperteile gegeneinander bestehen als die hier allein in Aussicht genommene zwischen Vorder- und Hinterkörper. Daß solche noch möglich sein mußten, ergab sich alsbald durch einwandfreie Versuche, indem man Katzen mit den Beinen nach oben an Schnüren aufhing und diese vorsichtig durchschnitt, so daß die Katze außer Berührung mit anderen Körpern kam, bevor sie sich noch durch einen Abstoß eine Rotationsgeschwindigkeit zu erteilen vermochte. Sie fiel dann in einen dunklen Raum hinab, dessen Fallhöhe sie nicht vorherzusehen vermochte, und kam trotzdem bei sehr verschiedenen (nicht zu kleinen) Fallhöhen stets mit den Füßen zuerst auf dem Boden an. Außerdem hat man auch die Körperbewegungen, die sie während des Fallens ausführte, noch durch eine Reihe schnell aufeinanderfolgender Momentphotographien ermittelt.

Nachdem erst die Tatsache des Umdrehens einwandfrei festgestellt war, kam man auch bald auf die mechanische Erklärung
dafür. Es hätte natürlich keinen Zweck, wenn ich diese gerade
an dem historischen Beispiele geben wollte; ich werde vielmehr,
um das Wesen der Sache zu erklären, ein einfacheres wählen. —
Der Fehler, den man früher begangen hatte, bestand vor allem
darin, daß man nicht beachtet hatte, daß sich Teile eines Körpers
gegen den Rest beliebig oft im gleichen Sinne zu drehen vermögen, ohne daß sich nach jedem Umlaufe die Gestalt des Körpers irgendwie verändert hätte. Faßt man z. B. mit der rechten
Hand eine Stange, einen Säbel oder dgl., streckt hierauf den
Arm senkrecht nach oben aus und führt mit der Stange in
horizontaler Richtung eine kreisförmige Bewegung um das Hand-
gelenk herum aus, so vermag man diese Bewegung beliebig oft
im gleichen Sinne zu wiederholen. Ein Mensch, der allen äußeren
Kräften entzogen frei im Raume schwebte und vorher in Ruhe
wäre, müßte, wenn er die beschriebene Bewegung ausführte, sich
selbst im entgegengesetzten Sinne umdrehen als die Stange, die
er über seinem Kopfe rotieren läßt. Denkt man sich ihn etwa
auf eine Ebene projiziert, die senkrecht zu seiner Längsachse
oder senkrecht zur Rotationsachse des Stabes steht, so bestimmt
sich die Winkelgeschwindigkeit der Drehung, die er selbst ausführt, sehr einfach aus der Bedingung, daß für jeden Momentenpunkt, also etwa für die Projektion der Längsachse, das Produkt aus den Sektorengeschwindigkeiten und den Massen seines
Körpers ebenso groß ist als das gleiche für die Massen des
Stabes gebildete Produkt. Solange der Stab weiter herum-
geschwungen wird, dreht sich auch der Mensch im entgegengesetzten Sinne; sobald aber der Stab angehalten wird, hört auch
der Mensch auf, sich weiter zu drehen. Er kommt dann wieder
ganz zur Ruhe, sieht aber jetzt nach einer ganz anderen Richtung als zu Anfang. Durch das angegebene Mittel ist es ihm
also möglich, sich nach Wunsch jede beliebige Stellung im
Raume zu geben.

Setzt man etwa an die Stelle des Stabes im vorigen Beispiele bei der herabfallenden Katze den Schwanz, der ebenfalls

beliebig oft um die Längsachse des Körpers herumgedreht werden
kann, so hat man schon eine Möglichkeit für die Wendung
des Körpers nach abwärts. Es ist aber nicht einmal die einzige,
wie aus den folgenden Betrachtungen leicht hervorgehen wird.

Man nehme jetzt nämlich an, daß ein seiner Gestalt nach
veränderlicher Körper auf irgendeine Art schon eine gewisse
Rotationsgeschwindigkeit erlangt hat. Äußere Kräfte sollen entweder ganz fehlen oder wie bei einem herabfallenden Körper
parallel und den Massen proportional sein. Auf die Umdrehung
des Körpers können sie dann keinen Einfluß haben, und wir
können daher, wenn es sich nur um die Drehbewegungen handelt,
von ihnen absehen. Wenn keine äußeren Kräfte wirken, muß
das Moment der Bewegungsgrößen konstant bleiben. Stellen
wir uns jetzt vor, daß sich der Körper zusammenzieht, so nehmen
die etwa von der Projektion des Schwerpunkts gezogenen Hebelarme ab, und da das Produkt aus ihnen und den Bewegungsgrößen konstant bleibt, muß die Winkelgeschwindigkeit der
Drehung zunehmen. Wir können z. B. daraus sofort schließen,
daß ein Himmelskörper, der um seine Achse rotiert, seine Winkelgeschwindigkeit vergrößert, sobald er sich zusammenzieht. Würde
sich etwa unser Erdball infolge von Abkühlungen zusammen-
ziehen, so müßte die Dauer eines Tages dadurch verkürzt
werden.[1])

Man betrachte ferner einen Gymnastiker, der sich bei einem
Sprunge in der Luft überschlägt (sog. Salto mortale). Der
Schwerpunkt beschreibt in der Luft eine Parabel. Schon beim
Absprunge hat der Springer seinem Körper eine gewisse Winkelgeschwindigkeit um eine durch den Schwerpunkt gehende horizontale Rotationsachse gegeben. Diese würde jedoch nicht ausreichen, den Körper während des Fluges durch die Luft so weit

---

1) Diese Aussage setzt natürlich voraus, daß eine Zeiteinheit angegeben werden kann, die als unveränderlich betrachtet werden darf.
Um die Veränderlichkeit der Tagesdauer während eines längeren Zeit-
raumes anzugeben, denke man sich etwa die Anzahl der Lichtschwin-
gungen für Licht von einer genau bestimmten Farbe oder Wellenlänge
abgezählt, die in die Dauer eines Tages hineinfallen.

umzudrehen, daß er wieder mit den Beinen auf den Boden käme. Der Gymnastiker hat aber durch die Erfahrung herausgefunden, daß er die Winkelgeschwindigkeit seiner Drehbewegung beträchtlich zu steigern vermag, indem er seinen Körper während des Sprunges stark zusammenzieht (durch Anziehen der Arme und Beine usf.). Hierdurch gelingt es ihm, während der für das Durchlaufen der Wurfparabel gegebenen Zeit eine hinreichende Drehung des Körpers herbeizuführen, die ihn wieder mit den Beinen den Boden erreichen läßt.

Betrachtet man ferner einen vorher ruhenden Körper, der aus zwei ungefähr gleichen Teilen besteht, die sich nicht vollständig, sondern nur um einen gewissen Winkel gegeneinander zu drehen vermögen, so kann eine Umdrehung des ganzen Körpers, an deren Schluß die Anfangsgestalt wieder erreicht wird, auch auf folgende Art bewirkt werden. Man drehe zuerst den Hauptteil I in dem gewünschten Sinne, wobei freilich der Hauptteil II eine entgegengesetzte Drehung ausführt. Während dieser ersten Periode soll aber durch passende Anordnung (bei einem lebenden Wesen etwa durch Ausstrecken oder Anziehen der Arme und Beine) der Hauptteil I möglichst zusammengezogen, der Hauptteil II möglichst auseinandergespreizt sein. Dann wird I eine viel größere Winkelgeschwindigkeit erlangt haben als II. Nach einiger Zeit wird die relative Drehung beider Körperteile gegeneinander eingestellt. Sofort hört damit die weitere Drehbewegung auf. Der Hauptteil I hat aber jetzt schon einen großen Winkel in dem gewünschten, der Hauptteil II nur einen kleinen Winkel im unerwünschten Sinne durchlaufen. Hierauf werde umgekehrt der Hauptteil I möglichst ausgespreizt und der Hauptteil II möglichst zusammengezogen. Wenn jetzt eine Drehung beider Teile gegeneinander vorgenommen wird, die Hauptteil II im erwünschten Sinne dreht, so wird dieser eine große und Hauptteil I eine kleine Winkelgeschwindigkeit im unerwünschten Sinne annehmen. Wenn diese Drehung so weit vorgeschritten ist, daß beide Teile wieder in ihrer richtigen Lage zueinander sind, wird sich der ganze Körper bereits um die Differenz des im erwünschten Sinne zurückgelegten großen und des im unerwünschten Sinne zurückgelegten kleinen Winkels gedreht haben. Man sieht nun ein, daß durch genügend häufige Wiederholung beider aufeinanderfolgender Relativbewegungen jede beliebige Wendung des Körpers herbeigeführt werden kann.

Als weiteres Beispiel wollen wir annehmen, daß die Insassen eines Luftballons den Wunsch haben, ihr Fahrzeug so zu drehen, daß etwa eine andere Seite des Ballons oder der Gondel die Richtung nach der Sonne hin einnehme. Sie können dies ausführen, indem sie etwa selbst im entgegengesetzten Sinne im Korbe herumlaufen oder sich auch nur um ihre Achse drehen oder, wenn ihnen dies zu unbequem ist, indem sie einen Stab über dem Kopfe so herumschwingen, wie dies früher beschrieben wurde. Wenn dies oft genug geschehen ist, wird die gewünschte Wendung des Fahrzeugs ausgeführt sein, und sobald mit der Drehbewegung aufgehört wird, verharrt auch der Ballon in seiner neuen Stellung zur Sonne.

Ein Schiff, das ruhig auf dem Wasser liegt, kann auf einfachere Weise gewendet werden, da es leicht möglich ist, mit Hilfe von Rudern oder von Stangen, die bis auf den Grund reichen, äußere Kräfte von hinreichendem Betrage darauf wirken zu lassen, um es bald in die gewünschte Richtung zu bringen. Aber auch wenn solche Mittel nicht vorhanden oder nicht zugänglich wären, ließe sich die Wendung auf dieselbe Art bewirken wie beim Luftballon. Hätte man etwa ein Rad, das auf dem Schiffe um eine vertikale Achse drehbar angebracht wäre, so brauchte ein Passagier dieses Rad nur hinreichend oft in einem gewissen Sinne umzudrehen, um eine Wendung des Schiffes nach der entgegengesetzten Richtung herbeizuführen. Wenn das Rad etwa in der Kajüte ohne jede Verbindung nach außen hin angebracht wäre, brauchte man diesen Raum gar nicht zu verlassen, um die gewünschte Richtungsänderung des Schiffes zu bewirken.

Wenn alle Eisenbahnzüge der Erde und alle Schiffe, die sich auf der Fahrt befinden, die Erde stets parallel zum Äquator, etwa in der Richtung von Westen nach Osten, also im gleichen Sinne mit der Rotationsbewegung der Erde umkreisen und keine im entgegengesetzten Sinne, so müßte dadurch die Winkelgeschwindigkeit der Erde etwas herabgesetzt werden, d. h. die Dauer eines Tages müßte sich vergrößern. Sobald die Schiffe und die Züge zur Ruhe gebracht würden, müßte auch der Tag seine frühere Länge wieder annehmen. Der Einfluß wäre freilich gering; er könnte aber für genaue astronomische Messungen merklich werden, wenn es sich um die bewegten Massen von Meeresströmungen oder von Winden handelte, die eine stetige Umkreisung der Erde im gleichen Sinne ohne Ausgleich durch andere damit zusammenhängende Strömungen in der entgegengesetzten Richtung ausführten.

Der Flächensatz gibt auch eine Erklärung dafür, wie es möglich ist, eine Schaukel, in der man sitzt, ohne äußeren Anstoß in Bewegung zu setzen. Schaukel und Insasse zusammen bilden nämlich einen Punkthaufen, an dem von äußeren Kräften nur das Gewicht und die Seilspannung angreifen, die im Ruhezustande durch die Aufhängeachse gehen. Führt daher der Insasse eine Drehbewegung gegen die ruhende Schaukel aus, die einem auf die Aufhängeachse bezogenen Drall entspricht, so muß sich die Schaukel in der entgegengesetzten Richtung drehen, damit der Drall des ganzen Punkthaufens für den ersten Augenblick gleich Null bleiben kann. Hiermit ist die gewünschte Bewegung bereits eingeleitet, und man erkennt auch in derselben Weise, wie es durch wiederholte Drehbewegungen des eigenen Körpers in den dazu geeigneten Stellungen der Schaukel möglich ist, die Schaukelschwingungen weiterhin dauernd zu vergrößern.

Hiermit hängt noch eine andere Frage zusammen, nämlich wie der Insasse der Schaukel eine schon vorhandene Schaukelschwingung, bei der starke Bewegungswiderstände zu überwinden sind, am wirksamsten aufrecht zu erhalten vermag. Das geschieht durch abwechselndes Aufrichten und Niederbeugen des Körpers, also durch Schwerpunktsverlegungen in der Richtung der Aufhängeschnüre. Richtet sich nämlich der Insasse auf, während die Schaukel durch die Gleichgewichtslage geht, so wird dadurch der auf die Aufhängeachse bezogene Hebelarm der Bewegungsgröße des eigenen Körpers verkleinert. Da sich aber der Drall während dieser kurzen Zeit nicht merklich ändern kann, muß die Winkelgeschwindigkeit der Drehbewegung entsprechend zunehmen. An den Hubenden, wo der Drall gleich Null ist, bleibt das Niederbeugen des Körpers ohne Einfluß auf den augenblicklichen Bewegungszustand.

Die Theorie des „Schaukelpendels", auf die sich die letzten Bemerkungen beziehen, läßt verschiedene nützliche Anwendungen zu. Prof. Otto Föppl in Braunschweig hat darauf kürzlich in einem kleinen Aufsatze in der Zeitschrift für angewandte Mathematik und Mechanik 1922, S. 150 hingewiesen. Er stützt sich bei der Ableitung seiner Ergebnisse freilich nicht auf den Flächensatz, sondern bedient sich dazu anderer Hilfsmittel. Als nützliche Übung möge aber dem strebsamen Leser empfohlen werden, die Ergebnisse selbständig auf Grund des Flächensatzes abzuleiten und dann beide Wege miteinander zu vergleichen.

§ 21. Massenausgleich bei Schiffsmaschinen nach dem Verfahren von Schlick.

In einem Kahne, der von mehreren Personen besetzt ist, kann man sehr deutlich wahrnehmen, wie jede Bewegung eines Insassen zu einer Bewegung des Fahrzeuges führt, die auf Grund der Schwerpunkts- und Flächensätze mit Berücksichtigung der besonderen Bedingungen, denen der hier als äußere Kraft auftretende Auftrieb des Wassers unterworfen ist, leicht vorausgesehen werden kann. Man weiß auch, daß selbst unmerkliche Bewegungen, die nur in gleichen Zwischenräumen wiederholt werden, mit der Zeit zu einem starken Schaukeln des Bootes führen können. Das Boot führt dann erzwungene Schwingungen aus, die im Falle der Resonanz sehr groß werden können.

Bei den großen Dampfmaschinen, die zur Fortbewegung des Schiffes dienen, sind die bewegten Teile einerseits sehr schwer, so daß sie selbst gegenüber den Massen des ganzen Schiffes nicht vernachlässigt werden können, und andererseits bewegen sie sich auch mit großen Geschwindigkeiten. Es ist daher leicht zu verstehen, daß die Schiffe durch die Massenverschiebungen, die sich in regelmäßigem Wechsel in ihnen wiederholen, zu Schwingungen veranlaßt werden, die sich recht unangenehm bemerkbar machen können. Man hat daher auf Abhilfe gesonnen. und diese ist in praktisch befriedigender Weise durch das von Schlick angegebene Massenausgleichsverfahren gefunden worden.

Die Forderungen, die erfüllt sein müssen, damit die bewegten Massen ganz ohne Einfluß auf die Bewegungen des Schiffes bleiben, lassen sich auf sehr einfache Weise in folgenden beiden Sätzen aussprechen:

1. Der Schwerpunkt der beweglichen Massen muß stets in relativer Ruhe zum Schiffe bleiben.

2. Der Drall der beweglichen Massen muß für jeden auf dem Schiffe liegenden Momentenpunkt in jedem Augenblicke gleich Null sein.

Denkt man sich nämlich ein Schiff zuerst in Ruhe auf ruhigem Wasser und hierauf die Maschinen im Leerlaufe (mit abgekuppelten Schaufelrädern oder Schrauben) in Bewegung gesetzt, so muß nach dem Schwerpunktssatze der Gesamtschwerpunkt des ganzen Punkthaufens nach wie vor in Ruhe bleiben. Wenn nun dafür gesorgt ist, daß sich auch der Schwerpunkt der beweglichen Teile für sich genommen nicht verschiebt, so folgt, daß sich auch der Schwerpunkt des Schiffskörpers nicht verschieben kann. — Ferner muß nach dem Flächensatze der Drall des ganzen Punkthaufens für jeden Momentenpunkt gleich Null bleiben, da sich die äußeren Kräfte (Gewicht und Auftrieb) gegenseitig aufheben. Wird diese Bedingung aber schon von den beweglichen Massen für sich genommen erfüllt, so muß auch das Moment der Bewegungsgröße des Schiffskörpers dauernd gleich Null bleiben. Das ist aber für den als starren Körper aufzufassenden Schiffskörper nur möglich, wenn er keine Rotationsbewegung um eine durch den Schwerpunkt gehende Achse annimmt.

Hiermit ist bewiesen, daß der Schiffskörper, der vorher in Ruhe war, auch dauernd in Ruhe bleibt, wenn die Maschinen zu laufen beginnen. Ein Massenausgleich, der die vorher aufgestellten beiden Forderungen erfüllt, ist demnach ein vollkommener.

Es muß also erstens der Schwerpunkt in Ruhe und zweitens der Drall des ganzen Punkthaufens für jeden Momentenpunkt Null bleiben. In erster Annäherung kann man bei der Aufstellung der Gleichungen annehmen, daß die Schubstange im Verhältnis zum Kurbelradius unendlich groß sei. Wir sprechen dann von einem Massen- und Momentenausgleich erster Ordnung. Man kann aber auch die Endlichkeit der Schubstange wenigstens angenähert berücksichtigen und erhält zwei neue zusätzliche Bedingungen, die den Massen- bzw. den Momentenausgleich zweiter Ordnung wiedergeben. Man muß zur Erfüllung eines Ausgleichs (z. B. Kräfteausgleich 1. Ordnung) zwei skalare Größen in der Maschine (z. B. eine Kurbelversetzung und ein Massenverhältnis) in ganz bestimmter Weise wählen. Um die vier vorgenannten Massenausgleichsbedingungen erfüllen zu können, braucht man demnach 8 Größen, die durch Rechnung mit Rücksicht auf den Massenausgleich festgelegt werden müssen. Bei vielen großen Schiffsmaschinen stehen aber nur 4 Zylinder zur Verfügung — man hat dreifache Expansionen und unterteilt den Niederdruckzylinder, damit sein Durchmesser nicht zu groß wird, in zwei Zylinder —. Für eine solche Maschine wird man sich damit begnügen müssen, Massen- und Momentenausgleiche 1. Ordnung zu erreichen und die zurückbleibenden resultierenden Massen- und Momentenvektoren zweiter Ordnung verhältnismäßig klein werden zu lassen. Mit einer solchen Anordnung wollen wir uns im nachfolgenden befassen:

Abb. 30 gibt eine schematische Darstellung der Maschine in zwei Ansichten, mit den Zylindern I bis IV Geachtet wird nur auf die Bewegungsanteile der Kolben, Kolbenstangen, Kreuzköpfe und Pleuelstangen in der Richtung der Zylinderachsen.

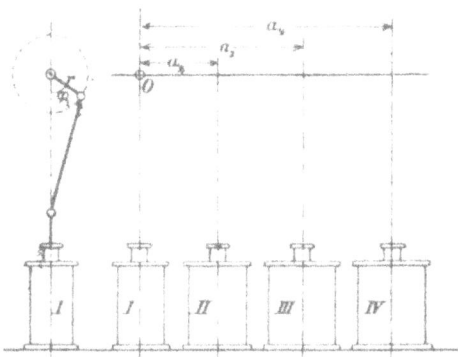

Das gesamte Gewicht jeder Pleuelstange denken wir uns in zwei Teile zerlegt, von denen der eine Teil im Kurbelzapfen und der andere im Kreuzkopf liegt. Den ersten Teil kön-

Abb 30

nen wir mit dem Gewicht der Kurbelwangen und des Kurbelzapfens als rotierende Masse ansehen und durch eine auf der entgegengesetzten Seite der Kurbelwange angebrachte Gegenmasse ausgleichen Wir brauchen also nur die unausgeglichene Massenbewegung in Richtung der Zylinderachse zu betrachten, bei der zu den übrigen Massen das Gewicht des einen Teiles der Pleuelstange hinzukommt.

Der Kolbenweg x_1 des ersten Kolbens, von der Totpunktlage aus gerechnet, kann, wie es schon im ersten Bande bei der Besprechung des Kurbelmechanismus und auch in § 17, S. 145 dieses Bandes geschehen ist, in erster Annäherung

$$x_1 = r_1 - r_1 \cos \varphi_1 \qquad (104)$$

gesetzt werden, wenn r und φ die aus der Abbildung ersichtliche Bedeutung haben. Will man sich mit dieser Annäherung nicht begnügen, so kann man auch in zweiter Annäherung

$$x_1 = r_1(1 - \cos \varphi_1) + r_1 \, \frac{r_1}{l_1} \; \frac{1 - \cos 2\varphi}{4} \qquad (105)$$

setzen, wenn die Länge der Pleuelstange mit l bezeichnet wird.

Aus Gl. (104) folgt für die Geschwindigkeit v_1 der mit M_1 bezeichneten Masse des ersten Kolbens und seiner Zubehörteile

$$v_1 = \frac{dx_1}{dt} = r_1 \sin \varphi_1 \frac{d\varphi_1}{dt}.$$

Alle Kurbeln sind auf derselben Welle aufgekeilt, und daher ist

$$\frac{d\varphi_1}{dt} = \frac{d\varphi_2}{dt} = \frac{d\varphi_3}{dt} = \frac{d\varphi_4}{dt} = u,$$

wenn die Winkelgeschwindigkeit der Schiffswelle mit u bezeichnet wird.

Für die Bewegungsgröße der Masse M_1 hat man

$$M_1 v_1 = M_1 u r_1 \sin \varphi_1.$$

Die Richtung ist hier nicht besonders hervorgehoben, da sie für alle Massen, abgesehen vom Vorzeichen, das von $\sin \varphi$ abhängt, die gleiche ist. — Für die Bewegungsgröße der zum Zylinder II gehörigen verschieblichen Massen erhält man ebenso

$$M_2 v_2 = M_2 u r_2 \sin \varphi_2$$

oder, wenn man den konstanten Winkelunterschied $\varphi_2 - \varphi_1$ mit α_2 bezeichnet,

$$M_2 v_2 = M_2 u r_2 (\sin \varphi_1 \cos \alpha_2 + \cos \varphi_1 \sin \alpha_2)$$

und ebenso für die Massen M_3 und M_4.

Die Bedingung, daß der Schwerpunkt der verschieblichen Massen in Ruhe bleiben soll, kommt darauf hinaus, daß die geometrische Summe der Bewegungsgrößen fortwährend gleich Null sein muß. Da hier vorausgesetzt wird, daß die Zylinderachsen alle parallel zueinander sind, geht die geometrische Summe der Bewegungsgrößen in eine algebraische Summe über. Dabei sind die Vorzeichen, die den einzelnen Gliedern zukommen, in den vorhergehenden Ausdrücken schon mit enthalten. Die Schwerpunktsbedingung wird daher durch die Gleichung ausgesprochen

$$M_1 u r_1 \sin \varphi_1 + M_2 u r_2 (\sin \varphi_1 \cos \alpha_2 + \cos \varphi_1 \sin \alpha_2) +$$
$$+ M_3 u r_3 (\sin \varphi_1 \cos \alpha_3 + \cos \varphi_1 \sin \alpha_3) +$$
$$+ M_4 u r_4 (\sin \varphi_1 \cos \alpha_4 + \cos \varphi_1 \sin \alpha_4) = 0.$$

Ordnen wir nach $\sin \varphi_1$ und $\cos \varphi_1$ und streichen den gemeinsamen Faktor u, so geht die Gleichung über in

$$\sin \varphi_1 \{ M_1 r_1 + M_2 r_2 \cos \alpha_2 + M_3 r_3 \cos \alpha_3 + M_4 r_4 \cos \alpha_4 \} +$$
$$+ \cos \varphi_1 \{ \quad 0 \quad + M_2 r_2 \sin \alpha_2 + M_3 r_3 \sin \alpha_3 + M_4 r_4 \sin \alpha_4 \} = 0.$$

Diese Gleichung muß für jede Kurbelstellung, also für jeden Wert des Winkels φ_1 erfüllt sein, damit der Schwerpunkt jederzeit in Ruhe bleibe. Dazu gehört, daß die beiden Klammerwerte einzeln verschwinden. Wir gelangen damit zu zwei Bedingungsgleichungen zwischen den Konstanten der Maschine, die sich kürzer in der Form

$$\Sigma M r \cos \alpha = 0 \quad \text{und} \quad \Sigma M r \sin \alpha = 0 \qquad (106)$$

anschreiben lassen. Die Summierung erstreckt sich jedesmal auf alle vier Massen. Winkel α_1 ist dabei gleich Null zu setzen, indem unter α_n nach den vorausgehenden Festsetzungen immer der Winkel zu verstehen ist, den die $n$te Kurbel mit der ersten bildet (diese Winkel im Sinne der Umlaufrichtung der Maschine gezählt). — Übrigens bleiben die Bedingungsgleichungen (106) auch für Maschinen mit beliebig vielen Zylindern bestehen, von denen verlangt wird, daß keine Schwerpunktsverschiebungen vorkommen, solange man nur einen Massenausgleich erster Ordnung herbeiführen will. Für einen Ausgleich zweiter Ordnung wären dagegen die vorhergehenden Betrachtungen unter Zugrundelegung von Gl. (105) an Stelle von (104) in derselben Weise zu wiederholen und die Gleichungen (106) durch vier Gleichungen zu ersetzen, in die die Bedingungsgleichung für den Schwerpunkt zerfällt, wenn sie wiederum für jeden Wert des Winkels φ_1 erfüllt sein soll.

Wir bilden jetzt die statischen Momente der Bewegungsgrößen. Die Wahl des Momentenpunktes ist hierbei gleichgültig, denn wenn der Schwerpunkt ruht, ist, wie wir früher fanden, das Moment für jeden Momentenpunkt gleich groß. — Wir wählen den in Abb. 30 mit O bezeichneten Punkt oder überhaupt irgendeinen Punkt auf der Achse des Zylinders I. Das statische Moment der Bewegungsgröße der Massen I verschwindet für diesen Momentenpunkt. Das Moment für II ist

$$M_2 v_2 a_2 = M_2 u r_2 a_2 (\sin \varphi_1 \cos \alpha_2 + \cos \varphi_1 \sin \alpha_2),$$

wobei mit a_2, wie aus Abb. 30 ersichtlich, der Abstand der Zylinderachse II von der Zylinderachse I bezeichnet ist. Die Richtung des Moments ist nicht besonders ersichtlich gemacht; sie steht in jedem Falle senkrecht zu der Ebene, in der alle vier Zylinderachsen enthalten sind, und zwischen der Richtung nach vorn oder hinten wird durch das Vorzeichen des angeschriebenen Ausdrucks schon unterschieden. — Wenn die Summe der Drallwerte für den Momentenpunkt O und hiermit auch für jeden beliebigen Momentenpunkt verschwinden soll, muß auch die algebraische Summe der nach dem vorigen Muster gebildeten Ausdrücke für alle Massen gleich Null sein. Ordnen wir wieder wie vorher nach $\sin \varphi_1$ und $\cos \varphi_1$, so lautet die Gleichung

$$\sin \varphi_1 \{ 0 + M_2 r_2 a_2 \cos \alpha_2 + M_3 r_3 a_3 \cos \alpha_3 + M_4 r_4 a_4 \cos \alpha_4 \} +$$
$$+ \cos \varphi_1 \{ 0 + M_2 r_2 a_2 \sin \alpha_2 + M_3 r_3 a_3 \sin \alpha_3 + M_4 r_4 a_4 \sin \alpha_4 \} = 0,$$

und da diese für jedes φ_1 erfüllt sein soll, zerfällt sie in die beiden Bedingungsgleichungen

$$\Sigma M r a \cos \alpha = 0 \quad \text{und} \quad \Sigma M r a \sin \alpha = 0 . \qquad (107)$$

Auch hier muß man sich die Summierung wieder auf alle vier Zylinder erstreckt denken; für die erste Zylinderachse ist nämlich sowohl a_1 als α_1 gleich Null, und hiermit fallen die zugehörigen Ausdrücke, wie aus der vorigen Schreibweise zu ersehen. von selbst fort.

Die vorstehenden Gl. (106) und (107), die sich auf den Massenausgleich erster Ordnung beziehen, können dadurch erfüllt werden, daß man die Massenverhältnisse

$$\mu_2 = \frac{M_2}{M_1}, \quad \mu_3 = \frac{M_3}{M_1} \quad \text{und} \quad \mu_4 = \frac{M_4}{M_1},$$

die Kurbelversetzungswinkel gegen die erste Kurbel α_2, α_3, α_4 sowie die Abstandsverhältnisse zwischen den einzelnen Zylindern

$$\zeta_3 = \frac{a_3}{a_2} \quad \text{und} \quad \zeta_4 = \frac{a_4}{a_2}$$

entsprechend wählt. Man hat also acht Größen zur Verfügung, die aber nicht beliebig gewählt sondern nur innerhalb kleiner Grenzen verändert werden können. Bei den Massen und bei den

Abständen muß man auf konstruktive Fragen Rücksicht nehmen, bei den Kurbelversetzungen muß man dafür sorgen, daß
das Drehkraftdiagramm möglichst gleichbleibende Werte während der Umdrehung annimmt. Man wird aber trotzdem in der
Regel bei einer vierzylindrigen Dampfmaschine erreichen können, daß nicht nur die Gl. (106) und (107) fast vollständig
befriedigt sind, sondern daß außerdem noch die Massenkräfte
und Massenmomente zweiter Ordnung nicht zu groß werden.

Besondere Hervorhebung verdient noch der Umstand, daß die
Winkelgeschwindigkeit u der Schiffswelle aus den Bedingungsgleichungen (106) und (107) vollständig herausgefallen ist. Für
den Massenausgleich ist es demnach gleichgültig, ob die Maschine schnell oder langsam umläuft, da der Schwerpunkt bei
vollkommenem Massenausgleich in jedem Falle in Ruhe bleibt.
Wenn aber die Winkelgeschwindigkeit während der Umdrehung
veränderlich ist, dann hat das ein schwankendes Moment um
die Drehachse der Maschine zur Folge, das ebenso störende
Massenkrafterscheinungen auslöst, wie das vorausgehend behandelte Moment um eine Achse senkrecht zur Ebene der
Zylindermitten. Um einen möglichst gleichförmigen Umlauf
der Maschine zu erhalten, muß man eine ganz bestimmte
Kurbelversetzung wählen, die sich aus den Drehkraftdiagrammen
der einzelnen Zylinder bestimmen läßt. Wenn man von dieser
günstigsten Kurbelversetzung mit Rücksicht auf die Befriedi-
gung der Gl. (106) und (107) wesentlich abweicht, entstehen
also neue störende Massenmomente durch die Beschleunigungen
und Verzögerungen der Kurbel, die nicht weniger nachteilig
sind als die im vorausgehenden behandelten. Die Überlegung
zeigt also, daß man bei der Anwendung der Gl. (106) und (107)
nur über einen geringen Spielraum in der Wahl der Kurbelversetzung verfügen kann.

Erste Anmerkung. Der Massenausgleich von mehrzylindrigen
Verbrennungskraftmaschinen ist dadurch vom vorausgehend
behandelten Massenausgleich der Dampfmaschinen verschieden, daß
bei den Verbrennungskraftmaschinen in jedem Zylinder gleiche
Leistung umgesetzt wird, daß die Gewichte der hin- und hergehenden

Teile, Kurbelhub, Kurbeldurchmesser und die Abstände der einzelnen Zylinder voneinander mit Rücksicht auf die Austauschbarkeit gleich gemacht werden und daß endlich die Kurbelversetzungen zwischen den einzelnen Zylindern zwecks Erzielung eines gleichmäßigen Drehkraftdiagramms gleiche Werte haben. Durch diese Gleichartigkeit erhält man ohnehin bei Anordnungen mit mehr als zwei Zylindern in der Regel Ausgleich der Massenkräfte 1. und 2. Ordnung ganz von selbst. Eine Ausnahme machen nur die Vierzylinder-Viertaktmotoren, bei denen mit Rücksicht auf gleichen Anstand in den Zündungen 180^0 Versetzung zwischen den einzelnen Kurbeln vorgenommen wird und bei denen sich deshalb alle Massenkräfte 2. Ordnung addieren. Bei Verbrennungkraftmaschinen mit mehr als vier Zylindern handelt es sich in der Regel nur darum, die Momente möglichst klein zu machen, was dadurch geschehen kann, daß man eine möglichst günstige Zündfolge der nebeneinander liegenden Zylinder aussucht.[1])

Zweite Anmerkung. Bei den vorhergehenden Betrachtungen ist vorausgesetzt, daß die ganze Maschine ein Gestell hat, das hinreichend widerstandsfähig ist, um die zwischen den einzelnen Teilen auftretenden inneren Kräfte ohne merkliche Formänderung übertragen zu können. Anderenfalls würden auch bei einem vollkommenen Massenausgleiche Schwingungen entstehen können, die nicht in Bewegungen des Schiffes als starrer Körper, sondern in Formänderungsbewegungen des Schiffskörpers bestehen würden.

§ 22. Anwendung des Flächensatzes auf die Theorie der Turbinen.

Während des gleichförmigen Ganges einer Turbine besitzt der aus dem Laufrade samt Welle und Wasserinhalt bestehende Punkthaufen stets dieselbe Bewegung. Daher behält auch der auf die Umdrehungsachse bezogene Drall B dieses Punkthaufens immer denselben Wert, falls man in jedem Augenblicke immer jene Wasserteilchen in Betracht zieht, die sich gerade im Laufrade befinden. Bei der Anwendung des Flächensatzes kommt es aber nicht auf den in dieser Weise berechneten Drall an, sondern auf jenen, der stets auf dieselben materiellen Punkte bezogen wird. Dieser erfährt wegen des Weiterströmens der Wasser-

---

1) S. O Föppl, Grundzüge der technischen Schwingungslehre, IX. Kap.

masse durch die Turbine eine Änderung, die für ein Zeitelement dt berechnet werden soll.

Bezeichnet man mit M die Masse des die Turbine in der Zeiteinheit durchströmenden Wassers, so tritt während dt eine Wassermasse $M\,dt$ mit irgendeiner Geschwindigkeit v_1 in das Laufrad ein, und eine ebenso große Masse verläßt das Rad mit einer Geschwindigkeit v_2. Die Änderung dB des auf dieselben Massen wie zu Anfang von dt bezogenen Dralls ist dann, da sich im übrigen nichts geändert hat, gleich dem Unterschiede zwischen den statischen Momenten der Bewegungsgrößen für die austretende und für die eintretende Wassermasse $M\,dt$.

Am einfachsten ermittelt man diese Momente, indem man die Geschwindigkeiten v_1 und v_2 auf die Richtungen der zugehörigen Umfangsgeschwindigkeiten des Laufrads projiziert. Bezeichnet man diese Projektionen mit $v_1 \cos \alpha_1$ und $v_2 \cos \alpha_2$ (wobei also unter α_1 und α_2 die Winkel zwischen den Richtungen der v und der Bewegungsrichtung des Laufrads an der gleichen Stelle zu verstehen sind) und die Abstände von der Umdrehungsachse mit r_1 und r_2, so hat man

$$dB = M\,dt(v_2 \cos \alpha_2\, r_2 - v_1 \cos \alpha_1\, r_1).$$

Nach dem Flächensatze ist dann das ebenfalls auf diese Umdrehungsachse bezogene statische Moment K der äußeren Kräfte, die (etwa durch Vermittlung einer aufgekeilten Riemenscheibe) auf die Laufradwelle übertragen werden müssen, um diese in gleichförmigem Gange zu erhalten,

$$K = \frac{dB}{dt} = M(v_2 \cos \alpha_2\, r_2 - v_1 \cos \alpha_1\, r_1). \qquad (108)$$

Aus K folgt die Arbeit A, die von der Turbine in der Zeiteinheit nach außen hin abgegeben wird, durch Multiplikation mit der Winkelgeschwindigkeit u, also

$$A = Mu(v_2 \cos \alpha_2\, r_2 - v_1 \cos \alpha_1\, r_1). \qquad (109)$$

Durch einfache Umrechnungen, auf die hier nicht weiter eingegangen zu werden braucht, kann man die absoluten Geschwindigkeiten v_1 und v_2 auch in den Relativgeschwindigkeiten gegen das Laufrad in Verbindung mit den Umfangsgeschwindigkeiten $u\,r_1$ und $u\,r_2$ des Laufrads ausdrücken. Die in dieser

Weise umgeformte Gleichung wurde von Zeuner als die erste
Hauptgleichung der Turbinentheorie bezeichnet. Eine
zweite Hauptgleichung, die zur vorigen hinzutreten muß, um
alle in der Aufgabe vorkommenden Größen berechnen zu können,
erhält man nach Zeuner, indem man für A noch einen zweiten
Ausdruck auf Grund des Satzes von der lebendigen Kraft aufstellt und ihn dem vorigen gleichsetzt. Aus der so erhaltenen
zweiten Hauptgleichung berechnet man die Geschwindigkeiten,
mit denen das Wasser das Rad durchströmt, und hierauf nach
der ersten Hauptgleichung die Leistung A der Turbine, auf
deren Ermittlung es namentlich ankommt.

Die weitere Durchführung der Rechnung würde über den
Rahmen dieses Buches hinausgehen; es handelt sich hier nur
darum, zu zeigen, auf wie einfache Art man mit Hilfe des Flächensatzes zur ersten Hauptgleichung gelangen kann, die sonst auf
viel umständlicherem Wege abgeleitet wird.

Die Aufgaben

zu diesem Abschnitte sind mit denen der beiden folgenden vereinigt
und am Schlusse des vierten Abschnitts abgedruckt.

Dritter Abschnitt.

Dynamik des starren Körpers.

§ 23. Stellung der Aufgabe.

Die Dynamik des starren Körpers beschäftigt sich zunächst
mit der Aufgabe, die Bewegung vorauszusagen, die ein starrer
Körper ausführen muß, wenn gegebene Kräfte an ihm angreifen.
Dabei kann der Anfangszustand der Bewegung irgendwie vorgeschrieben sein. Eine teilweise Beantwortung der gestellten
Frage liefert stets sofort der Schwerpunktsatz. Wir wissen, daß
sich der Schwerpunkt des Körpers so bewegt, als wenn die ganze
Masse in ihm vereinigt wäre und alle Kräfte an ihm angriffen.
Es ist daher nur nötig, die sich hieraus ergebende Bewegungsgleichung zu integrieren, genau so als wenn es sich überhaupt
nur um die Untersuchung der Bewegung eines einzigen materiellen Punktes handelte.

Eine nähere Untersuchung ist hiernach nur noch für den
anderen Bewegungsanteil erforderlich: nämlich für die Drehbewegung, die der Körper um Achsen ausführt, die durch den
Schwerpunkt hindurchgehen. Die Theorie der Drehbewegungen
bildet daher den Hauptgegenstand der in diesem Abschnitte
durchzuführenden Überlegungen.

Die wichtigsten Hilfsmittel für diese Untersuchung sind der
Satz von der lebendigen Kraft und der Flächensatz. Beide Sätze
sind uns zwar schon von früher her bekannt. Um sie aber möglichst bequem und wirksam auf die Fragen anwenden zu können,
mit denen wir uns hier zu beschäftigen haben, muß man sich
zuerst mit den analytischen Ausdrücken bekannt machen, die
man für die lebendige Kraft und für den Drall eines rotierenden starren Körpers aufstellen kann, und mit den Veranschau-

lichungsmitteln für die in diesen Ausdrücken enthaltenen Beziehungen.

Mit dieser vorbereitenden Untersuchung, die sich insbesondere auf die beiden Ellipsoide zu erstrecken hat, die mit der lebendigen Kraft und dem Drall des rotierenden Körpers zusammenhängen, beschäftigen sich die beiden nächsten Paragraphen.

Erst von § 26 an kann hierauf in die Behandlung bestimmter Fragen aus der Dynamik des starren Körpers eingetreten werden.

§ 24. Lebendige Kraft und Trägheitsellipsoid.

Schon früher haben wir wiederholt gesehen, daß für die Drehbewegungen eines starren Körpers das auf die Drehachse bezogene Trägheitsmoment eine ähnliche Bedeutung hat, wie die Masse für die Bewegung eines materiellen Punktes. Hierbei besteht jedoch der wesentliche Unterschied, daß die Masse für alle Bewegungsrichtungen denselben unveränderlichen Wert behält, während das Trägheitsmoment für verschiedene Richtungen der durch den Schwerpunkt gezogenen Drehachsen ganz verschiedene Werte annimmt. Diese Abhängigkeit zu untersuchen, soll unsere nächste Aufgabe bilden. Für die Trägheitsmomente von Querschnittsflächen in bezug auf alle Achsen, die in der Ebene des Querschnitts enthalten sind, wurde diese Aufgabe schon im dritten Bande behandelt. Damit allein kommen wir aber in der Dynamik des starren Körpers nicht aus, und wir müssen daher jene früheren Betrachtungen entsprechend ergänzen.

Wir wählen irgendeinen Punkt O auf dem starren Körper aus und nehmen an, daß der Körper in einem bestimmten Augenblicke eine Drehbewegung um irgendeine durch den Punkt O gehende Achse ausführe. Die Winkelgeschwindigkeit sei, als gerichtete Größe aufgefaßt, mit $\mathfrak{u}$ bezeichnet. Die Richtung von $\mathfrak{u}$ gibt die Richtung der Drehachse und der Pfeil von $\mathfrak{u}$ den Umdrehungssinn an, wie es schon im ersten Bande ausführlich auseinandergesetzt wurde. Bei den wichtigsten Anwendungen, die von den nachfolgenden Entwicklungen gemacht werden sollen, fällt der Punkt O mit dem Schwerpunkte S zusammen. Auf diesen Fall bezieht sich auch die nachstehende Abb. 31. in der

$\mathfrak{u}$ in der besprochenen Weise von S aus abgetragen ist. Indessen könnte an Stelle von S auch irgendein anderer Punkt O des Körpers treten, ohne daß dadurch an der Gültigkeit der nachstehenden Betrachtungen etwas geändert würde.

Der Radiusvektor, den man von O aus nach irgendeinem Massenteilchen m des starren Körpers ziehen kann, sei mit $\mathfrak{r}$ und die augenblickliche Geschwindigkeit von m mit $\mathfrak{v}$ bezeichnet. Dann ist nach Bd. I, Gl. (58)

$$\mathfrak{v} = - [\mathfrak{u}\,\mathfrak{r}],$$

wobei nur zu beachten ist, daß der damals mit $\mathfrak{r}'$ bezeichnete Vektor jetzt $\mathfrak{r}$ geschrieben ist.

Wir berechnen die lebendige Kraft L des Körpers bei dem vorausgesetzten Bewegungszustande. Allgemein hat man

Abb. 31.

$$L = \sum \tfrac{1}{2} m \mathfrak{v}^2,$$

und durch Einsetzen des Wertes von $\mathfrak{v}$ geht dies über in

$$L = \tfrac{1}{2} \sum m\,[\mathfrak{u}\,\mathfrak{r}]^2.$$

Dieser Ausdruck kann noch auf verschiedene Art weiter umgestaltet werden. Bezeichnet man die zu $\mathfrak{u}$ senkrecht stehende Komponente von $\mathfrak{r}$, also den rechtwinkligen Abstand der Masse m von der Drehachse, mit p, so erhält man für das Quadrat des äußeren Produkts aus $\mathfrak{u}$ und $\mathfrak{r}$ einfach $u^2 p^2$, wobei u den Absolutwert von $\mathfrak{u}$ bedeutet. Hiermit findet man

$$L = \tfrac{1}{2} u^2 \sum m p^2 = \tfrac{1}{2} u^2 \Theta, \qquad (110)$$

wenn das Trägheitsmoment des Körpers in bezug auf die gegebene Drehachse mit Θ bezeichnet wird.

Andererseits denken wir uns ein beliebiges rechtwinkliges Koordinatensystem X, Y, Z mit dem Ursprunge in O bzw. S gezogen. Zerlegen wir die Vektoren in ihre Komponenten nach diesem Koordinatensystem, so erhalten wir durch Anwendung der in (Gl. (53), Bd. I gegebenen Rechenvorschrift

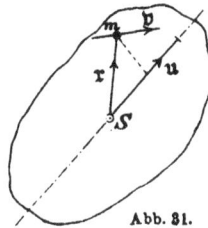

$$\mathfrak{v} = -[\mathfrak{u}\,\mathfrak{r}] = - \begin{vmatrix} \mathfrak{i} & \mathfrak{j} & \mathfrak{k} \\ u_1 & u_2 & u_3 \\ x & y & z \end{vmatrix} = \mathfrak{i}(u_3 y - u_2 z) + \mathfrak{j}(u_1 z - u_3 x) + \\ + \mathfrak{k}(u_2 x - u_1 y),$$

wobei die Koeffizienten von $\mathfrak{i},\mathfrak{j},\mathfrak{k}$ die Komponenten von $\mathfrak{v}$ bilden. Daraus ergibt sich für das Quadrat der Geschwindigkeit der Ausdruck

$$\mathfrak{v}^2 = (u_3 y - u_2 z)^2 + (u_1 z - u_3 x)^2 + (u_2 x - u_1 y)^2,$$

und wenn man dies in L einsetzt, ausquadriert und die Summe in ihre einzelnen Glieder zerlegt, erhält man

$$L = \frac{1}{2} u_1^2 (\Sigma m z^2 + \Sigma m y^2) + \frac{1}{2} u_2^2 (\Sigma m z^2 + \Sigma m x^2) + \\ + \frac{1}{2} u_3^2 (\Sigma m y^2 + \Sigma m x^2) - u_1 u_2 \Sigma m x y - u_1 u_3 \Sigma m x z - \\ - u_2 u_3 \Sigma m y z.$$

Nun ist aber nach dem **pythagoreischen Lehrsatze** $y^2 + z^2$ gleich dem Quadrate des senkrechten Abstandes der Masse m von der X-Achse. Bezeichnen wir also das Trägheitsmoment des starren Körpers für die X-Achse mit Θ_x, so wird

$$\Theta_x = \Sigma m y^2 + \Sigma m z^2 \qquad (111)$$

Außerdem setzen wir, wie früher schon in der Festigkeitslehre,

$$\Phi_{xy} = \Sigma m x y$$

und nennen Φ_{xy} das Zentrifugalmoment des Körpers für die X- und Y-Achse. Hiermit geht der Ausdruck für L über in

$$L = \frac{1}{2} u_1^2 \Theta_x + \frac{1}{2} u_2^2 \Theta_y + \frac{1}{2} u_3^2 \Theta_z - u_1 u_2 \Phi_{xy} - u_1 u_3 \Phi_{xz} - \\ - u_2 u_3 \Phi_{yz}. \qquad (112)$$

Bezeichnet man die Winkel, die u mit den Koordinatenachsen bildet, mit α, β, γ, so kann man hierin auch

$$u_1 = u \cos\alpha, \qquad u_2 = u \cos\beta, \qquad u_3 = u \cos\gamma$$

setzen. Führt man dies aus und vergleicht hierauf die Formel mit Gl. (110), so erhält man eine Gleichung, aus der sich das zu irgendeiner Achse gehörige Trägheitsmoment berechnen läßt, wenn die auf die Koordinatenachsen bezogenen Momente Θ und Φ gegeben sind. Bequemer ist es aber, den Zusammenhang zwischen den Größen durch eine einfache geometrische Darstellung zum Ausdrucke zu bringen.

Zu diesem Zwecke wollen wir uns eine große Zahl von Strahlen durch den Punkt O gelegt und für jeden dieser Strahlen ermittelt denken, mit welcher Winkelgeschwindigkeit der starre Körper um diesen Strahl als Achse rotieren müßte, wenn die zugehörige lebendige Kraft einen bestimmt vorgeschriebenen Wert L_0 annehmen sollte. Auf jedem Strahle sei die aus dieser Bedingung ermittelte Winkelgeschwindigkeit $\mathfrak{u}$, so wie es in Abb. 31 für einen von ihnen geschehen war, als Vektor abgetragen. Die Endpunkte aller dieser $\mathfrak{u}$ liegen auf einer Fläche, die den Punkt O von allen Seiten her umgibt. Die Koordinaten eines Punktes dieser Fläche im Koordinatensysteme X, Y, Z sind u_1, u_2, u_3, und Gl. (112) stellt daher, wenn wir uns für L den beliebig gewählten, aber unveränderlichen Wert L_0 eingesetzt denken, die Gleichung der Fläche dar. Sie ist für die u_1, u_2, u_3 vom zweiten Grade. Die Fläche muß daher, da wir außerdem wissen, daß sie sich nach keiner Richtung hin ins Unendliche erstrecken kann, ein Ellipsoid sein. Der Punkt O ist der Mittelpunkt des Ellipsoids, weil die Gleichung immer noch erfüllt ist, wenn man darin u_1, u_2, u_3 durch $-u_1, -u_2, -u_3$ ersetzt.

Führen wir ferner in Gl. (110) an Stelle des Trägheitsmoments Θ den Trägheitshalbmesser i ein, indem wir

$$\Theta = M i^2$$

setzen, also unter M die Masse des ganzen Körpers verstehen, so erhalten wir

$$L = \frac{1}{2} u^2 i^2 M. \tag{113}$$

Hiernach ist jeder Halbmesser u des Ellipsoids, für das L den konstanten Wert L_0 hat, dem auf die gleiche Achse bezogenen Trägheitshalbmesser i umgekehrt proportional. Wegen dieses Zusammenhangs mit den Trägheitsmomenten wird das Ellipsoid als das Trägheitsellipsoid bezeichnet.

Im allgemeinen ist das Ellipsoid dreiachsig, und seine drei Hauptachsen heißen zugleich die drei Hauptträgheitsachsen des Körpers für den Punkt O. Das Ellipsoid kann aber auch ein Um-

drehungsellipsoid sein, und dann wird jede in der Äquatorebene
liegende Achse als eine Hauptträgheitsachse bezeichnet. Geht
das Ellipsoid endlich in eine Kugel über, so kann jede Achse als
eine Hauptachse angesehen werden.

In allen Fällen gilt für eine Hauptachse die Beziehung

$$\delta \Theta = 0, \qquad\qquad (114)$$

wenn man unter $\delta \Theta$ die Änderung versteht, die das Trägheitsmoment beim Übergange von einer Achse zu einer ihr unendlich
nahe benachbarten erfährt. Gl. (114) gibt nämlich die Bedingung
dafür an, daß das Trägheitsmoment für die betreffende Achse
ein Maximum oder Minimum, oder im Falle der Kugel, daß Θ
konstant ist.

Bisher verstanden wir unter X, Y, Z ein beliebig orientiertes
Koordinatensystem. Nachdem wir aber erkannt haben, daß man
stets mindestens auf eine Art drei zueinander senkrecht stehende
Hauptachsen angeben kann, ist es für die weitere Untersuchung
von Vorteil, die drei Koordinatenrichtungen mit diesen Hauptachsen zusammenfallen zu lassen. Dann vereinfacht sich auch
Gl. (112). Um dies zu erkennen, wollen wir von irgendeinem
Punkte des Trägheitsellipsoids zu einem Nachbarpunkt übergehen,
der ebenfalls auf dem Ellipsoid liegt, und die Änderungen, die
die Koordinaten u_1, u_2, u_3 bei diesem Übergange erfahren, mit
$\delta u_1, \delta u_2, \delta u_3$ bezeichnen. Mit $L = L_0$ ist Gl. (112) für jeden Punkt
der Fläche erfüllt, und zwischen den δu muß daher die Beziehung
bestehen, die aus Gl. (112) durch Bildung der Differentialien hervorgeht, nämlich

$$u_1 \delta u_1 \Theta_x + u_2 \delta u_2 \Theta_y + u_3 \delta u_3 \Theta_z - u_1 \delta u_2 \Phi_{xy} - u_2 \delta u_1 \Phi_{xy} -$$
$$- u_1 \delta u_3 \Phi_{xz} - u_3 \delta u_1 \Phi_{xz} - u_2 \delta u_3 \Phi_{yz} - u_3 \delta u_2 \Phi_{yz} = 0.$$

Das gilt für jede Stelle des Ellipsoids und für jeden Übergang zu einer Nachbarstelle. Wenden wir dagegen die Gleichung
für einen der auf der X-Achse liegenden Punkte des Ellipsoids
an, so ist $u_2 = u_3 = 0$ zu setzen und die Gleichung vereinfacht
sich zu
$$u_1 \delta u_1 \Theta_x - u_1 \delta u_2 \Phi_{xy} - u_1 \delta u_3 \Phi_{xz} = 0.$$

Da wir uns aber dafür entschieden hatten, die X-Achse mit
einer Hauptachse zusammenfallen zu lassen, haben wir an dieser

Stelle außerdem auch noch $\delta u_1 = 0$

zu setzen, womit die Gleichung übergeht in

$$\delta u_2 \Phi_{xy} + \delta u_3 \Phi_{xz} = 0.$$

Das muß gelten für jede Richtung, in der wir vom Scheitelpunkt zu einem Nachbarpunkt übergehen, also für jedes Verhältnis von δu_2 zu δu_3. Daraus folgt, daß zugleich

$$\Phi_{xy} = 0 \quad \text{und} \quad \Phi_{xz} = 0$$

sein muß. Hiermit ist bewiesen, daß die Zentrifugalmomente für die Hauptachsen gleich Null sind, denn derselbe Schluß wie für die X-Achse würde sich auch für die anderen Hauptachsen wiederholen lassen.

Wenn die Koordinatenachsen mit den Hauptträgheitsachsen zusammenfallen, vereinfacht sich daher Gl. (112) zu

$$L = \tfrac{1}{2} u_1^2 \Theta_x + \tfrac{1}{2} u_2^2 \Theta_y + \tfrac{1}{2} u_3^2 \Theta_z. \tag{115}$$

Bezeichnet man die Winkel, die irgendeine Achse mit den drei Hauptachsen bildet, mit α, β, γ, so folgt für das dieser Achse zugehörige Θ aus dem Vergleiche der Gleichungen (110) und (115)

$$\Theta = \Theta_x \cos^2\alpha + \Theta_y \cos^2\beta + \Theta_z \cos^2\gamma. \tag{116}$$

Hiermit ist die Aufgabe, die wir uns zunächst gestellt haben, vollständig gelöst.

§ 25. Drall und Drallellipsoid.

So wie vorher für die lebendige Kraft bilden wir jetzt auch den Ausdruck für den Drall $\mathfrak{B}$ des mit der Winkelgeschwindigkeit $\mathfrak{u}$ um den beliebigen Punkt O rotierenden starren Körpers, und zwar für den Punkt O selbst als Momentenpunkt. Hierbei mag jedoch gleich bemerkt werden, daß, wenn O mit dem Schwerpunkt S zusammenfällt, die Wahl des Momentenpunktes gleichgültig ist, da, wie wir in § 19 unter b) fanden, der Drall für jeden Momentenpunkt denselben Wert annimmt, wenn der Schwerpunkt ruht.

Allgemein war nach der Definition des Dralls

$$\mathfrak{B} = \Sigma [m \, \mathfrak{v} \cdot \mathfrak{r}],$$

und wenn man für $\mathfrak{v}$ den hier zutreffenden Wert einsetzt, geht dies über in
$$\mathfrak{B} = - \Sigma[m\,[\mathfrak{u}\,\mathfrak{r}]\cdot\mathfrak{r}],$$
oder nach Vertauschung der Faktoren in dem einen der äußeren Produkte
$$\mathfrak{B} = \Sigma m\,[\mathfrak{r}\,[\mathfrak{u}\,\mathfrak{r}]]. \tag{117}$$

Man muß also zunächst das äußere Produkt aus $\mathfrak{u}$ und $\mathfrak{r}$ bilden, dann dieses selbst wieder als zweiten Faktor eines äußeren Produkts ansehen, dessen erster Faktor $\mathfrak{r}$ ist, um hierauf nach Multiplikation mit m und Summierung über alle Teile m des Körpers den Drall $\mathfrak{B}$ zu erhalten. Das ist eine sehr umständliche Rechenvorschrift, die sich aber durch eine weit einfachere ersetzen läßt. Nach einer der bekanntesten Formeln der Vektoralgebra kann nämlich, wenn $\mathfrak{A}, \mathfrak{B}, \mathfrak{C}$ beliebige Vektoren bedeuten, stets
$$[\mathfrak{A}\,[\mathfrak{B}\,\mathfrak{C}]] = \mathfrak{B}\cdot\mathfrak{A}\mathfrak{C} - \mathfrak{C}\cdot\mathfrak{A}\mathfrak{B} \tag{118}$$
gesetzt werden. Die rechte Seite dieser Gleichung besteht aus zwei Gliedern, von denen das erste den Vektor $\mathfrak{B}$ als Faktor enthält und daher mit ihm gleichgerichtet ist; denn der andere Faktor $\mathfrak{A}\mathfrak{C}$ ist ein inneres Produkt aus $\mathfrak{A}$ und $\mathfrak{C}$ und als solches eine Größe ohne Richtung. Ebenso ist das zweite Glied mit $-\mathfrak{C}$ gleichgerichtet.

Bisher ist die Formel (118) in diesem Buche nicht vorgekommen Ich werde daher nicht unterlassen dürfen, hier einen Beweis dafür einzuschieben. Erfreulicherweise hat ja allerdings das Rechnen mit Vektoren in den letzten Jahren sehr zugenommen, und im Zusammenhange damit hat man auch damit begonnen, die einfachsten Rechengesetze für Vektoren in den mathematischen Vorlesungen an einzelnen Hochschulen zu behandeln. Wenn das schon allgemein eingeführt wäre, könnte ich von einem Beweise für Formel (118) absehen, da sie eine rein mathematische Beziehung ausspricht, die mit der Dynamik sachlich ebensowenig zu tun hat wie jede andere mathematische Formel. So wie die Dinge heute immer noch liegen, muß ich mich aber doch zur Wiedergabe des Beweises entschließen.

Nach Gl. (53) von Bd. I ist
$$[\mathfrak{B}\,\mathfrak{C}] = \begin{vmatrix} \mathfrak{i} & \mathfrak{j} & \mathfrak{t} \\ B_1 & B_2 & B_3 \\ C_1 & C_2 & C_3 \end{vmatrix} =$$
$$= \mathfrak{i}\,(B_2 C_3 - B_3 C_2) + \mathfrak{j}\,(B_3 C_1 - B_1 C_3) + \mathfrak{t}\,(B_1 C_2 - B_2 C_1)$$

und hiernach auch

$$[\mathfrak{A}[\mathfrak{B}\mathfrak{C}]] = \begin{vmatrix} \mathfrak{i} & \mathfrak{j} & \mathfrak{k} \\ A_1 & A_2 & A_3 \\ (B_2 C_3 - B_3 C_2) & (B_3 C_1 - B_1 C_3) & (B_1 C_2 - B_2 C_1) \end{vmatrix}$$

Entwickelt man die Determinante, so erhält man zunächst für die $\mathfrak{i}$-Komponente

$$\mathfrak{i}(A_2 B_1 C_2 - A_2 B_2 C_1 - A_3 B_3 C_1 + A_3 B_1 C_3),$$

oder wenn man $A_1 B_1 C_1$ einmal als positives und einmal als negatives Glied zufügt,

$$\mathfrak{i}\{B_1 (A_1 C_1 + A_2 C_2 + A_3 C_3) - C_1 (A_1 B_1 + A_2 B_2 + A_3 B_3)\},$$

d. h. wenn man sich der Bedeutung der in den runden Klammern stehenden Summen erinnert,

$$\mathfrak{i}\{B_1 \cdot \mathfrak{A}\mathfrak{C} - C_1 \cdot \mathfrak{A}\mathfrak{B}\}.$$

Genau ebenso findet man für die $\mathfrak{j}$-Komponente

$$\mathfrak{j}\{B_2 \cdot \mathfrak{A}\mathfrak{C} - C_2 \cdot \mathfrak{A}\mathfrak{B}\}$$

und entsprechend auch die letzte Komponente. Faßt man aber alle drei Komponenten wieder zusammen, so erhält man nach Herausheben der drei gemeinsamen Faktoren

$$\mathfrak{A}\mathfrak{C} \cdot (\mathfrak{i} B_1 + \mathfrak{j} B_2 + \mathfrak{k} B_3) - \mathfrak{A}\mathfrak{B} \cdot (\mathfrak{i} C_1 + \mathfrak{j} C_2 + \mathfrak{k} C_3),$$

d. h. genau den in Gl. (118) angegebenen Wert. Hiermit ist der verlangte Beweis erbracht.

Kehren wir nach dieser Unterbrechung wieder zu Gl. (117). zurück, so geht sie durch Anwendung der in Gl. (118) ausgesprochenen Rechenvorschrift über in

$$\mathfrak{B} = \Sigma m \,(\mathfrak{u} \cdot \mathfrak{r}^2 - \mathfrak{r} \cdot \mathfrak{u}\mathfrak{r}),$$

oder nach Spaltung des Ausdrucks in zwei Glieder in

$$\mathfrak{B} = \mathfrak{u} \cdot \Sigma m \mathfrak{r}^2 - \Sigma m \mathfrak{r} \cdot \mathfrak{u}\mathfrak{r}. \tag{119}$$

Diese Gleichung ist sehr wichtig, und wir müssen sie daher noch näher im einzelnen besprechen.

Der Drall $\mathfrak{B}$ stellt sich hiernach als eine geometrische Summe aus zwei Gliedern dar. Hiervon ist das erste Glied gleichgerichtet mit $\mathfrak{u}$ und auch proportional mit der Größe der Winkelgeschwindigkeit. Der andere Faktor des ersten Gliedes ist richtungslos und stets positiv; er stellt das polare Trägheitsmoment des Körpers für den Punkt O dar. Setzt man

$$\mathfrak{r}^2 = x^2 + y^2 + z^2$$

und beachtet die durch Gl. (111) ausgesprochenen Beziehungen. so erhält man

$$\Sigma m \mathfrak{r}^2 = \tfrac{1}{2}(\Theta_x + \Theta_y + \Theta_z) \qquad (120)$$

Wenn man z. B. imstande ist, die Trägheitsmomente des Körpers für die drei durch den Punkt O gehenden Hauptachsen anzugeben, kennt man hiernach das erste Glied in dem Ausdrucke für $\mathfrak{B}$ vollständig. — Das zweite Glied macht etwas mehr Schwierigkeiten; insbesondere läßt sich nicht unmittelbar erkennen, in welcher Richtung es geht. Man kann es indessen ebenfalls auf die schon in dem Ausdrucke für die lebendige Kraft vorkommenden Summenausdrücke zurückführen. Für $\mathfrak{u}\mathfrak{r}$ hat man nämlich in der Koordinatendarstellung

$$\mathfrak{u}\,\mathfrak{r} = u_1 x + u_2 y + u_3 z,$$

und die X-Komponente von $\Sigma m \mathfrak{r} \cdot \mathfrak{u}\mathfrak{r}$ geht daher über in

$$\Sigma m x (u_1 x + u_2 y + u_3 z).$$

Wenn die Koordinatenachsen mit den Trägheitshauptachsen zusammenfallen, heben sich die Zentrifugalmomente fort, und man behält

$$u_1 \Sigma m x^2$$

und entsprechend bei den anderen Komponenten.

Zerlegt man auch den Drall $\mathfrak{B}$ selbst in seine Komponenten nach den Hauptträgheitsachsen, so erhält man aus Gl. (119) zunächst für die $\mathfrak{i}$-Komponente, die wir mit B_1 bezeichnen,

$$B_1 = u_1 \Sigma m \mathfrak{r}^2 - u_1 \Sigma m x^2 = u_1 \Sigma m(\mathfrak{r}^2 - x^2) =$$
$$= u_1 \Sigma m(y^2 + z^2) = u_1 \Theta_x.$$

Im ganzen läßt sich daher $\mathfrak{B}$ auch in der folgenden Weise darstellen:

$$\mathfrak{B} = \mathfrak{i} u_1 \Theta_x + \mathfrak{j} u_2 \Theta_y + \mathfrak{k} u_3 \Theta_z, \qquad (121)$$

gültig für das mit den Hauptträgheitsachsen zusammenfallende Koordinatensystem.

Der Winkel, den die Richtungen von $\mathfrak{B}$ und $\mathfrak{u}$ untereinander einschließen, kann unter allen Umständen nur ein spitzer, niemals ein stumpfer oder rechter sein. Man erkennt dies, wenn man das innere Produkt aus $\mathfrak{B}$ und $\mathfrak{u}$ bildet. Dafür erhält man nach Gl. (119)

$$\mathfrak{u}\mathfrak{B} = \mathfrak{u}^2 \varSigma m \mathfrak{r}^2 - \varSigma m (\mathfrak{u}\,\mathfrak{r})^2$$

oder auch, wenn man $\mathfrak{u} = u\,\mathfrak{u}_1$ setzt, also unter u den Absolutwert der Winkelgeschwindigkeit und unter $\mathfrak{u}_1$ einen in der Richtung der Drehachse gezogenen Einheitsvektor versteht,

$$\mathfrak{u}\mathfrak{B} = u^2 (\varSigma m \mathfrak{r}^2 - \varSigma m (\mathfrak{u}_1 \mathfrak{r})^2) = u^2 \varSigma m (\mathfrak{r}^2 - (\mathfrak{u}_1 \mathfrak{r})^2) =$$
$$= u^2 \varSigma m p^2 = u^2 \varTheta = 2\,L, \qquad (122)$$

wenn p und L in derselben Bedeutung wie im vorigen Paragraphen gebraucht werden. Da die lebendige Kraft L jedenfalls positiv und von Null verschieden ist, kann der Winkel zwischen $\mathfrak{B}$ und $\mathfrak{u}$ nur ein spitzer oder gleich Null sein.

Dagegen kann dieser Winkel einem rechten unter Umständen sehr nahe kommen, und zwar trifft dies zu bei einem stabförmigen Körper. Wenn nämlich u nahezu mit der Stabachse zusammenfällt, so daß die in der i-Richtung gehende Komponente u_1 in Abb. 32 viel größer ist als die senkrecht dazu stehende Komponente u_2, so überwiegt trotzdem in der Gl. (121) mit $u_3 = 0$

$$\mathfrak{B} = \mathfrak{i} u_1 \varTheta_x + \mathfrak{j} u_2 \varTheta_y$$

das zweite Glied weitaus das erste, weil $\varTheta_y$ bei einem stabförmigen Körper sehr viel größer ist als $\varTheta_x$. Denkt man sich die Dicke des Stabes unendlich klein gegen die Stablänge, so ist $\varTheta_y$ sogar von der zweiten

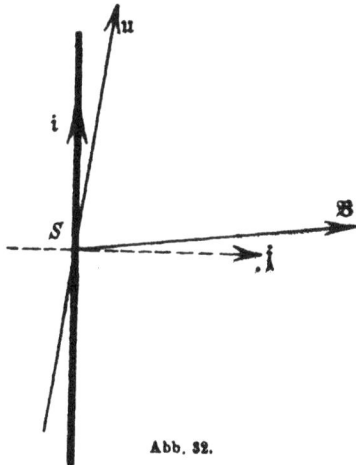

Abb. 32.

13*

Ordnung unendlich groß gegen Θ_z, und die Richtung von $\mathfrak{B}$ weicht nur entsprechend wenig von der zur Stabachse senkrechten Richtung j ab, auch wenn u der Stabachse ziemlich nahe kommt. Man sieht daher, daß im Grenzfalle der Winkel zwischen u und $\mathfrak{B}$ einem rechten beliebig nahe kommen kann. Bei jeder anderen Körpergestalt wird aber der Winkel kleiner.

Die Projektion von $\mathfrak{B}$ auf die Drehachse sei mit B' bezeichnet. Dann ist B' zugleich der Drall, bezogen auf die Drehachse als Momentenachse, wie aus der Lehre von den auf Achsen bezogenen statischen Momenten bekannt ist. Das innere Produkt aus u und $\mathfrak{B}$ wird gleich $u B'$, und die Gl. (122) geht nach Wegheben des Faktors u über in

$$B' = u\,\Theta. \qquad (123)$$

Wir haben uns ferner die Frage vorzulegen, unter welchen Umständen $\mathfrak{B}$ und u auf dieselbe Richtungslinie fallen. Das können wir wieder am einfachsten auf Grund von Gl. (121) entscheiden. Ist z. B. $u_2 = u_3 = 0$, so folgt aus dieser Gleichung

$$\mathfrak{B} = \mathrm{i}\,u_1\,\Theta_x = \mathfrak{u}\,\Theta_x,$$

d. h. Drall und Winkelgeschwindigkeit sind immer dann gleich gerichtet, wenn sich der Körper um eine Hauptträgheitsachse dreht. Allgemein lautet die Bedingung für gleiche Richtung von $\mathfrak{B}$ und u nach Gl. (121)

$$u_1\,\Theta_x : u_2\,\Theta_y : u_3\,\Theta_z = u_1 : u_2 : u_3,$$

und diese kann für einen Körper mit dreiachsigem Trägheitsellipsoid nur dann erfüllt sein, wenn zwei der drei Winkelgeschwindigkeitskomponenten u_1, u_2, u_3 gleich Null sind, d. h. nur für eine Drehung um eine der drei Hauptachsen. Ist das Trägheitsellipsoid eine Kugel, also $\Theta_x = \Theta_y = \Theta_z$, so sind $\mathfrak{B}$ und u stets gleich gerichtet, aber dann kann auch jede Achse als Hauptachse angesehen werden. Ist dagegen nur $\Theta_y = \Theta_z$, das Trägheitsellipsoid daher ein Umdrehungsellipsoid, so ist die Bedingung erfüllt, wenn entweder $u_2 = u_3 = 0$, oder auch wenn $u_1 = 0$

ist, während in diesem Falle u_2 und u_3 beliebige Werte haben können, d. h. also sowohl für die Umdrehungsachse des Ellipsoids als auch für jede in der Äquatorebene liegende Achse. Aber auch diese Achsen sind zugleich Hauptträgheitsachsen. Wir können daher den vorhin ausgesprochenen Satz dahin erweitern, daß Drall und Winkelgeschwindigkeit immer dann, aber auch nur dann gleich gerichtet sind, wenn sich der Körper um eine Hauptträgheitsachse dreht.

Im vorigen Paragraphen hatten wir alle möglichen Drehbewegungen um die durch O gehenden Achsen besprochen, die sämtlich zu demselben Werte L_0 für die lebendige Kraft führten. Jetzt wollen wir zu jeder dieser Bewegungen mit konstanter lebendiger Kraft auch den zugehörigen Drall ermitteln und alle diese Vektoren $\mathfrak{B}$ nach Richtung und Größe vom Punkte O aus abtragen. Die Endpunkte aller dieser Strecken liegen auf einer Fläche, von der sich leicht zeigen läßt, daß sie ebenfalls ein Ellipsoid ist, das wir das Drallellipsoid nennen wollen.

Zum Beweise dieser Behauptung mache ich zunächst darauf aufmerksam, daß $\mathfrak{B}$ nach den Gl. (119) oder (121) linear von $\mathfrak{u}$ abhängig ist. Zerlegt man nämlich $\mathfrak{u}$ in irgend zwei Teile $\mathfrak{u} = \mathfrak{u}' + \mathfrak{u}''$ und berechnet die zu $\mathfrak{u}'$ und $\mathfrak{u}''$ gehörigen Drallwerte $\mathfrak{B}'$ und $\mathfrak{B}''$, so ist auch der ganze zu $\mathfrak{u}$ gehörige Drall $\mathfrak{B} = \mathfrak{B}' + \mathfrak{B}''$, wie aus den Gleichungen unmittelbar hervorgeht. Hiernach entsprechen allen Strahlen $\mathfrak{u}$, deren Endpunkte auf einer beliebigen Geraden liegen, zugeordnete Strahlen $\mathfrak{B}$, deren Endpunkte ebenfalls auf einer anderen Geraden enthalten sind. Hiernach wird durch die Gleichungen (119) oder (121) jedem Punkte des Raumes (als Endpunkt von $\mathfrak{u}$ betrachtet) ein anderer Punkt des Raumes (als Endpunkt von $\mathfrak{B}$) zugeordnet in der Weise, daß eine kollineare Abbildung des Raumes entsteht. Nun lagen die Endpunkte jener $\mathfrak{u}$, die alle zu demselben Werte L_0 für die lebendige Kraft führten, auf dem Trägheitsellipsoid, und die Endpunkte aller $\mathfrak{B}$ liegen daher auf einer Fläche, die als die kollineare Abbildung des Trägheitsellipsoids angesehen werden kann. Die kollineare Abbildung des Ellipsoids kann aber nur wieder ein Ellipsoid mit denselben Richtungen der Hauptachsen sein.

Anstatt sich auf diese Eigenschaften der kollinearen Abbildung zu stützen, kann man aber den Beweis auch unmittelbar auf Grund der Gl. (119) oder (121) führen. Aus Gl. (121) erhält man für die Komponenten von $\mathfrak{B}$

$$B_1 = u_1\,\Theta_x, \quad B_2 = u_2\,\Theta_y, \quad B_3 = u_3\,\Theta_z,$$

und zwischen den Koordinaten u_1, u_2, u_3 eines Punktes des Trägheitsellipsoids besteht die Gleichung .

$$\frac{u_1^2}{u_x^2} + \frac{u_2^2}{u_y^2} + \frac{u_3^2}{u_z^2} = 1,$$

wenn mit u_x, u_y, u_z die Halbachsen des Trägheitsellipsoids bezeichnet werden. Drückt man die u_1, u_2, u_3 in den B_1, B_2, B_3 aus und setzt sie in die vorstehende Gleichung ein, so erhält man

$$\frac{B_1^2}{u_x^2\,\Theta_x^2} + \frac{B_2^2}{u_y^2\,\Theta_y^2} + \frac{B_3^2}{u_z^2\,\Theta_z^2} = 1,$$

und das ist die Gleichung des Drallellipsoids, dessen Koordinaten B_1, B_2, B_3 sind. Man kann sie noch etwas einfacher schreiben, indem man bedenkt, daß $u_x\,\Theta_x = B_x$, d. h. gleich dem Drall für eine Bewegung um die X Achse ist, womit die Gleichung übergeht in

$$\frac{B_1^2}{B_x^2} + \frac{B_2^2}{B_y^2} + \frac{B_3^2}{B_z^2} = 1.$$

Um den Zusammenhang zwischen beiden Ellipsoiden noch weiter zu erforschen, bilden wir die Änderung $\delta\mathfrak{B}$, die $\mathfrak{B}$ erfährt, wenn man $\mathfrak{u}$ irgendeinen unendlich kleinen Zuwachs $\delta\mathfrak{u}$ erteilt. Aus Gl. (119) findet man

$$\delta\mathfrak{B} = \delta\mathfrak{u}\cdot\Sigma m\mathfrak{r}^2 - \Sigma m\mathfrak{r}\cdot\delta\mathfrak{u}\mathfrak{r},$$

und wenn man dies mit $\mathfrak{u}$ auf innere Art multipliziert,

$$\mathfrak{u}\delta\mathfrak{B} = \mathfrak{u}\delta\mathfrak{u}\cdot\Sigma m\mathfrak{r}^2 - \Sigma m\mathfrak{u}\mathfrak{r}\cdot\delta\mathfrak{u}\mathfrak{r}$$
$$= \delta\mathfrak{u}\{\mathfrak{u}\cdot\Sigma m\mathfrak{r}^2 - \Sigma m\mathfrak{u}\mathfrak{r}\cdot\mathfrak{r}\} = \mathfrak{B}\delta\mathfrak{u}.$$

Wir haben also die bemerkenswerte Beziehung

$$\mathfrak{u}\delta\mathfrak{B} = \mathfrak{B}\delta\mathfrak{u} \qquad\qquad (124)$$

gefunden, und zwar gültig für beliebige Zuwüchse δu. Betrachten wir aber weiterhin nur solche Zuwüchse δu, die einen Halbmesser u des Trägheitsellipsoids in einen benachbarten Halbmesser $u + \delta u$ überführen, oder die mit anderen Worten unendlich kleine Bögen auf dem Trägheitsellipsoid bilden, so folgt
ferner aus Gl. (122), nämlich

$$u\mathfrak{B} = 2 L_0,$$

durch Differentiation auch

$$u\delta\mathfrak{B} + \mathfrak{B}\delta u = 0.$$

Da aber beide Glieder auf der linken Seite schon als gleich erkannt sind, folgt, daß jedes von ihnen gleich Null sein muß. Man
hat also

$$u\delta\mathfrak{B} = \mathfrak{B}\delta u = 0. \tag{125}$$

Diese Gleichungen haben eine einfache geometrische Bedeutung. Alle unendlich kleinen Bögen δu, die man von

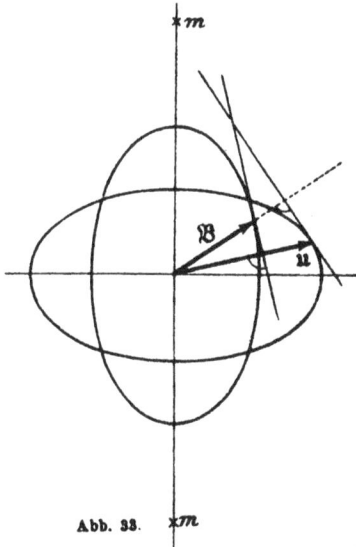

Abb. 33.

einem Punkte des Ellipsoids aus in verschiedenen Richtungen
ziehen kann, sind nämlich in der durch diesen Punkt gehenden
Tangentialebene des Ellipsoids enthalten. Die Gleichung $\mathfrak{B}\delta u = 0$
sagt daher aus, daß die Richtung von $\mathfrak{B}$ senkrecht auf die-

ser Tangentialebene steht. Ebenso folgt aus der Gleichung
$u\,\delta\mathfrak{B}=0$, daß jedes u senkrecht steht zu der Tangential·
ebene, die man im Endpunkte des zugehörigen $\mathfrak{B}$ an das
Drallellipsoid legen kann. Hierdurch sind wir in den
Besitz eines einfachen Verfahrens gebracht, um die Richtung
des zu einem gegebenen u gehörigen $\mathfrak{B}$ oder umgekehrt auf
geometrischem Wege zu finden.

In Abb. 33 sind die beiden Ellipsoide für den Fall eines
Umdrehungskörpers mit der Symmetrieachse mm dargestellt
und zwei zusammengehörige Vektoren u und $\mathfrak{B}$ nebst den Spuren
ihrer Tangentialebenen eingetragen Durch passende Wahl der
Maßstäbe, in denen man u und $\mathfrak{B}$ aufträgt, kann man es erreichen, daß die beiden Meridiankurven kongruente Ellipsen bilden, die nur um 90^0 gegeneinander gedreht sind. Aus Gl. (122)
folgt nämlich

$$u_x B_x = u_y B_y = u_z B_z = 2 L_0 ,$$

d. h. die Hauptachsen der beiden Ellipsen sind miteinander umgekehrt proportional. Je kleiner die Winkelgeschwindigkeit ist,
die ein gegebenes L_0 hervorbringt, desto größer ist der zugehörige
Drall, wenn man nur die Hauptachsen miteinander vergleicht.

§ 26. Die freien Achsen.

Ein starrer Körper möge anfänglich eine beliebige Bewegung
besitzen und hierauf ohne Einwirkung äußerer Kräfte sich selbst
überlassen werden Wir schließen nach Schwerpunkts- und
Flächensatz von neuem, daß sowohl die Bewegungsgröße des
ganzen Körpers als auch der Drall konstant bleiben müssen. In
jedem Augenblicke kann man sich die Bewegung in eine Translation zerlegt denken mit jener Geschwindigkeit, die dem Schwerpunkte zukommt, und in eine Rotation um eine durch den Schwerpunkt gehende Achse. Die Translation geht nach dem Schwerpunktssatze gleichförmig vor sich und bedarf keiner weiteren
Bemerkung. Viel wichtiger ist die Frage nach der Rotationsbewegung. Wir wollen daher von der Translation ganz absehen,
also annehmen, daß der Schwerpunkt des starren Körpers schon
von Anfang an ruhte; beim Fehlen aller äußeren Kräfte wird er

dann auch dauernd in Ruhe bleiben, so daß wir es in der Tat nur noch mit den Rotationen zu tun haben. Im übrigen muß aber betont werden, daß auch im allgemeineren Falle das, was jetzt von den Rotationsbewegungen für sich ausgesagt werden soll, unverändert gültig bleibt, und daß dann nur noch die von den Rotationen unabhängige und hier gleichgültige konstante Translationsbewegung hinzutritt.

Wir werden die wichtige Aufgabe, die Bewegung eines sich selbst überlassenen starren Körpers anzugeben, nur schrittweise in Angriff nehmen. Hier beschränken wir uns auf die Beantwortung der Frage, ob die Rotationsachse ihre Richtung im Raume und im Körper dauernd beibehält oder nicht.

Wer sich diese Frage zum ersten Male vorlegt, ohne vorher davon gehört zu haben, wird leicht geneigt sein, die Unveränderlichkeit der Rotationsachse für alle Fälle von vornherein anzunehmen. Häufig wird nämlich das Trägheitsgesetz fälschlich so aufgefaßt, als ob ein Körper beim Fehlen äußerer Kräfte seine Bewegung unverändert beibehalten müsse. Aber das ist nicht richtig; das Trägheitsgesetz gilt seiner ursprünglichen Aussage nach nur für einen materiellen Punkt und, wie daraus folgt, auch für die Schwerpunktsbewegung eines sich selbst überlassenen Körpers, aber nicht für die Drehbewegung. Im allgemeinen verändert sich vielmehr die Lage der Drehachse mit der Zeit sowohl relativ zum Körper als zum feststehenden Raume. Ausnahmsweise kann sie freilich auch konstant bleiben, und jede im Körper durch den Schwerpunkt gelegte Achse, um die sich der Körper ohne Zwang dauernd zu drehen vermag, heißt eine freie Achse (oder auch permanente Drehachse).

Auf Grund des Trägheitsgesetzes vermag man nur zu behaupten, daß ein einzelner materieller Punkt die Bewegung, die er hatte, ohne Einwirkung äußerer Kräfte beibehält oder daß das gleiche auch von der Schwerpunktsbewegung eines beliebigen Punkthaufens gilt. Die Drehbewegung wird dagegen von der Aussage des Trägheitsgesetzes nicht unmittelbar berührt und mittelbar nur insofern, als aus dem Trägheitsgesetze in der Dynamik des materiellen Punktes eine Reihe von Folgerungen gezogen

wurde, die sich später auf die Dynamik des Punkthaufens übertragen ließen, und die jetzt an Stelle des Trägheitsgesetzes zur
Untersuchung der Rotationserscheinungen verwendet werden
können.

Man wird aber nicht leicht die Forderung fallen lassen, daß
sich irgendeine mit der Drehbewegung zusammenhängende Größe
beim Fehlen äußerer Kräfte als konstant erweisen müsse, schon
deshalb, weil man stets gewohnt ist, die Kräfte als Ursachen von
Veränderungen anzusehen In der Tat kann man zwei sehr wichtige Größen angeben, die nur durch das Eingreifen äußerer Kräfte
geändert werden können Die erste ist die Wucht des starren
Körpers, von der dies schon im ersten Bande dieses Werkes gezeigt wurde, und die andere ist der Drall, der nach dem Flächensatze (vgl. § 19 unter b) der Zeit nach konstant und hier überdies noch für jeden Momentenpunkt gleich groß ist. Die zweite
Bedingung sagt übrigens mehr aus als die erste, denn die lebendige Kraft ist eine Größe ohne Richtung, und die Bedingung,
daß sie konstant sei, wird daher durch eine einzige Beziehung
zwischen Zahlengrößen ausgesprochen. Der Drall ist dagegen
eine gerichtete Größe, und die Bedingung, daß er sich nicht ändere,
schließt neben der Konstanz des Absolutwertes auch die Konstanz der Richtung ein. Die Vektorgleichung, die dies ausspricht,
läßt sich in drei von einander unabhängige Komponentengleichungen zerlegen, enthält also drei Zahlenbeziehungen. In der Tat
ist daher auch das Moment der Bewegungsgröße von noch größerer
Bedeutung für die Beurteilung der Rotationserscheinungen als
die lebendige Kraft

Aus der Bedingung, daß sich der Drall nicht ändern kann,
ergibt sich nun leicht, welche Drehachsen des starren Körpers
freie Achsen sind. Es sind jene, für die $\mathfrak{B}$ gleichgerichtet mit $\mathfrak{u}$
ist, d. h. die Hauptträgheitsachsen und nur diese sind
freie Achsen. Im anderen Falle nämlich kann man zwar den
Körper auch dazu zwingen, daß er sich dauernd um die durch $\mathfrak{u}$
angegebene Achse dreht, indem man ihn z. B. mit Hilfe von Zapfen
in einem Gestell lagert. Aber in diesem Falle bleibt der Drall $\mathfrak{B}$
nicht konstant, sondern der Vektor $\mathfrak{B}$ beschreibt eine Kegelfläche

um $\mathfrak{u}$ als Achse. Das folgt daraus, daß sich alle Radienvektoren nach den einzelnen Massenteilchen um diese Achse und um denselben Winkel gedreht haben, während $\mathfrak{u}$ konstant blieb. Solange dies zutrifft, bleibt auch $\mathfrak{B}$ relativ zum Körper genommen konstant und dreht sich daher mit dem Körper zusammen gegen den festen Raum. Nach dem Flächensatze müssen aber äußere Kräfte einwirken, um irgendeine Änderung von $\mathfrak{B}$ gegen den festen Raum oder gegen den Fixsternhimmel hervorzubringen, auch wenn sich diese Änderung nur auf die Richtung und nicht auf die Größe des Dralls bezieht. Bei einem gelagerten Körper, dessen Drehachse nicht mit der Drallachse zusammenfällt, muß von den Lagern her ein Zwang auf den Körper übertragen werden, der sich auf ein Kräftepaar zurückführen läßt. Das Moment dieses Kräftepaares kann nach der Gleichung des Flächensatzes

$$\frac{d\mathfrak{B}}{dt} = \varSigma[\mathfrak{P}\mathfrak{r}]$$

berechnet werden, wenn $\mathfrak{u}$ und $\mathfrak{B}$ gegeben sind An einer späteren Stelle werden wir diese Berechnung vornehmen.

Rotiert dagegen der Körper um eine Hauptträgheitsachse, so bleibt das in die Richtung von $\mathfrak{u}$ fallende $\mathfrak{B}$ konstant, und mit $\frac{d\mathfrak{B}}{dt}$ wird auch $\varSigma[\mathfrak{P}\mathfrak{r}]$ zu Null, d. h. der Körper dreht sich dauernd um dieselbe Achse weiter, ohne daß ein Zwang dazu aufgewendet zu werden braucht. Damit ist die vorher aufgestellte Behauptung bewiesen.

Auch in diesem Falle kann übrigens an Stelle des Flächensatzes das d'Alembertsche Prinzip verwendet werden. Man kommt dann zu denselben Schlüssen, wie hier noch gezeigt werden soll. Wenn nämlich ein Körper gezwungen ist, stets um dieselbe Achse $\mathfrak{u}$ zu rotieren, bestehen die Trägheitskräfte, die man nach diesem Satze anbringen muß, um die dynamische Aufgabe auf eine statische zurückzuführen, in Zentrifugalkräften. Bezeichnet man die in Abb. 34 von der Drehachse $\mathfrak{u}$ rechtwinklig nach dem Massenteilchen m gezogene Strecke mit $\mathfrak{p}$, so ist die Zentrifugalkraft $\mathfrak{C}$ nach Bd. I, § 26

$$\mathfrak{C} = m u^2 \mathfrak{p}$$

zu setzen, wofür auch $\mathfrak{C} = m u^2(\mathfrak{r} - \mathfrak{u}_1 \cdot \mathfrak{u}_1 \mathfrak{r})$

geschrieben werden kann, wenn man beachtet, daß $\mathfrak{p}$ als geometrische Summe der beiden anderen in Abb. 34 vorkommenden Dreieckseiten dargestellt werden kann. Aus der angeführten Stelle des ersten Bandes ist schon bekannt, daß die geometrische Summe aller $\mathfrak{C}$ gleich 0 ist, wenn der Körper um den Schwerpunkt rotiert. Die äußeren Kräfte, die an dem Körper angreifen, müssen nun nach dem d'Alembertschen Prinzip mit den Trägheitskräften $\mathfrak{C}$ im Gleichgewicht stehen, und wenn keine äußeren Kräfte nötig sein sollen, um die Bewegung aufrechtzuerhalten, müssen daher die $\mathfrak{C}$ selbst ein Gleichgewichtssystem bilden. Die notwendige und hinreichende Bedingung dafür besteht, da die geometrische Summe der $\mathfrak{C}$ jedenfalls Null ist, darin, daß für irgendeinen Momentenpunkt die geometrische Summe der statischen Momente verschwindet. Wählen wir S als Momentenpunkt, so lautet demnach die Bedingungsgleichung für die freie Achse

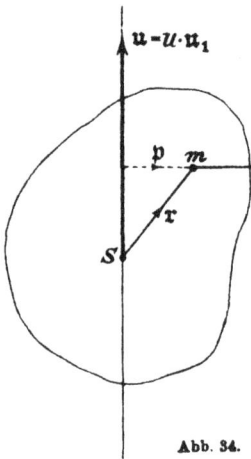

Abb. 34.

$$\Sigma m\left[(\mathfrak{r} - \mathfrak{u}_1 \cdot \mathfrak{u}_1 \mathfrak{r})\mathfrak{r}\right] = 0.$$

Da das äußere Produkt aus $\mathfrak{r}$ mit sich selbst verschwindet, vereinfacht sich die Gleichung zu

$$\Sigma m\,\mathfrak{u}_1\mathfrak{r}\,[\mathfrak{u}_1\mathfrak{r}] = 0.$$

Da $\mathfrak{u}_1$ konstant ist, läßt sich dafür auch schreiben

$$[\mathfrak{u}_1 \cdot \Sigma(m\,\mathfrak{u}_1\mathfrak{r} \cdot \mathfrak{r})] = 0$$

Das äußere Produkt kann aber, da beide Faktoren von Null verschieden sind, nur dadurch zu Null werden, daß beide Faktoren gleich gerichtet sind. Die Bedingung für die freie Achse läßt sich daher auch dahin aussprechen, daß

$$\Sigma m\mathfrak{r} \cdot \mathfrak{u}_1\mathfrak{r}\,\|\,\mathfrak{u}_1$$

sein muß, oder schließlich auch, wenn man mit u multipliziert,

$$\Sigma m\mathfrak{r} \cdot \mathfrak{u}\mathfrak{r}\,\|\,\mathfrak{u}.$$

Wenn dies zutrifft, ist aber nach Gl. (119) auch $\mathfrak{B}$ parallel mit $\mathfrak{u}$, und hiermit ist von neuem bewiesen, daß die Hauptträgheitsachsen und nur diese freie Achsen sind.

§ 27. Wirkung eines Kräftepaares auf einen freien starren Körper.

Ein starrer Körper sei frei, d. h. allen übrigen äußeren Kräften entzogen und vorher in Ruhe. Dann soll irgendein Kräftepaar auf ihn einwirken; es fragt sich, welche Bewegung der Körper annimmt.

Wir wissen schon, daß sich der Schwerpunkt nicht verschieben kann; die Bewegung muß also in einer Drehung um eine Schwerpunktachse bestehen Es fragt sich daher nur noch, um welche Achse sich der Körper zu drehen beginnt, und welche Winkelbeschleunigung ihm von dem Kräftepaare um diese Achse erteilt werden wird.

Hinsichtlich des Kräftepaares muß zunächst daran erinnert werden, daß alle Kräftepaare am starren Körper, die in derselben Ebene oder in parallelen Ebenen liegen, gleichwertig miteinander sind, wenn sie dasselbe statische Moment haben (Band II, § 22). Um das Kräftepaar für unsere Zwecke eindeutig zu beschreiben, genügt es daher, den Momentenvektor $\mathfrak{N}$ des Kräftepaares nach Größe und Richtung anzugeben. Da dieser ein völlig freier Vektor ist, d. h. auch parallel zu sich selbst willkürlich verschoben werden darf, ist es gleichgültig, von welchem Punkte aus wir ihn uns gezogen denken wollen. Am einfachsten ist es, wenn wir ihn uns vom Schwerpunkt aus abgetragen denken.

Auch hier muß wieder vor voreilig gefaßten Meinungen gewarnt werden. Es könnte nämlich bei flüchtiger Betrachtung scheinen, daß die Drehung $\mathfrak{u}$, die von $\mathfrak{N}$ hervorgebracht wird, mit $\mathfrak{N}$ gleich gerichtet sein müsse. Zu dieser Meinung kann namentlich der Vergleich des Kräftepaares mit einer Einzelkraft leicht verleiten. Wir haben schon im ersten Bande gesehen, daß sich beide in der Tat in vieler Hinsicht gleichen. Die Einzelkraft bringt am materiellen Punkte eine Verschiebung in ihrer Richtung hervor. Das Kräftepaar bringt eine Drehung um eine Schwerpunktachse hervor. Aber hier besteht nun der erhebliche Unterschied, daß die Richtung der Drehachse im allgemeinen keineswegs mit der Richtung von $\mathfrak{N}$ zusammenfällt. Unter besonderen

Umständen trifft dies freilich zu, und wir wollen hier vor allen Dingen untersuchen, unter welchen Umständen.

Mit Hilfe des Flächensatzes wird sich dies leicht entscheiden lassen. Beachten wir, daß an Stelle von $\Sigma[\mathfrak{P}\mathfrak{r}]$ jetzt kürzer $\mathfrak{K}$ geschrieben werden kann, so wird der Flächensatz hier durch die einfache Gleichung

$$\frac{d\mathfrak{B}}{dt} = \mathfrak{K} \tag{126}$$

ausgesprochen. Hat das Kräftepaar $\mathfrak{K}$ einige Zeit hindurch auf den Körper eingewirkt, so folgt hieraus auch durch Integration

$$\mathfrak{B} = \int \mathfrak{K}\, dt. \tag{127}$$

Wenn $\mathfrak{K}$ während der ganzen Zeit konstant war, ist hiernach $\mathfrak{B}$ gleich gerichtet mit $\mathfrak{K}$, und zwar gilt dies für jede beliebige Gestalt des Körpers und für jede beliebige Richtung von $\mathfrak{K}$. Im allgemeinen fällt aber, wie wir aus § 25 wissen, die Richtung von $\mathfrak{u}$ keineswegs mit der Richtung von $\mathfrak{B}$ zusammen, und daher ist auch $\mathfrak{u}$ anders gerichtet als $\mathfrak{K}$. Nur dann, wenn zufällig $\mathfrak{B} \| \mathfrak{u}$, ist auch $\mathfrak{K} \| \mathfrak{u}$. Diese Bedingung ist aber nur für die freien Achsen erfüllt, und wir erkennen damit, daß die Achse der Drehung, die durch ein Kräftepaar hervorgerufen wird, nur dann senkrecht auf der Ebene des Kräftepaares steht, wenn diese Senkrechte eine freie Achse des Körpers ist.

In diesem Falle läßt sich Gl. (126) in weiter ausgerechneter Form darstellen. Auf die Richtungen, die miteinander zusammenfallen, brauchen wir dann, da sie selbstverständlich sind, nicht mehr ausdrücklich zu achten, und für die Größe von $\mathfrak{B}$ können wir den in Gl. (123) ausgerechneten Wert von B' einsetzen: Wir haben dann

$$\frac{d(u\,\Theta)}{dt} = K$$

oder, da Θ der Zeit nach konstant ist,

$$\Theta\,\frac{du}{dt} = K. \tag{128}$$

Wir sind damit nur zu einem einfachen Ergebnisse zurückgelangt, das schon im ersten Bande gefunden wurde. Die damalige Ableitung bezog sich zwar auf einen zwangläufig drehbaren Körper, und sie gilt für diesen allgemein. Aber auch der freie Körper,

den wir hier untersuchen, kann bei seiner Drehung um eine freie
Achse als drehbar gelagert angesehen werden, da in diesem Falle
gar keine Kräfte von dem Gestelle auf ihn übertragen werden,
um die Beibehaltung der freien Drehachse zu erzwingen.

Gehen wir jetzt zu dem allgemeineren Falle über, daß der
Momentenvektor $\Re$ nicht in die Richtung einer Hauptträgheitsachse fällt, so läßt sich die Richtung der Umdrehungsachse der
durch $\Re$ hervorgebrachten Drehbewegung nach den Lehren von
§ 25 ermitteln. Denn dort ist gezeigt, wie man die Richtung von
$\mathfrak{u}$ findet, die zu einer gegebenen Richtung von $\mathfrak{B}$ gehört, falls
das Trägheitsellipsoid des Körpers bekannt ist.

Um ferner auch die Größe der Winkelgeschwindigkeit $\mathfrak{u}$ zu
ermitteln, zerlegen wir $\Re$ in drei Komponenten K_1, K_2, K_3 nach
den Richtungen der Hauptträgheitsachsen. Für die erste Komponente folgt dann, da sie mit einer freien Achse zusammenfällt,
nach Gl. (128)

$$\Theta_1 \frac{d u_1}{d t} = K_1$$

und entsprechend für die übrigen. Die wirkliche Winkelbeschleunigung erhalten wir daraus nach dem Satze über die Zusammensetzung unendlich kleiner Drehungen durch geometrische Sum-
mierung der drei Komponenten. Versteht man also unter $\mathfrak{i}, \mathfrak{j}, \mathfrak{k}$
drei Einheitsvektoren, die in den Richtungen der drei Haupt-
achsen gezogen sind, und unter $\Theta_1, \Theta_2, \Theta_3$ die zugehörigen Trägheitsmomente, so hat man

$$\frac{d\mathfrak{u}}{d t} = \mathfrak{i}\, \frac{K_1}{\Theta_1} + \mathfrak{j}\, \frac{K_2}{\Theta_2} + \mathfrak{k}\, \frac{K_3}{\Theta_3}, \qquad (129)$$

und hieraus durch Integration nach der Zeit auch $\mathfrak{u}$ selbst.

Anstatt dessen kann man auch von Gl. (121) ausgehen, aus der

$$u_1 = \frac{B_1}{\Theta_1}, \quad u_2 = \frac{B_2}{\Theta_2}, \quad u_3 = \frac{B_3}{\Theta_3}$$

mit den hier gebrauchten Bezeichnungen folgt, woraus sich $\mathfrak{u}$
zusammensetzen läßt zu

$$\mathfrak{u} = \mathfrak{i}\, \frac{B_1}{\Theta_1} + \mathfrak{j}\, \frac{B_2}{\Theta_2} + \mathfrak{k}\, \frac{B_3}{\Theta_3}. \qquad (130)$$

Da $\mathfrak{B}$ und daher auch seine Komponenten schon aus Gl. (127)
bekannt sind, ist hiermit die Aufgabe gelöst.

Schließlich möge noch ein Gebrauch von Gl. (127) erwähnt werden, der zur Erzielung einer einfacheren Ausdrucksweise zuweilen gemacht wird. Gl. (127) hat nämlich die Form des Satzes vom Antriebe. An Stelle des Impulses einer Einzelkraft steht bei ihr das ebenso gebildete Zeitintegral des Kräftepaares, das daher auch als der Impuls des Kräftepaares bezeichnet werden kann. Ebenso tritt an die Stelle der Bewegungsgröße hier das statische Moment der Bewegungsgröße. Man kann daher Gl. (127) in Worten auch dahin aussprechen, daß der Impuls des Kräftepaares gleich dem von ihm erzeugten Dralle ist. Dabei könnte $\Re$ sehr groß und die Zeit, während der es einwirkte, sehr klein sein, so daß wir es mit einem „Drehstoße" zu tun hätten. Wenn ferner die Drehbewegung des Körpers in einem bestimmten Augenblicke ganz willkürlich gegeben ist, so kann man sich stets das zugehörige $\mathfrak{B}$ ermittelt und hiermit nach Gl. (127) auch das ihm gleiche $\int \Re dt$ berechnet denken. Man kann daher die augenblickliche Bewegung auch dadurch beschreiben, daß man sagt, sie sei ebenso, als wenn sie aus der Ruhe durch den Impuls eines Drehstoßes hervorgegangen wäre. Sobald dieser Impuls $\int \Re dt$ angegeben wird, ist auch die augenblickliche Bewegung dadurch gekennzeichnet. Manche Schriftsteller ziehen diese Art der Darstellung vor und gebrauchen dann die Bezeichnung „Impulsvektor" als gleichbedeutend mit „Moment der Bewegungsgröße" oder „Drall". Natürlich ist dies im Grunde genommen gegenüber der von mir gewählten Ausdrucksweise nur ein Unterschied im Wortlaute, der das Wesen der Sache ganz unberührt läßt.

§ 28. Bewegung eines starren Körpers um einen festen Punkt ohne äußere Kräfte.

Wir machen nach allen diesen Vorbereitungen jetzt den letzten und wichtigsten Schritt zur Untersuchung der Bewegungen, die ein vollständig sich selbst überlassener Körper mit gegebener Anfangsbewegung weiterhin ausführt. Hierin besteht wenigstens das Hauptziel, das wir uns in diesem Paragraphen stecken, wenn auch die Überschrift etwas anderes anzukündigen scheint. Um diese zu erklären, erinnere ich zunächst daran, daß wir bei dieser Untersuchung von einer etwaigen Translationsbewegung ganz absahen, uns den Schwerpunkt also von Anfang an und daher, beim Fehlen äußerer Kräfte, auch dauernd in Ruhe denken wollten. Damit ist der Schwerpunkt schon von selbst ein „fester Punkt" des Körpers. Es kann auch nichts ausmachen, wenn wir uns diesen ohnehin schon am Orte bleibenden Punkt überdies noch mit einem festen Gestelle verbunden denken, falls nur dem Körper dabei durch Anordnung eines Kugelgelenkes die Möglichkeit erhalten bleibt, sich nach allen Richtungen hin ohne Widerstand zu drehen.

Dies allein würde allerdings noch nicht genügen, um die Einführung einer neuen Bezeichnung zu rechtfertigen, die ausdrücklich darauf hinweist, daß der Schwerpunkt in Ruhe bleibt. Es kommt aber hinzu, daß es für die Durchführung der Untersuchung fast ganz gleichgültig ist, ob der Körper im Schwerpunkte oder in irgendeinem anderen Punkte festgehalten ist, um den er sich frei zu drehen vermag. Auch dieser Fall ist für viele Anwendungen der Mechanik von großer Bedeutung, und er muß daher ebenfalls behandelt werden. Da nun der Fall des freibeweglichen Körpers in ihm schon als Sonderfall mit enthalten ist, so tut man, um unnötige Wiederholungen zu vermeiden, am besten, sogleich den allgemeineren Fall in Angriff zu nehmen. Es bleibt aber jedem, der sich mit diesem nicht beschäftigen möchte, unbenommen, sich unter dem festen Punkte, von dem weiterhin die Rede ist, überall den Schwerpunkt vorzustellen und hiernach von einer Lagerung in einem Gestelle ganz abzusehen.

Im allgemeinen Falle wird ein Zwang von dem Gestelle auf den bewegten Körper übertragen werden müssen, durch den der feste Punkt auch wirklich an seinem Orte festgehalten wird. Von Reibungen u. dgl. soll dabei abgesehen werden und der Zwang daher nur in einer Auflagerkraft bestehen, die sich im festen Punkte überträgt. Diese Kraft soll die einzige äußere Kraft sein, die am bewegten Körper angreift. Sie kann keine Arbeit leisten, da ihr Angriffspunkt in Ruhe bleibt, und wir schließen daraus zunächst, daß die lebendige Kraft des Körpers konstant sein muß. Außerdem ist auch das statische Moment des Auflagerdrucks stets gleich Null, wenn wir den festen Punkt zum Momentenpunkte wählen. Hiernach folgt aus dem Flächensatze, daß auch der Drall $\mathfrak{B}$ — diesmal freilich nur für diese besondere Wahl des Momentenpunktes — nach Größe und Richtung unverändert bleiben muß.

Auf Grund dieser beiden Bedingungen läßt sich die auf einen
gegebenen Anfangszustand folgende weitere Bewegung des Körpers leicht voraussehen, falls das Trägheitsellipsoid und das
Drallellipsoid des Körpers bekannt sind Trägt man zunächst
in die Zeichnung des in der Anfangslage gegebenen Körpers den
zur Anfangsbewegung gehörigen Drall $\mathfrak{B}$ ein und legt durch den
Endpunkt von $\mathfrak{B}$ eine Kugelfläche, deren Mittelpunkt mit dem
festen Punkte zusammenfällt, so schneidet die Kugel das Drallellipsoid nach einer Raumkurve. Nun sind das Trägheits- und
das Drallellipsoid im Körper festgeheftet und bewegen sich mit
ihm zusammen. Da $\mathfrak{B}$ vom festen Raume her betrachtet konstant bleibt, muß demnach die Bewegung von der Art sein, daß
die soeben konstruierte Raumkurve, zu der alle Halbmesser des
Drallellipsoids von der anfänglich gegebenen Größe von $\mathfrak{B}$ gehören, stets durch die im festen Raume konstante Richtung von
$\mathfrak{B}$ hindurchgeht.

Durch diese Bemerkung allein ist die Bewegung freilich noch
nicht völlig bestimmt. Wir greifen daher auf Gl. (122), nämlich

$$\mathfrak{u}\mathfrak{B} = 2L$$

zurück, in der die lebendige Kraft L, wie wir soeben sahen, eine
Konstante bedeutet. Um das innere Produkt $\mathfrak{u}\mathfrak{B}$ zu bilden, wollen
wir uns jetzt $\mathfrak{u}$ auf die Richtung von $\mathfrak{B}$ projiziert denken. Bezeichnen wir die Projektion mit u' und die Größe von $\mathfrak{B}$ mit B,
so hat man $$\mathfrak{u}\mathfrak{B} = u'B = 2L,$$

und daraus erhält man

$$u' = \frac{2L}{B}. \tag{131}$$

Da aber L und B konstant sind, folgt aus dieser Gleichung,
daß auch die Projektion u' von $\mathfrak{u}$ auf die unveränderliche Richtung von $\mathfrak{B}$ konstant bleiben muß.

Diese Bemerkung gestattet uns schon, einen besseren Überblick über die fernere Bewegung des Körpers bei gegebenem Anfangszustande zu gewinnen. Man trage in die Zeichnung der Anfangslage zunächst das Trägheitsellipsoid sowie die Anfangsgeschwindigkeit $\mathfrak{u}_0$ ein, die einen Halbmesser des Ellipsoids bildet.
Im Endpunkte von $\mathfrak{u}_0$ konstruiere man die Tangentialebene α an

das Ellipsoid und ziehe zu dieser eine Senkrechte vom festen
Punkte O aus (vgl. Abb. 35). Aus den Lehren von § 25 wissen
wir schon, daß diese Senkrechte die unveränderliche Richtung
von $\mathfrak{B}$ angibt. Auf $\mathfrak{B}$ schneidet die Ebene α eine Strecke ab, die
u' darstellt. Denkt man sich hierauf die-
selbe Konstruktion für eine spätere Stellung des Körpers wiederholt, so wird sich
in der Zeichnung die Lage des Ellipsoids
und die Richtung von $\mathfrak{u}$ in ihm geändert
haben. Dagegen müssen wir nach dem,
was bewiesen wurde, immer wieder auf
dasselbe $\mathfrak{B}$ und dasselbe u' geführt werden.
Durch die Richtung von $\mathfrak{B}$ und die Größe

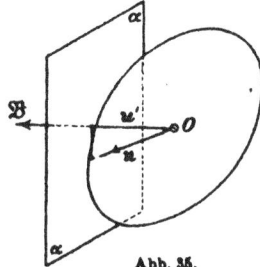

Abb. 35.

von u' ist aber auch die Ebene α festgelegt, die man daher als
die unveränderliche Ebene des Problems bezeichnet. Die Bewegung
des Körpers muß nun in solcher Art erfolgen, daß das Ellipsoid
jederzeit die unveränderliche Ebene α berührt. Dabei gleitet das
Ellipsoid niemals auf dieser Ebene, da ja in jedem Augenblicke
die Drehachse durch den Berührungspunkt hindurchgeht. Die
Bewegung des Ellipsoids besteht daher in einem Rollen
auf der unveränderlichen Ebene.

Man denke sich ferner das ganze Ellipsoid durch ein Bündel
von Tangentialebenen eingehüllt. Unter allen diesen Tangentialebenen suche man jene auf, deren Abstand vom festen Punkte
gleich u' ist. Die zugehörigen Berührungspunkte werden einen
oder auch zwei getrennte, in sich geschlossene Kurvenzüge bilden
Alle Punkte dieser Kurven können durch geeignete Drehung des
Ellipsoids in die Ebene α übergeführt werden, so daß sie die Berührungspunkte zwischen α und dem Ellipsoide bilden.

Hiermit ist nun auch entschieden, welche durch O gehenden
Strahlen nach und nach als Drehachsen dienen werden: es sind
die Verbindungslinien von O nach den Punkten der vorher kon-
struierten Kurve. Poinsot, von dem die hier auseinandergesetzte
geometrische Lösung des Problems herrührt, hat die Kurve als
die Polodie (oder den Polweg) bezeichnet. Er hat ferner noch
eine zweite Kurve zur Beschreibung des ganzen Vorgangs benützt.

14*

Auch in der Ebene α wird nämlich der Berührungspunkt mit dem Ellipsoid, der in jedem Augenblicke als der Pol der Bewegung bezeichnet werden kann, nach und nach andere Lagen einnehmen. Der Berührungspunkt beschreibt dabei eine Kurve, die als die Herpolodie bezeichnet wird. Die Bewegung des Ellipsoids kann nun als ein Rollen der Polodie auf der Herpolodie aufgefaßt werden.

Diese einfache geometrische Beschreibung der im übrigen so schwierig zu behandelnden Bewegung genügt meist, um sich ohne Rechnung einen schnellen Überblick über die Erscheinungen zu verschaffen, die man zu erwarten hat. Von der Gestalt des Trägheitsellipsoids des Körpers wird man sich im gegebenen Falle meist sehr schnell eine ziemlich genau zutreffende Vorstellung machen können, ohne vorher viel rechnen zu müssen. Wie die Polodie aussieht, läßt sich dann auf Grund ihrer geometrischen Eigenschaften ebenfalls schnell genug erkennen. Die Herpolodie ist nicht so leicht anzugeben; aber man braucht sie auch kaum, um sich eine deutliche Vorstellung von dem Rollen des Ellipsoids auf der unveränderlichen Ebene zu machen. — Der Hauptmangel der vorausgehenden Betrachtungen besteht nur noch darin, daß die Zeit, die während der Bewegung des Körpers aus der Anfangslage in irgendeine andere verstreicht, daraus nicht unmittelbar entnommen werden kann. — Darauf wird in § 30 zurückgekommen.

§ 29. Die stabilen Drehachsen.

Wir können sofort eine wichtige Anwendung der vorhergehenden Lehren machen. Früher fanden wir nämlich, daß jeder Körper mindestens drei freie Achsen hat, die mit den Haupträgheitsachsen zusammenfallen. Sie sind aber, wie sich jetzt zeigen wird, nicht alle „stabile" Drehachsen.

Man denke sich, daß ein Körper nicht genau, sondern nur nahezu um eine freie Achse rotiere. Würde er genau um die freie Achse rotieren, so könnte sich die Drehachse niemals ändern, und der Körper würde nach jeder Umdrehung immer wieder in die Anfangslage zurückkehren. Völlig genau läßt sich dieser Zu-

stand aber niemals erreichen, und es fragt sich, welche Folgen
eine geringe Abweichung davon nach sich zieht. Wenn der
Körper sich dauernd nahezu so verhält, als rotierte er
um die stets in nächster Nachbarschaft bleibende freie
Achse, so heißt diese freie Achse eine stabile Drehachse.
Bringt dagegen eine noch so geringe anfängliche Abweichung
von der freien Achse eine mit der Zeit immer weiter fortschrei-
tende Ablenkung der Bewegung von der zur freien Achse gehörigen hervor, so nennt man die Rotation um eine solche freie
Achse eine labile Bewegung, weil schon der geringste Anstoß
genügt, um die Art der Bewegung allmählich vollständig zu
ändern.

Von den drei freien Achsen, die im allgemeinen bei einem
Körper vorkommen, sind bloß zwei, nämlich jene, die zum aller-
größten und zum allerkleinsten Trägheitsmomente gehören, stabile
Drehachsen; die Bewegung um die dritte freie Achse ist labil.

Man erkennt dies ohne jede Schwierigkeit an der Hand einer
Figur. In Abb. 36 sei OA die größte Halbachse des Trägheitsellipsoids, also zugleich die Achse des klein-
sten Trägheitsmoments. Weicht die Drehachse im Anfangszustande nur wenig von
der Richtung OA ab, so erlangt die Polodie
die durch die kreuzpunktierte Linie angedeutete Gestalt. Nur in nächster Nachbarschaft von A lassen sich nämlich Punkte
ausfindig machen, deren Tangentialebenen
einen senkrechten Abstand von O haben, der
nur wenig kleiner ist als OA selbst. Die

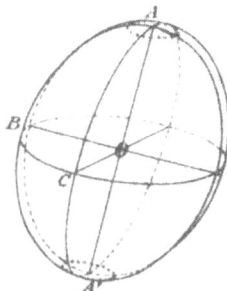
Abb. 36.

Polodie umgibt demnach als geschlossene Kurve den Punkt A.
Diametral gegenüber, um A', läßt sich zwar ebenfalls eine Kurve
angeben, die der gleichen Bedingung genügt. Da sie mit der
ersten nicht zusammenhängt, ist aber kein stetiger Übergang aus
der einen in die andere möglich. Hiernach durchläuft der Endpunkt von u in der Tat stets die sehr kleine Kurve um A, und
die auf der unveränderlichen Ebene beschriebene Herpolodie
kann sich ebenfalls nur auf eine kleine Fläche erstrecken, so

daß auch gegenüber dem festen Raume keine erheblichen Rich-
tungsveränderungen von OA zu erwarten sind.

Ganz ähnlich gestaltet sich die Figur und die Betrachtung
für den Fall, daß die anfängliche Drehachse nahezu mit dem
kleinsten Halbmesser des Ellipsoids OC (oder mit der Achse des
größten Trägheitsmoments) zusammenfiel (Abb. 37). Auch hier
kann die Polodie nur in einer den Punkt C eng umschließenden
Kurve bestehen, und zwar deshalb, weil nur an dieser Stelle des
Ellipsoids Tangentialebenen möglich sind, die so nahe an den

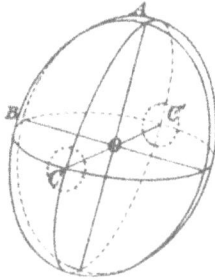
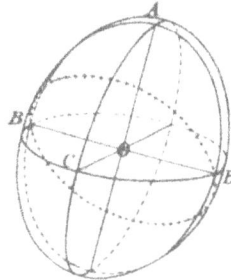

Abb. 37.   Abb. 38.

Mittelpunkt des Ellipsoids heranrücken. Die Achse OC ist demnach nicht nur eine freie, sondern zugleich auch eine stabile
Drehachse.

Anders ist es aber mit der dritten freien Achse OB. Wie man
aus Abb. 38 sofort erkennt, ist keine Polodie möglich, die den
Punkt B in kleinem Abstande umkreist, sondern die Polodie umfaßt das ganze Ellipsoid. Auch auf dem Meridiane AC gibt es
Punkte, deren Tangentialebenen denselben Abstand vom Mittelpunkte O haben wie die in der Nachbarschaft von B gezogenen,
und ebenso auf allen übrigen durch A gelegten Meridianen. Die
freie Achse OB ist hiernach eine labile Drehachse.

§ 30. Die Eulerschen Gleichungen.

Die in § 28 nach Poinsot vorgetragene Theorie der Bewegung
des starren Körpers um einen festen Punkt gibt nur über die Lagen
Aufschluß, die der Körper der Reihe nach einnimmt. Wieviel Zeit

währenddessen verstreicht, ist daraus nicht zu entnehmen. Um auch dies zu erreichen, muß man die rein geometrische Darstellung verlassen und sich wieder mehr der analytischen zuwenden. Der zeitliche Verlauf ergibt sich nämlich aus der Integration der Differentialgleichungen des Problems, die schon von Euler aufgestellt wurden und die ich jetzt ableiten will.

Die Absicht bei Aufstellung der Eulerschen Gleichungen kommt darauf hinaus, die Winkelgeschwindigkeit u als Funktion der Zeit t darzustellen. Am besten rechnet man hierbei, wie ich von vornherein bemerken möchte, mit den rechtwinkligen Komponenten u_1, u_2, u_3 von u. Auf diese beziehen sich die Eulerschen Gleichungen.

Bei der Untersuchung der Veränderlichkeit von u kann man zwei ganz verschiedene Wege einschlagen, je nachdem man nämlich die Lagen angibt, die u der Reihe nach gegen den starren Körper oder gegen den festen Raum durchläuft. Alle u im ersten Falle bilden den Polodie-, alle u im zweiten Falle den Herpolodiekegel. Wir müssen uns also für eine bestimmte Aufstellung des Beobachters, der die Veränderlichkeit von u nach Richtung und Größe feststellt, entscheiden, oder wir müssen mit anderen Worten das Koordinatensystem, auf das sich die Projektionen u_1, u_2, u_3 beziehen, entweder im festen Raum ruhen lassen oder es an dem bewegten Körper festheften. Euler hat sich für den letzten Fall entschieden. Stellt man sich etwa vor, unsere Erde sei der Einwirkung aller anderen Weltkörper entzogen und drehe sich nicht genau um eine freie Achse, so wird man in erster Linie wissen wollen, welche Linien der Erde im Laufe der Zeit als Drehachsen dienen, d. h. wie sich etwa der Nordpol der Erde im Laufe der Zeit auf der Erde selbst verschiebt. Wir beziehen dann die Winkelgeschwindigkeit u auf ein mit der Erde fest verbundenes Koordinatensystem, folgen also der Eulerschen Darstellung.

Bei dieser Untersuchung erfolgt die Zerlegung der gerichteten Größe u in drei rechtwinklige Komponenten übrigens nicht bloß willkürlich oder aus Verlegenheit, weil man etwa kein besseres Verfahren zur Behandlung gerichteter Größen wüßte, sondern sie ist im Wesen der Sache selbst begründet. In jedem Körper haben wir nämlich drei aufeinander senkrecht stehende ausgezeichnete Richtungen, die Richtungen der Hauptträgheitsachsen, für die sich die Rotationserscheinungen besonders einfach gestalten. Durch eine Zerlegung nach diesen Richtungen vereinfacht sich daher auch in anderen Fällen die Untersuchung der Rotationen, und wir sind so von vornherein auf die Benutzung eines nach diesen drei Hauptrichtungen gehenden Koordinatensystems hingewiesen.

Davon ist auch schon bei der Ableitung von Gl (130)

$$\mathfrak{u} = \mathfrak{i}\,\frac{B_1}{\Theta_1} + \mathfrak{j}\,\frac{B_2}{\Theta_2} + \mathfrak{k}\,\frac{B_3}{\Theta_3}$$

Gebrauch gemacht worden, in der $\mathfrak{u}$ als geometrische Summe seiner drei Koordinaten

$$u_1 = \frac{B_1}{\Theta_1}, \quad u_2 = \frac{B_2}{\Theta_2}, \quad u_3 = \frac{B_3}{\Theta_3} \qquad (132)$$

dargestellt ist. Die Einheitsvektoren $\mathfrak{i}$, $\mathfrak{j}$, $\mathfrak{k}$ sind in den Richtungen der Hauptträgheitsachsen gezogen und Θ_1 gehört zur Achse $\mathfrak{i}$ usf.

Die Eulerschen Gleichungen entstehen aus der Gleichung für $\mathfrak{u}$, wenn man diese nach der Zeit differentiiert. Um dies ausführen zu können, muß man zunächst feststellen, wie sich der Drall $\mathfrak{B}$ relativ zum starren Körper mit der Zeit ändert. Gegen den festen Raum ist, wie wir wissen, $\mathfrak{B}$ nach dem Flächensatze konstant. Relativ zum bewegten Körper muß $\mathfrak{B}$ daher veränderlich sein, zwar nicht der Größe, aber der Richtung nach.

Zur gegebenen Zeit hat der starre Körper die Winkelgeschwindigkeit $\mathfrak{u}$. Für einen Beobachter dagegen, der sich auf dem starren Körper selbst befindet, dreht sich der ganze äußere Raum um den starren Körper mit der Winkelgeschwindigkeit $-\mathfrak{u}$. Auch die Bewegung des im äußeren Raume feststehenden Vektors $\mathfrak{B}$ relativ zum starren Körper besteht in einer Drehung mit der Winkelgeschwindigkeit $-\mathfrak{u}$. Der Endpunkt von $\mathfrak{B}$ beschreibt hierbei seinen Weg mit einer Geschwindigkeit, die nach Größe und Richtung durch

$$[\mathfrak{u}\,\mathfrak{B}]$$

dargestellt wird. Der Weg im Zeitelemente dt ist daher

$$dt\,[\mathfrak{u}\,\mathfrak{B}],$$

und das ist jene Strecke, die zum ursprünglichen $\mathfrak{B}$ geometrisch summiert werden muß, um das nach Ablauf von dt entstehende neue $\mathfrak{B}$ zu erhalten (immer relativ zum starren Körper genommen). Hiernach wird

$$\frac{d\mathfrak{B}}{dt} = [\mathfrak{u}\,\mathfrak{B}]$$

oder, wenn man in Komponenten zerlegt,

$$\frac{dB_1}{dt} = u_2\,B_3 - u_3\,B_2, \quad \frac{dB_2}{dt} = u_3\,B_1 - u_1\,B_3,$$

$$\frac{dB_3}{dt} = u_1\,B_2 - u_2\,B_1.$$

Die Differentiation der Gleichung für $\mathfrak{u}$ nach der Zeit ergibt mit Benutzung dieser Werte

$$\frac{d\mathfrak{u}}{dt} = \mathfrak{i}\,\frac{u_2 B_3 - u_3 B_2}{\Theta_1} + \mathfrak{j}\,\frac{u_3 B_1 - u_1 B_3}{\Theta_2} + \mathfrak{k}\,\frac{u_1 B_2 - u_2 B_1}{\Theta_3}$$

oder, nachdem man noch die Komponenten von $\mathfrak{B}$ mit Hilfe der Gleichungen (132) in den Komponenten von $\mathfrak{u}$ ausgedrückt hat,

$$\frac{d\mathfrak{u}}{dt} = \mathfrak{i}\, u_2 u_3 \frac{\Theta_3 - \Theta_2}{\Theta_1} + \mathfrak{j}\, u_3 u_1 \frac{\Theta_1 - \Theta_3}{\Theta_2} + \mathfrak{k}\, u_1 u_2 \frac{\Theta_2 - \Theta_1}{\Theta_3}. \quad (133)$$

Anstatt die Komponenten mit Hilfe der $\mathfrak{i}$, $\mathfrak{k}$, $\mathfrak{j}$ aneinander zu reihen, kann man sie natürlich auch einzeln anschreiben. Man erhält dann

$$\left.\begin{aligned}\frac{du_1}{dt} &= u_2 u_3 \frac{\Theta_3 - \Theta_2}{\Theta_1}\\[4pt]\frac{du_2}{dt} &= u_3 u_1 \frac{\Theta_1 - \Theta_3}{\Theta_2}\\[4pt]\frac{du_3}{dt} &= u_1 u_2 \frac{\Theta_2 - \Theta_1}{\Theta_3}\end{aligned}\right\}, \quad (134)$$

und das sind die Eulerschen Gleichungen in der ihnen gewöhnlich gegebenen Form. Sie sind gewöhnliche simultane Differentialgleichungen für die drei von der Zeit abhängigen Funktionen u_1, u_2, u_3. Die Integration ist freilich im allgemeinen Falle insofern nicht ganz einfach, als sie auf elliptische Funktionen führt. Sonst macht sie aber keine Schwierigkeiten.

Hier beschränke ich mich auf die Durchführung der Rechnung für den einfachen Fall, daß das Trägheitsellipsoid ein Rotationsellipsoid ist (was z. B. bei der Anwendung auf die „Nutation" der Erdachse angenommen werden kann). Es sei also

$$\Theta_2 = \Theta_3,$$

und zur Abkürzung möge ferner

$$\frac{\Theta_1 - \Theta_2}{\Theta_3} = \frac{\Theta_1 - \Theta_3}{\Theta_2} = \gamma$$

gesetzt werden. Dann gehen die Eulerschen Gleichungen über in

$$\frac{du_1}{dt} = 0, \quad \frac{du_2}{dt} = \gamma u_1 u_3, \quad \frac{du_3}{dt} = -\gamma u_1 u_2. \quad (135)$$

Die erste Gleichung lehrt, daß u_1 konstant ist. Multipliziert man die zweite Gleichung mit u_2 und die dritte mit u_3 und addiert, so folgt

$$u_2 \frac{du_2}{dt} + u_3 \frac{du_3}{dt} = 0,$$

also durch Integration

$$u_2^2 + u_3^2 = C,$$

worin C eine durch die Anfangsbedingungen bestimmte Konstante ist. Da auch u_1^2 konstant ist, so folgt dies auch für $u_1^2 + u_2^2 + u_3^2$, d. h. der absolute Wert der Winkelgeschwindigkeit ist konstant und ebenso ihre Projektion auf die i-Achse. Der Vektor $\mathfrak{u}$ beschreibt demnach einen Kreiskegel um die i-Achse. Bis dahin sind wir nur zu einem Ergebnisse gelangt, das uns aus der Poinsotschen Lehre von der Polodie bereits bekannt war. — Durch Differentiation der zweiten der Gleichungen (135) nach t erhält man

$$\frac{d^2 u_2}{dt^2} = \gamma u_1 \frac{du_3}{dt},$$

und wenn man den Differentialquotienten von u_3 aus der dritten Gleichung einführt, wird daraus

$$\frac{d^2 u_2}{dt^2} = -(\gamma u_1)^2 u_2. \tag{136}$$

Ebenso wird, wenn man bei diesem Eliminationsverfahren die dritte der Gleichungen (135) mit der zweiten vertauscht,

$$\frac{d^2 u_3}{dt^2} = -(\gamma u_1)^2 u_3. \tag{137}$$

Diese Differentialgleichungen sind uns ihrer Form nach bereits aus der Lehre von den harmonischen Schwingungen bekannt. Ihre allgemeine Lösung ist

$$u_2 = A \sin \gamma u_1 t + B \cos \gamma u_1 t, \tag{138}$$

und diese Lösung gilt bei passender Wahl der unbestimmten Integrationskonstanten ebenso auch für u_3. Die Umlaufszeit T der Momentanachse um die Achse der Figur ergibt sich aus der Bedingung, daß der Winkel $\gamma u_1 t$ währenddessen um 2π angewachsen sein muß; also

$$T = \frac{2\pi}{\gamma u_1} \tag{139}$$

oder nach Einsetzen des Wertes von γ

$$T = \frac{2\pi \Theta_3}{u_1 (\Theta_1 - \Theta_3)} \tag{140}$$

Die Umlaufszeit der Nutationsbewegung wird demnach um so größer, je weniger sich die Hauptträgheitsmomente voneinander unterscheiden. Sie hängt außerdem von der Projektion der Winkelgeschwindigkeit auf die Figurenachse, im übrigen aber nicht von dem Winkel ab, den $\mathfrak{u}$ mit der Figurenachse bildet.

§ 31. Ein einfaches Beispiel.

Ein Schwungrad, dessen Reif erheblich mehr Masse hat als die radial geführten Arme, die den Reif mit einer in der Mitte gelegenen Nabe verbinden, soll im Schwerpunkte auf einer Spitze gelagert sein. Zu Anfang möge die Ringebene horizontal liegen, und der Ring möge eine Winkelgeschwindigkeit $\mathfrak{u}_0$ um irgendeine Achse besitzen, die aber jetzt nicht mit der Figurenachse zusammenfallen soll.

Um die fernere Bewegung des Ringes angeben zu können, konstruieren wir das Trägheitsellipsoid des Ringes. Hierbei brauchen wir nur auf die Masse des Reifs zu achten, die wir uns überdies in der kreisförmigen Mittellinie vereinigt denken können. Wenn der Radius dieser Mittellinie mit r und die Masse des Reifs mit M bezeichnet werden, ist das Trägheitsmoment Θ_1 für die Figurenachse

$$\Theta_1 = M r^2,$$

und die anderen Trägheitsmomente sind

$$\Theta_2 = \Theta_3 = \frac{\Theta_1}{2} = \frac{M r^2}{2},$$

wie sich aus Gl. (120) sofort schließen läßt. Auf welche zur Figurenachse senkrechte Achsen man Θ_2 und Θ_3 beziehen will, ist bei einem Umdrehungskörper gleichgültig, da jede derartige Achse eine Hauptträgheitsachse ist.

Die Trägheitsradien verhalten sich hiernach wie $\sqrt{2} : 1$ und die Hauptachsen des Trägheitsellipsoids wie $1 : \sqrt{2}$. Hiernach kann das Zentralellipsoid in einem willkürlichen Maßstabe auf-

getragen werden. In Abb. 39 ist dies geschehen. Der Schnitt durch den Reif ist durch zwei kleine schraffierte Kreise angedeutet; die Figuren-

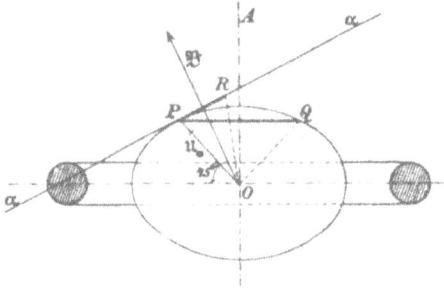

achse ist · *O A.*

Wir tragen fer-
ner die Richtung der
Anfangswinkelge-
schwindigkeit $\mathfrak{u}_0$ ein;
dabei wollen wir uns
die Projektionsebene
von vornherein so ge-
wählt denken, daß
sie durch die Rich-

Abb. 39.

tung von $\mathfrak{u}_0$ geht. Im Schnittpunkte von $\mathfrak{u}_0$ mit der Ellipse,
deren Achsen sich wie $1 : \sqrt{2}$ verhalten, konstruieren wir eine
Tangente. Diese ist die Spur der auf der Projektionsebene senkrecht stehenden unveränderlichen Ebene *α*. Rechtwinklig dazu
steht die in der Projektionsebene enthaltene Richtungslinie des
Dralls $\mathfrak{B}$.

Von der Voraussetzung, die wir seither stets machten, daß
äußere Kräfte auf den starren Körper, abgesehen vom Auflagerdrucke am festen Punkte, nicht einwirken sollten, sind wir übrigens im vorliegenden Falle bis zu einem gewissen Grade frei.
Wir können uns nämlich, da der Unterstützungspunkt mit dem
Schwerpunkte zusammenfällt, zugleich die Schwerkraft am Körper
wirkend denken. Das Gewicht wird hier einfach vom Auflagerpunkte aufgenommen, hat aber keinen Einfluß auf die Bewegung.
Es leistet nämlich weder Arbeit, noch hat es ein von Null verschiedenes statisches Moment für den festen Punkt; daher muß
ganz wie früher sowohl die lebendige Kraft als der Drall $\mathfrak{B}$ konstant sein, und hierauf beruhten ja in der Tat alle Folgerungen
der vorausgehenden Untersuchungen.

Die Polodie wird hier ein Kreis, dessen Mittelpunkt auf der
Figurenachse liegt und dessen Ebene senkrecht auf ihr steht.
Er hat die Projektion *P Q* in Abb. 39. Auch die Herpolodie wird
ein Kreis, dessen Mittelpunkt mit dem Schnittpunkte von $\mathfrak{B}$ mit

der unveränderlichen Ebene α zusammenfällt und der sich in
Abb. 39 als Strecke PR projiziert. Die fernere Bewegung des
Ringes wird nun in sehr einfacher Weise durch das Rollen des
Kreiskegels OPQ um den ihn von innen berührenden festen
Kreiskegel OPR beschrieben.

Um auch die Umlaufszeit T für ein bestimmtes Zahlenbeispiel berechnen zu können, nehme ich an, daß $\mathfrak{u}_0$ einen Winkel von 45^0 mit
der Figurenachse bildete und gleich 20 Umdrehungen in der Sekunde
war. Die Projektion u_1 auf die Figurenachse wird hieraus durch Division mit $\sqrt{2}$ gefunden. Außerdem rechnen wir die Winkelgeschwindigkeit auf Bogenmaß um und erhalten

$$u_1 = \frac{40\,\pi}{\sqrt{2}}\ \sec^{-1}$$

Ferner haben wir hier

$$\frac{\Theta_2}{\Theta_1 - \Theta_2} = 1,$$

und wenn wir diese Werte in Gl. (139) einsetzen, erhalten wir

$$T = 0{,}0707\ \sec.$$

Nach Ablauf dieser Zeit hat die Momentanachse wieder dieselbe Lage
gegen den Ring. Sie hat aber nicht dieselbe Lage im Raume. Wenn
die Durchmesser PQ und PR der Polodie und der Herpolodie nicht
kommensurabel miteinander sind, kann der Anfangszustand sowohl
der Lage des Ringes als dem Geschwindigkeitszustande nach überhaupt niemals wieder erreicht werden. Die Zeit, die vergeht, bis $\mathfrak{u}$
den Herpolodiekegel einmal im festen Raume durchlaufen hat, verhält sich übrigens (da beide Kegel aufeinander rollen) zu T wie PR
zu PQ.

Man kann noch nach der Bewegung fragen, die die Figurenachse
OA ausführt. Um diese zu finden, denke man sich durch den Punkt
O eine Einheitskugel gelegt. Diese Kugel
schneidet die beiden aufeinander rollenden
Kegel nach Kreisen und OA im sphärischen
Mittelpunkte des einen Kreises. Dieser Punkt
beschreibt demnach ebenfalls einen Kreis um
die unveränderliche Richtung $\mathfrak{B}$. In jedem
Augenblicke liegen die Momentanachse $\mathfrak{u}$, der
Drall $\mathfrak{B}$ und die Figurenachse in einer Ebene,
und der Winkel zwischen $\mathfrak{B}$ und der Figuren-

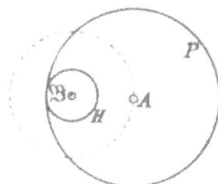
Abb. 40.

achse ist konstant. Hiernach macht die Figurenachse in der gleichen
Zeit einen Umlauf, in der auch der Herpolodiekegel einmal von $\mathfrak{u}$

durchlaufen wird. In Abb. 40, die dies näher erläutern soll, deutet
der Kreis P den Schnitt der Einheitskugel mit dem Polodiekegel,
H den Schnitt mit dem Herpolodiekegel an, ferner ist 𝔅 die Spur
von 𝔅 auf der Einheitskugel, A die Spur der Figurenachse, und der
durch A gelegte punktierte Kreis gibt die Bahn an, die A auf der
Einheitskugel durchläuft

§ 32. Die Kreiselbewegung.

Wir nehmen jetzt die schon in § 28 behandelte Bewegung
eines starren Körpers, der sich um einen festen Punkt reibungsfrei zu drehen vermag, von neuem wieder auf, jedoch mit
dem Unterschiede, daß außer dem Auflagerdrucke am festen
Punkte jetzt auch noch das Eigengewicht des Körpers als
weitere äußere Kraft zur Geltung kommen soll. Ein Körper,
der diesen Bedingungen unterworfen ist, wird gewöhnlich als
ein Kreisel bezeichnet, wenigstens dann, wenn ihm von vornherein eine große Winkelgeschwindigkeit erteilt wurde. Die
sich hieran unter den angegebenen Bedingungen anschließende
Bewegung heißt die Kreiselbewegung. Indessen bezeichnet man
zuweilen auch schon den in § 28 behandelten Körper, der um
einen festen Punkt rotierte, ohne daß andere Kräfte als der Auflagerdruck an ihm angriffen, als einen „kräftefreien Kreisel“
und im Gegensatze dazu den jetzt zu untersuchenden Körper,
an dem außerdem noch das Eigengewicht angreift, als einen
„schweren“ Kreisel.

Die Theorie des schweren Kreisels ist erheblich schwieriger
als die des kräftefreien Kreisels, und für den allgemeinsten Fall
eines Kreisels mit dreiachsigem Trägheitsellipsoid hat die Aufgabe, die weitere Bewegung bei beliebig gegebenen Anfangsbedingungen vorauszusagen, bisher überhaupt noch keine strenge
Lösung gefunden. Nur für einzelne Fälle und insbesondere für
den praktisch sehr wichtigen Fall des „symmetrischen“ Kreisels ist die Lösung der Aufgabe gelungen. Symmetrisch wird
der Kreisel genannt, wenn er die Gestalt eines Umdrehungskörpers
hat und der Unterstützungspunkt auf der Umdrehungsachse
liegt. Die Umdrehungsachse wird auch als „Figurenachse“ oder

„Kreiselachse" bezeichnet. Bei den meisten Anwendungen der
Kreiseltheorie liegt dieser Fall vor. Indessen kommt es eigentlich auf die besondere Gestalt des Kreiselkörpers gar nicht an.
Wesentlich ist nur, daß das auf den festen Punkt bezogene Träg
heitsellipsoid des Körpers ein Umdrehungsellipsoid ist und
der Schwerpunkt des Kreisels auf der Umdrehungsachse des
Ellipsoids enthalten ist. Man kann daher jeden Kreisel, von dem
dies gilt, als einen „symmetrischen" Kreisel im Sinne der Kreiseltheorie betrachten.

Ein besonderer Fall des symmetrischen Kreisels, für den sich
die Theorie noch etwas einfacher gestaltet, ist der des „Kugelkreisels". Man versteht darunter einen Kreisel, dessen Trägheitsellipsoid, bezogen auf den festen Punkt, eine Kugel bildet,
gleichgültig, wie nun der Kreisel im übrigen gestaltet sein möge.

Die allgemeine Kreiselbewegung umfaßt auch die Pendelbewegung als einen besonderen Fall. Setzt man nämlich die
Anfangsrotation gleich Null, so führt der Körper unter dem
Einflusse des Eigengewichtes ebene Pendelbewegungen aus.
Ebenso kommt bei passend gewählten Anfangsbedingungen eine
Bewegung zustande, bei der der Körper als Zentrifugalpendel
schwingt. An diese Grenzfälle denkt man aber nicht, wenn man
von der Kreiselbewegung im engeren Sinne des Wortes redet;
man meint vielmehr jene Bewegungen, die der Körper ausführt,
wenn ihm eine besonders große Anfangsrotation, und zwar meist
um eine Achse, die nicht viel von der Figurenachse abweicht,
erteilt wurde. Man kommt dadurch auf einen anderen Grenzfall,
der zumal für die praktischen Anwendungen von besonderer
Wichtigkeit ist.

Um diesen Grenzfall näher zu kennzeichnen, mache ich zunächst darauf aufmerksam, daß bei der allgemeinen Kreiselbewegung die lebendige Kraft nicht konstant bleibt. Der Auflagerdruck leistet zwar, wie schon beim kräftefreien Kreisel,
auch hier keine Arbeit; wohl aber das Eigengewicht. Wenn sich
der Schwerpunkt bei der Bewegung senkt, wächst die lebendige
Kraft um den Betrag der Arbeit an, die hierbei von dem Gewichte geleistet wird. Bezeichnet man das Kreiselgewicht mit Q

und den Abstand des Schwerpunktes vom Auflagerpunkte mit *s*,
so vermag sich die lebendige Kraft im Verlaufe der Kreiselbewegung höchstens um den Betrag 2*Qs* zu ändern, und um so
viel auch nur dann, wenn dabei der Schwerpunkt aus der höchsten
in die tiefste Lage oder umgekehrt übergegangen sein sollte.
Hatte man aber dem Kreisel eine sehr große Anfangsrotation
erteilt, so ist die ihr entsprechende lebendige Kraft weit größer
als 2*Qs*. Unter diesen Umständen vermag sich die lebendige
Kraft während der Kreiselbewegung im Verhältnisse zu ihrem
Anfangswerte und zu allen späteren Werten überhaupt nur um
geringfügige Beträge zu ändern.

Der Grenzfall, von dem ich vorher sprach, liegt dann vor,
wenn die lebendige Kraft L_0 der Anfangsrotation so groß ist,
daß sie genau genug als unendlich groß gegenüber 2 *Qs* betrachtet werden kann. Mit demselben Grade der Annäherung
kann man dann *L* als konstant betrachten; geradeso wie beim
kräftefreien Kreisel, bei dem ja auch *L* nur deshalb als konstant
angesehen werden konnte, weil man die niemals ganz zu vermeidenden Bewegungswiderstände vernachlässigte. Durch diese
Bemerkung wird die Theorie für den Grenzfall bedeutend vereinfacht, und die Ergebnisse, zu denen man auf Grund dieser
Voraussetzung gelangt, können für die meisten praktischen Anwendungen als vollkommen hinreichende Annäherungen gelten.

Beim kräftefreien Kreisel war außer *L* auch noch der Drall 𝕭
konstant. **Dagegen dürfen wir beim schweren Kreisel,
selbst in unserem Grenzfalle, 𝕭 nicht als näherungsweise konstant betrachten.** Zwar wird mit *L* auch 𝕭 unendlich groß. Aber die Änderungen, die 𝕭 im Laufe der Zeit
zu erfahren vermag, sind nicht, wie bei der lebendigen Kraft,
in bestimmte endliche Grenzen eingeschlossen, sondern sie vermögen nach Ablauf einer hinlänglichen Zeit über jede Grenze
hinaus zu wachsen. Nach dem Flächensatze ist nämlich, wenn
man jetzt unter 𝕽 das statische Moment des Gewichtes in bezug
auf den festen Punkt versteht,

$$\frac{d\mathfrak{B}}{dt} = \mathfrak{K} \quad \text{und hieraus} \quad \mathfrak{B} = \mathfrak{B}_0 + \int_0^t \mathfrak{K}\, dt.$$

Wie groß man nun auch $\mathfrak{W}$ bei einem bestimmt gegebenen $\mathfrak{R}$ annehmen möge, so wird doch nach Verstreichen einer entsprechenden Zeit t das Zeitintegral von $\mathfrak{R}$ mit $\mathfrak{W}_0$ von gleicher Größenordnung werden können.

Nur dies ist von vornherein klar, daß es jedenfalls um so längerer Zeiten bedürfen wird, bis sich $\mathfrak{W}$ merklich von $\mathfrak{W}_0$ unterscheidet, je größer die Anfangsrotation war, die wir dem Kreisel erteilten. Um so langsamer ändert sich dann der Drall. Für eine kürzere Zeit, die immerhin noch eine Anzahl von Umdrehungen des Kreisels um eine Drehachse umfassen kann, ist dann freilich die Änderung von $\mathfrak{W}$ geringfügig im Vergleiche zum Anfangswerte $\mathfrak{W}_0$, und für einen solchen kurzen Zeitabschnitt kann daher auch $\mathfrak{W}$ annähernd als konstant angesehen werden.

Wir erkennen hieraus, daß sich der Kreisel in unserem Grenzfalle während eines verhältnismäßig kürzeren Zeitabschnitts nahezu ebenso bewegt wie ein kräftefreier Kreisel, daß aber daneben langsame (sogenannte „säkulare") Änderungen einherlaufen, die sich mit der Zeit derart anhäufen, daß der Bewegungszustand späterhin vollständig von dem verschieden ist, der beim kräftefreien Kreisel nach Ablauf der gleichen Zeit zu erwarten wäre.

§ 33. Die pseudoreguläre Präzession.

Wir beschränken uns jetzt auf die Betrachtung des symmetrischen Kreisels, dem eine so schnelle Anfangsrotation erteilt wurde, daß man den vorher besprochenen Grenzfall als genau genug zutreffend erachten kann. Außerdem wollen wir noch annehmen, daß die Achse der Anfangsrotation nicht viel von der Figurenachse abweicht, so daß man den Richtungsunterschied zwischen beiden nahezu als unendlich klein betrachten kann. Die Bewegung, die der Kreisel unter dem Einflusse des Eigengewichts bei diesen Anfangsbedingungen ausführt, wird als eine pseudoreguläre Präzession bezeichnet.

Um diese Bezeichnung zu erklären, weise ich darauf hin, daß auch die ganze Erde neben ihrer Planetenbewegung, die sie um die Sonne beschreibt, zugleich eine Kreiselbewegung ausführt. Sie rotiert dabei zwar nicht um einen festen Punkt, sondern um

ihren Schwerpunkt. Dieser Unterschied ist aber, wie schon beim
kräftefreien Kreisel dargelegt wurde, unwesentlich. Wesentlich
ist dagegen, daß die von der Sonne auf die einzelnen Massenteilchen der Erde ausgeübten Anziehungskräfte wegen der etwas
verschiedenen Abstände, die sie in einem gegebenen Augenblicke
vom Sonnenmittelpunkte haben, nicht einfach den Massen proportional sind, und daß sie sich daher auch nicht zu einer einzigen, durch den Erdmittelpunkt gehenden Resultierenden zusammensetzen lassen. Wegen der abgeplatteten Gestalt der Erde
tritt vielmehr noch ein Kräftepaar von freilich nur sehr gering-
fügigem Betrage auf. Die am Schwerpunkt angebrachte geometrische Summe aller Anziehungskräfte bringt die Bewegung
des Schwerpunktes längs der planetarischen Bahn der Erde hervor. Das Kräftepaar dagegen beeinflußt die Rotationsbewegung,
die die Erde außerdem noch um Schwerpunktsachsen ausführt,
und so gering es auch ist, bringt es doch in längeren Zeiträumen
sehr erhebliche Wirkungen hervor. Die Rotationsachse der Erde
beschreibt infolge davon im Laufe von etwa 26000 Jahren einen
Kegel gegen den Fixsternhimmel, und diese Bewegung macht
sich schon innerhalb kürzerer Zeiträume durch ein Fortschreiten
des Frühlingspunktes oder, wie man dafür auch sagt, durch die
Präzession der Tag- und Nachtgleichen bemerklich. Diese wurde
schon von dem griechischen Astronomen Hipparch durch die
Beobachtung festgestellt und später von Newton auf die angegebene Ursache zurückgeführt.

An diesem Beispiele hat sich die Kreiseltheorie überhaupt
zuerst entwickelt, und man hat daher in Anlehnung daran später
jede Kreiselbewegung, bei der die Figurenachse einen Kreiskegel
beschreibt, als eine Präzessionsbewegung bezeichnet. Ist der
Kegel genau ein Kreiskegel, so spricht man von einer regulären
Präzession. Bei dem schnell rotierenden schweren Kreisel, mit
dem wir uns hier beschäftigen wollen, erfolgt dagegen die Bewegung nur näherungsweise nach einem Kreiskegel, dessen Achse
in die Richtung der Lotlinie fällt, und die Bewegung wird, weil
sie von einer regulären nicht viel abweicht, als eine pseudoreguläre Präzession bezeichnet.

Die Theorie der pseudoregulären Präzession ist sehr einfach, solange man sich nur auf die Untersuchung des durch den Grenzfall bezeichneten Hauptvorganges einläßt und auf die geringen Abweichungen nicht achtet, die durch die unvollkommene Erfüllung der sich darauf beziehenden Voraussetzungen bedingt sind. Wir erkannten schon, daß für einen kurzen Zeitabschnitt, der nur wenige Umdrehungen des Kreisels umfaßt, die Bewegung nicht viel von der eines kräftefreien Kreisels abweichen kann. Innerhalb dieser Zeit kann $\mathfrak{B}$ als konstant angesehen werden, und die Figurenachse sowohl als die Drehachse (d. h. die Richtung $\mathfrak{u}$) beschreiben, genau so wie wir es schon in § 31 an einem Beispiele näher besprochen haben, Kreiskegel von sehr kleinem Öffnungswinkel um die Richtung von $\mathfrak{B}$ als Achse. Während eines solchen Umlaufs hat der auf der Figurenachse liegende Radiusvektor $\mathfrak{s}$ des Schwerpunkts, der zugleich den Hebelarm des Gewichts bildet, etwas verschiedene Richtungen; im Mittel für den ganzen Umlauf fällt aber die Richtung von $\mathfrak{s}$ mit der von $\mathfrak{B}$ zusammen. Bezeichnen wir also einen in der augenblicklichen Richtung von $\mathfrak{B}$ gezogenen Einheitsvektor mit $\mathfrak{b}$, so kann als Durchschnittswert des Momentes $\mathfrak{K}$ für einen Umlauf der Ausdruck

$$\mathfrak{K} = s\,[\mathfrak{Q}\,\mathfrak{b}] \qquad (141)$$

angeschrieben werden, wenn $\mathfrak{Q}$ das Kreiselgewicht nach Größe und Richtung angibt. Die kleine Änderung $d\mathfrak{B}$, die $\mathfrak{B}$ während der kurzen Zeit dt erfährt, in der der Kreisel nur wenige Umläufe machen konnte, ist nach dem Flächensatze

$$d\mathfrak{B} = \mathfrak{K}\,dt = s\,dt\,[\mathfrak{Q}\,\mathfrak{b}]. \qquad (142)$$

In Abb. 41 ist der Kreiselkörper von kegelförmiger Gestalt angenommen und durch die starken Umrißlinien in axonometrischer Zeichnung dargestellt; O bedeutet den festgehaltenen Punkt des Kreisels, OA die Figurenachse und S den auf dieser liegenden Schwerpunkt. Dann sind noch die augenblicklichen Richtungen von $\mathfrak{u}$ und $\mathfrak{B}$ eingetragen, die mit OA in einer Ebene enthalten sind. Der Kreis, den S bei einem Umlaufe um $\mathfrak{B}$ beschreibt, ist durch eine punktierte Linie angegeben. Der Mittelpunkt dieses Kreises kann als durchschnittliche Lage des Schwer-

15*

punktes S für eine Umdrehung angesehen werden. An ihm
greift die Kraft $\mathfrak{Q}'$ an, die die durchschnittliche Lage des Ge-

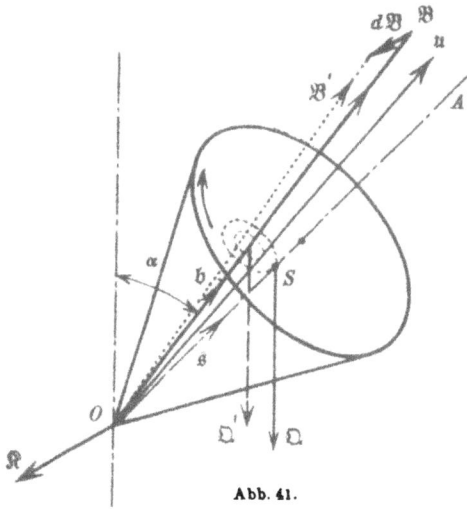

Abb. 41.

wichts $\mathfrak{Q}$ für einen Umlauf
bezeichnet. Im Punkte O
ist der Momentenvektor $\mathfrak{R}$
angetragen, der rechtwink-
lig zu dem durch O und $\mathfrak{Q}'$
gelegten Momentendreiecke
steht. Parallel zu $\mathfrak{R}$ ist am
Endpunkte von $\mathfrak{B}$ die Änderung $d\mathfrak{B}$ angesetzt, die zum
Zeitelemente dt gehört.
Diese Strecke hat man sich
sehr klein zu denken. Die
Verbindungslinie von O
nach dem Endpunkt von
$d\mathfrak{B}$ gibt den neuen Drall $\mathfrak{B}'$
an, in den $\mathfrak{B}$ nach dt übergegangen ist.

Der Zuwachs $d\mathfrak{B}$ steht senkrecht zu $\mathfrak{b}$, d. h. zu $\mathfrak{B}$ selbst.
Hiernach kann $\mathfrak{B}$ nur eine Richtungsänderung, aber keine Änderung des Maßes erfahren. Ferner steht $d\mathfrak{B}$ auch senkrecht zu
$\mathfrak{Q}'$, d. h. zur Lotlinie. Demnach ist $d\mathfrak{B}$ horizontal und senkrecht
zu der durch $\mathfrak{Q}'$ gelegten Lotebene gerichtet. Die Vektoren $\mathfrak{B}$
und $\mathfrak{B}'$ liegen daher so zueinander wie zwei aufeinander folgende
Erzeugende eines geraden Kreiskegels, dessen Achse in die Richtung der Lotlinie fällt. Das gilt für jeden folgenden Zeitabschnitt dt ebenso, und hiermit ist bewiesen, daß $\mathfrak{B}$ in der Tat
im Laufe der Zeit den genannten Kreiskegel vollständig und
später immer wieder von neuem durchlaufen muß.

Daß die Präzession indessen nur eine pseudoreguläre und
keine reguläre ist, ergibt sich daraus, daß innerhalb einer jeden
Umdrehung wegen der etwas verschiedenen Richtungen von $\mathfrak{s}$
kleine Schwankungen von $\mathfrak{B}$ um den mittleren Wert herum statt-
finden müssen, die bei den vorhergehenden Betrachtungen außer
acht gelassen wurden, da wir nur nach den Mittelwerten aller
Größen für eine Umdrehung fragten. Im Grenzfalle des unend-

lich schnell rotierenden Kreisels werden diese Schwankungen
unendlich klein.

Wir kennen jetzt die langsam erfolgende Änderung von $\mathfrak{B}$
gegen den festen Raum. Es fragt sich aber noch, wie sich
$\mathfrak{B}$ relativ zum Kreiselkörper verschiebt. Auch darauf läßt
sich sofort eine Antwort erteilen, indem man sich darauf stützt,
daß die lebendige Kraft L als konstant angesehen werden kann,
und zwar hier um so mehr, als sich der Schwerpunkt, wie wir
schon sahen, abgesehen von den kleinen Schwankungen innerhalb eines Umlaufs, nur in horizontaler Richtung verschiebt. Alle
mit dem Werte von L verträglichen $\mathfrak{B}$ liegen nach § 25 auf dem
zugehörigen Drallellipsoide. Da sich aber $\mathfrak{B}$, wie schon bewiesen ist, der Größe nach nicht ändert, so können nur jene Radienvektoren des Drallellipsoids in Frage kommen, die unter
sich von gleicher Größe sind, und diese bilden, da das Drallellipsoid hier ein Umdrehungsellipsoid ist, einen Kreiskegel,
dessen Achse mit der Figurenachse, d. h. der Hauptträgheitsachse
zusammenfällt. Hiermit ist bewiesen, daß, von kleinen Schwankungen abgesehen, der Drall $\mathfrak{B}$ auch relativ zum Körper, nämlich um die Figurenachse herum einen Kreiskegel beschreibt.
Da außerdem noch vorausgesetzt war, daß $\mathfrak{B}$ in der Anfangsrich-
tung nur wenig von der Figurenachse abweichen sollte, so hat
dieser Kreiskegel nur einen sehr kleinen Öffnungswinkel, d. h.
die Kreiselachse muß stets in der nächsten Nachbarschaft von $\mathfrak{B}$
bleiben. Mit der Bewegung von $\mathfrak{B}$ gegen den festen Raum ist
daher auch die Bewegung der Figurenachse gegen den festen
Raum hinlänglich genau bekannt.

Es muß übrigens noch bemerkt werden, daß die zuletzt ange-
stellte Beweisführung versagt, wenn es sich um einen Kugelkreisel
handelt, da dann alle Radienvektoren des in eine Kugel übergehenden Drallellipsoids gleich groß sind. Aber auch in diesem Falle
kann sich die Richtung von $\mathfrak{B}$ oder der mit $\mathfrak{B}$ zusammenfallenden
Drehachse $\mathfrak{u}$ nicht merklich von der Kreiselachse, die durch den
Schwerpunkt des Körpers gelegt ist, entfernen. Schreibt man nämlich $\mathfrak{R}$ in der Form an

$$\mathfrak{R} = [\mathfrak{Q}\,\mathfrak{s}], \quad \text{womit} \quad \frac{d\mathfrak{B}}{dt} = [\mathfrak{Q}\,\mathfrak{s}]$$

wird, so folgt daraus durch innere Multiplikation mit $\mathfrak{s}$

$$\mathfrak{s} \, \frac{d\mathfrak{B}}{dt} = 0$$

Da ferner $\dfrac{d\mathfrak{s}}{dt}$ die augenblickliche Geschwindigkeit des Schwerpunktes angibt und daher auf der Drehachse $\mathfrak{u}$ und hiernach auch auf $\mathfrak{B}$ senkrecht steht, so ist auch

$$\mathfrak{B} \, \frac{d\mathfrak{s}}{dt} = 0.$$

Im ganzen wird, wie man aus beiden Gleichungen erkennt, also auch

$$\frac{d(\mathfrak{B}\,\mathfrak{s})}{dt} = 0 \quad \text{oder} \quad \mathfrak{B}\,\mathfrak{s} = \text{konstant}.$$

Demnach kann sich beim Kugelkreisel die Projektion von $\mathfrak{B}$ auf $\mathfrak{s}$ nicht ändern. Bei der pseudoregulären Präzession ändert sich aber auch die Größe von $\mathfrak{B}$ nicht merklich, und daher muß auch der ·Winkel zwischen $\mathfrak{B}$ und $\mathfrak{s}$ nahezu konstant sein. Wenn er von Anfang an sehr klein war, bleibt er daher auch dauernd klein.

Es bleibt noch übrig, die Umlaufzeit T der Präzession oder auch an deren Stelle die Winkelgeschwindigkeit $\mathfrak{w}$ zu ermitteln, mit der sich die Richtung von $\mathfrak{B}$ und hiermit die Kreiselachse um die durch den festen Punkt gelegte Lotlinie drehen.

Dies kann durch eine einfache geometrische Betrachtung mit Hilfe von Abb. 42 geschehen. In diese sind von Abb. 41 nur die Strecken $\mathfrak{B}$, $d\mathfrak{B}$ und $\mathfrak{B}'$ übernommen. Außerdem ist der Kreiskegel angegeben, den der Vektor $\mathfrak{B}$ bei seiner Drehung um die durch den festen Punkt O gehende lotrechte Achse gegen den feststehenden Raum beschreibt. $\mathfrak{B}$ und $\mathfrak{B}'$ sind zwei aufeinanderfolgende Erzeugende dieses Kreiskegels, und $d\mathfrak{B}$ ist ein Element des Basiskreises. Bedeutet $(d\mathfrak{B})$ die Größe des Vektors $d\mathfrak{B}$, so ist nach dem Flächensatze

$$(d\mathfrak{B}) = K\,dt = Q\,s \sin \alpha \, dt.$$

Andererseits bildet $(d\mathfrak{B})$ ein Bogenelement in einem Kreise, dessen Radius gleich $B \sin \alpha$ gesetzt werden kann und das zu einem Zentriwinkel $d\psi$ gehört. Man hat daher auch

$$(d\mathfrak{B}) = B \sin \alpha \, d\psi,$$

und aus dem Vergleiche mit dem früheren Ausdrucke folgt für die Winkelgeschwindigkeit w der Präzession

$$w = \frac{d\psi}{dt} = \frac{Qs}{B} = \frac{Qs}{u\,\Theta}.\tag{143}$$

Man kann übrigens w auch rein analytisch ableiten. Jedenfalls muß nämlich der Vektor w der Bedingung

$$\frac{d\mathfrak{B}}{dt} = -\,[w\,\mathfrak{B}]$$

genügen, und da andererseits schon in Gl. (142)

$$\frac{d\mathfrak{B}}{dt} = s\,[\mathfrak{Q}\,\mathfrak{b}]$$

gefunden war, so muß, damit beide Gleichungen miteinander übereinstimmen, w entgegengesetzt mit $\mathfrak{Q}$ gerichtet sein, also nach obenhin gehen. Außerdem muß

$$wB = sQ \text{ oder } w = \frac{sQ}{B} = \frac{sQ}{u\,\Theta}$$

sein, wie in Gl. (143) schon gefunden war. Hierbei ist zu beachten,

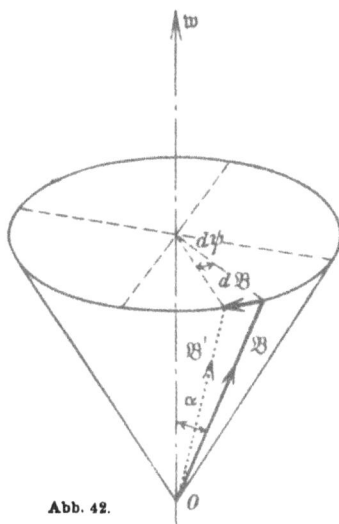

Abb. 42.

daß wegen des nahen Zusammenfallens von $\mathfrak{B}$ mit der Kreiselachse $B = u\,\Theta$ gesetzt werden konnte. Für die Umlaufzeit T der Kreiselachse um die Lotlinie erhält man

$$T = \frac{2\pi}{w} = 2\pi\,\frac{u\,\Theta}{sQ}.\tag{144}$$

Wir finden hiermit bestätigt, daß die Umlaufzeit um so größer ist, die Präzession daher um so langsamer erfolgt, je schneller der Kreisel rotiert.

§ 34. Einwirkung eines Stoßes auf den schnell rotierenden Kreisel.

Die Zeitdauer eines Stoßes wird stets als sehr klein betrachtet. Da aber bei dem schnell rotierenden Kreisel auch die Zeitdauer einer Umdrehung sehr klein ist, so daß sie bei den vorausgehenden Untersuchungen sogar als unendlich klein angesehen werden konnte, wird hier zur Beurteilung der Wirkung eines Stoßes eine nähere Festsetzung darüber erforderlich, wie sich die beiden sehr

kleinen Zeiten der Größenordnung nach zueinander verhalten
sollen. Wir begnügen uns hier damit, nur die beiden Grenzfälle
zu besprechen, daß die Stoßzeit entweder als sehr klein oder als
sehr groß gegenüber der Zeitdauer einer Kreiselumdrehung angesehen werden kann. Es wird sich zeigen, daß sich der Kreisel
in beiden Fällen gegen die Wirkung eines Stoßes von gegebener
Größe (diese gemessen durch den Antrieb, also das Zeitintegral
der Stoßkraft) sehr verschieden verhält.

Im ersten Falle, wenn sich also der Kreisel während
der Stoßzeit nur sehr wenig weiter bewegt hat, kann
man die durch den Stoß hervorgebrachte Änderung des Dralls
genau so berechnen, als wenn der Kreisel in der augenblicklichen
Lage in Ruhe gewesen wäre, also nach den in der Lehre vom
Stoße an starren Körpern aufzustellenden Gesetzen. Anstatt sich
auf diese zu stützen, kann man aber auch unmittelbar

$$\mathfrak{B}' = \mathfrak{B} + \int \mathfrak{R}\,dt = \mathfrak{B} + \left[\left(\int \mathfrak{P}\,dt\right)\mathfrak{p}\right]$$

setzen, wenn $\mathfrak{B}$ den Drall vor, $\mathfrak{B}'$ den nach dem Stoße und $\mathfrak{p}$ den
vom festen Punkte gerechneten Hebelarm der Stoßkraft $\mathfrak{P}$ be-
zeichnet. Da sich der Kreisel inzwischen nur wenig weiter bewegt hat, ist die Richtungsänderung des Dralls relativ zum
Kreiselkörper als ebenso groß anzusehen wie die gegenüber dem
festen Raum. Wenn also der Kreisel vorher um eine nahezu mit
der Kreiselachse zusammenfallende Drehachse rotierte, trifft dies
nach dem Stoße nicht mehr zu. Die Kreiselbewegung wird
daher durch einen solchen kurzdauernden Stoß auch
der Art nach vollständig geändert.

Ganz anders ist es, wenn sich beim gleichen Wert
des Antriebs die Stoßdauer so in die Länge zieht, daß
der Kreisel inzwischen eine größere Anzahl von Umdrehungen ausführen konnte. Über die Art wie der Stoß
vor sich gehen soll, werde vorausgesetzt, daß die Stoßkraft $\mathfrak{P}$
während der ganzen Stoßdauer die gleiche Richtung beibehält
und sich der Größe nach stetig (im Verlaufe einer Umdrehung
daher nur wenig) ändert, sowie daß sie stets an demselben An-
griffspunkte des Kreiselkörpers wirkt. Man denke sich also etwa

einen Stab oder eine andere Hervorragung an dem Kreiselkörper angebracht, an deren Ende die Stoßkraft angreift.

Da $\int \mathfrak{P} dt$ einen endlichen gegebenen Wert haben soll, muß unter diesen Voraussetzungen jener Teil des Antriebs, der auf eine einzelne Umdrehung entfällt, klein sein. Daher ändert sich auch $\mathfrak{B}$ während einer Umdrehung nur wenig; es wird also genügen, wenn wir diese Änderung als ein Differential ansehen. Der Hebelarm $\mathfrak{p}$ der Stoßkraft beschreibt während einer Umdrehung eine Kegelfläche, und die mittlere Richtung von $\mathfrak{p}$ fällt aus denselben Gründen wie im vorigen Paragraphen mit der Richtung von $\mathfrak{B}$ zusammen. Bezeichnen wir also die Dauer einer Umdrehung mit dt, so finden wir für das zugehörige $d\mathfrak{B}$

$$d\mathfrak{B} = dt p' [\mathfrak{P} \mathfrak{b}],$$

wobei p' die Projektion von $\mathfrak{p}$ auf die Richtung von $\mathfrak{B}$ oder $\mathfrak{b}$ bedeutet. Jedenfalls steht hiernach $d\mathfrak{B}$ senkrecht zu $\mathfrak{b}$ oder zu $\mathfrak{B}$ selbst, und daher erfährt $\mathfrak{B}$ nur eine Richtungsänderung und keine Änderung der Größe. Auch die lebendige Kraft erfährt für den ganzen Umlauf keine Änderung, da der Angriffspunkt von $\mathfrak{P}$ eine geschlossene Bahn durchläuft, das Linienintegral oder die Arbeit der Kraft $\mathfrak{P}$, weil $\mathfrak{P}$ während dieser Zeit als konstant betrachtet werden kann, daher zu Null wird. Hieraus folgt durch dieselbe Schlußweise wie im vorigen Paragraphen, daß sich die Richtung von $\mathfrak{B}$ relativ zum Kreiselkörper im Falle des langsam verlaufenden Stoßes nicht merklich zu verschieben vermag. Die pseudoreguläre Präzession bleibt daher als solche bestehen. Der ganze Erfolg des Stoßes besteht darin, daß sich die Richtung von $\mathfrak{B}$, mit ihr aber zugleich auch die Kreiselachse um einen endlichen Winkel gegen den festen Raum gedreht hat.

Von Wichtigkeit ist es noch, auf die Richtung zu achten, nach der der Kreisel unter dem Einflusse eines langsam verlaufenden Stoßes ausweicht. Abb. 43 zeigt dies an einem Beispiele, bei dem der Einfachheit halber vorausgesetzt ist, daß es sich um einen Kugelkreisel handle. Vor dem Stoße soll der Kreisel, der in kegelförmiger Gestalt gezeichnet ist, in aufrechter Lage um

eine mit der Kreiselachse zusammenfallende Achse mit der Winkelgeschwindigkeit u_0 rotiert haben. Die Stoßkraft $\mathfrak{P}$ ist in horizontaler Richtung angenommen. Der Momentenvektor $\mathfrak{R}$ von $\mathfrak{P}$
ist ebenfalls horizontal und senkrecht zu $\mathfrak{P}$ gerichtet. In der

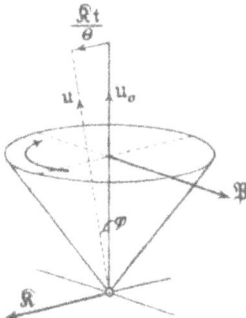

Stoßdauer t, während der $\mathfrak{P}$ konstant sein
mag, ändert sich der Drall um $\mathfrak{R}t$ und die
Winkelgeschwindigkeit daher um $\frac{\mathfrak{R}t}{\Theta}$.
Dadurch geht u_0 über in u, wie aus der
Abbildung zu entnehmen ist. Mit u hat
sich aber auch die Kreiselachse (ungefähr
wenigstens) in der gleichen Richtung verschoben; obschon beide nachher nicht
mehr genau zusammenfallen. Der Kreisel
führt dann nach dem Stoße unter dem
Einflusse des Eigengewichts eine pseudoreguläre Präzession von der uns bereits bekannten Art aus.

Abb. 43.

Die Kreiselachse verschiebt sich also im Mittel bei
einem langsam verlaufenden Stoß rechtwinklig zur
Richtung der Stoßkraft $\mathfrak{P}$, und hierin besteht eine der be-
merkenswertesten Eigenschaften des schnell rotierenden Kreisels.

Ferner erkennt man, was ja auch schon aus der Erfahrung
hinlänglich bekannt ist, daß die Bewegung des Kreisels um die
aufrechte Achse stabil ist. Durch den Stoß wird die Bewegung
in eine pseudoreguläre Präzession umgewandelt, die der vorhergehenden Bewegung nahe benachbart ist, wenn der Antrieb des
Stoßes nicht zu groß war. Der Kreisel wird durch einen solchen
Stoß nicht „umgeworfen", wie es sein müßte, wenn er gar nicht
oder nur langsam rotierte. Je schneller er sich umdreht, um so
geringer ist die Ablenkung, die er durch einen Stoß von gegebenem Antrieb aus der anfänglichen Bewegung erfährt.

§ 35. Die strenge Lösung des Kreiselproblems für den symmetrischen schweren Kreisel.

In den meisten Fällen der praktischen Anwendung wird man
mit den vorhergehenden Betrachtungen vollständig auskommen.
Für den symmetrischen Kreisel, an dem nur das Eigengewicht

angreift, kann man aber die weitere Bewegung, die auf einen beliebig gegebenen Anfangszustand folgt, auch in aller Strenge angeben. „Streng" ist die Theorie freilich auch hier nur im mathematischen Sinn und nicht im physikalischen, da die Bewegungswiderstände, die sich niemals ganz beseitigen lassen, dabei vernachlässigt werden müssen.

Immerhin hat aber die mathematisch strenge Kreiseltheorie auch einen gewissen praktischen Wert, und ich werde daher hier einen kurzen Abriß davon geben, während eine ausführlichere Behandlung im sechsten Bande dieses Werkes zu finden ist.

Wenn das Trägheitsellipsoid ein Rotationsellipsoid ist, kann man für den Drall $\mathfrak{B}$ des rotierenden Körpers einen für die weitere Behandlung besonders geeigneten Ausdruck aufstellen, den ich zunächst ableiten werde. Man denke sich die Winkelgeschwindigkeit $\mathfrak{u}$ in zwei zueinander senkrechte Komponenten zerlegt, von denen die eine in die Richtung der Figurenachse, die andere in die Äquatorebene des Trägheitsellipsoids fällt. Bezeichnet man die Größen dieser beiden Komponenten mit u_1 und u_2, ferner einen in der Richtung der Figurenachse gezogenen Einheitsvektor mit $\mathfrak{s}_1$ und einen in die Richtung der Projektion von $\mathfrak{u}$ auf die Äquatorebene fallenden Einheitsvektor mit $\mathfrak{a}_1$, so wird die besprochene Zerlegung durch die Gleichung

$$\mathfrak{u} = u_1 \mathfrak{s}_1 + u_2 \mathfrak{a}_1 \tag{145}$$

zum Ausdruck gebracht. Da die beiden Komponenten von $\mathfrak{u}$ mit Hauptträgheitsachsen des Körpers zusammenfallen, findet man das zu $\mathfrak{u}$ gehörige $\mathfrak{B}$ in derselben Weise wie schon in Gl. (121) S. 186 indem man jede der beiden Komponenten mit den zugehörigen Hauptträgheitsmomenten multipliziert. Bezeichnet man diese mit Θ_1 und Θ_2, so folgt zunächst

$$\mathfrak{B} = u_1 \Theta_1 \mathfrak{s}_1 + u_2 \Theta_2 \mathfrak{a}_1 .$$

Daraus entsteht durch eine einfache Umformung

$$\mathfrak{B} = \Theta_2 (u_1 \mathfrak{s}_1 + u_2 \mathfrak{a}_1) + u_1 \mathfrak{s}_1 (\Theta_1 - \Theta_2),$$

wofür man nach Gl. (145) kürzer

$$\mathfrak{B} = \Theta_2 \mathfrak{u} + u_1 (\Theta_1 - \Theta_2) \mathfrak{s}_1 \tag{146}$$

schreiben kann. Das ist der Ausdruck, den ich ableiten wollte und von dem weiterhin ausgegangen werden soll.

Nach dem Flächensatze gilt in jedem Augenblicke streng die Gleichung

$$\frac{d\mathfrak{B}}{dt} = s\,[\mathfrak{Q}\mathfrak{s}_1], \tag{147}$$

die hier an die Stelle der nur näherungsweise gültigen Gleichung
(142) S. 219 tritt, die wir zum Ausgangspunkt der Theorie der
pseudoregulären Präzession gemacht hatten. Unter s ist wie früher
der Schwerpunktsabstand, vom festen Punkt aus gerechnet, zu verstehen.

Außerdem gilt noch die schon mehrfach benutzte, aus Band I,
§ 20 übernommene Beziehung

$$\frac{d\mathfrak{z}_1}{dt} = -[\mathfrak{u}\,\mathfrak{z}_1], \tag{148}$$

in der auf der linken Seite die augenblickliche Geschwindigkeit des
auf der Kreiselachse im Abstande Eins vom festen Punkte liegenden
Punktes steht.

Aus den drei zuletzt angeschriebenen Gleichungen kann man die
Variabeln $\mathfrak{B}$ und $\mathfrak{u}$ eliminieren, womit man auf eine Differentialgleichung kommt, die nur noch die Unbekannte $\mathfrak{z}_1$ enthält, von der
also die Bewegung der Kreiselachse gegen den festen Raum unmittelbar abhängt.

Zu diesem Zwecke überzeuge man sich zunächst, daß

$$\frac{d(\mathfrak{B}\mathfrak{z}_1)}{dt} = \mathfrak{B}\frac{d\mathfrak{z}_1}{dt} + \mathfrak{z}_1\frac{d\mathfrak{B}}{dt} = 0 \tag{149}$$

wird. Man findet dies nämlich bestätigt, wenn man $\mathfrak{B}$ aus Gl. (146)
und die Differentialquotienten von $\mathfrak{B}$ und $\mathfrak{z}_1$ aus den Gleichungen
(147) und (148) einsetzt und sich dabei erinnert, daß jeder Ausdruck
von der Form $\mathfrak{A}\,[\mathfrak{A}\mathfrak{B}]$ zu Null werden muß, weil $[\mathfrak{A}\mathfrak{B}]$ senkrecht
zu $\mathfrak{A}$ steht.

Das innere Produkt $\mathfrak{B}\mathfrak{z}_1$ ist aber nichts anderes als die Projektion
B_1 von $\mathfrak{B}$ auf die Kreiselachse, und aus Gl. (149) geht hervor, daß
diese Projektion konstant ist. Andererseits kann aber diese Komponente B_1 von $\mathfrak{B}$, wie schon aus den auf Gl. (145) folgenden Bemerkungen hervorgeht, auch

$$B_1 = u_1\,\Theta_1$$

gesetzt werden, und hieraus folgt, daß auch die in die Richtung der
Kreiselachse fallende Komponente u_1 der Winkelgeschwindigkeit während der ganzen Bewegung konstant bleibt.

Der besondere Umstand, daß u_1 eine Konstante ist, ermöglicht
uns die Auflösung von Gl. (148) nach $\mathfrak{u}$ in eindeutiger Weise, während sie sonst bei einer solchen Vektorgleichung nicht möglich wäre.
Multipliziert man nämlich Gl. (148) auf äußere Art mit $\mathfrak{z}_1$, so erhält man zunächst mit Anwendung des durch Gl. (118) S. 184 ausgesprochenen Rechengesetzes

$$\left[\mathfrak{z}_1\,\frac{d\mathfrak{z}_1}{dt}\right] = -[\mathfrak{z}_1\,[\mathfrak{u}\,\mathfrak{z}_1]] = -\mathfrak{u}\,(\mathfrak{z}_1)^2 + \mathfrak{z}_1\;\mathfrak{u}\,\mathfrak{z}_1$$

Nun war aber $\mathfrak{s}_1$ ein Einheitsvektor, das Quadrat davon ist daher gleich Eins, und $\mathfrak{u}\,\mathfrak{s}_1$ ist gleich u_1; daher läßt sich die Gleichung schreiben

$$\left[\mathfrak{s}_1\,\frac{d\,\mathfrak{s}_1}{d\,t}\right] = -\,\mathfrak{u} + u_1\,\mathfrak{s}_1,$$

in der u_1 eine durch den Anfangszustand der Bewegung gegebene Konstante bedeutet. Die Auflösung nach $\mathfrak{u}$ liefert daher

$$\mathfrak{u} = u_1\,\mathfrak{s}_1 - \left[\mathfrak{s}_1\,\frac{d\,\mathfrak{s}_1}{d\,t}\right] \qquad (150)$$

Hierauf läßt sich auch $\mathfrak{B}$ durch Einsetzen dieses Ausdrucks in Gl. (146) vollständig in $\mathfrak{s}_1$ ausdrücken. Führt man dies aus, so erhält man nach Streichen von zwei sich gegeneinander weghebenden Gliedern

$$\mathfrak{B} = u_1\,\Theta_1\,\mathfrak{s}_1 - \Theta_2\left[\mathfrak{s}_1\,\frac{d\,\mathfrak{s}_1}{d\,t}\right]. \qquad (151)$$

Wir brauchen jetzt nur noch diesen Ausdruck in die Gleichung des Flächensatzes, also in Gl. (147), einzusetzen, um zur Differentialgleichung für $\mathfrak{s}_1$ zu gelangen. Dabei ist zu beachten, daß

$$\frac{d}{d\,t}\left[\mathfrak{s}_1\,\frac{d\,\mathfrak{s}_1}{d\,t}\right] = \left[\frac{d\,\mathfrak{s}_1}{d\,t}\,\frac{d\,\mathfrak{s}_1}{d\,t}\right] + \left[\mathfrak{s}_1\,\frac{d^2\,\mathfrak{s}_1}{d\,t^2}\right] = \left[\mathfrak{s}_1\,\frac{d^2\,\mathfrak{s}_1}{d\,t^2}\right]$$

ist, indem das äußere Produkt einer Größe mit sich selbst zu Null wird. Man erhält daher

$$\Theta_2\left[\mathfrak{s}_1\,\frac{d^2\,\mathfrak{s}_1}{d\,t^2}\right] - u_1\,\Theta_1\,\frac{d\,\mathfrak{s}_1}{d\,t} + s\,[\mathfrak{Q}\,\mathfrak{s}_1] = 0. \qquad (152)$$

Damit haben wir die **Hauptgleichung des Kreiselproblems** für den schweren symmetrischen Kreisel aufgestellt. Alle übrigen außer $\mathfrak{s}_1$ in ihr vorkommenden Größen sind gegebene Konstanten. Wenn wir das allgemeine Integral der Gl. (152) finden, haben wir damit zugleich die Lösung des Problems, die auch alle besonderen Fälle, wie die Pendelbewegung usf., umfaßt. Denn nachdem $\mathfrak{s}_1$ als Funktion der Zeit dargestellt ist und die in der Lösung auftretenden beiden Integrationskonstanten aus den Bedingungen ermittelt sind, daß zur Zeit $t = 0$ sowohl $\mathfrak{s}_1$ als $\frac{d\,\mathfrak{s}_1}{d\,t}$ gegeben sind, kennt man nach den Gleichungen (150) und (151) auch $\mathfrak{u}$ und $\mathfrak{B}$ vollständig und damit auch den weiteren Verlauf der Bewegung in allen Einzelheiten.

Auch die Bewegung des kräftefreien Kreisels wird durch diese Theorie mit umfaßt. Man braucht hierzu nur in Gl. (152) $\mathfrak{Q} = 0$ zu setzen. Die in dieser Weise vereinfachte Gleichung läßt sich viel leichter integrieren als die vollständige Gl. (152). Ich gehe aber darauf jetzt nicht näher ein, weil die Lösung für den kräftefreien Kreisel vorher schon in anderer Weise abgeleitet wurde.

Die Integration von Gl. (152) wird durch zwei Umstände erschwert, zunächst dadurch, daß sie eine Vektorgleichung ist, die sich schwieriger behandeln läßt als eine Gleichung für eine richtungslose Größe, und dann noch besonders dadurch, daß sie nicht linear ist. Man kann sie aber trotzdem lösen, wobei jedoch im allgemeinen Falle elliptische Funktionen auftreten. Im sechsten Bande kann man dies finden; hier begnüge ich mich damit, die partikuläre Lösung abzuleiten, die sich auf die reguläre Präzession des Kreisels bezieht.

§ 36. Die reguläre Präzession.

Jene Lösung der Hauptgleichung, Gl. (152), die der regulären Präzession entspricht, erhält man, indem man

$$\mathfrak{s}_1 = a_1 \mathfrak{i} + a_2 \cos \varphi \mathfrak{j} + a_2 \sin \varphi \mathfrak{k} \qquad (153)$$

setzt. Dabei bedeuten $\mathfrak{i}, \mathfrak{j}, \mathfrak{k}$ Einheitsvektoren in den Richtungen eines im festen Raume ruhenden rechtwinkligen Koordinatensystems, dessen $\mathfrak{i}$-Achse in lotrechter Richtung nach obenhin gezogen ist. Der Winkel φ ist eine von der Zeit t abhängige neue Variable, die wir nachträglich so zu bestimmen haben, daß Gl. (153) eine Lösung der Hauptgleichung bildet. Unter a_1 und a_2 sind Konstanten zu verstehen, die aber nicht unabhängig voneinander sind, sondern zwischen denen die Bedingung besteht

$$a_1^2 + a_2^2 = 1, \qquad (154)$$

weil $\mathfrak{s}_1$ nur unter dieser Bedingung einen Einheitsvektor darstellt. Man erkennt dies, indem man $\mathfrak{s}_1^2$ bildet.

Legt man dem Winkel φ in Gl. (153) verschiedene Werte bei, so liegen die Endpunkte aller zugehörigen $\mathfrak{s}_1$ auf einem horizontalen Kreise. Zunächst nämlich müssen diese Endpunkte alle auf der Kugelfläche vom Halbmesser Eins enthalten sein, weil $\mathfrak{s}_1^2 = 1$ ist für jeden Winkel φ. Außerdem liegen sie aber wegen des konstanten Gliedes $a_1 \mathfrak{i}$ auch alle auf einer horizontalen Ebene, die vom festen Punkte den Abstand a_1 hat. Man kann daher sagen, daß Gl. (153) die Gleichung des Kreises bildet, nach dem diese horizontale Ebene von der Einheitskugel geschnitten wird.

Durch Differentiation nach der Zeit erhält man aus Gl. (153)

$$\frac{d\mathfrak{s}_1}{dt} = a_2 \frac{d\varphi}{dt} (-\sin \varphi \; \mathfrak{j} + \cos \varphi \; \mathfrak{k})$$

und durch nochmalige Differentiation

$$\frac{d^2\mathfrak{s}_1}{dt^2} = a_2 \frac{d^2\varphi}{dt^2}\left(-\sin\varphi\cdot\mathfrak{j} + \cos\varphi\cdot\mathfrak{k}\right) - a_2\left(\frac{d\varphi}{dt}\right)^2\left(\cos\varphi\cdot\mathfrak{j} + \sin\varphi\cdot\mathfrak{k}\right).$$

Diese Werte setzen wir jetzt in Gl. (152) ein, um uns zu überzeugen, ob die Gleichung durch eine passende Wahl von φ befriedigt werden kann. An Stelle von $\mathfrak{Q}$ schreiben wir dabei, mit Rücksicht auf die inzwischen für $\mathfrak{k}$ getroffene Wahl,

$$\mathfrak{Q} = -Q\mathfrak{k},$$

verstehen also unter Q den Absolutwert des Gewichtes $\mathfrak{Q}$. Die in Gl. (152) vorkommenden Vektorprodukte können leicht nach der gewöhnlichen Vorschrift gebildet werden. Führt man die Rechnung durch, so erhält man zunächst

$$a_2\,\Theta_2\left\{\mathfrak{k}\,a_2\frac{d^2\varphi}{dt^2} + \mathfrak{j}\,a_1\left(-\cos\varphi\,\frac{d^2\varphi}{dt^2} + \sin\varphi\left(\frac{d\varphi}{dt}\right)^2\right) + \right.$$
$$\left. + \mathfrak{k}\,a_1\left(-\sin\varphi\,\frac{d^2\varphi}{dt^2} - \cos\varphi\left(\frac{d\varphi}{dt}\right)^2\right)\right\} + $$
$$+ u_1\,\Theta_1\,a_2\frac{d\varphi}{dt}\left(\mathfrak{j}\sin\varphi - \mathfrak{k}\cos\varphi\right) + sQa_2\left(\mathfrak{j}\sin\varphi - \mathfrak{k}\cos\varphi\right) = 0.$$

Faßt man die Glieder in anderer Weise zusammen, so läßt sich die Gleichung schreiben

$$\Theta_2\frac{d^2\varphi}{dt^2}\left(\mathfrak{k}\,a_2 - \mathfrak{j}\,a_1\cos\varphi - \mathfrak{k}\,a_1\sin\varphi\right) + $$
$$+ \left(a_1\,\Theta_2\left(\frac{d\varphi}{dt}\right)^2 + u_1\,\Theta_1\frac{d\varphi}{dt} + sQ\right)\left(\mathfrak{j}\sin\varphi - \mathfrak{k}\cos\varphi\right) = 0.$$

Die linke Seite ist damit in eine geometrische Summe aus zwei Gliedern von verschiedener Richtung zerlegt. Das zweite Glied ist wegen Fehlens von $\mathfrak{k}$ horizontal gerichtet, das erste dagegen nicht. Damit die geometrische Summe zu Null wird, muß daher jedes Glied für sich jederzeit gleich Null sein. Die Gleichung zerfällt daher in die beiden folgenden

$$\left.\begin{array}{r}\dfrac{d^2\varphi}{dt^2} = 0,\\[2mm] a_1\,\Theta_2\left(\dfrac{d\varphi}{dt}\right)^2 + u_1\,\Theta_1\,\dfrac{d\varphi}{dt} + sQ = 0\end{array}\right\} \qquad (155)$$

Aus der ersten Gleichung folgt

$$\frac{d\varphi}{dt} = w,$$

wenn wir die Integrationskonstante mit w bezeichnen. Die Bedeutung von w folgt aus dem Ansatze in Gl. (153); es gibt die Winkelgeschwindigkeit an, mit der sich die horizontale Komponente von $\mathfrak{F}_1$ dreht, also die Winkelgeschwindigkeit der Präzession. Wir erkennen daraus, daß die Lösung in Gl. (153) eine konstante Winkelgeschwindigkeit der Präzession verlangt.

Die zweite der Gleichungen (155) geht hiermit über in

$$a_1 \Theta_2 w^2 + u_1 \Theta_1 w + sQ = 0 \qquad (156)$$

Wenn wir w so wählen, daß diese Gleichung befriedigt ist, erfüllt auch Gl. (153) die Hauptgleichung, und wir sind damit zu einer möglichen Art der Kreiselbewegung gelangt, die auch tatsächlich eintritt, wenn die Anfangsbewegung damit übereinstimmte. Die Auflösung nach w liefert

$$w = -\frac{u_1 \Theta_1}{2 a_1 \Theta_2} \pm \sqrt{\left(\frac{u_1 \Theta_1}{2 a_1 \Theta_2}\right)^2 - \frac{sQ}{a_1}} \qquad (157)$$

Man erhält immer zwei reelle Wurzeln, wenn a_1 negativ ist, d. h. wenn der Schwerpunkt bei der durch Gl. (163) dargestellten Bewegung unterhalb des festen Punktes liegt. Gewöhnlich denkt man aber bei der Kreiselbewegung an den Fall, daß der Schwerpunkt höher liegt als der Unterstützungspunkt. In diesem Falle muß

$$\left(\frac{u_1 \Theta_1}{2 a_1 \Theta_2}\right)^2 \geqq \frac{sQ}{a_1 \Theta_2}$$

sein, damit die betrachtete Bewegung möglich ist. In anderer Form läßt sich die Bedingung schreiben

$$u_1^2 \geqq \frac{4 a_1 Q s \Theta_2}{\Theta_1^2}. \qquad (158)$$

Der Kreisel muß also mindestens so schnell rotieren, daß die Winkelgeschwindigkeitskomponente u_1 dieser Bedingung genügt; anderenfalls ist die Bewegung in dieser Form nicht möglich.

Wenn die Winkelgeschwindigkeit sehr groß ist, hat man nach Gl. (157) zwei verschiedene Werte von w, von denen der eine, der dem positiven Wurzelvorzeichen entspricht, sehr klein gegenüber dem anderen ist. Es sind dann bei gegebenem a_1 zwei verschiedene Arten der regulären Präzession möglich, die man als „langsame" und „schnelle" Präzession bezeichnet. Wodurch sich beide Fälle im übrigen voneinander unterscheiden, erkennt man durch Bildung der Winkelgeschwindigkeit $\mathfrak{u}$, indem man $\mathfrak{F}_1$ aus Gl. (153) in Gl. (150) einsetzt. Man findet dann

$$\mathfrak{u} = u_1 \left(\mathfrak{i} a_1 + \mathfrak{j} a_2 \cos \varphi + \mathfrak{k} a_2 \sin \varphi \right) + {}+ a_2 w \left(-\mathfrak{i} a_2 + \mathfrak{j} a_1 \cos \varphi + \mathfrak{k} a_1 \sin \varphi \right).$$

Mit Rücksicht auf Gl. (154) läßt sich das aber auch in die Form

$$\mathfrak{u} = (u_1 + a_1 w)\mathfrak{F}_1 - \mathfrak{i} w \qquad (159)$$

bringen. Bei der langsamen Präzession des schnell rotierenden Kreisels ist w klein gegen u_1, und daher fällt die Richtung von u nahezu mit der Richtung von $\mathfrak{F}_1$, d. h. mit der Kreiselachse zusammen. Bei der schnellen Präzession ist dagegen, wie aus Gl. (157) hervorgeht, w von gleicher Größenordnung mit u_1 (wenigstens wenn sich Θ_1 und Θ_2 nicht zuviel voneinander unterscheiden) oder auch noch größer, und die Richtung von u weicht dann erheblich von der Richtung der Kreiselachse ab. Für den Fall des Kugelkreisels, also für $\Theta_1 = \Theta_2$, wird nach Gl. (157) bei der schnellen Präzession $a_1 w$ nahezu gleich $- u_1$, und daher muß, damit diese Bewegung erfolgen kann, u nach Gl. (159) nahezu in die Lotrichtung fallen.

Schließlich mag noch bemerkt werden, daß man auch die allgemeine Lösung des Kreiselproblems aus dem Ansatze in Gl. (153) erhalten kann, wenn man die Konstante a_1 durch eine von t abhängige Variable x ersetzt. Es zeigt sich dann, daß x einer Differentialgleichung genügen muß, die man mit Hilfe von elliptischen Funktionen integrieren kann. Im sechsten Bande ist dies näher besprochen.

§ 37. Die Verwendung der Kreiseltheorie in der Technik.

Für die praktische Technik hatte die Theorie des Kreisels lange Zeit hindurch nur geringe Bedeutung. Das hing mit den verhältnismäßig geringen Winkelgeschwindigkeiten zusammen, die in den älteren, langsam laufenden Maschinen allein vorkamen. Als erst durch die Elektrotechnik und später noch mehr durch die Entwicklung der Dampfturbine viel schneller laufende Maschinen zur Anwendung kamen, gewann aber die Kreiseltheorie oder allgemeiner gesagt, die Dynamik sehr schnell rotierender Körper immer mehr an Bedeutung.

Und zwar nach zwei Richtungen hin. Einerseits nämlich war es möglich, als man sehr schnell umlaufende Schwungräder herzustellen und in Gang zu halten verstand, die besonderen Eigenschaften der Kreiselbewegung unmittelbar praktisch nutzbar zu machen. Beispiele dafür sind der Schlicksche Schiffskreisel, dessen Theorie im 6. Bande ausführlich dargestellt ist, und der Kreiselkompaß. Andererseits aber traten, auch ohne daß man es beabsichtigt hatte, an den schnell umlaufenden Maschinen Er-

scheinungen auf, die man in kurzer Zusammenfassung als Kreisel-
wirkungen bezeichnen kann. Man wurde dadurch genötigt, sich
mit der Kreiseltheorie zu beschäftigen, um sich über diese Erscheinungen Rechenschaft geben und schädliche Folgen davon
vermeiden zu können.

Nun sind freilich die Bedingungen, unter denen diese Kreisel-
wirkungen auftreten, von sehr verschiedener Art, so daß man
nur selten die Entwicklungen der vorhergehenden Paragraphen
ohne jede Änderung zu ihrer Erklärung verwenden kann. Aber
trotz aller Unterschiede im einzelnen bleibt doch das Verfahren,
das dabei eingeschlagen wurde, auch in allen anderen Fällen anwendbar, um wenigstens eine ungefähr zutreffende Schätzung
daraus abzuleiten, wenn die Durchführung der genaueren Rechnung zu schwierig sein sollte.

Zur Kreiseltheorie im weiteren Sinne gehört zunächst eine
sehr einfache Betrachtung, die sich auf die Drehung eines
Schwungrades aus seiner Ebene heraus bezieht und von
der man öfters mit Nutzen Gebrauch machen kann. Ich werde
sie daher zuerst besprechen. Ein Ring sitze auf einer schnell
rotierenden Welle, und das Gestell, in dem die Welle gelagert
ist, möge vergleichsweise langsam irgendeine vorgeschriebene
Bewegung ausführen. Man denke etwa an einen solchen Schwungring, der auf einer Lokomotive angebracht sein mag. Wenn die
Lokomotive eine Kurve durchfährt, wird die Ebene des Schwungrings langsam gedreht. Die daneben stattfindende Translation
ist hierbei gleichgültig, und der Einfachheit halber wollen wir
deshalb ganz von ihr absehen.

In Abb. 44 ist der Schwungring in seiner Anfangslage durch
ausgezogene Striche angegeben. Die horizontale Welle, auf der
er sitzt, möge durch eine Bewegung des Fahrzeugs genötigt
werden, in einer gewissen Zeit t in die durch punktierte Linien
angegebene neue Lage einzurücken. Um die Bewegung zu erzwingen, müssen Kräfte von dem Fahrzeuge auf die Welle und
durch deren Vermittlung auf das Schwungrad übertragen werden.
Unter Umständen können diese sehr groß werden, so daß sie bei
ungenügender Festigkeit zu einer Zerstörung der Welle oder zu

einem Herausschleudern der Welle aus den Lagern zu führen
vermöchten; jedenfalls wird man sich daher Rechenschaft darüber zu geben haben, von welcher Art diese Kräfte sind und wie
groß sie sind.

Von dem Schwungrad nehme ich an, daß es richtig ausgeglichen und genau auf der Welle aufgekeilt sei, so daß bei still-
stehendem Fahrzeuge nur eine Bewegung um eine freie Achse
in Frage kommt. Die Lager der Welle haben dann nur das Gewicht und etwaige sonstige Belastungen aufzunehmen, genau so,
als wenn der Schwungring ebenfalls in Ruhe wäre. Diese Auflagerkräfte werden auch später
noch neben den anderen, die
wir suchen, weiter bestehen;
sie sind aber verhältnismäßig
gering, und es soll deshalb
weiterhin nicht ausdrücklich
von ihnen die Rede sein, vielmehr soll das Schwungrad so
behandelt werden, als wenn
es gewichtslos (aber nicht
masselos) wäre.

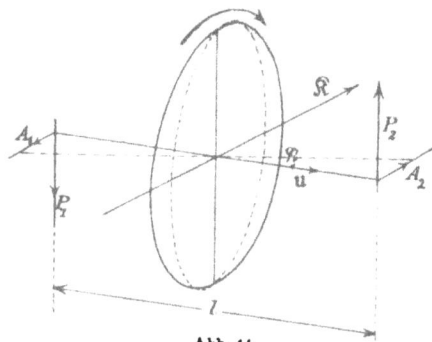

Abb. 44.

Um die angegebene Drehung um die lotrechte Achse auszuführen, wird man zunächst einmal ein Kräftepaar anbringen
müssen, das diese Drehung auch bei dem ruhenden Schwungringe
zustande brächte. Um den Schwungring in die neue Lage über-
zuführen, müssen wir ihn um die lotrechte Achse drehen, ihm
also eine vertikale Winkelgeschwindigkeit erteilen. Dies kann
etwa durch das in Abb. 44 mit A_1, A_2 bezeichnete Kräftepaar
geschehen. Wenn der Schwungring während der Drehung des
Fahrzeuges nicht rotierte, wäre von den Lagern nur einfach dieses
Kräftepaar auf die Welle zu übertragen. Sobald aber der Schwungring schnell umläuft, tritt dazu ein anderes von weit größerem
Betrage. Der Winkelgeschwindigkeit $\mathfrak{u}$ entspricht nämlich ein
Drall $\mathfrak{B}$

$$\mathfrak{B} = \mathfrak{u}\,\Theta\,,$$

und um diesen um einen Winkel φ zu drehen, muß nach dem

16*

Flächensatze ein Drehimpuls Kt aufgewendet werden, der nach den früher gegebenen Anleitungen leicht zu

$$Kt = \varphi u \Theta$$

berechnet werden kann. Wenn man also die Winkelgeschwindigkeit, mit der das Wenden des Fahrzeuges erfolgt, mit w bezeichnet, erhält man

$$K = u \Theta w, \qquad (160)$$

und bei großem u und Θ kann dies selbst für kleine Werte von w schon sehr beträchtlich werden. Die Richtung des jetzt der Größe nach berechneten Moments K folgt ebenfalls daraus, daß B durch geometrische Summierung von Kt in den neuen Wert übergeht. In die Abbildung ist der Pfeil von K eingetragen. Dieses Moment K kann von den Lagern nur in Form eines Kräftepaars übertragen werden, so daß jedes der beiden Lager eine Kraft des Paares überträgt. Auch diese mit P_1, P_2 bezeichneten Auflagerkräfte sind in Abb. 44 eingetragen worden; die Pfeile ergeben sich aus den früheren Festsetzungen über den Zusammenhang des Drehsinnes eines Kräftepaares mit dem Pfeile des dazu gehörigen Momentenvektors. Daß die beiden Auflagerkräfte P_1, P_2 wirklich von gleicher Größe sein müssen, folgt übrigens einfach daraus, daß sich der Schwerpunkt des ganzen Verbande weder hebt noch senkt. Wenn man die Länge der Welle mit l bezeichnet, hat man für jede dieser Kräfte

$$P_1 = P_2 = \frac{u \Theta w}{l}.$$

Wir sprachen bisher von den Kräften, die vom Gestelle auf die Welle und den Schwungring übertragen werden. Am Fahrzeuge selbst kommen die Reaktionen dieser Kräfte in Betracht; wenn wir die Beanspruchung des Fahrzeugs durch diese Auflagerkräfte untersuchen wollen, müssen wir daher die Pfeile umkehren. Wir sehen daraus, daß das Fahrzeug am linken Lager der Welle (in der Abbildung) gehoben, am anderen niedergedrückt wird. Unter Umständen kann es dadurch vollständig umgeworfen werden.

Von dieser Betrachtung kann man auch Gebrauch machen, um die Abänderung in der senkrechten Komponente des Raddrucks zu berechnen, die infolge der Umdrehung der Räder beim Fahren eines Eisenbahnfahrzeugs in einer Kurve zustande kommt, denn daß hier zwei Räder auf einer Achse sitzen, während bisher nur von einem Schwungringe die Rede war, macht offenbar nichts aus. Man bezeichne den Halbmesser des Radumfanges mit r, die Fahrgeschwindigkeit des Eisenbahnzuges mit v, den Krümmungshalbmesser des Geleises mit R, so wird

$$u = \frac{v}{r} \quad \text{und} \quad w = \frac{v}{R},$$

also
$$P_1 = P_2 = \frac{v^2 \Theta}{R r l}.$$

Unter Θ ist jetzt das Doppelte vom Trägheitsmomente eines einzelnen Rades zu verstehen, unter l die Spurweite. Betrachtet man zum Zwecke einer Abschätzung ein Rad nur als einfachen Reifen vom Radius r und vom Gewichte Q, so kann näherungsweise (aber sicher etwas zu groß) $\Theta = 2 \frac{Q}{g} r^2$ gesetzt werden, und die vorige Gleichung geht damit über in

$$P_1 = P_2 = Q \cdot \frac{2 v^2 r}{g R l}.$$

Wenn v so groß wird, daß der als Faktor von Q auftretende Bruch gleich Eins wird, sinkt der Raddruck auf der nach innen hin gelegenen Schiene um das ganze Gewicht eines Rades. Eine allein auf dem Geleise dahinrollende, mit zwei aufgekeilten Rädern versehene Achse müßte bei Überschreitung der angegebenen Geschwindigkeit entgleisen.

Setzt man etwa $r = 1$ m (Lokomotivräder sind zuweilen so hoch), $R = 200$ m (scharfe Kurve, wie sie aber bei Weichen usf. vorkommt) und $l = 1,435$ m (Normalspur der Haupteisenbahnen), so erhält man für die fragliche Geschwindigkeit

$$v = 37,5 \text{ m sec}^{-1}.$$

Ein Rad, das ganz besonders schnell umläuft, ist das Laufrad einer Lavalschen Dampfturbine. Man denke sich eine solche auf einem Schiffe montiert, und das Schiff möge die schaukelnden Bewegungen ausführen, die bei einem heftigen Sturme eintreten können. Wenn die Welle der Lavalschen

Turbine steif konstruiert wäre, müßte sie nach Gl. (160) ein sehr
erhebliches Kräftepaar K übertragen, um das Rad aus seiner
Rotationsebene abzulenken, denn hier ist nicht nur u ungewöhn-
lich groß, sondern auch w, die Winkelgeschwindigkeit, mit der
das Schiff seine pendelnde Bewegung ausführt, ist nicht allzu
klein. Um ein Zahlenbeispiel anzuführen, setze man etwa
$u = 2000\ \text{sec}^{-1}$ (entsprechend etwa 19000 Umdrehungen in der
Minute), $w = 0,2\ \text{sec}^{-1}$, das Gewicht des Laufrads gleich 100 kg
und den Trägheitsradius gleich 0,2 m. Dann wird der Drall des
Laufrads gleich 815 mkg sec und nach Gl. (160)
$$K = 163\ \text{mkg}.$$
Das Kräftepaar wirkt verbiegend auf die Welle. Die Welle ist
aber so dünn konstruiert, daß sie sich schon bei kleinen Biegungs-
momenten ziemlich stark verbiegt. Deshalb folgt die Rotationsebene des Rades nur zum Teile den Schwingungen des Schiffskörpers. Wenn die Welle ganz biegsam wäre, würde sich die
Rotationsebene des Rades überhaupt nicht verrücken; sie würde
im Raume feststehen, und die durch die Schwingungen des
Schiffes hervorgerufenen relativen Bewegungen würden in den
Verbiegungen der Welle allein zum Ausdrucke kommen. Auch
über die der pseudoregulären Präzession des Kreisels verwandten
Bewegungserscheinungen, die das Laufrad zeigt, wenn der Schiffskörper etwa einfache Sinusschwingungen ausführt, vermag man
sich leicht ungefähre Rechenschaft zu geben, falls man aus hin-
reichenden Angaben über die Stärke der Welle, den Elastizitätsmodul und die Entfernungen des Rades von den Lagern die
elastische Verbiegung der Welle für ein Biegungsmoment
$K = 1$ mkg nach den Sätzen der Festigkeitslehre zuvor berechnet hat.

Bei dem eben besprochenen Beispiele konnte die Masse des
Laufrades als so gering gegenüber dem schwingenden Schiffskörper angesehen werden, daß man auf die Rückwirkung, die es
auf diesen ausübt, nicht zu achten brauchte. Unter anderen
Umständen kann dies aber nötig werden; man muß sich dann
erinnern, daß das von dem rotierenden Rade auf das Fahrzeug
ausgeübte Kräftepaar dieses nicht im Sinne der Hauptdrehung,

die das Rad ausführt, sondern um eine rechtwinklig dazu stehende
Achse zu drehen sucht. Es wird nicht nötig sein, dies noch
weiter auszuführen, da schon bei dem Beispiele des Schwungrings auf der Lokomotive darauf eingegangen wurde. Dagegen
mag wenigstens erwähnt werden, daß man durch eine pendelnde
Aufhängung des Schwungrades, wie sie beim Schlickschen
Schiffskreisel vorkommt, eine Rückwirkung des Schwungrades auf das Schiff herbeizuführen vermag, die hemmend auf
die Schiffsschwingungen einwirkt.

Ein ferneres Beispiel für Betrachtungen dieser Art bildet der
Bumerang. Auf dessen Beschreibung selbst will ich hier zwar
nicht eingehen, sondern ihn durch ein einfacheres Beispiel ersetzen, bei dem der Bewegungsvorgang im wesentlichen der gleiche
ist. Man denke sich eine Scheibe (den Diskus der Alten) fort-
geworfen, indem man ihr zugleich eine schnelle Drehung um die
auf der Scheibenebene senkrechte Figurenachse erteilt. Wenn
der Wurf durch den luftleeren Raum erfolgte, würde der Schwerpunkt der Scheibe einfach eine Parabel beschreiben und die Rotationsachse, die eine freie Achse ist, behielte unverändert ihre
Richtung im Raume; die Scheibenebene würde also stets der
Anfangslage parallel bleiben. Im lufterfüllten Raume kann aber
die Bewegung nicht in dieser Weise erfolgen. Der Luftwiderstand wird sehr groß, sobald die Scheibenebene nicht mehr parallel zur Bewegungsrichtung ist. Wie sich der Luftwiderstand
im vorliegenden Falle im einzelnen verteilt, ist freilich schwer
zu sagen; wir wollen es aber, um nicht in eine Erörterung darüber eintreten zu müssen, als ausgemacht ansehen, daß er sich
jedenfalls in solcher Weise geltend macht, daß ein merkliches
Heraustreten der Scheibenebene aus der Bewegungsrichtung durch
ihn verhütet wird. Außerdem wird eine merkliche Änderung
des Dralls $\mathfrak{B}$ der sehr schnell rotierenden Scheibe sobald nicht
zu erwarten sein. Dann kann sich die Scheibe nahezu nur innerhalb der Ebene bewegen, die durch die Anfangslage der Scheibe
gegeben ist. Der Bewegungsvorgang ist demnach ungefähr derselbe, als wenn die unterhalb an die Scheibenfläche angrenzende
Luft sich wie eine starre schiefe Ebene verhielte, die sich jeder

Bewegung rechtwinklig zu ihr widersetzte. An Stelle der in
einer lotrechten Ebene liegenden gewöhnlichen Wurfparabel muß
jetzt der Schwerpunkt der Scheibe eine in der ursprünglichen
Scheibenebene liegende Bahn beschreiben. Wenn er sich anfänglich senkrecht zur Horizontalspur der Scheibenebene nach oben
hin bewegte, wird er sich in dieser schief nach aufwärts gehenden geraden Linie bis zu einem höchsten Punkte hin bewegen
und, nachdem er diesen erreicht hat, dieselbe Bahn in umgekehrter Richtung zurück durchlaufen und so zum Ausgangspunkte zurückkehren. Wirft man die Scheibe in horizontaler
Richtung, so wird sie nahezu in gerader horizontaler Richtung
weiterfliegen, und wenn die vorausgehenden Betrachtungen streng
anwendbar wären, müßte sie, allen Fallgesetzen zum Trotze, beliebig weit fortfliegen können, ohne zu sinken. Das ist natürlich
nicht genau richtig: man wird sich aber erinnern, daß geschickte
Taschenspieler in ihren Vorstellungen gelegentlich Spielkarten
mit großer Kunstfertigkeit so hinausschleudern, daß sie in der
Tat weite Strecken durcheilen, ohne in gewohnter Weise aus
der Wurfrichtung abgelenkt zu werden, und das, was ich vorher
auseinandersetzte, gibt wenigstens eine ungefähre Erklärung des
Vorganges, der dem beim Werfen des Bumerangs gleicht.

Auch die bekannte seitliche Ablenkung der aus ge-
zogenen Geschützen abgeschossenen Wurfgeschosse
gehört hierher. Der Luftwiderstand spielt hier nur eine andere
Rolle. Wir wollen uns davon summarisch in folgender Weise
Rechenschaft geben. In Abb. 45 sei AB ein Teil der Bahn des
Schwerpunktes S. Wenn kein Luftwiderstand wirkte, hätte die
Rotationsachse ihre ursprüngliche Richtung beibehalten, und die
Granate würde etwa die in Abb. 45 gezeichnete Stellung einnehmen. Der Luftwiderstand, dem sie in dieser Lage begegnet,
sei etwa durch $\mathfrak{W}$ angegeben. Es kommt dann wesentlich darauf an, wie der Schwerpunkt S gegen
die Richtungslinie von $\mathfrak{W}$ liegt. Liegt
er oberhalb, wie in der Figur, so ge-
hört zu $\mathfrak{W}$ ein statisches Moment $\mathfrak{R}$,
das eine Drehung der Granate in die

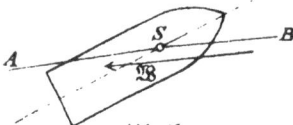

Abb. 45.

Richtung der Flugbahn herbeizuführen sucht. Diese Drehung setzt sich aber mit jener zusammen, die die Granate schon um ihre Längsachse ausführte. Der Erfolg wird, wie in den früheren Fällen, zunächst darin bestehen, daß sich $\mathfrak{B}$ und mit ihm $\mathfrak{u}$ und die Figurenachse aus der Ebene der Flugbahn etwas herausdrehen. Auch der Sinn dieser Ablenkung ist leicht festzustellen. Wenn das Geschütz mit Linksdrall versehen ist, haben wir $\mathfrak{u}$ vom Schwerpunkte aus nach oben hin abzutragen, und $\mathfrak{B}$ ist mit ihm gleichgerichtet. Das Moment von $\mathfrak{W}$ dreht in der Abbildung im Sinne des Uhrzeigers, und der Momentenvektor $\mathfrak{R}$ geht daher vom Zeichenblatte aus nach dem Beschauer hin. Vereinigen wir nun $\mathfrak{B}$ mit $\mathfrak{R}t$, so erhalten wir eine Richtung, die nach vorn hin (d. h. nach dem Beschauer hin) etwas geneigt ist. Das vordere Ende der Granate zeigt daher auch nach dieser Richtung. Sobald das Geschoß im Grundrisse ein wenig schräg gestellt ist, erfährt es auf der vorausgehenden Seite einen größeren Luftwiderstand als auf der ein wenig nach hinten zu gedrehten. Es wird dadurch seitlich abgelenkt, und zwar vom Geschütz aus gesehen nach rechts hin (bei Rechtsdrall nach links hin). Gerade die nun im Grundrisse etwas exzentrische Angriffslinie des Winddrucks bringt dann ein statisches Moment hervor, das die Geschoßachse in die Richtung der Flugbahn dreht. — Natürlich soll diese Betrachtung nur eine ungefähre Vorstellung geben; im einzelnen sind die pendelnden Bewegungen des Geschosses sehr verwickelt. Außerdem ist auch darauf zu achten, daß die Seitenablenkung nach der entgegengesetzten Seite hin erfolgt, wenn der Schwerpunkt S in Abb. 45 unterhalb von $\mathfrak{W}$ liegt. Bei den gewöhnlich verwendeten Geschoßformen scheint dies übrigens in der Regel der Fall zu sein.

Eng verwandt mit der Kreiselbewegung ist auch die Bewegung eines rollenden Rades. Die strenge Theorie dieser Bewegung ist freilich noch erheblich schwieriger als wenigstens die Theorie des symmetrischen Kreisels, und zwar namentlich deshalb, weil das auf einen Umfangspunkt des Rades bezogene Trägheitsellipsoid ein dreiachsiges ist. Das hindert aber nicht, den Bewegungsvorgang wenigstens schätzungsweise mit Hilfe

einfacher Betrachtungen so weit zu verfolgen, als es für eine
erste Übersicht wünschenswert erscheint. Dabei soll sich das
Rad nur unter dem Einflusse seines Gewichtes bewegen und auf
dem horizontalen Fußboden nur rollen und nicht gleiten.

Den Umfang des Radreifs denke ich mir etwas gewölbt, so
daß das Rad — abgesehen von der elastischen Abplattung, die
dabei entsteht — den Boden immer in einem Punkte berührt.
Der Punkt, mit dem es im gegebenen Augenblicke auf dem
Boden aufsitzt, möge als der Auflagerpunkt bezeichnet werden.
Damit das Rad rollt, ohne zu gleiten, muß der Auflagerpunkt
in augenblicklicher Ruhe sein, d. h. die Bewegung des Rades aus

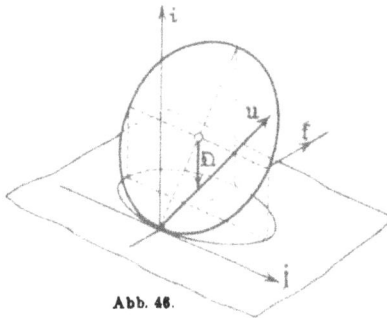

Abb. 46.

einer Lage in die folgende kann
immer nur in einer Drehung um
eine durch den Auflagerpunkt
gezogene Achse bestehen. Die
Richtung dieser Achse kann beliebig sein. In Abb. 46, die das
Rad in irgendeiner seiner Stellungen angibt, ist die Richtung
der Drehachse und die Größe der
Winkelgeschwindigkeit   durch
den Vektor u angegeben. Geschwindigkeiten kann man zerlegen
wie Kräfte. Man tut hier am besten daran, u nach drei zueinander rechtwinkligen Richtungen zu zerlegen, die in Abb 46
durch die Richtungsfaktoren i, j, f kenntlich gemacht sind. Die
i-Richtung steht senkrecht zum Fußboden, die j-Richtung fällt
mit der Horizontalspur der Radebene zusammen, und die f-Rich-
tung ist schon durch die beiden vorigen mit bestimmt.

Die augenblickliche Bewegung des Rades kann man sich aus
einem Zusammenwirken von Drehungen um die genannten Hauptrichtungen bestehend denken. Es wird daher nützlich sein,
wenn man zunächst nur die Drehungen um jede der drei Hauptrichtungen für sich betrachtet. Zunächst möge das Rad nur eine
Drehung um die i-Achse besitzen. Der Auflagerpunkt bleibt
dann dauernd an seiner Stelle, und das Rad kann einfach als ein
dreiachsiger Kreisel aufgefaßt werden, der eine Präzessionsbewe-

gung ausführt. Auch eine reguläre Präzession ist unter diesen
Umständen möglich, und zwar so, daß jedem Neigungswinkel
der Radebene gegen den Fußboden eine ganz bestimmte Winkelgeschwindigkeit um die i-Achse entspricht, die zu einer regulären Präzession führt. Ich erinnere nur an das bekannte Experi-
ment, bei dem man einen Taler auf einem Tische in dieser Weise
rotieren läßt. Wenn die Winkelgeschwindigkeit abnimmt, neigt
sich der Taler immer mehr. Auch rechnerisch läßt sich der Zusammenhang zwischen Neigungswinkel und Winkelgeschwindigkeit um die i-Achse leicht verfolgen; ich sehe aber hier davon ab.

Drehungen um die j-Achse sind als Pendelbewegungen aufzufassen; volle Pendelschwingungen können hier freilich nicht
zustande kommen, die Bewegung endet vielmehr mit dem Umfallen des Rades auf den Fußboden. Überdies ist auch zu beachten, daß schon vor dem vollständigen Umfallen ein Gleiten
des Rades auf dem Boden zu erwarten ist. Auch darüber kann
man sich ohne Schwierigkeit Rechenschaft geben; am einfachsten
wendet man dazu das d'Alembertsche Prinzip an. Man betrachtet das fallende Rad in irgendeiner seiner Stellungen, führt
die Trägheitskräfte ein und ermittelt nach der Lehre vom Gleichgewichte eines starren Körpers den im Auflagerpunkte übertragenen Druck. Solange die Richtung des Auflagerdrucks noch
innerhalb des Reibungskegels liegt, tritt kein Abgleiten ein; die
Bewegung setzt sich vielmehr einstweilen noch so wie eine Pen-
delschwingung fort. Gegen das Ende der Bewegung hin wird
man aber die Bedingung nicht mehr erfüllt finden, und dann
gleitet der Auflagerpunkt über den Fußboden.

Die beiden bis jetzt betrachteten Drehungen führen überhaupt nicht zu einem Rollen des Rades; dieses wird nur durch
die Drehung um die f-Achse bewirkt. Freilich kann von einer
dauernden Drehung um eine festliegende f-Achse hier nicht die
Rede sein; die Drehung führt sofort zu einem Wechsel des Auf-
lagerpunktes, und die f-Achse kann daher nur als Momentanachse
in Betracht kommen. Wir können uns aber eine Bewegung vorstellen, bei der in jeder neuen Lage des Rades die nach der gegebenen Vorschrift stets von neuem konstruierte Richtung der

f-Achse die augenblickliche Drehungsachse angibt. Eine solche
Bewegung mag als eine rein rollende bezeichnet werden; im Gegensatze zu ihr kann die Drehung um die
i-Achse als eine Wendung und die Drehung um die
j-Achse als eine Fallbewegung des Rades bezeichnet
werden, wobei im letzten Falle nicht ausgeschlossen ist, daß sie
im gegebenen Augenblicke auch nach oben hin erfolgt.

Im allgemeinen Falle bestehen alle drei Bewegungskomponen-
ten zugleich, und sie beeinflussen sich gegenseitig. Eine besondere
Beachtung kann aber die rein rollende Bewegung, die sich leicht
theoretisch behandeln läßt, immerhin beanspruchen. Um sie zu
untersuchen, denke man sich eine Senkrechte zur Radebene vom
Radmittelpunkte aus gezogen. Sie trifft den Fußboden auf der
f-Achse. Vom Schnittpunkte aus als Spitze denke man sich einen
Kegel konstruiert, dessen Grundlinie der Radumfang ist und der
mit dem Rade fest verbunden sein mag. Dann muß die Kegelspitze während der rollenden Bewegung des Rades dauernd in
Ruhe bleiben, da sie in jedem Augenblicke auf der f-Achse, also
auf der Momentanachse enthalten ist. Wir können daher die Bewegung geradezu durch das Rollen des Kegels auf der Boden-
fläche beschreiben, d. h. der Kegel bildet in Anlehnung an die
früher eingeführten Bezeichnungen den Polodiekegel für die Bewegung um die als festen Punkt anzusehende Kegelspitze. Der
Herpolodiekegel ist hier in eine ebene Fläche, nämlich in die
Oberfläche des Bodens ausgeartet.

Von äußeren Kräften wirken auf das Rad das Gewicht und
der Auflagerdruck. Die senkrechte Komponente des Auflagerdrucks muß dem Gewichte gleich sein, da der Schwerpunkt des
Rades Geschwindigkeitskomponenten in senkrechter Richtung
weder besitzt noch erlangt. Daneben muß freilich zugleich eine
Horizontalkomponente des Auflagerdrucks auftreten, die die
Zentripetalkraft für die vom Schwerpunkte ausgeführte kreisförmige Bewegung abgibt. Die Horizontalkomponente geht hiernach in jedem Augenblicke durch die Kegelspitze, und wenn wir
den Flächensatz für die Kegelspitze als Momentenpunkt anwenden, ist ihr Moment stets gleich Null.

Man sieht jetzt leicht, wie die Rechnung durchzuführen ist. Wenn das Rad im Anfangszustande gegeben ist, kennt man sofort die Kegelspitze, die von ihm bei der rein rollenden Bewegung umkreist wird. Man konstruiere nun das Trägheitsellipsoid für die Kegelspitze als festen Punkt. Mit dessen Hilfe findet man in schon oft benutzter Weise die Richtung des Dralls $\mathfrak{B}$, bezogen auf den festen Punkt. Das Moment $\mathfrak{K}$ der äußeren Kräfte ist ebenfalls bekannt; es ist das statische Moment des aus dem Gewichte und der senkrechten Komponente des Auflagerdrucks bestehenden Kräftepaares. Beim Weiterrollen des Rades dreht sich mit ihm sowohl $\mathfrak{B}$ als $\mathfrak{K}$, die stets rechtwinklig zueinander bleiben. Die Größe von $\mathfrak{K}$ ist nur von der Neigung der Radebene gegen den Fußboden, die absolute Größe von $\mathfrak{B}$ aber zugleich von der Anfangsgeschwindigkeit abhängig. Wie aber diese Anfangsgeschwindigkeit sein muß, damit bei der gegebenen Neigung des Rades eine rein rollende Bewegung zustande kommen kann, folgt aus der Gleichung des Flächensatzes

$$\frac{d\mathfrak{B}}{dt} = \mathfrak{K}.$$

Auf die wirkliche Durchführung der Rechnung, die nach dem angegebenen Plane leicht erfolgen kann, gehe ich nicht ein. Dagegen mache ich noch ausdrücklich darauf aufmerksam, daß die rein rollende Bewegung nur bei einer ganz bestimmten Beziehung zwischen der Schiefstellung des Rades gegen die Vertikale und der Geschwindigkeit der Rollbewegung möglich ist. Wenn das Rad im Anfangszustande eine rein rollende Bewegung hatte und die genannte Bedingung nicht erfüllt war, kann sie sich nicht in dieser Weise fortsetzen; es tritt vielmehr alsbald noch eine „Fallbewegung" (nach unten oder auch nach oben hin) dazu. Dadurch wird die Neigung der Radebene gegen den Fußboden geändert, und zwar in solchem Sinne, daß eine Annäherung an jene Radstellung stattfindet, für die bei der gegebenen Fahrgeschwindigkeit die Bedingung des reinen Rollens erfüllt ist.

Schließlich möge noch bemerkt werden, daß man zu einer allgemeineren Theorie der Radbewegung dadurch gelangen kann, daß man zwar immer noch die „Wendebewegung" um die $\mathfrak{i}$-Achse

ausschließt, dagegen das Auftreten von Drehungen um die j-
und die ł-Achse zugleich zuläßt. Diese würde sich dem allgemeinen Verhalten des Rades beim Rollen ziemlich genau anschließen, da die als Wendebewegung bezeichnete Drehung um
die i-Achse auf eine „bohrende Reibung" stößt und daher,
wenn sie nicht schon anfänglich mit hinreichender Winkelgeschwindigkeit gegeben, also absichtlich herbeigeführt war
späterhin schnell erlischt und auch nicht von selbst wieder entstehen kann.

Sehr eng verwandt mit der vorigen ist auch die Bewegung
einer Kugel auf einer rauhen horizontalen Ebene
(Billardball) bei beliebigen Anfangsbedingungen. Man hat diese
Bewegung schon sehr ausführlich behandelt; sie ist aber für die
Technik von nur geringer Wichtigkeit und eigentlich nur für
den Billardspieler, der zu einem theoretischen Verständnis der
erfahrungsmäßig erworbenen Kunstfertigkeit gelangen möchte,
von einigem Werte. Die Bemerkung mag daher genügen, daß
sich die Bewegung der rein rollenden Kugel (abgesehen von der
rollenden Reibung) auf der rauhen Ebene genau so fortsetzt, als
wenn die Ebene ganz glatt wäre. Wenn die Kugel durch einen
Stoß in Bewegung gesetzt wird, tritt aber im allgemeinen (und
namentlich, wenn der Stoß ziemlich tief erfolgt) zugleich ein
Gleiten ein, so lange bis durch die dabei auftretende gleitende
Reibung der Bewegungszustand so weit abgeändert ist, daß die
Kugel nachher nur noch rollt. Solange das Gleiten anhält, beschreibt der Schwerpunkt der Kugel im allgemeinen eine gekrümmte Bahn (unter gewissen Umständen eine Parabel), an die
sich nach Aufhören des Gleitens eine gerade Bahn schließt.

§ 38. Ebene Bewegungen des starren Körpers.

Bisher war in diesem Abschnitte nur von der Bewegung eines
starren Körpers im dreifach ausgedehnten Raum die Rede. Die
ebene Bewegung, bei der alle Punkte Bahnen beschreiben, die
zu einer gegebenen Ebene parallel sind, ist zwar darin schon
mit enthalten. Dieser Sonderfall verdient aber doch auch noch

eine besondere Besprechung, zunächst weil er sehr häufig vorkommt, und dann weil sich die allgemeinen Betrachtungen bei ihm sehr vereinfachen und erleichtern lassen.

Diese Vereinfachung tritt namentlich dann ein, wenn der Körper entweder eine Symmetrieebene oder wenigstens eine zum Trägheitsellipsoid für den Schwerpunkt gehörige Hauptträgheitsebene hat, die zur Bewegungsebene parallel ist. In diesem Falle erfolgt die Drehbewegung des Körpers um eine freie Achse, und der zugehörige Drall fällt in dieselbe Richtung. Die Winkelgeschwindigkeit und der Drall brauchen dann nicht mehr durch Vektoren dargestellt zu werden, sondern es genügt dazu schon eine mit einem Vorzeichen versehene Zahlenangabe. Ebenso kommt von den Trägheitsmomenten des Körpers nur das eine in Betracht, das sich auf die senkrecht zur Bewegungsebene stehende Achse bezieht. Kräfte, die in der Symmetrieebene oder in der an ihre Stelle tretenden Hauptträgheitsebene angreifen, lassen sich auf eine am Schwerpunkt angreifende Resultierende und ein Kräftepaar zurückführen, die in dieser Ebene liegen, und beide können nur den Erfolg haben, daß sich die Bewegung weiter als eine ebene fortsetzt, wenn sie als solche begonnen hatte.

Es genügt daher, wenn man sich zur Untersuchung der ebenen Bewegung den starren Körper durch eine starre Scheibe ersetzt denkt. Aber auch dieses Bild läßt sich noch weiter vereinfachen, indem man dafür zwei starr miteinander verbundene materielle Punkte setzt, deren Massen und Lagen passend gewählt sind.

Zunächst ist die aufgestellte Behauptung zu beweisen. Dazu dient die Bemerkung, daß sich die Bewegung eines Körpers unter dem Einflusse gegebener Kräfte vollständig auf Grund des Satzes von der Bewegung des Schwerpunkts in Verbindung mit dem Flächensatze voraussagen läßt. In den Gleichungen, die diese Sätze zum Ausdruck bringen, kommt es aber auf die besondere Gestalt und Massenverteilung überhaupt nicht an, sondern nur auf die gesamte Masse, die Lage des Schwerpunkts und auf die Gestalt des Trägheitsellipsoids. Körper, die in diesen überein-

stimmen, müssen daher bei gleichem Kraftangriff auch übereinstimmende Bewegungen ausführen. Bei der ebenen Bewegung
kommt es überdies, wie wir schon sahen, nur auf das Trägheitsmoment für die zur Bewegungsebene senkrechte Achse an. Es
steht uns daher frei, eine beliebig gegebene Massenverteilung
durch eine andere von einfacherer Art zu ersetzen, die mit der
gegebenen nur in den vorher bezeichneten Stücken übereinzustimmen braucht. Wenn dann an dieser äußere Kräfte in solcher
Größe und Verteilung angebracht werden, daß die am Schwerpunkt angreifende Resultierende und das zugehörige Kräftepaar
mit den am ursprünglich gegebenen Körper wirkenden übereinstimmen, müssen beide Massenver-
bände übereinstimmende Bewegungen
ausführen.

Den gestellten Forderungen vermag man aber schon durch zwei materielle Punkte zu genügen, von denen
der eine überdies noch in beliebiger
Lage in der Scheibenebene angenommen werden kann, nur mit der Ausnahme, daß er nicht auf den Schwer-

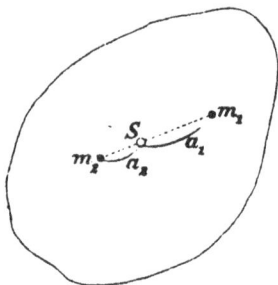
Abb. 47.

punkt fallen darf. Wählt man nämlich in Abb. 47, die einen
Umriß der Scheibe angibt, den materiellen Punkt m_1 beliebig
aus, so muß der andere auf der durch den Schwerpunkt S gezogenen Geraden zunächst so gewählt werden, daß der Schwerpunkt der Massen m_1 und m_2 mit S zusammenfällt. Zwischen
den Abständen a_1 und a_2 (vgl. Abb. 47) und den Massen muß
daher die Bedingung erfüllt sein

$$m_1 a_1 = m_2 a_2$$

und außerdem, damit die Gesamtmasse in beiden Fällen dieselbe ist,

$$m_1 + m_2 = M,$$

wenn M die Scheibenmasse bedeutet. Bezeichnen wir ferner
den Trägheitshalbmesser der Scheibe (bezogen auf die durch
S senkrecht zur Scheibenebene gezogene Achse) mit i, so muß,
damit die Trägheitsmomente übereinstimmen,

$$M i^2 = m_1 a_1^2 + m_2 a_2^2$$

sein. Die drei Gleichungen lassen sich nach den Unbekannten m_1, m_2 und a_2 (da a_1 beliebig gewählt war) sofort auflösen, und man erhält

$$a_2 = \frac{i^2}{a_1}, \quad m_1 = \frac{M i^2}{a_1^2 + i^2}, \quad m_2 = \frac{M a_1^2}{a_1^2 + i^2}. \tag{161}$$

Das einfachste Beispiel für die Anwendung des besprochenen Verfahrens bildet das physische Pendel, das schon in § 18 als Beispiel für die Anwendung des Prinzips von d'Alembert besprochen worden ist. Denkt man sich in Abb. 29, S. 149 eine Massenreduktion in der Art vorgenommen, daß die Masse m_1 mit dem Aufhängepunkt O zusammenfällt, während die Masse m_2 und ihr Abstand vom Schwerpunkt nach den Gleichungen (161) zu bestimmen sind, so bilden die beiden starr miteinander verbundenen Massen einen Verband, der dieselbe Bewegung ausführen muß wie das physische Pendel selbst, wenn man die entsprechenden Kräfte daran wirken läßt. Von dem Eigengewicht wird dies erreicht, wenn man annimmt, daß auch den m_1 und m_2 Gewichte zukommen, die diesen Massen entsprechen. Aber auch der Auflagerdruck muß unter diesen Umständen in beiden Fällen gleich groß und gleich gerichtet sein. Ist er es nämlich, so führen beide Verbände übereinstimmende Bewegungen aus, und der mit O zusammenfallende Massenpunkt bleibt in beiden Fällen in Ruhe. Wollte man dagegen annehmen, daß der an m_1 als äußere Kraft angreifende Auflagerdruck in dem Verbande der Massen m_1 und m_2 von dem vorigen verschieden wäre, so müßte dieser Verband auch eine andere Bewegung ausführen, und zwar so, daß sich dabei der Angriffspunkt m_1 der abgeänderten Kraft anders bewegte als zuvor, also nicht in Ruhe bliebe. Wenn wir also festsetzen, daß auch in dem Verbande $m_1 m_2$ der mit O zusammenfallende materielle Punkt m_1 festgehalten sein soll, so ist dadurch schon mit bestimmt, daß auch die Auflagerkraft in diesem Verbande ebenso groß ausfallen muß wie vorher bei dem physischen Pendel.

Man erkennt nun sofort, welchen Vorteil diese Art der Massenreduktion gewährt. Das Gewicht von m_1 wird unmittelbar vom

Auflager aufgenommen und kommt nur insofern zur Geltung, als der Auflagerdruck dadurch mit bestimmt wird. Der Verband der m_1 und m_2 muß sich daher genau so wie ein einfaches Fadenpendel mit der Masse m_2 im Abstande $a_1 + a_2$ vom Aufhängepunkt bewegen, d. h. die reduzierte Pendellänge des physischen Pendels ist

$$l_{red} = a_1 + a_2 = s + \frac{i^2}{s} = \frac{i^2 + s^2}{s}.$$

Das stimmt mit Gl. (97), S. 152 überein, wenn man nur beachtet, daß dort der Trägheitshalbmesser i auf die Aufhängeachse, hier aber auf die Schwerpunktsachse des Körpers bezogen wurde, und daß zwischen beiden die schon aus den Untersuchungen des 3. Bandes bekannte einfache Beziehung besteht.

Diese Massenreduktion und ihre Anwendung auf das physische Pendel rührt schon von Poinsot her. Später haben sie H. Lorenz und Skutsch von neuem wieder aufgegriffen. Auf ein Beispiel, das Herr Skutsch dazu in seiner Abhandlung (Sitzungsberichte d. Berliner math. Ges. v. 26. April 1905) gegeben hat, möge hier noch mit wenigen Worten eingegangen werden. Die Aufgabe lautet: „Zwei in derselben Ebene bewegte Scheiben werden plötzlich fest miteinander verbunden; man soll die Bewegung nach der Koppelung ermitteln."

Man löst die Aufgabe, indem man jede Scheibe durch zwei Massenpunkte derart ersetzt, daß beide Punktpaare in dem Augenblicke, in dem die Verbindung der Scheiben erfolgt, miteinander zusammenfallen. Zu diesem Zwecke zieht man die Verbindungslinie beider Schwerpunkte. Auf ihren Verlängerungen nach beiden Seiten hin kann man dann leicht zwei Punkte ermitteln, deren Abstände a_1, a_2 und b_1, b_2 von den Schwerpunkten den Bedingungen $a_1 a_2 = i_1^2$ und $b_1 b_2 = i_2^2$ entsprechen, wenn i_1, i_2 die Trägheitshalbmesser der Scheiben sind. Nach diesen Punkten lassen sich dann entsprechend den Gleichungen (161) die Massen beider Scheiben verteilen, und ebenso auch die gesamte Masse nach erfolgter Koppelung. Bei der Koppelung entsteht ein Stoß, durch den aber weder die Bewegungsgröße noch der Drall des ganzen Verbandes geändert werden können, da keine äußeren Kräfte mitwirken. Diese Bedingungen genügen, um daraus sofort die Geschwindigkeiten beider Reduktionspunkte zu berechnen, was aber jetzt nicht weiter ausgeführt werden soll.

In manchen Fällen sieht man sich genötigt, einen starren Körper durch mehr als zwei materielle Punkte zu ersetzen. Besonders trifft dies bei der Pleuelstange eines Kurbelmechanismus zu. Als Reduktionspunkte sind hier von vornherein die beiden Stangenenden vorgeschrieben, deren Abstände a_1, a_2 vom Schwerpunkte mit der ersten der Gl. (171) im allgemeinen nicht übereinstimmen. Man braucht dann noch eine dritte Masse m_3, die man im Schwerpunkte der Stange annimmt, um allen Bedingungen zu genügen.

Vierter Abschnitt.

Schwingungen elastischer Körper.

§ 39. Biegungsschwingungen von Stäben mit gleichförmig verteilter Masse.

Von den Schwingungen elastischer Körper hat besonders das Problem der schwingenden Saiten, also etwa der Violinsaiten, eine wichtige Rolle in der Physik gespielt. Fourier hat es zuerst gelöst, und daran hat sich zugleich einer der wichtigsten Fortschritte der Mathematik, nämlich die Entwicklung einer beliebig gegebenen Funktion in eine Fouriersche Reihe geknüpft. Für die Technik ist dieses Problem jedoch nur von geringer Bedeutung. Ich werde deshalb hier nicht darauf eingehen, sondern an Stelle davon die Theorie des schwingenden Stabes behandeln, das mit jenem sehr verwandt, dabei aber von größerer Bedeutung für den Techniker ist, weil es Aufschluß über die Schwingungen gibt, die z. B. ein Brückenbalken oder überhaupt ein belasteter Träger auszuführen vermag.

Darum, wie die Schwingungen des Trägers, die wir untersuchen wollen, ursprünglich angeregt wurden, wollen wir uns jetzt nicht kümmern; wir fragen nur danach, wie sie sich, nachdem sie einmal bestanden haben, weiterhin fortsetzen. Gegenüber der Theorie der schwingenden Saiten besteht der Unterschied, daß bei den Saiten der Biegungswiderstand vernachlässigt werden darf, so daß nur die Längsspannungen in Frage kommen. Bei den Stäben dagegen kommt es ausschließlich auf den Biegungswiderstand an, während eine Längsspannung des ganzen Stabes dabei nicht mitwirkt.

Unter der Last, die dem Träger aufgebürdet ist, und die die Schwingungen mit ihm zusammen ausführt, erfährt der Träger schon im Ruhezustande eine geringe elastische Durchbiegung, die als Funktion der Querschnittsabszisse aus der Gleichung der elastischen Linie nach bekannten Entwicklungen der Festigkeitslehre berechnet werden kann. Diese „statische" Durchbiegung y_s kümmert uns hier wenig. Wenn der Träger schwingt, wird die gesamte Durchbiegung in einem bestimmten Augenblicke von y_s im allgemeinen verschieden sein. Der Unterschied möge mit y und die ganze Durchbiegung mit y_d oder als „dynamische" Durchbiegung bezeichnet werden. Man hat also

$$y_d = y_s + y,$$

und in Abb. 48 ist dieser Zusammenhang noch näher nachgewiesen. Die eine Linie soll die elastische Linie für den Ruhezustand, die andere die Mittellinie des Stabes in irgendeinem Augenblicke während der Schwingung andeuten.

Wir stützen uns auf das

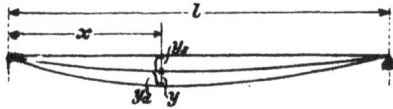

Abb. 48.

Prinzip von d'Alembert, um die Sätze der Festigkeitslehre bei der Lösung der Aufgabe anwenden zu können. Bei der Biegung eines Stabes stehen die Verschiebungen im wesentlichen senkrecht zur Stabachse, und der Anschaulichkeit wegen wollen wir annehmen, daß sie in der Vertikalebene erfolgen, obschon alles, was darüber zu sagen ist, auch auf Schwingungen in anderer Richtung übertragen werden könnte.

Die Beschleunigung der im Abstande x vom linken Auflager liegenden Massenteilchen ist dann ebenfalls nach abwärts oder bei negativem Vorzeichen nach oben hin gerichtet und gleich

$$\frac{\partial^2 y}{\partial t^2}$$

zu setzen. Wenn die auf die Längeneinheit kommende Masse der Belastung (samt Eigengewicht des Stabes) mit μ bezeichnet wird, erhalten wir für die Trägheitskraft, die wir in dem Längenelement dx anbringen müssen, um die Aufgabe auf eine Gleichgewichtsaufgabe zurückzuführen,

$$-\mu\,dx\,\frac{\partial^2 y}{\partial t^2}\,.$$

Es möge noch bemerkt werden, daß man in diesem Ausdrucke y auch durch y_d ersetzen könnte, da y, der Zeit nach konstant ist. Es ist aber bequemer, sofort überall mit y zu rechnen.

Die Trägheitskräfte, als Lasten an dem Stabe angebracht, führen am ruhenden Stabe im Vereine mit den wirklich vorhandenen Lasten zu der elastischen Durchsenkung y_d. Anstatt dessen können wir auch sagen, daß die Trägheitskräfte, für sich genommen, als Lasten am ruhenden Stabe eine elastische Linie hervorrufen würden, deren Ordinaten y wären. Dabei ist vorausgesetzt, daß das Material des Stabes dem Hookeschen Gesetze gehorcht, daß also die Proportionalitätsgrenze im Verlaufe der Schwingung niemals überschritten wird. Dann setzen sich aber in der Tat, wie aus den Untersuchungen der Festigkeitslehre bekannt ist, die von zusammengesetzten Lastengruppen erzeugten Durchbiegungen durch algebraische Summierung aus jenen zusammen, die den einzelnen Lasten für sich entsprechen.

Die Gleichung der elastischen Linie für die Durchbiegungen lautet

$$EJ\frac{\partial^2 y}{\partial x^2} = -M.$$

Das Biegungsmoment M ist aber hier nicht unmittelbar gegeben; wir haben nur einen Ausdruck für die Belastung irgendeines Stabelementes dx. Wir befinden uns also genau in derselben Lage wie bei den in der „Festigkeitslehre" untersuchten Stäben auf nachgiebiger Unterlage; wir müssen daher auch genau so verfahren wie dort. Wir differentiieren also die Gleichung der elastischen Linie zweimal nach x und erhalten

$$EJ\frac{\partial^4 y}{\partial x^4} = -\frac{\partial^2 M}{\partial x^2} = -\frac{\partial V}{\partial x}.$$

Für das Differential ∂V der Scherkraft, das zum Differential ∂x der Abszisse gehört, haben wir

$$\partial V = +\mu\,\partial x\frac{\partial^2 y}{\partial t^2},$$

denn die Trägheitskräfte sind nach aufwärts gekehrte Lasten, wenn sie negativ sind, und sie führen in diesem Falle zu einer Vergrößerung der Scherkraft, die nach oben hin positiv gerechnet wird. Die vorhergehende Gleichung geht hiermit über in

$$EJ\frac{\partial^4 y}{\partial x^4} = -\mu\frac{\partial^2 y}{\partial t^2}.\qquad(162)$$

Das ist die gesuchte Schwingungsgleichung. Sie ist eine partielle Differentialgleichung, in deren allgemeine Lösung daher willkürliche Funktionen eintreten müssen. Die Schwingungen des Stabes können daher von sehr mannigfaltiger Art sein. Das kann auch nicht überraschen, wenn wir bedenken, daß die Gestalt des Stabes zu Anfang ganz willkürlich gegeben sein kann, und daß auch die anfänglichen Geschwindigkeiten ganz beliebige stetige Funktionen der Querschnittsabszisse x sein können. Jedem anderen Anfangszustande müssen aber in der Folge auch andere Schwingungen entsprechen.

Unter diesen Umständen sucht man zunächst partikuläre Lösungen der Gleichung von möglichst einfacher Form. Man gelangt dadurch zur Kenntnis besonderer möglicher Schwingungen, und aus einer Verbindung der einzeln als möglich erkannten Schwingungen sucht man die allgemeine Lösung oder die zu gegebenen Anfangsbedingungen gehörige Lösung zusammenzusetzen. Das Zusammensetzen der einzelnen Lösungen wird mathematisch gesprochen dadurch ermöglicht, daß die Differentialgleichung linear ist, oder physikalisch gesprochen dadurch, daß sich die Schwingungen zu superponieren vermögen, so daß eine die andere nicht stört.

Die einfachste Lösung von Gl. (162) ist von der Form

$$y = A\sin\alpha x \sin\beta t.\qquad(163)$$

Von den hierbei vorkommenden Konstanten ist indessen nur A willkürlich; es gibt den größten Ausschlag an, der an irgendeiner Stelle und zu irgendeiner Zeit vorkommt. Zwischen den anderen Konstanten α und β muß zunächst eine Bedingungsgleichung erfüllt sein, damit Gl. (163) wirklich eine Lösung von Gl. (162) darstelle. Setzt man nämlich den für y vorgeschlagenen Wert in Gl. (162) ein, so geht sie nach Wegheben gleicher Faktoren auf beiden Seiten über in

$$EJ\alpha^4 = \mu\beta^2.\qquad(164)$$

Außerdem muß α auch so gewählt werden, daß die Grenzbedingungen an den Enden erfüllt werden. Für $x = 0$ ist y nach Gl. (163) schon von selbst gleich Null; außerdem muß aber y auch für $x = l$ zu jeder Zeit gleich Null bleiben. Hiernach muß der Winkel αl entweder gleich π oder 2π oder überhaupt gleich irgendeinem ganzen Vielfachen von π sein. Je nachdem man sich für die eine oder die andere Annahme entscheidet, erhält man verschiedene Schwingungsbewegungen des Stabes. Jene, die zum Werte $\alpha = \frac{\pi}{l}$ gehört, wird die Grundschwingung des Stabes genannt. Es ist jene, die dem tiefsten Tone der von dem schwingenden Stabe ausgesendeten Schallwellen entspricht. Für β hat man dann nach Gl. (164)

$$\beta = \frac{\pi^2}{l^2} \sqrt{\frac{EJ}{\mu}},$$

und Gl. (163) nimmt für die Grundschwingung die bestimmtere Form an

$$y = A \sin \frac{\pi x}{l} \sin t \frac{\pi^2}{l^2} \sqrt{\frac{EJ}{\mu}}. \qquad (165)$$

Während der Dauer einer vollen Schwingung wächst der Winkel βt um 2π an; für die Schwingungsdauer T hat man daher

$$T = \frac{2\pi}{\beta} = \frac{2l^2}{\pi} \sqrt{\frac{\mu}{EJ}}. \qquad (166)$$

Wählt man α gleich einem Vielfachen von $\frac{\pi}{l}$, so treten nach Gl. (163) Schwingungsknoten auf, d. h. es gibt Punkte, die die ganze Stablänge in gleiche Abschnitte einteilen und die während der Schwingungsbewegung fortwährend in Ruhe bleiben. Die dazwischen liegenden Abschnitte biegen sich, so wie im vorigen Falle der ganze Stab, nach dem Gesetze einer Sinuskurve durch. Sie bilden die zwischen den Knoten liegenden „Schwingungsbäuche" Setzt man z. B. $\alpha = 2\frac{\pi}{l}$, so hat man einen Schwingungsknoten in der Mitte, denn für $x = \frac{l}{2}$ wird αx zu π und der Sinus zu Null. Die Stabmittellinie zerfällt beim Schwingen in zwei Schwingungsbäuche. Wenn α auf das Doppelte wächst steigt β nach Gl. (164) auf das Vierfache. Die Schwingungs-

dauer beträgt daher bei dieser Schwingung nur den vierten Teil
von der Schwingungsdauer der Grundschwingung. Je mehr
Bäuche der Stab bei den einfachen Sinusschwingungen bildet,
desto kleiner ist die Schwingungsdauer, und um so höher ist
daher der Ton der von dem Stabe ausgesendeten Schallwellen.
Man nennt diese Töne die „Obertöne" des schwingenden Stabs
im Gegensatze zu dem von der Grundschwingung ausgehenden
„Grundtone".

In je mehr Abschnitte die ganze Stablänge durch die Schwingungsknoten zerlegt ist, um so kleinere Schwingungsamplituden A
sind noch mit einem gewissen Krümmungsradius von gegebener
Größe oder auch mit einer gegebenen Formänderungsarbeit des Stabes
verträglich. Die Grundschwingung vermag daher schon zu großen
Ausschlägen zu führen, ohne daß etwa die Proportionalitätsgrenze
schon bald erreicht wäre, oder ohne daß eine besonders große Arbeit
äußerer Kräfte zur Herstellung der Schwingungen und der dazu gehörigen Formänderungen aufgewendet werden müßte. Je höher dagegen die Schwingungszahlen der Oberschwingungen liegen, um so
kleiner müssen notwendig die Schwingungen schon deshalb bleiben,
weil sonst die Proportionalitätsgrenze überschritten und damit die
Schwingungen sofort gedämpft würden, und zugleich auch weil eine
viel größere Arbeit zu ihrer Erregung bei gleicher Amplitude aufgewendet werden müßte. Außerdem werden die Schwingungen auch
an sich schon um so stärker gedämpft, je schneller sie erfolgen, da
der Luftwiderstand mit der Geschwindigkeit wächst. Von der
Schwingungsamplitude hängt aber die Schallstärke der von dem
schwingenden Stab auf die Luft übergehenden Schallwellen ab, und
man erkennt daher, daß sich der Grundton bei beliebiger Erregung
der Schwingungen im allgemeinen am stärksten bemerkbar machen
wird und jeder Oberton um so weniger, je höher er liegt.

§ 40. Allgemeinere Lösung der Schwingungsgleichung.

Für den auf zwei Stützen ruhenden Stab genügt die vorhergehende Betrachtung; dagegen versagt sie bereits bei der
Untersuchung der Biegungsschwingungen eines Stabes, der an
einem Ende eingeklemmt ist, während das andere frei ist, also
z. B. eines Kragträgers oder eines Pfeilers oder auch des Zinkens
einer Stimmgabel. Um eine allgemeinere Lösung der Differentialgleichung (162) zu erhalten, setzen wir daher jetzt

$$y = s \sin \beta t, \tag{167}$$

worin z eine Funktion von x allein bedeutet. Setzen wir diesen Wert in die Differentialgleichung ein, so geht sie nach Wegheben des gemeinschaftlichen Faktors $\sin \beta t$ über in

$$EJ \frac{d^4 z}{dx^4} = \mu \beta^2 z, \qquad (168)$$

und die Schwingungsgleichung ist daher in der Tat erfüllt, wenn man z so bestimmt, daß Gl. (168) befriedigt wird. Diese Gleichung ist aber eine gewöhnliche Differentialgleichung, deren allgemeine Lösung sofort angegeben werden kann. Bezeichnet man nämlich mit α denselben Wert wie im vorigen Paragraphen, nämlich in Übereinstimmung mit Gl. (164)

$$\alpha = \sqrt[4]{\frac{\mu \beta^2}{EJ}},$$

so lautet die allgemeine Lösung von Gl. (168)

$$z = C_1 \sin \alpha x + C_2 \cos \alpha x + C_3 e^{\alpha x} + C_4 e^{-\alpha x}, \qquad (169)$$

wovon man sich durch Einsetzen in Gl. (168) leicht überzeugt. Die C sind die vier willkürlichen Integrationskonstanten, die in der allgemeinen Lösung vorkommen müssen. Setzt man die drei letzten gleich Null und beschränkt sich auf das mit C_1 behaftete Glied, so gelangt man wieder auf die im vorigen Paragraphen betrachtete, weniger allgemeine Lösung zurück. Im allgemeineren Falle sind aber alle vier beizubehalten und den vorgeschriebenen Grenzbedingungen gemäß zu ermitteln. Soll insbesondere für $x = 0$ jederzeit auch $y = 0$ werden, so folgt zunächst

$$C_2 + C_3 + C_4 = 0$$

Wenn der Stab an dieser Stelle überdies eingespannt sein soll, wie wir es jetzt voraussetzen, muß für $x = 0$ auch $\frac{dz}{dx} = 0$ werden, woraus $\qquad C_1 + C_3 - C_4 = 0$

folgt. Die weitere Berechnung mag sich auf den eingangs genannten Fall beziehen, daß der Stab von der Länge l am anderen Ende frei ist, wie ein Kragträger oder ein Pfeiler. Dann muß für den Querschnitt $x = l$ sowohl das Biegungsmoment M als die Scherkraft V jederzeit gleich Null sein. Dazu gehört, daß dort $\frac{d^2 z}{dx^2}$ und $\frac{d^3 z}{dx^3}$ verschwinden. Wir haben also die weiteren

Bedingungsgleichungen

$$- C_1 \sin \alpha l - C_2 \cos \alpha l + C_3 e^{\alpha l} + C_4 e^{-\alpha l} = 0$$
$$- C_1 \cos \alpha l + C_2 \sin \alpha l + C_3 e^{\alpha l} - C_4 e^{-\alpha l} = 0.$$

Wollte man aber die vier Bedingungsgleichungen dazu benutzen, um bei beliebig angenommenen α (oder β) die C daraus zu berechnen, so würde man sie alle vier gleich Null finden. Damit überhaupt eine Schwingung von der besprochenen Art möglich ist, müssen wir daher eine der Konstanten C beliebig annehmen, dann die drei anderen aus drei der Bedingungsgleichungen ermitteln und hierauf die vierte Bedingungsgleichung dazu verwenden, um daraus α zu berechnen. Mit α ist dann auch β und hiermit die Schwingungsdauer bekannt. Drückt man aus den ersten beiden Gleichungen C_1 und C_2 in C_3 und C_4 aus und setzt dies in die beiden letzten ein, die sich hierauf beide nach dem Verhältnis $\dfrac{C_3}{C_4}$ auflösen lassen, so erhält man durch Gleichsetzen der beiden Werte, zu denen man hierdurch gelangt, eine Gleichung für α, die sich nach Ausrechnung vereinfacht zu

$$\cos \alpha l \cdot \frac{e^{\alpha l} + e^{-\alpha l}}{2} = -1, \qquad (170)$$

wofür man auch unter Benutzung der hyperbolischen Funktionen kürzer

$$\cos \alpha l \cdot \cosh \alpha l = -1 \qquad (171)$$

schreiben kann. Die Gleichung hat unendlich viele reelle positive Wurzeln, die sich genau genug angeben lassen. Am wichtigsten ist die kleinste unter ihnen. Man erkennt sofort, daß für sie der Winkel αl ein stumpfer sein muß. Schreibt man daher·

$$\alpha l = \frac{\pi}{2} + \varphi_1,$$

so läßt sich Gleichung (171) auch in der etwas bequemeren Form

$$\sin \varphi_1 \cosh \left(\frac{\pi}{2} + \varphi_1 \right) = 1$$

schreiben, und durch Vergleichen einer Sinustafel mit einer Tafel der hyperbolischen Funktionen läßt sich φ_1 ziemlich schnell durch Probieren ermitteln. Nimmt man $\varphi_1 = 18°$ oder in Bogenmaß $\varphi_1 = 0{,}3142$, so erhält man

$\frac{\pi}{2} + \varphi_1 = 1{,}8850$; lg sin $18^0 = 9{,}4900$; lg cosh $1{,}8850 = 0{,}5275$

lg sin 18^0 + lg cosh $1{,}8850 = 0{,}0175$,

während Null herauskommen sollte. Der Winkel φ_1 muß daher ein wenig kleiner sein als 18^0. Die Wiederholung der Rechnung für $17^0 30'$ liefert für die Summe der beiden Logarithmen $0{,}0019$. Hiernach kann φ_1 genau genug gleich $17^0 26'$ gesetzt werden oder in Bogenmaß $\varphi_1 = 0{,}304$ und hiermit schließlich

$$\alpha l = 1{,}875.$$

Für β folgt daraus nach Gl. (164)

$$\beta = \alpha^2 \sqrt{\frac{EJ}{\mu}} = \frac{0{,}3516}{l^2} \sqrt{\frac{EJ}{\mu}};$$

und hiermit wird die Schwingungsdauer der Grundschwingung gefunden zu

$$T = \frac{2\pi}{\beta} = 1{,}787\, l^2 \sqrt{\frac{\mu}{EJ}}. \tag{172}$$

Die nächste Wurzel der Gl. (171) gehört zu einem Winkel im dritten Quadranten. Um diesen zu finden, setze man

$$\alpha l = \frac{3\pi}{2} + \varphi_2,$$

womit Gl. (171) übergeht in

$$\sin \varphi_2 \cosh\left(\frac{3\pi}{2} + \varphi_2\right) = 1.$$

Nun ist cosh $\frac{3\pi}{2}$ schon größer als 55, daher kann φ_2 nur ein kleiner Winkel sein, dessen sin ungefähr $\frac{1}{55}$ ausmacht, d. h. ein Winkel von ungefähr 1^0, dessen genauerer Wert sich so wie vorher feststellen ließe.

Ebenso läßt sich die dritte Wurzel der Gl. (171) in der Form

$$\alpha l = \frac{5\pi}{2} + \varphi_3$$

darstellen, und die folgenden entsprechend. Dabei sind aber φ_3 und mehr noch die späteren φ so klein, daß man sie ohne weiteres vernachlässigen kann. Man hat also genau genug

$$\alpha_3 = \frac{5\pi}{2l}, \quad \alpha_4 = \frac{7\pi}{2l} \text{ usf.}$$

Aus diesen Werten von α findet man wiederum die zugehörigen β nach Gl. (164) und hieraus die Schwingungsdauern der betreffenden Oberschwingungen.

§ 41. Biegungsschwingungen von Wellen, die mit mehreren Lasten behaftet sind.

Bei der nachfolgenden Betrachtung stützen wir uns auf die im Band II erfolgte Berechnung der elastischen Linie eines Balkens, der mehrere Lasten trägt. Die folgende Berechnung ist ausführlich in O. Föppl, Grundzüge der technischen Schwingungslehre, 2. Aufl., Berlin 1931, in § 16 durchgeführt.

Die elastische Linie des schwingenden Balkens, Abb. 49, kann in jedem Augenblick — also z. B. in der äußersten Schwingungslage — aufgezeichnet werden, wenn außer den von außen wirkenden Kräften auch die Beschleunigungskräfte $- m \frac{d^2 y}{d t^2}$ gegeben sind.

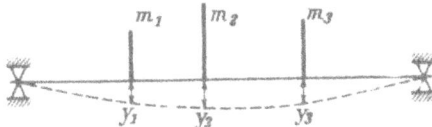

Abb. 49.

Wir nehmen im vorliegenden Falle an, daß unter Außerachtlassung der Erdanziehung von außen nur die Auflagekräfte A und B bei der Schwingung auftreten. Die Auflagekräfte können wir aber berechnen, wenn die Beschleunigungskräfte $- m \frac{d^2 y}{d t^2}$ gegeben sind.

Wir nehmen zuerst an, es sei die schwingungselastische Linie 1. Grades in einer Endlage y_0' durch die Werte y_{1_0}', y_{2_0}', y_{3_0}' usw. etwa dadurch gegeben, daß eine Momentaufnahme bei der Schwingung in der äußersten Lage gemacht worden ist. Es sei die Aufgabe gestellt, die Eigenschwingungszahl 1. Grades daraus zu berechnen. Die Durchbiegung y_n' an einer beliebigen Stelle ändert sich bei der Schwingung nach der Gleichung: $y_n' = y_{n_0}' \cos \omega t$, wenn mit y_{n_0}' die größte Durchbiegung, die zur Zeit $t = 0$ auftritt, und mit ω die vorläufig unbekannte Winkelgeschwindigkeit der Schwingung $\left(\omega = \frac{\pi n}{30} \right)$ bezeichnet sind.

An der Masse m_n greift also die Massenkraft $-m_n \frac{d^2 y_n}{dt^2}$ $= +m_n \omega^2 y'_{n_0} \cos \omega t$ oder zur Zeit der größten Auslenkung $t = 0$ die Kraft $m_n y'_{n_0} \omega^2$ an. Da die größten Ausschläge y'_{n_0} aus der Momentaufnahme bekannt sind, kann man rückwärts aus den Kräften $m_n y'_{n_0} \omega^2$ die schwingungselastische Linie nach den Lehren des 2. Bandes konstruieren. Den unbekannten Wert ω^2 ersetzen wir durch einen beliebigen Wert α mit dem Erfolg, daß die bei der Konstruktion erhaltenen neuen Werte y''_{n_0} für die Durchbiegungen im Verhältnis $\frac{\alpha}{\omega^2}$ größer sind als die ursprünglichen Werte y'_{n_0}. D. h. hätten wir ω^2 richtig gewählt ($\alpha = \omega^2$), dann hätten wir auch bei der Konstruktion der schwingungs-elastischen Linie die durch die Momentaufnahme bekannten Werte y'_{n_0} wieder erhalten müssen; wenn wir dagegen $\alpha = q\omega^2$ annehmen, so erhalten wir überall q fach so große Werte für die Kräfte und infolgedessen auch für die Durchbiegungen. Auf alle Fälle ist aber auch die neue Linie mit den Durchbiegungen y''_{n_0} eine schwingungselastische Linie, für die wir nicht nur wie vorhin die größten Durchbiegungen y''_{n_0} sondern auch die Kräfte in der äußersten Lage ($\alpha m_n y'_{n_0}$) kennen.

Wir stellen nun die Energiegleichung für die Schwingung mit den Durchbiegungen y''_{n_0} auf. In der äußersten Schwingungs-lage ist die Energie als Formänderungsarbeit E_f im Balken aufgespeichert, die nach den Lehren von Band III gleich $\tfrac{1}{2}$ Kraft $\times$ Weg, also gleich $\tfrac{1}{2} \Sigma (\alpha m_n y'_{n_0}) y''_{n_0}$ ist; in der Mittellage ist die gleiche Energie als kinetische Energie $E_k = \frac{1}{2} \Sigma m_n \left(\frac{dy''_n}{dt}\right)^2_{t=\frac{T}{4}} = \frac{\omega^2}{2} \Sigma m_n y''^2_{n_0}$ vorhanden, wobei die Geschwindigkeit $\left(\frac{dy''_n}{dt}\right)_{t=\frac{T}{4}} = \left[\frac{d}{dt} y''_{n_0} \cos \omega t\right]_{t=\frac{T}{4}} = -y''_{n_0} \omega$ ge-setzt ist. Beide Energiebeträge sind bei einer ungedämpften Schwingung einander gleich, also

$$\frac{\alpha}{2} \Sigma m_n y'_{n_0} y''_{n_0} = \frac{\omega^2}{2} \Sigma m_n y''^2_{n_0}. \qquad (173)$$

Die Summierung ist über sämtliche Massen zu erstrecken. Man erhält die minutliche Eigenschwingungszahl $n = \frac{30}{\pi}\,\omega$:

$$n_{\mathrm{I}} = \frac{30}{\pi}\sqrt{\alpha\,\frac{\Sigma\, m_n\, y'_{n_0}\, y''_{n_0}}{\Sigma\, m_n\, y''^2_{n_0}}} \qquad (174)$$

Mit Hilfe dieser Gleichung kann man streng die Eigenschwingungszahl n_{I} berechnen, wenn die schwingungselastische Linie, d. h. die Größtausschläge y'_{n_0} bekannt sind. In der Gleichung ist zwar ein willkürlich zu wählender Wert α enthalten. Verhältnisgleich mit α ändern sich aber die Kräfte für die abgeleitete Durchbiegung und infolgedessen auch die berechneten Durchbiegungen y''_{n_0}. Der Summenausdruck im Zähler wächst also mit α, der im Nenner mit α^2, so daß der Wert des Wurzelausdrucks unabhängig davon ist, wie groß der Wert von α angenommen wird.

Wenn die schwingungselastische Linie nicht gegeben ist, kann man die Werte y'_{n_0} schätzen und die vorausgehende Berechnung in gleicher Weise durchführen. Die neu erhaltene schwingungselastische Linie y''_{n_0} wird dann allerdings nicht mehr von der angenommenen Linie nur durch einen Koeffizienten $\frac{\alpha}{\omega^2}$ abweichen, sondern die Werte an den verschiedenen Stellen werden in verschieden großem Verhältnis zueinander stehen, d. h. es wird nicht wie vorher $\frac{y'_{n_0}}{y'_{(n+1)_0}} = \frac{y''_{n_0}}{y''_{(n+1)_0}}$ sein. Wenn wir die Betrachtung auf die Schwingung vom 1. Grad beschränken, ist aber die berechnete schwingungselastische Linie y''_{n_0} der wahren schwingungselastischen Linie ähnlicher als die Ausgangslinie mit den Werten y'_{n_0}. Das Verfahren ist also zugleich eine Annäherung an die wahre schwingungselastische Linie. In der Regel genügt schon die einmalige Durchführung der Rechnung mit angenommenen Werten y'_{n_0} und berechneten Werten y''_{n_0}, um durch Einsetzen in Gl. (174) die Eigenschwingungszahl n_{I} zu erhalten. Wenn aber außergewöhnlich große Genauigkeit verlangt

wird, kann man die berechneten Werte y_{n_0}'' einer neuen Annäherungsrechnung zugrunde legen und unter Annahme eines
neuen Wertes α Durchbiegungen y_{n_0}''' unter den Lasten $\alpha m_n y_{n_0}''$
berechnen. Durch Einsetzen der Werte y_{n_0}'' und y_{n_0}''' (statt y_{n_0}' und
y_{n_0}'') in Gl. (174) erhält man eine verbesserte Annäherung an
das Ergebnis. Diese verbesserte Annäherung gilt aber nur für
Schwingungen vom ersten Grad, während das Verfahren bei der
Annäherung an die wahre schwingungselastische Linie vom
höheren Grade versagt.

In vielen Fällen gibt schon die erste Annäherungsrechnung
überflüssig genaue Annäherung an die richtige Lösung. Man
kann deshalb zur Vereinfachung der Rechnung die sehr rohe
Annahme machen, y_{n_0}' sei ein konstanter Wert, die angenommene
schwingungselastische Linie also eine Gerade mit gleicher Senkung y_{n_0}' gegen die Ausgangslage. Aus dem Summenausdruck
im Zähler von Gl. (174) kann man dann den konstanten
Wert y_{n_0}' heraussetzen. Für die Berechnung der Kräfte $\alpha\, y_{n_0}'\, m_n$
wählt man α so, daß $\alpha y_{n_0}'$ gleich der Erdbeschleunigung g ist,
mit der es gleiche Dimension $\frac{cm}{sec^2}$ hat. Die berechnete zweite
elastische Linie unter den Kräften $g m_n$ ist gleich der statischen
elastischen Linie mit den Durchbiegungen $y_{n_0}'' = y_{st_n}$. Aus Gl. (174)
erhält man n_I:

$$n_I = \frac{30}{\pi} \sqrt{g \frac{\Sigma\, m_n\, y_{st_n}}{\Sigma\, m_n\, y_{st_n}^2}}\,. \tag{175}$$

Die statischen Durchbiegungen y_{st_n} sind aber in vielen Fällen
ohnehin bekannt, so daß man durch Einsetzen dieser Werte
in Gl. (175) die Eigenschwingungszahl n_I erhalten kann.
Die Gl. (175) ist von Kull (Z. d. V. d. I. 1918 S. 249) em-
pirisch gefunden worden. Die Gl. (175) wird deshalb in
Deutschland gewöhnlich unter dem Namen „Kullsche Formel"
verwendet.

Endlich soll noch auf den Unterschied zwischen der statischen
und der schwingungselastischen Biegungslinie eingegangen

werden. Die statische elastische Linie gibt die Durchbiegungen unter Kräften an, die verhältnisgleich den Massen m_n sind. Die schwingungselastische Linie wird dagegen durch Kräfte hervorgerufen, die verhältnisgleich den Massen m_n mal den Durchbiegungen y_n sind. Die Schwierigkeit bei der Aufzeichnung der letzteren besteht darin, daß die Größen der Durchbiegung y_n von vornherein nicht bekannt sind, so daß man also auch die Kräfte nicht kennt, die die schwingungselastische Linie hervorrufen. Die Eigenschwingungszahl ist aber unabhängig vom Schwingungsausschlag, und deshalb spielen nur die verhältnismäßigen Größen der Durchbiegungen bei der schwingungselastischen Linie an den verschiedenen Stellen eine Rolle, während die Absolutwerte keine Bedeutung haben.

§ 42. Verdrehungsschwingungen von Wellen mit zwei Schwungmassen.

Wir betrachten zuerst eine Welle, an deren Enden zwei Schwungräder aufgekeilt sind. Abb. 50 gibt davon eine Vorderansicht; die zur Unterstützung der Welle dienenden Lager sind aus der Zeichnung weggelassen. Die Trägheitsmomente der beiden Schwungräder sind mit Θ_1 und Θ_2 bezeichnet.

Solange die Welle keine merkliche elastische Formänderung erfährt, kann man den ganzen in Abb. 50 gezeichneten Verband als starren Körper betrachten, der als solcher z. B. eine Drehbewegung um die Mittellinie der Welle als Drehachse ausführen kann. Wenn die Welle ziemlich lang ist, vermag sie aber ohne Überschreitung der Proportionalitätsgrenze des Stahls um einen merklichen Verdrehungswinkel verdreht zu werden, und die Winkelgeschwindigkeiten der beiden Schwungräder brauchen dann in einem gegebenen Augenblicke nicht mehr genau gleich

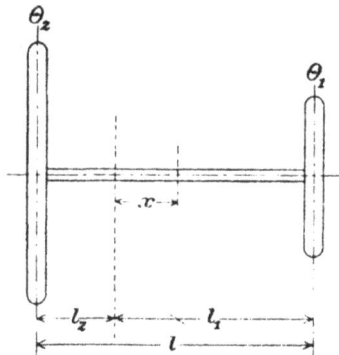

Abb. 50.

zu sein. Der Unterschied der beiden Winkelgeschwindigkeiten
ist vielmehr gleich der Geschwindigkeit, mit der sich der Verdrehungswinkel in diesem Augenblicke ändert. Erfährt nun der
Verdrehungswinkel periodische Änderungen, so werden dadurch
Drehschwingungen der beiden Schwungräder gegeneinander bedingt, die wir hier näher untersuchen wollen.

Neben diesen durch die Elastizität der Welle ermöglichten
Formänderungsschwingungen kann der ganze Verband zugleich
noch eine gemeinschaftliche Bewegung, und zwar hier eine Umdrehung um die Wellenachse mit beliebiger Winkelgeschwindigkeit ausführen. Dieser Fall liegt sogar bei den im praktischen
Maschinenbetriebe vorkommenden Erscheinungen, um deren Erklärung es sich hier vor allem handelt, stets vor. Die Formänderungsschwingungen entziehen sich dann, selbst wenn sie verhältnismäßig groß sind, vollständig der unmittelbaren Wahrnehmung,
da sie durch die viel größeren Drehbewegungen, die der ganze
Verband gemeinschaftlich ausführt, verdeckt werden. Sie sind
daher lange Zeit auch unter Umständen, bei denen sie von großer
Wichtigkeit waren, ganz unbemerkt und unbeachtet geblieben.
Durch besondere Meßvorrichtungen können sie aber natürlich
nachgewiesen werden. Es war ein erhebliches Verdienst des
Hamburger Ingenieurs Frahm, daß er diese Schwingungen an
den langen Wellenleitungen von Dampfschiffen einerseits durch
Messungen festgestellt, andererseits die theoretische Erklärung
dafür gegeben und die Gefahren aufgedeckt hat, die durch diese
Schwingungen für die Sicherheit der Wellen beim Auftreten von
Resonanzen hervorgerufen werden.

Die Winkelgeschwindigkeit der gemeinschaftlichen Bewegung des ganzen Verbandes braucht übrigens auch nicht konstant
zu sein. Wenn an einer Stelle der Welle ein periodisch wechseln-
des Drehmoment auftritt, das von der Antriebsmaschine herrührt, während an einer anderen Stelle die zugeführte Arbeit
wieder nach außen abgegeben wird, erfährt vielmehr die Winkelgeschwindigkeit der gemeinschaftlichen Bewegung abwechselnd
Verzögerungen und Beschleunigungen. Der ganze Bewegungsvorgang kann dann in drei Bestandteile zerlegt werden: in die

Drehbewegung mit einer konstanten Winkelgeschwindigkeit, die gleich der durchschnittlichen Geschwindigkeit ist, in die Schwingungen, die das ganze System, als starrer Körper betrachtet, um diesen mittleren Bewegungszustand herum ausführt, und endlich in die Formänderungsschwingungen, die zu den anderen noch hinzukommen. Mit diesen zuletzt genannten Formänderungsschwingungen befassen wir uns im nachfolgenden.

Die Theorie wird sehr einfach, wenn man das Trägheitsmoment der Welle, bezogen auf die Umdrehungsachse gegenüber den Trägheitsmomenten der Schwungräder, vernachlässigen kann. Irgendein Querschnitt der Welle, von dem wir die Abszissen x in Abb. 50 rechnen, wird dann dauernd in Ruhe bleiben, während sich das eine Schwungrad in einem bestimmten Augenblicke im einen, das andere im entgegengesetzten Sinne dreht. Die Lage dieses Querschnitts folgt aus der Bedingung, daß der Drall des ganzen Systems dauernd gleich Null bleiben muß, da äußere Kräfte auf die Schwingung nicht einwirken und andere Bewegungen außer den Eigenschwingungen nicht vorkommen sollen. Diese Bedingung führt zu der Gleichung

$$\Theta_1 l_1 = \Theta_2 l_2, \qquad (176)$$

aus der sich die Lage des ruhenden Querschnitts ergibt. Wenn die Trägheit der Wellenmasse vernachlässigt wird, braucht man nämlich auch keine Trägheitskräfte an ihr anzubringen, um ihren Formänderungszustand im gegebenen Augenblicke so zu untersuchen, als wenn die Welle in dieser Gestalt dauernd in Ruhe bliebe. Die Trägheitskräfte rühren dann nur von den Schwungrädern her und setzen sich an jedem Ende der Welle zu einem Kräftepaar zusammen. Beide Kräftepaare müssen gleich groß sein, und jedes Wellenstück von der Einheit der Länge wird durch sie um denselben Winkel verdreht. Danach verhalten sich die Winkelwege und daher auch die Winkelgeschwindigkeiten beider Wellenenden in jedem Augenblicke wie die Abstände l_1 und l_2 von dem ruhenden Querschnitte. Da sich die Schwungräder um freie Achsen drehen, ist der Drall der Bewegung der Winkelgeschwindigkeit und hiernach auch den Abständen l_1 und l_2 in jedem Augenblicke proportional, woraus die Gleichung folgt.

Jedes Schwungrad schwingt demnach so, als wenn der in Ruhe bleibende Querschnitt festgeklemmt wäre. Damit ist der Fall auf den schon in § 5 behandelten der einfachen harmonischen Drehschwingungen zurückgeführt, und die Schwingungsdauer kann nach der dort abgeleiteten Gl. (23) S. 33 sofort berechnet werden.

Unter einer eingliedrigen Drehschwingungsanordnung verstehen wir eine Welle, die an einem Ende festgehalten ist und am anderen Ende eine Schwungmasse trägt. Die Welle mit zwei Schwungmassen nach Abb. 50 ist also aus zwei eingliedrigen Schwingungsanordnungen zusammengesetzt, die gleiche Eigenschwingungszahlen haben oder für die das Produkt Θl gleich groß ist. Verbindungsstelle ist der Knotenpunkt der Schwingung nach der Zusammensetzung. Wir können zwei beliebige eingliedrige Schwingungsanordnungen von gleichem Θl auf diese Weise zusammensetzen und erhalten die verschiedenen möglichen zweigliedrigen Schwingungsanordnungen nach Abb. 50.

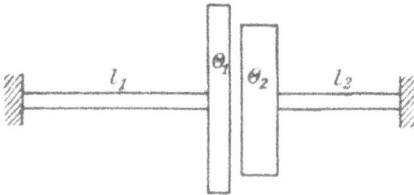

Wir hätten natürlich die beiden eingliedrigen Schwingungsanordnungen auch in den Massen zusammensetzen können, so daß die beiden Wellenfestpunkte außen liegen (Abb. 51, mit $l_1 \Theta_1 = l_2 \Theta_2$).

Abb 51

Es kann jede der beiden Anordnungen in Abb. 51 für sich schwingen. Da die Eigenschwingungszahlen beider Anordnungen gleich sind, können sie gleichphasig mit gleichem Ausschlag schwingen. Man kann sich auch die beiden Massen zu einer gemeinsamen Masse $\Theta_1 + \Theta_2$ verbunden denken, wobei durch die Verbindungsstelle bei der Schwingung keine Kraft übertragen wird.

§ 43. Verdrehungsschwingungen von Wellen mit mehr als zwei Schwungmassen.

Wir nehmen an, es seien mehrere zweigliedrige Schwingungsanordnungen nach Abb. 50 gegeben, die alle gleiche Eigenschwingungszahlen haben oder die aus eingliedrigen Schwingungsanordnungen mit gleichen Werten Θl zusammengesetzt sind. Da alle diese zweigliedrigen Schwingungsanordnungen gleich rasch schwingen, können wir je zwei Endschwungmassen auch verbinden

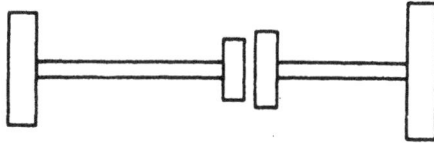

Abb. 52.

und erhalten so eine vielgliedrige Schwingungsanordnung nach Abb. 52, die offenbar die gleiche Eigenschwingungszahl hat wie jede der zweigliedrigen oder der diesen zugrundeliegenden eingliedrigen Anordnungen. Wir schließen daraus, daß die Berechnung der Schwingungsdauer einer mehrgliedrigen Anordnung darin besteht, sie in die eingliedrigen Anordnungen mit gleichem $l \Theta$ zu zerlegen.

In Abb. 53 ist eine mehrgliedrige Anordnung aufgezeichnet. Die Wellen

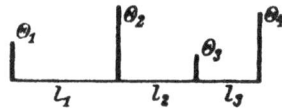

Abb. 53.

stücke l sind durch horizontale, die Trägheitsmomente Θ durch vertikale Striche wiedergegeben. Die elastischen Eigenschaften der Wellenstücke l_1, l_2, l_3 hängen nicht nur von der Länge, sondern auch vom Elastizitätsmodul und von den Wellendurchmessern ab. Die Elastizitätsmoduln der einzelnen Stücke mögen gleich sein; die Wellenstücke können aber verschiedene Durchmesser d_1, d_2, d_3 haben, es können auch einzelne Stücke der Welle hohl gebohrt sein. Der Verdrehungswinkel $\varDelta \varphi$ einer an einem Ende eingespannten und in der Entfernung l durch ein Moment M beanspruchten Welle vom polaren Trägheitsmoment I_p ist nach Gl. (225) von Bd. III

$$\varDelta \varphi = \frac{M l}{G I_p}. \tag{177}$$

Die dynamische Grundgleichung der eingliedrigen Schwingungsanordnung lautet aber

$$\Theta \cdot \frac{d^2 \Delta \varphi}{dt^2} = -\frac{M}{\Delta \varphi} \cdot \Delta \varphi = -\frac{G I_p}{l} \cdot \Delta \varphi = -c \Delta \varphi. \quad (178)$$

Die Schwingungsdauer T bzw die minutliche Eigenschwingungszahl n ist

$$T = 2\pi \sqrt{\frac{\Theta}{c}} = \frac{2\pi}{\sqrt{G I_p}} \sqrt{l \Theta} \quad \text{oder} \quad n = \frac{30}{\pi} \sqrt{\frac{G I_p}{l \Theta}}. \quad (179)$$

Aus Gl. (177) folgt, daß die Federung $c = \dfrac{M}{\Delta \varphi}$ einer Welle bei

gleichem Werkstoff vom Quotienten $\dfrac{I_p}{l}$ abhängt. Wellenstücke
von verschiedenem Trägheitsmoment I_p sind für die Schwin-
gungsberechnung gleichwertig, wenn sie gleiche Werte $\dfrac{l}{I_p}$
haben. Es folgt daraus, daß wir Wellenstücke von verschiedenen
Trägheitsmomenten I_n auf gleiches Trägheitsmoment I_0 zurückführen können, wenn wir statt der tatsächlichen Längen l_n bezogene Längen $l_{n \text{ bez}}$ einführen nach der Gleichung

$$(l_n)_{\text{bez}} = l_n \frac{I_0}{I_n}. \quad (180)$$

Wir nehmen an, diese Zurückführung auf gleiches Wellenträgheitsmoment I_0 sei schon bei der Anordnung nach Abb. 53
vorgenommen worden.

Wir zerlegen die Anordnung mit n Massen in $2(n-1)$ eingliedrige Schwingungsanordnungen. (Die letzten Massen Θ_1
und Θ_n, die nur an einem Wellenstück sitzen, gehören nur zu
einer Schwingungsanordnung.) Die beiden Teilstücke, in die
z. B. Wellenstück l_2 zerlegt wird, wollen wir durch Beifügen
eines zweiten Index kenntlich machen, wobei das nach der
Masse Θ_2 liegende Stück l_{22} und das nach Θ_3 liegende l_{23} heißen
soll. Ebenso verfahren wir mit den Massen und zerlegen z. B.
Θ_3 in $\Theta_{23} + \Theta_{33}$. Wir erhalten dann für die Anwendung mit
4 Massen folgende 5 Gleichungen[1]):

<hr />

1) Siehe O. Föppl, Grundz. der techn. Schwingungslehre. Springer,
Berlin 1931. Auf etwas andere Weise wird die gleiche Rechnung von

$$l_1 = l_{11} + l_{12}, \quad \Theta_1 \qquad\qquad \Theta_4,$$
$$l_2 = l_{22} + l_{23}, \quad \Theta_2 = \Theta_{21} + \Theta_{22}, \qquad\qquad (181)$$
$$l_3 = l_{33} + l_{34}, \quad \Theta_3 = \Theta_{32} + \Theta_{33}.$$

Die Zergliederung soll aber so vorgenommen werden, daß alle eingliedrigen Schwingungsanordnungen gleiche Schwingungszahl oder nach Gl. (179) gleiches Produkt $l\Theta$ haben, also

$$l_{11}\Theta_1 = l_{12}\Theta_{21} = l_{22}\Theta_{22} = l_{23}\Theta_{32} = l_{33}\Theta_{33} = l_{34}\Theta_4 = B. \ (182)$$

Wir haben durch die Unterteilung 10 neue Größen erhalten und im vorausgehenden 10 Gleichungen aufgestellt. Die Unterteilung ist damit bestimmt. Aus Gl. (181) und (182) erhalten wir den Wert, den das Produkt $l\Theta$ haben muß, damit alle eingliedrigen Schwingungsanordnungen, in die die Anordnung nach Abb. 53 zerlegt werden kann, gleiche Schwingungsdauer haben.

Für n Massen erhalten wir bei der Auflösung der Gl. (181) und (182) eine Gleichung vom $(n-1)$ten Grad, die $n-1$ reelle Wurzeln hat. Wir können also die nach Gl. (181) und (182) vorgeschriebene Unterteilung bei vier Massen auf drei verschiedene Weisen ausführen. Die Schwingung mit der höchsten Schwingungszahl, d. h. mit dem kleinsten Wert für Θl ist diejenige, die wir bei der vorausgehenden Betrachtung durch Zusammensetzung von eingliedrigen Schwingungsanordnungen erhalten haben. Bei dieser Schwingung treten also bei vier Massen drei Knotenpunkte auf, die auf den drei Wellenstücken liegen (Schwingung dritten Grades). Die beiden übrigen Wurzeln der Gl. (181) und (182) entsprechen Schwingungen mit zwei und einem Knotenpunkt auf der Welle. Wir nennen sie die Schwingung zweiten bzw. ersten Grades. Es können ja die Längen und Massen nach Gl. (181) auch in ein großes positives (z. B. l_{22})

Geiger, Mech. Schwingungen, Berlin 1927 und Wydler, Drehschwingungen in Kolbenmaschinen, Berlin 1922, durchgeführt. Über die Grenzfälle der Unterteilung, siehe auch Grammel, Ing.-Arch. 1931, Bd. II, H. 2, ferner Kutzbach, Z. d. V. 1917, S. 917.

und ein kleines negatives Stück ($- l_{23}$) unterteilt werden, so daß die Summe ($l_{22} - l_{23}$) gleich der ursprünglichen Länge (l_2) ist. Zu einer negativen Länge (l_{23}) gehört nach Gl. (183) auch eine negative Masse ($- \Theta_{32}$), damit das Produkt $l\Theta$ positiven Wert hat. Nur dann wenn beide Summanden in Gl. (181) positiv sind, sprechen wir von einem wirklichen (d. h. sichtbaren) Knotenpunkt. Im anderen Fall liegt der Knotenpunkt außerhalb des Wellenstücks.

Die genaue Lösung der Gl. (181) und (182) bereitet um so größere Schwierigkeiten, je mehr Massen zu berücksichtigen sind. Da man überdies bei der genauen Lösung gleichzeitig auch die Schwingungen höheren Grades mit erhält, die in der Regel keine praktische Bedeutung haben, versucht man die Dauer T der Schwingung vom ersten (und manchmal auch vom zweiten) Grade gewöhnlich durch Probieren zu ermitteln, was in folgender Weise geschieht:

Wenn die Eigenschwingungszahl n_1 schon bekannt ist, so kann man nach Gl. (179) den Wert $l\Theta$ berechnen. Aus der ersten der Gleichungen (182) folgt l_{11}, da Θ_1 bekannt ist, aus (181) folgt l_{12}, aus der zweiten Gl. (182) Θ_{21} und so fort. Schließlich erhält man aus der letzten Gl. (181) l_{34}. Dieser aus Gl. (181) ermittelte Wert muß nach der letzten Gl. (182) mit Θ_4 multipliziert, dem eingangs ermittelten Wert $l_1 \Theta_1$ gleich sein. Sind Abweichungen vorhanden, so war der angenommene Wert n_1 bzw. $l_{11} \Theta_1$ nicht richtig, oder man ermittelt auf diese Weise den Wert Θ_4, den das tatsächlich vorhandene Θ_4 haben müßte, damit die gesamte Anordnung die Eigenschwingungszahl n_1 hat. Aus der Abweichung zwischen Θ_4 und Θ_4 erhält man einen Hinweis, um wieviel man sich bei der Annahme von n_1 geirrt hat. Man kann diesen Hinweis für eine neue Schätzung von n_1 verwerten, mit der man die gleiche Durchrechnung vornimmt.

Die Anwendung des Annäherungsverfahrens wird am besten an einem Zahlenbeispiel gezeigt. Abb. 54 bezieht sich auf eine U-Bootdieselmaschine mit angekuppelter Dynamomaschine aber abgekuppeltem Propeller. (Solange der Propeller eingekuppelt ist, sind die Schwingungen nicht gefährlich, da der Propeller bei den Drehbeschleunigungen stark dämpft.) Die erste Masse $\Theta_1 = 1200$ cm kg sec² (Abb. 54) ist das reduzierte Trägheitsmoment der zusammengefaßten 6 Kolben; die nächste Masse von $\Theta_2 = 3800$ cm kg sec² ist das Trägheitsmoment der Kupp-

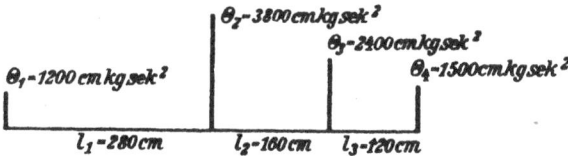

Abb. 54.

lung zwischen Dieselmaschine und elektrischer Maschine, dann folgt mit $\Theta_3 = 2400$ cm kg sec² der Rotor und endlich mit 1500 cm kg sec² der auf der Dynamoseite sitzende Teil der Kupplung zwischen elektrischer Maschine und Propellerwelle. Die Längenmaße der Wellenstücke sind schon auf ein Wellenträgheitsmoment $I_0 = 14300$ cm⁴ bezogen, dem ein Wellendurchmesser von 19,5 cm entsprechen würde.

Den Gleitmodul G nehmen wir mit $820 \cdot 10^3 \frac{\text{kg}}{\text{cm}^2}$ an. Wir müssen nun einen Versuch mit einem geschätzten Wert für $l\Theta$ machen, mit dem wir die Gl. (181) und (182) durchrechnen wollen. Leichter als $l\Theta$ läßt sich aber die Eigenschwingungszahl n abschätzen, die wir auf Grund von Ergebnissen an anderen Maschinen mit $n_1 = 1600 \frac{1}{\text{min}}$ annehmen wollen. Aus Gl. (179) und (182) folgt

$$B' = (l\Theta)' = \frac{30^2 \cdot 820 \cdot 10^3 \cdot 14300}{1600^2 \pi^2} = 416 \cdot 10^3 \text{ kg cm}^2 \text{ sec}^2.$$

Mit diesem Wert sind nacheinander die Größen in der 1. Reihe der Tabelle 1 berechnet worden. Θ_1 ist bekannt, aus Gl. (182) folgt l_{11}, aus Gl. (181) l_{12}, mit Hilfe dieses Wertes aus Gl. (182) Θ_{21} und aus Gl. (181) Θ_{22} usw. Schließlich erhalten wir den Wert $\Theta_4' = 841$ cm kg sec², den die letzte Schwungmasse haben müßte, damit die Anordnung tatsächlich die Eigenschwingungs-

Tabelle 1.

B'	Θ_1	l_{11}	l_{12}	Θ_{21}	Θ_{22}	l_{22}	l_{23}	m_{32}	m_{33}	l_{33}	l_{34}	Θ_4'
416·10³	+1200	+347	−67	−6200	+10000	+41,6	+118,4	+3510	−1110	−375	+495	+841
476·10³	+1200	+397	−117	−4070	+7870	+60,5	+99,5	+4800	−2400	−197	+317	+1500
218,7·10³	+1200	+182,2	+97,8	+2236	+1564	+139,8	+20,2	+10830	−8430	−25,9	+145,9	+1500
95,0·10³	+1200	+79,2	+200,8	+478	+3827	+28,6	+131,4	+723	+1677	+56,6	+63,4	+1500

zahl $n_1 = 1600\ \frac{1}{\min}$ oder den Wert $B = 416 \cdot 10^3\ \mathrm{kg\ cm^2\ sec^2}$ hat. Die wirkliche Anordnung nach Abb. 54 hat eine größere Schlußmasse $\Theta_4 = 1500\ \mathrm{cm\ kg\ sec^2}$. Für sie ist deshalb auch der Wert von B' größer. Wir werden mehrere Versuche machen müssen, bis wir mit dem in der zweiten Zeile eingesetzten Wert $B = 476 \cdot 10^3\ \mathrm{kg\ cm^2\ sec^2}$ den richtigen Wert $\Theta_4 = 1500\ \mathrm{cm\ kg\ sec^2}$ erhalten. Aus Gl. (179) folgt demnach die tatsächliche Eigenschwingungszahl

$$n_I = 1502\,\frac{1}{\min}.$$

Nur eine der drei Längen l_1, l_2, l_3 ist in zwei positive Stücke zerteilt worden. Es ist also nur ein innenliegender, d. h. sichtbarer Knotenpunkt vorhanden, der auf dem Wellenstück l_2 liegt. Es folgt daraus, daß die Aufteilung nach der Tabelle zur Schwingung 1. Grades gehört. Wir können aber auch einen entsprechend kleineren Wert B_{II} angeben, bei dem zwei Längen in positive Stücke zerteilt werden, und endlich einen noch kleineren Wert B_{III}, bei dem alle drei Längen mit sichtbaren Knoten unterteilt werden. In der dritten Zeile der Tabelle ist der Wert B_{II}, in der vierten Zeile B_{III} eingetragen. Mit Hilfe von $B_{II} = 218{,}7 \cdot 10^3\ \mathrm{kg\ cm^2\ sec^2}$ und Gl. (179) erhält man die Eigenschwingungszahl 2. Grades n_{II} mit zwei Schwingungsknoten auf den Wellenstücken zu $2220\ \frac{1}{\min}$ und aus $B_{III} = 95 \cdot 10^3\ \mathrm{kg\ cm^2\ sec^2}$ n_{III} mit drei Schwingungsknoten zu $3370\ \frac{1}{\min}.$

§ 44. Anwendung der Drehschwingungsberechnung auf praktische Fälle.

Drehschwingungen treten vor allen bei Verbrennungskraftmaschinen mit vielen Arbeitszylindern störend in die Erscheinung. Für die Berechnung der Eigenschwingungszahl muß man zuerst die einzelnen Wellenstücke auf gleiches Trägheitsmoment beziehen, was bei zylindrischen und hohlzylindrischen Wellenstücken, wie wir vorhin sahen, keine Schwierigkeiten bereitet. Für Kurbelkröpfungen bedient man sich Erfahrungszahlen, über die z. B. J. Geiger, Mech. Schwingungen, 1927, S. 173, eingehende Angaben macht.

Mehrere kleinere Schwungmassen, die nebeneinander auf der Welle sitzen, kann man zu einer Schwungmasse zusammensetzen. Die im vorausgehenden Beispiel durchgeführte Zusammenziehung sämtlicher Kolben zu einer Schwungmasse wird in praktischen Fällen gewöhnlich nicht gemacht, da sie zu große Vernachlässigungen enthält. Die Massen der hin- und hergehenden Getriebeteile (Kolben, Kolbenzapfen und ein Teil der Schubstange) werden als Schwungmassen so eingeführt, daß ihre halbe Masse mit dem Quadrat des Kurbelhalbmessers multipliziert wird. Die Berechtigung dieser Maßnahme folgt daraus, daß zwei um 90° versetzte Kurbeln mit unendlich langen Schubstangen in jedem Augenblick zusammen die gleiche kinetische Energie haben, wie wenn eine Kurbelmasse fest am Kurbelzapfen angebracht wäre und mit diesem die drehende Bewegung ausführen würde.

Gewöhnlich ist nur die Schwingung vom 1. Grade, in manchen Fällen auch die vom 2. Grade gefährlich. Die größten Schwingungsausschläge treten ein, wenn die Anzahl der Zündungen mit der Eigenschwingungszahl übereinstimmt. Bei einer 6-Zyl.-Viertaktmaschine, bei der drei Zündungen auf jede Umdrehung fallen, ist also für das im vorausgehendem Paragraphen berechnete Beispiel mit $n_1 = 1502$ Schwingungen die Drehzahl $h = 500 \frac{1}{\text{min}}$ besonders gefährlich. Diese Drehzahl mag außerhalb des Betriebsbereiches der Maschine liegen. Kritische Umdrehungszahlen n sind aber auch die, bei denen x in der Formel $n = \dfrac{2\,n_I}{x}$ eine ganze Zahl ist. $\dfrac{x}{2}$ ist die Ordnung der Schwingung. Im vorliegenden Falle wären also z. B. die Schwingungen von der $3\frac{1}{2}$., 4., $4\frac{1}{2}$., 5. . . . Ordnung mit Drehzahlen $n = 429,\ 375,\ 334,\ 300\,\dfrac{1}{\min}$ auf Gefährlichkeit zu untersuchen, was in der Praxis in der Regel mit Hilfe des Geigerschen Torsiographen geschieht. Bei einer Zweitaktmaschine, bei der sich die Zündungen nach jeder Umdrehung wiederholen, ist statt $\dfrac{x}{2}$ die Ordnung x in die Gleichung $n = \dfrac{n_I}{x}$ einzusetzen, so daß für sie nur ganze Ordnungszahlen auftreten

Endlich wird in der Praxis oft die Frage gestellt, ob man durch einfache Änderungen an der Maschine eine besonders ungünstig liegende Eigenschwingungszahl (im Beispiel vielleicht n_I von 1500 auf 1600 $\dfrac{1}{\min}$) verlegen kann. Man kann das entweder durch Veränderung der Schwungmassen oder der Wellendurchmesser erreichen. Wenn die zur Veränderung ausersehene Schwungmasse in der Nähe eines sichtbaren Knotens liegt, hat die Veränderung der Schwungmasse nur geringen Einfluß auf die Eigenschwingungszahl. Die Veränderung des Durchmessers eines Wellenstückes ist dagegen um so wirkungsvoller, je näher das Stück beim Schwingungsknoten liegt. In vielen Fällen der Praxis ist es z. B. so, daß der Knotenpunkt für die allein gefährliche Schwingung 1. Grades ganz nahe beim Schwungrad liegt. Diejenigen, die die vorausgehenden Überlegungen nicht kennen, versuchen dann mitunter die Eigenschwingungszahl dadurch zu verändern, daß sie das Schwungrad auswechseln. Man kann aber schon vorher durch die Rechnung feststellen, daß die Auswechslung in diesem Falle so gut wie keine Änderung der Eigenschwingungszahl hervorruft.

§ 45. Biegungsschwingungen von schnell umlaufenden schwanken Wellen. (Lavalsche Turbinenwelle.)

Solange die Mittellinie einer Welle eine freie Achse der auf ihr sitzenden Räder u. dgl. bleibt, liegt kein Grund zur Befürchtung vor, daß die Welle eine schädliche Beanspruchung durch eine hohe Umlaufsgeschwindigkeit erfahren könne. Nun ist es aber zunächst sehr schwer, die genannte Bedingung genau genug zu erfüllen; auch bei größter Sorgfalt in der Herstellung kann man nicht vollständig erreichen, daß die Umdrehungsachse wirklich durch die Schwerpunkte der rotierenden Körper gehe, wenn sich die Abweichung vielleicht auch nur auf kleine Bruchteile eines Millimeters beschränkt. Noch schwerer ist es häufig, die Umdrehungsachse in die Richtung der Hauptträgheitsachse zu legen. Außerdem ist man aber, selbst wenn die beiden Bedingungen anfänglich vollständig erfüllt wären, im Zweifel darüber, ob sie auch während des Ganges der Maschine, bei der sich zufällige Erschütterungen nicht vermeiden lassen, dauernd erfüllt bleiben werden.

Solange die Geschwindigkeiten nicht allzu groß waren, genügte es, durch genauen Zusammenbau die freie Achse so gut als möglich mit der Wellenmittellinie zusammenfallen zu lassen. Die Welle wurde hierbei steif genug konstruiert, um ihr die Übertragung der zur Aufrechterhaltung der Umdrehungsachse wegen der unvermeidlichen Abweichung von der Hauptträgheitsachse erforderlichen Zwangskräfte unbesorgt zumuten zu können. Dieses Verfahren mußte aber versagen, sobald die Umlaufsgeschwindigkeiten über ein gewisses Maß hinaus wuchsen; denn die Zwangskräfte wachsen mit dem Quadrate der Geschwindigkeit, und beim Übergange zur zehnfachen Geschwindigkeit hatte man daher schon mit einem 100-fachen Biegungsmomente der Zwangskräfte zu rechnen, das von der Welle übertragen werden mußte.

Früher hat man öfters Rechnungen darüber angestellt, welche Geschwindigkeiten höchstens erreicht werden könnten; man setzte dabei genaueste Zentrierung voraus, beachtete aber, daß eine kleine Erschütterung schon genügt, den Schwerpunkt ein wenig aus der Mittellinie der Welle zu entfernen. Die hiermit hervorgerufene Zentrifugalkraft sucht dann die zufällig entstandene kleine Ausbiegung noch weiter zu vergrößern, und je mehr diese wächst, wächst auch die Zentrifugalkraft. Es war hiermit genau wie bei der Knickfestigkeit, und die Rechnung schloß, wie bei dieser, damit ab, daß bei gegebener Länge, bei gegebener Last und gegebenem Querschnitte eine gewisse Geschwindigkeit (der Eulerschen Knicklast entsprechend) nicht erreicht werden dürfe, um trotz anfänglich genauester Zentrierung ein Ausweichen und hiermit eine Zerstörung der Welle zu vermeiden.

Betrachtungen dieser Art führten zu verhältnismäßig niedrigen gefährlichen Umlaufszahlen, die später tatsächlich nicht nur erreicht, sondern noch weit überschritten wurden. Diese Betrachtungen waren in einem sehr wesentlichen Punkte ungenau und führten daher zu ganz falschen Schlüssen: man hatte nämlich nicht auf die Schwingungen geachtet, die sofort entstehen müssen, wenn sich die schnell rotierende Welle etwas ausbiegt. Der schwedische Ingenieur de Laval war der erste, der durch praktische Versuche nachwies, daß man eine Welle viel schneller laufen lassen kann, als man es früher für möglich hielt. Anstatt die Welle so stark zu machen, daß sie die Umdrehung um ihre Mittellinie trotz nicht völlig genauer Zentrierung erzwingen konnte, machte er sie viel schwächer; er verzichtete damit auf die vollständige Beherrschung des rotierenden Körpers durch die Welle, ließ ihm vielmehr die Möglichkeit, sich leicht ein wenig in der Richtung quer zur Welle zu verschieben oder sich auch ein wenig dagegen zu drehen.

Als die Lavalschen Versuchsergebnisse bekannt wurden, stießen sie anfänglich überall auf Unglauben. Nachdem aber der experimentelle Nachweis ihrer Richtigkeit auch die hartnäckigsten Zweifler überzeugt hatte, begann man mit Erklärungsversuchen, die oft ganz verfehlt waren. Man sprach von der „Selbsteinstellung" eines rotierenden Körpers in die freie Achse und tat dabei so, als wenn jeder sich selbst überlassene Körper mit der Zeit seine Rotationsachse in die benachbarte freie Achse verlege. Diese viel nachgesprochene Redensart bewies nur, daß ihre Urheber und ihre Verbreiter eine ganz falsche Vorstellung von der Dynamik des sich selbst überlassenen Körpers hatten.

Wie die Theorie des Vorganges zu fassen ist, um einerseits in Übereinstimmung mit den allgemein gültigen Sätzen der Mechanik zu bleiben und andererseits durch passende Vereinfachung zu bequem anwendbaren Formeln und Regeln zu gelangen, die sich in hinreichender Übereinstimmung mit den tatsächlichen Beobachtungen befinden, habe ich selbst gezeigt, und ich werde diese Theorie hier wiederholen. Daß sich meine Lösung mit dem

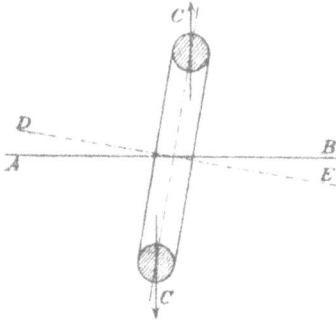 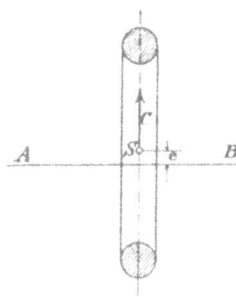

Abb. 55. Abb. 56.

wirklich beobachteten Vorgange so weit deckt, als die Genauigkeit der Beobachtung überhaupt zu reichen vermag, ist durch eine besondere Experimentaluntersuchung bewiesen worden, die Herr Professor Ludw. Klein in Hannover, der damals Assistent unserer Hochschule war, in meinem Laboratorium ausführte.

Zunächst mache ich darauf aufmerksam, daß ein geringer Richtungsunterschied zwischen der Rotationsachse und der Hauptträgheitsachse des rotierenden Körpers nicht viel Bedeutung hat, wenn die Welle sehr biegsam ist. Man kann sich davon sowohl auf Grund des Flächensatzes wie mit Hilfe des d'Alembertschen Prinzips überzeugen. Ich wähle den letzten Weg. In Abb. 55 sei AB die zunächst geradlinig gedachte Mittellinie der Welle und DE die davon ein wenig abweichende Hauptträgheitsachse des rotierenden Körpers. Wenn der Körper mit konstanter Geschwindigkeit um AB rotiert, bestehen die Trägheitskräfte in Zentrifugalkräften, die mit C bezeichnet und in Abb. 55 eingetragen

sind. Wir können jetzt den Körper und die Welle im Ruhe-
zustande betrachten und finden, daß die Zentrifugalkräfte C ein
Kräftepaar bilden, das eine Verbiegung der Welle herbeiführt.
Diese Verbiegung erfolgt aber in solchem Sinne, daß sich die
Hauptachse DE der Verbindungslinie AB der Zapfenmittelpunkte
der die Welle stützenden Lager nähert. Die ursprünglich vorhandene Abweichung zwischen DE und AB gleicht sich demnach
zum Teile von selbst aus, und zwar um so mehr, je biegsamer
die Welle ist und zugleich je mehr die Umdrehungsgeschwindigkeit wächst, denn mit dieser wächst auch das Moment des Kräftepaars der Zentrifugalkräfte. Allerdings kann DE hierdurch nicht
vollständig zum Zusammenfallen mit AB gebracht werden, da
immer noch ein Moment der Zentrifugalkräfte zurückbleiben muß,
das die erforderliche Verbiegung der Welle aufrecht erhält. Die
Folge davon wird eine Kreiselbewegung des rotierenden Körpers
von der Art der pseudoregulären Präzession sein. Wenn man
schon beim Aufkeilen des rotierenden Körpers darauf achtete,
den anfänglichen Richtungsunterschied zwischen DE und AB
so gering zu machen, daß die Welle sich leicht um so viel ver-
biegen kann, als er ausmacht, so kann diese Präzessionsbewegung
niemals für sich zu großen Wellenverbiegungen und zu einer
Gefahr des Bruches führen. Ich kann daher weiterhin von dieser
Erscheinung ganz absehen und die Aufgabe so behandeln, als
wenn überhaupt kein Richtungsunterschied zwischen DE und
AB vorkäme.

Ganz anders gestaltet sich die Betrachtung, wenn wir annehmen, die Wellenmittellinie AB gehe nicht genau durch den
Schwerpunkt des rotierenden Körpers. Auch hier denken wir uns
den Körper unter Einführung der Trägheitskräfte zur Ruhe gebracht. In Abb. 56 gebe S die augenblickliche Lage des Schwerpunktes an. Die Zentrifugalkräfte geben dann eine Resultierende,
die S von AB zu entfernen sucht. Hierdurch entsteht eine Biegung
der Welle, durch die die Exzentrizität e vergrößert wird. Gerade
auf Grund dieser Überlegung schloß man früher, daß eine gewisse
größte Winkelgeschwindigkeit überhaupt nicht überschritten
werden könnte, ohne eine dauernde Verbiegung oder den Bruch

der Welle und ein Herausschleudern des rotierenden Körpers
herbeizuführen.

Die Erfahrung lehrt indessen, daß bei wachsender Geschwindigkeit ein absichtlich etwas exzentrisch aufgekeiltes Rad nur
anfänglich in Übereinstimmung mit der vorausgehenden Betrachtung zu immer stärkeren Biegungen der Welle führt und daher
immer stärker schleudert. Das gilt aber nur bis zu einer gewissen
Grenze. An dieser wird das Schleudern freilich so stark, daß die
Welle, wie man es früher schon vorausgesehen hatte, ganz verbogen oder zerbrochen werden müßte, wenn sie nicht durch eine
Führung, die sie umgibt, an stärkeren Formänderungen verhin-
dert würde. Die Welle stößt nun bei der fraglichen Geschwindigkeit, die als ihre kritische Geschwindigkeit bezeichnet
werden soll, gegen die Führungen, hat einen stark unregelmäßigen
Gang, verbraucht wegen der Reibung und der Stöße gegen die
sie ringartig umgehende Führung viel Arbeit und versetzt das
ganze Gestell in starke Erschütterungen. Bei der kritischen Geschwindigkeit ließe sich in der Tat trotz des Auskunftsmittels
der „Führung", das schließlich auf eine zeitweilige Herabsetzung
der freien Länge der Welle hinauskommt, kein geordneter Ma-
schinenbetrieb aufrechterhalten. Sowie man aber nun die Geschwindigkeit der Welle noch weiter steigert, bemerkt man, daß
die Welle anfängt, wieder ruhiger zu laufen, und wenn die Geschwindigkeit groß genug geworden ist, läuft sie ruhiger als
jemals vorher. Man kann die Führung jetzt vollständig entfernen
und bemerkt, daß selbst äußere Stöße zu keinen großen Ausschlägen der Welle mehr führen. Schaltet man hierauf den Antrieb
aus und überläßt den rotierenden Körper sich selbst, so läuft die
Welle anfänglich ruhig weiter; sobald sich aber infolge der
Reibungen usf. die Geschwindigkeit so weit vermindert hat,
daß sie sich wieder der kritischen nähert, treten wieder stärkere
Schwingungen ein, und es wird Zeit, daß man von neuem eine
Führung oder überhaupt irgendeine Sicherung gegen zu große
Ausschläge der Welle anbringt, um ein Herausschleudern zu
verhüten. Die als Führung bezeichnete Schutzvorkehrung ist
daher immer nur für das Überschreiten der kritischen Geschwin-

digkeit, sei es im einen oder im anderen Sinne, erforderlich. Vorher und nachher läuft die Welle ganz frei und sicher.

Außerdem zeigt auch die Erfahrung, daß man die Welle selbst ohne Benutzung einer Schutzvorkehrung der genannten Art zu regelmäßigen Umläufen ohne große Schwingungen bringen kann, wenn man sie nur schnell genug in sehr große Umdrehungsgeschwindigkeit versetzt. Dazu muß man nach Art eines „Drehstoßes" ein sehr großes Kräftepaar auf sie einwirken lassen, das ihr schon nach ganz kurzer Zeit die erforderliche Umdrehungsgeschwindigkeit zu erteilen vermag.

Ich beginne zunächst mit der Erklärung der zuletzt beschriebenen Erscheinung. In Abb. 57 sei durch den äußeren Kreis der Umriß des auf der biegsamen Welle sitzenden Rades in der Anfangslage angegeben. Die Zeichenebene steht senkrecht auf der Mittellinie der Welle in der Ruhelage, oder wie wir sagen wollen, senkrecht auf der Verbindungslinie der Zapfenmittelpunkte der Welle, die sich in O projizieren möge. Der Wellenquerschnitt ist in der Zeichnung nicht angegeben. Der Schwerpunkt des rotierenden Körpers soll anfänglich in S liegen. Die Strecke OS gibt also die Exzentrizität e an; sie ist der Deutlichkeit wegen in der Zeichnung viel größer angegeben, als sie in Wirklichkeit zu erwarten sein wird.

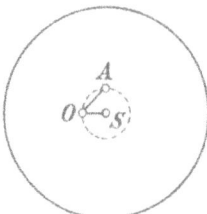

Abb. 57.

Nun möge die Welle und mit ihr das Rad in schnelle Umdrehung versetzt werden. Das Kräftepaar, das wir hierzu am Rade angreifen lassen müssen, wird durch die Verdrehung der Welle auf das Rad übertragen. Nun wissen wir aber, daß ein Kräftepaar stets nur eine Drehung um eine durch den Schwerpunkt gehende Achse, aber keine Verschiebung des Schwerpunkts herbeizuführen vermag. Das Rad wird also, sobald wir durch Drillung der Welle drehend auf es einzuwirken beginnen, nicht eine Drehung um O, sondern eine Drehung um S auszuführen suchen. Da die Welle hinreichend biegsam sein sollte, wird es daran auch nicht merklich gehindert. Wenn die Welle gar keine Biegungssteifigkeit hätte, könnte sogar dauernd überhaupt nur eine Drehung um S erfolgen. Der Befestigungspunkt der Welle, der ursprünglich mit O zusammenfiel, müßte dann einen Kreis um S beschreiben, der in die Abbildung punktiert eingetragen ist. Ganz ohne Biegungswiderstand dürfen wir die Welle freilich nicht voraussetzen. Denken wir uns also den Befestigungspunkt des Rades auf der Welle in seiner kreisförmigen Bahn um den Schwerpunkt S etwa nach A gelangt, so ist OA der Biegungspfeil der Welle, und wegen der Biegung wird die Welle außer dem Kräftepaare, das die Umdrehung herbeiführt, auch noch eine Kraft auf das Rad übertragen, die A nach O zurückzuführen sucht. Erst diese Kraft wird nun auch eine Bewegung des Schwerpunktes S veranlassen. Wir mußten uns aber ohnehin vorstellen, daß das Rad sehr schnell in Umdrehung versetzt werden sollte, und können daher annehmen, daß das diese Umdrehung bewirkende Kräftepaar so groß ist, daß es das Rad schon mehrmals umgedreht hat, bevor die durch die Biegungselastizität hervorgerufene Kraft den Schwerpunkt merklich von seiner Stelle rücken konnte. Wie groß das Kräftepaar hierzu sein müßte, ließe sich leicht ausrechnen; wir können aber darauf verzichten, da es sich jetzt nur um eine allgemein gehaltene Überlegung handelt und man sich das Kräftepaar jedenfalls immer groß genug vorstellen kann, um die gestellte Bedingung zu erfüllen.

Nach dem Satze vom Antriebe ist die Bewegungsgröße, die das Rad wegen der Schwerpunktsbewegung während eines Umlaufs erlangt, gleich dem Zeitintegrale der Biegungskraft. Außerdem kann dieses Zeitintegral gleich der Dauer eines Umlaufs multipliziert mit dem graphischen Mittelwerte der Biegungskraft während eines Umlaufs gesetzt werden. Wir wollen uns daher überlegen, welche Richtung diesem Mittelwerte zukommt. In Abb. 58 ist der Kreis, den A in Abb. 57 beschrieb, vergrößert herausgezeichnet. A fällt der Reihe nach mit O, A_1, A_2 usf. zusammen, um dann wieder nach O zu gelangen. In jedem Augenblicke ist die von der gebogenen

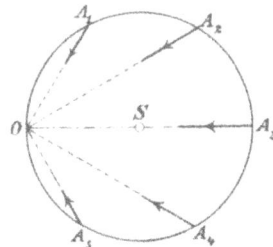

Abb. 58.

Welle auf das Rad übertragene „Biegungskraft" von A aus nach O
zu gerichtet; außerdem ist die Größe der Kraft der Sehne AO,
d. h. dem Biegungspfeile, proportional. Jedem Punkte A_1 auf der
oberen Hälfte des Kreises entspricht ein zum Durchmesser durch
O symmetrisch liegender Punkt A_5 auf der unteren Hälfte. Die
durch die Sehnen $A_1 O$ und $A_5 O$ dargestellten Biegungskräfte
haben gleiche und gleichgerichtete horizontale, aber entgegengesetzt gerichtete Vertikalkomponenten. Solange der Punkt A
die obere Hälfte des Kreises durchläuft, wird der Schwerpunkt
nach links und zugleich nach abwärts beschleunigt; durchläuft A
die untere Kreishälfte, so wird S immer noch nach links, aber
jetzt zugleich nach aufwärts beschleunigt. Nun durchläuft freilich A den Kreis nicht gleichförmig, sondern beschleunigt. Wir
wollen aber, um nicht zu weitläufig zu werden, von diesem Um-
stande jetzt absehen. Dann können wir sagen, daß der Mittelwert
der Biegungskraft für einen ganzen Umlauf im allgemeinen nach
links hin gerichtet ist. Jedenfalls erkennen wir daraus, daß
sich im Mittel S nach O hin verschieben muß und nicht nach
außen hin. Das ist es aber, worauf es ankommt.

Nehmen wir nun an, S sei nach einigen Umläufen so nahe
an O hin gerückt, daß es als mit O zusammenfallend betrachtet
werden kann, so wird nachher A einen Kreis um O beschreiben,
dessen Halbmesser gleich der Exzentrizität e oder gleich der
Strecke OS in der Anfangslage ist. Die Biegungskraft wirkt dann
während eines Umlaufs der Reihe nach von allen möglichen
Richtungen her mit stets gleicher Stärke auf das Rad ein, und
$\int \mathfrak{P} dt$ für einen Umlauf wird zu Null. Der Schwerpunkt vermag
also späterhin dauernd in der Nähe von O zu bleiben. Die anfängliche Exzentrizität ist durch die geringe Ausbiegung der
Welle ausgeglichen, und das Rad hat sich, wenn man so will,
von selbst so eingestellt, daß es um eine freie Achse rotiert.

Bei dieser Betrachtung wird man freilich einen Nachweis
dafür vermissen, daß diese Bewegung nun auch eine stabile Bewegung ist, d. h. man sieht wohl leicht ein, daß die Bewegung
so wie beschrieben weiter gehen kann; aber es bleibt zweifelhaft,
ob nicht etwa durch einen zufälligen Stoß von außen her, der

den Schwerpunkt S etwas aus der Nähe von O verrückt, die Bewegung vollständig geändert und das Rad schließlich doch noch abgeschleudert werden könnte. Hierüber können wir uns nur durch eine genaue rechnerische Verfolgung des Bewegungsvorganges Gewißheit verschaffen.

Zu diesem Zwecke sei angenommen, daß der Anfangszustand des bereits in schneller Rotation begriffenen Rades beliebig gegeben sei, und daß es hierauf ohne äußere Einwirkung sich selbst überlassen werde. Ich nehme also mit anderen Worten an, daß von der Welle nur noch ein Drillungsmoment von solcher Größe und solchem Sinne auf das Rad übertragen werde, um die Rotation auf gleicher Höhe zu erhalten, also um entweder die Bewegungswiderstände aufzuheben oder um (bei einem Turbinenrade) die fernere Beschleunigung durch die daran angreifenden äußeren Kräfte zu verhindern. Außerdem soll auch das Gewicht des Rades nicht in Berücksichtigung gezogen werden. Man kann sich dessen Einfluß etwa dadurch beseitigt denken, daß die Welle, um die das Rad rotiert, lotrecht steht; im übrigen ist aber das Eigengewicht des Rades auch so gering gegenüber den gewaltigen Zentrifugalkräften, die bei merklichen Exzentrizitäten und bei den großen Geschwindigkeiten, um die es sich hier handelt, vorkommen, daß es ohnehin keine große Rolle spielt. Außerdem soll schließlich noch vorausgesetzt werden, daß die Exzentrizität auf jeden Fall gering gegenüber dem Trägheitshalbmesser des Rades ist, so daß sie genau genug diesem gegenüber als unendlich klein betrachtet werden darf.

In Abb. 59 bedeutet wie vorher O die Projektion der Verbindungslinie der Mittelpunkte beider Zapfen, mit denen die Welle im Gestelle gelagert ist. S ist der Ort des Schwerpunktes und A der Ort des Befestigungspunktes zur Zeit t, OA demnach der Biegungspfeil. Alle Strecken sind in die Abbildung stark vergrößert eingetragen. Außerdem sind zwei Koordinatenachsen gezogen, und

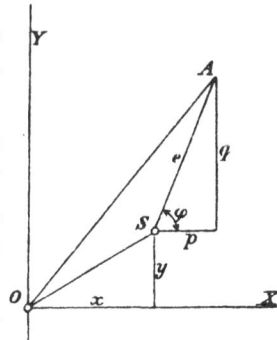

Abb. 59.

der Winkel, den AS mit der X-Achse bildet, ist mit φ bezeichnet. Die X-Achse möge man sich in solcher Richtung gezogen denken, daß der Winkel φ zur Zeit $t = 0$, also im Anfange der Betrachtung, gleich Null war. Die Rotation des Rades mit der konstanten Winkelgeschwindigkeit u möge in solcher Richtung erfolgen, daß der Winkel φ mit der Zeit wächst. Dann kann der Winkel φ zur Zeit t

$$\varphi = ut$$

gesetzt werden. Die Biegungskraft $\mathfrak{P}$ ist gleichgerichtet mit AO und hat die Größe $c \cdot AO$, wenn c einen von der Biegungssteifigkeit der Welle abhängigen Beiwert bedeutet, der nach bekannten Sätzen der Festigkeitslehre aus der Spannweite, dem Querschnitte der Welle und dem Elastizitätsmodul stets leicht berechnet werden kann. Die Biegungskraft $\mathfrak{P}$ geht zwar nicht durch den Schwerpunkt S; wenn wir sie uns parallel nach S verlegt denken, tritt vielmehr noch eir Kräftepaar auf. Der Hebelarm dieses Kräftepaares kann aber nach einer schon vorher ausgesprochenen Voraussetzung als unendlich klein angesehen werden, so daß der Einfluß des Kräftepaars auf die Änderung der Winkelgeschwindigkeit außer Betracht bleiben, u also in der Tat als konstant angesehen werden kann.

Horizontal- und Vertikalprojektion der Exzentrizität e oder SA sind in der Abbildung mit den Buchstaben p und q bezeichnet; man hat dafür

$$p = e\cos ut; \qquad q = e\sin ut.$$

Die dynamische Grundgleichung soll ebenfalls für jede Achsenrichtung gesondert angeschrieben werden. Wenn die Masse des Rades mit m bezeichnet wird, ist

$$m\frac{d^2x}{dt^2} = -c(x + p)$$

$$m\frac{d^2y}{dt^2} = -c(y + q),$$

denn $x + p$ ist die Horizontalprojektion des Biegungspfeiles OA, daher $c(x + p)$ die Horizontalprojektion der Biegungskraft $\mathfrak{P}$, und das Minuszeichen drückt aus, daß $\mathfrak{P}$ und daher auch die Horizontalprojektion von $\mathfrak{P}$ nach dem Ursprunge O hin, der positiven Seite der X-Achse also entgegengesetzt gerichtet ist. Durch Einführung der für p und q aufgestellten Werte gehen die vorigen Gleichungen über in

$$\frac{m}{c}\cdot\frac{d^2x}{dt^2}+x+e\cos ut=0 \left.\right\}$$
$$\frac{m}{c}\cdot\frac{d^2y}{dt^2}+y+e\sin ut=0. \left.\right\} \tag{201}$$

Hiermit haben wir die Differentialgleichungen der Bewegung gefunden. Die allgemeinen Lösungen dieser Gleichungen können auch sofort angegeben werden; sie lauten

$$x=A\sin\alpha t+B\cos\alpha t+e\frac{\alpha^2}{u^2-\alpha^2}\cos ut \left.\right\}$$
$$y=C\sin\alpha t+D\cos\alpha t+e\frac{\alpha^2}{u^2-\alpha^2}\sin ut. \left.\right\} \tag{202}$$

Hierin ist α eine Konstante, die so ermittelt werden muß, daß die Lösungen richtig sind; dagegen sind A, B, C, D willkürliche Integrationskonstanten, durch deren geeignete Wahl man sich jedem beliebig gegebenen Anfangszustande anzupassen vermag. Hieraus folgt, daß wir in der Tat die allgemeinste Lösung gefunden haben, falls nur überhaupt die angegebenen Werte die Gleichungen (201) befriedigen. Man überzeugt sich davon leicht; ich will die kleine Zwischenrechnung, die dazu erforderlich ist, wenigstens für die sich auf die X-Richtung beziehende Gleichung durchführen.

Durch Differentiation nach t folgt aus Gl. (202)

$$\frac{dx}{dt}=A\alpha\cos\alpha t-B\alpha\sin\alpha t-e\frac{\alpha^2}{u^2-\alpha^2}u\sin ut,$$

$$\frac{d^2x}{dt^2}=-A\alpha^2\sin\alpha t-B\alpha^2\cos\alpha t-e\frac{\alpha^2}{u^2-\alpha^2}u^2\cos ut.$$

Setzt man nun x und seinen zweiten Differentialquotienten in die erste der Gleichungen (201) ein, so erhält man

$$-\frac{m}{c}\alpha^2\Big(A\sin\alpha t+B\cos\alpha t+e\frac{u^2}{u^2-\alpha^2}\cos ut\Big)+A\sin\alpha t$$
$$+B\cos\alpha t+e\frac{\alpha^2}{u^2-\alpha^2}\cos ut+e\cos ut=0.$$

Die zwei letzten Glieder auf der linken Seite vereinigen sich aber zu,

$$e\,\frac{u^2}{u^2 - \alpha^2}\cos ut,$$

und die ganze Gleichung läßt sich daher schreiben

$$\left(1 - \frac{m}{c}\alpha^2\right)\left(A\sin\alpha t + B\cos\alpha t + e\,\frac{u^2}{u^2 - \alpha^2}\cos ut\right) = 0.$$

Diese Gleichung ist nun in der Tat identisch, d. h. für jeden Wert der Veränderlichen t und zugleich für beliebige Werte der Konstanten A und B erfüllt, wenn der in der ersten Klammer stehende Faktor durch eine passende Wahl von α zum Verschwinden gebracht wird. Man muß also

$$\alpha = \sqrt{\frac{c}{m}} \qquad\qquad (203)$$

setzen. — Für die sich auf die Y-Richtung beziehende Gleichung läßt sich die Rechnung genau ebenso wiederholen; man findet dabei für α denselben Wert.

Fassen wir nun die durch die Gleichungen (202) beschriebene Bewegung näher ins Auge, so bemerken wir sofort, daß nur die ersten beiden Glieder des dreigliedrigen Ausdrucks für x oder y von den Integrationskonstanten, also vom Anfangszustande abhängen; das dritte Glied ist im übrigen unabhängig vom Anfangszustande, wohl aber abhängig von dem konstanten Werte der Winkelgeschwindigkeit u, die ihrerseits wieder in den ersten Gliedern nicht vorkommt. Hiernach können wir uns die Gesamtbewegung des Schwerpunkts in zwei Teile zerlegt denken, also etwa
$$x = x_1 + x_2;$$

$$x_1 = A\sin\alpha t + B\cos\alpha t; \qquad x_2 = e\,\frac{\alpha^2}{u^2 - \alpha^2}\cos ut$$

setzen und ähnlich für y. Die Integrationskonstanten bestimmen sich aus der anfänglichen Lage des Schwerpunkts zur Zeit $t = 0$ und aus der Geschwindigkeit, die er zu dieser Zeit hatte. Dagegen kommt u in x_1 nicht vor, d. h. der durch x_1 und y_1 beschriebene Bewegungsanteil erfolgt genau so, als wenn das Rad überhaupt nicht rotierte. In diesem Falle hätten wir es aber mit einer gewöhnlichen harmonischen Schwingung zu tun, und wir wissen schon, daß der Schwerpunkt hierbei eine Ellipse beschreibt, die auch (bei passenden Anfangsbedingungen) in einen Kreis oder in eine Gerade übergehen kann. Jedenfalls kann dieser Bewegungsanteil, auch wenn etwa zu Anfang durch einen Stoß eine größere Entfernung des Schwerpunkts von O herbeigeführt wurde, niemals zu dauernd wachsenden Ausschlägen führen. Wir werden vielmehr zu erwarten haben, daß wegen der in der Rechnung nicht berücksichtigten Dämpfung diese harmonischen Schwingungen in Wirklichkeit nach einem etwa erfolgten Stoße mit der Zeit ebenso abklingen, wie wir dies früher bei der Untersuchung der gedämpften Schwingungen gefunden haben.

Ganz anders ist es aber mit dem durch x_2 und y_2 dargestellten zweiten Bewegungsanteile, der nur von u und sonst gar nicht von den Anfangsbedingungen abhängt. Wäre etwa (nach dem Abklingen der ursprünglich vorhandenen harmonischen Schwingung und bei Fernhalten jedes späteren Stoßes von außen her) x_1 und y_1 zu Null geworden, so müßte der durch x_2 und y_2 dargestellte Bewegungsanteil jedenfalls immer noch fortdauern. Die Bewegung $x_1 y_1$ (wie wir der Kürze halber sagen wollen) gibt demnach eine von zufälligen Umständen abhängige Bewegung an, die der rotierende Körper genau so ausführt, als wenn er nicht rotierte, und die daher nicht als ein wesentlicher Bewegungsanteil aufgefaßt werden kann. Jene Bewegung, die gerade der rotierenden Welle eigentümlich ist und die für alle Erscheinungen bestimmend auftritt, die wir hier untersuchen wollen, ist vielmehr die Bewegung $x_2 y_2$. Setzen wir also, um diese für sich zu untersuchen, vorläufig den unwesentlichen Bewegungsanteil $x_1 y_1$ gleich Null, so bleibt nur noch die Bewegung

$$x_2 = e\,\frac{\alpha^2}{u^2 - \alpha^2}\cos ut; \qquad y_2 = e\,\frac{\alpha^2}{u^2 - \alpha^2}\sin ut$$

übrig. Man erkennt sofort, daß diese in einer kreisförmigen Bewegung des Schwerpunkts besteht, die mit der Winkelgeschwindigkeit u beschrieben wird. Der Halbmesser des Kreises r ist

$$r = e\,\frac{\alpha^2}{u^2 - \alpha^2}. \tag{204}$$

Kommt dagegen die Bewegung $x_2 y_2$ zur harmonischen Schwin-

gung $x_1 y_1$ hinzu, so legt der Schwerpunkt eine epizykloidische
Bahn zurück; er durchläuft nämlich einen Kreis, dessen Mittelpunkt auf der Ellipse der harmonischen Schwingung fortschreitet.

Die Stärke der Ausschläge, die man zu erwarten hat, hängt
nun vor allem von der Größe des Halbmessers r ab. Für kleine
Werte von u wird r negativ; das Vorzeichen ist indessen hier
unwesentlich. Jedenfalls ist dem Absolutwerte nach r etwas
größer als die Exzentrizität e. Sobald sich nun u dem Werte
von α nähert, fängt r stark zu wachsen an, und für $u = \alpha$ liefert
Gl. (204) sogar $r = \infty$. Wir sehen hiermit, daß bei dieser Geschwindigkeit oder in ihrer Nähe unter allen Umständen sehr
starke Ausschläge zu erwarten sind, d. h. $u = \alpha$ ist die schon
aus den Versuchen bekannte kritische Geschwindigkeit.
Bezeichnen wir diese mit u_k, so erhalten wir nach Einsetzen des
Wertes von α aus Gleichung (203)

$$u_k = \sqrt{\frac{c}{m}}. \tag{205}$$

Wenn u größer wird als u_k, nimmt der Absolutwert von r
wieder ab, und für eine sehr große Geschwindigkeit u wird r fast
zu Null. In diesem Falle beschreibt (nahezu wenigstens) der
Schwerpunkt nur noch die Ellipse der harmonischen Schwingung
oder er bleibt, wenn diese abgeklungen ist und äußere Störungen
ferngehalten werden, in Ruhe, indem er dauernd mit O zusammenfällt. Damit kommen wir auf jene Bewegung zurück, die wir
schon vorher bei der bloß qualitativen Untersuchung als möglich erkannt hatten. Wir wissen aber jetzt auch, daß diese
Bewegung eine stabile ist, d. h. daß durch einen äußeren
Stoß nur eine harmonische Schwingung von derselben Art wie
beim nichtrotierenden Körper hervorgerufen wird, die allmählich
abklingt, so daß der Schwerpunkt wieder nach O zurückgeführt
wird. Ein Herausschleudern des Rades ist also bei Geschwindigkeiten, die weit über der kritischen liegen, auf keinen Fall
zu befürchten.

Man gewinnt noch eine anschaulichere Vorstellung von der
schwingenden Bewegung des Rads durch die folgende Konstruktion.
Man trage auf der Geraden SA in Abb. 60, die im übrigen voll-

ständig mit Abb. 59 übereinstimmt, eine Strecke SP ab, so daß

$$SP = -e\,\frac{\alpha^2}{u^2 - \alpha^2} \qquad (206)$$

ist. Für Werte von u, die unter dem kritischen Werte u_k liegen, wird dieser Ausdruck positiv, und dann soll SP in jener Richtung abgetragen werden, wie es in der Abbildung geschehen ist. Ein negativer Wert von SP wäre dagegen in der entgegengesetzten Richtung, also von S aus in der Verlängerung von AS abzutragen. Man beachte, daß P hiernach niemals zwischen S und A liegen kann. Bei kleinen Werten von u liegt P in der Nähe von A, aber außerhalb der Strecke AS; wenn u wächst, rückt P von A ab, und für $u = u_k$ rückt es ins Unendliche. Wenn u noch größer wird, rückt P aus dem Unendlichen von der anderen Seite der Geraden her auf S zu; für sehr große Werte von u liegt P ganz in der Nähe von S, und für $u = \infty$ fällt P mit S zusammen.

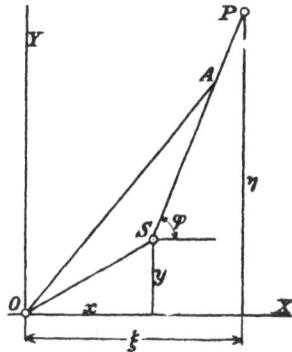

Abb. 60.

Der in dieser Weise für ein bestimmtes u konstruierte Punkt P möge auf dem Rade markiert werden, und wir wollen zusehen, welche Bewegung dieser Punkt ausführt. Die Koordinaten dieses Punktes seien mit ξ, η bezeichnet. Dann ist mit Rücksicht auf Gl. (206)

$$\xi = x - e\,\frac{\alpha^2}{u^2 - \alpha^2}\cos u t,$$

$$\eta = y - e\,\frac{\alpha^2}{u^2 - \alpha^2}\sin u t.$$

also, wenn man die Werte von x und y aus den Gleichungen (202) einführt,

$$\xi = A \sin \alpha t + B \cos \alpha t,$$

$$\eta = C \sin \alpha t + D \cos \alpha t.$$

Wir erkennen hieraus, daß im allgemeinsten Falle nicht der Schwerpunkt, sondern der Punkt P eine einfache harmonische Schwingung ausführt; der Schwerpunkt, wie schon vorher gefunden, nur dann, wenn P mit S zusammenfällt, d. h. für $u = \infty$. Die ganze Bewegung kann nun in eine Translation zerlegt werden, die den Punkt P auf seiner elliptischen Bahn herum führt, und in eine Rotation mit der konstanten Winkelgeschwindigkeit u um den Punkt P. Bei dieser Darstellung überblickt man vielleicht noch deutlicher als vorher, daß große Bewegungen des

Schwerpunktes, also ein starkes Schaukeln des Rades, von der Lage des Punktes P und hiermit von dem Werte der Winkelgeschwindigkeit u bedingt werden.

Schließlich möge noch der in Gl. (205) für die kritische Geschwindigkeit aufgestellte Wert in eine Form gebracht werden, die für die unmittelbare Anwendung in der Praxis möglichst bequem ist. Hierzu führe ich eine Kraft P ein, die als Biegungslast an der ruhenden Welle angebracht einen Biegungspfeil von 1 cm herbeiführen würde. Wenn die Abmessungen der Welle usf. gegeben sind, wird man P nach den Formeln der Festigkeitslehre immer leicht berechnen können. An einer fertigen Maschine kann man P auch durch einen unmittelbaren Belastungsversuch sofort experimentell feststellen. Wenn die Welle zu steif ist, um eine Durchbiegung um 1 cm ohne dauernde Verbiegungen zu ertragen, ist unter P das Zehnfache der Biegungslast zu verstehen, die einen Biegungspfeil von 1 mm hervorruft oder überhaupt das n-fache der zum Biegungspfeile $\frac{1}{n}$ cm gehörigen Last. Nach der Bedeutung der Konstanten c, die in den vorausgehenden Rechnungen vorkam, hat man dann

$$P = c \cdot 1 \text{ cm} \quad \text{oder} \quad c = \frac{P}{1 \text{ cm}}.$$

Das Gewicht des Rades sei mit Q bezeichnet; an Stelle der Masse m tritt daher jetzt

$$m = \frac{Q}{981 \text{ cm}} \sec^2.$$

Ferner soll noch an Stelle der auf Bogenmaß bezogenen Winkelgeschwindigkeit u die Zahl der in der Minute ausgeführten Umdrehungen N eingeführt werden, wie es in der Praxis gebräuchlich ist. Unter N_k ist also die kritische Tourenzahl zu verstehen. Dann ist

$$N_k = \frac{60 \sec \cdot u_k}{2\pi},$$

und Gl. (199) geht nach Einführung dieser Werte über in

$$N_k = \frac{30}{\pi} \sqrt{\frac{P}{Q} \cdot 981}$$

oder zur Abrundung und genau genug für die praktische Anwendung

$$N_k = 300 \sqrt{\frac{P}{Q}}. \tag{207}$$

Ganz allgemein erkennt man aus der vorausgehenden Betrachtung, daß die kritische Drehzahl der Maschine mit der
Biegungsschwingungszahl der Welle zusammenfällt. Das gilt
nicht nur dann, wenn eine Masse auf die Welle aufgesetzt
ist, sondern auch für beliebig viele Massen mit der Ergänzung, daß bei mehreren Massen auch mehrere Schwingungs-
grade zu berücksichtigen sind. Wenn also z. B. drei Massen
auf der Welle sitzen, treten drei Biegungsschwingungszahlen
auf, von denen diejenige mit den wenigsten Knoten (Schwingung ersten Grades) in der Regel schon höher liegt als die
Drehzahl der Maschine. Bei den Biegungsschwingungen ist
im Gegensatz zu den Drehschwingungen nur dann Resonanzgefahr vorhanden, wenn die Drehzahl der Maschine mit der
Eigenschwingungszahl zusammenfällt. Man kann also z. B.
eine Maschine mit der Drehzahl $n = \frac{n_k}{2}$ laufen lassen, wenn n_k
die Biegeschwingungszahl der Welle ist. Das hat folgenden
Grund: Drehschwingungen werden durch das antreibende
Drehmoment angefacht, das in harmonische Glieder zerlegt
werden kann. Die Biegungsschwingungen einer umlaufenden
Welle werden dagegen durch die Schwerkraft hervorgerufen,
die nicht in harmonische Glieder von der höheren Ordnung
zergliedert werden kann (S. 76).

§ 46. Vereinfachte Behandlung der Biegungsschwingungen von Wellen.

Wie ich aus einer früher einmal an mich gelangten An-
frage entnehmen konnte, kommt es bei gewissen Flugzeugen
vor, daß eine dünne Antriebswelle, die auf eine längere Strecke
hin frei liegt, während des Betriebes in heftige Biegungsschwingungen gerät. Es handelt sich darum, eine Formel für
diese kritische Geschwindigkeit aufzustellen.

Wir schließen wie in den früheren Fällen, daß die beobachtete kritische Geschwindigkeit einer Resonanz mit den elastischen Eigenschwingungen der ruhend gedachten Welle, und zwar mit ihrer Grundschwingung entspricht. Wir bedürfen also zur Lösung der Aufgabe nur einer Formel für die Schwingungsdauer dieser Grundschwingung.

Besondere Massen sind auf der Welle in dem Falle, der uns jetzt beschäftigt, nicht angebracht; es ist vielmehr nur die Eigenmasse der Welle, die die Schwingungen ausführt, und diese Eigenmasse ist gleichmäßig über die ganze Länge verteilt. Die Stützung an den Enden des schwingenden Wellenstückes wollen wir uns so vorgenommen denken, daß es wie im frei aufliegenden Balken kleine Drehungen auszuführen vermag. Im anderen Falle, nämlich bei eingespannten Enden, würde man übrigens die Rechnung in ganz ähnlicher Weise durchzuführen vermögen.

Unter den hier angegebenen Umständen können wir die Schwingungsdauer der Grundschwingungen ohne weiteres aus der in § 39 abgeleiteten Gleichung (166) entnehmen, nämlich

$$T = \frac{2\,l^2}{\pi} \sqrt{\frac{\mu}{EJ}}$$

Die kritische Umlaufgeschwindigkeit u_k der Welle wird daher

$$u_k = \frac{2\pi}{T} = \frac{\pi^2}{l^2} \sqrt{\frac{EJ}{\mu}} \; .$$

Die freie Länge der Welle zwischen den Lagern ist hierin bereits mit l bezeichnet. Bezeichnen wir ferner das zugehörige Gewicht der Welle mit Q, so ist

$$\mu = \frac{Q}{lg}$$

zu setzen. Rechnet man außerdem noch u_k auf die kritische Umdrehungszahl N_k in der Minute um, so erhält man

$$N_k = 30\pi \sqrt{\frac{EJg}{Ql^3}} \; .$$

Man kann diese Formel noch etwas einfacher und wohl auch anschaulicher anschreiben, wenn man sich der aus der Festigkeitslehre bekannten Formel für den Biegungspfeil f erinnert, um den sich ein Stab in horizontaler Lage unter der Belastung durch das Eigengewicht durchbiegt. Diese Formel lautet

$$f = \frac{5}{384} \frac{Q\,l^3}{E\,J},$$

und damit erhält man für N_k auch

$$N_k = 30\,\pi \sqrt{\frac{5\,g}{384\,f}}.$$

§ 47. Mechanische Ähnlichkeit; Theorie der Modelle.

An dieser Stelle soll eine Betrachtung eingeschaltet werden, die mit dem übrigen Inhalte dieses Abschnitts zwar nur in einem losen Zusammenhange steht, die sich aber auch an einer anderen Stelle nicht mit mehr Recht einreihen ließe. Wegen der praktischen Bedeutung, die ihr zukommt, darf sie aber in diesem Buche nicht fehlen.

Der Begriff der mechanischen Ähnlichkeit ist aus dem der geometrischen Ähnlichkeit hervorgegangen. Mechanische Ähnlichkeit zweier Systeme schließt die geometrische Ähnlichkeit zum mindesten in allen wesentlichen Bestimmungsstücken ein, wird aber dadurch nicht erschöpft. Man kann z. B. zwei Maschinen nach denselben Plänen und Werkzeichnungen bauen, indem man etwa die eingeschriebenen Maße einmal als englische Zolle, ein anderes Mal als Zentimeter deutet. Die Maschinen sind dann geometrisch ähnlich und, solange sie stillstehen, besteht gar keine Veranlassung, ihre Ähnlichkeit zu bezweifeln. Sobald sie aber in Betrieb kommen, werden sie sich im allgemeinen ganz verschieden verhalten. Während die eine von beiden vielleicht vollständig befriedigend arbeitet und sich als tüchtig durchkonstruiert bewährt, wird die andere bald eine große Zahl von Fehlern aufweisen, wenn sie sich nicht schon von vornherein als ganz untauglich erweist.

Der Grund für das abweichende Verhalten ist leicht einzusehen. Die den Flächen proportionalen äußeren Kräfte wachsen mit den Flächen, also im Verhältnisse n^2, wenn n das lineare Vergrößerungsverhältnis bedeutet. Das Verhältnis n^2 würde z. B. bei dem treibenden Dampfdrucke zutreffen, wenn beide Maschinen Dampfmaschinen wären und von demselben Kessel aus betrieben werden sollen. Die Gewichte der Teile wachsen mit dem Volumen, also im Verhältnisse n^3. Wollte man verlangen, daß die Maschinen entsprechende Wege in gleichen Zeiten zurücklegen, so müßten die Geschwindigkeiten und die Beschleunigungen im Verhältnisse n zueinander stehen. Zwischen den nach dem d'Alembertschen Prinzip einzuführenden Trägheitskräften hätte man dann das Verhältnis $n^3 \cdot n$ oder n^4. Da die miteinander in Vergleich zu bringenden Kräfte in so verschiedenen Verhältnissen wie n^2, n^3, n^4 anwachsen, müßte das Verhalten beider Maschinen natürlich ein ganz verschiedenes sein, d. h. trotz der geometrischen Ähnlichkeit sind die Maschinen mechanisch einander durchaus nicht ähnlich.

Man kann sich aber die Aufgabe stellen, zwei geometrisch ähnliche Maschinen so zu konstruieren, daß sie sich auch mechanisch ähnlich verhalten. Durch die vorhergehenden Erwägungen wird dies nicht ausgeschlossen. Es steht uns nämlich, um bei dem gewählten Beispiele zu bleiben, frei, beide Dampfmaschinen mit verschiedenem Dampfdrucke zu betreiben und zugleich auch die Umlaufsgeschwindigkeit verschieden zu wählen. Außerdem könnte man sich auch bei beiden Material von verschiedenem spezifischen Gewichte angewendet denken, also etwa Eisen im einen, Aluminium im anderen Falle. In dieser Hinsicht ist man freilich praktisch an enge Grenzen gebunden. Jedenfalls kann man es aber durch solche Mittel dahin bringen, daß die Oberflächenkräfte, die Gewichte und die Trägheitskräfte bei beiden Maschinen in gleichen Verhältnissen zueinander stehen, so daß sich die Maschinen auch mechanisch ähnlich verhalten, d. h. so, daß die Bewegungsvorgänge im einen Falle ein getreues Abbild von jenen im anderen Falle darstellen, bei dem nur Längen, Zeiten und Kräfte in festen Verhältnissen vergrößert oder verkleinert erscheinen.

Von praktischer Bedeutung sind diese Betrachtungen namentlich immer dann, wenn man von dem Verhalten eines, der Kostenersparnis wegen zunächst in kleinerem Maßstabe ausgeführten Modells auf die Eigenschaften einer nach diesem Modell zu erbauenden großen Maschine schließen will. Von diesem Mittel wird sehr häufig Gebrauch gemacht; so wird z. B. vor dem Baue eines großen Schiffes, das in wesentlichen Punkten von früheren Ausführungen abweichen soll, gewöhnlich zunächst ein Modell desselben hergestellt, mit dem man Versuche über den Schiffswiderstand bei verschiedenen Geschwindigkeiten anstellt, um danach beurteilen zu können, wie groß die Maschinenstärke des Schiffes sein muß, um diesem eine gewisse Geschwindigkeit zu erteilen usf.

Strenge mechanische Ähnlichkeit läßt sich in solchen Fällen meist entweder gar nicht oder wenigstens nur mit einem unverhältnismäßigen Aufwand von Mitteln erreichen. Es genügt aber, wenn nur in den wesentlichen Punkten, die man gerade untersuchen will, eine Übereinstimmung erzielt wird, während man sonst Abweichungen, die zur Bequemlichkeit oder zur Ermöglichung der Ausführung geboten sind, unbedenklich zulassen kann. Natürlich muß sich ein Urteil darüber, wie weit man in dieser Hinsicht gehen darf, im einzelnen Falle auf eine genaue Abwägung aller Nebenumstände stützen, die etwa auf den Erfolg von Einfluß sein könnten.

Am einfachsten gestaltet sich die Betrachtung, wenn nur das statische Verhalten in Frage kommt. Eine Tragkonstruktion, etwa ein Brückenträger oder ein Dachverband, möge im Modell ausgeführt sein und man fragt, wie man aus den am Modell beobachteten Erscheinungen auf das Verhalten des in λ-facher Größe ausgeführten Bauwerks schließen kann. Wenn das Modell geometrisch ähnlich aus demselben Material nachgebildet ist, müssen die Lasten, die man am Modell aufhängt, im Verhältnisse $1:\lambda^2$ zu den am Bauwerk auftretenden Lasten bemessen

sein. Die Spannungen der einzelnen Stäbe stehen dann eben-
falls im Verhältnisse $1 : \lambda^2$, d. h. im selben Verhältnisse wie die
Querschnitte, so daß die bezogenen Spannungen und hiermit die
Beanspruchung des Baustoffes in beiden Fällen dieselbe bleibt.
Auch die Sicherheit gegen Ausknicken ist in beiden Fällen die
gleiche, denn die Knicklast eines Stabes ist nach der Eulerschen
Formel — etwa bei frei drehbaren Enden —

$$P = \pi^2 \frac{EJ}{l^2},$$

und da E gleich ist, J im Verhältnisse $1 : \lambda^4$ und l im Verhältnisse $1 : \lambda$ steht, folgt, daß auch die Knicklasten das Verhältnis
$1 : \lambda^2$ haben, also dasselbe Verhältnis wie die von den Stäben aufzunehmenden Kräfte.

Hierbei ist zunächst vorausgesetzt, daß das Eigengewicht in
beiden Fällen keine wesentliche Rolle spielt. Kommt dieses aber
mit in Betracht, so ist zu beachten, daß es im Verhältnisse $1 : \lambda^3$
steht, daß also das Bauwerk davon stärker beansprucht wird als
das Modell. Um die Bedingung der mechanischen Ähnlichkeit in
diesem Falle, wenigstens in der Idee, streng aufrechtzuerhalten,
müßte man schon voraussetzen, daß das spezifische Gewicht des
Materials, aus dem das Modell besteht, λ mal so groß sei als in
der großen Ausführung, während der Elastizitätsmodul und die
zulässige Beanspruchung beider Materialien immer noch die gleichen sein müßten. Dies läßt sich natürlich nicht verwirklichen;
man kann sich aber praktisch ganz gut dadurch helfen, daß man
das Modell noch mit Zusatzgewichten belastet, die passend, etwa
auf die Knotenpunkte, verteilt sind, so daß der Unterschied in
der Beanspruchung durch das Eigengewicht hierdurch ausgeglichen wird. Wenn man in der hier geschilderten Weise ver-
fährt, kann man aus den elastischen Gestaltänderungen und den
sonstigen Festigkeitseigenschaften des Modells zuverlässige
Schlüsse auf das statische Verhalten des Bauwerks ziehen. Auch
das Verhalten unter dem Einflusse gleicher Temperaturänderun-
gen wird in beiden Fällen das gleiche sein. Voraussetzung ist
natürlich, daß auch sonst in der Tat alle Bedingungen übereinstimmen, daß also die Kräfte in beiden Fällen in der gleichen

Weise angreifen, daß das Material in den kleinen Stücken von derselben Beschaffenheit ist wie in den großen usf. Dies ist ja freilich eigentlich selbstverständlich; es sollte aber noch besonders betont werden, weil in dieser Hinsicht große Vorsicht geboten ist, damit nicht irgendein für den Erfolg sehr wesentlicher Nebenumstand, der eine Abweichung von den Anforderungen der mechanischen Ähnlichkeit in sich schließt, bei flüchtiger Betrachtung übersehen wird.

Dies alles bezieht sich indessen nur auf das statische Verhalten. Schon wenn man im vorhergehenden Falle Schlüsse über die Schwingungen, die das Bauwerk unter dem Einflusse bewegter Lasten ausführt, aus Versuchen am Modell ziehen will, reichen die vorigen Betrachtungen nicht mehr aus. Wir fassen daher jetzt die Frage von einem allgemeineren Standpunkte her an, der zugleich die dynamischen Verhältnisse zu berücksichtigen gestattet.

Das Verhältnis der maßgebenden Längen (wobei unwesentliche Abweichungen im einzelnen ebenso wie in den folgenden Fällen immerhin gestattet werden können) sei abermals λ. Das Verhältnis der von außenher übertragenen Kräfte mit Ausschluß der Eigengewichte sei dagegen jetzt allgemein mit π bezeichnet; ferner sei das Verhältnis der Massen μ und das Verhältnis der Zeiten τ. Wenn beide Verbände mechanisch ähnlich sein sollen, müssen sie in entsprechenden Zeiten t und τt in gleichen Stellungen sein und in gleicher Art von Kräften P und πP beansprucht werden. Mit anderen Worten heißt dies, daß alle Größen, die die Bewegung und den Zustand beider Verbände beschreiben, zahlenmäßig miteinander. übereinstimmen müssen, wenn man sie in beiden Fällen auf verschiedene Einheiten bezieht. Dann gelten auch alle Gleichungen der Mechanik, die man für den einen der beiden Verbände anschreibt, ohne jede Änderung für den anderen. Aus diesen Gleichungen läßt sich die spätere Bewegung des Systems voraussehen, wenn der Anfangszustand und alle übrigen Bedingungen hinreichend gekennzeichnet sind. Da die Gleichungen mit allen Nebenbedingungen in beiden

Fällen übereinstimmen, beziehen sich auch die Schlüsse,
die man aus ihnen ziehen kann, in gleicher Weise auf
beide Verbände, und daraus folgt, daß in der Tat bei
gleichen Anfangsbedingungen auch der spätere Verlauf
in beiden Fällen der gleiche sein muß.

Die Verhältniszahlen λ, π, μ, τ sind aber nicht unabhängig
voneinander. In der Mechanik kommen nur drei Grundeinheiten
vor, die man beliebig wählen kann, während jede andere Einheit
dadurch mit bestimmt ist. Daher können auch nur drei von den
vorhergehenden Verhältniszahlen beliebig gewählt werden. Nach
dem dynamischen Grundgesetze ist die Kraft gleich der Masse mal
der Beschleunigung. Sind in einem Maßstabe alle diese drei
Größen in einem bestimmten Falle gleich der Einheit, so muß
die Beziehung auch noch gültig bleiben, wenn man dieselben
Größen nach dem anderen Maßsysteme ausmißt, d. h. man hat

$$\pi = \mu \frac{\lambda}{\tau^2} \quad \text{oder} \quad \pi\tau^2 = \lambda\mu, \tag{208}$$

und diese Gleichung spricht die Hauptbedingung aus,
die bei der Herstellung der Modelle von Maschinen im
Auge behalten werden muß.

Zu dieser Hauptbedingung treten noch Nebenbedingungen,
je nach den Anforderungen, die man an den Grad stellt, in dem
die mechanische Ähnlichkeit verwirklicht sein soll. Wenn die
Eigengewichte der Körper, die den Massen proportional sind,
neben den anderen Kräften nicht vernachlässigt werden dürfen,
hat man

$$\pi = \mu \quad \text{und hiermit} \quad \tau^2 = \lambda \tag{209}$$

zu setzen. Man hat dann nur noch zwei Verhältniszahlen zur
beliebigen Wahl frei. Verlangt man außerdem, wie in dem vorausgehenden statischen Beispiele, daß die Beanspruchung des
Materials und das elastische Verhalten in beiden Fällen übereinstimmen, so muß, wie wir uns schon vorher überzeugten,

$$\pi = \mu = \lambda^3 = \tau^4 \tag{210}$$

sein. Wir haben dann nur noch eine Verhältniszahl zur Verfügung und sind, um strenge mechanische Ähnlichkeit herzu-

stellen, genötigt, in beiden Verbänden Stoffe mit verschiedenen spezifischen Gewichten vorauszusetzen, die sich aber sonst in allen Eigenschaften gleichen.

Da das zuletzt erhobene Verlangen praktisch nicht erfüllbar ist, verzichtet man entweder auf die Berücksichtigung des Spannungszustandes und hiermit der elastischen und der Festigkeitseigenschaften beider Systeme oder man vernachlässigt (je nach der Lage des einzelnen Falles) das Eigengewicht neben den übrigen äußeren Kräften, nimmt dagegen, um gleichen Baustoff bei beiden Verbänden voraussetzen zu können,

$$\mu = \lambda^3, \tag{211}$$

eine Gleichung, die sich mit den Bedingungen (210) nicht vereinigen läßt.

An einigen Beispielen wird man am besten erkennen, wie diese Bedingungen zu verwerten sind. Zunächst sind zwei geometrisch ähnliche Pendel auch mechanisch ähnlich Da bei ihnen das Eigengewicht in Frage kommt, muß man $\pi = \mu$ und daher wie in Gl. (209) $\tau^2 = \lambda$ setzen. Nach der Beanspruchung des Pendelmaterials und nach den elastischen Formänderungen, die das Pendel während der Schwingungen erfährt, fragt man in diesem Falle nicht. Wir sind daher nicht an die Erfüllung der Bedingungen (210) gebunden, ebensowenig an die Bedingung (211), können vielmehr μ ganz beliebig wählen, d. h. es macht keinen Unterschied, wie groß das spezifische Gewicht des Pendelmaterials in beiden Fällen gewählt wird. Wesentlich bleibt nur die Bedingung $\tau^2 = \lambda$, die uns aussagt, daß sich die Schwingungsdauern wie die Quadratwurzeln aus den Pendellängen verhalten.

Als zweites Beispiel betrachten wir das Modell eines Schiffes, mit dessen Hilfe der Schiffswiderstand ermittelt werden soll. Der mechanische Verband, der ähnlich nachgebildet werden soll, besteht hier nicht nur aus dem Schiffe, sondern sehr wesentlich auch aus dem sich um das Schiff bewegenden Wasser. Hier ist daher an Gl. (211) festzuhalten, durch die ausgedrückt wird, daß es sich in beiden Fällen um dieselbe Flüssigkeit handelt. Außerdem müssen auch die Gleichungen (209) erfüllt sein, da das Eigengewicht des Verbandes nicht vernachlässigt werden darf, sondern im Gegenteile eine wichtige Rolle spielt. Auf die durch die Gleichungen (210) ausgedrückte Bedingung, daß die bezogenen Spannungen richtig nachgebildet werden, müssen wir dagegen verzichten, weil sich die Gleichungen (210) mit den anderen Bedingungen, auf die hier das Hauptgewicht zu legen ist, nicht vereinigen lassen.

Durch Verbindung der Gleichungen (209) und (211) erhält man

$$\pi = \mu = \lambda^3 = \tau^6.$$

Macht man etwa $\lambda = 9$ (das Modell in $\frac{1}{9}$ der Schiffsgröße), so wird $\tau = 3$. Die Geschwindigkeit des Modells muß, um den Vorgang mechanisch ähnlich zu gestalten, demnach so bemessen werden, daß es entsprechende Wege im dritten Teile der Zeit zurücklegt als das Schiff. Das Geschwindigkeitsverhältnis sei γ; dann folgt aus den Dimensionen der Geschwindigkeit

$$\gamma = \frac{\lambda}{\tau} = \sqrt{\lambda},$$

also hier $\gamma = 3$. Soll also das Schiff etwa 12 m in der Sekunde zurücklegen, so muß die Geschwindigkeit des Modells 4 m sec^{-1} betragen. Mißt man nun die Kraft, die man aufwenden muß, um das Modell mit der gleichförmigen Geschwindigkeit von 4 m sec^{-1} vorwärtszubewegen, und bezeichnet sie mit R, so ist der Schiffswiderstand bei der entsprechenden Geschwindigkeit gleich πR, also gleich $R\lambda^3$ oder in unserem Falle gleich 729 R. — Diese Vorschrift, den Schiffswiderstand nach den Bedingungen der mechanischen Ähnlichkeit aus den Modellversuchen abzuleiten, rührt von Froude her.

Dieselben Beziehungen bleiben auch für Luftschiffe oder Flugzeuge gültig. Wie die Erfahrung lehrt, wächst der Luftwiderstand eines in ruhender Luft translatorisch bewegten starren Körpers proportional mit dem Quadrate der Geschwindigkeit, und bei ähnlichen Körpern verhalten sich bei der gleichen Geschwindigkeit die Luftwiderstände zueinander wie die Querschnittsflächen oder wie die Quadrate der Längen. Daraus folgt, daß sich die Geschwindigkeiten von Modell und Luftschiff wie $1:\sqrt{\lambda}$ verhalten müssen, damit der Luftwiderstand in beiden Fällen den gleichen Bruchteil des Eigengewichts ausmacht, so also, daß er im Verhältnisse $1:\lambda^3$ wächst.

Hierbei wird vorausgesetzt, daß die Oberflächenreibung zwischen Schiff und Flüssigkeit vernachlässigt werden darf, was in der Regel zulässig ist. Vorgänge, bei denen die Flüssigkeitsreibung eine entscheidende Rolle spielt, folgen dagegen einer anderen Ähnlichkeitsregel, auf die ich später noch zurückkommen werde.

Schließlich wähle ich noch ein Beispiel zur näheren Besprechung aus, das ich dem Werke von Routh, Dynamik der Systeme starrer Körper, deutsch von Schepp, Bd. I, S. 300 entnehme. Dort heißt es:

„Man soll die Durchbiegung einer Brücke von 15 m Länge und 100 t Gewicht, wenn eine Maschine, die 20 t wiegt, mit der Geschwindigkeit von 64 km in der Stunde über sie fährt, durch Experimente feststellen, die an einem Modell der Brücke gemacht werden, das 1,5 m lang ist und 2,8 kg wiegt. Man finde das Gewicht des Modells der Maschine und nehme an, das Modell der Brücke sei so steif, daß die statische Durchbiegung in der Mitte unter dem Modell der Maschine ein Zehntel derjenigen der Brücke unter der Maschine selbst beträgt, und zeige, daß dann die Geschwindigkeit des Modells der Maschine etwa 5,6 m in der Sekunde betragen muß."

Das Beispiel ist insofern bemerkenswert, als die Fassung der Aufgabe leicht zu einem Zweifel darüber Veranlassung geben kann, ob die Bedingungen der mechanischen Ähnlichkeit hier überhaupt noch genügend gewahrt sind. Strenge mechanische Ähnlichkeit besteht offenbar nicht, und überdies gehen auch die Abweichungen davon weiter, als es die praktischen Rücksichten erfordern. Weder die Bedingungen (210) noch die damit nicht vereinbare Bedingung (211) sind hier erfüllt. Wäre das Modell der Brücke geometrisch ähnlich und aus dem gleichen Material hergestellt, so müßte das Modell ein Gewicht von 100 kg haben, da λ hier gleich 10 ist. Um dagegen genaue Übereinstimmung hinsichtlich des elastischen Verhaltens und der Beanspruchung des Materials herzustellen, müßte die Bedingung 210) erfüllt

sein, d. h. das spezifische Gewicht des Materials müßte am Modell
das Zehnfache von dem an der Brücke betragen oder es müßte
wenigstens in der früher besprochenen Weise durch eine Zusatz-
last das Eigengewicht des Modells entsprechend erhöht werden,
während es in dem Beispiele umgekehrt niedriger angenommen
ist, als es bei bloßer geometrischer Nachbildung in dem gleichen
Materiale ausfiele. Auf eine Übereinstimmung des Verhaltens in
jeder Hinsicht ist daher in der Aufgabe stillschweigend von vornherein verzichtet.

Das hindert jedoch nicht, daß man auch bei dieser unvoll-
kommenen Annäherung an die strengen Bedingungen der mechanischen Ähnlichkeit aus dem Versuche am Modell erfahren kann,
was man zu wissen wünscht, falls nur vorausgesetzt werden darf,
daß das Material weder an der Brücke noch am Modell über die
Proportionalitätsgrenze hinaus beansprucht wird, was von vornherein freilich keineswegs feststeht.

Da das Eigengewicht hier eine wesentliche Rolle spielt, muß
auf jeden Fall die Bedingung (209) erfüllt sein. Mit Rücksicht
auf die Zahlenangaben der Aufgabe hat man daher

$$\varkappa = \mu = \frac{100000}{2{,}8}, \quad \lambda = 10, \quad \tau = \sqrt{10}.$$

Hieraus folgt zunächst, daß das Gewicht des Modells der Maschine
gleich

$$20000 \cdot \frac{2{,}8}{100000} = 0{,}56 \text{ kg}$$

sein muß. Für das Geschwindigkeitsverhältnis γ hat man wie
im vorigen Beispiele

$$\gamma = \frac{\lambda}{\tau} = \sqrt{\lambda} = \sqrt{10} = 3{,}15.$$

Das Modell muß daher mit der Geschwindigkeit

$$\frac{64000 \text{ m}}{3{,}16 \cdot 3600 \text{ sec}} \quad \text{oder rund} \quad 5{,}6 \text{ m sec}^{-1}$$

über das Brückenmodell geführt werden, wie in der Aufgabe
schon angegeben ist. — Bei Erfüllung der angegebenen Bedingungen hat man aber in der Tat für jede Stellung der Maschine
und des Modells geometrisch ähnliche Durchbiegungslinien zu
erwarten. Man tut gut, sich davon besonders zu überzeugen, in-

dem man auf die Differentialgleichung (162) zurückgeht, die von einem schwingenden Stabe erfüllt sein muß. Diese Gleichung lautete

$$EJ\frac{\partial^4 y}{\partial x^4} = -\mu\frac{\partial^2 y}{\partial t^2},$$

wobei zu beachten ist, daß μ darin eine andere Bedeutung hatte als die ihm vorhin zugeschriebene. In dieser Form möge sich die Gleichung auf die Brücke beziehen; für das Modell gilt eine von der gleichen Form, nämlich

$$E_1 J_1\frac{\partial^4 y_1}{\partial x_1^4} = -\mu_1\frac{\partial^2 y_1}{\partial t_1^2}.$$

Zum Vergleiche zwischen EJ und $E_1 J_1$ dient die Bemerkung der Aufgabe, daß der statische Biegungspfeil bei der Stellung der Last in der Brückenmitte oder Modellmitte im Längenverhältnisse λ gefunden wird. Nach Gl. (82) von Band III ist der Biegungspfeil f

$$f = \frac{Pl^3}{48\,EJ} \quad\text{und}\quad f_1 = \frac{P_1 l_1^3}{48\,E_1 J_1},$$

und hiernach

$$\frac{f}{f_1} = \lambda = \frac{\pi\lambda^3}{EJ : E_1 J_1} \quad\text{oder}\quad \frac{EJ}{E_1 J_1} = \pi\lambda^2.$$

Ferner ist das Verhältnis der auf die Längeneinheit entfallenden Massen

$$\frac{\mu}{\mu_1} = \pi\frac{1 : l}{1 : l_1} = \frac{\pi}{\lambda},$$

wobei μ wieder in derselben Bedeutung wie in der Differentialgleichung gebraucht ist. Außerdem ist $y = \lambda y_1$, $x = \lambda x_1$ und $t = \tau t_1$ zu setzen. Multipliziert man die für das Modell geltende Differentialgleichung auf beiden Seiten mit

$$\pi\lambda^2\cdot\frac{\lambda}{l^4} \quad\text{oder}\quad \frac{\pi}{\lambda}\cdot\frac{\lambda}{\tau^2},$$

was wegen der hier erfüllten Beziehung $\tau^2 = \lambda$ auf dasselbe hinauskommt, so geht die Differentialgleichung in die für die Brücke geltende über. Durch die Differentialgleichung wird aber im Zusammenhange mit den Grenz- und Anfangsbedingungen der zeitliche und örtliche Verlauf der Stabschwingung vollständig beschrieben, und da auch diese Bedingungen im Modell, so weit als erforderlich, genau nachgebildet sind, hat man in beiden Fällen, abgesehen von den verschiedenen Maßstäben, in denen

die Zeit- und Längengrößen auszumessen sind, genau den gleichen
Schwingungsvorgang zu erwarten.

Auch in anderen Fällen, bei denen Abweichungen
von den strengen Bedingungen der geometrischen Ähnlichkeit unvermeidlich oder durch die Festsetzungen
der Aufgabe vorgeschrieben sind, wird man stets am
besten tun, sich durch unmittelbares Zurückgehen auf
die Differentialgleichung des ganzen Vorgangs davon
zu überzeugen, ob und inwiefern jene Abweichungen
zulässig sind, ohne den Vergleich unmöglich zu machen.
Auf diese Art kann man aus Differentialgleichungen eines mechanischen Problems auch dann noch leicht Nutzen ziehen, wenn
die unmittelbare Lösung der durch die Differentialgleichung um-
schriebenen Aufgabe nicht möglich ist.

Aufgaben zum 2., 3. und 4. Abschnitt.

*15. Aufgabe. Ein Stab, auf den sonst keine äußeren Kräfte
wirken und der vorher in Ruhe war, erhält plötzlich einen Stoß von
gegebenem Antriebe an seinem einen Ende rechtwinklig zur Längsrichtung; man soll die zustande kommende Bewegung angeben.*

Lösung. Man kann die Aufgabe entweder mit Hilfe des Flächensatzes oder mit Hilfe des d'Alembertschen Prinzips lösen; wir entscheiden uns hier für das d'Alembertsche Prinzip, weil man dieses
ohnehin anwenden muß, wenn etwa daneben noch nach der Biegungsbeanspruchung gefragt werden sollte, die der Stab bei dem Stoße
erfährt.

Es wird sich vor allen Dingen darum handeln, den Bewegungszustand des Stabs unmittelbar nach dem Stoße zu erfahren. Die Bewegung ist jedenfalls eine ebene; der Stab bewegt sich nämlich in
jener Ebene, die durch die Stabmittellinie und durch die Richtung
der Stoßkraft gelegt werden kann. Eine ebene Bewegung kann in
jedem Augenblicke als eine Drehung
um eine zur Bewegungsebene senkrechte
Achse oder, wie man einfacher sagen
kann, als eine Drehung um einen in dieser
Ebene enthaltenen Punkt aufgefaßt werden. Wir wollen die Lage dieses Mo-
mentanzentrums aufsuchen. Da sich der
Schwerpunkt in der Richtung der Stoßkraft P, also rechtwinklig zur Stabachse

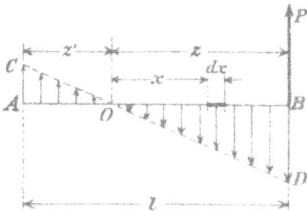

Abb. 61.

bewegt, folgt zunächst, daß das Momentanzentrum jedenfalls auf der Stabachse liegen muß. Wir brauchen also nur noch die genaue Lage dieses Punktes auf der Stabachse zu ermitteln.

Dazu bringen wir an jedem Massenelement des Stabes in einem bestimmten Augenblicke während des Stoßes eine Trägheitskraft an. In Abb. 61 sei AB die Stabmittellinie; die Stoßkraft P wirke am Ende B. Wenn die Masse des Stabs mit m und seine Länge mit l bezeichnet wird, kommt auf ein Längenelement dx im Abstande x vom Momentanzentrum O die Masse $\dfrac{m\,dx}{l}$. Wenn die Winkelgeschwindigkeit zur Zeit t (während des Stoßes) mit u bezeichnet wird, ist die Geschwindigkeit v dieses Massenelementes gleich ux, und man hat

$$\frac{dv}{dt} = x\frac{du}{dt}.$$

Dieser Beschleunigung entspricht eine Trägheitskraft von der Größe

$$\frac{m\,dx}{l}x\frac{du}{dt},$$

die also mit x proportional ist. Denkt man sich die Trägheitskräfte überall abgetragen, so liegen die Endpunkte auf einer durch O gehenden geraden Linie, die in der Abbildung mit CD bezeichnet ist. Die Trägheitskräfte müssen nun in jedem Augenblicke während des Stoßes mit der Stoßkraft P im Gleichgewichte stehen. Wir schreiben eine Momentengleichung für O als Momentenpunkt an und erhalten

$$Pz = \frac{m}{l}\frac{du}{dt}\left(\int_0^z x^2\,dx + \int_0^{z_1} x_1^2\,dx_1\right).$$

Mit z_1 sind hier die Abstände der nach links hin von O liegenden Stabteile bezeichnet. Die Ausführung der Integration liefert

$$Pz = \frac{m}{l}\frac{du}{dt}\cdot\frac{z^3 + z_1^3}{3}.$$

Zugleich muß aber die algebraische Summe aller Kräfte gleich Null sein. Wir haben daher noch die weitere Gleichung (die auch schon aus dem Satze über die Bewegung des Schwerpunkts hervorgeht)

$$P - \frac{m}{l}\frac{du}{dt}\left(\int_0^z x\,dx - \int_0^{z_1} x_1\,dx_1\right) = \frac{m}{l}\frac{du}{dt}\frac{z^2 - z_1^2}{2}.$$

Der Vergleich beider Gleichungen liefert

$$\frac{z^3 + z_1^3}{3} = \frac{z^3 - z\,z_1^2}{2} \quad \text{oder} \quad z^3 = 2z_1^3 + 3z\,z_1^2.$$

Setzt man nun noch $z_1 = l - z$ ein, so geht dies über in

$$z^3 = 2(l - z)^3 + 3z(l - z)^2 \quad \text{und hieraus} \quad z = \frac{2l}{3}.$$

Die vorausgehende Gleichung für P geht damit über in

$$P = \frac{m}{l}\frac{du}{dt} \cdot \frac{l^2}{6},$$

und hiernach ist die Winkelgeschwindigkeit, die der Stab nach Ablauf des Stoßes erlangt hat,

$$u = \frac{6}{ml}\int Pdt.$$

Wenn von einem Stoße gesprochen wird, setzt man dabei still-schweigend voraus, daß die Zeit, während deren er ausgeübt wird, so klein ist, daß sich der Körper inzwischen nicht merklich aus der An-fangslage verschieben kann. Wir kennen daher jetzt den Bewegungs-zustand des Stabes unmittelbar nach dem Stoße vollständig. Weiter-hin wirken keine äußeren Kräfte mehr auf ihn ein, und er bewegt sich daher nach den Lehren über die Bewegung eines sich selbst über-lassenen Körpers. Der Schwerpunkt beschreibt also eine geradlinige Bahn mit der Geschwindigkeit $\frac{ul}{6}$, die er beim Stoße erlangt hat. Zugleich dreht sich der Körper mit der Geschwindigkeit u stetig weiter, denn die zugehörige Drehachse ist offenbar eine freie Achse. Alle übrigen Punkte außer dem Schwerpunkte beschreiben daher zykloidische Bahnen. — Sieht man P und die Trägheitskräfte als Lasten an dem ruhenden Stabe an, so kann auch die Biegungsbeanspruchung, die er erfährt, berechnet werden; man muß aber hierzu nicht nur wissen, wie groß der Stoßantrieb $\int Pdt$ im ganzen ist, sondern auch, wie groß die Kraft P zu irgendeiner Zeit selbst ist. Je schneller der Stoß bei gegebenem Antriebe sich abspielt, um so größer wird die Biegungsbeanspruchung, und bei sehr großen Werten von P wird es auch nötig, die elastische Formänderung des Stabes während des Stoßes zu verfolgen, wovon bei der vorausgegangenen Rechnung abgesehen werden konnte.

Anmerkung. Auf andere Art läßt sich die Aufgabe auch lösen, indem man von der in § 38 besprochenen Massenreduktion Gebrauch macht. Die Masse des Stabes ist hierzu durch eine Masse m_1 zu er-setzen, die mit dem Angriffspunkte der Stoßkraft zusammenfällt, und durch eine zweite Masse m_2, deren Lage sich aus den Gl. (161) ergibt. Dann erfährt m_1 eine Beschleunigung durch P, während m_2 zunächst in Ruhe bleibt. Die Lage von m_2 fällt daher mit dem Momentan-zentrum zusammen. — Falls nach der Biegungsbeanspruchung des

Stabes gefragt wird, kann aber von diesem Verfahren kein Gebrauch gemacht werden.

16. Aufgabe. Eine 80 cm lange Stange, deren Masse vernachlässigt werden soll, trägt an beiden Enden Kugeln K (Abb. 62) von je 30 kg Gewicht. Die Kugeln sollen als materielle Punkte angesehen werden. An einer Stelle A, die vom linken Stangenende um 20 cm entfernt ist, erfährt die Stange einen Stoß rechtwinklig zu ihrer Längsrichtung. Die Stoßkraft P sei gleich 500 kg und wirke ohne Änderung ihrer Größe 0,01 sec lang. Welche Geschwindigkeit v hat der Schwerpunkt nach Ablauf des Stoßes erlangt? Um welches Momentanzentrum dreht sich die Stange während des Stoßes? Wie groß ist das Biegungsmoment M, das die Stange aufzunehmen hat?

Lösung. Die erste Frage wird beantwortet auf Grund des Satzes von der Bewegung des Schwerpunkts in Verbindung mit dem Satze vom Antrieb. Danach ist

$$\int P\, dt = m v$$

oder nach Einsetzen der Zahlenwerte

$$5 \text{ kg sec} = \frac{60 \text{ kg}}{9,81 \text{ m}} \text{ sec}^2 \cdot v,$$

woraus $v = 0,8175$ m sec^{-1} oder rund $v = 0,82$ m sec^{-1} folgt.

Die an den beiden materiellen Punkten K anzubringenden Trägheitskräfte müssen mit der Kraft P im Gleichgewicht stehen. Wie aus der Zerlegung von P nach den beiden Richtungslinien folgt, haben beide Trägheitskräfte jedenfalls gleiche Pfeile, die dem Pfeile von P entgegengesetzt sind, und sie verhalten sich zueinander wie 20:60 oder wie 1:3. Beide

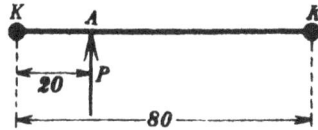
Abb. 62.

Kugeln K werden daher in der gleichen Richtung beschleunigt, und das Momentanzentrum liegt in der Verlängerung der Stange nach rechts hin. Die Abstände von beiden Kugeln zum Momentanzentrum müssen sich ebenfalls wie 1:3 verhalten; das Momentanzentrum liegt daher in einem Abstande von 40 cm vom rechten Stangenende.

Aus der Gleichgewichtsbedingung zwischen $P = 500$ kg und den beiden Trägheitskräften folgt ferner, daß die Trägheitskraft an der linken Kugel 375 kg und an der rechten Kugel 125 kg beträgt. Um die Biegungsbeanspruchung der Stange zu finden, haben wir uns die Stange unter dem Einflusse dieser Lasten in Ruhe zu denken. Die Momentenfläche ist ein Dreieck, und das größte Biegungsmoment M tritt an der Angriffsstelle der Last P auf. Man hat daher

$$M = 375 \text{ kg} \cdot 20 \text{ cm} = 75 \text{ mkg}.$$

Anmerkung. Nach der in Band III besprochenen Lehre von der stoßweisen Belastung bringt eine plötzlich auftretende Last in einem auf Biegung beanspruchten Balken doppelt so große Spannungen hervor, als sie einer ruhenden Last von der gleichen Größe entsprechen. Das gilt jedoch nur unter den dort näher besprochenen Umständen, und es bleibt daher zweifelhaft, ob auch im hier vorliegenden Falle „die Stoßkraft von 500 kg" höhere Biegungsspannungen hervorbringt, als sie einem Biegungsmomente von 75 mkg im Gleichgewichtszustande entsprechen. Zur Entscheidung dieser Frage reichen die gemachten Angaben nicht aus, da nichts über die näheren Umstände gesagt ist, unter denen sich der Stoß vollzieht und von denen die Ausbildung der Stoßkraft P und der dadurch hervorgerufenen Biegungsschwingung des Stabes abhängt. Im Zweifelsfalle tut man gut, die Möglichkeit einer Erhöhung der Spannung auf den doppelten Wert anzunehmen.

17. Aufgabe. Die Pleuelstange einer Dampfmaschine hat 50 cm Länge und bei gleichbleibender Dicke einen kreisförmigen Querschnitt von 4 cm Durchmesser. Der Kurbelhalbmesser beträgt 10 cm. Wieviel Umdrehungen darf die Kurbel in der Minute machen, ohne daß die Biegungsbeanspruchung der Stange 500 kg cm⁻² überschreitet?

Lösung. Wie in § 17 auf S. 148 gefunden wurde, ist die im Abstande z vom Kreuzkopfende auf die Längeneinheit der Stange kommende Belastung q

$$q = \frac{Q}{gl}\, ru^2\, \frac{z}{l},$$

wenn Q das Gewicht, l die Länge der Stange, r den Kurbelhalbmesser und u die Winkelgeschwindigkeit bedeuten. Die Summe aller Trägheitskräfte folgt daraus zu

$$\frac{1}{2}\, \frac{Q}{gl}\, ru^2 \cdot l.$$

Da die Belastungsfläche ein Dreieck bildet (s. Abb. 28, S. 147), wird der Auflagerdruck am linken Ende gleich $\frac{1}{3}$ der ganzen Last und daher gleich

$$\frac{1}{6}\, \frac{Q}{g}\, ru^2.$$

Das Biegungsmoment im Abstande z vom linken Ende ist daher

$$M = \frac{1}{6}\, \frac{Q}{g}\, ru^2 z - \frac{Q}{gl}\, ru^2\, \frac{z}{l} \cdot \frac{z}{2} \cdot \frac{z}{3} \cdot$$

Differentiiert man M nach z, setzt den Differentialquotienten gleich Null und löst nach z auf, so erhält man

$$z = \frac{l}{\sqrt{3}},$$

und nach Einsetzen dieses Wertes in die Gleichung für M findet man

$$M_{max} = \frac{1}{9\sqrt{3}} \cdot \frac{Q}{g} \, r u^2 l.$$

Wenn der Halbmesser des Querschnittkreises mit a bezeichnet wird, hat man für das Widerstandsmoment

$$W = \frac{\pi a^3}{4}$$

und daher für die Biegungsbeanspruchung der Stange

$$\sigma = \frac{4}{9\sqrt{3}} \cdot \frac{Q}{\pi a^3 g} \, r u^2 l.$$

Bezeichnet man das Gewicht der Raumeinheit Stahl mit γ, so hat man

$$Q = \pi a^2 l \gamma,$$

und damit geht σ über in

$$\sigma = \frac{4}{9\sqrt{3}} \cdot \frac{\gamma}{g} \cdot \frac{r u^2 l^2}{a}.$$

Wählt man als Grundeinheiten cm, kg, sec, so läßt sich dafür mit $\gamma = 0{,}0078 \, \frac{\text{kg}}{\text{cm}^3}$

$$\sigma = 2{,}04 \cdot 10^{-6} \cdot \frac{r u^2 l^2}{a}$$

schreiben. Diese Formel gilt noch für beliebige Werte von r, u, l und a. Setzt man jetzt

$$\sigma = 500 \, \frac{\text{kg}}{\text{cm}^2}, \quad l = 50 \text{ cm}, \quad r = 10 \text{ cm}, \quad a = 2 \text{ cm}$$

und löst die Gleichung nach der Unbekannten u auf, so findet man

$$u = 140 \cdot \frac{1}{\text{sec}}.$$

Die Zahl der Umdrehungen n in der Minute findet man daraus durch Multiplikation mit 60 und Division mit 2π oder rund

$$n = 1340.$$

18. Aufgabe. Man soll die Biegungsbeanspruchung einer Kuppelungsstange AB zwischen zwei Treibrädern einer Lokomotive berechnen (vgl. Abb. 63).

Lösung. Die Aufgabe kann ganz ähnlich wie die vorhergehende behandelt werden; sie ist aber insofern einfacher, als sich die Bewegung der Kuppelungsstange in zwei Anteile zerlegen läßt, von denen der eine die gleichförmige geradlinige Translationsbewegung darstellt, die die Stange mit dem Fahrzeuge zusammen ausführt, während der andere Anteil in der Relativbewegung gegen das Fahr-

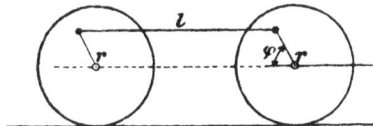

Abb. 63.

zeug besteht. Der erste Anteil kann zu keinen Trägheitskräften führen; man braucht sich also nur um den zweiten zu kümmern. Dieser besteht ebenfalls in einer Translationsbewegung, bei der alle Punkte Kreise vom Halbmesser r zurücklegen. Die Trägheitskräfte sind daher Zentrifugalkräfte von der Größe mu^2r und gleichmäßig über die ganze Stangenlänge verteilt. Die Biegung wird am größten, wenn die Zentrifugalkräfte senkrecht zur Stange stehen, also in der tiefsten oder in der höchsten Lage der Stange; bei der tiefsten addiert sich noch die Biegung durch das Eigengewicht, das freilich gegenüber den Trägheitswirkungen bei einer schnellaufenden Lokomotive nur gering ist

19. Aufgabe. Eine Stange AB (Abb. 64) von 160 cm Länge und von geringer Masse, die vernachlässigt werden soll, trägt in der Mitte einen materiellen Punkt m, dem ein Gewicht von 200 kg zugeschrieben wird. Das Stangenende A ist auf der Geraden CD, das Ende B auf der zu CD senkrechten Geraden EF geführt. Das Stangenende B beschreibt harmonische Schwingungen zwischen den äußersten Lagen E und F, und zwar führt es in der Minute 200 volle Schwingungen aus. Die den Endlagen E und F entsprechenden äußersten Lagen der Stange sind punktiert in die Abbildung eingetragen; sie sollen Winkel von 45° mit den beiden Führungsgeraden einschließen. Zuerst soll man für die Lage DE der Stange die an m anzubringende Trägheitskraft

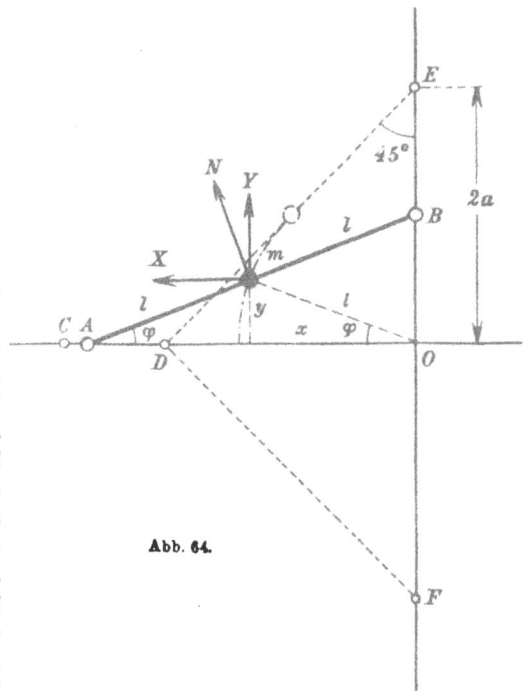

Abb. 64.

nach Größe und Richtung ermitteln. Ferner wird gefragt, wie groß das durch die Trägheitskraft hervorgerufene größte Biegungsmoment ist, das die Stange während ihrer Bewegung aufzunehmen hat, und bei welcher Stellung der Stange es eintritt.

Lösung. Die Koordinaten x und y des in der Stangenmitte gelegenen Massenpunktes m lassen sich setzen

$$x = l \cos \varphi, \quad y = l \sin \varphi,$$

wenn man die halbe Stangenlänge mit l und den Winkel, den die
Stange zur Zeit t mit der X-Achse einschließt, mit φ bezeichnet.
Daraus folgt weiter

$$x^2 + y^2 = l^2,$$

woraus hervorgeht, daß sich m auf einem Kreisbogen vom Halbmesser l
bewegt, dessen Mittelpunkt auf dem Ursprunge O des Koordinatensystems liegt.

Differentiiert man die vorhergehende Gleichung nach t, so erhält man

$$x \frac{dx}{dt} + y \frac{dy}{dt} = 0,$$

und durch nochmalige Differentiation findet man

$$x \frac{d^2x}{dt^2} = - y \frac{d^2y}{dt^2} - \left(\frac{dx}{dt}\right)^2 - \left(\frac{dy}{dt}\right)^2.$$

Durch diese beiden Gleichungen kann man die X-Komponenten
der Geschwindigkeit und der Beschleunigung von m berechnen, wenn
die Y-Komponenten bereits bekannt sind. Andererseits hat man aber
nach der Bedingung, daß B eine harmonische Schwingung ausführen
soll, für y, also für die Hälfte des Abstandes OB, die Gleichung

$$y = a \sin \alpha t,$$

worin a die Hälfte des Schwingungsausschlags OE ist. Da DE um
45^0 gegen die Koordinatenachse geneigt sein sollte, besteht für a die
Beziehung

$$a^2 = \frac{l^2}{2}$$

Unter α ist eine Konstante zu verstehen, deren Zahlenwert sich nach
den Angaben der Aufgabe zu

$$\alpha = \frac{2\pi}{T} = 2\pi \cdot \frac{200}{60} = \frac{20\pi}{3} \cdot \frac{1}{\sec}$$

berechnet. Aus der Gleichung für y erhält man durch Differentiieren

$$\frac{dy}{dt} = a\alpha \cos \alpha t = a\alpha \sqrt{1 - \frac{y^2}{a^2}} = \alpha l \sqrt{\frac{1}{2} - \sin^2 \varphi}$$

$$\frac{d^2y}{dt^2} = - a\alpha^2 \sin \alpha t = - \alpha^2 y = - \alpha^2 l \sin \varphi.$$

Die X-Komponenten der Geschwindigkeit und der Beschleunigung
erhält man durch Einsetzen dieser Ausdrücke in die vorher schon
dafür aufgestellten Gleichungen, und zwar findet man zunächst

$$x\frac{d^2x}{dt^2} = \alpha^2 y^2 - \left(\frac{dy}{dt}\right)^2 \frac{x^2+y^2}{x^2} = \alpha^2 y^2 - \alpha^2(\alpha^2 - y^2)\cdot\frac{l^2}{x^2}$$

und hieraus schließlich, indem man x und y in φ ausdrückt,

$$\frac{d^2x}{dt^2} = \alpha^2 l\left(\frac{\sin^2\varphi}{\cos\varphi} - \frac{1-2\sin^2\varphi}{2\cos^3\varphi}\right).$$

Für die beiden Komponenten der d'Alembertschen Trägheitskraft X und Y hat man hiernach die Ausdrücke

$$X = -m\frac{d^2x}{dt^2} = \alpha^2 lm\left(\frac{1-2\sin^2\varphi}{2\cos^3\varphi} - \frac{\sin^2\varphi}{\cos\varphi}\right),$$

$$Y = -m\frac{d^2y}{dt^2} = \alpha^2 lm\sin\varphi$$

Zuerst sollte die Trägheitskraft für die äußerste Stellung DE der Stange angegeben werden. Für diese ist $\varphi = 45^0$ und daher $\sin\varphi = \cos\varphi = \sqrt{\frac{1}{2}}$ Damit liefern die vorhergehenden Ausdrücke

$$X = -\alpha^2 lm\sqrt{\frac{1}{2}}, \quad Y = +\alpha^2 lm\sqrt{\frac{1}{2}}.$$

Da X in der Richtung der negativen X-Achse, Y dagegen in der Richtung der positiven Y-Achse geht und beide von gleicher Größe sind, ergeben sie eine Resultierende, die unter 45^0 gegen beide Achsen geneigt ist und mit der Richtung der Stange in der Lage DE zusammenfällt. In dieser Lage erfährt daher die Stange keine Biegungsbeanspruchung durch die Trägheitskraft. Für die Größe H der Trägheitskraft erhält man
$$H = \alpha^2 lm.$$

Setzt man $\varphi = 0$, entsprechend der mittleren Lage CO der Stange, so erhält man

$$X = \frac{1}{2}\alpha^2 lm, \quad Y = 0.$$

Auch in diesem Falle wird die Stange nicht auf Biegung beansprucht, da die Trägheitskraft nur noch die Komponente X hat, die mit der Stangenrichtung CO zusammenfällt. Die größte Biegungsbeanspruchung ist daher jedenfalls bei irgendeiner Zwischenlage zwischen $\varphi = 0$ und $\varphi = 45^0$ zu erwarten.

Die Biegungsbeanspruchung hängt von der Normalkomponenten N der Trägheitskraft ab. Um N zu finden, projizieren wir X und Y auf die Normale zur Stange und erhalten

$$N = X\sin\varphi + Y\cos\varphi.$$

Für X und Y setzen wir die vorher aufgestellten Ausdrücke ein und differentiieren nach φ. Wir erhalten

$$\frac{dN}{d\varphi} = m\alpha^2 l \left\{ \frac{\cos\varphi - 6\sin^2\varphi\cos\varphi}{2\cos^3\varphi} + \frac{3\sin\varphi\,(\sin\varphi - 2\sin^3\varphi)}{2\cos^4\varphi} - 3\sin^2\varphi \right.$$
$$\left. - \frac{\sin^4\varphi}{\cos^2\varphi} + \cos^2\varphi - \sin^2\varphi \right\}$$

und setzen diesen Ausdruck gleich Null. Dadurch erhalten wir eine Gleichung, die sich mit Benutzung der Abkürzungen

$$\cos^2\varphi = u, \quad \sin^2\varphi = 1 - u$$

nach einfachen Umformungen schreiben läßt

$$8\,u^3 - 4\,u^2 + 2\,u - 3 = 0.$$

Um sie aufzulösen, setzen wir zunächst zur Beseitigung des quadratischen Glieds

$$u = v + \frac{1}{6},$$

womit sie übergeht in

$$8\,v^3 + \frac{4}{3}\,v = \frac{74}{27} = 2{,}74074.$$

Man überzeugt sich sofort, daß diese Gleichung keine negative Wurzel und nur eine positive reelle Wurzel haben kann, auf die es daher allein ankommt. Man findet diese Wurzel entweder nach der Cardanischen Formel oder einfacher durch Probieren unter Benutzung der Newtonschen Näherungsmethode zu

$$v = 0{,}6207 \text{ und hiermit } u = 0{,}7874.$$

Für die gesuchte Lage der Stange, in der die Biegungsbeanspruchung den größten Wert annimmt, hat man daher

$$\cos^2\varphi = 0{,}7874, \quad \cos\varphi = 0{,}8873, \quad \sin\varphi = 0{,}4611, \quad \varphi = 27^0 27'.$$

Es bleibt nur noch übrig, diese Werte von $\sin\varphi$ und $\cos\varphi$ in den Ausdruck für N einzusetzen, um damit N_{max} zu erhalten. Nach Ausführung der Zahlenrechnung erhält man zunächst

$$N_{max} = m\alpha^2 l \cdot 0{,}4883,$$

und wenn man überdies

$$m = \frac{200 \text{ kg}}{9{,}81} \cdot \frac{\sec^2}{m}, \quad \alpha = \frac{20\pi}{3} \cdot \frac{1}{\sec}, \quad l = 0{,}8 \text{ m}$$

einsetzt, geht dies über in

$$N_{max} = 3490 \text{ kg}.$$

Das zugehörige maximale Biegungsmoment ist

$$M_{max} = \frac{N_{max}\,l}{2} = 1396 \text{ mkg}.$$

21*

20. Aufgabe. Die Mittellinie eines Stabes hat die in Abb. 65 an-gegebene Z-förmige Gestalt. Der Stab rotiert um den in der Mitte liegenden Punkt O; man soll die Biegungsbeanspruchung und die ela-stische Formänderung berechnen, die der Stab erfährt.

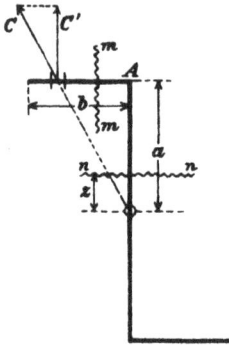

Abb. 65.

Lösung. Der eigentlich dynamische Teil der Aufgabe ist hier sehr einfach. Man braucht nur überall die Zentrifugalkräfte anzubringen, um die Aufgabe auf eine der Festigkeitslehre zurückzuführen. Die Zentrifugalkräfte am mitt-leren Teile tragen zur Biegung nichts bei, son-dern nur die an den Seitenfortsätzen. Für einen Querschnitt mm berechnet man die Summe der statischen Momente der links von mm liegenden Zentrifugalkräfte C. Da $C = mu^2 r$ ist, hat man für die Vertikalkomponente C' von C den Wert $mu^2 a$, d. h. die Lasten C' sind über den Seitenfortsatz gleichmäßig verteilt. Das größte Biegungsmoment tritt im Punkte A auf, und es ist

$$M_{max} = \frac{Q}{g} u^2 a \frac{b}{2},$$

wenn mit Q das Gewicht des seitlichen Armes bezeichnet wird. Auch der mittlere Stabteil wird verbogen und das Biegungsmoment kann für jeden Querschnitt nn ebenfalls sofort angegeben werden. Es ist

$$M = \frac{Q}{g} u^2 a \frac{b}{2} - \frac{Q}{g} u^2 \frac{b}{2} (a - z) = \frac{Q}{g} u^2 \frac{b}{2} z.$$

Für $z = 0$ wird M zu Null. — Nachdem die Biegungsmomente be-kannt sind, kann man die auftretenden Verbiegungen so wie bei einem Bogenträger nach den Lehren von Band III berechnen.

21. Aufgabe. In welchem Abstande vom Schwerpunkte muß ein physisches Pendel aufgehängt werden, wenn die Schwingungsdauer möglichst klein werden soll?

Lösung. Die Schwingungsdauer hängt von der reduzierten Pen-dellänge l ab, und diese ist nach den Gleichungen (96) und (97)

$$l = \frac{g \Theta}{Q s} = \frac{i^2}{s}.$$

Das Trägheitsmoment Θ für eine Achse, die den Abstand s vom Schwerpunkte hat, folgt aus dem Trägheitsmomente Θ_0 für die dazu parallele Schwerpunktsachse nach der schon in Band I und später auch in Band III abgeleiteten Formel

$$\Theta = \Theta_0 + \frac{Q}{g} s^2$$

oder, wenn man mit den Trägheitsradien i und i_0 rechnet,

$$i^2 = i_0^2 + s^2.$$

Für l erhält man daher $l = s + \dfrac{i_0^2}{s}$.

Dieser Ausdruck soll durch geeignete Wahl von s zu einem **Minimum** gemacht werden. Durch Differentiieren findet man

$$\frac{dl}{ds} = 1 - \frac{i_0^2}{s^2} = 0 \quad \text{oder} \quad s = i_0.$$

Da ferner
$$\frac{d^2l}{ds^2} = 2\frac{i_0^2}{s^3},$$

also positiv ist, hat man für $s = i_0$ in der Tat ein Minimum, und zwar $l_{min} = 2i_0$. Man erkennt zugleich, daß die Schwingungsdauer für alle untereinander parallelen Achsen, die denselben Abstand vom Schwerpunkte haben, gleich groß ist. Der Kreis vom Halbmesser i_0 um den Schwerpunkt enthält alle Aufhängepunkte, um die der Körper seine schnellsten Schwingungen ausführen kann. Je weiter sich der Aufhängepunkt nach außen oder nach innen von diesem Kreisumfange entfernt, um so langsamer werden die Schwingungen. Wenn der Aufhängepunkt unendlich nahe dem Schwerpunkte liegt, dauern die Schwingungen unendlich lange, und dasselbe gilt auch, wenn der Aufhängepunkt in einen Abstand vom Schwerpunkte rückt, der als unendlich groß angesehen werden kann.

22. Aufgabe. *Man soll beweisen, daß der Aufhängepunkt und der Schwingungsmittelpunkt eines physischen Pendels miteinander vertauscht werden können.*

Lösung. In Abb. 66 sei A der Aufhängepunkt, S der Schwerpunkt und M der Schwingungsmittel-punkt. Dann ist nach der Definition des Schwingungs-mittelpunktes $AM = l$ und daher nach den schon in der vorhergehenden Aufgabe benutzten Formeln

$$l = s + \frac{i_0^2}{s},$$

woraus, wenn man den Abstand SM mit s' bezeichnet, folgt
$$s's = i_0^2.$$

Abb. 66.

Macht man nun M zum Aufhängepunkte, so tritt s' an Stelle von s und daher nach der vorausgehenden Gleichung, die auch im neuen Falle wieder erfüllt sein muß, zugleich s an Stelle von s', d. h. A ist nun in der Tat der Schwingungsmittelpunkt.

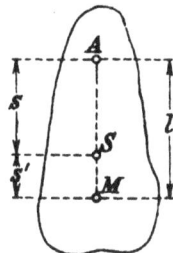

Ein Pendel, das zwei Schneiden bei *A* und *M* besitzt, so daß die
in der Aufgabe vorkommende Vertauschung von Aufhängepunkt und
Schwingungsmittelpunkt sofort praktisch ausgeführt werden kann,
heißt ein **Reversionspendel**. Man benutzt es zur Ausführung absoluter Schweremessungen, d. h. zur Messung der Fallbeschleunigung
g. Zu diesem Zwecke werden die Schneiden mit Hilfe von Stell-
schrauben so eingestellt, daß die Schwingungsdauer für beide Schneiden gleich groß wird. Dies läßt sich leicht sehr genau erreichen, da
man nicht bloß eine, sondern eine große Zahl aufeinanderfolgender
Schwingungen zum Vergleiche benutzen kann. Dann muß der Schnei-
denabstand möglichst genau gemessen werden: er gibt die reduzierte
Pendellänge an. Da die Schwingungsdauer, die dieser entspricht, ebenfalls aus der Beobachtung gegeben ist, kann hiernach die Fallbeschleunigung *g* nach den Gleichungen (72) oder (73) berechnet werden.

*23. Aufgabe. Für die Festigkeitsberechnung eines Glockenstuhls,
der eine große Glocke stützt, muß man die Auflagerkräfte nach Größe
und Richtung kennen, die von der Glocke bei ihren Schwingungen
auf den Glockenstuhl übertragen werden. Man soll die Auflagerkraft
für verschiedene Stellungen der Glocke auf ihrem Schwingungswege
ermitteln.*

Erste Lösung. Die Glocke bildet ein physisches Pendel von
so großer Masse, daß im Vergleiche zu ihr der Klöppel vernachlässigt werden kann. Die Schwingungsweite der Glocke ist bei der Berechnung der Auflagerkraft so groß anzunehmen, als sie beim Läuten
der Glocken überhaupt zu werden vermag. Jedenfalls sind also die
Schwingungsausschläge nicht als klein zu betrachten.

Verwendet man die in Abb. 29 eingeschriebenen und in § 18
sonst noch gebrauchten Bezeichnungen, so hat man nach dem
Satze von der lebendigen Kraft für die Winkelgeschwindigkeit *u* oder
$\frac{d\varphi}{dt}$ die Gleichung

$$\tfrac{1}{2}\,\Theta u^2 = Qs\,(\cos\varphi - \cos\alpha); \quad \text{also } u = \sqrt{\frac{2\,Qs\,(\cos\varphi - \cos\alpha)}{\Theta}}.$$

Daraus folgt durch Differentiieren oder auch unmittelbar durch
Anwendung des Flächensatzes

$$\Theta\frac{du}{dt} = -\,Qs\sin\varphi.$$

Hiermit ist die Bewegung des Schwerpunktes genügend bekannt,
und nach dem Satze von der Bewegung des Schwerpunktes folgt daraus auch die geometrische Summe aller äußeren Kräfte an dem
schwingenden Körper. Zerlegen wir diese geometrische Summe in

eine radiale Komponente C und eine tangentiale Komponente T, so ist, wie schon aus Band I, § 14 bekannt ist,

$$C = \frac{Q}{g} u^2 s = \frac{Q^2 s^2}{g \Theta} 2 (\cos \varphi - \cos \alpha),$$

$$T = \frac{Q}{g} s \frac{du}{dt} = -\frac{Q^2 s^2}{g \Theta} \sin \varphi.$$

Das Minuszeichen bei T weist darauf hin, daß T entgegengesetzt der Richtung geht, in der φ wächst, daß es also nach der Mittellage zu gerichtet ist; C ist die Zentripetalkraft, also vom Schwerpunkte nach dem Auflagerpunkte hin gerichtet.

Die geometrische Summe aller Kräfte, die wir durch die Komponenten C und T dargestellt haben, besteht aus dem Auflagerdrucke und dem Gewichte Q. Um die Auflagerkraft zu finden, brauchen wir daher von C und T nur die in den gleichen Richtungen genommenen Komponenten von Q zu subtrahieren, natürlich unter Beachtung der Vorzeichen. Man findet daher, für die Komponenten C' und T' der Auflagerkraft

$$C' = C + Q \cos \varphi = \frac{Q^2 s^2}{g \Theta} 2 (\cos \varphi - \cos \alpha) + Q \cos \varphi,$$

$$T' = T + Q \sin \varphi = \left(- \frac{Q^2 s^2}{g \Theta} + Q \right) \sin \varphi.$$

Die Pfeile von C' und T' folgen in derselben Weise wie bei C und T, also C' mit dem Pfeile nach obenhin, während T' bei positivem Vorzeichen im Sinne des wachsenden Winkels φ gehen würde, tatsächlich aber, da T' negativ herauskommt, im entgegengesetzten Sinne geht.

Auf Grund dieser Formeln kann man für eine Reihe von Stellungen der Glocke die Auflagerkraft nach Größe und Richtung sofort angeben, indem man die geometrische Summe aus C und T' bildet. Das Ergebnis wird man in geeigneter Weise graphisch darstellen, womit die Unterlage für die Festigkeitsberechnung des Stabverbandes, aus dem der Glockenstuhl etwa hergestellt werden soll, gewonnen ist.

Zweite Lösung. Schneller kann man die Aufgabe mit Hilfe der in § 38 besprochenen Massenreduktion lösen. Eigentlich ist nämlich die Lösung in den auf Gl. (161) folgenden Bemerkungen schon enthalten. Der ganze Auflagerdruck läßt sich danach aus zwei Teilen zusammensetzen, die von den dort mit m_1 und m_2 bezeichneten Massen herrühren. Hiervon bringt m_1 einen in jeder Lage der Glocke gleichen und nach obenhin gerichteten Auflagerdruck hervor, der gleich dem Gewichte $m_1 g$ ist, während m_2 einen mit φ veränderlichen Auflagerdruck zur Folge hat, der mit dem eines Fadenpendels vom Gewichte $m_2 g$ und der Pendellänge $a_1 + a_2$ (nach den Bezeichnungen in § 38) übereinstimmt. Dieser kann aber aus der Lösung der 11. Aufgabe, S. 126 unmittelbar entnommen werden. Hierauf bleibt nur noch übrig, die geometrische Summe aus den von m_1 und m_2 herrührenden Teilen zu bilden.

Es mag noch bemerkt werden, daß sich auch die beiden vorhergehenden Aufgaben auf Grund von § 38 in sehr einfacher Weise lösen lassen.

24. Aufgabe. Ein Pendel (Abb. 67), das im Punkte A drehbar aufgehängt ist, besteht aus einer Stange, deren Masse und Gewicht zu vernachlässigen ist, und zwei auf ihr befestigten Kugeln von je 100 kg Gewicht, die als materielle Punkte angesehen werden sollen. Wie groß ist die reduzierte Pendellänge bei den in der Abbildung angegebenen Maßen? Wie groß ist das Biegungsmoment, das von der Stange aufgenommen werden muß, wenn das Pendel Schwingungen mit Ausschlägen von $\alpha = 30^0$ macht, und an welcher Stelle der Stange tritt das größte Biegungsmoment ein?

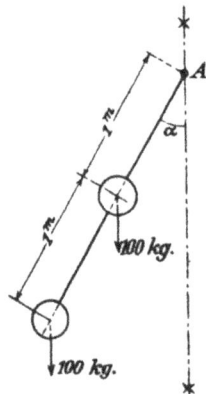

Abb. 67.

Lösung. Das auf die Aufhängeachse bezogene Trägheitsmoment Θ des Pendels ist

$$\Theta = \frac{100 \text{ kg}}{g} (1 + 4) \text{ m}^2,$$

das ganze Gewicht $Q = 200$ kg und der Abstand s des Schwerpunktes vom Aufhängepunkte gleich 1,5 m. Setzt man diese Werte in Gl. (97) ein, so erhält man für die reduzierte Pendellänge

$$l = \frac{5}{3} \text{ m}.$$

Die Biegungsbeanspruchung der Stange wird von den in § 18 mit H' bezeichneten tangentialen Komponenten der Trägheitskräfte in Verbindung mit den ebenfalls in tangentialer Richtung genommenen Komponenten der Gewichte hervorgerufen. Aus der Betrachtung in § 18 entnehmen wir, daß die H' proportional mit den Abständen von der Aufhängeachse sind. Wird also in irgendeiner Stellung des Pendels das an der oberen Masse anzubringende H' mit X bezeichnet, so ist das zur gleichen Zeit an der unteren Masse anzubringende H' gleich $2X$. Die Größe von X folgt hierauf aus der Bedingung, daß die Trägheitskräfte mit den äußeren Kräften im Gleichgewichte stehen. Eine Momentengleichung in bezug auf A als Momentenpunkt liefert uns daher

$$X \cdot 1 \text{ m} + 2X \cdot 2 \text{ m} = (100 \text{ kg} \cdot 1 \text{ m} + 100 \text{ kg} \cdot 2 \text{ m}) \sin \alpha,$$

woraus

$$X = 60 \text{ kg} \cdot \sin \alpha$$

folgt. Daraus läßt sich schon erkennen, daß die Biegungsbeanspruchung am größten wird, wenn α seinen größten Wert annimmt, also am Ende des Ausschlags. Für $\alpha = 30^0$ wird $\sin \alpha = \frac{1}{2}$ und $X = 30$ kg.

Zerlegen wir ferner jedes Gewicht Q in eine radiale und eine tangentiale Komponente, so folgt für die tangentiale Komponente, die für die Biegung der Stange allein in Betracht kommt, 100 kg $\sin \alpha$ oder 50 kg. Vereinigt man nun an jedem An-griffspunkte die senkrecht zur Stange gerichteten Kräfte zu einer Resultierenden, so kommt man auf den in Abb. 68 dargestellten Belastungs-fall. Bei der unteren Masse überwiegt nämlich die Kraft H' von 60 kg gegenüber der Gewichts-komponente von 50 kg, während bei der Masse in der Stangenmitte die Gewichtskomponente die Komponente H' der Trägheitskraft um 20 kg übertrifft. Die Komponente des Auflagerdrucks bei A, ebenfalls in der Richtung senkrecht zur Stange genommen, folgt aus der Gleichgewichts-bedingung zwischen den Kräften sofort zu 10 kg, wie in der Abbildung angegeben.

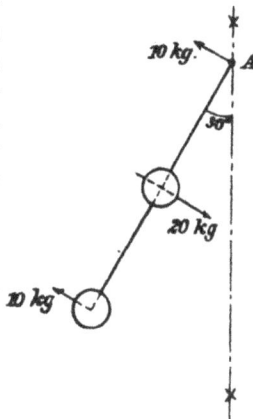

Abb. 68.

Die Festigkeitsberechnung kann hierauf am ruhenden Stabe weitergeführt werden. Die Mo-mentenfläche der Biegungsmomente bildet offen-bar ein Dreieck, und für das in der Stabmitte auftretende Biegungs-moment erhält man $M_{max} = 10$ mkg.

25. Aufgabe. Eine überall gleich dicke Stange von 2 m Länge und 100 kg Gewicht ist im Punkte A ihrer Längsachse (Abb. 69), der vom oberen Stangenende um 40 cm entfernt ist, drehbar aufgehängt, so daß sie ebene Pendelschwingungen aus-zuführen vermag. Wie groß sind die re-duzierte Pendellänge und die Schwingungs-dauer für kleine Ausschläge? Welche Größe und Richtung hat der im Punkte A übertragene Auflagerdruck, wenn das Pen-del Schwingungen mit Ausschlägen $\alpha = 45^0$ macht, und zwar bei der in Abb. 69 gezeichneten äußersten Stellung des Pendels?

Lösung. Eine Strecke von der Länge a hat für eine senkrecht zur Strecke durch einen Endpunkt gezogene Achse das Trägheitsmoment

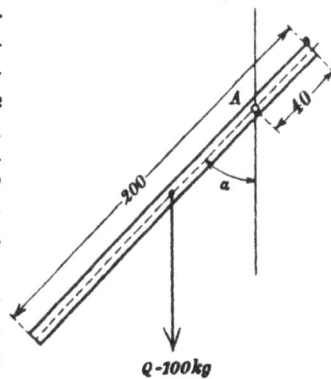

Q-100kg

Abb. 69.

$$\int_0^a x^2 \, d x = \frac{a^3}{3},$$

und der Trägheitshalbmesser ist daher gleich $\frac{a^2}{3}$. Ebenso groß ist auch der Trägheitshalbmesser für eine Stange, deren Mittellinie mit der Strecke zusammenfällt. Das Trägheitsmoment der in Abb. 69 gezeichneten Stange für die durch Punkt A senkrecht zur Zeichenebene gezogene Achse setzt sich aus zwei nach dieser Vorschrift zu bildenden Teilen zusammen und ist daher

$$\Theta = \frac{160}{200} \cdot \frac{100 \, \text{kg} \cdot \text{sec}^2}{981} \cdot \frac{160^2}{3} \, \text{cm}^2 + \frac{40}{200} \cdot \frac{100 \, \text{kg sec}^2}{981} \cdot \frac{40^2}{3} \, \text{cm}^2$$

$$= 707 \, \text{cm kg sec}^2.$$

Für das Quadrat des zugehörigen Trägheitshalbmessers hat man

$$i^2 = \frac{160^3 + 40^3}{3 \cdot 200} = 6933 \, \text{cm}^2 \quad \text{oder } i = 83{,}3 \, \text{cm.}$$

Der Schwerpunktsabstand s ist 60 cm, und nach Gl. (97) ergibt sich die reduzierte Pendellänge zu

$$l = \frac{6933}{60} = 115{,}6 \, \text{cm.}$$

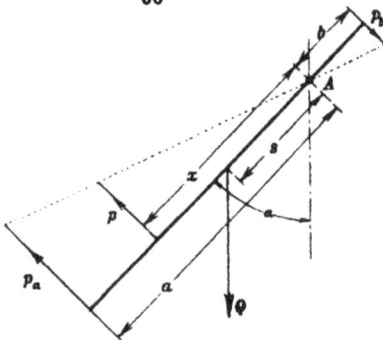

Abb. 70.

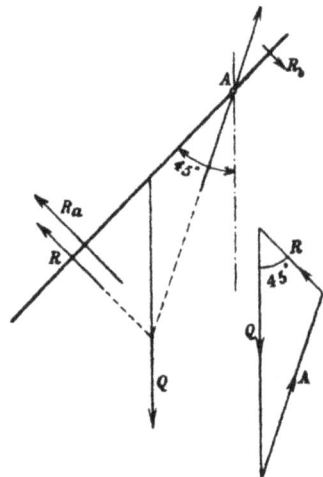

Abb. 71.

Nach Gl. (64) findet man hierauf die Schwingungsdauer für kleine Ausschläge

$$T = 2{,}16 \, \text{sec.}$$

Bei der äußersten Stellung des Pendels ist die Geschwindigkeit und hiermit die Zentrifugalkraft für alle Punkte gleich Null. Die Trägheitskraft besteht daher an jedem Punkte ausschließlich aus einer tangential, also zur Stange senkrecht gerichteten Kraft, die proportional mit den Abständen vom Drehpunkte A anwächst. In Abb. 70

ist die Verteilung der Trägheitskräfte über die Stangenlänge graphisch dargestellt. Dabei ist die auf die Längeneinheit im Abstande x entfallende Trägheitskraft mit p, die an den Enden mit p_a und p_b bezeichnet. Man hat dann

$$p = p_a \cdot \frac{x}{a},$$

so daß p überall angegeben werden kann, wenn p_a bekannt ist. Zur Ermittelung von p_a dient die Bedingung, daß die Trägheitskräfte mit dem Gewicht Q und dem Auflagerdruck bei A Gleichgewicht herstellen müssen. Die Momentengleichung für Punkt A lautet

$$\int_0^a p\, dx\, x + \int_0^b p\, dx_1\, x_1 = Q s \sin \alpha,$$

woraus $\qquad p_a = \dfrac{3\, a\, Q s \sin \alpha}{a^3 + b^3} = 0{,}490 \dfrac{\text{kg}}{\text{cm}}$

folgt. Die Trägheitskräfte am unteren Teile der Stange lassen sich jetzt zu einer Resultierenden zusammenfassen, die gleich $\frac{1}{2} p_a \cdot a$ ist und durch den Schwerpunkt des Dreiecks geht, also den Abstand $\frac{2a}{3}$ von A hat. Entsprechendes gilt von den Trägheitskräften am oberen Ende der Stange. In Abb. 71 sind diese Resultierenden eingetragen und mit R_a und R_b bezeichnet; außerdem ist noch die Gesamtresultierende R der Trägheitskräfte gebildet. Man hat

$$R_a = 39{,}2 \text{ kg}, \quad R_b = 2{,}45 \text{ kg}, \quad R = 36{,}75 \text{ kg}.$$

Der Abstand r der Resultierenden R vom Drehpunkte A berechnet sich aus

$$R r = R_a \cdot \frac{2}{3} a + R_b \cdot \frac{2}{3} b \quad \text{zu} \quad r = 115{,}6 \text{ cm}$$

Nachdem R in Abb. 71 eingetragen ist, findet man den durch A gehenden Auflagerdruck der Richtung nach aus der Bedingung, daß sich die Richtungslinien von drei im Gleichgewichte stehenden Kräften in einem Punkte schneiden müssen. Der Auflagerdruck geht daher durch den Schnittpunkt der Richtungslinien von R und Q. Auch die Größe von A ergibt sich hierauf durch Zeichnen des in Abb. 71 ersichtlichen Kräftedreiecks. Wenn man will, kann man A auch noch rechnerisch ermitteln. Nach dem Cosinussatze wird

$$A = \sqrt{R^2 + Q^2 - 2\, R Q \cos 45^0} = 78{,}4 \text{ kg}$$

gefunden, und der Winkel, den A mit der Lotrechten einschließt, läßt sich nach dem auf das Kräftedreieck angewendeten Sinussatze berechnen zu rund $19^0\ 20'$.

26. Aufgabe. *An den beiden Enden eines Seils, das über eine Rolle läuft, hängen zwei gleich schwere Personen, die vorher ruhten. Eine klettert an dem Seile in die Höhe; was geschieht, wenn Reibung, Seilsteifigkeit usw. außer acht gelassen werden?*

Lösung. Am einfachsten behandelt man die Aufgabe mit Hilfe des Flächensatzes. Den Momentenpunkt lege man auf den Rollenmittelpunkt. Dann verschwinden die Momente aller Kräfte, die von außen her auf den aus der Rolle, dem Seile und den beiden Personen gebildeten Punkthaufen einwirken. Der Auflagerdruck geht nämlich durch den Momentenpunkt, und die Gewichte der beiden Personen haben Momente von gleicher Größe, aber entgegengesetzter Richtung. Nach dem Flächensatze muß dann auch das Moment der Bewegungsgrößen konstant, und zwar, da es von Anfang an Null war, auch ferner gleich Null bleiben. Vernachlässigt man die Massen der Rolle und des Seils gegenüber jenen der beiden Personen, so müssen die Bewegungsgrößen, die diese erlangen, von gleicher Größe sein, da auch die Hebelarme (gleich dem Rollenhalbmesser) gleich groß sind. Das entgegengesetzte Vorzeichen des Momentes verlangt, daß die Geschwindigkeiten beider Personen nach obenhin gerichtet sind. Wenn also der eine hinaufklettert, senkt sich zugleich das Seil unter ihm, so daß er in Wirklichkeit nur halb so hoch hinaufkommt, als er an dem Seile in die Höhe kletterte. Der andere dagegen, der sich gar nicht rührt, wird hierbei ebenfalls mit in die Höhe genommen, und zwar so, daß beide stets gleich hoch bleiben. — Natürlich ändern sich diese Ergebnisse etwas ab, wenn man die Massen der Rolle und des Seils oder auch Reibung und Seilsteifigkeit mit in Berücksichtigung zieht.

27. Aufgabe. *Ein homogener Zylinder rotiert mit gegebener Winkelgeschwindigkeit u um seine Achse; man soll den Drall für diese Achse berechnen.*

Lösung. Die Achse ist eine Hauptträgheitsachse, der Drall für einen auf dieser Achse gelegenen Momentenpunkt fällt daher in die Richtung der Achse. Nach Gl. (123) ist

$$B' = u \Theta.$$

Das Trägheitsmoment des Zylinders für diese Achse ist gleich dem polaren Trägheitsmomente eines Querschnittkreises, über den die ganze Masse des Zylinders gleichmäßig ausgebreitet gedacht wird. Der Trägheitsradius kann daher nach einer Formel von Band III gleich $\frac{a}{2}\sqrt{2}$ gesetzt werden, wenn der Zylinderhalbmesser mit a bezeichnet wird. Wenn das Gewicht des Zylinders gleich Q ist, hat man daher

$$B' = \frac{u Q a^2}{2 g}.$$

28. Aufgabe. Für einen homogenen Kreiskegel von der Höhe h
und dem Basishalbmesser a sollen die Trägheitsmomente für die Schwer-
punktshauptachsen berechnet werden. Ferner soll angegeben werden,
bei welchem Verhältnisse zwischen h und a das auf die Kegelspitze bezogene Trägheitsellipsoid in eine Kugel übergeht.

Lösung. Am einfachsten läßt sich das Trägheitsmoment Θ_1 für
die Kegelachse berechnen. Man denke sich den Kegel durch Querschnitte in Schichten von der unendlich kleinen Höhe dx geteilt. Jede
Schicht kann als eine kreisförmige Scheibe vom Halbmesser $a\frac{x}{h}$ angesehen werden. Das Volumen der Schicht ist
$\pi a^2 \frac{x^2}{h^2} dx$ und ihr Beitrag zu Θ_1 daher

$$\pi a^2 \frac{x^2}{h^2} \mu \, dx \cdot \frac{1}{2} a^2 \frac{x^2}{h^2},$$

wenn μ die spezifische Masse bedeutet. Im ganzen
wird daher

$$\Theta_1 = \pi \mu \frac{a^4}{2h^4} \int_0^h x^4 \, dx = \pi \mu \frac{a^4 h}{10} = M \frac{3a^2}{10},$$

worin für die Gesamtmasse des Kegels M gesetzt
ist. Der zugehörige Trägheitshalbmesser ist

$$a\sqrt{0,3} = 0,548 \, a.$$

Der Schwerpunkt des Kegels liegt in der
Höhe $\frac{h}{4}$. Für eine senkrecht zur Kegelachse durch

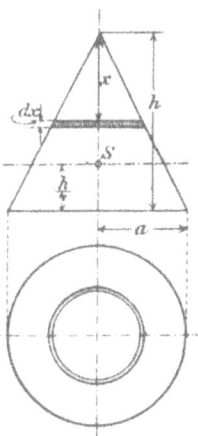

Abb. 72.

ihn gelegte Achse sei das Trägheitsmoment mit Θ_2 bezeichnet. Der
Beitrag, den die Scheibe zu Θ_2 liefert, ist gleich dem Trägheitsmomente
der Scheibe für eine durch deren Schwerpunkt parallel zu jener gelegte Achse, vermehrt um das Produkt aus der Masse der Scheibe
und dem Quadrate des Abstandes $\frac{3h}{4} - x$ zwischen Kegelschwerpunkt
und Scheibenschwerpunkt. Hiernach ist der Beitrag der Scheibe zu
Θ_2 gleich

$$\pi a^2 \frac{x^2}{h^2} \mu \, dx \left(\frac{1}{4} a^2 \frac{x^2}{h^2} + \left(\frac{3h}{4} - x \right)^2 \right),$$

und im ganzen erhält man

$$\Theta_2 = \pi \mu \frac{a^4}{4h^4} \int_0^h x^4 \, dx + \pi \mu \frac{a^2}{h^2} \int_0^h x^2 \left(\frac{3h}{4} - x \right)^2 dx$$

$$= \pi \mu \frac{a^4 h}{20} + \pi \mu \frac{a^2 h^3}{80} = \frac{3M}{20} \left(a^2 + \frac{h^2}{4} \right).$$

Der zugehörige Trägheitsradius ist daher

$$\sqrt{\frac{12\,a^2 + 3\,h^2}{80}}$$

Für die Kegelspitze seien die Trägheitsmomente mit Θ'_1 und Θ'_2 bezeichnet. Dann ist $\Theta'_1 = \Theta_1$ und

$$\Theta'_2 = \Theta_2 + M \cdot \frac{9\,h^2}{16}.$$

Wenn nun $\Theta'_1 = \Theta'_2$ werden soll, so muß sein

$$M\frac{3\,a^2}{10} = \frac{3\,M}{20}\left(a^2 + \frac{h^2}{4}\right) + M\frac{9\,h^2}{16},$$

und hieraus folgt $a = 2\,h$. Die Höhe des Kegels darf also nur $\frac{1}{4}$ vom Durchmesser des Basiskreises betragen. — Ein Spielkreisel von dieser Form wäre hiernach ein Kugelkreisel. Gewöhnlich sind die Spielkreisel freilich höher; das zur Spitze gehörige Trägheitsellipsoid ist dann ein verlängertes Rotationsellipsoid.

29. Aufgabe. In Abb. 73 ist ein Körper im Aufriß und Grundriß gezeichnet, der aus einem Ringe R von 1 m Durchmesser und 100 kg Gewicht und einer kleinen Kugel K von 20 kg Gewicht besteht, die durch vier Stäbe miteinander verbunden sind, deren Masse vernachlässigt werden soll. Wie groß muß der Abstand x des Kugelmittelpunktes von der Ringebene sein, wenn jede Schwerpunktsachse des zusammengesetzten Körpers eine freie Achse bilden soll? Die Masse des Ringes ist auf dessen kreisförmiger Mittellinie, die Masse der Kugel in deren Mittelpunkt vereinigt zu denken.

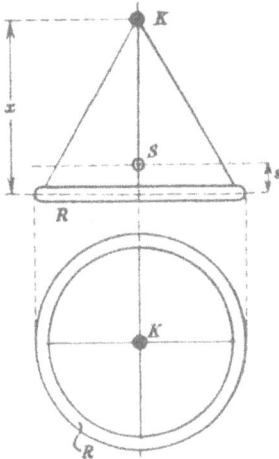

Abb. 73.

Lösung. Der Abstand s des Schwerpunktes S von der Ringebene folgt aus der Gleichung

$$100 \text{ kg} \quad s = 20 \text{ kg} \,(x - s) \quad \text{zu } s = \frac{x}{6}.$$

Das Trägheitsmoment für die Symmetrieachse sei mit Θ_1 bezeichnet. Die Kugelmasse trägt zu Θ_1 nichts bei, da sie im Mittelpunkt vereinigt gedacht werden sollte und dieser auf der Symmetrieachse liegt. Man hat daher

$$\Theta_1 = \frac{100 \text{ kg}}{981 \text{ cm}} \text{ sec}^2 \cdot 50^2 \text{ cm}^2$$

Für das Trägheitsmoment Θ_2 in bezug auf eine zur vorigen senkrechte Schwerpunktsachse erhält man auf Grund der gleichen Überlegungen wie bei der vorigen Aufgabe

$$\Theta_2 = \frac{100 \text{ kg}}{981 \text{ cm}} \sec^2 \left(\frac{1}{2} 50^2 + s^2\right) \text{cm}^2 + \frac{20 \text{ kg}}{981 \text{ cm}} \sec^2 \left(\frac{5x}{6}\right)^2 \text{cm}^2$$

Setzt man $\Theta_2 = \Theta_1$ und löst nach x auf, so erhält man

$$x = 86{,}6 \text{ cm},$$

womit die Frage beantwortet ist.

30. Aufgabe. Auf zwei Wellen, deren Mittellinien in dieselbe Grade fallen, sitzen zwei Umdrehungskörper von den Trägheitsmomenten Θ_1 und Θ_2. Die eine Welle rotiert mit der Winkelgeschwindigkeit u_1, während die andere ruht. Dann wird durch eine einrückbare Kuppelung die zweite Welle mit der ersten verbunden; man soll die Winkelgeschwindigkeit u' berechnen, mit der beide Wellen zusammen weiter rotieren, wenn keine äußeren Kräfte einwirken.

Lösung. Nach dem Flächensatze bleibt der Drall konstant. Man hat daher

$$u_1 \Theta_1 = u' (\Theta_1 + \Theta_2) \quad \text{und hieraus} \quad u' = u_1 \frac{\Theta_1}{\Theta_1 + \Theta_2}.$$

Anmerkung. Bei dieser Aufgabe ist wohl darauf zu achten, daß die lebendige Kraft nicht konstant bleibt, sondern kleiner wird. Der Verlust an mechanischer Energie wird durch die beim Stoß oder von den Reibungen (wenn es sich um eine Reibungskuppelung handelt) entwickelte Wärme aufgewogen.

Für einen veränderlichen Punkthaufen, an dem keine äußeren Kräfte angreifen, ist überhaupt die lebendige Kraft im allgemeinen nicht konstant, der Drall dagegen immer.

31. Aufgabe. Eine gewichtslose Stange SS (Abb. 74) trägt zwei gleich schwere Körper Q und Q' und rotiert um die Achse AA. Plötzlich werden (durch Auslösen einer Feder o. dgl.) die Gewichte auseinandergezogen, so daß ihr Abstand von 40 auf 60 cm wächst. Wieviel Umläufe macht die Stange nachher, wenn sie vorher 60 in der Minute machte?

Lösung. Auch hier muß der Drall konstant bleiben. Wenn die beiden Gewichte wie materielle Punkte behandelt werden können, die sich im Abstande r von der Achse befinden, so ist das Trägheitsmoment

$$\Theta = \frac{2Q}{g} r^2$$

und der Drall

$$B = \frac{2Q}{g} r^2 u.$$

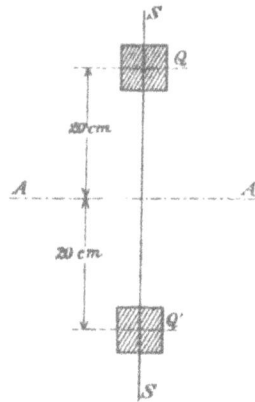

Abb. 74.

Dieser muß vorher und nachher gleich sein; also wenn man die Werte von r und u nachher mit r_1 und u_1 bezeichnet

$$r^2 u = r_1^2 u_1 \quad \text{oder} \quad \frac{u_1}{u} = \frac{r^2}{r_1^2}$$

Setzt man die Zahlenwerte ein, so erhält man für die Umlaufzahl N_1

$$N_1 = 60 \cdot \left(\frac{20}{30}\right)^2 = 26\frac{2}{3}.$$

Anmerkung. Erscheinungen dieser Art (also Änderung der Winkelgeschwindigkeit infolge von Änderung des Abstandes von der Drehachse) kommen öfters vor. Wenn man z. B. Wasser durch einen Trichter ausströmen läßt und man hat das Wasser oben im Trichter (etwa durch eine seitlich gerichtete Einflußgeschwindigkeit) in eine geringe Rotation versetzt, so steigert sich diese im Ausströmungsrohr des Trichters erheblich, so daß starke Wirbel entstehen, die den Ausfluß beträchtlich verzögern können.

32. Aufgabe. Der Schwungring eines Schwungrades wiegt 3000 kg und hat 2 m Durchmesser. Die Ebene des Schwungrings sei wegen ungenauen Aufkeilens um einen Winkel von 1^0 gegen die zur Wellenmittellinie senkrechte Ebene geneigt. Wie groß ist das Moment des von den Lagern aufzunehmenden Kräftepaares, wenn die Welle 120 Umläufe in der Minute macht?

Erste Lösung. Man kann die Aufgabe entweder mit Hilfe des Flächensatzes oder mit Hilfe des d'Alembertschen Prinzips behandeln. Einfacher und daher gewöhnlich gebraucht ist das Verfahren nach d'Alembert, weil hier die Trägheitskräfte aus bloßen Zentrifugalkräften bestehen.

In Abb. 75 ist der Schwungring in zwei Projektionen gezeichnet. Der im Zahlenbeispiele zu 1^0 angegebene Winkel ist in der Abbildung mit α bezeichnet. Da er jedenfalls klein sein wird (kleiner als dort gezeichnet), kann die andere Projektion des

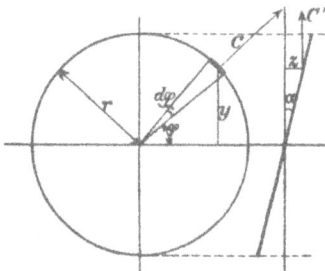

Abb. 75.

Schwungrings genau genug als kreisförmig angesehen werden. Man fasse ein Element des Schwungrings ins Auge, das zum Zentriwinkel $d\varphi$ gehört. Wenn Q das Gewicht des ganzen Schwungrings ist, gehört zu $d\varphi$ das Gewicht

$$\frac{Q\,d\varphi}{2\pi}.$$

Für die mit y und z bezeichneten Abstände erhält man

$$y = r \sin \varphi \quad \text{und} \quad \varepsilon = y\alpha = r\alpha \sin \varphi, .$$

wobei an Stelle von tg α der Bogen α gesetzt werden durfte.

Die Zentrifugalkraft C an dem zu $d\varphi$ gehörigen Teilchen ist

$$C = \frac{Q\,d\varphi}{2\pi} \cdot \frac{u^2 r}{g}.$$

Die Horizontalkomponenten aller C stehen im Gleichgewichte mit-einander. Dagegen bilden die Vertikalkomponenten C' ein Kräfte-paar, dessen Moment mit K bezeichnet sei. Man hat

$$C' = C \sin \varphi = \frac{Q u^2 r}{2\pi g} \sin \varphi\, d\varphi.$$

Der Hebelarm von C' in bezug auf die Radmitte ist ε, und daher wird

$$K = \frac{Q u^2 r^2 \alpha}{2\pi g} \int_0^{2\pi} \sin^2 \varphi\, d\varphi = \frac{Q u^2 r^2 \alpha}{2g}.$$

Wenn man die lebendige Kraft des Schwungrings, die man ohnehin schon berechnet haben wird, ehe man an eine solche Untersuchung herantritt, mit L bezeichnet, hat man kürzer

$$K = L\alpha.$$

Im Zahlenbeispiele ist $Q = 3000$ kg, $u = \frac{120}{60} \cdot 2\pi = 4\pi$ sec^{-1}, $r = 1$ m und $\alpha = \frac{\pi}{180}$, und nach Einsetzen und Ausrechnen erhält man

$$K = 421 \text{ mkg}.$$

Dieses Moment muß von den Lagern aufgenommen werden; die Division mit dem Abstande der Lager voneinander liefert die Einzel-kraft für jedes Lager. Zu beachten ist, daß die Richtung des Moments und der Einzelkräfte ebenfalls stetig mit dem Schwungrade herum-rotiert; hierdurch kommt das „Rütteln" in den Lagern zustande. Zu-gleich gibt K das Biegungsmoment an, das von der Welle aufge-nommen werden muß; in bezug auf die Welle ändert sich übrigens die Richtung von K nicht. Wenn die Welle hinreichend biegsam ist, richtet sich das Schwungrad von selbst auf, so daß der Winkel α und hiermit auch K selbst kleiner werden.

Zweite Lösung. Um die Aufgabe auch noch nach dem Flächen-satze zu lösen, schicke ich eine geometrische Betrachtung über eine Eigenschaft der Ellipse voraus. Der Winkel zwischen einem Halb-messer OA der Ellipse (Abb. 76) und der Y-Achse sei α, der Winkel, den das Perpendikel OP auf die im Punkte A konstruierte Tangente TT mit der gleichen Achse bildet, sei β. Dann ist

$$\operatorname{tg} \alpha = \frac{x}{y}$$

und
$$\operatorname{tg}\beta = -\frac{dy}{dx} = \frac{x}{y}\cdot\frac{b^2}{a^2} = \frac{b^2}{a^2}\operatorname{tg}\alpha,$$

wofür auch, wenn α und β klein genug sind, kürzer

$$\beta = \frac{b^2}{a^2}\alpha$$

geschrieben werden kann.

In diesem Falle kann ferner $B = u\Theta$ gesetzt werden. Der Winkel $\alpha - \beta$ gibt den Richtungsunterschied zwischen $\mathfrak{B}$ und $\mathfrak{u}$ an. Unter der Ellipse in Abb. 76 ist hierbei der Meridian des Trägheitsellipsoids des Schwungrings zu verstehen. Der Drall $\mathfrak{B}$ beschreibt bei der Drehung des Schwungrads eine Kegelfläche mit dem angegebenen Öffnungswinkel. Um den absoluten Betrag von $\dfrac{d\mathfrak{B}}{dt}$ zu berechnen, beachte man, daß das zu dt gehörige $d\mathfrak{B}$ ein Bogenelement vom Basiskreise jenes Kegels ausmacht und daher (bei kleinem $\alpha - \beta$) gleich $B(\alpha-\beta)u\,dt$ gesetzt werden kann. Für das statische Moment der Zwangskräfte erhält man daher

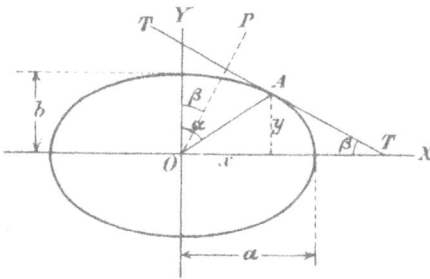

Abb. 76.

$$K = B(\alpha-\beta)u = u^2\Theta(\alpha-\beta) = u^2\Theta\alpha\frac{a^2-b^2}{a^2}.$$

Diese Formel gilt noch allgemein für irgendeinen Rotationskörper. Für den Schwungring ist aber überdies $a^2 = 2\,b^2$ und daher wie vorher

$$K = \frac{1}{2}u^2\Theta\alpha = L\alpha.$$

33. Aufgabe. An einem Ringe von 300 kg Gewicht und 120 cm Durchmesser, der in Abb. 77 in Aufriß und Grundriß dargestellt ist und der vorher in Ruhe war, wirkt $\frac{1}{100}$ sec lang das Kräftepaar P_1, P_2, von dem jede Kraft gleich 1000 kg ist. Man soll ermitteln, um welche Achse der Ring in Drehung versetzt wird und wie groß die Winkelgeschwindigkeit ist, die er nach Ablauf der genannten Zeit erlangt hat, wenn der Winkel, den die Ebene des Kräftepaares mit der Ringebene bildet, gleich 45° ist. Der Ring ist vollständig frei, und andere Kräfte als P_1 und P_2 wirken nicht auf ihn ein.

Erste Lösung. Man zerlege den Momentenvektor des Kräftepaars in zwei Komponenten K_1 und K_2 in der Richtung der Figurenachse und in der Ringebene. Die Komponenten fallen in die Rich-

tungen von freien Achsen und bringen um diese Drehungen hervor,
deren Winkelgeschwindigkeiten u_1 und u_2 nach Ablauf des Drehstoßes

$$u_1 = \frac{K_1 t}{\Theta_1} \quad \text{und} \quad u_2 = \frac{K_2 t}{\Theta_2}$$

sind, wenn t die Stoßdauer und Θ_1, Θ_2 die
zu den betreffenden Achsen gehörigen Trägheitsmomente bedeuten. Für diese hat man,
wenn m die Ringmasse und r den Halbmesser bezeichnen,

$$\Theta_1 = m r^2, \quad \Theta_2 = \frac{1}{2} m r^2,$$

und für die Komponenten K_1, K_2 findet man

$$K_1 = K_2 = \frac{2\,P\,r}{\sqrt{2}}.$$

Der Winkel α, den die resultierende
Winkelgeschwindigkeit $\mathfrak{u}$ mit der Figurenachse einschließt, folgt aus

$$\operatorname{tg} \alpha = \frac{u_2}{u_1} = 2 \quad \text{zu} \quad \alpha = 63^0\,25'.$$

Abb. 77.

Die Größe u von $\mathfrak{u}$ folgt nach dem pythagoreischen Lehrsatze zu

$$u = \sqrt{u_1^2 + u_2^2} = \frac{P t}{m r} \sqrt{2 + 8}$$

$$= \frac{1000\,\text{kg} \cdot \frac{1}{100}\,\text{sec} \cdot 9{,}81\,\frac{\text{m}}{\text{sec}^2}}{800\,\text{kg} \cdot 0{,}6\,\text{m}} \sqrt{10} = 1{,}71\,\text{sec}^{-1}.$$

Zweite Lösung. Der Drall $\mathfrak{B}$ ist mit dem Momentenvektor $\mathfrak{K}$
gleich gerichtet, bildet also einen Winkel von 45^0 mit der Figurenachse. Daraus kann mit Hilfe des Trägheitsellipsoids in derselben
Weise wie bei der vorhergehenden Aufgabe die Richtung von $\mathfrak{u}$ entweder durch Zeichnung oder durch Rechnung ermittelt werden.
Wählt man die Zeichnung, so folgt weiter die Größe B von $\mathfrak{B}$ zu
$1000\,\text{kg} \cdot 1{,}2\,\text{m} \cdot 0{,}01\,\text{sec} = 12\,\text{mkg sec}$. Die Projektion B' von $\mathfrak{B}$
auf $\mathfrak{u}$ ist $B' = 12\,\text{mkg sec} \cos(63^0\,25' - 45^0)$ und hieraus

$$u = \frac{B'}{\Theta}.$$

Dabei ist Θ das auf die Drehachse $\mathfrak{u}$ bezogene Trägheitsmoment, das

$$\Theta = \frac{m r^2 a^2}{c^2}$$

gesetzt werden kann, wenn unter a und c die aus der Zeichnung zu

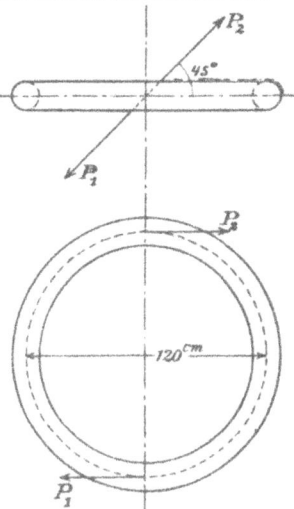

22*

entnehmenden Halbmesser des Trägheitsellipsoids verstanden werden, die zur Figurenachse und zu der vorher schon ermittelten Richtung von u gehören. Die Ausrechnung liefert u; erheblich kürzer ist aber hier, wie man sieht, die zuerst angegebene Lösung.

34. Aufgabe. Zwei gleich schwere Kugeln sind durch eine Stange verbunden; man soll die freien Achsen des dadurch gebildeten Körpers angeben.

Lösung. Das Trägheitsellipsoid für den Schwerpunkt ist ein verlängertes Umdrehungsellipsoid, dessen große Achse mit der Stangenachse zusammenfällt. Die Stangenachse und jede senkrecht zu ihr durch den Schwerpunkt gezogene Achse ist eine freie Achse des Körpers. Eine stabile Drehachse ist aber nur die Stangenachse, da nur für sie das Trägheitsmoment zu einem absoluten Minimum (oder Maximum) wird.

35. Aufgabe. Eine homogene Stange von der Länge 2r ist an den Enden mit Rollen versehen, mit denen sie auf einer glatten senkrechten Wand und einem glatten Fußboden ruht. Außerdem soll durch eine geeignete Vorrichtung auch dafür gesorgt sein, daß sich die Rollen von der Wand oder dem Fußboden nicht abheben können. Vorher war die Stange in der durch Abb. 78 angegebenen Lage A B festgehalten. Dann wird sie ohne Stoß freigelassen, und man soll berechnen, wie lange es dauert, bis sie unten liegt.

Lösung. Die Entfernung von O bis zum Stangenschwerpunkt S ist nach einer bekannten Eigenschaft des rechtwinkligen Dreiecks gleich r, daher beschreibt S während des Herabfallens einen Kreis um O vom Halbmesser r. Irgendeine spätere Lage der Stange sei durch den Winkel φ gekennzeichnet, den die Stange mit der Wand oder den auch die Linie OS' mit der Wand bildet. Die Stange hat sich währenddessen um den Winkel $\varphi - \alpha$ gedreht. Die Winkelgeschwindigkeit, mit der sie sich im gegebenen Augenblicke dreht, ist

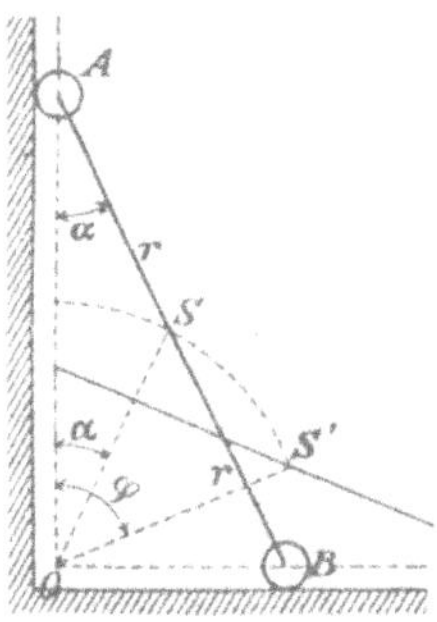

$$u = \frac{d\varphi}{dt},$$

Abb. 78.

und die Geschwindigkeit des Schwerpunkts hat den Absolutbetrag

$$v = r\frac{d\varphi}{dt}.$$

Die lebendige Kraft der Stange, deren Masse mit m bezeichnet sei, ist daher

$$L = \frac{1}{2} m r^2 \left(\frac{d\varphi}{dt}\right)^2 + \frac{1}{2} \Theta \left(\frac{d\varphi}{dt}\right)^2$$

Für das Trägheitsmoment Θ findet man leicht

$$\Theta = m\,\frac{r^2}{3},$$

und daher wird
$$L = \frac{2}{3}\,m\,r^2\left(\frac{d\varphi}{dt}\right)^2.$$

Der lebendigen Kraft L muß die Arbeit der äußeren Kräfte gleich sein. Die Auflagerkräfte leisten aber keine Arbeit, da Reibungen ausgeschlossen sein sollen, und die Arbeit des Gewichts ist gleich mg mal der Senkung des Schwerpunkts, die gleich $r\,(\cos\alpha - \cos\varphi)$ gesetzt werden kann. Wir haben daher

$$\frac{2}{3}\,r\left(\frac{d\varphi}{dt}\right)^2 = g\,(\cos\alpha - \cos\varphi).$$

Hieraus findet man $\quad \dfrac{dt}{d\varphi} = \sqrt{\dfrac{2r}{3g}\cdot\dfrac{1}{\cos\alpha - \cos\varphi}},$

und durch Integration nach φ folgt die Zeit, die zum Durchlaufen des Weges gebraucht wird. Ist t die Zeit, die bis zum Ende der Bewegung, d. h. bis $\varphi = \dfrac{\pi}{2}$ verstreicht, so hat man

$$t = \sqrt{\frac{2r}{3g}}\int_\alpha^{\frac{\pi}{2}} \frac{d\varphi}{\sqrt{\cos\alpha - \cos\varphi}}.$$

Das Integral ist ein elliptisches, das ganz ähnlich wie das bei der Pendelbewegung in Gl. (67) vorkommende weiter behandelt werden kann. Man setze, um auf die frühere Form zu kommen, zunächst $\pi - \varphi = 2\,\chi$ und $\pi - \alpha = 2\,\beta$, dann wird

$$\cos\varphi = -\cos 2\chi = 2\sin^2\chi - 1, \quad \cos\alpha = 2\sin^2\beta - 1, \quad d\varphi = -2\,d\chi,$$

$$t = \sqrt{\frac{2r}{3g}}\int_{\frac{\pi}{4}}^{\beta} \frac{2\,d\chi}{\sqrt{2\,(\sin^2\beta - \sin^2\chi)}}.$$

Der einzige wesentliche Unterschied gegenüber dem früheren Falle besteht nur darin, daß die untere Grenze hier $\dfrac{\pi}{4}$ anstatt Null ist. Man kann aber das Integral als die Differenz von zwei bestimmten Integralen auffassen, von denen das eine von 0 bis β und das andere von 0 bis $\dfrac{\pi}{4}$ reicht, und auf jedes von beiden die frühere Umformung anwenden. Dadurch erhält man

$$t = 2\sqrt{\frac{r}{3g}}\left\{F\left(\sin\beta,\ \frac{\pi}{2}\right) - F(\sin\beta,\ \gamma)\right\},$$

wobei γ durch die Bedingung bestimmt wird

$$\sin \gamma = \frac{\sin \frac{\pi}{4}}{\sin \beta}.$$

Da $\beta > \frac{\pi}{4}$, läßt sich γ stets angeben.

36. Aufgabe. Ein Gyroskop besteht aus einem Schwungringe von 20 cm Durchmesser und 10 kg Gewicht und einem Rahmen (dessen Masse gegen die Schwungringmasse vernachlässigt werden soll), in dem der Schwungring mit 100 Umdrehungen in der Sekunde rotiert. Der Rahmen hat einen Arm A B (Abb. 79) von 20 cm Länge und wird bei B drehbar auf eine Spitze des Gestells B C aufgesetzt. In welchem Sinne und mit welcher Geschwindigkeit dreht sich das Gyroskop um das Gestell B C, nachdem der Beharrungszustand eingetreten ist?

Lösung. Wir haben es hier mit einem Falle der pseudoregulären Präzession zu tun. Wenn der Rahmen zuerst bei horizontaler

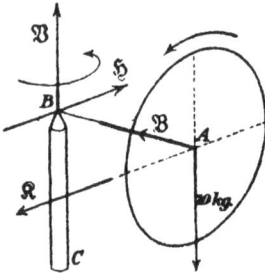
Abb. 79.

Stellung des Armes AB ruht und hierauf losgelassen wird, tritt infolge des Gewichts zunächst eine kleine Senkung des Schwungrings ein. Diese muß wegen der Auflagerbedingung bei B in einer Drehung um B bestehen. Dabei ändert sich die Richtung des Dralls $\mathfrak{B}$. Um diese Änderung zu erzwingen, muß ein statisches Moment äußerer Kräfte von senkrecht nach oben gerichtetem Momentenvektor in bezug auf den Schwerpunkt des Schwungrings vorhanden sein. Es muß daher eine horizontale Auflagerkomponente $\mathfrak{H}$ bei B entstehen, die dieses Moment liefert. Die Kraft $\mathfrak{H}$ bewirkt nach dem Satze von der Bewegung des Schwerpunkts eine Drehung des Gyroskops um das Gestell, und zwar bei dem in der Abbildung angegebenen Umdrehungssinne des Schwungrings von oben gesehen entgegengesetzt der Uhrzeigerbewegung.

Um die Übergangsbewegung wollen wir uns jetzt nicht weiter kümmern. Nachdem das Gyroskop eine Winkelgeschwindigkeit w um die lotrechte Achse des Gestells angenommen hat, ändert sich die Richtung von $\mathfrak{B}$ abermals, und zwar um horizontal gerichtete Zuwüchse. Wir haben daher jetzt ein statisches Moment von horizontal, und zwar nach vorn gerichtetem Momentenvektor $\mathfrak{R}$, der in die Abbildung eingetragen ist. Diesem entspricht eine senkrecht nach oben gerichtete Auflagerkraft $\mathfrak{B}$ bei B. Wenn $\mathfrak{B}$ gleich dem Gewichte von 10 kg ist, bilden beide ein Kräftepaar miteinander, und es besteht

dann kein Anlaß mehr zu einer weiteren Senkung des Schwerpunkts
Der einzige Erfolg des Kräftepaars besteht vielmehr darin, den Drall
𝕭 um die lotrechte Achse herum rotieren zu lassen. Außerdem muß
dann auch ein in der Richtung BA gehender Auflagerdruck (Zentripetalkraft) auftreten, um den Schwerpunkt zu seiner kreisförmigen
Bewegung um die Gestellachse zu zwingen. Dagegen verschwindet
nachher 𝕻, sobald eine (von kleinen Schwankungen abgesehen) gleichförmige Drehung des Gyroskops um die Gestellachse hergestellt ist.

Streng genommen führt das Rad jetzt zwei Drehungen zugleich
aus, eine im Rahmen mit der Winkelgeschwindigkeit u und die zweite
mit dem Rahmen um die Gestellachse mit der Winkelgeschwindigkeit w.
Beide lassen sich zu einer resultierenden Winkelgeschwindigkeit zusammensetzen. Da aber w nur sehr klein gegen u ist, wollen wir
nur auf diese Komponente achten. Der Drall hat den Absolutwert

$$B = u\,\Theta = u\,\frac{Q}{g}\,r^2,$$

wenn Q das Gewicht des Schwungrings und r der Halbmesser ist.
Der senkrecht zum Arme stehende Zuwachs von B, der sich geometrisch im Zeitelemente dt dazu summiert, hat den Absolutwert

$$B\,w\,dt \quad \text{oder} \quad u\,w\,\frac{Q}{g}\,r^2 dt.$$

Dieser ist nach dem Flächensatze gleich $K\,dt$, und da das Moment K
gleich Ql ist, wenn l die Länge des Armes AB bezeichnet, erhalten
wir die Gleichung

$$Ql = u\,w\,\frac{Q}{g}\,r^2, \quad \text{also} \quad w = \frac{l\,g}{u\,r^2}.$$

Mit $u = 100 \cdot 2\pi\,\sec^{-1}$, $g = 9{,}81\ \mathrm{m\ sec^{-2}}$, $l = 0{,}2\ \mathrm{m}$, $r = 0{,}1\ \mathrm{m}$
wird
$$w = 0{,}31\ \sec^{-1},$$

d. h. die Dauer eines Umlaufs beträgt $\frac{2\pi}{0{,}31}$ oder rund 2Q Sekunden.

Der Umlaufssinn war schon vorher festgestellt. Wenn das Rad infolge
von Reibungen usf. nachher langsamer rotiert, läuft das Gyroskop
später im selben Verhältnisse schneller um. Auf das Gewicht Q kommt
es übrigens, wie man sieht, gar nicht an; eine Zahlenangabe darüber
wäre daher entbehrlich gewesen.

*37. Aufgabe. Man soll die reduzierte Pendellänge berechnen, für
die die Schwingungsdauer ebenso groß ausfällt als für die Schwingungen
eines Stabes, der beiderseits unterstützt ist und in der Mitte eine Einzel-
last trägt, gegen die die Masse des Stabes vernachlässigt werden kann*

Lösung. Die Schwingungen sind harmonische, und nach Gl. (20) hat man

$$T = 2\pi \sqrt{\frac{m}{c}}.$$

Der statische Biegungspfeil unter der Last $Q = mg$ sei mit f bezeichnet. Dann ist nach der Bedeutung der Konstanten c

$$cf = Q, \text{ also } c = \frac{mg}{f}.$$

Setzt man dies ein, so wird

$$T = 2\pi \sqrt{\frac{f}{g}}.$$

Dies stimmt nach Gl. (64) mit der Schwingungsdauer eines Pendels überein, wenn $f = l$ gesetzt wird. Der statische Biegungspfeil f gibt daher ohne weiteres die reduzierte Pendellänge an. Da f gewöhnlich nur klein ist, erfolgen die Schwingungen verhältnismäßig schnell.

38. Aufgabe. Die Schwingungsdauer eines biflar (d. h. mit Hilfe von zwei Fäden) und symmetrisch zur Mitte aufgehängten homogenen Stabes soll für kleine Ausschläge berechnet werden. Dabei ist nur auf die Drehschwingungen zu achten, die der Stab um den Schwerpunkt ausführt; gegeben sind die Stablänge l, die Entfernung e der Aufhänge-punkte von der Stabmitte und die Fadenlänge a.

Lösung. Abb. 80 gibt Aufriß, Grundriß und Seitenansicht an. Die Lage, die der Stab zur Zeit t bei einem Ausschlage φ einnimmt, ist im Grundrisse durch eine punktierte Linie angegeben. Die Fäden stehen dann ein wenig schräg, und die Horizontalprojektion der Fadenlänge ist mit z bezeichnet. Wenn z klein von der ersten Ordnung ist, unterscheidet sich die Vertikalprojektion der Fadenlänge im Aufrisse nur um eine von der zweiten Ordnung kleine Größe von a. Es findet daher keine merkliche Hebung des Stabes statt; dieser schwingt vielmehr nahezu in einer horizontalen Ebene. Der Schwerpunkt bleibt also in Ruhe, und die Vertikalkomponenten der Fadenspannungen müssen jederzeit zusammen gleich dem Gewichte Q des Stabes sein. Für die Horizontalkomponente H einer Fadenspannung erhält man daher

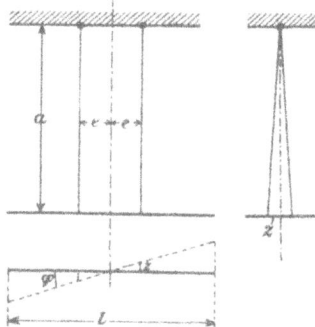

Abb. 80.

$$H = \frac{Q}{2} \cdot \frac{z}{a} = \frac{Q}{2} \cdot \frac{e \sin \varphi}{a}.$$

Beide Horizontalkomponenten bilden ein Kräftepaar, das die Winkelbeschleunigung hervorbringt. Das Moment K des Kräftepaares ist

$$K = 2eH = Q\,\frac{e^2 \sin \varphi}{a}.$$

Da die Schwingungen um eine freie Achse erfolgen, hat man (mit Berücksichtigung des Vorzeichens)

$$\Theta \frac{d^2 \varphi}{dt^2} = -\frac{Qe^2 \sin \varphi}{a}.$$

Wir schreiben diese Gleichung in der Form

$$\frac{d^2 \varphi}{dt^2} = -\frac{Qe^2}{a\,\Theta} \cdot \sin \varphi$$

und vergleichen sie mit der Differentialgleichung (95) des Fadenpendels

$$\frac{d^2 \varphi}{dt^2} = -\frac{g}{l} \cdot \sin \varphi.$$

Beide stimmen vollständig miteinander überein, wenn man

$$\frac{Qe^2}{a\,\Theta} = \frac{g}{l} \quad \text{oder} \quad l_{\mathrm{red}} = \frac{ai^2}{e^2}$$

setzt. Da der Trägheitshalbmesser i einer Stange $i = \frac{l}{\sqrt{12}}$ ist, kann man dafür auch

$$l_{\mathrm{red}} = \frac{a l^2}{12 e^2}$$

schreiben.

Wenn die Stange so aufgehängt wird, daß $e = i$ wird, erhält man $l_{\mathrm{red}} = a$, d. h. die Schwingungsdauer ist dann dieselbe, als wenn die Stange gewöhnliche Pendelschwingungen um die durch die beiden Aufhängepunkte gehende Achse ausführte.

Diese Betrachtung gilt indessen nur für den Fall kleiner Schwingungsausschläge. Um die Differentialgleichung der Bewegung für größere Schwingungen aufzustellen, muß man darauf achten, daß sich die Stange bei ihrer Drehung um den Winkel φ ein wenig aus ihrer untersten Lage hebt. Ihr Abstand von der durch die Aufhängepunkte gelegten horizontalen Ebene zur Zeit t sei mit x bezeichnet. Dann erhält man nach dem pythagoreischen Lehrsatze

$$x = \sqrt{a^2 - z^2 - (e - e \cos \varphi)^2} = \sqrt{a^2 - 4e^2 \sin^2 \frac{\varphi}{2}}.$$

Nach dem Satze von der lebendigen Kraft ist

$$\frac{1}{2}\Theta \left(\frac{d\varphi}{dt}\right)^2 + \frac{1}{2} m \left(\frac{dx}{dt}\right)^2 = Q(x - x_0),$$

wenn mit x_0 der Wert von x bezeichnet wird, der der höchsten Lage der Stange oder dem größten Werte des Winkels φ entspricht. Setzt man hier x ein, so erhält man eine Gleichung, die sich nach $\dfrac{d\varphi}{dt}$ auf- lösen läßt. Entnimmt man daraus dt, so erhält man die Schwingungs- dauer ausgedrückt durch ein bestimmtes Integral nach φ. Die Glei- chung vereinfacht sich erheblich und läßt sich so wie die des Pendels für große Ausschläge behandeln, wenn man annimmt, daß e klein ist gegenüber der Fadenlänge a. Von der weiteren Ausrechnung soll aber hier abgesehen werden.

39. Aufgabe. Man soll die Schwingungsdauer der „schlingern- den" oder „rollenden" Bewegungen eines Schiffes um die Längsachse für kleine Ausschläge berechnen.

Lösung. Hier ist an die Betrachtungen über das Metazentrum in Band I, § 66 anzuknüpfen. Die Höhe des Metazentrums über dem Schiffsschwerpunkt sei mit s bezeichnet. Dann bilden beim Aus- schlage φ das Gewicht Q und der Auftrieb ein Kräftepaar vom Mo- mente $Qs \sin \varphi$, und wenn das Trägheitsmoment des Schiffes für die parallel zur Kielrichtung durch den Schwerpunkt gehende Achse mit Θ bezeichnet wird, hat man

$$\Theta \frac{d^2\varphi}{dt^2} = -\, Qs \sin \varphi.$$

Dies stimmt genau mit der Differentialgleichung (94) für die Pendel- schwingungen überein. Hiernach kann die reduzierte Pendellänge und aus dieser die Schwingungsdauer ebenso wie dort berechnet werden. Da hier die Drehung um den Schwerpunkt stattfindet, bezieht sich jedoch Θ auf die Schwerpunktsachse, während sich beim Pendel Θ auf die Aufhängeachse bezog, worauf beim Vergleiche zu achten ist.

Auf den Widerstand, den das Wasser den Schwingungen ent- gegensetzt, ist bei dieser Betrachtung nicht geachtet. Jedenfalls wird dadurch eine Dämpfung hervorgerufen. Aber auch sonst wird der Verlauf der Bewegung dadurch etwas geändert werden; man kann namentlich nicht erwarten, daß der Schwerpunkt genau in Ruhe bleibe.

40. Aufgabe. Wenn auf einen seitlich aus einer Mauer hervor- ragenden Steinbalken (etwa eine Treppenstufe) ein Gewicht Q herab- fällt (Abb. 81), kommt es vor, daß er jenseits der Aufschlagstelle (etwa bei mm) abbricht. Man soll in allgemeinen Zügen angeben, wie diese Erscheinung zu erklären ist.

Lösung. Man denke sich in irgendeinem Augenblicke während des Stoßes die Trägheitskräfte eingeführt. Diese sind an jenen Teilen des Balkens, die nach abwärts beschleunigt werden, nach obenhin gerichtet. Auch rechts vom Schnitt mm treten diese Trägheitskräfte

auf, und sie bewirken ein Biegungsmoment in *mm*, das zu Zug-
spannungen in den unteren und zu Druckspannungen in den oberen
Fasern führt. Es kann nun sein, daß die Aufschlagstelle und ihre
Nachbarschaft schon keine Beschleunigung
nach abwärts mehr erfährt, oder schon eine
in der entgegengesetzten Richtung, während
am freien Ende noch eine starke Beschleunigung nach abwärts besteht. Namentlich wenn
am Ende noch größere Massen befestigt sind,
kann die zugehörige Trägheitskraft zu einem
Biegungsmomente führen, das an irgendeinem Querschnitte *mm* den Bruch hervorbringt.

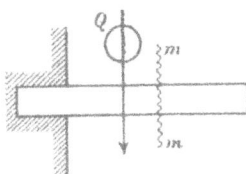

Abb. 81.

Zur rechnerischen Verfolgung des Vorgangs muß man von der
Differentialgleichung (162) ausgehen, die auch für den vorliegenden
Fall ohne Änderung gültig bleibt. Sie ist für jeden der beiden Teile,
in die der Stab durch die Aufschlagstelle von Q zerlegt wird, ge-
sondert mit Berücksichtigung der Grenzbedingungen zu integrieren.
In der französischen Übersetzung des Buches von Clebsch über die
Theorie der Elastizität hat de Saint-Venant die Frage ausführlich
behandelt.

Die bekannte Erfahrung, daß man eine Flintenkugel durch eine
Fensterscheibe schießen kann, ohne diese in einiger Entfernung von
dem Schußloche zu beschädigen, erklärt sich übrigens auf ganz ähnliche Art. In der Umgebung der Aufschlagstelle der Kugel treten
sehr große Trägheitskräfte auf, die sich zunächst nur über einen engen
Bezirk verteilen und mit dem Drucke zwischen Kugel und Scheibe
vorerst im Gleichgewicht stehen. Die diesem Belastungsfalle entsprechende Beanspruchung des Glases steigert sich dann so, daß der
Bruch erfolgt, der sich aber nur über diesen engen Bezirk erstrecken
kann, weil überall außerhalb des Bezirks nur geringe Trägheitskräfte
und Spannungen auftreten.

*41. Aufgabe. Eine Stange von 1 m Länge und kreisförmigem
Querschnitt von 4 cm Durchmesser (Abb. 82) trägt an beiden Enden
Gewichte von je 100 kg. In der Mitte bei A ist die Stange an einem
Maschinenteile befestigt, der eine zwischen B und C geradlinig hin
und her gehende Bewegung nach Art einer harmonischen Schwingung
ausführt. Wieviel Schwingungen darf der Maschinenteil in der Minute
machen, ohne daß die durch die Trägheitskräfte hervorgerufene Biegungsbeanspruchung der Stange 1000 $\frac{kg}{cm^2}$ übersteigt? Der Schwingungsweg BC beträgt 60 cm. Bei welcher Schwingungszahl in der
Minute wäre eine Resonanz mit den Eigenschwingungen zu befürchten,*

die die Gewichte infolge der elastischen Verbiegung der Stange aus-
führen können, wenn der Elastizitätsmodul gleich $2 \cdot 10^6 \frac{kg}{cm^2}$ *gesetzt wird?*

Lösung. Die erste Frage läßt sich leicht nach dem Prinzip von
d'Alembert beantworten.
Die Entfernung x der Stange
von der Mittellage zur Zeit t ist

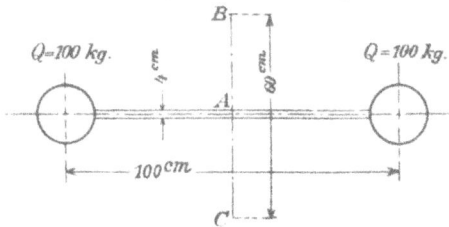

$$x = a \sin 2\pi \frac{t}{T},$$

wenn mit a der Schwingungsausschlag AB und mit T die
Dauer einer vollen Schwingung bezeichnet wird. Daraus folgt die Beschleunigung

$$\frac{d^2x}{dt^2} = -a\left(\frac{2\pi}{T}\right)^2 \sin 2\pi \frac{t}{T} = -\left(\frac{2\pi}{T}\right)^2 \cdot x.$$

Die Beschleunigung und hiermit die Trägheitskraft und die Biegungsbeanspruchung der Stange ist am größten an den Hubenden für
$x = \pm a$. In dieser Stellung hat die Trägheitskraft den Wert

$$\frac{Q}{g}\left(\frac{2\pi}{T}\right)^2 a.$$

Das Biegungsmoment für die Stangenmitte folgt daraus durch
Multiplikation mit der halben Stangenlänge, die mit l bezeichnet
werden soll, und für die Biegungsspannung findet man daher

$$\sigma = \frac{\frac{Q}{g} \cdot \left(\frac{2\pi}{T}\right)^2 a l}{\pi \frac{r^3}{4}}.$$

Im Nenner steht das Widerstandsmoment des kreisförmigen Querschnitts vom Halbmesser r. In dieser Gleichung sind alle Größen
gegeben bis auf die Schwingungsdauer T. Löst man die Gleichung
nach T auf und setzt die Zahlenwerte ein, so erhält man

$$T = 0{,}98 \text{ sec},$$

entsprechend rund 61 vollen Schwingungen in der Minute.
Für die Schwingungsdauer der elastischen Schwingungen findet
man ebenso wie bei der Lösung von Aufgabe 37

$$T = 2\pi \sqrt{\frac{f}{g}},$$

wenn mit f der Biegungspfeil bezeichnet wird, den eine Last $Q = 100$ kg

Abb. 82.

am Stangenende hervorruft. Dafür hat man nach einer Formel der
Festigkeitslehre

$$f = \frac{Ql^3}{3EJ} = \frac{4Ql^3}{3\pi Er^4}.$$

Führt man die Zahlenrechnung aus, so erhält man

$$T = 0,081 \text{ sec.}$$

Eine Resonanz ist daher überhaupt nicht möglich, da die Maschine
hierzu 740 Schwingungen in der Minute ausführen müßte, während
schon viel früher eine Verbiegung oder ein Bruch der Stange eintreten würde.

Etwas anderes ist es aber, wenn der Maschinenteil nicht genau,
sondern nur angenähert harmonische Schwingungen ausführt, wie
z. B. der Kreuzkopf eines Kurbelmechanismus. Dann ist x nach einer
Fourierschen Reihe zu entwickeln und mit den höheren Gliedern
dieser Reihe, die für sich genommen schnelleren Schwingungen entsprechen, ist eine Resonanz für bestimmte Umlaufsgeschwindigkeiten
der Maschine möglich.

*42. Aufgabe. Ein starrer Körper K (Abb. 83), der nach unten-
hin durch eine kreiszylindrische Wölbung begrenzt ist, ruht auf einer*
horizontalen Ebene EE
In der Gleichgewichtslage,
die durch starke Striche
hervorgehoben ist, nimmt
der Schwerpunkt die Lage
S₀ ein, die senkrecht über
dem Auflagerpunkte A₀
liegt; O ist der Krümmungs-
mittelpunkt der Wölbung
Wenn der Körper K ein
wenig aus der Gleichge-
wichtslage fortgerollt ist,
kommt der Auflagerpunkt
von A₀ nach A₁, der Schwer-
punkt von S₀ nach S₁, der
Krümmungsmittelpunkt
von O nach M und der

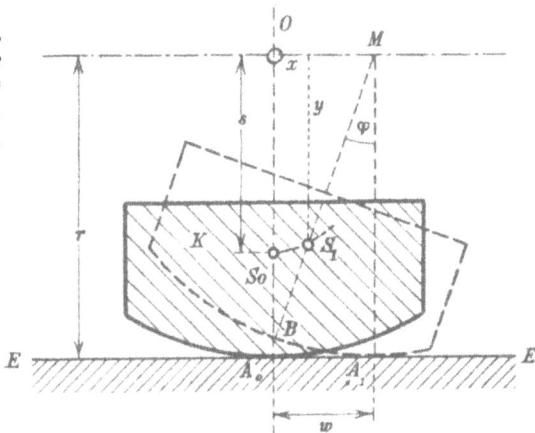

Abb. 83.

ursprünglich mit A₀ zusammenfallende Punkt der Wölbung nach B,
so daß A₁B = A₁A₀ ist. Man soll die Schwingungsdauer der Roll-
schwingungen berechnen, die K um die Gleichgewichtslage herum aus-
führen kann.

Lösung. Die augenblickliche Lage des rollenden Körpers kann
entweder durch die Strecke $w = A_0A_1 = OM$ oder durch den Winkel

φ angegeben werden, um den sich die Symmetrieachse des Körpers aus der Anfangslage $O A_0$ in die Lage $B M$ gedreht hat. Zwischen w und φ besteht die Beziehung

$$w = r\varphi,$$

wenn r den Halbmesser des Wölbungskreises bedeutet. Für die rechtwinkligen Koordinaten x, y des Schwerpunktes S_1 in der Lage φ erhält man, wie aus der Figur sofort zu entnehmen ist,

$$x = r\varphi - s\sin\varphi, \quad y = s\cos\varphi.$$

Dabei bedeutet s den Abstand des Schwerpunktes vom Krümmungsmittelpunkte, also eine unveränderliche Größe.

Die Schwingungsweite der Rollschwingungen sei durch den Winkel α gekennzeichnet, zu dem φ in der äußersten Lage anwächst. In der Lage φ liegt der Schwerpunkt tiefer als in der Lage α, und die Senkung wird durch den Unterschied der beiden Ordinaten y angegeben. Beim Übergang aus der äußersten Lage α in die Lage φ leistet das Gewicht Q des Körpers K eine Arbeit, die hiernach gleich

$$Q s(\cos\varphi - \cos\alpha)$$

gesetzt werden kann. Die lebendige Kraft oder Wucht des rollenden Körpers in der Lage φ besteht aus zwei Teilen, von denen der eine die „Drehwucht" oder Rotationsenergie, der andere die „Fortschreitungswucht" darstellt. Bezeichnet man das Trägheitsmoment für die durch den Schwerpunkt senkrecht zur Zeichenebene gezogene Achse mit Θ, so ist die Drehwucht gleich

$$\frac{1}{2}\,\Theta\left(\frac{d\varphi}{dt}\right)^2$$

und die Fortschreitungswucht unter Zerlegung der Schwerpunktsgeschwindigkeit in zwei rechtwinklige Komponenten gleich

$$\frac{1}{2}\,\frac{Q}{g}\left(\left(\frac{dx}{dt}\right)^2 + \left(\frac{dy}{dt}\right)^2\right).$$

Setzt man hier x und y aus den vorher festgestellten Gleichungen ein, so erhält man nach dem Satze von der lebendigen Kraft

$$\frac{1}{2}\,\frac{Q}{g}\left(r^2 + s^2 - 2rs\cos\varphi\right)\left(\frac{d\varphi}{dt}\right)^2 + \frac{1}{2}\,\Theta\left(\frac{d\varphi}{dt}\right)^2 = Q s\left(\cos\varphi - \cos\alpha\right),$$

wofür man unter Einführung des Trägheitshalbmessers i an Stelle des Trägheitsmoments Θ auch

$$\left(r^2 + s^2 - 2rs\cos\varphi + i^2\right)\left(\frac{d\varphi}{dt}\right)^2 = 2gs\left(\cos\varphi - \cos\alpha\right)$$

schreiben kann. Unter der Voraussetzung, daß die Schwingungsweite ziemlich klein ist, genügt es, in der Klammer auf der linken Seite cos φ = 1 zu setzen, während auf der rechten Seite davon abgesehen werden muß, da es dort gerade auf den, wenn auch noch so kleinen Unterschied von cos φ und cos α ankommt. Die Gleichung geht dann über in

$$((r-s)^2 + i^2)\left(\frac{d\varphi}{dt}\right)^2 = 2gs(\cos\varphi - \cos\alpha).$$

Diese Gleichung stimmt aber mit der für ein Pendel überein. Gl. (98), S. 152, für die Schwingungen des physischen Pendels läßt sich nämlich, wenn man darin ebenfalls das dort vorkommende Trägheitsmoment durch einen Trägheitshalbmesser i_1 ersetzt, auch

$$i_1^2\left(\frac{d\varphi}{dt}\right)^2 = 2gs(\cos\varphi - \cos\alpha)$$

schreiben. Die Schwingungen des physischen Pendels stimmen demnach mit den hier zu untersuchenden Rollschwingungen überein, wenn man nur i_1 passend wählt und dafür sorgt, daß die in beiden Fällen mit s bezeichneten Strecken gleich groß sind. Nun war die reduzierte Pendellänge l für das physische Pendel nach Gl. (97)

$$l = \frac{i_1^2}{s},$$

und daher erhalten wir hier für das mit dem rollenden Körper gleichschwingende Fadenpendel die Fadenlänge

$$l = \frac{(r-s)^2 + i^2}{s}.$$

Die Dauer einer vollen Schwingung folgt daraus zu

$$T = 2\pi\sqrt{\frac{(r-s)^2 + i^2}{sg}}.$$

Nebenbei bemerkt, stellt der Zähler im Ausdrucke für l das Quadrat des Trägheitshalbmessers für die durch den Auflagerpunkt A gehende augenblickliche Drehachse des rollenden Körpers dar.

Fünfter Abschnitt.

Die Relativbewegung.

Vorbemerkungen.

Vom Begriffe der Relativbewegung ist schon im ersten Bande wiederholt Gebrauch gemacht worden, und ich kann hier als bekannt voraussetzen, was damals hierüber ermittelt wurde. Bei jenen früheren Gelegenheiten erstreckte sich indessen die Untersuchung immer nur auf den Fall, daß das Fahrzeug, von dem aus die Bewegung des materiellen Punktes oder des Körpers beobachtet werden sollte, nur eine Translationsbewegung und keine Drehung ausführte. Es macht sich daher jetzt noch eine Ergänzung erforderlich für den Fall, daß sich das Fahrzeug in ganz beliebiger Weise bewegt.

Zuvor sei aber noch auseinandergesetzt, zu welchem Zwecke und für welchen Gebrauch die hier vorzunehmenden Untersuchungen bestimmt sind. Bei den meisten Aufgaben der Dynamik hat man gar keine Veranlassung, Relativbewegungen ins Auge zu fassen; man löst sie am einfachsten, indem man sich den Beobachter im festen Raume aufgestellt denkt: also in einem Raume, für den das Trägheitsgesetz erfüllt ist. Bei den vorausgehenden Untersuchungen dieses Bandes ist dies auch stets geschehen. In manchen Fällen vermag man aber entweder überhaupt nicht gut die Untersuchung der Bewegung von einem Fahrzeuge aus zu vermeiden, oder man würde wenigstens, wenn die Vermeidung auch möglich wäre, auf erhebliche Vereinfachungen verzichten müssen, die durch die Hereinziehung der Relativbewegungen erzielt werden können.

Kaum zu vermeiden ist die Betrachtung der Relativbewegung bei solchen irdischen Bewegungsvorgängen, die von der Eigenbewegung des Erdballs gegen den festen Raum merklich beeinflußt sind. Diese Fälle sind freilich selten; gewöhnlich braucht man auf die Eigenbewegung der Erde nicht zu achten, kann vielmehr das Trägheitsgesetz, wie es auch bisher stillschweigend schon immer geschehen ist, als gültig in bezug auf den von der Erde her ausgemessenen Raum betrachten. Dadurch wird man aber der Verpflichtung natürlich nicht enthoben, eine genauere Untersuchung anzustellen, um sich zu überzeugen, inwieweit die Vernachlässigung zulässig ist, und um für jene Fälle, in denen sie nicht mehr zulässig ist, ein anderes geeignetes Untersuchungsverfahren ausfindig zu machen.

So erwähnte ich z. B. schon früher einmal, daß ein Stein nicht genau in der lotrechten geraden Linie zur Erde fällt, sondern daß sich wegen der Drehung der Erde gegen den festen Raum, in dem das Trägheitsgesetz gilt, eine Seitenablenkung einstellt, die freilich sehr gering und nur durch genaue Versuche nachweisbar ist. Freilich steht nichts im Wege, selbst in solchen Fällen den Beobachtungsposten im festen Raume zu wählen, von hier aus die absolute Bahn des fallenden Steins zu ermitteln und dann erst nachträglich unter Berücksichtigung der Eigenbewegung der Erde den „relativen" oder „scheinbaren" Weg des Steins gegen die Erde, der allein unmittelbar beobachtet werden kann, daraus abzuleiten. Ein solches Verfahren wäre aber sehr umständlich. Außerdem sind wir auch in der Mechanik der irdischen Bewegungsvorgänge so sehr darauf angewiesen, die Erde selbst als Aufstellungsort des Beobachters zu wählen, daß man auch in solchen Ausnahmefällen nicht darauf verzichten möchte. Die nachfolgenden Betrachtungen werden uns zeigen, wie man die früheren Untersuchungen nötigenfalls zu ergänzen hat, um den irdischen Standpunkt unter allen Umständen festhalten zu können.

Bei anderen Untersuchungen liegt zwar keine so dringende Nötigung vor, auf die Relativbewegung einzugehen; man erleichtert die Betrachtung aber auch bei ihnen oft sehr erheblich, wenn man davon Gebrauch macht. Hierher gehören z. B. die Flüssigkeitsbewegungen, die im Innern einer Zentrifugentrommel oder im Laufrade einer Turbine vor sich gehen. Die Eigenbewegung der Erde kommt hierbei übrigens nicht in Frage; man

kann vielmehr ohne Bedenken die von der festen Erde her gesehenen Bewegungen dabei als absolute auffassen. Betrachtet
man aber die Flüssigkeitsströmungen in der rotierenden Trommel
als Relativbewegungen gegen das Gefäß, so führt man die Aufgabe auf Wasserbewegungen in ruhenden Gefäßen zurück, also
auf einfachere Betrachtungen, die schon früher erledigt wurden.
Auch hierüber, wie dies möglich ist, soll unsere Untersuchung
Aufschluß geben.

Um die aufgezählten Aufgaben lösen zu können, müssen wir
die Wege, die Geschwindigkeiten, die Beschleunigungen und die
Kräfte im bewegten Raume mit jenen vergleichen, die vom absoluten Raume her festgestellt werden. Die Massen der bewegten
Körper sind als Eigenschaften dieser Körper und daher in beiden
Fällen als gleich anzusehen. Von den Kräften gilt dies aber
nicht; wir müssen vielmehr von vornherein erwarten, daß an dem
Körper, dessen Bewegung untersucht werden soll, noch andere
Kräfte angebracht werden müssen, wenn die Bewegung auf ein
bewegtes Fahrzeug, als wenn sie auf den festen Raum bezogen
werden soll, für das Trägheitsgesetz gilt. — Außer den schon
aufgezählten werden auch noch andere dynamische Größen, wie
Arbeiten, statische Momente, Antriebe, lebendige Kräfte usf. in
Betracht zu ziehen sein; wir können aber von diesen einstweilen
absehen, da sie aus den zuerst angeführten später leicht abgeleitet
werden können.

§ 48. Der Satz von Coriolis.

Wir wollen uns zunächst überlegen, wie man die Geschwindigkeit und die Beschleunigung der Bewegung eines materiellen
Punktes in möglichst einfacher Weise geometrisch darstellen kann.
Man betrachte zwei aufeinander folgende Zeitteilchen von der
gleichen Dauer τ. Zu Anfang hatte der Punkt, dessen absolute
Bewegung betrachtet werden soll, den Abstand $\mathfrak{s}_0$ von einem
festen Anfangspunkte. In den beiden Zeitteilchen τ ändert sich
der Abstand $\mathfrak{s}$ um die Wege $d\mathfrak{s}_1$ und $d\mathfrak{s}_2$. Da $\mathfrak{s}$ als eine Funktion der Zeit t zu betrachten ist, hat man nach der Taylorschen
Entwicklung

$$d\mathfrak{s}_1 = \tau\left(\frac{d\mathfrak{s}}{dt}\right)_0 + \frac{\tau^2}{2}\left(\frac{d^2\mathfrak{s}}{dt^2}\right)_0 + \cdots$$

$$d\mathfrak{s}_1 + d\mathfrak{s}_2 = 2\tau\left(\frac{d\mathfrak{s}}{dt}\right)_0 + \frac{(2\tau)^2}{2}\left(\frac{d^2\mathfrak{s}}{dt^2}\right)_0 + \cdots$$

zu setzen. Der Unterschied der Wege $d\mathfrak{s}_1$ und $d\mathfrak{s}_2$ ist daher

$$d\mathfrak{s}_2 - d\mathfrak{s}_1 = \tau^2\left(\frac{d^2\mathfrak{s}}{dt^2}\right)_0 + \cdots$$

Die Glieder höherer Ordnung können weggelassen werden, und für die Beschleunigung zur Zeit $t = 0$ erhält man daher

$$\left(\frac{d^2\mathfrak{s}}{dt^2}\right)_0 = \frac{d\mathfrak{s}_2 - d\mathfrak{s}_1}{\tau^2} = \frac{(d\mathfrak{s}_1 + d\mathfrak{s}_2) - 2d\mathfrak{s}_1}{\tau^2}. \qquad (212)$$

Diese Formel ist übrigens nur als eine Erläuterung für den Begriff des zweiten Differentialquotienten von $\mathfrak{s}$ nach t anzusehen.

Nun sei BB_1B_2 in Abb. 84 der absolute Weg eines beweglichen Punktes B und BC_1C_2 der absolute Weg jenes Punktes des Fahrzeugs, mit dem B anfänglich zusammenfiel. Da die Strecken BB_1 usf. in der Grenze unendlich klein zu denken sind, schreiben wir dafür

$$BB_1 = d\mathfrak{s}_1, \quad B_1B_2 = d\mathfrak{s}_2, \quad BC_1 = d\mathfrak{p}_1, \quad C_1C_2 = d\mathfrak{p}_2.$$

Die Strecken C_1B_1 und C_2B_2 geben die relativen Wege von B gegen das Fahrzeug an, so wie sie vom festen Raume aus gesehen erscheinen. Man hat dafür

$$C_1B_1 = d\mathfrak{s}_1 - d\mathfrak{p}_1, \quad C_2B_2 = d\mathfrak{s}_1 + d\mathfrak{s}_2 - d\mathfrak{p}_1 - d\mathfrak{p}_2.$$

Die Geschwindigkeiten hängen von dem Wege im ersten Zeitteilchen allein ab. Bezeichnen wir C_1B_1 mit $d\mathfrak{r}_1$, so folgt aus der ersten dieser Gleichungen durch Division mit τ oder dt

$$\frac{d\mathfrak{r}_1}{dt} = \frac{d\mathfrak{s}_1}{dt} - \frac{d\mathfrak{p}_1}{dt},$$

wofür auch allgemein $\qquad \dfrac{d\mathfrak{s}}{dt} = \dfrac{d\mathfrak{r}}{dt} + \dfrac{d\mathfrak{p}}{dt} \qquad (213)$

geschrieben werden kann, da es gleichgültig ist, von welchem Zeitpunkte ab wir die Wege $d\mathfrak{s}$ usf. verfolgen. In Worten heißt dies:

Die absolute Geschwindigkeit des bewegten Punktes ist in jedem Augenblicke gleich der geometrischen

Summe aus der Fahrzeuggeschwindigkeit und der Relativgeschwindigkeit gegen das Fahrzeug.

Die Relativbeschleunigung von B ist dagegen aus dem Vergleiche der Wege C_1B_1 und C_2B_2 nach der durch Gl. (212) gegebenen Anleitung zu berechnen. Dabei müssen wir aber beachten,
daß der Beobachter, der diese Wege miteinander vergleicht, im
Fahrzeuge selbst aufgestellt sein muß. Markiert dieser Beobachter
die Punkte C_1 und B_1 nach dem ersten Zeitteilchen im Fahrzeuge, so führt die Strecke C_1B_1 des Fahrzeugs während des

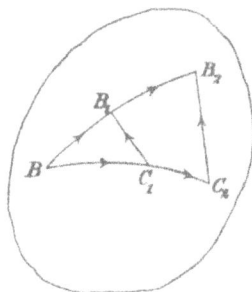

Abb. 84.

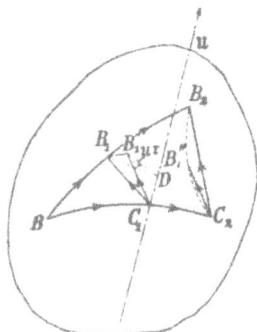

Abb. 85.

zweiten Zeitteilchens selbst noch eine Bewegung aus. Der Anfangspunkt C_1 gelangt dabei nach C_2, und zugleich führt die Strecke
C_1B_1 noch eine Drehung um den Winkel $\mathfrak{u}\tau$ aus, wenn mit $\mathfrak{u}$
die Winkelgeschwindigkeit des Fahrzeugs während dieser Zeit
bezeichnet wird. Da nun C_2B_2 in Abb. 84 so gezeichnet ist, wie
es der Lage nach Ablauf des zweiten Zeitteilchens entspricht, so
müssen wir, um beide Strecken auch für den innen stehenden Beobachter, der sich in dieser zweiten Lage zurechtfinden muß,
vergleichbar miteinander zu machen, an Stelle von C_1B_1 die Strecke

$$d\mathfrak{s}_1 - d\mathfrak{p}_1 + \tau\left[(d\mathfrak{s}_1 - d\mathfrak{p}_1)\,\mathfrak{u}\right]$$

setzen. Das letzte Glied in diesem Ausdrucke gibt den Weg an,
den der Endpunkt B_1 von C_1B_1 bei der Drehung beschreibt. Er
ist aus Abb. 85 ersichtlich, in der er mit B_1B_1' bezeichnet ist.
In diese Abbildung ist die Drehachse $\mathfrak{u}$ eingetragen, um die sich
das Fahrzeug und mit ihm C_1B_1 während des zweiten Zeitteilchens

dreht. $B_1 D$ ist das von B_1 auf $\mathfrak{u}$ gefällte Perpendikel; $B_1 D B_1{}'$ ist der Winkel, um den es sich dreht, und $B_1{}'$ die neue Lage, in die B_1 übergeht, wenn man nur die Fahrzeugdrehung allein berücksichtigt. Wenn noch die Translationsbewegung dazu kommt, gelangt $C_1 B_1$ in die Lage $C_2 B_1{}''$, und diese Strecke ist zur Ermittelung der Relativbeschleunigung mit $C_2 B_2$ zu vergleichen. Für die Relativbeschleunigung schreiben wir $\frac{d^2 \mathfrak{r}}{dt^2}$ und erhalten dafür nach Vorschrift von Gl. (212)

$$\tau^2 \left(\frac{d^2 \mathfrak{r}}{dt^2}\right)_0 = d\mathfrak{s}_1 + d\mathfrak{s}_2 - d\mathfrak{p}_1 - d\mathfrak{p}_2 - 2\{ d\mathfrak{s}_1 - d\mathfrak{p}_1 + \tau[(d\mathfrak{s}_1 - d\mathfrak{p}_1)\mathfrak{u}]\}$$

$$\left(\frac{d^2 \mathfrak{r}}{dt^2}\right)_0 = \frac{d\mathfrak{s}_2 - d\mathfrak{s}_1}{\tau^2} - \frac{d\mathfrak{p}_2 - d\mathfrak{p}_1}{\tau^2} - 2\left[\left(\frac{d\mathfrak{s}_1}{\tau} - \frac{d\mathfrak{p}_1}{\tau}\right)\mathfrak{u}\right] =$$

$$= \left(\frac{d^2 \mathfrak{s}}{dt^2}\right)_0 - \left(\frac{d^2 \mathfrak{p}}{dt^2}\right)_0 - 2\left[\frac{d\mathfrak{r}}{dt}\mathfrak{u}\right], \tag{214}$$

wobei im letzten Gliede die Relativgeschwindigkeit $\frac{d\mathfrak{r}}{dt}$ an Stelle der ihr gleichen Differenz $\frac{d\mathfrak{s}_1}{\tau} - \frac{d\mathfrak{p}_1}{\tau}$ eingeführt ist. Läßt man nachträglich die Zeiger $_0$ weg, die nur darauf hinweisen, daß sich alle Größen auf den Anfangspunkt der Zeit $t = 0$ beziehen sollen, der aber ganz nach Belieben gewählt werden kann, so läßt sich Gl. (214) auch in die anschaulichere Form

$$\frac{d^2 \mathfrak{s}}{dt^2} = \frac{d^2 \mathfrak{p}}{dt^2} + \frac{d^2 \mathfrak{r}}{dt^2} + 2\left[\frac{d\mathfrak{r}}{dt}\mathfrak{u}\right] \tag{215}$$

bringen. Diese Gleichung spricht den Satz von Coriolis aus, der sich auch in die Worte fassen läßt:

Die absolute Beschleunigung des bewegten Punktes ist gleich der geometrischen Summe aus der Fahrzeugbeschleunigung, aus der Relativbeschleunigung gegen das Fahrzeug und aus dem doppelten äußeren Produkte aus der Relativgeschwindigkeit und der Winkelgeschwindigkeit des Fahrzeugs.

Unter „Fahrzeugbeschleunigung" ist dabei, wie aus dem Zusammenhange hervorgeht, die Beschleunigung jenes Fahrzeugpunktes zu verstehen, mit dem der bewegte Punkt gerade zusammenfällt.

§ 49. Die Zusatzkräfte bei der Relativbewegung.

Das Trägheitsgesetz und die dynamische Grundgleichung sind für den im Fahrzeug aufgestellten Beobachter nicht erfüllt, wenn er nur die tatsächlich an dem bewegten Punkte angreifenden Kräfte ins Auge faßt. Als „tatsächlich angreifende" oder „physikalisch existierende" Kräfte sind hierbei jene bezeichnet, die auch für den im festen Raume aufgestellten Beobachter nachweisbar sind. Mit der dynamischen Grundgleichung würden aber auch alle anderen Folgerungen der Dynamik hinfällig werden. Um die Lehren der Dynamik auch für den im Fahrzeuge aufgestellten Beobachter anwendbar zu machen, kann man aber den Kunstgriff benutzen, an dem bewegten Punkte B Zusatzkräfte von der Art anzubringen, daß nachher die dynamische Grundgleichung auch für den bewegten Raum gültig bleibt. Dies ist leicht zu erreichen. Man multipliziere Gl. (214) mit der Masse m des bewegten Punktes. Dann wird

$$m\frac{d^2\mathfrak{r}}{dt^2} - m\frac{d^2\mathfrak{s}}{dt^2} - m\frac{d^2\mathfrak{p}}{dt^2} - 2m\left[\frac{d\mathfrak{r}}{dt}\mathfrak{u}\right]. \qquad (216)$$

Das erste Glied auf der rechten Seite stellt nach dem dynamischen Grundgesetze die „physikalisch existierende" Kraft $\mathfrak{P}$ an dem materiellen Punkte (oder die Resultierende, wenn mehrere vorkommen) dar. Die beiden anderen Glieder müssen, wenn wir die dynamische Grundgleichung auch für die Relativbewegung aufrechterhalten wollen, ebenfalls als Kräfte gedeutet werden. Diese Kräfte sollen als „erste" und „zweite" Zusatzkraft bezeichnet werden.

Die erste Zusatzkraft ist jene, die schon beim d'Alembertschen Prinzip vorkam. In der Tat hängt ja der Fall der Relativbewegung in sehr einfacher Weise mit dem d'Alembertschen Prinzip zusammen. Wenn sich ein starrer Körper bewegt, sind alle seine materiellen Punkte im Gleichgewichte (und in Ruhe) relativ zu einem auf dem starren Körper selbst aufgestellten Beobachter. Für diesen Beobachter müssen daher, wenn er die Lehren der Mechanik auf seinen Raum bezieht, alle an dem starren Körper angreifenden Kräfte den allgemeinen Gleichge-

wichtsbedingungen genügen. Er muß aber dann, wie wir schon
früher auf anderem Wege und jetzt von neuem fanden, außer
den physikalisch existierenden Kräften auch die „Trägheitskräfte"
$\mathfrak{H}$, nämlich

$$\mathfrak{H} = - m \frac{d^2\mathfrak{p}}{dt^2}$$

anbringen. Bei dieser Anwendung von Gl. (216) fallen nämlich,
da keine Relativbewegungen vorkommen, die Differentialquotienten von $\mathfrak{r}$ fort. Behalten wir die frühere Bezeichnung für die
„Trägheitskräfte" auch in dem allgemeineren Falle bei, so geht
Gl. (216) über in

$$m \frac{d^2\mathfrak{r}}{dt^2} = \mathfrak{P} + \mathfrak{H} - 2\,m\,[\mathfrak{v}\,\mathfrak{u}],\qquad(217)$$

wobei noch der Kürze halber die Relativgeschwindigkeit des bewegten Punktes mit $\mathfrak{v}$ bezeichnet ist.

Die Verhältnisse kann man sich am besten an einem Karussell klar machen, das sich mit der konstanten Winkelgeschwindigkeit ω um seine Achse dreht. Auf diesem Karussell stehe
im Abstand r von der Drehachse ein Mann von der Masse m.
Um das Gleichgewicht des Mannes in einem gegen das Karussell ruhenden, d. h. in einem gegen den Erdboden mit der Winkelgeschwindigkeit ω bewegten Koordinatensystem betrachten
zu können, müssen wir an dem Mann die Zentrifugalkraft $m r \omega^2$
als Zusatzkraft beifügen Wir sehen daraus, daß an dem Mann
tatsächlich eine Zentripetalkraft, d. h. eine nach innen gerichtete Kraft von gleicher Größe angreifen muß. Die Zentrifugalkraft ist also eine tatsächlich nicht existierende Zusatzkraft, die
man sich angebracht denken muß, um das sich drehende System
in der Ruhelage betrachten zu können, während die Zentripetalkraft eine wirklich auf den Mann übertragene Kraft ist.

Wir nehmen nun an, der Mann würde mit der gleichen
Winkelgeschwindigkeit ω im entgegengesetzten Sinne relativ
zu dem Karussellfußboden unter Gleichhaltung des Abstands r
um die Achse herumlaufen. Der Mann ist dann zum umgebenden Erdboden in Ruhe. Mit Rücksicht auf die Umdrehung des
Karussells müssen wir die nach außen gerichtete Zentrifugalkraft $m r \omega^2$ bei Zurückführung auf die Ruhelage an ihm an-

bringen. Ebenso muß eine Zusatzkraft von gleicher Größe und
gleicher Richtung an ihm angreifen, weil er sich selbst mit
der Winkelgeschwindigkeit ω relativ zum bewegten System
bewegt. Endlich greift an dem Mann die Corioliskraft an, die
in diesem Falle nach den vorausgehenden Ausführungen nach
innen gerichtet ist und gleich $2\,m\,r\,\omega^2 = 2\,m\,[\mathfrak{v}\,\mathfrak{u}]$ beträgt. Bei
der zusammengesetzten Bewegung hoben sich die drei genann-
ten Kräfte gegeneinander heraus, so daß die resultierende Kraft
Null an dem Mann angreift.

Endlich nehmen wir an, der Mann laufe mit der gleichen
Winkelgeschwindigkeit ω aber im Sinne der Drehbewegung
des Karussells auf dem Fußboden um die Achse. Relativ zum
umgebenden Erdboden bewegt er sich also mit der Geschwindigkeit $2\,\omega$ um die Achse, oder es muß an ihm eine Zentripetalkraft $4\,m\,r\,\omega^2$ angreifen, damit er sich bei dieser Bewegung
im Gleichgewicht befindet. — Die beiden Zentrifugalkräfte
sind wieder wie im vorausgehenden Fall nach außen gerichtet,
da die Richtung der Zentrifugalkraft ja unabhängig vom Drehsinn der Bewegung ist. Die Corioliskraft ist in diesem Fall
nach außen gerichtet, da sie mit der Geschwindigkeitsrichtung $\mathfrak{v}$
ihr Vorzeichen ändert. Die Größe der Corioliskraft ist wie vorhin $2\,m\,r\,\omega^2$ Wenn wir den bewegten Mann in der Ruhelage
betrachten wollen, müssen wir an ihm die beiden Zentrifugalkräfte und die Corioliskraft, also insgesamt $4\,m\,r\,\omega^2$ als Zusatzkräfte nach außen beifügen Um Gleichgewicht zu erhalten,
muß an dem Mann tatsächlich die nach innen gerichtete Zentripetalkraft von gleicher Größe wirken, wie wir das durch die
einfache Betrachtung der zusammengesetzten Bewegung schon
im vorausgehenden festgestellt haben.

Die Anwendung von Gl. (217) soll ferner an dem Beispiele
des fallenden Steines gezeigt werden. An einem materiellen
Punkte, den wir von der Erde aus beobachten, wirken zunächst
von physikalisch existierenden Kräften die Anziehung der Erde,
der Sonne und aller anderen Weltkörper, die wir uns zu einer
Resultierenden $\mathfrak{P}_0$ zusammengefaßt denken. Ferner können noch
andere physikalisch existierende Kräfte, wie Luftwiderstand,

Widerstand einer Bahn, überhaupt Druck von seiten eines anderen Körpers, elektrische Anziehung o. dgl. daran angreifen, deren Resultierende $\mathfrak{P}_1$ sei, so daß $\mathfrak{P} = \mathfrak{P}_0 + \mathfrak{P}_1$ ist. Wenn der Punkt an seinem Orte auf der Erde unter der Einwirkung aller dieser Kräfte festgehalten werden soll, muß nach Gl. (217)

$$0 = \mathfrak{P}_0 + \mathfrak{P}_1 + \mathfrak{H} \quad \text{oder} \quad \mathfrak{P}_1 = - (\mathfrak{P}_0 + \mathfrak{H})$$

sein. Hieraus wird die Bedeutung von $\mathfrak{P}_0 + \mathfrak{H}$ klar, denn wir wissen, daß wir an einem materiellen Punkte, an dem andere physikalisch existierende Kräfte nicht angreifen, eine dem Gewichte des Punktes entgegengesetzt gleiche Kraft $\mathfrak{P}_1$ anbringen müssen, um ihn an seiner Stelle auf der Erde festzuhalten. Die Summe $\mathfrak{P}_0 + \mathfrak{H}$ ist daher selbst das Gewicht des Körpers, das mit $\mathfrak{G}$ bezeichnet werden soll. Hiermit geht Gl. (217) über in

$$m \frac{d^2 \mathfrak{r}}{dt^2} = \mathfrak{G} + \mathfrak{P}_1 - 2\, m\, [\mathfrak{v}\, \mathfrak{u}]. \tag{218}$$

Wenn die von der Erde her gesehenen Bewegungen in Übereinstimmung mit den auf den festen Raum bezogenen Lehren der Mechanik stehen sollen, müssen wir uns daher außer dem Gewichte $\mathfrak{G}$ und anderen etwa noch daran angreifenden Kräften $\mathfrak{P}_1$ noch die „zweiten Zusatzkräfte" $- 2\, m\, [\mathfrak{v}\, \mathfrak{u}]$ daran angebracht denken. Die zweite Zusatzkraft ist aber hier unter gewöhnlichen Umständen sehr gering wegen der kleinen Winkelgeschwindigkeit $\mathfrak{u}$ der Drehung der Erde gegen den festen Raum, und hiervon allein kommt es, daß man in der Mehrzahl der Fälle von der Eigenbewegung der Erde ganz absehen, die Bewegungen relativ zur Erde also ohne weiteres als Absolutbewegungen betrachten kann. Ein Zahlenbeispiel möge dies noch zeigen. Die Erde dreht sich in einem Sterntage einmal um ihre Achse, und voraussichtlich ist diese Winkelgeschwindigkeit als jene gegen den absoluten Raum aufzufassen. Ein Sterntag unterscheidet sich aber nicht viel von einem Sonnentage, und man pflegt daher bei solchen Rechnungen die Winkelgeschwindigkeit der Einfachheit wegen auf den Sonnentag zu beziehen. Dann ist

$$u = \frac{2\pi}{86400}\ \sec^{-1} = \frac{1}{13760}\ \sec^{-1}.$$

Wenn die Relativgeschwindigkeit $\mathfrak{v}$ etwa 10 m sec^{-1} beträgt und senkrecht zur Erdachse steht (also bei jener Richtung, in der das äußere Produkt seinen größten Wert annimmt), erhält man für die zweite Zusatzkraft den Wert

$$m \cdot \frac{20 \ \mathrm{m \ sec}^{-1}}{13760} \cdot \mathrm{sec}^{-1} \quad \text{oder} \quad m \cdot \frac{1}{688} \ \mathrm{m \ sec}^{-2}.$$

Das Gewicht von m ist $m \cdot 9{,}81 \ \mathrm{m \ sec}^{-2}$; die zweite Zusatzkraft beträgt daher rund $\frac{1}{7000}$ des Gewichtes, ist also unter gewöhnlichen Umständen unmerklich.

Lassen wir bei dem fallenden Steine den Luftwiderstand außer Berücksichtigung, so ist $\mathfrak{P}_1 = 0$ zu setzen, und die Differentialgleichung der Fallbewegung lautet

$$m \frac{d^2 \mathfrak{r}}{d t^2} = \mathfrak{G} - 2 m \, [\mathfrak{v} \, \mathfrak{u}]$$

oder, wenn wir an Stelle des Gewichtes das Produkt aus Masse und Fallbeschleunigung $\mathfrak{g}$ einführen,

$$\frac{d^2 \mathfrak{r}}{d t^2} = \mathfrak{g} - 2 \, [\mathfrak{v} \, \mathfrak{u}] \, . \tag{219}$$

Gewöhnlich vernachlässigt man das zweite Glied der rechten Seite gegenüber $\mathfrak{g}$. Dann wird $\mathfrak{v} = \mathfrak{g} t$, wenn man die Zeit t von Beginn der Fallbewegung an rechnet. Es wird daher, um eine bessere Annäherung zu erhalten, genügen, wenn man im Korrektionsgliede $\mathfrak{v} = \mathfrak{g} t$ setzt. Der damit begangene Fehler ist jedenfalls erst von höherer Ordnung klein als die Abweichung von dem Falle in lotrechter Richtung; es ist daher für unsere Zwecke zunächst nicht nötig, die Differentialgleichung (219) streng zu integrieren. Wir können sie vielmehr genau genug ersetzen durch

$$\frac{d^2 \mathfrak{r}}{d t^2} = \mathfrak{g} - 2 t \, [\mathfrak{g} \, \mathfrak{u}] \, ,$$

und durch Integration erhält man daraus, wenn die Radienvektoren $\mathfrak{r}$ von der Ausgangsstelle der Fallbewegung aus gerechnet werden,

$$\mathfrak{r} = \mathfrak{g} \frac{t^2}{2} - \frac{t^2}{3} \, [\mathfrak{g} \, \mathfrak{u}] \, , \tag{220}$$

Das letzte Glied ist das Korrektionsglied. Das äußere Produkt aus $\mathfrak{g}$ und $\mathfrak{u}$ ist gleich $u g \cos \varphi$, wenn φ die geographische Breite des Ortes der Erde ist, an dem der Versuch angestellt wird. Die Richtung von $[\mathfrak{g}\,\mathfrak{u}]$ steht senkrecht zu $\mathfrak{g}$ und $\mathfrak{u}$, ist also horizontal und nach Westen hin gekehrt. Wegen des negativen Vorzeichens stellt daher das Korrektionsglied eine östliche Abweichung des fallenden Steins aus der Lotrichtung dar. Am größten wird die Abweichung am Äquator, weil dort $\mathfrak{g}$ und $\mathfrak{u}$ senkrecht zueinander stehen und daher $\cos \varphi = 1$ ist. Aber auch dort ist sie nur gering. Selbst bei $t = 10$ sec Fallzeit erreicht das Korrektionsglied erst die Größe

$$\frac{1000 \text{ sec}^2}{3} \cdot 9{,}81 \frac{\text{m}}{\text{sec}^2} \cdot \frac{1}{13760} \text{ sec}^{-1} = 0{,}238 \text{ m},$$

während der in dieser Zeit in lotrechter Richtung zurückgelegte Weg bei Außerachtlassung des Luftwiderstandes gegen 500 m beträgt.

Es mag übrigens noch bemerkt werden, daß sich Gl. (219) auch streng integrieren läßt. Schreibt man sie in der Form

$$\frac{d\mathfrak{v}}{dt} = \mathfrak{g} - 2\,[\mathfrak{v}\,\mathfrak{u}],$$

so lautet das erste Integral

$$\mathfrak{v} = \mathfrak{g}\,t - \frac{(1-\cos 2ut)}{2u^2}[\mathfrak{g}\,\mathfrak{u}] + \frac{2ut - \sin 2ut}{2u^3}(\mathfrak{u}\cdot\mathfrak{u}\mathfrak{g} - \mathfrak{g}\cdot\mathfrak{u}^2), \quad (221)$$

wobei noch eine willkürliche Integrationskonstante $\mathfrak{v}_0$ beigefügt werden könnte, die die Anfangsgeschwindigkeit zur Zeit $t = 0$ angeben würde, die aber wegen der hier vorliegenden Anfangsbedingung gleich Null zu setzen ist und daher weggelassen wurde. Durch Einsetzen des Wertes in die Differentialgleichung überzeugt man sich leicht, daß sie davon befriedigt wird.

Eine Integration nach t liefert nun auch sofort $\mathfrak{r}$ als Funktion der Zeit. Beachtet man auch hier die Anfangsbedingung $\mathfrak{r} = 0$ für $t = 0$, so erhält man

$$\mathfrak{r} = \frac{\mathfrak{g}\,t^2}{2} - \frac{2ut - \sin 2ut}{4u^3}[\mathfrak{g}\,\mathfrak{u}]$$
$$+ \frac{2u^2t^2 + \cos 2ut - 1}{4u^4}(\mathfrak{u}\cdot\mathfrak{u}\mathfrak{g} - \mathfrak{g}\cdot\mathfrak{u}^2). \quad (222)$$

Bei einer Fallzeit von einigen Sekunden dreht sich die Erde nur um einen sehr kleinen Winkel ut weiter; daher können $\sin 2ut$ und $\cos 2ut$ in sehr schnell konvergierende Reihen entwickelt werden. Behält man dabei nur die Glieder bis zur Größenordnung $(ut)^3$ bei, so kommt man wieder auf die Näherungsformel (220). Man kann aber

auch noch kleinere Glieder mitnehmen und erhält z. B. mit Berücksichtigung der Glieder bis zur Ordnung $(ut)^4$

$$\mathfrak{r} = \frac{\mathfrak{g}\,t^2}{2} - \frac{t^3}{3}\,[\mathfrak{g}\,\mathfrak{u}] + \frac{t^4}{6}\,(\mathfrak{u} \cdot \mathfrak{u}\,\mathfrak{g} - \mathfrak{g} \cdot \mathfrak{u}^2).$$

Der Ausdruck $(\mathfrak{u} \cdot \mathfrak{u}\,\mathfrak{g} - \mathfrak{g} \cdot \mathfrak{u}^2)$ bedeutet, wie die geometrische Betrachtung lehrt, einen im Meridian liegenden, senkrecht zur Erdachse
nach außenhin gehenden Vektor von der Größe $u^2 g \cos \varphi$. Er läßt
sich zerlegen in eine lotrechte Komponente, die aber gegenüber dem
Gliede $\frac{\mathfrak{g}\,t^2}{2}$ von verschwindender Größe ist, und in eine horizontale
Komponente, die für einen auf der nördlichen Halbkugel gelegenen
Punkt nach Süden hin geht, von der Größe $u^2 g \cos \varphi \sin \varphi$.

Hiernach liefert die bis auf Glieder von der Ordnung $(ut)^4$ genaue Integration der Fallgleichung außer einer östlichen Abweichung,
die vorher schon besprochen war, auch noch eine südliche Ablenkung
des fallenden Körpers von der Größe

$$\frac{t^4}{6}\,u^2 g \sin \varphi \cos \varphi.$$

Setzt man die geographische Breite $\varphi = 45^0$ und $t = 10$ sec, so geht
dies über in 0,000043 m, d. h. die südliche Ablenkung beträgt hiernach selbst bei einer Fallzeit von 10 sec nur einige hundertstel Milli-
meter, ist also durch Messung überhaupt nicht nachweisbar.

Wenn man eine Genauigkeit der Rechnung bis auf so kleine Glieder
anstrebt, muß man übrigens auch noch einen anderen Umstand beachten. Wir haben nämlich $\mathfrak{g}$ als eine Konstante betrachtet, während
in Wirklichkeit $\mathfrak{g}$ an jedem Orte der Bahn etwas (wenn auch nur
sehr wenig) verschieden ist. Hierbei ist namentlich zu bedenken, daß
das Gewicht $\mathfrak{G}$ den Summanden $\mathfrak{H}$ enthält, der in verschiedenen Höhen,
d. h. in verschiedenen Abständen von der Erdachse verschiedene Größen
hat. Zieht man eine Kraftlinie, deren Richtung überall mit der von
$\mathfrak{G}$ oder $\mathfrak{g}$ zusammenfällt, so hat diese daher selbst schon eine geringe
Krümmung in der Meridianebene, vorausgesetzt, daß man sich weder
am Pole noch am Äquator befindet. Auch hierdurch wird eine geringe Ablenkung des fallenden Steins von der Lotlinie in der Nord-
Südrichtung hervorgerufen, die der Größe nach mit der vorher berechneten vergleichbar, hiermit aber ebenfalls so klein ist, daß sie unmöglich durch einen Fallversuch nachgewiesen werden kann.

Die genauere Theorie der Fallbewegung lehrt daher,
daß ein fallender Körper nur eine östliche Ablenkung von
merklichem Betrage erfahren könne. Merkwürdigerweise haben
aber die meisten Beobachter, die solche Versuche anstellten, außer der
östlichen Abweichung auch noch eine südliche wahrgenommen oder
wenigstens wahrzunehmen geglaubt. Diese viel umstrittene südliche

Ablenkung ist nach den besten Beobachtungen jedenfalls viel kleiner als die durch Messung leicht nachzuweisende östliche Ablenkung, aber immerhin nach den Angaben der Beobachter weit größer, als sie nach der vorgetragenen Theorie erwartet werden dürfte. Man nimmt daher gewöhnlich an, daß die Beobachtungen ungenau gewesen seien, und manche Gelehrten stellen es sogar als gewiß hin, daß dies so sein müsse, weil die südliche Ablenkung mit der Theorie nicht übereinstimmt. Ich habe dies aber schon in den früheren Auflagen als unzulässig bezeichnet und hervorgehoben, daß man eine wiederholt bestätigte Beobachtung nicht einfach darum verwerfen dürfe, weil sie mit der herrschenden Theorie nicht übereinstimme. Man müsse vielmehr immer die Möglichkeit im Auge behalten, daß sich diese Theorie späterhin als unvollständig erweisen könnte. In der Tat ist dies inzwischen auch geschehen, denn heute sieht man die alte Galilei-Newtonsche Mechanik nur noch als näherungsweise gültig an. Sehr zweifelhaft bleibt freilich, ob die neuere Relativitätstheorie etwa imstande sein könnte, eine Erklärung für die beobachtete südliche Ablenkung fallender Körper zu liefern, da im allgemeinen nur bei sehr großen Geschwindigkeiten meßbare Unterschiede zwischen den Ergebnissen der alten und der neuen Theorie zu erwarten sind. Immerhin erscheint es sehr wohl möglich, daß sich eine südliche Ablenkung von meßbarer Größe auch weiterhin noch bestätigen und einen wichtigen Beitrag für die zukünftige Fassung der Grundlagen der Mechanik liefern könnte.

Eng verwandt mit der Seitenablenkung des fallenden Steins ist auch die eines Geschosses. Wenn ein Geschütz z. B. in der Richtung nach Norden hin abgefeuert wird, tritt wegen der Erddrehung eine seitliche Ablenkung des Geschosses nach Osten hin ein. Schießt man nach Süden, so ist die Seitenablenkung westlich, d. h. in beiden Fällen nach rechts vom Schützen aus gesehen. Vorausgesetzt wird dabei daß man sich auf der nördlichen Halbkugel befinde; am Äquator ist die Ablenkung Null und auf der südlichen Halbkugel entgegengesetzt. Auch wenn man nach Osten oder Westen hin schießt, hat man stets eine Ablenkung nach rechts hin vom Geschütze aus gesehen. Auch der Betrag dieser Ablenkung kann unter Voraussetzung einer flachen Flugbahn leicht berechnet werden. Wenn sich das Geschoß z. B. nach Norden mit einer Geschwindigkeit von 350 m sec^{-1} ungefähr in horizontaler Richtung bewegt, ist in der geographischen Breite φ die zweite Zusatzkraft von der Größe $m \cdot 700 \cdot \dfrac{1}{13760} \sin \varphi$ anzubringen, wofür rund $\frac{Q}{200}$ sin φ gesetzt werden kann, wenn Q das Geschoßgewicht ist. Eine konstante Kraft von dieser Größe bringt z. B. während einer Flugzeit von 20 sec nach den Formeln für die gleichförmig beschleunigte Bewegung einen in ihre Richtung fallenden Weg von rund 10 m $\sin \varphi$ oder von 7,7 m zustande, wenn $\varphi = 50^0$ gesetzt wird. Wenn es verlangt wird, kann man die Rechnung natürlich auch noch genauer durchführen; es sollte sich jetzt nur um eine Abschätzung handeln.

Beträchtlich wird die Zusatzkraft, wenn man die Bahn eines zur Erde fallenden Meteorsteines betrachtet, weil es sich in diesem Falle um sehr große Geschwindigkeiten handelt. Zugleich wird aber dann auch der Luftwiderstand so groß, daß die vorher für die Fallbewegung ohne Luftwiderstand abgeleiteten Formeln keine Anwendung finden können.

Auch an einem schnell umlaufenden Schwungrade wirkt wegen der Erddrehung ein freilich bei den praktisch vorkommenden Geschwindigkeiten nur sehr geringfügiges Kräftepaar der „zweiten Zusatzkräfte", das leicht berechnet werden kann. Es kann übrigens auch nach den in § 37 gegebenen Anleitungen sofort ermittelt werden, denn das Schwungrad wird von der Erde bei ihrer Bewegung im absoluten Raume genau ebenso mitgenommen wie der dort betrachtete Schwungring, der auf einer Lokomotive gelagert sein sollte.

Aus der dynamischen Grundgleichung kann man alle übrigen Sätze der Mechanik ableiten, soweit sie nicht an und für sich für jeden Aufstellungsort des Beobachters gültig sind. Sobald wir daher durch Einführung der Zusatzkräfte Sorge dafür tragen, daß die dynamische Grundgleichung auch für die Bewegungen relativ zur Erde erfüllt bleibt, können wir auch alle daraus abgeleiteten Folgerungen ohne weiteren Beweis anwenden, d. h. die Gültigkeit der zunächst auf den absoluten Raum bezogenen Lehren der Mechanik wird damit auch für den auf der Erde fußenden Beobachter gerettet.

Schließlich bemerke ich noch, daß man im 6. Bande dieses Werkes eine weitere ausführliche Besprechung der Relativbewegung finden kann.

Aufgaben.

44. Aufgabe. Auf einer Scheibe S (Abb. 86), die sich mit gleichförmiger Winkelgeschwindigkeit u um die durch den Scheibenmittelpunkt O senkrecht zur Scheibenebene gehende Achse dreht, ist eine Führungsstange A B befestigt, längs deren sich ein als materieller Punkt vom Gewichte Q aufzufassender Körper reibungsfrei zu verschieben vermag. Der Körper Q ist an einer Feder befestigt, die ihn bei einem Ausschlage x mit einer elastischen Kraft von der Größe cx nach der Stangenmitte C zurückzieht. Wenn der Körper durch einen Anstoß aus der Gleichgewichtslage C gekommen ist, führt er Schwingungen relativ zur rotierenden Scheibe aus. Man soll die Zusatzkräfte der Relativbewegung angeben, die Differentialgleichung der Schwingungsbewegung aufstellen und die Schwingungsdauer berechnen. Unter welcher Größe muß die Winkelgeschwindigkeit u liegen, wenn solche Schwingungen überhaupt möglich sein sollen?

Lösung. Die erste Ergänzungskraft ist wieder eine Zentrifugalkraft von der Größe

$$\frac{Q}{g}u^2 r,$$

wenn mit $r = \sqrt{a^2 + x^2}$ der augenblickliche Abstand des Körpers Q von O bezeichnet wird. Die zweite Zusatzkraft steht senkrecht zur Führungsstange AB, hat die Größe

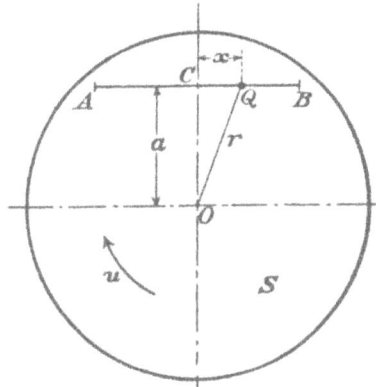

Abb. 86.

$$2\frac{Q}{g}u\frac{dx}{dt}$$

und hat bei einem positiven $\frac{dx}{dt}$ einen nach außen gekehrten Pfeil, falls sich die Scheibe, wie in Abb. 86 angenommen ist, im Uhrzeigersinne dreht.

Bei Körpern, die sich längs Führungen reibungsfrei bewegen, hat die zweite Ergänzungskraft keinen Einfluß auf den Bewegungsvorgang, da sie stets senkrecht zur Geschwindigkeit und daher zur Führung steht und von der Führungsstange aufgenommen wird. Das gilt wenigstens so lange, als die Rückwirkung des Führungsdrucks auf die Fahrzeugbewegung vernachlässigt werden kann, jedenfalls also hier, wo ausdrücklich vorausgesetzt wurde, daß sich die Scheibe mit gleichförmiger Geschwindigkeit bewege.

Aus demselben Grunde kommt auch von der ersten Zusatzkraft nur die in die Richtung der Führungsstange fallende Komponente zur Geltung. Diese hat die Größe

$$\frac{Q}{g} u^2 x$$

und ist mit x gleichgerichtet. Die Schwingungsbewegung erfolgt nun unter dem Einflusse dieser Kraft und der tatsächlich vorhandenen Kraft, nämlich dem Federzuge cx, der entgegengesetzt gerichtet ist. Überwiegt der Federzug, so lassen sich beide Kräfte zu einer Resultierenden

$$x \left(c - \frac{Q}{g} u^2 \right)$$

zusammensetzen, die auf die Gleichgewichtslage C hingerichtet ist. Die Differentialgleichung der Schwingungsbewegung lautet daher, wenn die Masse von Q mit m bezeichnet wird,

$$m \frac{d^2 x}{d t^2} = - (c - m u^2) x.$$

Sie unterscheidet sich von der Differentialgleichung (16) für die einfache harmonische Schwingung nur dadurch, daß an die Stelle des die Feldstärke der elastischen Kraft bezeichnenden Faktors c jetzt der in der Klammer enthaltene Ausdruck getreten ist. Hiernach kann die Schwingungsdauer sofort nach Gl. (20) angegeben werden, nämlich

$$T = 2 \pi \sqrt{\frac{m}{c - m u^2}}.$$

Für $c = m u^2$ wird T unendlich groß und für größere Werte von u imaginär. Das weist darauf hin, daß nur bis zu dieser Grenze hin Schwingungen möglich sind. Wenn die Scheibe schneller rotiert, geht Q bis zum Ende der Führungsstange und bleibt dort stehen. Die Gleichgewichtslage in C entspricht dann einem labilen Gleichgewichte.

Bei diesem Beispiele ist, im Gegensatze zu dem in der vorigen Aufgabe behandelten, die Lehre von der Relativbewegung von großem Nutzen für die Lösung der Aufgabe und durch eine andere Betrachtung in der Tat nur in sehr schwerfälliger Weise zu ersetzen.

45. Aufgabe. Wie gestaltet sich die Lösung der vorigen Aufgabe, wenn die Bewegung längs der Führungsstange nicht reibungsfrei, sondern einer Reibung unterworfen ist, die dem Normaldrucke zwischen Q und der Führungsstange proportional gesetzt werden kann?

Lösung. Wir betrachten die Bewegung zunächst während der Zeit, in der $\frac{dx}{dt}$ positiv ist, also vom linken Umkehrpunkte bis zum rechten hin. Der Normaldruck zwischen Q und der Führungsstange ist dann gleich der Summe aus der Normalkomponente der Zentrifugalkraft und der Corioliskraft, wie man die zweite Zusatzkraft zur Abkürzung oft nennt. Er ist also gleich

$$m u^2 a + 2 m u \frac{d x}{d t}.$$

Bezeichnet man den Reibungskoeffizienten mit μ und beachtet man, daß die Reibung in jedem Falle der Bewegung entgegengesetzt gerichtet ist, hier also eine Beschleunigung im Sinne der negativen x hervorbringt, so erhält man als Differentialgleichung für diesen Teil des Schwingungsvorgangs

$$m \frac{d^2 x}{d t^2} = - (c - m u^2) x - \mu m u \left(u a + 2 \frac{d x}{d t} \right).$$

Diese Gleichung stimmt der Form nach mit der Differentialgleichung einer auf den absoluten Raum bezogenen Schwingung überein, an der eine der Geschwindigkeit $\frac{d x}{d t}$ proportionale Dämpfung und außerdem noch eine Dämpfung durch gewöhnliche Reibung auftritt. Ihre Lösung ergibt sich daher aus der Verbindung der in § 6 und § 7 gesondert betrachteten Lösungen. Insbesondere folgt daraus, daß die Schwingungsdauer der einfachen Schwingung, während deren $\frac{d x}{d t}$ positiv ist, unabhängig von dem konstanten Gliede auf der rechten Seite der Differentialgleichung ist Diese Schwingungszeit T_1 kann daher aus Gl. (32) S. 40 unmittelbar entnommen werden, indem man die Hälfte davon nimmt, da es sich jetzt nur um eine einfache Schwingung handelt, und außerdem c durch $c - m u^2$ und k durch $2 m \mu u$ ersetzt. Hiermit findet man

$$T_1 = \frac{2 \pi m}{\sqrt{4 m (c - m u^2) - 4 m^2 \mu^2 u^2}}.$$

Bei der Bewegung im entgegengesetzten Sinne, also bei negativem $\frac{d x}{d t}$, sind die Normalkomponenten der Zentrifugalkraft und die Corioliskraft von einander entgegengesetzter Richtung. Ihre Resultierende wird aber auch dann noch durch den Ausdruck

$$m u^2 a + 2 m u \frac{d x}{d t},$$

bei dem nun das zweite Glied einen negativen Wert erlangt, richtig angegeben. Dabei sind aber zwei Fälle zu unterscheiden, je nachdem die Geschwindigkeit $\frac{d x}{d t}$ während des Verlaufs des Schwingungsvorgangs immer so klein bleibt, daß der vorstehende Ausdruck stets

positiv bleibt, oder ob er einen Vorzeichenwechsel erfährt. Im letzten
Falle muß man den ganzen Schwingungsweg in drei Teile zerlegen,
so daß für den mittleren Teil eine andere Differentialgleichung gilt
als für die beiden äußeren.

Wir wollen uns jetzt damit begnügen, die Betrachtung für den
Fall weiterzuführen, daß der Absolutbetrag von $\dfrac{dx}{dt}$ kleiner bleibt
als $\dfrac{ua}{2}$. Dann lautet die Differentialgleichung für den ganzen Schwingungsweg

$$m\frac{d^2x}{dt^2} = -(c - mu^2)x + \mu mu\left(ua + 2\frac{dx}{dt}\right),$$

da die Reibung stets im Sinne der positiven x gerichtet ist. Auch die
Lösung dieser Gleichung kann in derselben Weise gefunden werden
wie die der vorigen. Dabei zeigt sich, daß die Schwingungszeit T_2
für das einmalige Durchlaufen der ganzen Schwingungsbahn ebenso
groß wird wie vorher T_1 bei der Bewegung im positiven Sinne. Der
Grund dafür liegt darin, daß in der Formel (32) für die Schwingungsdauer der gedämpften Schwingung der Dämpfungsfaktor k nur im
Quadrat vorkommt, und daß es daher für das Schlußergebnis nichts
ausmacht, wenn der Faktor von $\dfrac{dx}{dt}$ in der Differentialgleichung einen
Vorzeichenwechsel erfährt. Für die Dauer T einer vollen Schwingung
findet man damit

$$T = 2T_1 = \frac{2\pi}{\sqrt{\dfrac{c}{m} - u^2(1 + \mu^2)}}.$$

In bezug auf die Dämpfung unterscheiden sich dagegen die beiden
Halbschwingungen, die im positiven oder negativen Sinne erfolgen,
erheblich voneinander. Aus den Lösungen der Differentialgleichungen
für beide Fälle läßt sich dies erkennen; von der vollständigen Durchrechnung soll aber hier abgesehen werden.

Sechster Abschnitt.

Hydrodynamik.[1])

(Bearbeitet von A. Busemann, Braunschweig.)

§ 50. Die Darstellungsmittel der Hydrodynamik.

Die Hydrodynamik ist dem Wesen nach eine Anwendung der Dynamik des Punkthaufens, es treten aber noch einige Überlegungen über gleichmäßig verteilte Massen hinzu, die etwas an die Elastizitätslehre erinnern. Soweit die Hydrodynamik im ersten Bande entwickelt ist, eignet sie sich für solche Fälle, in denen der Verlauf der Strömung im großen und ganzen durch die Wände vorgeschrieben ist, also für die Strömung in Rohren, Mündungen, Gerinnen usw. Sobald man aber etwa danach fragt, wie eine Strömung um einen Flugzeugtragflügel verläuft, kann man mit den dortigen Entwicklungen genau so wenig auskommen wie etwa mit der niederen Festigkeitslehre bei der Bestimmung der Spannungen am Rande eines Loches in einem Zugstab. Hier muß man die gleichen Überlegungen, die sonst für die ganze Strömung ausreichen, in etwas erweiterter Form auf ein kleines Element der Strömung anwenden, und man muß es dann der Mathematik überlassen, eine solche Gesamtlösung zu finden, bei der in jedem einzelnen Element die Gesetze der Dynamik erfüllt sind.

Bleiben wir gleich bei dem Vergleich mit der Elastizitätslehre, um ihre Darstellungsmittel für die Anwendbarkeit auf die Hydrodynamik zu prüfen. Auf den elastischen Körpern kann man ein Koordinatensystem aufzeichnen oder aufritzen und

---

1) Die klein gedruckten Absätze sollen im Anfang ausgelassen werden und erst bei genügender Vertrautheit mit dem Stoff als Ergänzung hinzukommen.

nach der Verformung feststellen, wohin jeder einzelne Punkt dieses an den Körper gebundenen Koordinatensystems im Vergleich zu seinem ursprünglichen Ort gekommen ist. Ein Punkt in einer Flüssigkeit läßt sich ebenfalls kennzeichnen, indem man ein Flüssigkeitsteilchen durch einen gleich schweren kleinen Fremdkörper ersetzt (Farbe in Flüssigkeiten, Aluminiumpulver auf der Oberfläche oder im Innern von Wasser, Rauch in Gasen usw.). Die von dem großen Mathematiker des 18./19. Jahrh. Lagrange ausgebaute Darstellungsart der Strömung ordnet nun wirklich ein derartiges flüssigkeitgebundenes Koordinatensystem zu jeder Zeit einem raumfesten Koordinatensystem zu, die beide zur Zeit $t = t_0$ identisch gewesen sind. Es ist aber durchaus nicht immer wichtig zu wissen, wie sich die Flüssigkeit bei der Strömung verformt und wohin jedes einzelne einmal gekennzeichnete Teilchen mit der Zeit gelangt. In einem besonders wichtigen Fall, der sogenannten „stationären" Strömung, bei der die Geschwindigkeiten an allen Punkten des Raumes dauernd dieselben bleiben, erkennt man leicht, daß die Lagrangesche Darstellung der besonderen Einfachheit dieser Strömungsart nicht gerecht wird. Für die praktischen Anwendungen hat sich daher in den meisten Fällen eine andere Darstellungsart als zweckmäßig erwiesen, die diesen Fall der stationären Strömung zum Vorbild hat.

In der von Euler, dem Begründer der Hydrodynamik (18. Jahrh.), bevorzugten Darstellung der Strömung betrachtet man die gekennzeichneten Flüssigkeitselemente nur eine sehr kurze Zeit und stellt dadurch die Richtung und den Betrag der Strömungsgeschwindigkeit fest. Handelt es sich um eine stationäre Strömung, so ist damit schon alles bekannt, was sich auf die Bewegung (Kinematik) der Flüssigkeit bezieht; zur Ergänzung werden jedoch noch die Drücke p, die Dichten ϱ und die Temperaturen T der Strömung angegeben, die im stationären Fall auch nur einmal an jedem Ort zu messen sind. Die nichtstationäre Strömung wird der stationären dadurch angegliedert, daß man dieselben Größen zu jeder Zeit t wieder bestimmt. Die Theorie der Strömung, die Voraussagen über die meßbaren Größen gestatten soll, behandelt dementsprechend alle diese Größen als abhängig vom Orte x, y, z eines raumfesten Koordinatensystems und von der Zeit t. Der Geschwindigkeitsvektor $\mathfrak{v}$ mit den Komponenten u, v, w in den Richtungen der Achsen, die Größen p, ϱ und T werden demnach als Funktionen von x, y, z und t geschrieben:

$$u = \varphi_1(x, y, z, t), \quad v = \varphi_2(x, y, z, t), \quad w = \varphi_3(x, y, z, t),$$
$$p = \varphi_4(x, y, z, t), \quad \varrho = \varphi_5(x, y, z, t), \quad T = \varphi_6(x, y, z, t). \tag{223}$$

Für volumenbeständige Flüssigkeiten und solche Strömungen in Gasen, bei denen das Volumen jedes Gasteilchens sich nur unwesentlich ändert, und das ist wegen der entsprechend geringeren Druckunterschiede in Gasströmungen fast immer der Fall, ist die Dichte ϱ, die Masse der Volumeneinheit, konstant. Auf diesen Fall werden die nachfolgenden Ausführungen fast durchweg beschränkt sein. Doch werden an einigen Stellen die Verallgemeinerungen auf den Fall der zusammendrückbaren Flüssigkeit angedeutet, wobei dann die 5. und wegen der Temperaturabhängigkeit der Dichte auch die 6. obiger Funktionen benutzt werden.

§ 51. Die Kinematik der Strömung.

In der Eulerschen Darstellung der Strömung wird es manchmal nötig sein, ein und dasselbe Flüssigkeitsteilchen noch etwas länger zu verfolgen als nur bis zum Nachbarort, und dabei werden die von einem Flüssigkeitsteilchen selbst erlebten Änderungen verschiedener physikalischer Größen von Interesse sein. Nachdem die Darstellungsweise aller Größen schon auf eine einheitliche Form (Gl. (223)) gebracht ist, wird man zweckmäßig diese stets wiederkehrenden Überlegungen einmal gründlich vornehmen und sie dann ebenfalls einheitlich anwenden, zumal der sich ergebende Ausdruck etwas umständlich ist.

Hängt eine Größe von den vier Variablen x, y, z und t ab, so gibt die partielle Ableitung dieser Größe nach x den Zuwachs der Größe an, den man feststellt, wenn man einen Ort betrachtet, der in der Richtung x verschoben liegt unter Beibehaltung der

Koordinaten y und z sowie der Zeit t. Die allgemeine Änderung einer Größe $\varphi(x, y, z, t)$, die man feststellt, wenn man zu einer um dt veränderten Zeit den um dx, dy und dz verschobenen Raumpunkt betrachtet, stellt dagegen das „totale" Differential dar:

$$d\varphi(x, y, z, t) = \frac{\partial \varphi}{\partial x} \cdot dx + \frac{\partial \varphi}{\partial y} \cdot dy + \frac{\partial \varphi}{\partial z} \cdot dz + \frac{\partial \varphi}{\partial t} \cdot dt. \quad (224)$$

Dieser Zuwachs bei beliebiger Veränderung des betrachteten Punktes soll jetzt für den Fall ausgedrückt werden, daß es sich gerade um die bestimmte Veränderung des Ortes und der Zeit handelt, die das betreffende Flüssigkeitsteilchen selbst durchläuft, das sich an der betrachteten Stelle befindet. Die an dieser „Substanz" vorgenommenen Änderungen wollen wir mit Prandtl zur sicheren Kennzeichnung durch Dx, Dy, Dz und Dt bezeichnen, dann ist die von der Substanz erlebte Veränderung, das „substantielle Differential":

$$D\varphi(x, y, z, t) = \frac{\partial \varphi}{\partial x} \cdot Dx + \frac{\partial \varphi}{\partial y} \cdot Dy + \frac{\partial \varphi}{\partial z} \cdot Dz + \frac{\partial \varphi}{\partial t} \cdot Dt.$$

Die Zeit Dt, um die die Substanz bei der Verschiebung älter geworden ist, stimmt aber genau mit der Zeit dt überein, die ein Beobachter im raumfesten Koordinatensystem für diese Verschiebung feststellen würde (wenigstens nach der klassischen Physik). Die auf die Zeiteinheit bezogene Veränderung der Größe φ für ein bestimmtes Teilchen der Flüssigkeit ist daher sowohl für dieses selbst als auch für einen Beobachter außerhalb gleich dem substantiellen Zuwachs $D\varphi$ dividiert durch die verstrichene Zeit $Dt = dt$. Die Geschwindigkeitskomponenten u, v und w stellen außerdem nach ihrer Definition gerade die auf die Zeiteinheit bezogenen Koordinatenänderungen eines bestimmten gekennzeichneten Flüssigkeitsteilchens dar, so daß gilt

$$u = \frac{Dx}{dt}, \quad v = \frac{Dy}{dt}, \quad w = \frac{Dz}{dt}, \quad \frac{Dt}{dt} = 1. \quad (225)$$

Unter Benutzung dieser Beziehung erhält man dann die vom Teilchen selbst in der Zeiteinheit erlebte Änderung der Größe φ, den „substantiellen Differentialquotienten" von φ:

$$\frac{D}{dt}\varphi(x, y, z, t) = \frac{\partial \varphi}{\partial x} \cdot u + \frac{\partial \varphi}{\partial y} \cdot v + \frac{\partial \varphi}{\partial z} \cdot w + \frac{\partial \varphi}{\partial t}. \quad (226)$$

Der substantielle Differentialquotient besteht, wie man sieht, aus dem „lokalen" Differentialquotienten $\frac{\partial \varphi}{\partial t}$, der auch für ein nicht bewegtes Teilchen mit $u = v = w = 0$ vorhanden sein kann, und dem „konvektiven" Differentialquotienten, bestehend aus den drei ersten Summanden der rechten Seite, den das Teilchen wegen seiner Ortsveränderung zusätzlich erfährt und der in einer stationären Strömung ohne lokale Änderungen allein übrig bleibt. Es ist praktisch, den substantiellen Differentialquotienten einfach als einen Operator aufzufassen, der auf jede beliebige von x, y, z und t abhängende Größe angewandt werden kann:

$$\frac{D}{dt} \cdots = \left(u \cdot \frac{\partial}{\partial x} + v \cdot \frac{\partial}{\partial y} + w \cdot \frac{\partial}{\partial z} + \frac{\partial}{\partial t} \right) \cdots \qquad (227)$$

Benutzt man auch hier den in Gl. (14) eingeführten symbolischen Vektor ∇ (sprich „Nabla", auch „Del" oder auch „Atled", Delta von hinten gelesen) mit den Komponenten

$$\nabla_x = \frac{\partial}{\partial x}, \quad \nabla_y = \frac{\partial}{\partial y}, \quad \nabla_z = \frac{\partial}{\partial z}, \qquad (228)$$

so stellen die drei ersten Glieder der rechten Seite das innere Produkt der Geschwindigkeit $\mathfrak{v}$ und Nabla dar, wobei Nabla aber nicht auf die Geschwindigkeit sondern auf den Ausdruck hinter der Klammer anzuwenden ist. Man schreibt daher in Vektorform

$$\frac{D}{dt} \cdots = \left((\mathfrak{v} \cdot \nabla) + \frac{\partial}{\partial t} \right) \cdots \qquad (229)$$

Die einfachste 'Größe, die von x, y, z und t abhängt, ist eine Koordinate selbst, beispielsweise x. Wendet man nun ohne jede Überlegung die substantielle Differentiation auf x an, wobei nur die partielle Ableitung nach x existiert und den Wert 1 hat, so ergibt sich

$$\frac{D}{dt} x = u,$$

eine Gleichung, von der wir nur die Richtigkeit feststellen wollen, weil sie bei der Ableitung bereits benutzt wurde. Aber schon der zweite substantielle Differentialquotient der Koordinate x gibt eine für die Dynamik wichtige Größe, nämlich diejenige Beschleunigung, die ein Massenteilchen selbst erleidet:

$$\frac{D^2}{dt^2}\, x = \frac{D}{dt}\, u = u \cdot \frac{\partial u}{\partial x} + v \cdot \frac{\partial u}{\partial y} + w \cdot \frac{\partial u}{\partial z} + \frac{\partial u}{\partial t},$$

$$\frac{D^2}{dt^2}\, y = \frac{D}{dt}\, v = u \cdot \frac{\partial v}{\partial x} + v \cdot \frac{\partial v}{\partial y} + w \cdot \frac{\partial v}{\partial z} + \frac{\partial v}{\partial t}, \quad (230)$$

$$\frac{D^2}{dt^2}\, z = \frac{D}{dt}\, w = u \cdot \frac{\partial w}{\partial x} + v \cdot \frac{\partial w}{\partial y} + w \cdot \frac{\partial w}{\partial z} + \frac{\partial w}{\partial t}.$$

Hiermit ist die Anwendung auf die Koordinaten eines Massenteilchens bereits erschöpft, weil höhere Ableitungen in der Dynamik nicht gebraucht werden.

In der Kinematik der Strömung stellt man aber z. B. die Frage nach der Veränderung einer durch zwei flüssigkeitsfeste Punkte bezeichneten Strecke, einer sogenannten „flüssigen" Strecke. Die Komponenten einer derartigen Strecke, die die Punkte P_1 und P_2 verbindet, seien $x_{12} = x_2 - x_1$, $y_{12} = y_2 - y_1$ und $z_{12} = z_2 - z_1$. Da die rechten Seiten dieser Komponenten bereits als Funktionen von x, y, z und t geschrieben sind, findet man ohne besondere Überlegung

$$\frac{D}{dt}\, x_{12} = \frac{D}{dt}\, x_2 - \frac{D}{dt}\, x_1 = u_2 - u_1,$$

$$\frac{D}{dt}\, y_{12} = \frac{D}{dt}\, y_2 - \frac{D}{dt}\, y_1 = v_2 - v_1, \quad (231)$$

$$\frac{D}{dt}\, z_{12} = \frac{D}{dt}\, z_2 - \frac{D}{dt}\, z_1 = w_2 - w_1.$$

Von besonderer Wichtigkeit sind infinitesimale flüssige Strecken, sogenannte flüssige Linienelemente, deren Veränderungen auch durch obige Gleichungen gegeben sind, wenn nämlich die Punkte P_1 und P_2 nahe zusammenrücken, so daß x_{12} gleich dx wird usw.:

$$\frac{D}{dt}\, dx = du = d\frac{D}{dt}\, x = \frac{\partial u}{\partial x} \cdot dx + \frac{\partial u}{\partial y} \cdot dy + \frac{\partial u}{\partial z} \cdot dz,$$

$$\frac{D}{dt}\, dy = dv = d\frac{D}{dt}\, y = \frac{\partial v}{\partial x} \cdot dx + \frac{\partial v}{\partial y} \cdot dy + \frac{\partial v}{\partial z} \cdot dz, \quad (232)$$

$$\frac{D}{dt}\, dz = dw = d\frac{D}{dt}\, z = \frac{\partial w}{\partial x} \cdot dx + \frac{\partial w}{\partial y} \cdot dy + \frac{\partial w}{\partial z} \cdot dz.$$

Die erste Umformung zeigt dabei die Vertauschbarkeit der Reihenfolge der beiden Differentiationen, die aber streng an die Bedeutung geknüpft ist, daß es sich um Differentiale eines flüssigen Linienelementes handelt. Die zweite Umformung bestimmt du, dv und dw aus den Komponenten dx, dy, dz des Linienelementes.

Um die Bedeutung der Veränderungen zu erkennen, legen wir einfachheithalber ein flüssiges Linienelement in die Richtung x, so daß im Anfang $dy = dz = 0$ gilt (Abb. 87). Der Zuwachs der Koordinatendifferenz seiner Endpunkte in der Richtung x bedeutet dann eine Verlängerung des Linienelementes. Die durch die ursprüngliche

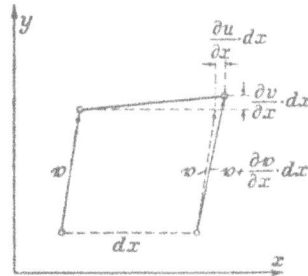

Abb. 87. Bewegung eines flüssigen Linienelementes.

Länge dx dividierte Verlängerung nennt man die Dehnung. Man findet daher in der Strömung eine Dehnung in der Zeiteinheit vom Betrage

$$\varepsilon_x = \frac{1}{dx} \cdot \frac{D}{dt} dx = \frac{\partial u}{\partial x}. \tag{233}$$

Die Koordinatendifferenz der Endpunkte der Strecke dx in der Richtung y bedeutet eine Drehung der Linie im Rechtsschraubensinn um die z-Achse. Die Winkelgeschwindigkeit dieser Drehung berechnet sich aus der Koordinatenänderung in der Zeiteinheit dividiert durch die ursprüngliche Länge dx der Linie:

$$\omega_{xy} = \frac{1}{dx} \cdot \frac{D}{dt} dy = \frac{\partial v}{\partial x}. \tag{234}$$

Die entsprechende Drehung um die y-Achse durch Zuwachs der z-Komponente des Linienelementes ergibt sich auf dieselbe Weise, doch findet man das negative Vorzeichen, wenn man wieder die Rechtsschraubung mit dem positiven. Vorzeichen bezeichnen will:

$$\omega_{xz} = -\frac{1}{dx} \cdot \frac{D}{dt} dz = -\frac{\partial w}{\partial x}. \tag{235}$$

Aus der Kinematik würde man folgern können, daß die Volumenbeständigkeit der Strömung dadurch gekennzeichnet ist, daß die Summe der drei Dehnungen in den Richtungen der Achsen verschwindet:

$$\varepsilon_x + \varepsilon_y + \varepsilon_z = \frac{\partial u}{\partial x} + \frac{\partial v}{\partial y} + \frac{\partial w}{\partial z} = 0.$$

Doch wird diese Bedingung im nächsten Abschnitt auf andere Weise abgeleitet werden.

§ 52. Die hydrodynamischen Gleichungen von Euler.

Bisher wurden die Geschwindigkeitsverteilungen untersucht ohne Rücksicht darauf, welchen einschränkenden Bedingungen sie bei den beobachtbaren Strömungen unterworfen sind. Wenn die Flüssigkeit als unzusammendrückbar anzusehen ist, muß die Strömung jedenfalls immer in solcher Weise erfolgen, daß aus einem gegebenen Teile des festen Raumes, der ganz im Innern der Flüssigkeit liegt, zu jeder Zeit ebensoviel ausströmt wie durch andere Teile der Oberfläche einströmt. Diese Bedingung ist eine rein kinematische und wird als Kontinuitätsbedingung bezeichnet.

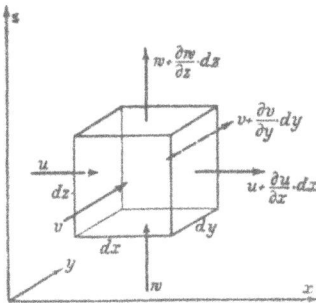

Abb. 88. Ein- und Ausströmung am Raumelement.

Zur Ableitung der Kontinuitätsgleichung in der Eulerschen Form betrachte man das in Abb. 88 gezeichnete Raumelement mit den Kantenlängen dx, dy, dz. Wir fragen uns zunächst, wieviel Wasser, auf die Zeiteinheit bezogen, im Augenblicke durch das linke Rechteck von der Fläche $dy\,dz$ einströmt. Die Geschwindigkeit $\mathfrak{v}$ sei in ihre Komponenten u, v, w zerlegt. Die Komponenten v und w tragen hier zur Einströmung nichts bei, es kommt bei dem in Frage stehenden Rechteck nur auf die Normalkomponente u an. Wenn diese positiv ist, also im Sinne der positiven x-Achse geht, findet Einströmung statt, die während der Zeiteinheit dem Parallelepiped das Wasservolumen $u \cdot dy \cdot dz$ zuführt. Gleichzeitig strömt durch die gegenüberliegende Seitenfläche eine Wassermenge aus, die ebenso groß wäre wie die zugeführte, wenn sich u mit x nicht änderte. Im allgemeinen ändert sich aber u um das Differential $\frac{\partial u}{\partial x} \cdot dx$, wenn man um dx weitergeht. Wenn man beide Flächen zusammenfaßt, hat man einen Überschuß der Ausströmung über die Einströmung vom Betrage

$$\frac{\partial u}{\partial x} \cdot dx \cdot dy\,dz.$$

In gleicher Weise kann man auch eine Zusammenfassung für
die beiden zur y-Achse senkrecht stehenden Seitenflächen sowie
für die beiden zur z-Achse senkrecht stehenden Seitenflächen
vornehmen; man erhält hier als Überschuß der Ausströmung
über die Einströmung

$$\frac{\partial v}{\partial y} \cdot dy \cdot dx\,dz \quad \text{und} \quad \frac{\partial w}{\partial z} \cdot dz \cdot dx\,dy.$$

Im ganzen strömt daher auf die Zeiteinheit bezogen aus dem
Parallelepiped das Flüssigkeitsvolumen

$$\left(\frac{\partial u}{\partial x} + \frac{\partial v}{\partial y} + \frac{\partial w}{\partial z}\right) \cdot dx\,dy\,dz$$

mehr aus als ein. Wenn die Flüssigkeit als volumenbeständig
angesehen wird, kann jedoch nur ebensoviel ausströmen wie
einströmen, und man erkennt daraus, daß $\mathfrak{v}$ in diesem Falle
keine ganz willkürliche Funktion des Ortes sein kann, sondern
nur eine solche, die den soeben ermittelten Ausdruck zu Null
macht.

Es macht hier gar keine Schwierigkeit, die Betrachtung gleich
noch etwas allgemeiner zu fassen, und wir wollen daher die Voraussetzung der Volumenbeständigkeit für den Augenblick fallen lassen.
Dann kann während eines Zeitelementes in der Tat mehr Flüssigkeit aus dem Raumelemente ausströmen als einströmt, und zwar
geschieht dies auf Kosten des darin enthaltenen Vorrats an Flüssigkeit, die sich dabei ausdehnt. Die durch eine Seitenfläche des Raum-
elementes strömende Flüssigkeitsmenge wird, weil wir nun auf die
ein- und ausströmenden Massen achten müssen, aus deren Volumen
durch Multiplikation mit der Dichte ϱ gefunden. Hiernach erhält man
für die im ganzen während der Zeiteinheit aus dem Raumelemente
mehr ausströmende als einströmende Flüssigkeitsmasse den Wert

$$\left(\frac{\partial(\varrho\,u)}{\partial x} + \frac{\partial(\varrho\,v)}{\partial y} + \frac{\partial(\varrho\,w)}{\partial z}\right) \cdot dx\,dy\,dz.$$

Andererseits muß die Änderung, die der Flüssigkeitsvorrat $\varrho \cdot dx \cdot dy \cdot dz$
in dem Raumelemente erfährt, auch durch die Dichteabnahme in
der Zeiteinheit auszudrücken sein:

$$-\frac{\partial \varrho}{\partial t} \cdot dx\,dy\,dz.$$

Aus der Gleichheit beider Ausdrücke erhält man sofort die Kon‑
tinuitätsgleichung in der Form

$$\frac{\partial(\varrho u)}{\partial x} + \frac{\partial(\varrho v)}{\partial y} + \frac{\partial(\varrho w)}{\partial z} = -\frac{\partial \varrho}{\partial t}. \qquad (236)$$

Die volumenbeständige Flüssigkeit mit $\varrho = $ konst. besitzt
demnach eine rein kinematische Kontinuitätsbedingung:

$$\frac{\partial u}{\partial x} + \frac{\partial v}{\partial y} + \frac{\partial w}{\partial z} = 0. \qquad (237)$$

Die Summe dieser drei partiellen Differentialquotienten bestimmt
den Überschuß an austretender Flüssigkeit in der Zeiteinheit
bezogen auf die Volumeneinheit, das heißt aber eine Größe,
die sich in dem gleichen Betrage ergeben müßte, wenn man
die Koordinatenachsen in irgendeiner anderen Weise fest‑
gelegt hätte. Derartige von der besonderen Wahl des Koor‑
dinatensystems unabhängige Ausdrücke bezeichnet man all‑
gemein als „Invarianten", in unserem Falle bezeichnet man
diese Invariante als die „Quelldichte" oder die „Divergenz"
der Strömung. Mathematisch bzw. vektoranalytisch bestehen
folgende abkürzende Schreibweisen (sprich „Divergenz $\mathfrak{v}$"):

$$\frac{\partial u}{\partial x} + \frac{\partial v}{\partial y} + \frac{\partial w}{\partial z} = \text{div } \mathfrak{v} = (\nabla \cdot \mathfrak{v}). \qquad (238)$$

Neben der Volumenbeständigkeit muß die Flüssigkeits‑
strömung noch die Bedingung erfüllen, daß alle am einzelnen
Massenelement angreifenden Kräfte den Gesetzen der Dynamik
gehorchen. An äußeren Kräften wirkt auf die im Inneren der
Flüssigkeit liegenden Teile in der Regel nur die Erdschwere
ein; allgemein mögen aber die drei Komponenten aller auf
die Masseneinheit wirkenden äußeren Kräfte bei der Zerlegung
nach den Koordinatenachsen mit X, Y, Z bezeichnet werden
(sie haben die Dimension einer Beschleunigung, z. B. die Erd‑
beschleunigung). Außerdem wirkt auf jedes Massenteilchen noch
der Druck der ringsum angrenzenden Flüssigkeit. Man denke
sich wieder ein Parallelepiped wie in Abb. 88 aus der Flüssig‑
keit abgegrenzt. Wenn wir uns zunächst auf eine reibungslose
Flüssigkeit beschränken, steht der Druck auf jeder Seitenfläche

senkrecht zur Seitenfläche und geht durch deren Schwerpunkt, also auch durch den Mittelpunkt des Parallelepipeds. Die Resultierende der Druckkräfte auf allen Seitenflächen geht daher ebenfalls durch den Mittelpunkt des Parallelepipeds. Auch die äußere Kraft, also im gewöhnlich vorliegenden Fall das Gewicht, sowie die Trägheitskraft bei der Beschleunigung des Massenelementes gehen bei homogener Flüssigkeit durch diesen Mittelpunkt. Hieraus erkennt man schon, daß die Kräfte an dem in der angegebenen Weise abgegrenzten Wasserkörper keine Drehung, sondern nur eine Gestaltsänderung und eine Beschleunigung der Bewegung hervorzubringen suchen; auf diesen Punkt wird in der Folge noch zurückzukommen sein.

Wir wollen jetzt die in der Richtung der x-Achse gehende Komponente der Resultierenden aller an dem betrachteten Wasserkörper angreifenden Kräfte berechnen. Sie setzt sich zusammen aus der Komponente $X \cdot \varrho \cdot dx\,dy\,dz$ der äußeren Kraft und aus dem Unterschiede des Flüssigkeitsdruckes auf den beiden zur x-Achse senkrecht stehenden Seitenflächen. Der auf die Flächeneinheit bezogene Flüssigkeitsdruck sei p; falls p wächst, wenn man in der x-Richtung weitergeht, treibt der Drucküberschuß das Volumenelement gerade in der negativen x-Richtung an. Man erhält demnach für die x-Komponente der Resultierenden

$$X \cdot \varrho \cdot dx\,dy\,dz - \frac{\partial p}{\partial x} \cdot dx \cdot dy\,dz .$$

Diese Kraftkomponente bringt an der Masse $\varrho \cdot dx\,dy\,dz$ eine Beschleunigung parallel zur x-Achse hervor. Nach der dynamischen Grundgleichung hat man daher bei Weglassung des gemeinsamen Faktors $dx\,dy\,dz$ die Beziehung

$$\varrho \cdot \frac{D^2 x}{dt^2} = \varrho \cdot \frac{Du}{dt} = \varrho X - \frac{\partial p}{\partial x}$$

und für die beiden anderen Koordinatenrichtungen entsprechende Gleichungen. Setzt man noch die substantielle Beschleunigung nach Gl. (230) ein, so erhält man die Eulerschen Gleichungen

$$\varrho \cdot \frac{Du}{dt} = \varrho \cdot \left(u \cdot \frac{\partial u}{\partial x} + v \cdot \frac{\partial u}{\partial y} + w \cdot \frac{\partial u}{\partial z} + \frac{\partial u}{\partial t} \right)$$
$$= \varrho X - \frac{\partial p}{\partial x} = - \left(\varrho \cdot \frac{\partial V}{\partial x} + \frac{\partial p}{\partial x} \right),$$

$$\varrho \cdot \frac{Dv}{dt} = \varrho \cdot \left(u \cdot \frac{\partial v}{\partial x} + v \cdot \frac{\partial v}{\partial y} + w \cdot \frac{\partial v}{\partial z} + \frac{\partial v}{\partial t} \right)$$
$$= \varrho Y - \frac{\partial p}{\partial y} = - \left(\varrho \cdot \frac{\partial V}{\partial y} + \frac{\partial p}{\partial y} \right), \quad (239)$$

$$\varrho \cdot \frac{Dw}{dt} = \varrho \cdot \left(u \cdot \frac{\partial w}{\partial x} + v \cdot \frac{\partial w}{\partial y} + w \cdot \frac{\partial w}{\partial z} + \frac{\partial w}{\partial t} \right)$$
$$= \varrho Z - \frac{\partial p}{\partial z} = - \left(\varrho \cdot \frac{\partial V}{\partial z} + \frac{\partial p}{\partial z} \right).$$

Die letzte Form, die der rechten Seite gegeben wurde, bezieht sich auf den Fall, daß die äußere Kraft X, Y, Z nach § 3 von einem Energiepotential V abgeleitet werden kann. Im allgemeinen erfüllt das äußere Kraftfeld diese Bedingung.

Bezeichnet man die äußere Kraft durch den Vektor $\mathfrak{P}$, so ergibt sich die Vektorschreibweise der Eulerschen Gleichung:

$$\varrho \cdot \frac{D\mathfrak{v}}{dt} = \varrho \cdot \left((\mathfrak{v} \cdot \nabla)\mathfrak{v} + \frac{\partial \mathfrak{v}}{dt} \right) = \varrho \cdot \mathfrak{P} - \nabla p$$
$$= - (\varrho \cdot \nabla V + \nabla p). \quad (240)$$

§ 53. Wirbelbewegung.

Bei der Ableitung der Eulerschen Gleichungen ist besonders darauf hingewiesen, daß in der reibungslosen homogenen Strömung keine Drehbeschleunigungen auftreten. Es ist jedoch noch in keiner Weise festgelegt, was unter der Drehung einer Flüssigkeit zu verstehen ist. Sicher ist jedoch, daß der Begriff der Drehung ein rein kinematischer ist. Man könnte daher so vorgehen, daß man rückwärts aus den Eulerschen Gleichungen eine rein kinematische Aussage herausliest und diese als Drehung zu deuten sucht. Dies ist nur möglich durch Beseitigung der Glieder mit V und p.

Der gewöhnliche Weg, aus einer Differentialgleichung von obiger Form die Größe p herauszuschaffen, ist der, daß man die zweite Ableitung $\frac{\partial^2 p}{\partial x \partial y}$ einerseits durch Differentiieren der

ersten Gleichung nach y und andererseits durch Differentiieren
der zweiten Gleichung nach x ermittelt und daß man dann
die beiden Ausdrücke einander gleichsetzt. Dieser Weg, der zu
den berühmten Helmholtzschen Wirbelsätzen geführt hat,
setzt voraus, daß sämtliche Glieder noch einmal differentiiert
werden können. In wichtigen reibungslosen Störungen können
aber Unstetigkeiten auftreten, so daß die Helmholtzschen
Wirbelsätze zu Trugschlüssen führen, wenn man sie als allgemein gültig ansieht. Man muß daher einen anderen Weg
einschlagen, den W. Thomson (Lord Kelvin) gewiesen hat.
Die drei Eulerschen Komponentengleichungen gestatten für
einen Augenblick $t =$ konst. das totale Differential des Druckes p
für den ganzen Raum zu bilden. Hierzu ist es nur nötig, die
Gleichungen der Reihe nach mit dx, dy und dz zu multiplizieren und zu addieren. Ist die Dichte ϱ konstant, also die
Flüssigkeit homogen, so erhält man gleich die ganze rechte
Seite in der Form eines totalen Differentials im Raume. Dividiert man noch durch ϱ, so erhält man

$$- d\left(\mathbf{V} + \frac{p}{\varrho}\right) = \frac{Du}{dt} \cdot dx + \frac{Dv}{dt} \cdot dy + \frac{Dw}{dt} \cdot dz. \quad (241)$$

Integriert man diese Gleichung von einem Punkte P_1 im
Raume bis zu einem Punkte P_2, so hat man auf der linken
Seite nur die Potentialdifferenzen $\mathbf{V}_2 - \mathbf{V}_1$ und die Druckdifferenzen $p_2 - p_1$ zu ermitteln, während man auf der rechten
Seite anscheinend erst eine Verbindungslinie von P_1 nach P_2
ziehen müßte, durch die erst die Komponenten dx, dy, dz der
einzelnen Linienelemente bestimmt würden, mit denen sich das
Integral nach obiger Vorschrift auswerten läßt. Natürlich kann
obige Gleichung nur dann bestehen, wenn es für die Auswertung des Integrales auf der rechten Seite gleichgültig ist,
welchen Linienzug man zwischen den Punkten wählt. Läßt
man nun P_1 und P_2 auch noch zusammenfallen, so verschwindet
die linke Seite stets. Auf der rechten Seite ist es aber immer
noch erlaubt, einen von P_1 ausgehenden und in P_1 endenden
Linienzug beliebig zu wählen und auf ihm das Integral aus-
zuwerten. Bezeichnet man das Linienintegral auf einer solchen

geschlossenen Linie mit $\oint$, so folgt aus obiger Gleichung die kinematische Aussage

$$\oint \left(\frac{Du}{dt} \cdot dx + \frac{Dv}{dt} \cdot dy + \frac{Dw}{dt} \cdot dz \right) = 0.$$

In dieser Gleichung dürfen wir die Aussage vermuten, daß die Drehbewegung der Flüssigkeit erhalten bleibt. Dies würde deutlicher, wenn es möglich wäre, die Differentiation nach der Zeit $\frac{D}{dt}$ vor das Integral $\oint$ zu ziehen. Versuchen wir dies durch partielle Integration zu erreichen, so treten auch die substantiell nach der Zeit zu differen-tiierenden Komponenten des Linien-elementes dx, dy, dz auf, die vor-läufig in keiner Weise definiert sind, weil diese ganze Linie bisher nur zu einer Zeit $t =$ konst. existiert. Diese Festlegung wird aber dadurch nicht gestört, daß es sich von jetzt an um eine flüssige Linie handeln soll,

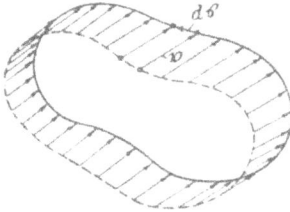

Abb. 89. Bewegung einer geschlossenen flüssigen Linie.

d. h. um eine Linie, die dauernd aus denselben Flüssigkeits-teilchen bestehen soll (Abb. 89). Dadurch bekommt die sub-stantielle Differentiation eine ganz bestimmte Bedeutung, und wir dürfen jetzt nach Gl. (232) die Reihenfolge der Differentiale bei x, y und z vertauschen. Man findet so für das erste Glied

$$\frac{Du}{dt} \cdot dx = \frac{D}{dt}(u \cdot dx) - u \cdot \frac{D}{dt} dx = \frac{D}{dt}(u \cdot dx) - u \cdot d\left(\frac{D}{dt} x \right)$$
$$= \frac{D}{dt}(u \cdot dx) - u \cdot du = \frac{D}{dt}(u \cdot dx) - \frac{1}{2} d(u^2). \tag{242}$$

Berücksichtigt man hier, daß auch das totale Differential $\frac{1}{2} d(u^2)$ auf der geschlossenen Linie keinen Beitrag liefert, so ergibt die Umformung aller drei Glieder

$$\oint \frac{D}{dt}(u \cdot dx + v \cdot dy + w \cdot dz)$$
$$= \frac{D}{dt}(\oint(u \cdot dx + v \cdot dy + w \cdot dz)) = 0. \tag{243}$$

Bevor wir den durch diese Gleichung dargestellten Thomson-

schen Wirbelsatz selber genauer untersuchen, wollen wir immer
noch erst unser Augenmerk auf das Maß für die Drehbewegung
der Flüssigkeit richten, das in dem Linienintegral zu suchen
ist, für das wir die Bezeichnung Γ wählen:

$$\Gamma = \oint (u \cdot dx + v \cdot dy + w \cdot dz) = \oint (\mathfrak{v} \cdot d\mathfrak{s}) = \oint \mathfrak{v}_s \cdot ds. \quad (244)$$

Der Integrand dieses Integrales auf einer geschlossenen Linie
stellt das innere Produkt des Geschwindigkeitsvektors mit dem
Vektor des Linienelementes $d\mathfrak{s}$ dar, d. h. daß man die Länge
des Linienelementes ds überall mit der in die Richtung des
Linienelementes fallenden Komponente $\mathfrak{v}_s$ zu multiplizieren hat.
Da der Integrand also überall dort positiv ist, wo die Geschwindigkeit im Sinne des Umlaufs gerichtet ist, und überall
dort negativ, wo die Geschwindigkeit dem Umlauf der Linie
entgegensteht, wird der Wert des Integrales sicher dann positiv
ausfallen, wenn die Geschwindigkeit überwiegend mit dem
Umfahrungssinn der Linie übereinstimmt. Das Integral ist daher sicher ein Maß dafür, welchen Umlaufsinn der gewählten
Linie die Flüssigkeit bevorzugt. Man nennt Γ daher die „Zirkulation" oder auch die Wirbelstärke der Flüssigkeit.

Eine Eigenschaft, die die Zirkulation mit allen Umlaufs-
integralen gemeinsam hat, deren Integrand das Vorzeichen
mit dem Durchlaufungssinn der Linie
ändert, ist die, daß beim Aneinander-
fügen mehrerer Flächen, die von
derartigen geschlossenen Linien be-
randet sind, nur der äußere Rand
der gesamten Fläche als Summe
der einzelnen Umlaufsintegrale auftritt (Abb. 90). Dabei darf die Fläche
gewölbt sein, nur müssen die Um-
fahrungen aller Flächenelemente
gleichsinnig sein, so daß die inneren
Grenzen entgegengesetzt gleiche Be-

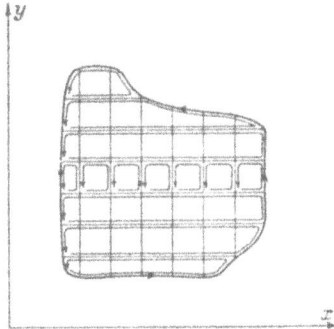

Abb. 90.
Addition von Umlaufintegralen.

träge liefern, die in der Summe herausfallen. Dies ist z. B.
immer der Fall, wenn die gesamte Fläche ein Stück der Ober-

fläche eines Volumens darstellt und alle Umläufe der aus dem Volumen heraus weisenden Normalen der Oberfläche im Rechtsschraubensinn zugeordnet werden.

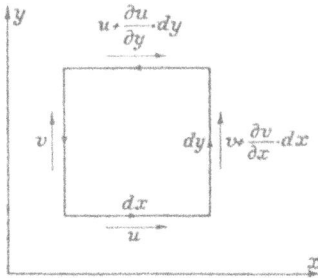

Abb. 91. Zirkulation auf dem Rande eines Flächenelementes.

Die Zirkulation ist demnach noch nicht die eigentliche Drehung der Flüssigkeit, denn bei gleichmäßiger Drehung nimmt ihr Wert proportional der umlaufenen Fläche zu. Die Drehung erhält man vielmehr erst, wenn man die Zirkulation $d\Gamma$ bei der Umlaufung einer infinitesimalen Fläche dF ermittelt und dann $d\Gamma/dF$ bildet.

Die Drehung um eine Achse parallel zur z-Achse ergibt sich daher aus der Zirkulation auf dem Umfang eines kleinen Rechtecks $dF = dx \cdot dy$ in der xy-Ebene. Von den vier Seiten des Rechteckes ergeben sich folgende Beiträge, wenn man jetzt ein stetiges Geschwindigkeitsfeld voraussetzt (Abb. 91):

$$d\Gamma = u \cdot dx + \left(v + \frac{\partial v}{\partial x} \cdot dx\right) \cdot dy - \left(u + \frac{\partial u}{\partial y} \cdot dy\right) \cdot dx - v \cdot dy,$$

$$d\Gamma = \left(\frac{\partial v}{\partial x} - \frac{\partial u}{\partial y}\right) \cdot dx\, dy. \tag{245}$$

Durch die Klammer auf der rechten Seite ist die Drehung um die z-Richtung dargestellt und man erkennt, daß sie gerade die Summe der Winkelgeschwindigkeiten einer flüssigen Strecke in der x-Richtung und einer flüssigen Strecke in der y-Richtung entsprechend Gl. (234) und (235) ist. Die Drehung eines starren Körpers würde demnach seine doppelte Winkelgeschwindigkeit sein.[1] Helmholtz hat zunächst auch der Anschaulichkeit wegen den halben Betrag obiger Klammer als Drehung bezeichnet, doch ist man später übereingekommen, den vollen Betrag als die Drehung

---

1) Die Drehung eines starren Körpers um die z-Achse mit der Winkelgeschwindigkeit ω liefert beispielsweise das Geschwindigkeitsfeld $u = -\omega \cdot y$, $v = \omega \cdot x$, $w = 0$. Daraus folgt $\frac{\partial v}{\partial x} - \frac{\partial u}{\partial y} = 2\omega$.

rot $\mathfrak{v}$ (sprich „Rotor $\mathfrak{v}$") zu benennen. Symbolisch ist sie das äußere Produkt $[\nabla \cdot \mathfrak{v}]$ und hat die Komponenten

$$\text{rot}_x \mathfrak{v} = [\nabla \cdot \mathfrak{v}]_x = \frac{\partial w}{\partial y} - \frac{\partial v}{\partial z},$$

$$\text{rot}_y \mathfrak{v} = [\nabla \cdot \mathfrak{v}]_y = \frac{\partial u}{\partial z} - \frac{\partial w}{\partial x}, \qquad (246)$$

$$\text{rot}_z \mathfrak{v} = [\nabla \cdot \mathfrak{v}]_z = \frac{\partial v}{\partial x} - \frac{\partial u}{\partial y}.$$

Zur Abkürzung bezeichnet man die Drehung auch durch einen neuen Vektor $\mathfrak{w}$:

$$\mathfrak{w} = \text{rot } \mathfrak{v} = [\nabla \cdot \mathfrak{v}]. \qquad (247)$$

Der Vektor $\mathfrak{w}$ hat seinem Charakter als Drehungsvektor entsprechend drei Komponenten. Dennoch kann aus den drei Eulerschen Komponentengleichungen nach Fortschaffung des Druckes nur eine durch zwei unabhängige Komponentengleichungen darstellbare Bedingung für das Geschwindigkeitsfeld entstehen, zumal immer noch die Kontinuitätsbedingung als dritte Gleichung zur Berechnung des Geschwindigkeitsfeldes hinzutritt. Man sieht jedoch, daß das Feld des Vektors $\mathfrak{w}$ einer Beschränkung unterworfen ist; differentiiert man nämlich die x-Komponente nach x, die y-Komponente nach y und die z-Komponente nach z, so verschwindet in obigen Gleichungen die Summe der linken Seiten für ganz beliebiges $\mathfrak{v}$:

$$\frac{\partial \mathfrak{w}_x}{\partial x} + \frac{\partial \mathfrak{w}_y}{\partial y} + \frac{\partial \mathfrak{w}_z}{\partial z} = \text{div } \mathfrak{w} = \text{div rot } \mathfrak{v} = 0. \qquad (248)$$

Benutzt man wieder den symbolischen Vektor Nabla, so erhält man

$$\text{div rot } \mathfrak{v} = \nabla \cdot [\nabla \cdot \mathfrak{v}] = [\nabla \cdot \nabla] \cdot \mathfrak{v} = 0.$$

Das identische Verschwinden der Divergenz eines Rotors ergibt sich hiernach symbolisch aus dem identischen Verschwinden des äußeren Produktes eines Vektors mit sich selbst (zu beachten ist aber, daß hierbei Nabla beide Male auf denselben Vektor anzuwenden ist; erst dadurch sind beide Nabla gleichwertig!).

Man bezeichnet entsprechend den Stromlinien solche Linien als „Wirbellinien", die an jeder Stelle der Richtung des Vektors $\mathfrak{w}$ in einem Momentbild der räumlichen Geschwindigkeitsverteilung entsprechen. Als „Wirbelröhre" bezeichnet man den

Schlauch, den die Gesamtheit aller Wirbellinien darstellt, die
von den Punkten einer kleinen geschlossenen Linie ausgehen,
als „Wirbelfaden" den flüssigen Inhalt einer Wirbelröhre. Die
Bedingung div $\mathfrak{w} = 0$ ist dann die Kontinuitätsbedingung des
Wirbelfeldes, sie verlangt, daß der sogenannte „Wirbelfluß" in
allen Querschnitten einer Wirbelröhre konstant ist. Der Wirbelfluß oder das Produkt der Drehung mit dem Querschnitt der
Röhre ist aber gerade die Zirkulation oder die Wirbelstärke
des Wirbelfadens. Demnach ist die Wirbelstärke längs der
ganzen Erstreckung eines Wirbelfadens konstant. Wird der
Wirbelröhrenquerschnitt beliebig klein, so kann die Drehung
alle Grenzen überschreiten. In diesem Falle ist es besser, nicht
mit der Drehung, sondern mit der Zirkulation zu rechnen.
Bleibt die Drehung endlich, so kann eine Wirbelröhre nirgends
enden, weil man sonst einen Endquerschnitt hätte, in dem die
Wirbelstärke nicht erhalten geblieben ist. Schließt sich die
Wirbelröhre aber auf die Fläche Null zusammen, so kann sie
trotzdem noch nicht enden, weil in jedem Raumteil ebensoviele
Wirbel durch die Oberfläche eintreten wie austreten. Man be-
weist dies dadurch, daß die Summe aller Zirkulationen um
sämtliche Oberflächenelemente eines Raumes, der das fragliche
Ende des Wirbels umgibt, den Wert Null hat; denn die Oberfläche hat als geschlossene Fläche keinen Rand. Hieraus erkennt man auch die Überlegenheit des Begriffes der Zirkulation
über den der Drehung in unstetigen Geschwindigkeitsfeldern.

Ein wichtiger ganz allgemein mit der Definition der Drehung
verknüpfter Wirbelsatz sagt daher aus, daß Wirbel nirgends
enden können und über ihre ganze Länge konstante Wirbelstärke besitzen. Wirbel in einer Flüssigkeit sind demnach entweder in sich geschlossen, sogenannte „Wirbelringe"[1]), oder sie
enden·an den Grenzen der Flüssigkeit, wenn eine Fortsetzung
des Geschwindigkeitsfeldes dort nicht definiert ist. Rechnet man

---

1) Mathematisch unterscheidet man geschlossene Wirbel endlicher
Länge und sich endlos fortsetzende Wirbel, die ein begrenztes Raumstück
nicht mehr verlassen, sozusagen also erst nach unendlicher Fortsetzung
geschlossen sind.

aber z. B. ein ruhendes Gefäß, in dem eine Flüssigkeit strömt,
mit zu dem Geschwindigkeitsfeld, so sind sämtliche Wirbel
entweder im Inneren der Flüssigkeit geschlossen oder sie
schließen sich durch eine „Wirbelschicht" zwischen Flüssigkeit
und Gefäß.

Neben diesem allgemeingültigen Wirbelsatz bestehen in
reibungslosen homogenen Flüssigkeiten, deren äußere Kräfte
durch ein Potential **V** darstellbar sind, noch besondere Wirbelsätze, die in der Thomsonschen Form nach Gl. (243) durch

$$\frac{D}{dt}\,\Gamma = 0 \tag{249}$$

bestimmt sind. Die Zirkulation beliebiger geschlossener Linien
bleibt danach konstant, wenn man unter den geschlossenen
Linien „flüssige" Linien versteht. Hierin sind auch die Helmholtzschen Wirbelsätze enthalten, daß ein Wirbelfaden immer
aus denselben Flüssigkeitsteilchen beteht und daß die Wirbelstärke eines Fadens sich mit der Zeit nicht ändert. Zum Beweise dieser Sätze beachte man, daß die Zirkulationen um die
Flächenelemente einer Wirbelröhre Null sind. Denkt man sich
die Ränder beliebig kleiner Oberflächenelemente einer Wirbelröhre durch flüssige Linien gebildet, so bleiben die Ränder
dieser Oberflächenelemente nach dem Thomsonschen Wirbelsatz zu allen Zeiten frei von Zirkulation; die beranteten Flächenelemente bleiben also Oberflächenelemente einer Wirbelröhre.
Die Stärke des eingeschlossenen Wirbelfadens muß außerdem
erhalten bleiben, weil man auch flüssige Linien ganz um den
Wirbelfaden herumlegen kann, deren Zirkulation sich mit der
Zeit nicht ändern darf. Die Wirbelröhren bestehen demnach
aus immer denselben Flüssigkeitsteilchen und enthalten einen
Wirbel von gleichbleibender Stärke.

§ 54. Die wirbelfreie Strömung.

Besonders häufig tritt der Fall ein, daß vor Beginn einer
Bewegung vollkommene Ruhe in der Flüssigkeit geherrscht
hat. In diesem Falle ist es möglich, daß die Flüssigkeitsbewegung auch späterhin ohne Wirbel bleibt, wenn nämlich

keine Unstetigkeiten eintreten, so daß alle Linien geschlossen bleiben, die zu Anfang geschlossen waren und umgekehrt. In einem späteren Zustand der Strömung müssen dann alle geschlossenen Linien die Zirkulation Null ergeben, ohne daß deswegen der Integrand $\mathfrak{v}\ d\mathfrak{s}$ selbst an allen Orten verschwindet. Hat daher das Integral auf einem bestimmten Linienstück von P_1 nach P_2 einen bestimmten Wert erreicht, so muß es jetzt gleichgültig sein, auf welchem Wege man von P_2 nach P_1 einen geschlossenen Umlauf vollendet. Der Wert des Linienintegrals vom Punkte P_1 nach dem Punkte P_2 muß daher einen eindeutigen Wert besitzen, der als das Geschwindigkeitspotential Φ_{12} bezeichnet werden soll. Läßt man nun zur Zeit $t =$ konst. den Punkt P_2 durch den ganzen Raum wandern, während man P_1 gleichzeitig festhält, so erhält jeder Punkt des Raumes einen Potentialwert $\Phi_1(x, y, z)$ bezogen auf P_1. Verlegt man nun aber auch P_1 z. B. nach $P_1{}'$, so unterscheiden sich die neuen Potentiale im Raume gegenüber den vorherigen nur durch die konstante Potentialdifferenz auf dem Wege $P_1{}'$, P_1. In drehungsfreien Strömungen oder wirbelfreien Strömungen gibt es daher ein Geschwindigkeitspotential Φ, das auch ohne Angabe eines Ausgangspunktes bis auf eine additive Integrationskonstante eindeutig bestimmt ist:

$$\Phi = \int (u \cdot dx + v \cdot dy + w \cdot dz) = \int \mathfrak{v}_s \cdot ds = \int \mathfrak{v} \cdot d\mathfrak{s}. \quad (250)$$

Die Flächen konstanten Potentials stehen senkrecht zu den Stromlinien, die Geschwindigkeit entspricht nach Stärke und Richtung dem größten Anstieg des Potentials, denn es gilt

$$u = \frac{\partial \Phi}{\partial x}, \quad v = \frac{\partial \Phi}{\partial y}, \quad w = \frac{\partial \Phi}{\partial z}. \quad (251)$$

Auch diese Aussage ist von der besonderen Wahl des Koordinatensystems unabhängig; man sagt daher, die Geschwindigkeit $\mathfrak{v}$ ist der Gradientenvektor des Potentials, und benutzt für den anschaulichen Begriff der Richtung und Größe des stärksten Anstieges ein besonderes Symbol grad Φ (sprich „Gradient Φ"), das sich aber auch durch Nabla darstellen läßt:

$$\mathfrak{v} = \text{grad } \Phi = \nabla \Phi. \quad (252)$$

Daß die Existenz eines Potentials wirklich mit der Drehungsfreiheit unlösbar verknüpft ist, erkennt man aus der Vektorschreibweise

$$\text{rot } \mathfrak{v} = [\nabla \cdot \nabla \Phi] = [\nabla \cdot \nabla] \, \Phi = 0, \qquad (253)$$

aber auch die Ausrechnung einer Komponente zeigt dies sofort:

$$\text{rot}_z \mathfrak{v} = \frac{\partial v}{\partial x} - \frac{\partial u}{\partial y} = \frac{\partial^2 \Phi}{\partial y \, \partial x} - \frac{\partial^2 \Phi}{\partial x \, \partial y} = 0.$$

Die physikalische Bedeutung des Geschwindigkeitspotentials läßt sich nicht so unmittelbar zu seiner Veranschaulichung heranziehen, weil es nur in künstlich vereinfachten Strömungen überhaupt existiert. Durch Vergleich mit dem Energiepotential eines Kraftfeldes nach § 3 gewinnt es an Anschaulichkeit, doch fehlt bei dem Strömungspotential der Zwang des Energiesatzes, nach dem man von gewissen Kraftfeldern die „Wirbelfreiheit" verlangen muß, weil sonst ein Perpetuum mobile möglich wird. Immerhin erkennt man, daß die Gefahr des Auftretens geschlossener Stromlinien, auf denen immer eine Zirkulation herrscht, unbedingt beseitigt wird, wenn man fordert, daß die Stromlinien beständig nach höheren Werten des Potentials streben müssen. Auch die Tatsache, daß die Potentialflächen senkrecht zu den Stromlinien verlaufen, erweist die Verknüpfung des Potentials mit der Wirbelfreiheit. Versucht man nämlich durch sämtliche Haare eines Rasierpinsels eine orthogonale Fläche zu legen, so gelingt dies in der normalen Anordnung der Haare ohne Schwierigkeit. Wringt man aber den Pinsel aus, indem man alle Haare schraubenförmig um das mittlere Haar dreht, so kann man jetzt auf Wegen, die senkrecht zu den Haaren verlaufen, an jeden Punkt gelangen; am Umfang des Pinsels kann man sich nämlich in jede beliebige Höhe schrauben, in jeder Höhe kann man durch einen radialen Weg zum mittleren Haar und einen zweiten radialen Weg vom mittleren Haar zum gewünschten Punkt tatsächlich alle Punkte des Raumausschnittes erreichen; alle Punkte können aber unmöglich auf einer einheitlichen Fläche liegen.

Begnügt man sich aber selbst mit der mathematischen Definition des Potentiales, so erkennt man doch schon den

Vorteil, den man durch seine Einführung erzielt. Statt der
Geschwindigkeit mit drei Komponenten an jedem Punkte des
Raumes braucht man nur noch das Potential, also eine einzige
Größe an jedem Raumpunkt, aus dem sich durch Differentiation
sofort alle Geschwindigkeitskomponenten ergeben. Addiert man
z. B. zwei Geschwindigkeitsfelder, so muß man im allgemeinen
an jeder Stelle des Raumes eine Vektoraddition der Geschwindigkeiten vornehmen, während bei „Potentialströmungen" eine
einfache Addition der Potentiale auszuführen ist. Die beiden
einschränkenden Bedingungen des Geschwindigkeitsfeldes, die
durch die Gleichung rot $\mathfrak{v} = 0$ dargestellt sind, haben es also
gleichsam ermöglicht, zwei Komponenten der Geschwindigkeit
zu eliminieren, so daß die ganze Unbekannte durch eine Komponente dargestellt ist. Für diese letzte Komponente muß man
als dritte Bestimmungsgleichung die Kontinuitätsbedingung
heranziehen. Für das Potential ergibt sich dadurch nach Gl. (237)
und (238) die Differentialgleichung

$$\operatorname{div} \mathfrak{v} = \frac{\partial u}{\partial x} + \frac{\partial v}{\partial y} + \frac{\partial w}{\partial z} = \operatorname{div} \operatorname{grad} \Phi = \nabla \cdot \nabla \Phi = \Delta \Phi = 0. \quad (254)$$

Unter Delta in der letzten Schreibweise ist der sogenannte La-
placesche Operator zu verstehen, der durch obige Gleichung
definiert ist. Ausgeschrieben lautet er

$$\Delta \Phi = \frac{\partial^2 \Phi}{\partial x^2} + \frac{\partial^2 \Phi}{\partial y^2} + \frac{\partial^2 \Phi}{\partial z^2}. \quad (255)$$

§ 55. Allgemeine Integrationen der Bewegungsgleichungen.

Im Gegensatz zu den Bestrebungen im vorigen Abschnitt,
den Druck p aus den Bewegungsgleichungen zu entfernen, soll
jetzt gerade der Druck als die gesuchte Größe auftreten,
während das Geschwindigkeitsfeld gegeben sein mag. Ein erstes
derartiges Integral ist von Daniel Bernoulli (1738) angegeben, man spricht daher ganz allgemein von den verschiedenen Formen der „Bernoullischen Gleichung".

1. Stationäre Strömung. Zunächst soll die Bernoullische
Gleichung genau so ermittelt werden, wie sie im 1. Band ge-

braucht ist, damit man jetzt genau auf die Voraussetzungen achtet. Addiert man die drei Komponentengleichungen (239), nachdem man sie erst der Reihe nach mit u, v und w multipliziert hat, so erhält man vollständige substantielle Differentialquotienten auf beiden Seiten, wenn man noch die in stationären Strömungen ohne weiteres gültige Gleichung addiert:

$$0 = - \left(\varrho \cdot \frac{\partial \mathsf{V}}{\partial t} + \frac{\partial p}{\partial t} \right).$$

Bei konstanter Dichte ergibt sich dann

$$\varrho \left(u \cdot \frac{Du}{dt} + v \cdot \frac{Dv}{dt} + w \cdot \frac{Dw}{dt} \right)$$

$$= - \left(u \cdot \frac{\partial}{\partial x} + v \cdot \frac{\partial}{\partial y} + w \cdot \frac{\partial}{\partial z} + \frac{\partial}{\partial t} \right) (\varrho \mathsf{V} + p)$$

oder $\frac{1}{2} \varrho \frac{D}{dt} (u^2 + v^2 + w^2) = \frac{1}{2} \varrho \cdot \frac{D}{dt} (\mathfrak{v}^2) = - \frac{D}{dt} (\varrho \mathsf{V} + p)$.

Da auf beiden Seiten eine substantielle Differentiation vorgeschrieben ist, gilt die Integration nur für dieselbe Substanz, in der stationären Strömung aber auch für den ganzen Weg, den ein Flüssigkeitsteilchen durchläuft, d. h. auf einer „Bahnlinie", die in stationärer Strömung mit der „Stromlinie" zusammenfällt:

$$\tfrac{1}{2} \varrho \mathfrak{v}^2 + \varrho \mathsf{V} + p = \text{konst. (für eine Stromlinie).} \quad (256)$$

2. Wirbelfreie Strömung. Auf fast dieselbe Gleichung, aber unter völlig anderen Bedingungen führt eine Integration der wirbelfreien Strömung. Ersetzt man nämlich $\frac{\partial u}{\partial t}$ durch $\frac{\partial^2 \Phi}{\partial x \, \partial t}$ usw. und vertauscht man $\frac{\partial u}{\partial y}$ mit $\frac{\partial v}{\partial x}$ usw., was in der wirbelfreien Strömung nach Gl. (251) und (246) möglich ist, so gelingt es, auch die linke Seite der Eulerschen Gleichungen auf die Form zu bringen, daß alle Glieder der x-Komponente partiell nach x differentiiert sind; entsprechendes gilt für die übrigen Komponenten. Addiert man nun wieder alle drei Gleichungen, nachdem man sie vorher der Reihe nach mit dx, dy und dz multipliziert hat, so ergeben sich auf beiden Seiten

bei konstanter Dichte ϱ totale Differentiale zu der Zeit $t =$ konst., also $dt = 0$, für den ganzen Raum

$$\varrho \cdot d \left(\frac{1}{2} (u^2 + v^2 + w^2) + \frac{\partial \Phi}{\partial t} \right) = - d (\varrho \mathbf{V} + p).$$

Da die totalen Differentiale nur auf den Raum beschränkt sind, tritt bei der Integration noch eine beliebige Funktion der Zeit hinzu. Das Integral lautet daher

$$\frac{1}{2} \varrho \mathbf{v}^2 + \varrho \mathbf{V} + p = f(t) - \varrho \cdot \frac{\partial \Phi}{\partial t}. \qquad (257)$$

Betrachtet man zunächst stationäre wirbelfreie Strömungen, so ergibt die rechte Seite eine Konstante, es fällt dann gegenüber der ersten Form der Bernoullischen Gleichung nur die Beschränkung auf eine Stromlinie fort. Das Glied $f(t)$ muß in nichtstationären Strömungen deshalb auftreten, weil die gesamte volumbeständige Flüssigkeit in einem allseitig geschlossenen Gefäß im nächsten Augenblick auf jeden beliebigen Druck gebracht werden kann, ohne daß mit der Druckänderung eine Beeinflussung irgendeiner Bewegung erfolgt. Gibt es für die Strömung keinen einzigen Punkt, an dem der Druck p durch irgendeinen äußeren Einfluß bestimmt wird (etwa durch eine freie Flüssigkeitsoberfläche, an der der Druck der Atmosphäre herrscht), so kann man nur Druckdifferenzen eindeutig bestimmen, die zur gleichen Zeit zu messen sind. Für derartige Druckdifferenzen fällt aber die ganze Funktion $f(t)$ heraus. Das zweite Glied der rechten Seite ist dagegen auch für die Flüssigkeitsbewegung von Bedeutung und wird später in § 59 als induzierter Druck gedeutet, der sich in nichtstationären Strömungen mit ähnlicher Bedeutung einstellt wie die induzierte elektromotorische Kraft in zeitlich veränderlichen Magnetfeldern.

3. Allgemeine reibungslose Strömung.[1]) Zu einem allgemeinen Ausdruck für den Druck in homogenen reibungslosen Strömungen gelangt man auf ähnliche Weise, wie in § 53 der Thomsonsche Wirbelsatz abgeleitet ist. Man erhält für eine Zeit $t =$ konst., also $dt = 0$, ein totales Differential des Druckes und des Kräftepotentiales $\mathbf{V}$, wenn man wieder die drei Eulerschen Bewegungs-

---

1) Vgl. die Anm. S. 363.

gleichungen der Reihe nach mit dx, dy und dz multipliziert und addiert. Für konstante Dichte ϱ erhält man dann nach Gl. (241)

$$- d\left(\varrho \mathbf{V} + p\right) = \varrho\left(\frac{Du}{dt} \cdot dx + \frac{Dv}{dt} \cdot dy + \frac{Dw}{dt} \cdot dz\right).$$

Auch jetzt sollen dx, dy und dz die Komponenten von flüssigen Linienelementen $d\mathbf{s}$ sein, so daß man die rechte Seite nach Gl. (242) umformen kann, wobei man erhält

$$- d\left(\varrho \mathbf{V} + p\right) = \varrho\left\{\frac{D}{dt}\left(\mathbf{v} \cdot d\mathbf{s}\right) - \frac{1}{2}\, d\left(\mathbf{v}^2\right)\right\}.$$

Kehrt man nun das Vorzeichen um und ergänzt man die linke Seite um das halbe Geschwindigkeitsquadrat zu dem Differential der Bernoullischen Gleichung der stationären wirbelfreien Strömung, so ergibt sich auf der rechten Seite das Differential eines Zusatzdruckes, der nur in wirbligen oder nichtstationären Strömungen eine Bedeutung hat. Dieser Zusatzdruck soll allgemein als der „induzierte" Druck p_i bezeichnet werden:

$$d\left(\varrho \mathbf{V} + p + \frac{1}{2}\,\varrho \cdot \mathbf{v}^2\right) = - \varrho\left\{\frac{D}{dt}\left(\mathbf{v} \cdot d\mathbf{s}\right) - d\left(\mathbf{v}^2\right)\right\} = dp_i. \quad (258)$$

Integriert man den induzierten Druck im Raume vom Punkt P_1 bis zum Punkt P_2, indem man die beiden Punkte durch eine flüssige Linie verbindet, so bleiben die Endpunkte der flüssigen Linie nicht auf den raumfesten Punkten P_1 und P_2 stehen, wenn man, wie oben angenommen, immer über dieselben flüssigen Linienelemente integriert. Als Grenzen des Linienintegrales sind daher die flüssigen Endpunkte P_1' und P_2' anzugeben, die nur zur Zeit $t =$ konst. einmal mit P_1 bzw. P_2 zusammenfallen. Demnach muß man schreiben

$$p_{i\,2} - p_{i\,1} = - \varrho \cdot \left\{\frac{D}{dt}\left(\int_{P_1'}^{P_2'} \mathbf{v} \cdot d\mathbf{s}\right) - \mathbf{v}_2^2 + \mathbf{v}_1^2\right\}.$$

Dieser Ausdruck läßt sich bedeutend vereinfachen, wenn man eine eindeutige flüssige Verbindungslinie der beiden raumfesten Punkte P_1 und P_2 zur Integration benutzt, die außer der beliebig zu legenden flüssigen Linie von P_1' bis P_2' noch diejenigen Flüssigkeitsteilchen umfaßt, die nach der Zeit $t =$ konst. über die Punkte P_1 bzw. P_2 streichen. Die flüssige Verbindungslinie besteht demnach aus einer flüssigen Linie mit flüssigen Endpunkten, die jeder wieder durch eine

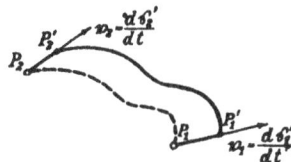

Abb. 93. Bewegung einer flüssigen Verbindungslinie.

„Streichlinie" mit dem raumfesten Punkt P_1 bzw. P_2 verbunden sind (Abb. 92). Bildet man nun die totale Änderung des Linienintegrales auf dieser eindeutig festgelegten Linie, so läßt sich diese in die drei Teile zerlegen

$$\frac{d}{dt}\left(\int_{P_1}^{P_2}\mathfrak{v}\cdot d\mathfrak{s}\right)_{\text{flüss.}} = \frac{d}{dt}\left(\int_{P_1}^{P_1'}\mathfrak{v}\cdot d\mathfrak{s} + \int_{P_1'}^{P_2'}\mathfrak{v}\cdot d\mathfrak{s} + \int_{P_2'}^{P_2}\mathfrak{v}\cdot d\mathfrak{s}\right)_{\text{flüss.}}$$

$$= \mathfrak{v}_1\cdot\frac{d}{dt}(\mathfrak{s}_1' - \mathfrak{s}_1) + \frac{D}{dt}\left(\int_{P_1'}^{P_2'}\mathfrak{v}\cdot d\mathfrak{s}\right) + \mathfrak{v}_2\cdot\frac{d}{dt}(\mathfrak{s}_2 - \mathfrak{s}_2').$$

Die zeitlichen Veränderungen der Wege von P_1 bis P_1' bzw. von P_2' bis P_2 sind dadurch festgelegt, daß die Punkte P_1 und P_2 in Ruhe sind, während die Punkte P_1' und P_2' flüssige Punkte sind, die die Geschwindigkeiten $\mathfrak{v}_1$ bzw. $\mathfrak{v}_2$ haben. Daher gilt

$$\frac{d}{dt}(\mathfrak{s}_1' - \mathfrak{s}_1) = \mathfrak{v}_1 - 0 = \mathfrak{v}_1,$$

$$\frac{d}{dt}(\mathfrak{s}_2 - \mathfrak{s}_2') = 0 - \mathfrak{v}_2 = -\mathfrak{v}_2.$$

Man erkennt hieraus, daß die Differenz der induzierten Drücke in den Punkten P_1 und P_2 gerade aus der zeitlichen Änderung des Linienintegrales auf einer flüssigen Verbindungslinie beider raumfesten Punkte zu berechnen ist:

$$p_{i2} - p_{i1} = -\varrho\cdot\frac{d}{dt}\left(\int_{P_1}^{P_2}\mathfrak{v}\cdot d\mathfrak{s}\right)_{\text{flüssig}} \qquad (259)$$

Die allgemeine Bernoullische Gleichung der reibungslosen Flüssigkeit hat dann die Form

$$\tfrac{1}{2}\varrho\mathfrak{v}^2 + \varrho\mathbf{V} + p = f(t) + p_i. \qquad (260)$$

Eine Anwendung dieser allgemeinen Gleichung wird in § 60 angegeben. Hier wollen wir nur prüfen, wie man diese allgemeine Form auf die besonderen Fälle anzuwenden hat, die unter 1. und 2. angegeben sind. Im ersten Falle kann man die flüssige Verbindungslinie zweier Punkte, die auf derselben Stromlinie liegen, entlang dieser Stromlinie legen. Die Streichlinien bilden in der stationären Strömung ohnehin Stücke dieser Stromlinie, so daß sich die flüssige Verbindungslinie nur dadurch verändert, daß sie mit einer sich dauernd verlängernden in sich zurücklaufenden Schleife über den stromabwärtsgelegenen Punkt P_2 hinausgeht. Für die Integration fällt diese Schleife aber heraus, weil sie in sich zurückläuft und daher der Rückweg gerade die Beträge des Hinwegs aufhebt. Es bleibt also nur die zeitliche Veränderung des Linienintegrales auf der einfachen Verbindungslinie beider Punkte längs der Stromlinie. Diese Veränderung verschwindet aber ebenfalls, weil die Strömung stationär ist. Im Fall 1. ist p_i demnach gleich Null.

In einer wirbelfreien Strömung existiert ein Potential Φ, so daß der Integrationsweg statt auf einer flüssigen Verbindungslinie auch auf einer beliebigen Verbindungslinie liegen darf. Da das Potential Φ eine Funktion von x, y, z und t ist, bedeutet die partielle Ableitung des Potentiales nach t gerade die oben verlangte Ableitung nach der Zeit bei festgehaltenen Endpunkten der Verbindungslinie im Raum. Im Fall 2. gilt also

$$p_{i2} - p_{i1} = -\varrho \cdot \frac{\partial}{\partial t}(\Phi_2 - \Phi_1) \quad \text{oder} \quad p_i = -\varrho \cdot \frac{\partial \Phi}{\partial t}. \quad (261)$$

Somit sind die beiden Sonderfälle auch in gleicher Form aus dem allgemeinen Integral zu bestimmen.

§ 56. Die Besonderheiten der ebenen Strömungen.[1])

Die größten Erfolge bei der Berechnung von reibungslosen Strömungen sind auf dem Gebiete der ebenen Strömung zu verzeichnen. Man versteht hierunter eine Strömung, die sich deswegen in einer einzigen Ebene darstellen läßt, weil ihre Stromlinien in parallelen Ebenen liegen, die alle mitsamt ihren Stromlinien zur Deckung gelangen, wenn man sie in der Richtung normal zur Ebene verschiebt. Als Grenzbedingungen für derartige Strömungen sind außer zwei Abschlußebenen nur zylindrische Wände und Körper zwischen den Abschlußebenen möglich. Um die Reibung bei der wirklichen Darstellung der ebenen Strömungen an diesen Abschlußebenen vernachlässigen zu können, dürfen sie keinen zu geringen Abstand haben. Derartige Strömungen gestatten alle physikalischen Größen als Funktionen $\varphi(x, y, t)$ darzustellen, wenn man etwa für die Durchflußmenge und die angreifenden Kräfte immer die Tiefeneinheit in der Richtung z als Bezugsgröße benutzt.

Die Wirbel können in ebenen Strömungen nur so auftreten, daß die Wirbellinien in der Richtung z verlaufen. Es ist daher nicht mehr nötig, die Drehung rot $\mathfrak{v}$ als einen Vektor $\mathfrak{w}$ aufzufassen; denn die Stärke und den Umlaufsinn der Drehung kann man nach Festlegung des positiven Umlaufsinnes auch durch eine einfache

---

1) Vgl. die Anm. S. 363.

Größe und ihr Vorzeichen („Skalar“) bezeichnen. Da der Rotor ein
äußeres Produkt darstellt, folgt daraus, daß in der Ebene das äußere
Produkt ebenso wie das innere Produkt (auch skalares Produkt genannt) ein Skalar ist. Ein Linienelement $d\mathfrak{s}$ in der Ebene kann sowohl ein Linienelement des Raumes als auch ein Flächenelement des
Raumes mit der Breite 1 in der Richtung z darstellen. Flächenelemente kann man im Raume aber auch durch ihre Normale bezeichnen. Hieraus folgt, daß man in der Ebene schon dem Linienelement und damit zugleich jedem Vektor in der Ebene einen senkrechten Vektor zuordnen kann. Man kann diese Zuordnung so
deuten, als wenn man im Raume einen
Vektor, der in der xy-Ebene liegt, in äußerer Weise mit dem Einheitsvektor $\mathfrak{e}_z$ in der
Richtung z multipliziert. Wir wollen aber
die überflüssige Richtung z vermeiden und
bezeichnen daher die Drehung des ebenen
Vektors um 90^0 in der Richtung wachsender Winkel folgendermaßen:

$$[\mathfrak{e}_z \cdot \mathfrak{a}] = [\mathfrak{a}] = i \cdot \mathfrak{a}, \qquad (262)$$

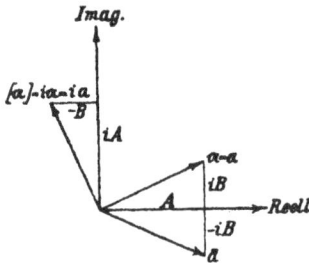

Abb. 93. Komplexe Zahlen
als ebene Vektoren.

dabei bedeutet die Multiplikation mit i dieselbe Drehung, die eine komplexe Zahl
gegenüber dem Koordinatenanfangspunkt erfährt, wenn man sie in
der Gaußschen Zahlenebene mit i multipliziert:

$$i \cdot a = i(A + iB) = iA + i^2 \cdot B = -B + iA \quad \text{(Abb. 93)}.$$

Untersucht man nun überhaupt die komplexe Zahl auf ihre
Brauchbarkeit zur Darstellung ebener Vektoren, so sind zunächst
einige Hinweise nötig in bezug auf die sogenannte konjugiert komplexe Zahl $\bar{a} = A - iB$, ohne die ein Rechnen mit komplexen Zahlen
fast unmöglich ist. Man braucht bekanntlich die konjugiert komplexe Zahl schon dann, wenn eine komplexe Zahl im Nenner auftritt
und die Trennung von reellem und imaginärem Bestandteil vorgenommen werden soll. In diesem Falle erweitert man den Bruch mit
der konjugiert komplexen Zahl, weil der im Nenner auftretende Ausdruck $a \cdot \bar{a} = (A + iB)(A - iB) = A^2 + B^2$ immer reell ist. Man
findet hieraus zugleich das Quadrat des absoluten Betrages des Vektors oder das innere Produkt des Vektors a mit sich selbst. Versucht man nun auch zwei verschiedene Vektoren in der gleichen
Weise zu multiplizieren, so ergibt sich

$$\bar{a}_1 \cdot a_2 = (A_1 - iB_1)(A_2 + iB_2) = (A_1 A_2 + B_1 B_2) + i(A_1 B_2 - A_2 B_1).$$

Man findet demnach außer dem inneren Produkt im reellen Bestandteil zugleich das äußere Produkt im imaginären Bestandteil. Benutzt man nun den konjugiert komplexen Vektor $\bar{a}$ auch, um die Trennung in reellen und imaginären Bestandteil vorzunehmen, so gilt $Re(a)$ $= Re(\bar{a}) = \frac{1}{2}(a + \bar{a})$ für die Bildung des reellen, $Im(a) = -Im(\bar{a})$ $= \frac{a - \bar{a}}{2i}$ für die Bildung des vom Faktor i befreiten imaginären Bestandteiles von a. Hierdurch gelingt die komplexe Darstellung der Produkte zweier ebener Vektoren:

$$\mathfrak{a}_1 \cdot \mathfrak{a}_2 = Re(\bar{a}_1 \cdot a_2) = \frac{1}{2}(\bar{a}_1 \cdot a_2 + a_1 \cdot \bar{a}_2),$$

$$[\mathfrak{a}_1 \cdot \mathfrak{a}_2] = Im(\bar{a}_1 \cdot a_2) = \frac{1}{2i}(\bar{a}_1 \cdot a_2 - a_1 \cdot \bar{a}_2). \qquad (263)$$

Um die Strömungsgleichungen vollständig komplex schreiben zu können, muß aber noch der komplexe Nablaoperator gefunden werden. Zunächst soll dazu eine Funktion $f(x, y)$ umgewandelt werden in eine Funktion, die vom komplexen Ortsvektor $z = x + iy$ abhängt:

$$f(x, y) = f(Re(z), Im(z)) = f\left(\frac{z + \bar{z}}{2}, \frac{z - \bar{z}}{2i}\right) = f_1(z, \bar{z}).$$

f_1 ist dabei keine neue Funktion[1]), sie drückt nur aus, daß man die auftretenden Glieder, die sowohl z als auch $\bar{z}$ enthalten können, in beliebiger Weise anordnen darf. Der komplexe Nablaoperator lautet auf x und y bezogen

$$\nabla = \frac{\partial}{\partial x} + i \cdot \frac{\partial}{\partial y}.$$

In dieser Form läßt er sich auch auf eine Funktion, die in z und $\bar{z}$ geschrieben ist, anwenden, denn da $z = x + iy$ und $\bar{z} = x - iy$ ist, so gilt

$$\frac{\partial}{\partial x} z = 1, \quad \frac{\partial}{\partial y} z = i, \quad \frac{\partial}{\partial x} \bar{z} = 1, \quad \frac{\partial}{\partial y} \bar{z} = -i.$$

Die Anwendung auf die Funktion f_1 ergibt daher

$$\nabla f_1(z, \bar{z}) = \left(\frac{\partial}{\partial x} + i \cdot \frac{\partial}{\partial y}\right) f_1 = \frac{\partial f_1}{\partial z}\left(\frac{\partial z}{\partial x} + i \frac{\partial z}{\partial y}\right) + \frac{\partial f_1}{\partial \bar{z}}\left(\frac{\partial \bar{z}}{\partial x} + i \frac{\partial \bar{z}}{\partial y}\right)$$

$$= \frac{\partial f_1}{\partial z} \cdot (1 - 1) + \frac{\partial f_1}{\partial \bar{z}} \cdot (1 + 1) = 2 \cdot \frac{\partial}{\partial \bar{z}} f_1(z, \bar{z}).$$

Allgemein gilt daher, der komplexe Nablaoperator bedeutet das

---

1) Z. B.:

$$x^2 + y^2 = \left(\frac{z + \bar{z}}{2}\right)^2 + \left(\frac{z - \bar{z}}{2i}\right)^2 = \frac{(z^2 + 2z\bar{z} + \bar{z}^2) - (z^2 - 2z\bar{z} + \bar{z}^2)}{4} = z\bar{z}.$$

Doppelte der partiellen Ableitung der betreffenden Funktion nach $\bar{z}$ bei festgehaltenem z:

$$\nabla \cdot\cdot \; = 2 \cdot \frac{\partial}{\partial \bar{z}} (\cdots)_z. \qquad (264)$$

Diese Anweisung muß zunächst merkwürdig erscheinen, weil man sich kaum vorstellen kann, was es bedeutet, z festzuhalten und trotzdem $\bar{z}$ abzuändern. Da jedoch die Anwendung des Nablaoperators auf eine Ortsfunktion einen mathematischen Sinn hat, so muß auch die nach den bekannten Differentiationsregeln vorgenommene Umformung entweder einen Sinn haben oder einen unzulässigen Gebrauch dieser Regeln aufdecken. Der mathematische Sinn dieser Anweisung liegt darin, daß man beim Differentiieren annimmt, daß die vorliegende Funktion bestimmte Eigenschaften hat, die man als „analytisch" bezeichnet.[1]) Mit derartigen Funktionen kann man nicht alle möglichen Abhängigkeiten darstellen, so ist es z. B. ausgeschlossen, durch eine analytische Funktion des Argumentes z die konjugiert komplexe Zahl $\bar{z}$ auszudrücken. Daher bleiben dann auch in analytischen Funktionen der beiden Argumente z und $\bar{z}$ diese beiden Argumente stets unterscheidbar. Für das folgende genügt es zu wissen, daß alle Funktionen, deren Differentiationsregeln der Ingenieur lernt, analytisch sind. Sie lassen sich alle in Potenzen des Argumentes entwickeln, so daß man sie auch für komplexe Argumente auswerten kann, wenn man nur die Potenzen von komplexen Zahlen bilden kann.[2]) Als Beispiele für nichtanalytische Funktionen des Argumentes z bieten sich schon unsere Abkürzungen $Re(z)$ und $Im(z)$ oder auch die komplexe Zahl $Re(z) + 3i \cdot Im(z)$ dar, denn sie enthalten, wenn man sie ausschreibt, auch Potenzen des Argumentes $\bar{z}$ (wenn es sich nicht um eine Abkürzung handeln sollte, könnte man natürlich dafür $Re(z, \bar{z})$ und $Im(z, \bar{z})$ setzen).

Bedeuten unsere Funktionssymbole grundsätzlich nur analytische Funktionen, gebildet aus den angegebenen Argumenten, so kann man stets für $\overline{f(z)}$ auch $f_1(\bar{z})$ schreiben, entsprechend, weil eine doppelte Bildung des konjugiert komplexen Wertes wieder auf den ursprünglichen Wert führt, statt $\overline{f(\bar{z})}$ auch $f_1(z)$; denn bei der Entwicklung der Funktion in einer Potenzreihe verwandelt sich jeder Wert z in

---

1) Eine schärfere Definition soll der Funktionentheorie vorbehalten bleiben. Hier soll der Ingenieur nur erkennen, daß auch er ohne diese mathematische Disziplin im Dunkeln tappt.

2) $\sin x = x - \dfrac{x^3}{3!} + \dfrac{x^5}{5!} - + \cdots$ liefert $\sin z = z - \dfrac{z^3}{3!} + \dfrac{z^5}{5!} - + \cdots$.

Ebenso findet man z. B. $e^z = 1 + z + \dfrac{z^2}{2!} + \dfrac{z^3}{3!} + \cdots$ usw.

$\bar{z}$ und umgekehrt, wenn man zur konjugiert komplexen Funktion übergeht. Sind dabei sogar alle Koeffizienten der Potenzreihe reell, so daß sie ihren Wert nicht ändern, wenn man zur konjugiert komplexen Funktion übergeht, so gilt sogar $\overline{f(z)} = f(\bar{z})$. Einige Beispiele mögen dies erläutern:

$$(\bar{z})^2 = \overline{z^2}, \quad \bar{i} = -i, \quad \bar{\bar{z}} = z,$$

$$\overline{\sin z} = \sin \bar{z}, \quad \overline{\ln \bar{z}} = \ln z, \quad \overline{i \cdot \cos z} = -i \cdot \cos \bar{z}, \qquad (265)$$

$$\overline{z \cdot \bar{z}} = \bar{z} \cdot z = z \cdot \bar{z} = \text{reell}, \quad \overline{z - \bar{z}} = \bar{z} - z = -(z - \bar{z}) = \text{imaginär}.$$

Als letzte Auffrischung der komplexen Rechenregeln sei noch erwähnt, daß der Übergang von der Gaußschen Form $a = A + iB$ zu der Moivreschen Form $a = R \cdot e^{i\varphi}$ durch das Logarithmieren von a zu erreichen ist; denn aus $\ln a = \ln R + i\varphi$ folgt $\ln R = Re(\ln a)$ und $\varphi = Im(\ln a)$.

Nach diesen Vorarbeiten ist es einfach, sämtliche Differentialgleichungen der ebenen Strömung in komplexe Form zu bringen. Als komplexe Geschwindigkeit soll dabei $w = u + iv$ verwandt werden. Man erhält dann aus den Gleichungen (263) und (264)

$$\begin{aligned} \operatorname{div} w &= \nabla \cdot \mathfrak{v} = 2 \cdot Re\left(\overline{\frac{\partial}{\partial \bar{z}}} w\right) = 2 \cdot Re\left(\frac{\partial}{\partial z} w\right), \\ \operatorname{rot} w &= [\nabla \cdot \mathfrak{v}] = 2 \cdot Im\left(\overline{\frac{\partial}{\partial \bar{z}}} w\right) = 2 \cdot Im\left(\frac{\partial}{\partial z} w\right). \end{aligned} \qquad (266)$$

Für volumenbeständige wirbelfreie Strömungen verschwinden diese beiden reellen Gleichungen. Dasselbe wird aber auch durch den reellen und den imaginären Bestandteil folgender Gleichung. ausgedrückt:

$$\operatorname{div} w + i \cdot \operatorname{rot} w = 2 \cdot \frac{\partial}{\partial z} w = 0.$$

Diese Gleichung fordert aber, daß die komplexe Geschwindigkeit w nur von $\bar{z}$, nicht aber von z abhängt. Das Potential Φ dieser wirbelfreien Strömung findet man nach Gl. (250)

$$\begin{aligned} \Phi &= \int \mathfrak{v} \cdot d\mathfrak{s} = \int Re(\bar{w} \cdot dz) = Re\left(\int \bar{w} \cdot dz\right) = Re\left(\int f(z) \cdot dz\right) \\ &= Re(F(z)), \end{aligned}$$

denn wenn w eine Funktion von $\bar{z}$ ist, so ist $\bar{w}$ eine Funktion von z, deren Integral $F(z)$ sein möge. Der imaginäre Bestandteil der Funktion $F(z)$ ist das Integral des äußeren Produktes des Geschwindigkeitsvektors mit dem Linienelement und bedeutet die durch die Linie hindurchtretende Flüssigkeitsmenge, wobei man die Linie als

Fläche mit der Breite 1 normal zur Ebene aufzufassen hat. Man nennt diesen Bestandteil die „Stromfunktion" Ψ, weil sie auf Stromlinien konstant bleibt, wie man sofort erkennt, wenn man die Linie, längs deren man die Durchflußmenge integriert, auf eine Stromlinie legt. Gerade die Stromfunktion, die nur in der ebenen Strömung (allenfalls noch in der achsensymmetrischen Strömung) auftritt, ist von größter Bedeutung bei der Berechnung von Strömungen. Denn außer der Erfüllung der Differentialgleichung im Innern der Strömung ist für jede Lösung noch nötig, daß sich die Strömung in die vorgegebenen Begrenzungen einfügt, und es ist weit häufiger an den Begrenzungen eine Bedingung für die Stromlinien als für die Potentiale vorgeschrieben. Man bezeichnet nun die ganze Funktion $F(z) = \Phi + i\,\Psi$ als das komplexe Strömungspotential χ:

$$\chi = \Phi + i\,\Psi = F(z) = \int \overline{w} \cdot dz\,. \qquad (267)$$

Da die Geschwindigkeit in fast allen Gleichungen nur in der konjugiert komplexen Form auftritt, vermeidet man vielfach die Behandlung der ganzen komplexen Vektorrechnung; man merkt sich nur die Regel, daß die Geschwindigkeit beim Differentiieren des komplexen Strömungspotentiales gerade konjugiert komplex auftritt:

$$w = \operatorname{grad} \Phi = \operatorname{grad} Re(\chi) = 2 \cdot \frac{\partial}{\partial \overline{z}}\left(\tfrac{1}{2}F(z) + \tfrac{1}{2}\overline{F(z)}\right) = \frac{\partial}{\partial \overline{z}}\,\overline{F(z)}$$

oder $$\overline{w} = u - i\,v = \frac{d\chi}{dz} = f(z)\,. \qquad (268)$$

§ 57. Die ebene Potentialströmung.

Potentialströmungen haben sowohl in der Ebene als auch im Raume die angenehme Eigenschaft, daß das Geschwindigkeitsfeld nur linearen Differentialgleichungen für die Geschwindigkeit selbst oder für das Potential genügen muß (vgl. Gl. (254)). Man kann daher mehrere Potentiale, die je für sich zwar die Differentialgleichung erfüllen, aber noch nicht den Randbedingungen genügen, so zusammenfügen, daß die Gesamtlösung auch die Randbedingungen erfüllt. Es bleiben aber noch zwei Schwierigkeiten, erstens solche Funktionen zu finden, die der „Differentialgleichung der Potentialtheorie" (Gl. 254) genügen, und zweitens die Umrechnung der Potentiale auf diejenigen Größen, die als Randbedingung gegeben sind.

In der ebenen Strömung (§ 56, Abs. 1) werden diese beiden Schwierigkeiten fast gegenstandslos, weil alle „analytischen" Funktionen der komplexen Ortskoordinate $z = x + iy$ als „komplexes Strömungspotential" gebraucht werden können, wobei der reelle Bestandteil das Potential Φ und der imaginäre Bestandteil die „Stromfunktion" Ψ darstellt, die auf Stromlinien konstanten Wert hat. Sind daher Stromlinien als Grenzbedingungen gegeben, etwa zu umströmende Körper oder Kanalwände, so ist nur die Bedingung zu erfüllen, daß in der Gesamtlösung die Stromfunktion auf den Grenzen konstanten Wert besitzt. Die konjugiert komplexe Geschwindigkeit $\overline{w} = u - iv$ (der Strich bedeutet stets den Übergang zum konjugiert komplexen Wert) ist der totale Differentialquotient des komplexen Strömungspotentiales $\chi = \Phi + i\Psi$ nach z:

$$\overline{w} = \frac{d\chi}{dz} = \frac{d(\Phi + i\Psi)}{dz} = \frac{dF(z)}{dz}. \tag{268}$$

Da jede Funktion $F(z)$ als Strömungspotential brauchbar ist, treten zu der in der Potentialtheorie immer erlaubten Addition zweier die Differentialgleichung erfüllender Funktionen noch sehr viele andere Möglichkeiten, z. B.

$$F(z) = g(z) + h(z); \quad F(z) = g(z) \cdot h(z); \quad F(z) = g(h(z)).$$

Die als letztes Beispiel angegebene Anwendung zweier Funktionen hintereinander deutet man als „konforme Abbildung" einer Strömung $g(Z)$ in einer Ebene $Z = X + iY$ auf die Ebene z durch Vermittlung der „Abbildungsfunktion" $Z = h(z)$. Die Funktion ordnet nämlich jedem Punkte z einen Punkt Z zu, und diese beiden aufeinander abgebildeten Punkte ergeben stets denselben Wert des komplexen Strömungspotentiales $\chi = g(Z) = g(h(z))$. Damit werden dann aber auch Punkte gleicher Stromfunktion, also Stromlinien der z-Ebene auf Stromlinien der Z-Ebene abgebildet. Darin besteht nun aber gerade der Nutzen dieser „Abbildung" der z-Ebene auf die Z-Ebene, weil man umständlichere Kanalwände in der z-Ebene unter Umständen auf bedeutend einfachere Kanalwände in der Z-Ebene abbilden kann und dadurch dem Ziele näher kommt.

Besonders leicht gelingt es, einen Kreis $z \cdot \bar{z} = R^2$ um den Nullpunkt mit dem Radius R zur Stromlinie zu machen. Legt man z. B. die Stromfunktion $\Psi = 0$ auf diesen Kreis, so muß das komplexe Strömungspotential längs des ganzen Kreises rein reell sein. Man kann nun aber jede Funktion $f(z)$ dadurch in eine Funktion verwandeln, die auf dem Kreise reell ist, daß man die Funktion bildet

$$F(z) = f(z) + \overline{f\left(\frac{R^2}{z}\right)}.$$

Durch das Hinzufügen der zweiten Funktion, die in Wirklichkeit auch von z abhängt, werden die imaginären Werte von $f(z)$ auf dem Kreise aufgehoben, während sich die reellen verdoppeln (vgl. Gl. (265)).

Nimmt man nun als einfachste Funktion $f(z) = V \cdot z$, so erhält man als Strömungspotential einer Strömung, die den Kreis sicher nicht durchströmt (V und R sind reell),

$$\chi = V \cdot z + \overline{V \cdot \frac{R^2}{\bar{z}}} = V \cdot \left(z + \frac{R^2}{z}\right). \qquad (269)$$

Die Geschwindigkeit dieser Strömung ist nach Gl. (268)

$$\bar{w} = V \cdot \left(1 - \frac{R^2}{z^2}\right) \quad \text{oder} \quad w = V \cdot \left(1 - \frac{R^2}{\bar{z}^2}\right). \qquad (270)$$

Auf dem Kreise $z \cdot \bar{z} = R^2$ erhält man dann insbesondere die Geschwindigkeit:

$$w = V \cdot \left(\frac{1}{z} - \frac{1}{\bar{z}}\right) \cdot z = V \cdot \frac{\bar{z} - z}{R^2} \cdot z, \qquad (271)$$

die, wie es sein muß, senkrecht auf z steht, weil der Faktor vor z rein imaginär ist. In großer Entfernung vom Kreise verschwindet in Gl. (270) das Glied mit z^2 im Nenner mehr und mehr, so daß schließlich die konstante Geschwindigkeit $w = \bar{w} = V$ in Richtung der reellen Achse übrig bleibt. Unsere einfachste Funktion löst also die Aufgabe, das Geschwindigkeitsfeld um einen gleichmäßig angeblasenen Zylinder zu bestimmen; es ist dies zugleich die Relativströmung, die bei Bewegung des Zylinders in ruhender Luft oder ruhender Flüssigkeit entsteht (Abb. 94).

Wir wollen aber gleich noch den Nutzen der konformen Abbildung kennen lernen. Schreiben wir daher

$$\chi = V \cdot Z = V \cdot \left(z + \frac{R^2}{z}\right),$$

also

$$Z = z + \frac{R^2}{z}, \quad (272)$$

so besteht in der Z-Ebene eine einfache Parallelströmung in Richtung der X-Achse. Verfolgt man aber die Abbildung näher (Abb. 95), so zeigt sich, daß das Stück der X-Achse zwischen den Punkten $-2R$ und $+2R$ die Abbildung des

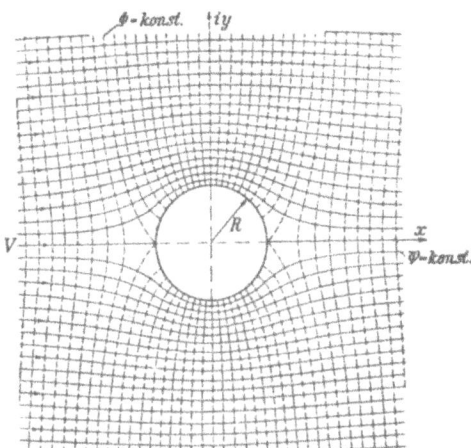

Abb. 94. Strömung um einen Zylinder.

Kreises der z-Ebene darstellt. Obige Gleichung können wir daher so deuten, als ob der Kreis erst auf die Strecke $4R$ der Z-Ebene abgebildet ist, deren Anblasung in ihrer eigenen Richtung dann das allereinfachste Strömungsproblem ist. Jetzt kommt aber etwas Neues, der Zylinder läßt sich von jeder Richtung in derselben Weise anblasen, die durch die Strecke $4R$ dargestellte ebene Platte ergibt aber nur bei der Anblasung parallel zur Fläche eine besonders einfache Lösung. Wir wollen jetzt die Strömung um den Zylinder drehen und sehen, ob sich daraus die schwierigeren Umströmungsformen der ebenen Platte ergeben. Drehen wir gleich um 90^0 links herum, so gelangt der Strömungszu-

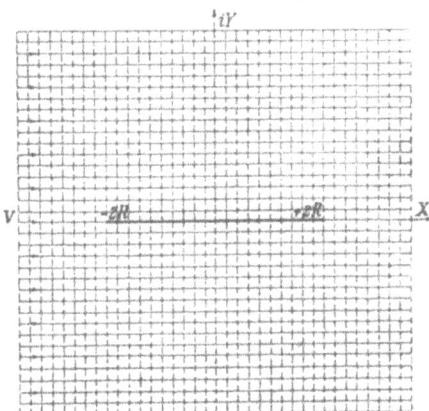

Abb. 95. Strömung um eine ebene Platte
parallel zur Fläche.

stand des Punktes z an den Punkt iz. Der Strömungszustand ist aber durch das Strömungspotential χ festgelegt, so daß man in χ für z jetzt $-iz$ setzen muß, denn $-i \cdot iz = z$:

$$\chi = -V\left(iz + \frac{R^2}{iz}\right) = -iV\left(z - \frac{R^2}{z}\right).$$

Die inverse Abbildungsfunktion zur Gl. (272) lautet

$$z = \tfrac{1}{2}\left(Z \pm \sqrt{Z^2 - 4R^2}\right) = \tfrac{1}{2}\left(Z \pm i\sqrt{4R^2 - Z^2}\right),$$

also das Strömungspotential in der Z-Ebene

$$\chi = -iV\left(2z - \left(z + \frac{R^2}{z}\right)\right) = -iV\left(Z \pm i \cdot \sqrt{4R^2 - Z^2} - Z\right),$$

$$\chi = \pm V \cdot \sqrt{4R^2 - Z^2} = \mp iV \cdot \sqrt{Z^2 - 4R^2}. \qquad (273)$$

Das Strömungspotential ist hier rein reell für reelle Werte von Z zwischen $-2R$ und $+2R$. In großer Entfernung von der Platte erhält man dagegen ein Potential $-i \cdot V \cdot Z$, also eine Parallelströmung in Richtung der iY-Achse (Abb. 96).

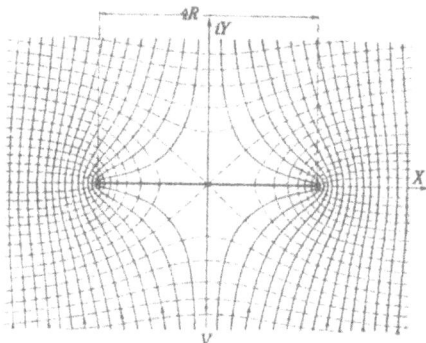

Abb 96. Strömung um eine ebene Platte senkrecht zur Fläche.

Wenden wir uns nun wieder dem Zylinder zu und berechnen wir die Kräfte, die an ihm angreifen, so ergeben sich am Umfang des Zylinders Unterdrücke proportional dem Quadrat der Geschwindigkeit am Umfang des Zylinders. Schreibt man z in der Moivreschen Form für den Umfang des Zylinders $z = R(\cos\varphi + i \cdot \sin\varphi)$, und setzt man den absoluten Betrag von z gleich R, so ist nach Gleichung (271)

$$|w| = V \cdot \frac{R(\cos\varphi - i\sin\varphi) - R(\cos\varphi + i\sin\varphi)}{iR^2} \cdot |iz| = -2V \cdot \sin\varphi.$$

In den beiden „Staupunkten" bei $\varphi = 0^0$ und $\varphi = 180^0$ ist die Geschwindigkeit am Zylinder Null. Ihren höchsten Wert erreicht sie zweimal bei $\varphi = 90^0$ und $\varphi = 270^0$ im Betrage $2V$, der doppelten Anblasegeschwindigkeit in großer Entfernung vom Zylinder. Der Geschwindigkeitsbetrag ist nun aber sowohl symmetrisch zur x-Achse als auch symmetrisch zur y-Achse, daher ergibt die Bernoullische Gleichung für stationäre wirbelfreie Strömung (256) keine resultierende Kraft, weder einen Widerstand in der Richtung x noch einen Auftrieb oder Quer-

trieb in der Richtung y. Hier beginnt schon die etwas unbefriedigende Auskunft, die man aus der reibungslosen Strömung erhält. Doch ist es zunächst noch unsere
eigene Schuld, daß
wir keinen Auftrieb
bekommen haben,
denn unsere Lösung
war nicht die allgemeinste für die Strömung um den Zylinder.

Eine Geschwindigkeit am Umfang
des Zylinders, die sicher den Kreis ebenfalls nicht durchströmt, ist $w = i \cdot B \cdot z$,
wenn B reell ist, da
w dann überall senk

Abb. 97. Zirkulationsströmung um einen Zylinder.

recht zum Radiusvektor z steht. $\bar{w} = -iB\bar{z}$ ist aber noch
keine Funktion von z. Doch kann man dieselbe Geschwindigkeit auf dem Kreise $z \cdot \bar{z} = R^2$ auch als Funktion von z schreiben (Abb. 97):

$$\bar{w} = -i \cdot B \cdot \frac{R^2}{z},$$

$$\chi = \int \bar{w} \cdot dz = -i \cdot B \cdot R^2 \cdot \ln z. \qquad (274)$$

Die Geschwindigkeit dieser neuen Strömung um den Kreis
klingt mit der Entfernung vom Zylinder ab. Daher bleibt auch
dann in großer Entfernung vom Zylinder nur die Parallelströmung übrig, wenn man die neue Lösung zu der früheren
hinzuzählt. Für den Wert B ergeben sich dabei keinerlei einschränkende Bedingungen, $B \cdot R$ ist aber gerade die tangentiale
Geschwindigkeit der neuen Strömung am Umfang des Zylinders.
Im ganzen erhält man demnach die Geschwindigkeit (Abb. 98):

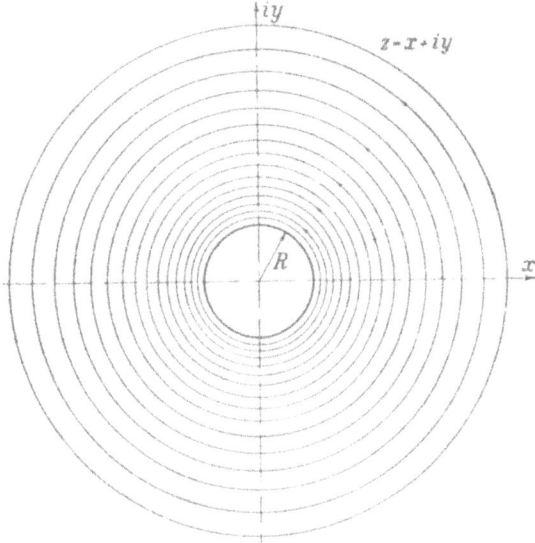

$$|w| = B \cdot R - 2V \cdot \sin\varphi, \qquad (275)$$
$$|w|^2 = \mathfrak{v}^2 = B^2 R^2 - 4VBR \cdot \sin\varphi + 4V^2 \cdot \sin^2\varphi.$$

Ohne Berücksichtigung des Schwerefeldes ergibt die Bernoullische Gleichung einen Unterdruck vom Betrage $\frac{1}{2}\varrho\mathfrak{v}^2$. Aus diesem Unterdruck berechnet sich ein Auftrieb von der Größe

$$Y = \int \tfrac{1}{2}\varrho\mathfrak{v}^2 \cdot R \cdot \sin\varphi \cdot d\varphi = -\varrho \cdot V \cdot (B \cdot R^2 \cdot 2\pi) \quad (276)$$

und ein Widerstand

$$X = \tfrac{1}{2}\varrho \cdot R \int \mathfrak{v}^2 \cdot \cos\varphi \cdot d\varphi = 0.$$

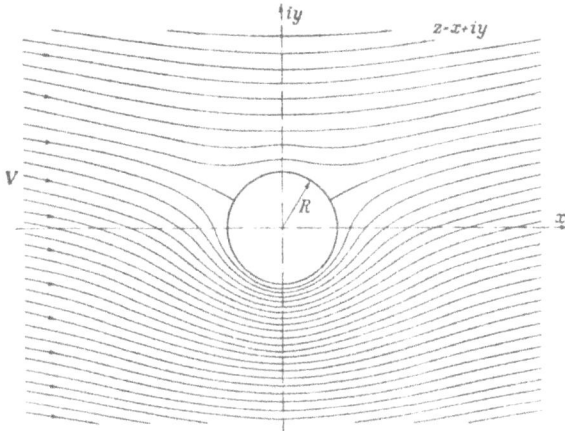

Abb. 98. Strömung um einen Zylinder mit Zirkulation

An der neuen Lösung muß aber auffallen, daß um den Zylinder herum eine Zirkulation besteht, wenn an ihm eine konstante tangentiale Geschwindigkeit vom Betrage $B \cdot R$ auftritt. Die Zirkulation $\varGamma$ hat die Größe

$$\varGamma = \oint \mathfrak{v} \cdot d\mathfrak{s} = BR \cdot 2R\pi = B \cdot R^2 \cdot 2\pi.$$

Auf allen Kreisen um den Koordinatenanfangspunkt bestehen konstante tangentiale Geschwindigkeiten, die aber umgekehrt proportional dem Radius abnehmen. Die Zirkulation ist dabei gerade konstant, weil der Umfang der Kreise entsprechend zunimmt. Insofern können wir also beruhigt sein, daß außerhalb des Zylinders keine Wirbel auftreten. Doch entsteht die Frage, ob es überhaupt erlaubt ist, daß innerhalb des Zylinders, wo χ auch noch als Funktion von z definiert ist, ein Wirbel auftritt. Offenbar befindet sich nämlich im Mittelpunkt des Zylinders ein Wirbel. Prüfen wir die Funktion χ in diesem Punkte, so stellt sich heraus, daß sie über alle Grenzen gewachsen ist. Hieraus müssen wir den außerordentlich wichtigen Schluß ziehen, daß die analytischen Funktionen nur in allen solchen Punkten eine volumenbeständige und wirbelfreie Strömung darstellen, wo sie endliche Werte besitzen.

Prüfen wir nun sofort die erste Lösung daraufhin, so ergibt sich, daß wir auch bei dieser Lösung Glück gehabt haben: Die beiden Punkte, an denen die Funktion über alle Grenzen wächst, liegen im Unendlichen und im Koordinatenanfangspunkt, d. h. beide Male an Orten, an denen die Strömung keinen physikalischen Sinn mehr hat. Die Mathematiker kennen diese Fehlstellen in den analytischen Funktionen, durch die die Konvergenz[1]) einer Potenzreihenentwicklung gestört wird, und nennen sie „singuläre" Punkte oder „Singularitäten". Man muß sie genau so als Ausnahmen betrachten wie in der Algebra die Division durch Null.

Man kann nun aber das notwendige Auftreten von Unendlichkeitsstellen des Potentials bei allen Strömungen, die den ganzen Raum erfüllen, dahin deuten, daß man sagt, die umströmten Körper sind notwendig der Sitz von singulären Punkten oder, hydrodynamisch ausgedrückt, von Quellen, Senken und Wirbeln. Diese Singularitäten bringen im Inneren der Körper eine Strömung hervor, die die ohne die Körper sich einstellende Außenströmung in geeigneter Weise beeinflußt. So kann man in der Ebene sowohl wie im Raume einen umströmten stabförmigen Körper durch eine Quelle im Vorderende des Stabes darstellen, die die Außenströmung auseinandertreibt. Eine Senke von gleicher Stärke im hinteren Ende des Stabes schluckt das von der Quelle sekundlich ausgestoßene Wasser gerade wieder,

---

1) Die Konvergenz einer Reihenentwicklung vom Punkte z_0 aus ist nur in einem Kreise $|z - z_0| < R_{\max}$ vorhanden, der keinen singulären Punkt enthält.

dadurch kann die Außenströmung sich hinten wieder schließen. Der Umfang des Stabes ist dabei gerade durch die Grenzfläche zwischen dem wirklichen Wasser der Außenströmung und dem

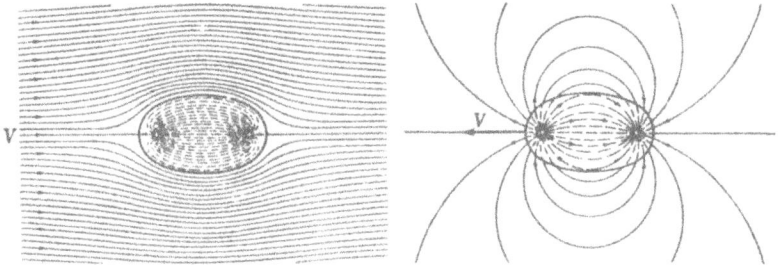

Abb. 99. Ebene Strömung um einen Körper mit Innenströmung.

| a. Vom ruhenden Körper aus | b. Von der ruhenden Flüssigkeit aus |
| betrachtet (Umströmung). | betrachtet (Verdrängungsströmung). |

hypothetischen Wasser der Innenströmung dargestellt (Abb. 99a). Noch näher liegt die Annahme einer Innenströmung bei der Strömung um den bewegten Körper (Abb. 99b) in ruhender Flüssigkeit.

§ 58. Kräfte auf Quellen, Senken und Wirbel.

Es ist für viele Zwecke nützlich, sich die umströmten Körper durch eine „Innenströmung" ersetzt zu denken, so daß dann der ganze Raum von einer Strömung erfüllt ist. Diese hypothetische Innenströmung unterscheidet sich aber physikalisch von der Außenströmung, weil die Innenströmung nicht den Eulerschen Gleichungen zu genügen braucht. Es darf daher im Inneren Orte geben, an denen Flüssigkeit zu entspringen scheint (Quellen), Orte, an denen Flüssigkeit zu verschwinden scheint (Senken), auch brauchen die Wirbel nicht von der umgebenden Strömung fortgeschleppt werden, wie dies durch die Helmholtzschen Wirbelsätze für die Außenströmung vorgeschrieben ist. Im Gegenteil, die hierdurch gewonnenen größeren Freiheiten für die Innenströmung sind unbedingt notwendig, um die Außenströmung so beeinflussen zu können, daß sie gerade derjenigen Außenströmung entspricht, die um den eigentlich vorhandenen umströmten Körper entsteht. An den Orten der Innenströmung,

an denen die Differentialgleichungen der Hydrodynamik verletzt
werden, besteht kein Gleichgewicht der Innenströmung mehr,
wenn man nur die äußere Massenkraft $\mathfrak{P}$ mit den Komponenten
X, Y, Z, die Trägheitskraft und die Druckkräfte berücksichtigt.
Es treten vielmehr zusätzliche Reaktionen an diesen Orten auf,
die in ihrer Gesamtheit die Reaktionen des Körpers in der
Strömung ergeben.

Am leichtesten erkennt man das Auftreten einer derartigen
Reaktion am Orte einer Senke, die eine Schluckfähigkeit S besitzen möge. (S bedeutet das Volumen der Flüssigkeit, die am
Orte der Senke in der Zeiteinheit verschluckt wird. Ein Schlauch,
durch den Flüssigkeit aus der Strömung abgesaugt wird, stellt
an seiner Öffnung eine derartige Senke dar.) Besteht außer der
Wirkung der Senke keine Strömung im ganzen Raum, so wird
aus dem allseitigen Zuströmen zur Senke keine Reaktion entstehen. Fließt dagegen ohne die Wirkung der Senke die Flüssigkeit mit der Geschwindigkeit $\mathfrak{v}$ am Orte der Senke vorbei, so
schluckt die Senke nicht nur die Flüssigkeitsmenge S, sondern
zugleich damit den Impuls oder die Bewegungsgröße $\varrho \cdot \mathfrak{v}$, die
der Volumeneinheit der Flüssigkeit zukommt. Die sekundliche
Zufuhr des Impulses $S \cdot \varrho \cdot \mathfrak{v}$ zur Senke bedeutet eine Kraft $\mathfrak{K}'$
an der Senke, die die Senke in der Richtung der Geschwindig-
keit $\mathfrak{v}$ mitzunehmen sucht. Gewöhnlich bezeichnet man die
Schluckfähigkeit S einer Senke als eine negative Quellstärke
$-Q = S$, so daß man die Beziehung erhält

$$\mathfrak{K}' = \varrho \cdot \mathfrak{v} \cdot S = -\varrho \cdot \mathfrak{v} \cdot Q. \tag{277}$$

Bei einer wirklichen Quelle mit positiver Quellstärke Q hat
man nicht so unmittelbar das Gefühl, daß eine entsprechende
Kraft in der umgekehrten Richtung von $\mathfrak{v}$ auftreten muß. Dies
liegt daran, daß die aus einem Schlauche ausfließende Flüssigkeit sich nicht völlig der umgebenden Flüssigkeit anpaßt, wie
dies im Falle der Senke nicht anders möglich ist; denn dort
wird ja von der vorhandenen Flüssigkeit entnommen. Ein
Schlauch stößt vielmehr gewöhnlich einen Strahl aus, der sich
durch Wirbelschichten gegen die umgebende Flüssigkeit ab-

schließt. Würde man aber eine reine Quelle darstellen, in der nicht zugleich Wirbel austreten, so erhält man wirklich die der obigen Gleichung entsprechende Kraft auch an der Quelle.

Wir wollen nun aus obigem Kraftgesetz nach der in elektrischen und magnetischen Feldern üblichen Weise die gegenseitigen Kräfte bestimmen, die zwei allein in unendlicher, sonst ruhender Flüssigkeit befindliche Quellen aufeinander ausüben. Das Geschwindigkeitsfeld einer einzelnen Quelle muß so eingerichtet sein, daß durch alle konzentrischen Kugeloberflächen um den Quellpunkt die Quellstärke Q gleichmäßig hindurchströmt. Dem Betrage nach ist die Geschwindigkeit in der Entfernung r vom Quellpunkt gleich Q dividiert durch die Oberfläche $4\pi r^2$ der Kugel vom Radius r. Der Richtung nach zeigt die Geschwindigkeit in die Richtung des Radiusvektors $\mathfrak{r}$, es gilt also

$$\mathfrak{v} = \frac{Q}{4\pi r^2} \cdot \frac{\mathfrak{r}}{r} = \frac{Q}{4\pi r^3} \cdot \mathfrak{r}.$$

Befindet sich eine Quelle Q_2 im Abstand $\mathfrak{r}_{12}$ von der Quelle Q_1, so erfährt die Quelle Q_2 eine Kraft $\mathfrak{K}_2'$:

$$\mathfrak{K}_2' = -\varrho \cdot \frac{Q_1}{4\pi r^3} \cdot \mathfrak{r}_{12} \cdot Q_2 = -\frac{\varrho}{4\pi} \cdot \frac{Q_1 \cdot Q_2}{r^3} \cdot \mathfrak{r}_{12}.$$

Die Kraft an der Quelle Q_2 ist daher dem Radiusvektor $\mathfrak{r}_{12}$ von der Quelle Q_1 nach der Quelle Q_2 entgegengerichtet, sie zeigt also von Q_2, wo sie angreift, auf Q_1 zu. Ebenso entsteht die gleiche Kraft an der Quelle Q_1, die auf die Quelle Q_2 gerichtet ist. Beide Quellen üben daher aufeinander eine anziehende Kraft aus, die Bjerknes-Kraft, deren Größe bestimmt ist durch

$$K'_{\text{anz}} = \frac{\varrho}{4\pi} \cdot \frac{Q_1 \cdot Q_2}{r^2}. \qquad (278)$$

Man erhält also einen Ausdruck, der dem Coulombschen Gesetz bei elektrischen und magnetischen Kraftfeldern entspricht. Doch besteht ein auffallender Unterschied in der Richtung der auftretenden Kräfte, weil sich in der Hydrodynamik gleichnamige Singularitäten (Quellen oder Senken) gerade anziehen, während sich die ungleichnamigen (eine Quelle und eine Senke) abstoßen.

Die Kräfte auf Wirbel, die den Helmholtzschen Wirbelsätzen nicht gehorchen, kann man nach Prandtl und Lagally dadurch aus den Eulerschen Gleichungen ablesen, daß man eine stationäre wirbelfreie Außenströmung um einen Körper herum annimmt, in dessen Innerem Wirbel auftreten mögen. Um die Außenströmung stationär zu erhalten, ist man dann gezwungen, die Wirbel der Innenströmung am Orte festzuhalten. Überall in der Außenströmung gilt dabei die Bernoullische Gleichung der stationären wirbelfreien Strömung. Man kann dasselbe Druckgesetz auch für die hypothetische Innenströmung erhalten, wenn man nur an den Orten, wo Wirbel auftreten, die bisherige Massenkraft $\mathfrak{P}$ durch eine Gesamtkraft $\mathfrak{P} + \mathfrak{P}''$ ersetzt, die mit dem Anteil $\mathfrak{P}''$ die Reaktion $\mathfrak{k}''$ an den Wirbeln im Gleichgewicht hält. Setzt man die Komponenten dieser Gesamtkraft in die Bewegungsgleichungen von Euler (Gl. (239)) ein, so kann man dann die Zusatzkraft $\mathfrak{P}''$ mit den Komponenten X'', Y'', Z'' auf die linke Seite bringen und zur Beseitigung der störenden Glieder für die Aufstellung der Bernoullischen Gleichung benutzen, wenn man ihnen gerade folgende Werte gibt (vgl. Gl. (246)):

$$X'' = w \cdot \left(\frac{\partial u}{\partial z} - \frac{\partial w}{\partial x}\right) - v \cdot \left(\frac{\partial v}{\partial x} - \frac{\partial u}{\partial y}\right) = w \cdot \mathrm{rot}_y\, \mathfrak{v} - v \cdot \mathrm{rot}_z\, \mathfrak{v},$$

$$Y'' = u \cdot \left(\frac{\partial v}{\partial x} - \frac{\partial u}{\partial y}\right) - w \cdot \left(\frac{\partial w}{\partial y} - \frac{\partial v}{\partial z}\right) = u \cdot \mathrm{rot}_z\, \mathfrak{v} - w \cdot \mathrm{rot}_x\, \mathfrak{v},$$

$$Z'' = v \cdot \left(\frac{\partial x}{\partial y} - \frac{\partial v}{\partial z}\right) - u \cdot \left(\frac{\partial u}{\partial z} - \frac{\partial w}{\partial x}\right) = v \cdot \mathrm{rot}_x\, \mathfrak{v} - u \cdot \mathrm{rot}_y\, \mathfrak{v},$$

oder in Vektorform:

$$\mathfrak{P}'' = [\mathrm{rot}\, \mathfrak{v} \cdot \mathfrak{v}] = -\mathfrak{k}''.$$

Wie man leicht nachrechnet, liefert das neue Gesamtkraftfeld $\mathfrak{P} + \mathfrak{P}''$ bei ruhenden Wirbeln gerade die Bernoullische Gleichung der stationären Strömung, die sonst nur für wirbelfreie Strömungen gilt. Dieses Gesamtkraftfeld erzwingt das Gleichgewicht der Strömung und hebt daher mit dem Anteil $\mathfrak{P}''$ die Reaktionen $\mathfrak{k}''$ an den Wirbeln auf. Die Reaktionen $\mathfrak{k}''$ sind nun noch über die Massen des Innenraumes des Körpers oder wenigstens über alle drehenden Massenteilchen zu integrieren. Die

Integration gelingt am einfachsten, wenn man den Raum nach den Wirbelröhren fasert und als Integrationselemente den Röhren-querschnitt dF multipliziert mit dem Fortschritt auf dem Wirbel-faden ds wählt:

$$\mathfrak{K}'' = \iiint \mathfrak{k}' \cdot \varrho \cdot dx \cdot dy \cdot ds = -\iint \varrho \cdot [\text{rot } \mathfrak{v} \cdot \mathfrak{v}] \cdot dF \cdot ds.$$

Vertauscht man in dieser Gleichung den Platz und den Vektor-charakter der beiden gleichgerichteten Vektoren rot $\mathfrak{v}$ und $d\mathfrak{s}$, so kann man rot $\mathfrak{v} \cdot dF$ durch die Wirbelstärke $d\Gamma$ des Wirbel-fadens ersetzen und erhält die Kutta-Joukowsky-Kraft:

$$\mathfrak{K}'' = -\iint \varrho \cdot [d\mathfrak{s} \cdot \mathfrak{v}] \cdot d\Gamma. \tag{279}$$

Die Reaktionen an den einzelnen Wirbelstücken zeigen demnach in die Richtung entgegengesetzt (!) dem Mittelfinger der rechten Hand, wenn man wie bei einem elektri-schen Stromleiter im Magnetfeld den Daumen in die Richtung der Wirbel-achse (im Sinne der Rechtsschraubung seiner Drehung) und den Zeigefinger in die Richtung der Strömung hält. Auch an den Wirbeln ergibt sich daher wie-der eine Kraftwirkung, die den Kräften am elektrischen Stromleiter entspricht, doch findet man auch hier nach der Ampèreschen Regel das entgegenge-setzte Vorzeichen. Gleichgerichtete ge-rade Wirbelfäden stoßen einander dem-nach ab, während sich entgegengesetzt gerichtete anziehen, wenn sie sich ruhend in der unendlich ausgedehnten Flüssig-keit befinden. Quellen und Wirbel ergeben miteinander Dreh-momente (vgl. Abb. 100).

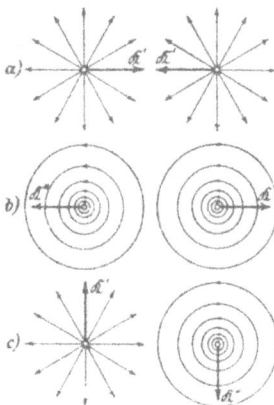

Abb. 100. Kräfte auf Quellen, Senken und Wirbel.
a) Anziehung zweier Quellen.
b) Abstoßung zweier gleichsinni-ger Wirbel.
c) Moment von Quelle und Wirbel.

Der Nutzen, den die Einführung der Innenströmung bringt, liegt nicht allein in der Analogie zu den magnetischen und elek-trischen Feldern, man kann mit ihrer Hilfe auch sehr allgemein die Reaktionen untersuchen, die an umströmten Körpern über-

haupt auftreten können. In § 57 ist die Umströmung eines Zylinders untersucht, der sich in einer Parallelströmung befindet.
Man erkennt die äußere Anblasung durch eine Parallelströmung
an der Geschwindigkeitsverteilung in großer Entfernung vom
Zylinder, während die Parallelströmung in der Nähe des Zylinders durch seine Anwesenheit verändert wird. Diese Veränderung schreiben wir nun den Quellen, Senken und Wirbeln seiner
Innenströmung zu, deren Geschwindigkeitsfelder sich mit der
äußeren Anblasung linear superponieren müssen, wenn außer
den angenommenen Wirbeln, Quellen und Senken keine weiteren
vorkommen sollen. Die Gesamtheit aller Reaktionen besteht daher einerseits aus den von der gegenseitigen Anblasung der
Singularitäten herrührenden gegenseitigen Reaktionen, dazu
kommen noch Reaktionen, herrührend von der äußeren Anblasung. Die gegenseitigen Reaktionen von Quellen und Senken
heben sich auf, ebenso die von Wirbeln untereinander. Die
Drehmomente von Quellen und Wirbeln heben sich dagegen nur
dann auf, wenn gleich starke Quellen und Senken oder nur geschlossene Wirbelringe im Inneren eines Körpers auftreten.
Die äußere Anblasung ist in unserem Falle eine Parallelströmung, die an den Senken eine Kraft in der Strömungsrichtung,
also einen Widerstand, hervorruft, während an den Quellen die
entgegengesetzten Kräfte, also Vortriebe, entstehen. Ein starrer
Körper muß nun aber in seinem Inneren stets ebenso starke
Quellen wie Senken besitzen, damit durch eine Kontrollfläche
an der Körperoberfläche weder eine Flüssigkeitsmenge austritt,
noch eine eintritt. In einer Parallelströmung und nur in einer
solchen müssen sich daher die Reaktionen der hypothetischen
Quellen und Senken gerade aufheben.

Als Reaktionen in einer Parallelströmung bleiben daher nur
diejenigen übrig, die an Wirbeln auftreten und daher senkrecht
zur Anblasung stehen; sie liefern den **Kutta-Joukowsky**-
schen Auftrieb. Doch ist auch dieser noch an die Bedingung
geknüpft, daß es sich nicht um geschlossene Wirbel im Inneren
des Körpers handelt. Bei der ebenen Strömung ist ein derartiger im Inneren nicht geschlossener Wirbel möglich, indem

sich die Wirbelachse nach beiden Seiten ins Unendliche erstreckt. Für einen Zylinder in ebener Strömung hatten wir im
vorigen Paragraphen den Auftrieb aus den Drücken am Umfang des Zylinders berechnet. Bei einer Anblasegeschwindigkeit
V und einer Zirkulation um den Zylinder gleich der Wirbelstärke des hypothetischen Innenwirbels in der Achse des Zylinders vom Betrage $\Gamma = B \cdot R^2 \cdot 2\pi$ ergibt sich ein Auftrieb Y
für die Längeneinheit des Zylinders in der Richtung der Achse
gemessen vom Betrage (Gl. (276))

$$Y = - \varrho \cdot V \cdot (B \cdot R^2 \cdot 2\pi) = - \varrho \cdot V \cdot \Gamma. \qquad (280)$$

Dieser Auftrieb entspricht genau der Kutta-Joukowsky-Kraft

$$\mathfrak{R}_y{}'' = - \int \varrho \cdot \mathfrak{v}_x \cdot \Gamma \cdot dz. \qquad (281)$$

§ 59. Die Energie des Geschwindigkeitsfeldes.

Die Energie eines Geschwindigkeitsfeldes ist einfach durch
die kinetische Energie $\frac{1}{2}\mathfrak{v}^2$ dargestellt, die über die ganze Masse
der Flüssigkeit integriert werden muß. Durch den häufigen
Gebrauch der Bernoullischen Gleichung für stationäre Strömung dürften jedoch gewisse Zweifel an der Richtigkeit dieser
Behauptung entstehen, die zerstreut werden sollen. Wohl sind
in der Bernoullischen Gleichung in der Form $\frac{1}{2}\mathfrak{v}^2 + \mathbf{V} + \frac{p}{\varrho}$
= konst. alle Glieder als Energien zu deuten, doch ist die Be-
zugsgröße hier die stationär hindurchströmende Flüssigkeit,
daher bedeutet es einen Arbeitsgewinn, wenn die Flüssigkeit
mit höherem Druck geliefert wird als sie entlassen werden
kann. Ist die Bezugsgröße dagegen die vorhandene Flüssigkeit,
etwa die Flüssigkeit in einem Kessel, so ist die Arbeit, die
etwa in dem augenblicklichen Druck im Wasserkessel steckt,
bei volumbeständiger Flüssigkeit und unausdehnbarem Kessel
gleich Null, denn sobald ein Tropfen aus dem voll gefüllten
Kessel ausströmt, ist der Druck verschwunden. Als einzige
aufgespeicherte Energie bleibt neben der potentiellen Energie
$\mathbf{V}$, die sich an einem Orte nicht ändert, nur noch die kinetische Energie einer Flüssigkeitsbewegung, die allmählich in

Wärme verwandelt wird, wenn man keinen Nutzen aus ihr zieht.

Stellt man die Bewegung von Körpern in einer ruhenden Flüssigkeit (Abb. 99 b) durch eine Strömung mit Wirbeln, Quellen und Senken im Körperinnern dar, so ist zu vermuten, daß das gesamte Geschwindigkeitsfeld seine Energien dadurch bekommt und verliert, daß bei der Bewegung der Quellen, Senken und Wirbel äußere Arbeiten gegen die gegenseitigen Anziehungs- und Abstoßungskräfte geleistet werden müssen. Versucht man nun zunächst aus der Richtung der auftretenden Kräfte zu ersehen, ob eine derartige Auffassung möglich ist, so ergibt sich bei den Wirbeln ein vernünftiges Vorzeichen: Zwei gegenläufige Wirbel ziehen einander an. Sind sie gleich stark, so verschwindet das Feld, wenn man sie auf dieselbe Wirbelachse bringt. Entfernt man sie dagegen voneinander, wobei wegen der Anziehung der Wirbel eine äußere Arbeit zu leisten ist, so erhöht sich die Energie des Geschwindigkeitsfeldes. Aber bei der Untersuchung einer Quelle und einer Senke scheint die berechnete Abstoßungskraft widersinnig zu sein. Denn auch diese beiden Singularitäten löschen das Geschwindigkeitsfeld aus, wenn man sie an denselben Punkt bringt und sie dem Betrage nach gleiche Stärke besitzen. Bei der Entfernung der beiden Singularitäten voneinander gewinnt man nun einerseits aus der Abstoßungskraft eine äußere Arbeit, andererseits vergrößert sich aber gleichzeitig noch die Energie des Geschwindigkeitsfeldes. In dieser Energiebetrachtung muß daher unbedingt ein Fehler enthalten sein. Bei genauerem Zusehen findet man diesen Fehler darin, daß bei diesem Vorgang einfach darüber verfügt wird, daß die Quellstärke und die Senkenstärke bei der Bewegung erhalten bleiben. Bei der stationären Strömung sind auch tatsächlich keinerlei Energien nötig, um die Flüssigkeit, die in den Senken verschwindet, durch die Quellen wieder austreten zu lassen, denn nach der Bernoullischen Gleichung der stationären Strömung ohne Wirbel bleibt die Energie der strömenden Flüssigkeit erhalten. Ganz anders liegen die Verhältnisse bei der sicher

nichtstationären Entfernung zweier Singularitäten voneinander.
Nach § 55 ergeben sich dabei zusätzliche Druckdifferenzen, und
wir werden vermuten dürfen, daß gerade hierdurch der Energie-
satz wieder vollständig wird.

Die äußere Arbeit der bisher allein betrachteten Reaktionen,
der sogenannten „ponderomotorischen" Kräfte, ergibt, wenn eine
Quelle Q_2 gegenüber einer Quelle Q_1 von der Entfernung a
bis zur Entfernung b verschoben wird, nach Gl. (277) u. (278)

$$\mathbf{A} = -\int_a^b \mathfrak{R}_2' \cdot d\mathfrak{s} = \varrho \cdot Q_2 \cdot \int_a^b \mathfrak{v}_1 \cdot d\mathfrak{s} = \varrho \cdot Q_2 (\Phi_{1b} - \Phi_{1a})$$
$$= \frac{\varrho\, Q_1 \cdot Q_2}{4\pi}\left(\frac{1}{a} - \frac{1}{b}\right).$$

Bei der Verschiebung der Quelle Q_2 ergibt sich aber auch ein
zusätzlicher Überdruck p_i am Orte der Quelle Q_1 gegenüber
einem Punkt in großer Entfernung von beiden Quellen. Man
benötigt daher zur Aufrechterhaltung der Quellstärke Q_1 eine
Pumpe, die eine Arbeit $\mathbf{A}_1$ aufwenden muß, für die nach Gl.
(257) bzw. (261) gilt

$$\mathbf{A}_1 = \int_a^b Q_1(p_{i1} - p_{i\infty}) \cdot dt = -\int_a^b Q_1 \cdot \varrho \cdot \left\{\left(\frac{\partial\Phi}{\partial t}\right)_1 - \left(\frac{\partial\Phi}{\partial t}\right)_\infty\right\} \cdot dt$$
$$= -\varrho \cdot Q_1(\Phi_{2b} - \Phi_{2a}) = -\frac{\varrho \cdot Q_1 \cdot Q_2}{4\pi}\left(\frac{1}{a} - \frac{1}{b}\right) = -\mathbf{A}.$$

Durch die Arbeit der Pumpe an der Quelle Q_1 wird die Arbeit der ponderomotorischen Kräfte bereits aufgehoben, doch
muß auch die Quellstärke Q_2 noch erhalten bleiben, wofür noch
eine weitere Pumparbeit zu leisten ist, die man am besten berechnet, wenn man ihr Wasser ebenfalls aus dem Unendlichen
entnimmt und nun die Quelle Q_2 als ruhend betrachtet. Man
erhält dann die Arbeit $\mathbf{A}_2$:

$$\mathbf{A}_2 = \int_a^b Q_2(p_{i2} - p_{i\infty}) \cdot dt = -\varrho \cdot Q_2(\Phi_{1b} - \Phi_{1a}) = -\mathbf{A}.$$

Die im ganzen zu leistenden äußeren Arbeiten sind demnach
$\mathbf{A} + \mathbf{A}_1 + \mathbf{A}_2 = \mathbf{A} - 2\mathbf{A} = -\mathbf{A}$, sie haben also gerade das um-

gekehrte Vorzeichen der Arbeit durch die ponderomotorischen Kräfte allein. Hieraus können wir den Schluß ziehen, daß tatsächlich in der Hydrodynamik genau wie in der Elektrodynamik die Feldenergie aus der Arbeit der ponderomotorischen Kräfte und der Arbeit zur Erzeugung und Aufrechterhaltung der Singularitäten gedeckt wird. Ergeben die ponderomotorischen Kräfte dabei allein schon einen sinnvollen Beitrag, so dürfen die betreffenden Singularitäten von Natur aus erhalten bleiben. Das trifft in der Elektrodynamik für die Elektrizitätsmengen und die Magnetpole zu, in der Hydrodynamik gilt dies für die Wirbel. Man kann es demnach als die allgemeinste Aussage der Helmholtzschen Wirbelsätze bezeichnen (die in ihnen gar nicht explizit angegeben wird!), daß die Wirbel in demselben Sinne einem Erhaltungssatz unterliegen wie die Elektrizitätsmengen und die Magnetpole. Das heißt, Wirbel können nur dadurch verschwinden, daß man einen Wirbelring auf eine Linie oder einen Punkt zusammenschließt oder daß man zwei Wirbelringe mit entgegengesetzt gleicher Wirbelstärke zur Deckung bringt; ebenso können auch nur durch den umgekehrten Vorgang neue Wirbel erzeugt werden. Haben die ponderomotorischen Kräfte ein solches Vorzeichen, daß die Feldenergie bei konstanter Stärke der Singularitäten nicht aus ihrer Arbeit zu decken ist, so muß bei den Verschiebungen derartiger Singularitäten eine Erhaltungsarbeit geleistet werden. Da in der Elektrodynamik in diesem Falle an den stromdurchflossenen Leitern Arbeiten gegen die „induzierten elektromotorischen Kräfte" geleistet werden, wollen wir auch in der Hydrodynamik von dem hydrodynamischen Induktionsgesetz sprechen und dementsprechend die nichtstationären Glieder der Bernoullischen Gleichung als die „induzierten hydromotorischen Kräfte" oder die „induzierten Drücke" bezeichnen. Während in bezug auf das sie umgebende Feld einerseits die Quellen und Senken den elektrischen und magnetischen Polen und andererseits die Wirbel den elektrischen Stromleitern entsprechen, ist in bezug auf das Induktionsgesetz gerade eine Analogie zwischen Wirbeln und Polen sowie zwischen Quellen,

27*

Senken und Stromleitern zu finden. Dies ist der tiefere Sinn der Tatsache, daß die Kraftgesetze an den Singularitäten immer das entgegengesetzte Vorzeichen haben, wenn man die Hydrodynamik mit der Elektrodynamik vergleicht. In der ebenen Behandlung der Strömungen erscheinen beide Arten der Singularitäten als Punkte, hier kann man eine direkte Analogie zur Elektrodynamik der Ebene herstellen, wenn man die elektrischen bzw. magnetischen Potentiale mit den hydrodynamischen Stromlinien gleichsetzt und die elektrischen bzw. magnetischen Kraftlinien mit den Strömungspotentialen. Will man das Induktionsgesetz benutzen, so lassen sich bei der elektrodynamischen Analogie nur die Magnetfelder in entsprechender Weise heranziehen. Hiervon wird in § 62 Gebrauch gemacht zur Ableitung der Wirbelverteilung hinter einem Tragflügel.

Gehen wir nun aber an die eigentliche Aufgabe, die Feldenergie in den früher angegebenen Strömungen wirklich auszurechnen, so müssen wir diese Lösungen zunächst aus einem Koordinatensystem betrachten, bei dem die Flüssigkeit in großer Entfernung vom Körper ruht, wenn sich überhaupt endliche Energiebeträge ergeben sollen. Wir müssen also die Körper als bewegt ansehen, während die Flüssigkeit, soweit sie vom Körper nicht verdrängt wird, ruht. Statt der Umströmung ist also die „Verdrängungsströmung" zu betrachten, die man aus der Umströmung dadurch erhält, daß man die frühere Geschwindigkeit w_1 in großer Entfernung vom Körper von allen Geschwindigkeiten w der Umströmung abzieht. Die Geschwindigkeitsverteilung der Verdrängungsströmung $w_2 = w - w_1$ läßt sich nicht konform mit dem Körper abbilden, weil sie den Körperrand nicht zur Stromlinie hat. Dies ist auch bei der Berechnung der Feldenergie zu beachten.

Zur Vereinfachung der Rechenarbeit kann man die Tatsache benutzen, daß ein Integral, das sich über eine Fläche erstrecken soll, vielfach durch ein Integral mit einem anderen Integranden ersetzt werden kann, das nur auf der Randlinie der Fläche zu berechnen ist. Nach Gl. (245) gilt nämlich zunächst für ein Flächenelement $dF = dx \cdot dy$:

$$d\Gamma = \oint_{\text{Rand von } dF} \mathfrak{v} \cdot d\mathfrak{s} = \operatorname{rot}_z \mathfrak{v} \cdot dx\, dy.$$

Außerdem lassen sich die Randintegrale von mehreren zusammenhängenden Flächenelementen dF zu dem Randintegral der gesamten

Fläche F zusammensetzen (Abb. 90). In komplexer Schreibweise wird dies durch die Gleichung ausgedrückt:

$$\Gamma = \oint_{\text{Rand von } F} Re(w \cdot d\bar{z}) = \int_0^F Im\left(2 \cdot \frac{\partial}{\partial z} w\right) \cdot dF = -2 \int_0^F Re\left(i \cdot \frac{\partial}{\partial z} w\right) \cdot dF.$$

Hierbei wird von der Geschwindigkeit weiter nichts verlangt, als daß sie eine beliebige Ortsfunktion $f(z, \bar{z})$ darstellt. Wendet man obige Beziehung auch auf die Funktion $- i \cdot f(z, \bar{z})$ an, die natürlich ebenfalls eine beliebige Ortsfunktion ist, so erkennt man, daß obige Umformung der Funktion $f(z, \bar{z})$ auch für den Imaginärteil gültig ist. Läßt man daher die Beschränkung auf den Realteil an beiden Seiten der Gleichung fort, so erhält man bei Vertauschung der beiden Seiten den vereinigten Gauß-Stokesschen Integralsatz für die Ebene:

$$\int 2i \cdot \frac{\partial}{\partial z} f(z, \bar{z}) \cdot dF = -\oint f(z, \bar{z}) \cdot d\bar{z}$$

oder $\qquad \int 2i \cdot \frac{\partial}{\partial \bar{z}} f(z, \bar{z}) \cdot dF = \oint f(z, \bar{z}) \cdot dz.$

$\qquad(282)$

Da die Geschwindigkeit w_2 ein Potential Φ_2 besitzt, für das die Beziehung gilt:

$$w_2 = \text{grad } \Phi_2 = 2 \cdot \frac{\partial}{\partial \bar{z}} \Phi_2 = f(\bar{z}),$$

so läßt sich die Strömungsenergie E der ebenen Strömung durch Anwendung des Gauß-Stokesschen Integralsatzes auf die Form bringen:

$$E = \frac{1}{2} \int \varrho \cdot w_2 \overline{w_2} \cdot dF = \frac{1}{2} \varrho \int 2 \cdot \frac{\partial}{\partial \bar{z}} (\Phi_2 \cdot \overline{w_2}) \cdot dF$$

$$= -\frac{1}{2} \varrho i \oint \Phi_2 \cdot \overline{w_2} \cdot dz.$$

Das Randintegral bekommt nur dann das richtige Vorzeichen, wenn die zu integrierende Fläche beim Umlaufen an der linken Seite der Randlinie liegt. Für die den Körper umgebende Strömung bleiben dann zwei Ränder, der äußere Rand in großer Entfernung vom Körper, der wie üblich im Sinne wachsender Winkel zu umfahren ist, und der innere Rand auf dem Umfang des Körpers, der aber entgegen der Richtung wachsender Winkel zu umlaufen ist, weil das Innere dieses Randes nicht zu der Strömungsenergie beitragen soll. Für den äußeren Rand ergibt sich jedoch immer der Wert Null, wenn das Potential Φ_2 endlich bleibt und die Geschwindigkeit w_2

in großer Entfernung vom Körper verschwindet. Es bleibt daher in den meisten Fällen nur das Integral auf dem inneren Rand, das bei Zeichenwechsel im gewöhnlichen Umlaufsinn auf dem Rande des Körpers zu ermitteln ist:

$$E = \tfrac{1}{2}\varrho\, i \oint \Phi_2 \cdot \overline{w_2} \cdot dz$$

Die Feldenergie E ist sicher eine reelle Größe, man braucht daher nur den Imaginärteil von dem Randintegral mit $Im(\overline{w_2} \cdot dz) = d\,\Psi_2$ zu berücksichtigen, der den Faktor i erhält. Zerlegt man das Potential und die Stromfunktion in die Teile: $\Phi_2 = \Phi - \Phi_1$ und $d\,\Psi_2 = d\,\Psi - d\,\Psi_1$, so ist $d\,\Psi$ auf dem Rand des Körpers Null, weil der Rand für die Strömung w selbst Stromlinie ist. Es bleibt dann tatsächlich nur noch

$$E = \tfrac{1}{2}\varrho \oint (\Phi - \Phi_1)\cdot d\,\Psi_1 = \tfrac{1}{2}\varrho \oint Re(\chi - \chi_1)\cdot Im(d\chi_1). \quad (283)$$

Für den umströmten Zylinder fanden wir das Strömungspotential $\chi = V\left(z + \dfrac{R^2}{z}\right)$, daher wird $\chi_1 = V \cdot z$. Auf dem Kreise können wir wegen $z \cdot \bar{z} = R^2$ auch schreiben

$$Re(\chi - \chi_1) = Re\left(V \cdot \frac{R^2}{z}\right) = Re(V \cdot \bar{z}) = V \cdot x,$$

$$Im(\chi_1) = Im(V \cdot z) = V \cdot y.$$

Das auszuwertende Integral ergibt dabei gerade die Kreisfläche

$$E = \tfrac{1}{2}\varrho\, V^2 \oint x \cdot dy = \tfrac{1}{2}\varrho\, V^2 \cdot R^2 \pi. \quad (284)$$

V bezeichnet den Betrag der Geschwindigkeit, mit der sich der Zylinder in der im Unendlichen ruhenden Flüssigkeit bewegt. Die eigene kinetische Energie des Zylinders, die sich nach seiner eigenen Masse richtet, wird hierbei noch durch die kinetische Energie der bewegten Flüssigkeit vermehrt, die genau wie die eigene kinetische Energie bei der Beschleunigung zu erzeugen und bei der Verzögerung zurückzugewinnen ist. Man nennt daher die durch $\tfrac{1}{2}V^2$ dividierte Energie E die „scheinbare" Masse des Körpers in der Flüssigkeit. Beim Zylinder ist die scheinbare Masse zufällig gleich der Masse der verdrängten Flüssigkeit, auch ist sie für alle Bewegungsrichtungen die gleiche. Bei der ebenen unendlich dünnen Platte, deren Geschwindigkeitsfeld wir für die Bewegung tangential und normal zur Fläche kennen, gelten quantitativ andere Gesetze.

Aus Gl. (273) finden wir für die normal zur Fläche bewegte Platte das Strömungspotential $\chi = V \cdot \sqrt{4R^2 - Z^2}$ und $\chi_1 = -iVZ$. Auf der Platte selbst ist $Z = X$, und man erhält

$$Re(\chi - \chi_1) = \pm V \cdot \sqrt{4R^2 - X^2},$$
$$Im(\chi_1) = -V \cdot X.$$

Auch hier liefert die Integration gerade eine Kreisfläche

$$E = \mp \tfrac{1}{2} \varrho V^2 \oint \sqrt{4R^2 - X^2} \cdot dX = \tfrac{1}{2} \varrho V^2 \cdot 4R^2 \pi. \qquad (285)$$

Die scheinbare Masse der Platte bei ihrer Bewegung normal zur Fläche ist also gleich der von einem Zylinder verdrängten Flüssigkeitsmasse, dessen Durchmesser gleich der Plattenbreite $4R$ ist. Bei tangentialer Bewegung gibt es natürlich keine scheinbare Masse für die ebene unendlich dünne Platte.

§ 60. Die Theorie der Turbinen und Pumpen.

Wasserturbinen erreichen sehr hohe Wirkungsgrade, so daß anzunehmen ist, daß man deren Wirkungsweise mit der reibungslosen Hydrodynamik erklären kann. Bei Pumpen ist der Wirkungsgrad nicht ganz so gut, weil eine Strömung mit Druckanstieg von der Reibung stärker beeinflußt wird als eine Strömung mit Druckgefälle (siehe § 66). Theoretisch arbeiten aber beide Strömungsmaschinen in gleicher Weise.

1. Die Eulersche Turbinengleichung. Schon an einer anderen Stelle dieses Bandes ist das Moment K an einem Turbinenrade mit Hilfe des Impuls- oder Flächensatzes abgeleitet. Dort ist folgender Wert für dieses Moment angegeben (§ 22, Gl. (108)):

$$K = M(v_2 \cdot \cos \alpha_2 \cdot r_2 - v_1 \cdot \cos \alpha_1 \cdot r_1),$$

wobei M die Durchflußmasse in der Zeiteinheit, v_1 und v_2 die mittleren absoluten Wassergeschwindigkeiten am Ein- und Austritt in das Laufrad, α_1 und α_2 die mittleren Winkel zwischen der Wassergeschwindigkeit und der Umfangsgeschwindigkeit des Rades und r_1 und r_2 die Ein- und Austrittsradien des Laufrades bezeichnen.

2. Die Föttingersche Gleichung. Die Reaktionen zwischen den umströmten Turbinen- oder Pumpenschaufeln und dem

hindurchströmenden Wasser müssen sich auch aus den Kräften
auf die Singularitäten der hypothetischen Innenströmung in
den Schaufeln berechnen lassen. Während die Quellen und
Senken in der divergenten
oder konvergenten Strömung
der Pumpe (Abb. 101) zwar
einen radialen Druck oder Zug
auf das Schaufelrad ausüben
können — die Geschwindigkeit
am Orte der Quelle kann ja
verschieden sein von der Geschwindigkeit am Orte der
gleich starken Senke —, liefert
auch hier nur ein nicht geschlossener Wirbel in der Schaufel das nutzbare Moment. Liegt
die Wirbelachse auf dem Ra-

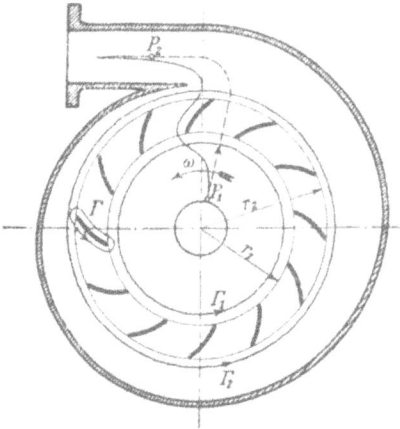

Abb. 101. Kreiselpumpe.

dius r und hat die Schaufel dort die Breite b, so wird der
Wirbel Γ in einer Schaufel in radialer Richtung mit der Geschwindigkeit v_r angeströmt, die sich aus der Durchflußmasse M
ergibt:

$$v_r = \frac{M}{\varrho \cdot b \cdot 2\,r\,\pi}.$$

Die Kutta-Joukowsky-Kraft auf den Wirbel in tangentialer
Richtung ergibt dann ein Moment K_1 für eine Schaufel nach
Gl. (281):

$$K_1 = r \cdot \varrho \cdot v_r \cdot \Gamma \cdot b = \frac{\Gamma}{2\,\pi} \cdot M.$$

Der Radius r und die Kanalbreite b am Orte des Wirbels
fallen für das Moment völlig heraus, so daß die Beschränkung
auf einen einzigen konzentrierten Wirbel unnötig ist. Bei n
Schaufeln erhält man im ganzen das Moment

$$K = n \cdot K_1 = M \cdot \frac{n \cdot \Gamma}{2\,\pi}.$$

Legt man nun eine geschlossene Linie auf dem Radius r_1 um
die Schaufeln, so findet man auf ihr die Zirkulation (Abb. 101)

$$\Gamma_1 = \oint v \cdot \cos \alpha \cdot ds_1 = v_1 \cdot \cos \alpha_1 \cdot 2\,r_1 \cdot \pi,$$

wenn v_1 und α_1 wieder die Mittelwerte wie oben darstellen. Eine entsprechende Zirkulation Γ_2 findet man auch auf dem Austrittskreis. Weil die Strömung selbst wirbelfrei ist, muß die Zirkulation aller n Schaufeln aber gerade durch die Differenz $\Gamma_2 - \Gamma_1$ dargestellt sein. Die F ö t t i n g e r sche Gleichung stimmt daher genau mit der E u l e rschen überein:

$$ K = M \cdot \frac{\Gamma_2 - \Gamma_1}{2\pi} = M \cdot (v_2 \cdot \cos \alpha_2 \cdot r_2 - v_1 \cdot \cos \alpha_1 \cdot r_1). $$

3. D a s h y d r o d y n a m i s c h e I n d u k t i o n s g e s etz. Die beiden vorangehenden Ansätze berechnen die Drehmomente am Laufrad. Aus der mechanischen Arbeit findet man dann schnell über den 100 prozentigen Wirkungsgrad einer idealen Strömung den Druckunterschied beim Zu- und Abströmen. Mit Hilfe des Induktionsgesetzes kommt man jedoch unmittelbar auf einen Ausdruck für die Druckdifferenz. Die bewegten Wirbel der hypothetischen Strömung im Inneren der Laufschaufeln erzeugen nämlich in der Strömung ein induziertes Druckfeld p_i, dessen Wert man nach Gl. (259) berechnen kann.

In einer radialen Kreiselpumpe nach Abb. 101 soll die Druckdifferenz am Austritt gegenüber dem Eintritt bestimmt werden. Wir wählen daher zwei Punkte P_1 und P_2 am Ein- und Austritt der Pumpe und legen eine flüssige Verbindungslinie durch das Laufrad hindurch von P_1 nach P_2. Jetzt soll die zeitliche Änderung des Linienintegrales nach Gl. (259) auf dieser Verbindungslinie bestimmt werden. Da es nicht auf einen Momentwert der Druckdifferenz sondern auf den zeitlichen Mittelwert ankommt, kann man eine endliche Zeitdifferenz betrachten. Zweckmäßig wird man diese Zeit so wählen, daß das Laufrad sich um eine Schaufelteilung oder eine ganze Anzahl von Schaufelteilungen gedreht hat, dann besteht am Ende und am Anfang dieser Zeit an jedem Punkte der Pumpe dieselbe Geschwindigkeit. Man kann dann also die Anfangslage der flüssigen Verbindungslinie und die Endlage in ein und demselben Augenblick auswerten. Wählen wir die Zeit der Drehung um die einfache Teilung der Laufschaufeln, so ist die verstrichene Zeit bei n Schaufeln und einer Winkelgeschwindigkeit ω des Rades $\varDelta t = \dfrac{2\pi}{n \cdot \omega}$. Die Differenz der Linienintegrale erhält man, wenn man auf der späteren Verbindungslinie von P_1 nach P_2 geht und auf der ursprünglichen von P_2 nach P_1 zurückgeht. Das Integral besteht somit aus einem geschlossenen Weg in einem Momentbild der Geschwindigkeitsverteilung und bedeutet daher eine Zirkulation. Da die wirkliche Strömung wirbelfrei verlaufen soll, ist nur wesentlich, daß der geschlossene

Weg eine Laufschaufel umschließen muß, wenn man die flüssige Verbindungslinie so legt, daß selbst eine Schaufel mit scharfer Vorderkante die Linie nicht zerschneiden kann. Bei der schematisch gezeichneten Drehrichtung in Richtung wachsender Winkel und der Zirkulation um die Schaufeln mit gleichem Drehsinn ergibt sich, daß die zeitliche Differenz des Linienintegrales gerade gleich der negativen Zirkulation einer Schaufel, also gleich — Γ ist. Um hieraus den induzierten Druckunterschied zu ermitteln, ist lediglich noch notwendig, mit dem Faktor — ϱ zu multiplizieren und durch die verstrichene Zeit Δt zu dividieren:

$$p_{i2} - p_{i1} = - \varrho \cdot \frac{d}{dt} \left(\int_{P_1}^{P_2} \mathfrak{v} \cdot d\mathfrak{s} \right)_{\text{flüss.}} = - \varrho \cdot \frac{-\Gamma}{\Delta t} = \varrho \cdot n \cdot \frac{\omega}{2\pi} \cdot \Gamma.$$

Man erkennt hieraus, daß eine Förderung der Pumpe notwendig voraussetzt, daß eine Zirkulation um die Schaufeln herum vorhanden ist. Die Pumpenleistung ist nun einerseits durch die erzeugte Druckdifferenz multipliziert mit dem Fördervolumen $\frac{M}{\varrho}$ gegeben, andererseits ist sie durch das Drehmoment K des Laufrades multipliziert mit der Winkelgeschwindigkeit bestimmt. In beiden Fällen findet man den gleichen Wert

$$L = \frac{M}{\varrho} \cdot (p_{i2} - p_{i1}) = M \cdot n \cdot \frac{\omega}{2\pi} \cdot \Gamma = K \cdot \omega.$$

Hierdurch ist auch gleichzeitig nachgewiesen, daß bei der Drehung von Wirbeln um eine Quelle die Arbeit der ponderomotorischen Kräfte sich mit der Arbeit der induzierten Drücke aufhebt, während die Energie des Geschwindigkeitsfeldes bei der Drehung natürlich konstant bleibt.

§ 61. Der Anfahrwirbel in ebener Strömung.

Bei der Bewegung eines Körpers in ruhender Flüssigkeit oder ruhender Luft liefert die ideale Strömung als einzige Reaktion einen Auftrieb, der an die Bedingung geknüpft ist, daß in dem Körper ein nicht geschlossener Wirbel anzunehmen ist, daß also auf einer geschlossenen Linie um den Körper herum eine Zirkulation besteht. In der ebenen Strömung soll jetzt aber die Frage genauer geprüft werden, auf welche Weise eine derartige Zirkulation entstehen kann, wenn man den Körper zunächst in Ruhe betrachtet, wo sicher noch keine

Zirkulation vorhanden ist, und ihn dann auf eine gleichförmige
Geschwindigkeit bringt. Die Untersuchung läßt sich mit dem
in § 53 behandelten Thomsonschen Wirbelsatz vornehmen.

Nach dem Thomsonschen Wirbelsatz kann sich die Zirkulation auf einer geschlossenen flüssigen Linie mit der Zeit
nicht ändern. Dieser Satz setzt nur voraus, daß in der Umgebung der flüssigen Linie keine Flüssigkeitsreibung zu beachten
ist. Selbst wenn man um einen ebenen Tragflügel herum die
wirkliche Flüssigkeitsreibung der Luft berücksichtigen will
(vgl. § 66), beschränkt sich die nicht mehr vernachlässigbare
Reibung auf eine dünne Reibungsschicht an der Flügelhaut.
Es ist also auch in wirklichen Flüssigkeiten und Gasen möglich, eine Prüfung mit Hilfe des Thomsonschen Wirbelsatzes
vorzunehmen, wenn man die flüssige Linie nicht in allzu
geringe Entfernung von der Flügelhaut gelangen läßt. Legt
man daher vor dem Start des ebenen Tragflügels eine geschlossene flüssige Linie um den Flügel, die in der Bewegungsrichtung genügend Platz läßt, so kann sich so lange keine
Zirkulation auf dieser Linie einstellen, als der Flügel und
seine Reibungsschicht diese Linie nicht erreicht haben. Erhält
der Flügel überhaupt einen Auftrieb, so lassen sich also immer
noch flüssige Linien angeben, auf denen auch zu der Zeit noch
keine Zirkulation eingetreten sein darf, bei der der Flügel
selbst schon Auftrieb besitzt. Eine zweite geschlossene Linie
in geringerer Entfernung vom Flügel muß dann aber eine
Zirkulation besitzen. Verbindet man nun vor dem Flügel die
erste und die zweite geschlossene
Linie mit entgegengesetztem Umlaufsinn
(Abb. 102), so liegt zwischen den
beiden Linien jetzt ein Flüssigkeits-
gebiet, in dem ein Wirbel von der ent-

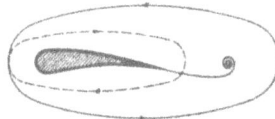

Abb. 102. Anfahrwirbel.

gegengesetzten Zirkulation gegenüber der um den Tragflügel
gemessenen vorhanden sein muß. Dieser Wirbel in der freien
Flüssigkeit unterliegt den Helmholtzschen Wirbelsätzen, er
muß sich daher mit der Flüssigkeit bewegen, die in diesem
Falle annähernd ruht. An dem Orte, an dem der Auftrieb des

Tragflügels bemerkbar wird, muß demnach ein annähernd
ruhender Wirbel in der Flüssigkeit zurückbleiben, der die
entgegengesetzte Zirkulation besitzt wie der sogenannte „tragende" Wirbel in dem Tragflügel. Beim Entfernen der beiden
Wirbel voneinander entsteht ein Widerstand, der nach § 59
zur Erzeugung des Geschwindigkeitsfeldes um die beiden Wirbel dient. Mit der Entfernung des ebenen Tragflügels von dem
Anfahrwirbel wird jedoch dieser Widerstand beständig kleiner,
so daß man hieraus keinen zahlenmäßigen Widerstand für die
stationäre Bewegung in großer Entfernung vom Anfahrwirbel
erhält. Die im ganzen zu leistende Arbeit steigt allerdings dabei über alle Grenzen, wenn auch nur sehr langsam und auf
einem entsprechend langen Weg des Flügels.

§ 62. Die Prandtlsche Tragflügeltheorie.

Bei der ebenen Strömung gibt es einen Wirbel in der
Innenströmung (Abb. 99) eines Tragflügels, der im Inneren
nicht zu einem Wirbelring geschlossen ist und auch nirgends
in die freie Strömung gelangt. Durch den Thomsonschen
Wirbelsatz wurde jedoch festgestellt, daß zu Beginn der Bewegung ein freier Wirbel von entgegengesetztem Drehsinn in
der Strömung auftritt. Betrachtet man nun aber zwei ruhende
Abschlußebenen der ebenen Strömung endlicher Tiefe als mit
zum Geschwindigkeitsfeld gehörig, so findet man an diesen
Ebenen Wirbelschichten, die den tragenden Wirbel im Flügel
mit dem Anfahrwirbel zu einem Wirbelring verbinden. Bei
der Bewegung eines Tragflügels endlicher Länge in ruhender
Luft von unbegrenzter Ausdehnung ist überhaupt nur der Fall
möglich, daß der tragende Wirbel durch einen freien Wirbel
zu einem Ring geschlossen ist. Die stationäre Strömung um
einen Tragflügel endlicher Länge, die man erhält, wenn die
Anfahrt beliebig weit zurückliegt, weist daher immer noch
freie Wirbel in der Nähe des Tragflügels auf, die als zwei
„Wirbelzöpfe" von den Enden des Tragflügels beliebig weit
nach rückwärts verlaufen. Da diese freien Wirbel den Helmholtzschen Wirbelsätzen unterliegen, sind die Wirbellinien zu-

gleich Stromlinien, damit sie stets aus denselben Flüssigkeitsteilchen bestehen können, ohne daß eine nichtstationäre
Strömung auftritt. Ist der Auftrieb des Tragflügels beliebig
klein, so verlaufen die Wirbel annähernd wie die Stromlinien
der zirkulationsfreien Umströmung des Tragflügels.

Die Kräfte zwischen den freien Wirbeln und dem tragenden
Wirbel treten dabei als neue Reaktionen des Tragflügels endlicher Spannweite
zu dem Jou-
kowskyschen
Auftrieb des re-
lativen Fahrtwin-
des hinzu. Sie be-
stehen aus einer

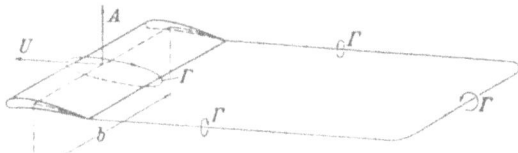

Abb. 103. Wirbel hinter einem Tragflügel (schematisch).

Anziehung, die auf den Tragflügel als ein Widerstand wirkt.
Dieser Widerstand kann in der idealen Strömung nur dazu
dienen, die Energie des Geschwindigkeitsfeldes aufzubringen,
und in der Tat bedeutet die ständige Verlängerung der freien
Wirbel zwischen dem bewegten Tragflügel und dem ruhenden
Anfahrwirbel eine dauernde Ausdehnung ihres Geschwindigkeitsfeldes. Die Tragflügeltheorie hat nun die Aufgabe, dieser Energie
des Wirbelfeldes nachzugehen (Abb. 103).

Im Beharrungszustand besteht die Veränderung des Geschwindigkeitsfeldes im wesentlichen darin, daß der mittlere
Teil der freien Wirbel beständig länger wird, während die
Geschwindigkeitsfelder um den Anfahrwirbel und um den
Tragflügel nahezu unverändert bleiben. Der mittlere Teil der
langen geraden freien Wirbel läßt sich aber bei genügender
Entfernung von Tragflügel und Anfahrwirbel als ebene Strömung ansehen. Der Widerstand des Tragflügels wird daher
dargestellt durch die Feldenergie um den mittleren Teil der
freien Wirbel zwischen zwei Ebenen im Abstand eins (= Wider-
standsarbeit auf dem Wege eins); denn der Tragflügel bewegt
sich gerade um dasselbe Stück vorwärts, um das die freien
Wirbel verlängert werden müssen. Bei geringer Zirkulation
um den Tragflügel und damit geringer Störung der Anblasung

durch das Wirbelfeld behalten die Wirbel bis zu der Ebene senkrecht zu dem Wirbelfeld noch dieselben Abstände, mit denen sie als freie Wirbel aus dem Tragflügel austreten. Könnte man daher die Zirkulation über die ganze Spannweite des Flügels voll ausnutzen, so erhielte man zwei einzelne Wirbel im Abstand der Spannweite b des Tragflügels.

Bei der Ausrechnung der Feldenergie zeigt sich aber, daß einzelne konzentrierte Wirbel nicht auftreten dürfen, weil das Geschwindigkeitsfeld in der Nähe der Wirbellinie einen unendlich großen Betrag erhält. Dies wird dadurch erklärlich, daß beim Zusammenfassen mehrerer schwächerer Wirbel zu einem stärkeren sich alle Geschwindigkeiten der einzelnen Geschwindigkeitsfelder addieren. Die Feldenergie steigt nun aber mit dem Quadrat der Geschwindigkeit, so daß man eine um so höhere Feldenergie bekommt, je näher die Wirbelstärken aneinander rücken. Da die in einer Wirbellinie zusammengefaßte Wirbelstärke nun aber sogar eine unendliche Energie darstellt, ist der Widerstand des Tragflügels endlicher Länge in empfindlicher Weise abhängig von der Gestalt des sich bildenden Wirbelfeldes. Erfreulicher wird die Berechnung des Widerstandes jedoch, wenn man die Frage etwas anders stellt und den geringsten Widerstand sucht, den ein Tragflügel gegebener Spannweite bei gegebenem Auftrieb haben kann. In der Nähe dieses Energieminimums wird dann eine etwas abweichende Gestalt des Wirbelfeldes den geringsten Einfluß auf die Feldenergie bekommen.

In erster Linie muß man dabei verlangen, daß sich für das Energieminimum ein endlicher Wert ergibt. Es entsteht daher die Frage, bei welcher Anordnung von Wirbelstärken überhaupt endliche Energiebeträge auftreten. Es liegt nahe, als Maß für die Konzentration der Wirbelstärke die Wirbeldichte oder die Drehung rot $\mathfrak{v}$ (Gl. (246)) anzusehen. Diese liefert erst dann einen endlichen Wert, wenn man die gegebenen Wirbelstärken in der Querschnittsebene nicht auf einen Punkt bringt, sondern auf einer endlichen Fläche verteilt; selbst die Verteilung auf einer Linie in diesem Querschnitt bedeutet

noch eine unendlich große Drehung. Um sicher auf endliche
Energiebeträge zu kommen, wollen wir nun die Frage stellen:
Wie muß man eine gegebene Wirbelstärke auf einer bestimmten
vorgegebenen Fläche des Querschnittes anordnen, damit die
gesamte Feldenergie der parallelen Wirbel im Raume, also
auch die in der Schnittebene, ein Minimum wird?

Wir wollen uns nun an die Tatsache erinnern, daß man
die Feldenergie einer Wirbelverteilung im Raume gerade um
so viel vergrößert oder verkleinert, als der äußeren Arbeit entspricht, die man gegen die an gebundenen Wirbeln in der
Strömung angreifenden Kutta-Joukowsky-Kräfte leisten muß,
während man die Wirbel langsam verschiebt. Daher können
wir die Feldenergie, für die es gleichgültig ist, ob sie von
freien oder gebundenen Wirbeln stammt, so lange verkleinern,
als wir noch irgendeinen als gebunden aufgefaßten Wirbel
in der Richtung der auf ihn wirkenden Kraft verschieben
können. Da diese Kraft senkrecht zu der Geschwindigkeit steht,
mit der der Wirbel angeblasen wird, so dürfen im Inneren
der Fläche keine Geschwindigkeiten auftreten, weil man die
dort etwa vorhandenen Wirbel nach allen Seiten verschieben
darf. Am Rande der Fläche ist die Bewegung beschränkt, weil
unsere Wirbel die Fläche nicht verlassen sollen; hier darf also
eine solche Kraft wirken, die in der Richtung normal zum
Rande der Fläche steht. Bei dem Energieminimum muß demnach das Innere der Fläche keine Geschwindigkeit aufweisen,
und der Rand der Fläche darf Stromlinie sein. Eine derartige
Geschwindigkeitsverteilung erhält man aber nur, wenn man
alle Wirbel am Rande der Fläche so anordnet, daß sich ihr
Geschwindigkeitsfeld im Inneren der Fläche gerade aufhebt.
(Es ist dies dieselbe Aufgabe, die die Elektrizitätslehre stellt,
wenn man nach der Anordnung von Elektrizitätsmengen auf
einem Metallkörper fragt. Hier ergibt sich bekanntlich, daß
die ganze Elektrizitätsmenge so auf der Oberfläche des Körpers
verteilt werden muß, daß man im Inneren kein elektrisches
Feld, also konstantes elektrisches Potential erhält.) Diese Lösung
zeigt uns auch, daß die Konzentration der Wirbelstärke, die

wir für die Energieberechnung beachten müssen, etwas ganz
anderes ist als die Drehung, denn beim Energieminimum ergeben sich notwendig unendliche Drehungen auf dem Rande
der Fläche. Demnach ändert sich die Energie nur wenig, wenn
man eine sehr schmale Fläche völlig zu einer Linie zusammen-
schrumpfen läßt.

Die eigentliche Aufgabe der Tragflügeltheorie ist aber die
Berechnung des Energieminimums unter Konstanthaltung des
Auftriebes, den der Tragflügel mit dem Wirbelsystem erzielt.
Maßgebend für den
Auftrieb ist aber nach
Gl. (281) das Produkt
der Wirbelstärke des
tragenden Wirbels und
seiner Länge. In einem
Querschnitt durch das
Wirbelfeld, das der
Tragflügel hinter sich
zurückläßt, erkennt
man die Länge des tra-
genden Wirbels aus dem Abstand, den die beiden von seinen
Enden abgehenden Wirbel in der Schnittebene haben (Abb. 104).
In der Schnittebene hat man daher die Aufgabe zu lösen, eine
gegebene Anzahl von Wirbelpaaren, d. h. von gegenläufigen
Wirbeln in gegebenem Abstand, so zu verschieben, daß ein
Energieminimum entsteht, wobei der Abstand in jedem Wirbelpaar erhalten bleiben muß und das Wirbelpaar nicht gedreht
werden darf. Da die Wirbelpaare also als starre Gebilde zu
betrachten sind, kann man nur dann dem Geschwindigkeitsfeld
eine Energie entziehen, wenn die Reaktion des gesamten Wirbel-
paares eine Komponente in der Richtung der Verschiebung hat.
Nehmen wir auch jetzt wieder an, daß die Wirbelpaare zunächst auf einer ganz beliebigen gegebenen Fläche verschoben
werden sollen, so darf im Inneren dieser Fläche keine Kraft
auf ein Wirbelpaar wirken. Dies ist dann der Fall, wenn im
Inneren der Fläche nur eine Parallelströmung von konstanter

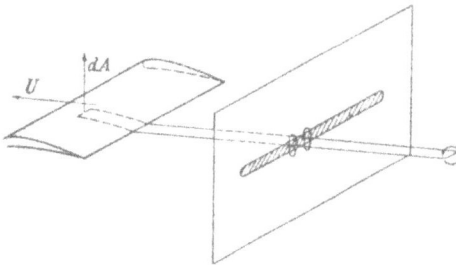

Abb. 104. Wirbelpaar ausgehend von einem Stück
des tragenden Wirbels.

Geschwindigkeit auftritt, die stets an den beiden Wirbeln des Paares entgegengesetzt gleiche Kräfte erzeugt, so daß nur ein resultierendes Moment entstehen kann. Ziehen wir diese Parallel-geschwindigkeit dadurch von dem ganzen Geschwindigkeitsfeld ab, daß wir uns in ein Koordinatensystem versetzen, das diese Parallelströmung in Ruhe transformiert, so darf in diesem Koordinatensystem der Rand der Fläche wieder nur als Strom-linie auftreten, damit diejenigen Wirbel der Wirbelpaare, die den Rand berühren, nur eine Kraft normal zum Rand erhalten. Eine Wirbelverteilung, die ein Minimum von Feldenergie bei gegebenem Auftrieb am Tragflügel liefert, erhält man demnach, wenn man die zur Verteilung der Wirbel zu-gelassene Fläche als starre Fläche in der ebenen Strö-mung mit konstanter Ge-schwindigkeit bewegt, denn es gibt dann ein Koordinaten-system, in dem die Geschwin-

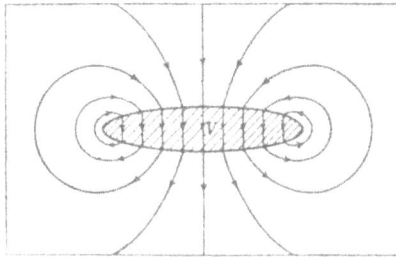

Abb. 105. Wirbelanordnung beim Energie-(Widerstands-)minimum.

digkeit im Innern der Fläche verschwindet und in dem der Umfang der Fläche Stromlinie ist. Und zwar braucht man gerade die zirkulationsfreie Umströmung der Fläche, weil sie nur Wirbelpaare, d. h. gleichviel linksdrehende wie rechts-drehende Wirbel enthält. Die Wirbel selbst befinden sich bei der Minimalverteilung wieder alle auf dem Rande der Fläche als die Wirbelschicht zwischen der Strömung und der starren Fläche (Abb. 105).

Von der Bestimmung der Minimalverteilung, bei der die Wirbel als gebunden angesehen werden, ist die Bewegung der freien Wirbel auf Grund der Helmholtzschen Wirbelsätze wohl zu unterscheiden. Die Wirbel müssen sich daher in der Strö-mung mit der Zeit in der Richtung der auf sie wirkenden An-blasung verschieben. Würden sich die Wirbel alle im Inneren der Fläche befinden, so würden sie sich unter der Einwirkung der Parallelströmung parallel verschieben und stets dieselbe An-

ordnung gegeneinander behalten. Dies ist aber leider nicht der
Fall; denn die Wirbel befinden sich ja alle auf dem Rande
dieser Fläche, wo sie schon unter dem Einfluß der Außenströmung stehen. Daher verändert sich die Anordnung der Wirbel
mit der Zeit (da dem Wirbelfeld keine Arbeit entzogen wird,
bleibt die Feldenergie aller Anordnungen die gleiche). Die Veränderung der Anordnung geht aber um so langsamer vor sich,
je geringer die Intensität der gesamten Wirbel ist, je geringer
demnach der Auftrieb eines Tragflügels ist. Bei dem fast unbelasteten Tragflügel
behalten alle Wir-
bel, nachdem sie
aus der Hinter-
kante des Trag-
flügels in die Strö-
mung ausgetreten

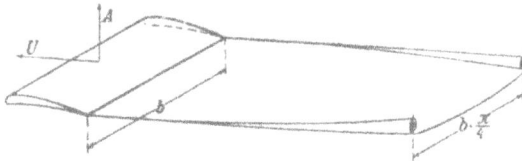

Abb. 106.
Aufrollen des Bandes der freien Wirbel hinter einem Tragflügel.

sind, noch sehr ange ihre Anordnung auf einer geraden Linie
von der Länge der Spannweite b bei. Das für die Wirbelanordnung
zugelassene Gebiet beim schwach belasteten Tragflügel, dem
einzigen bisher gelösten Fall, stellt demnach eine gerade Linie
von der Länge b dar. Die günstigste Wirbelverteilung selbst ist
dann durch die Bewegung dieser geraden Linie in der Ebene
oder durch die Bewegung einer gleich breiten ebenen Platte im
Raume dargestellt, wenn wir die Linie bzw. die Platte durch
Wirbel ersetzt denken. Die wirkliche Bewegung der auf diese
Weise gefundenen Anordnung der freien Wirbel hinter dem
Tragflügel ist dagegen eine andere. Es rollt sich nämlich das
Wirbelband von beiden Rändern her zu zwei Wirbelrollen zu-
sammen (Abb. 106).

Um auch zahlenmäßig den Minimalwiderstand des Tragflügels
mit günstigstem Wirbelfeld angeben zu können, wollen wir hier
einige Ergebnisse benutzen, die in § 59 im Kleindruck für die
Bewegung einer ebenen Platte berechnet sind. Beträgt die Abwärtsgeschwindigkeit der Platte V, so ergibt sich aus Gl. (285)
eine Feldenergie vom Betrage E, die zugleich den Widerstand W
eines Tragflügels darstellt, der ein derartiges Wirbelfeld hinterläßt:

$$W - E = \frac{1}{2} \varrho V^2 \cdot b^2 \cdot \frac{\pi}{4}, \qquad (286)$$

dabei ist die Plattenbreite b (früher $4R$). Bei der Beschleunigung benimmt sich die Platte in der Flüssigkeit so, als wenn sie bezogen auf die Tiefeneinheit eine scheinbare Masse vom Betrage $\varrho \cdot b^2 \cdot \frac{\pi}{4}$ hätte. Die stetige Verlängerung des abwärts bewegten Wirbelfeldes hinter dem Tragflügel erfordert bei der Flugzeuggeschwindigkeit U einen Abwärtsimpuls des Wirbelbandes entsprechend einer Verlängerung der Plattentiefe in der Zeiteinheit um den Betrag U. Dieser Abwärtsimpuls (Abwärtsgeschwindigkeit V mal scheinbare Masse) ist aber gerade die Reaktion des Tragflügelauftriebes auf die Strömung; der Auftrieb hat demnach den Wert

$$A = V \cdot \varrho \cdot b^2 \cdot \frac{\pi}{4} \cdot U. \qquad (287)$$

Da in dieser Gleichung lediglich die unbekannte Abwärtsgeschwindigkeit V vorkommt, während der Auftrieb des Tragflügels als gegeben anzusehen ist, so gelingt es hieraus V zu bestimmen und den Wert von V in die Gleichung des Widerstandes einzusetzen:

$$W = \frac{A^2}{\frac{1}{2}\varrho \, U^2 \cdot b^2 \, \pi}. \qquad (288)$$

Diese Gleichung zeigt die Abhängigkeit des Minimalwiderstandes eines Tragflügels endlicher Spannweite b in reibungsloser Strömung von den gegebenen Größen A, ϱ, U und b.

Die Tragflügeltheorie liefert demnach einerseits die wichtige Erkenntnis, daß mit einem Auftrieb notwendig ein Widerstand selbst in der reibungslosen Strömung verbunden ist. Sie zeigt aber zugleich auch, daß dieser Widerstand, der zur Erzeugung des hinter dem Tragflügel zurückbleibenden Wirbelfeldes nötig ist, geringer wird, wenn man die Spannweite des Tragflügels bei gleichem Auftrieb erhöht. Man nennt diesen unvermeidbaren Widerstand den Randwiderstand, weil er von der Begrenzung der Spannweite des Tragflügels herrührt, die einen Druckausgleich um die Tragflügelenden herum zur Folge

hat. Bekannt ist dieser Widerstand auch unter dem Namen
„induzierter Widerstand". Dieser Name nimmt lediglich Bezug
auf die Wirkung der freien Wirbel auf den tragenden Wirbel.
Mit dem hydrodynamischen Induktionsgesetz, das die besondere
Bedeutung des Wortes induzieren aus der induzierten elektromotorischen Kraft übernimmt, hat diese Bezeichnung des Widerstandes nichts zu tun.

Für die Berechnung eines Tragflügels ist es aber noch wichtig
zu wissen, wie groß die Zirkulation an jeder Stelle der Spannweite
bei der günstigsten Anordnung der
freien Wirbel ist. Der Wirbelring des
tragenden Wirbels mit den zugehörigen
freien Wirbeln ist jetzt in viele kleine
Wirbelringe unterteilt. Legt man eine
geschlossene Linie um den Tragflügel,
so kann man auf ihr die Zirkulation an
jeder Stelle der Spannweite feststellen.
Man kann nun aber die geschlossene
Linie um das Flügelende herumdrehen
ohne die mit der Linie verketteten
Wirbel herauszulassen (Abb. 107).
Dann erkennt man, daß die Zirkulation
an dem Punkte X der Spannweite gerade

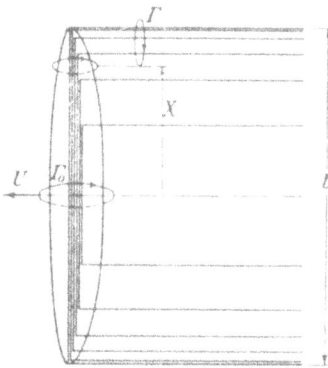

Abb. 107. Elliptische Auftriebs-
verteilung beim Minimalwiderstand.

die Summe der Zirkulationen aller
freien Wirbel zwischen X und dem einen
Ende des Tragflügels darstellt. Diese Zirkulation läßt sich in Abb. 105
auf einer der eingezeichneten Stromlinien ermitteln. Bei der ebenen
Platte fällt das Stück der Linie im Inneren der Fläche fort und es
bleibt nur die Potentialdifferenz von dem Punkte X an der Oberseite
der Platte und dem Punkte X an der Unterseite der Platte. Nach
§ 57, Gl. (273) ergibt diese Potentialdifferenz den Wert

$$\Gamma = \Phi_{\text{oben}} - \Phi_{\text{unten}} = V \cdot \left(\sqrt{4 R^2 - X^2} + \sqrt{4 R^2 - X^2} \right)$$
$$= 2 V \cdot \sqrt{4 R^2 - X^2}$$

oder, wenn man $b = 4 R$ berücksichtigt,

$$\Gamma = V \cdot \sqrt{b^2 - 4 X^2}.$$

Demnach ist die Zirkulation und damit auch der Auftrieb „ellip-
tisch" über die Spannweite b verteilt. Die mittlere Zirkulation ist
das $\frac{\pi}{4}$ fache der größten Zirkulation Γ_0 in der Flügelmitte. Nach dem

Kutta-Joukowskyschen Satz erhält man hieraus wieder den ganzen
Auftrieb Gl. (281):

$$|A| = \varrho \cdot U \cdot \int_{-\frac{1}{2}b}^{+\frac{1}{2}b} \Gamma \cdot dX = \varrho \cdot U \cdot V \cdot \int_{-\frac{1}{2}b}^{+\frac{1}{2}b} \sqrt{b^2 - 4X^2} \cdot dX \qquad (289)$$

$$= \varrho \cdot U \cdot V \cdot b^2 \cdot \frac{\pi}{4} .$$

Die Abwärtsgeschwindigkeit am Tragflügel selbst ist nicht V sondern $\frac{1}{2} V$, weil die freien Wirbel sich dort nur nach einer Seite,
nicht nach beiden Seiten beliebig weit erstrecken. Dann steht auch die
Resultierende aus A und W senkrecht zur effektiven Anblasegeschwindigkeit aus U und $\frac{1}{2} V$; denn nach Gl. (287) und (286) gilt $A : W$
$= U : \frac{1}{2} V$, und es zeigt A in die Richtung $- V$ und W in die Richtung des relativen Fahrtwindes U.

§ 63. Die Flüssigkeitsreibung, Zähigkeit.

Die wesentlichen Vorgänge bei wirklichen Flüssigkeitsströmungen werden durch eine reibungslose Flüssigkeit mit sehr
unterschiedlicher Güte dargestellt. Insbesondere bleibt es immer
recht unbefriedigend, daß man keinen Anhalt über den Widerstand eines bewegten Körpers ohne Auftrieb erhält. Es sollen
daher jetzt einige Überlegungen angegeben werden, mit denen
man wenigstens einigermaßen erkennen kann, unter welchen
Bedingungen eine reibungslose Strömung als gute Näherung
einer wirklichen Strömung angesehen werden kann. Hierzu ist
es nötig, die Flüssigkeitsreibung selbst erst kennen zu lernen.

Nach Newton kann man die Erfahrungen über die Flüssigkeitsreibung in folgender Weise aussprechen: Der Druck, mit
dem zwei aufeinander gleitende Flüssigkeitsschichten gegeneinander gedrückt werden, hat im Gegensatz zur Reibung
fester Körper keinen direkten Einfluß auf die Größe der Reibung. Eine Schubspannung entsteht in Flüssigkeiten vielmehr
dann, wenn die Flüssigkeit stetig in Schichten übereinander
weggleitet. Die Schubspannung ist dabei proportional der Geschwindigkeitsdifferenz dieser tangentialen Geschwindigkeiten
in den verschiedenen Schichten dividiert durch die Schicht-
dicke. Ein sogenanntes Gleiten in einer einzigen Fläche, zu

deren beiden Seiten voneinander endlich verschiedene Geschwindigkeiten auftreten, ergibt unendliche Schubspannungen und ist daher bei Flüssigkeiten und Gasen unmöglich. Dies gilt auch für die Grenzfläche zwischen zwei verschiedenen Flüssigkeiten, ja es gilt sogar für die Grenzflächen an festen Körpern. Man kann weder durch Glätten noch durch eine sonstige Behandlung einer Körperoberfläche erreichen, daß die Flüssigkeit an ihr entlanggleitet.

Das einfachste Beispiel zur Veranschaulichung dieser Verhältnisse ist die Bewegung einer ebenen Platte über einer ruhenden Platte, zwischen denen sich eine Flüssigkeitsschicht von der Dicke a befindet (Abb. 108). An beiden Platten haftet die Flüssigkeit, es haben daher auch die beiden Grenzflächen

Abb. 108.
Schubspannung der zähen Flüssigkeit.

der Flüssigkeit eine Geschwindigkeitsdifferenz $\varDelta u$, die der Geschwindigkeit U der oberen Platte gleich ist. Bei konstantem Druck in der ganzen Flüssigkeit nimmt dann die Geschwindigkeit u der einzelnen Flüssigkeitsflächen in konstanter Höhe y über der unteren Platte linear mit der Höhe y zu. An der oberen Platte tritt dabei eine Schubspannung, also eine Schubkraft auf die Flächeneinheit, auf, die die Bewegung der oberen Platte zu hemmen sucht. An der unteren Platte versucht eine Schubspannung von gleicher Größe die untere Platte mitzubewegen. Diese Schubspannung τ wird dabei durch die ganze Flüssigkeit übertragen. Sie hängt von einer Flüssigkeitseigenschaft, der sogenannten „Zähigkeit" η, in folgender Weise ab:

$$\tau = \eta \cdot \frac{\varDelta u}{a} = \eta \cdot \frac{du}{dy}. \qquad (290)$$

Die Zähigkeit hat demnach die Dimension einer Schubspannung dividiert durch eine Winkelgeschwindigkeit (Gl. (234)), also etwa kg · s/m². Bei Flüssigkeiten ist sie unter normalen Drücken eine reine Temperaturfunktion (sie nimmt im allgemeinen, zum Teil sogar sehr stark, bei der Erwärmung der Flüssigkeit ab). Bei Gasen ist die Zähigkeit wie jede Gaseigenschaft eine Zustandsfunktion. Doch ist sie auch bei Gasen fast völlig unabhängig vom Druck (bei vollkommenen Gasen gilt dies exakt), mit zunehmender Temperatur nimmt sie dagegen langsam zu.

Für die folgenden Entwicklungen ist es nicht nötig, die vollständige Differentialgleichung der reibenden Flüssigkeiten aufzustellen (die sogenannte Navier-Stokessche Gleichung), wenn wir nur folgende Punkte festhalten: Die Schubspannung wächst linear mit der Geschwindigkeitserhöhung in einem gegebenen Geschwindigkeitsfeld, während die Druckdifferenzen der Bernoullischen Gleichung quadratisch mit den Geschwindigkeiten wachsen. Die Schubspannungsunterschiede, die mit den Druckunterschieden gemeinsam am Gleichgewicht beteiligt sind, bedeuten schon die zweite Differentiation des Geschwindigkeitsfeldes nach den Raumkoordinaten, während in den Eulerschen Gleichungen nur erste Differentiationen auftreten.

§ 64. Die mechanische Ähnlichkeit von Strömungen.

Die umständliche Differentialgleichung der reibenden Flüssigkeit zwingt vielfach dazu, ihre Lösung durch einen Versuch zu gewinnen. Trotzdem ist die Aufstellung der Differentialgleichung nicht unnütz, denn man kann aus ihr erkennen, ob ein bestimmter Versuch sich auf einen bestimmten anderen ohne weiteres umrechnen läßt oder nicht. Dieser sogenannten „Modellregel" ist bereits ein früherer Abschnitt in diesem Bande gewidmet (§ 47).

Hier wollen wir insofern einen Schritt weitergehen, als wir nicht mehr den Einzelheiten nachgehen wollen, die bei der Veränderung des Maßstabes zu beachten sind. Wir wollen vielmehr den leitenden Gedanken der Modellregel benutzen lernen. Die Mechanik, insbesondere die Dynamik, handelt von vier Größen: den Kräften, den Massen und den Bewegungen, die wieder durch Längen und Zeiten dargestellt werden. Innerhalb der Mechanik gibt es aber nur ein Naturgesetz, das Größen verschiedener Art, also Größen verschiedener Dimension, miteinander verknüpft. Dieses Grundgesetz, Kraft gleich Masse mal Beschleunigung, kann man z. B. erst benutzen, um die Einheit

der Masse festzulegen, wenn vorher die Einheit der Kraft und
die Einheit der Länge und Zeit unabhängig von den Gesetzen
der Mechanik festgelegt sind (technisches Maßsystem). Im Zeit-
alter der Mechanik mußte man die drei übrigbleibenden Einheiten sogar gesetzlich festlegen und aufbewahren, weil sie
völlig willkürlich gewählt werden können. In der allgemeinen
Physik ist das heute aber durchaus nicht mehr der Fall. Schon
in der Himmelsmechanik kann man eine andere Einheit der
Masse durch diejenige Masse definieren, die einer gleichen Masse
im Abstand eins gegenübergestellt durch die Gravitation die
Beschleunigung eins erteilt. Aus ihr ergibt sich in der Mechanik
eine Krafteinheit. Die Zeit könnte man dadurch definieren, daß
das Licht in der Zeiteinheit die Längeneinheit durchlaufen
soll. Und schließlich könnte man noch diejenige Längeneinheit
zugrunde legen, bei der die oben definierte Masseneinheit gerade die Masse des Wasserstoffatomes wird.

Wir sprechen daher gerade von der mechanischen Ähnlichkeit, nicht von der physikalischen, wenn wir ausdrücken wollen,
daß drei Dimensionen, etwa eine Länge, eine Zeit und eine
Masse (physikalisches Maßsystem) oder eine Länge, eine Zeit
und eine Kraft beliebig als Einheit gewählt werden dürfen,
ohne daß irgendein mechanischer Vorgang in diesen anderen
Einheiten gemessen anders verläuft als derjenige Vorgang, der
in den gesetzlichen Einheiten dieselben Maßzahlen ergibt. In der
Mechanik hat man demnach drei Wünsche frei: eine Länge,
eine Masse, eine Zeit. Aber auch in der Mechanik gilt die Lehre
des Märchens von den drei Wünschen, daß man sie nicht leicht-
fertig aussprechen soll, wenn man wirklich Vorteil von ihnen
haben will. Untersucht man die Eulerschen Gleichungen in bezug auf die Bestimmungsstücke einer Strömung, so findet man
in ihnen zunächst die äußere Massenkraft, also die Erdbeschleunigung. Auf der Erde können wir natürlich nur solche Strömungen
verwirklichen, in denen als Massenkraft unsere Erdbeschleunigung
vorkommt. Müßte man nun den Wunsch aussprechen, daß die Erdbeschleunigung zwei ähnliche mechanische Vorgänge stets in
gleichem Maße beeinflußt, so wäre von den drei Wünschen

immer schon einer verbraucht. Denn wenn man eine neue Länge
zugrunde legt, ist durch die Erdbeschleunigung schon eine zugehörige Zeit dadurch definiert, daß diese Länge in einer bestimmten Zeit durchfallen ist. Diese Fallzeit tritt dann an die
Stelle der Fallzeit für die frühere Längeneinheit. Verkleinert
man z. B. die Längenabmessungen eines Schiffes, dessen Wellen
man untersuchen will, so muß man dabei zugleich die zugehörige Zeiteinheit und damit auch die Fahrtgeschwindigkeit des
Schiffes in bestimmter Weise verändern. Durch die Erdbeschleunigung g und die Schiffslänge L ist nämlich eine Geschwindigkeit $\sqrt{g \cdot L}$ festgelegt. Vergleicht man nun die gewählte Schiffs-
geschwindigkeit V mit $\sqrt{g \cdot L}$, so erhält man einen Zahlenwert,
der unabhängig von den Maßeinheiten ist. Dieser Wert stellt
daher eine wirkliche mechanische Kennzahl des Vorganges dar.
Man nennt sie die F r o u d e sche Kennzahl:

$$F r = \frac{V}{\sqrt{g \cdot L}} \cdot \tag{291}$$

Sie zeigt an, daß ein mechanisch durch bestimmte Eigenschaften
ausgezeichneter Versuch jedesmal dann eintritt, wenn man die
Geschwindigkeit des Schiffes so groß wählt, daß die Froudesche
Zahl einen vorgegebenen Wert hat. Welche Schiffslänge das
Modell dabei hat, ist willkürlich. Verkleinert man die Schiffslänge z. B. auf den neunten Teil wie in § 47, so erhält man
dieselben kennzeichnenden Eigenschaften der Wellenbewegung,
wenn man die Geschwindigkeit des Schiffes auf den dritten Teil
verringert. Der erste Wunsch ist demnach für die Erdbeschleunigung, der zweite für die Schiffslänge verbraucht. Der dritte
Wunsch darf sich noch auf die Masse beziehen, man darf also
wählen, ob man den Schleppversuch des Schiffes auf Wasser
oder vielleicht auf Quecksilber vornehmen will, die Geometrie
der Wellen bleibt dabei dieselbe.

Für die Bewegungen von Körpern in Flüssigkeiten hat man
nun aber selbst schon drei Wünsche: die Art der Flüssigkeit,
die Modellgröße und die Geschwindigkeit der Bewegung. Es
wäre töricht, einen Wunsch grundsätzlich für die Erdbeschleu-

nigung zu verwenden, wenn man nachweisen könnte, daß sie bei dem Vorgang keine Rolle spielt. In der volumenbeständigen Flüssigkeit ist im Inneren die Schwere durch die hydrostatischen Druckunterschiede bereits aufgehoben. Spielen sich die Vorgänge daher nicht an der Grenzfläche zwischen zwei Stoffen verschiedener Dichte ab, wie an der Wasseroberfläche, so ist die Erdbeschleunigung unnötig, wenn man grundsätzlich von den hydrostatischen Druckunterschieden, also z. B. dem hydrostatischen Auftrieb des Körpers absieht. Dann gibt es in der reibungslosen Flüssigkeit keine Kennzahl mehr, also nur eine einzige Strömungsart um einen Körper bei der Anblasung von bestimmter Richtung, wie das in den gerechneten Beispielen der Fall ist.

Bei Wasserturbinen hat man vier Größen: die Flüssigkeit, die Abmessung, das Gefälle und die Umfangsgeschwindigkeit des Laufrades. Bedenkt man nun nicht, daß man eine Turbine in beliebiger Lage gegenüber der Erdbeschleunigung laufen lassen kann und es nur auf die Druckdifferenz zwischen Austritt und Eintritt ankommt, so benötigt man auch noch die Erdbeschleunigung. Wir wollen aber annehmen, man brauchte nur das Druckgefälle P. Dann bleiben also vier Größen, der Laufraddurchmesser D, die Dichte ϱ der Flüssigkeit, die Umfangsgeschwindigkeit u und P. Ein bestimmter Betriebszustand der Turbine ist daher wieder durch eine Kennzahl ausgezeichnet, und zwar durch die sogenannte Newtonsche Kennzahl

$$Ne = \sqrt{\frac{\varrho\, u^2}{2\, P}}\,. \tag{292}$$

Bei beliebiger Modellgröße, Flüssigkeit und beliebigem Gefälle gibt es also noch eine ganze Versuchsreihe wesentlich verschiedener Strömungen entsprechend den verschiedenen Drehzahlen der Turbine, die sogenannte „Charakteristik", deren einzelne Zustände durch verschiedene Newtonsche Zahlen mechanisch voneinander unterscheidbar sind. Sie sind in demselben Sinne mechanisch unähnlich wie Strömungen unter veränderten geometrischen Bedingungen z. B. durch Leitschaufelverstellungen.

Sobald man aber in einer Strömung die Flüssigkeitsreibung beachten muß, bedeutet die Wahl der Flüssigkeit schon die Festlegung zweier Größen, der Dichte und der Zähigkeit. Dabei merkt man sich am besten, daß das Verhältnis von Zähigkeit η und Dichte ϱ die Dimension (Länge)^2/Zeit ergibt. Man bezeichnet daher dieses Verhältnis als die kinematische Zähigkeit

$$\nu = \frac{\eta}{\varrho}. \tag{293}$$

Für die Bewegung eines Körpers in dieser Flüssigkeit gibt es dann nur noch eine frei wählbare Größe, etwa die Längenabmessung L des Körpers; nach ihrer Festlegung stellen alle Geschwindigkeiten V der Bewegung dieses Körpers schon mechanisch verschiedenartige Versuche dar, die durch die sogenannte Reynoldssche Kennzahl unterschieden werden können:

$$Re = \frac{V \cdot L}{\nu}. \tag{294}$$

In diesem Fall muß man bei geometrisch ähnlicher Verkleinerung des Modelles auf den 9. Teil für denselben Strömungsverlauf eine 9 mal größere Geschwindigkeit wählen. Andererseits gibt es aber auch nur eine durch die verschiedenen Reynoldsschen Zahlen gekennzeichnete Versuchsreihe für die Umströmung eines Körpers bestimmter Form, die man mit einem einzigen Modell durch Veränderung der Geschwindigkeit darstellen kann. Der Nutzen der mechanischen Ähnlichkeit besteht nun darin, daß selbst wenn die Versuchsreihe in Wasser durchgeführt ist, die Bewegung des Modelles in Luft nichts Neues bieten kann. Nur treten die festgestellten Besonderheiten der Strömung bei einer 14 mal höheren Geschwindigkeit in Luft auf als in Wasser, weil die kinematische Zähigkeit der Luft etwa 0,14 cm^2/s ist, während die von Wasser etwa 0,01 cm^2/s ist. Darin steckt aber gerade das Märchenhafte der mechanischen Ähnlichkeit, daß sich in mechanischer Hinsicht die beiden Bewegungen gleicher Reynoldsscher Zahl nicht unterscheiden können, selbst wenn die eine in Wasser und die andere in Luft vorgenommen wird.

§ 65. Die Turbulenz oder die wirblige Strömungsart.

Für das lange gerade Kreisrohr kann man unter Zuhilfe-
nahme aller Symmetriebedingungen die exakte Lösung der reibenden Flüssigkeitsströmung durchs Rohr ermitteln. Man übersieht diese Lösung sehr schnell, die Flüssigkeit strömt in
Schichten, die dünnwandige konzentrische Rohre darstellen.
Die Schichten in der Nähe der Rohrachse bewegen sich schneller,
die Schicht an der Rohrwand ruht wegen der Haftbedingung
zwischen Flüssigkeit und
Wand (Abb. 109). Es
sei bemerkt, daß sich
aus dem Druckabfall
längs der Rohrachse und
den Schubspannungen
zwischen den Schich-
ten leicht berechnen läßt,
daß die Geschwindigkeit
über einem Rohrdurchmesser in Form einer Parabel verteilt
sein muß. Doch ganz unabhängig von der Geschwindigkeitsverteilung selbst bedeutet dieses Strömen in starren Schichten
mit konstanter Geschwindigkeit innerhalb jeder Schicht, daß
die Dichte ϱ gar keinen Einfluß auf die Strömung haben kann,
weil keine Beschleunigungen vorkommen. Demnach ist die Rohrströmung im mittleren Teil eines beliebig langen Rohres durch
den Rohrradius r, durch die Durchflußmenge oder die mittlere
Strömungsgeschwindigkeit v_m und durch die Zähigkeit η der
Flüssigkeit eindeutig festgelegt. Da es sich hierbei um drei
Größen handelt, sollte daraus folgen, daß es nur eine Rohr-
strömungsart gäbe, alle Rohrströmungen also mechanisch ähnlich wären.

Bei der wirklichen Untersuchung von Rohrströmungen findet
man jedoch, daß die Schichtenströmung oder Laminarströmung,
wie man sie aus Symmetriebedingungen ableiten kann, nur bei
geringen Geschwindigkeiten verwirklicht werden kann. Bei
höheren Geschwindigkeiten schlägt diese Schichtenströmung in

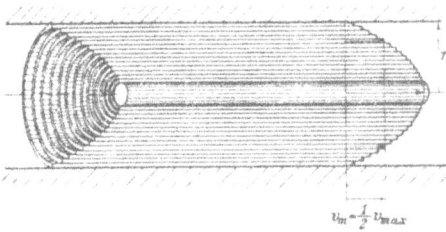

Abb. 109. Laminare Rohrströmung (Schichtenströmung).

$v_m = \frac{1}{2} v_{max}$

eine ganz andersartige Strömung um, die man als turbulent
oder wirblig bezeichnet. Die Strömung ist nämlich im Kleinen
gar nicht mehr stationär, sondern die einzelnen Flüssigkeitsteilchen vollführen außer der Vorwärtsbewegung eine heftige
unregelmäßige Querbewegung. Osborne Reynolds, der diese
Strömung mit Hilfe gefärbter Flüssigkeitsfäden genau untersucht hat, stellte fest, daß die Dichte ϱ doch eine Bedeutung
für die Rohrströmung hat. Der Umschlag von der laminaren
zur turbulenten Strömung setzt nämlich immer dann ein, wenn
man die nach ihm benannte Reynoldssche Kennzahl über einen
kritischen Wert wachsen läßt. Dieser kritische Wert liegt etwa
bei 1160 für die Kennzahl [1])

$$Re = \frac{v_m \cdot r \cdot \varrho}{\eta} = \frac{v_m \cdot r}{\nu}. \tag{295}$$

Denkt man etwa daran, daß in der Elastizitätslehre der lange
gedrückte Stab auch bei Überschreitung einer Grenze in der
Belastung die Symmetrie verläßt und nach irgendeiner Seite
ausknickt, so wird man auch hier auf die richtige Fährte geführt. Solange nämlich die Flüssigkeitsteilchen alle exakt so
strömen, wie es die Schichtenströmung annimmt, so besteht
Gleichgewicht. Wenn aber ein Teilchen etwas aus seiner Bahn
gerät und die Dichte der Flüssigkeit im Verein mit der Geschwindigkeit genügend groß ist, so sind die Zähigkeitskräfte
zu klein, um das Teilchen rechtzeitig wieder an seinen Platz
zu bringen. Es gibt dann große Ausschläge aller Teilchen und
eine nur im Mittel stationäre Strömung. Diese Unstabilität ist
daher eine rein mechanische Angelegenheit, und sie muß, wie
Reynolds folgerte, in obiger Kennzahl zum Ausdruck kommen.
Wichtig ist die Turbulenz der Strömung für die Rohrreibungs-
verluste, für den Wärmeübergang im Rohr usw. Alle diese Größen
werden daher Funktionen der Reynoldsschen Zahl.

§ 66. Die Prandtlsche Grenzschichttheorie.

Bei zunehmender Geschwindigkeit, also zunehmender Reynoldsscher Zahl einer Strömung sollte der Einfluß der Flüssigkeitsreibung allmählich verschwinden, wenn man bedenkt, daß

---

[1]) In der Technik wird die Reynoldssche Zahl stets auf den Rohrdurchmesser
bezogen.

die Schubspannungen linear, die Druckdifferenzen quadratisch
mit der Geschwindigkeit wachsen. Dagegen spricht aber eine
andere Eigenschaft der Differentialgleichung der reibenden
Flüssigkeiten. Die reibungslose Bewegungsgleichung enthält
nämlich nur Glieder mit ersten Differentialquotienten, die der
reibenden dagegen auch Glieder, die die Geschwindigkeit in
zweiter Ordnung nach den Koordinaten abgeleitet enthalten.
Die wirkliche Differentialgleichung ist daher von höherer Ordnung als die vereinfachte.

Veranschaulichen wir uns eine ähnliche Vereinfachung an
einer quadratischen Gleichung $ax^2 + bx + c = 0$, so ist es dort
nicht erlaubt, das quadratische Glied ax^2 fortzulassen, auch
wenn es einen sehr kleinen Koeffizienten a hat. Denn die
quadratische Gleichung hat notwendig zwei Lösungen, die linearisierte Gleichung $bx + c = 0$ hat dagegen nur eine Lösung.
Man müßte demnach Glück haben, wenn die linearisierte Gleichung gerade die gesuchte Lösung ergibt. Bei den Differentialgleichungen liegen die Verhältnisse ähnlich. Hier bestimmt die
Ordnung der Gleichung die Integrationskonstanten oder bei
partiellen Differentialgleichungen die Integrationsfunktionen, die
den Anfangs- und Randbedingungen genügen müssen. Erniedrigt
man die Ordnung einer Differentialgleichung, so ist deren allgemeine Lösung nicht mehr so anpassungsfähig an sämtliche
Randbedingungen der eigentlichen Differentialgleichung. An
dieser Stelle muß daher nach Prandtl eine Kritik der vereinfachten Gleichung einsetzen.

Als Randbedingungen haben wir in den reibungslosen Strömungen nur vorgeschrieben, daß die Körper nicht durchströmt
werden dürfen. Für die Bedingung des Haftens der Flüssigkeit
an der Wand reichen die Lösungsfunktionen nicht aus. Diese
Bedingung ist daher in der Tat verletzt, wenn man nicht etwa
annehmen wollte, daß man die Körperoberfläche der Strömung
zuliebe überall mit der richtigen Geschwindigkeit tangential
bewegen würde (in diesem Falle wären die Lösungen exakt
richtig). Im allgemeinen ruht die Körperoberfläche in dem Bezugssystem, in dem die stationäre Strömung zu erwarten ist.

Das Entlanggleiten der Flüssigkeit an der Oberfläche bedeutete aber eine unendlich große Schubspannung in der Grenzschicht zwischen Flüssigkeit und Körper. Die Flüssigkeit wird demnach sofort abgebremst und es kann sich nur eine „Reibungsschicht" von endlicher Dicke (vielfach auch selbst als „Grenzschicht" bezeichnet) an der Körperoberfläche ausbilden, in der die Geschwindigkeitsdifferenz zwischen ungestörter

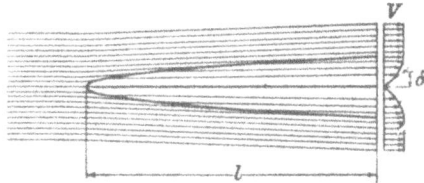
Abb. 110. Reibungsschicht an der ebenen Platte.

Flüssigkeit und Wand auf ein erträgliches Maß der Schubspannung herabgedrückt wird.

Durch Abschätzung der Wirkung der in die Reibungsschicht eintretenden Impulse konnte Prandtl zeigen, daß die Reibungsschicht an einer ebenen Platte eine Dicke δ besitzt, die bis auf eine Konstante c von der Größenordnung eins der Entfernung l von der Vorderkante, dividiert durch die Wurzel aus der Reynoldsschen Zahl $\frac{V \cdot l}{\nu}$, gleichzusetzen ist (Abb. 110):

$$\delta = c \cdot \sqrt{\frac{\nu}{V \cdot l}} \cdot l. \qquad (296)$$

Die Strömung in der Reibungsschicht ähnelt dabei etwa der Strömung im Rohr, und man kann die beiden Strömungen vergleichen, wenn man die Reibungsschichtdicke näherungsweise mit dem Rohrradius gleichsetzt. Die Reynoldssche Zahl der Reibungsschichtdicke, die der Kennzahl der Rohrströmung entspricht, hat dann den Wert

$$(Re)_\delta = \frac{V \cdot \delta}{\nu} = c \cdot \sqrt{\frac{V \cdot l}{\nu}} = c \cdot \sqrt{(Re)_l}. \qquad (297)$$

Tatsächlich findet man nun auch einen Umschlag der Strömungsart in der Reibungsschicht von der laminaren zur turbulenten Strömung bei einer Reynoldsschen Zahl der Plattenlänge von etwa 500000, so daß c noch nicht sehr weit von eins abzuweichen brauchte, wenn man die kritische Reynoldssche Zahl der Platte bezogen auf δ mit der kritischen Rey-

noldsschen Zahl des Rohres gleichsetzen wollte, was doch
sicher nur angenähert zu stimmen braucht. Bei den meisten
Strömungen kann man annehmen, daß die Reynoldssche Zahl
gebildet aus der Wegstrecke l, die die Strömung vom Staupunkt aus am Körperumfang zurückgelegt hat, schon sehr dicht
hinter dem vorderen Staupunkt sehr hohe Werte $\dfrac{V \cdot l}{\nu}$ hat.
Dann ist aber auch die Wurzel daraus, die Reynoldssche Zahl
der laminaren Reibungsschichtdicke, so hoch über eins, daß
man selbst Strömungsvorgänge im Innern der Reibungsschicht
als wenig von der Reibung beeinflußt annehmen darf. Für
Druckanstiege und Druckgefälle in der Reibungsschicht gilt
dann nahezu die Bernoullische Gleichung. Hierauf beruht
der praktische Nutzen der qualitativen Anwendung der Grenz-
schichttheorie. Die Bernoullische Gleichung gilt in einer mit
Wirbeln durchsetzten stationären Strömung so, daß die Bernoullische Konstante von Stromlinie zu Stromlinie verschieden
sein kann (Gl. (256)). Sieht man von dem Schwerefeld ab, so
ist die Bernoullische Konstante der Druck, den die Stromlinie an solchen Punkten erreichen kann, an denen die Geschwindigkeit zu Null wird. Dies ist aber zugleich der höchste
Druck, der auf der Stromlinie überhaupt vorkommen kann.

Wendet man diese Überlegungen nun auf die Strömung
um einen Körper an und bedenkt man, daß die stationäre
Strömung um den Körper in demjenigen Bezugssystem auftritt,
in dem die Oberfläche des Körpers ruht, so nimmt die Bernoullische Konstante in der Reibungsschicht mehr und mehr
ab, wenn man sich der Oberfläche nähert. Solange die Reibungsschicht sehr dünn ist, kann man dabei annehmen, daß
der statische Druck der ungestörten Strömung quer durch
die Reibungsschicht hindurch wirkt. Weist nun der Druck
dieser ungestörten Strömung in der Strömungsrichtung ein
Druckgefälle auf, so gerät auch jedes Teilchen der Reibungsschicht mit in dieses Druckgefälle, und es werden auch in ihr
alle Geschwindigkeiten durch das Druckgefälle so weit erhöht,
als die Reibung dies gestattet. Gerät die Reibungsschicht aber

in einen Druckanstieg in der Strömungsrichtung, so werden die Geschwindigkeiten ihrer Teilchen entsprechend abnehmen. Doch ist diese Geschwindigkeitsabnahme dadurch begrenzt, daß die Teilchen um so geringeren Vorrat an kinetischer Energie besitzen, je näher sie der Wand sind. In der Nähe der Wand wird man wegen der Reibung die Bernoullische Gleichung der stationären reibungslosen Strömung nicht unbedingt anwenden dürfen. Sobald aber der Vorrat an kinetischer Energie auch für die mittleren Teile der Reibungsschicht zu Ende geht, drängen die Stromlinien der Reibungsschicht wegen der geringen Geschwindigkeiten stark auseinander und entfernen die gesunde Strömung außerhalb der Reibungsschicht von der Körperwand. — Der nicht völlig stationäre Strömungszustand kurz nach der Anfahrt eines Körpers wird in dem Augenblick, wo sich die Reibungseinflüsse bemerkbar machen (wenn nämlich zum erstenmal Teilchen bis an das Hinterende des Körpers gelangen, die größere Wege in der Reibungsschicht durchlaufen haben), noch in viel eindrucksvollerer Weise verändert. In dieser Strömung gelangen die Teilchen der Reibungsschicht im Druckanstieg zum völligen Stillstand und dann sogar zur Umkehrung der Strömungsrichtung, wobei zwischen der umgekehrt strömenden Reibungsschicht und der gesunden Strömung ein Wirbel entsteht, der in die freie Strömung hinausgetragen wird und dann eine völlige Ablösung der gesunden Strömung von dem Körper bewirkt. — An dem hinteren Staupunkt eines Körpers verliert sogar die gesunde Strömung ihre volle kinetische Energie, hier besteht daher bei jedem Körper die Gefahr der „Ablösung". Damit fallen dann in der abgelösten Strömung gerade die hohen Drücke an der Rückseite des Körpers aus, die in der idealen Strömung die Überdrücke an der Vorderseite völlig aufheben.

Will man nun in wirklichen Flüssigkeiten und Gasen geringe Widerstände an bewegten Körpern erzielen, so muß man der Reibungsschicht helfen, auf den Druck des hinteren Staupunktes zu gelangen. Dies gelingt dadurch, daß man die Reibungsfläche zwischen der gesunden Strömung und der Reibungs-

schicht möglichst verlängert und dabei gleichzeitig den Druckanstieg allmählicher gestaltet, indem man die Körper am hinteren Ende ganz allmählich in Schneiden oder Spitzen aus-
laufen läßt (Luftschiffkörper, Tropfenform, Stromlinienkörper;
Abb. 111). Auch der Druckanstieg in Rohren bei Saugrohren
hinter Turbinen, in Diffusoren usw. macht gewisse Schwierigkeiten für die Reibungsschicht. Zur
Erzielung des Druckanstieges sind
Erweiterungen des Querschnittes
nötig, die in dem Augenblick un-
wirksam werden, wo die Reibungsschicht die gesunde Strömung
von der Wandung abdrängt. Auch hier gelingt es durch einen
ganz allmählichen Druckanstieg in kegeligen Erweiterungen von
8° bis 12° Spitzenwinkel die Reibungsschicht mit auf die höheren Drücke zu bringen. Die besseren Wirkungsgrade von Turbinen gegenüber Pumpen beruhen, wie früher erwähnt, ebenfalls
auf den größeren Schwierigkeiten bei Strömungen mit Druckanstieg in den Pumpen.

Abb. 111. Günstige Luftschifform.

§ 67. Die Entstehung des Anfahrwirbels.

In § 61 ist angegeben, daß zur Erzeugung des Auftriebes
eines Tragflügels die Bildung eines Anfahrwirbels unbedingt
nötig ist. Die Entstehung eines Wirbels in reibungsloser Strömung scheint nach den Helmholtzschen Wirbelsätzen ausgeschlossen zu sein. Dies gilt jedoch nur für umströmte Körper, die nirgends scharfe Kanten haben. Über scharfe Kanten
hinüber kann sich nämlich die Flüssigkeit an der Grenzfläche
zwischen Körper und Flüssigkeit mit der Zeit in die freie
Strömung hinausschieben, während dies bei runden Körpern
in idealer Strömung unmöglich ist. Man könnte daher auch
vollkommen mit der reibungslosen Strömung den Auftrieb eines
Tragflügels erzeugen, wenn der Flügel nur eine scharfe schnei-
denförmige Hinterkante hat. In dem Augenblick, wo sich nämlich die Flüssigkeitsteilchen der früheren Grenzfläche als flüssige
Fläche über die Hinterkante hinüber in die freie Flüssigkeit
schieben, entstehen dauernd neue geschlossene flüssige Linien,

die vorher nicht geschlossen waren, auf denen daher die Bedingung nicht besteht, daß sie keine Zirkulation besitzen dürfen.
Die abgestreifte Grenzfläche ist demnach der Sitz der einzigen
Wirbel, die in der reibungslosen Strömung entstehen können.
In reibungsloser Strömung kann man nun für Tragflügelpro-
file mit scharfer Hinterkante die Zirkulation des Profiles bei
jedem Anstellwinkel so berechnen, daß der hintere Staupunkt der Strömung immer genau auf die Hinterkante des
Profiles fällt, weil dies zum Abstreifen der Grenzfläche erforderlich ist (vgl. Abb. 102).

Nach der Reibungsschichttheorie entsteht um den Tragflügel
herum immer eine Reibungsschicht, die an der Oberseite des
Tragflügels bei einer Strömung von links nach rechts rechts-
drehende Wirbel besitzt, an der Unterseite linksdrehende. Wegen
des Haftens der Flüssigkeit an der Flügeloberfläche besteht auf
einer flüssigen Linie unmittelbar an dieser Oberfläche stets die
Zirkulation Null. Da eine flüssige Linie in sehr großer Entfernung vom Flügel nach dem Thomsonschen Satz auch die
Zirkulation Null besitzt, so gibt es notwendig immer gleichviel
linksdrehende wie rechtsdrehende Wirbel. Gelangen nun die
Wirbel der Flügelunterseite schneller in die freie Strömung, so
entsteht ein linksdrehender Anfahrwirbel, und es bleiben rechts-
drehende Wirbel in Überschuß an der Tragflügeloberseite, die
die Zirkulation darstellen. Auf diese Weise hat in einer wirklichen Strömung jedes unsymmetrische Profil oder unsymme-
trisch angeblasene Profil die Möglichkeit Auftrieb zu erzeugen;
leicht berechenbar bleiben aber auch hier nur die Profile mit
scharfer Hinterkante. Denn erstens ergeben nur Profile mit
schlanker Rückseite möglicherweise keine Ablösung der Strömung, und dies ist die erste Voraussetzung zur Berechenbarkeit
der Strömung. Zweitens entsteht bei der Umströmung einer
scharfen Hinterkante ein so starker Wirbel, daß sicher die
linksdrehenden Wirbel in Überschuß in die Strömung geraten,
wenn die Hinterkante von unten her umströmt wird, und sicher
die rechtsdrehenden, wenn die Hinterkante von oben her umströmt wird. Allerdings besteht für die wirklich eintretende Zir-

444   Sechster Abschnitt. Hydrodynamik.

kulation eine Unsicherheit, die von der Dicke der Reibungsschicht an der Hinterkante herrührt.

Ein gutes Tragflügelprofil hat eine gerundete Vorderseite,
damit sich vorne nicht unnötig Wirbel bilden. Die Vorderseite
wird stärker gerundet, wenn der Flügel unter verschiedenen
Strömungszuständen arbeiten soll wie etwa beim Flugzeug für
Kunstflüge. Das Reiseflugzeug, das fast immer nur in derselben
Strömung arbeitet, kann eine weniger gerundete Vorderseite
bekommen, deren größte Krümmung auf dem vorderen Staupunkt liegt. Man kann aber jedes Tragflügelprofil nur innerhalb eines gewissen Anstellwinkelbereiches verwenden, weil sich
bei zu großen Anstellwinkeln die gesunde Strömung an der
Flügeloberseite ablöst und dann ein großer Profilwiderstand
auftritt.

Aufgaben zum 6. Abschnitt.

*46. Aufgabe. Welche Bedingungen ergeben sich aus der Wirbel-
freiheit bzw. aus der Quellfreiheit für eine ebene Geschwindigkeitsverteilung von der Form $u = Ax + By$ und $v = Cx + Dy$?*

Lösung. Die Geschwindigkeitsverteilung hat einen ruhenden
Punkt im Koordinatenanfang $x = y = 0$. Mit der Entfernung von
diesem Punkt nehmen die Geschwindigkeitskomponenten linear zu,
dabei bleibt die Geschwindigkeitsrichtung aller auf demselben Strahl
durch den Koordinatenanfangspunkt liegenden Teilchen parallel zueinander.

Die Wirbel- oder Drehungsfreiheit ist sicher erfüllt, wenn jedem
in die Flüssigkeit gebrachten Stäbchen keine Drehung aufgezwungen
wird. Legt man das Stäbchen im Koordinatenanfangspunkt in eine
beliebige Richtung, so müßten in diesem Falle die Geschwindigkeiten
nur radial verlaufen. Das heißt, es müßten B und C verschwinden
sowie A und D gleich sein. Eine derartige Forderung geht aber offenbar zu weit. Da sich die nicht drehenden Teilchen doch noch ver-
formen dürfen, braucht man nach Gleichung (245) nur verlangen,
daß zwei am gleichen Punkt senkrecht zueinander in die Flüssigkeit gebrachte Stäbchen entweder keine oder aber genau entgegengesetzte Drehgeschwindigkeiten besitzen. Nach Gleichung (234) dreht
sich ein Stäbchen in der x-Achse mit der Winkelgeschwindigkeit
$\omega_{xv} = \dfrac{\partial v}{\partial x} = C$, ein Stäbchen in der y-Achse mit der Winkelge-

schwindigkeit $\omega_{yx} = -\dfrac{\partial u}{\partial y} = -B$. Die Drehungsfreiheit ist demnach erfüllt, wenn folgendes gilt:

$$\frac{\partial v}{\partial x} - \frac{\partial u}{\partial y} = C - B = 0 \qquad \text{also } B = C \qquad (298).$$

Die drehungsfreie Strömung besitzt ein Potential Φ mit der totalen Ableitung $d\Phi = u \cdot dx + v \cdot dy$. Für dieses Potential ergibt sich

$$\Phi = \frac{1}{2} A x^2 + B x y + \frac{1}{2} D y^2 \qquad (299),$$

denn die partielle Ableitung dieses Potentials nach x liefert sofort u, die partielle Ableitung nach y liefert v, wobei nur der Buchstabe C nach Gleichung (298) durch B ersetzt ist.

Die Quellfreiheit oder die Volumenbeständigkeit ist in der ebenen Strömung dann erfüllt, wenn in zwei aufeinander senkrecht stehenden Richtungen entgegengesetzte Dehnungen auftreten. Nach Gleichung (233) ist die Dehnungsgeschwindigkeit in der Richtung der x-Achse $\varepsilon_x = \dfrac{\partial u}{\partial x} = A$ und entsprechend die Dehnungsgeschwindigkeit in der Richtung der y-Achse $\varepsilon_y = \dfrac{\partial v}{\partial y} = D$. In Übereinstimmung mit der Kontinuitätsgleichung (237) für die ebene Strömung ergibt die verschwindende Summe beider Dehnungen:

$$\frac{\partial u}{\partial x} + \frac{\partial v}{\partial y} = A + D = 0 \qquad \text{also } A = -D \qquad (300).$$

Für jede ebene quellfreie Strömung läßt sich eine Stromfunktion Ψ aus $d\Psi = -v \cdot dx + u \cdot dy$ finden. Sie hat hier die Gestalt

$$\Psi = -\frac{1}{2} C x^2 + A x y + \frac{1}{2} B y^2 \qquad (301).$$

Für die gleichzeitig wirbel- und quellfreie Strömung lautet nun die Geschwindigkeitsverteilung $u = Ax + By$ und $v = Bx - Ay$. Hierfür findet man nach Gleichung (299) ein Potential: $\Phi = \dfrac{1}{2} A (x^2 - y^2) + B x y$ und nach Gleichung (301) die Stromfunktion $\Psi = \dfrac{1}{2} B (y^2 - x^2) + A x y$. Nach § 57 lassen sich beide Funktionen zu einem komplexen Potential $\chi = \Phi + i\Psi$ vereinigen. Unter Benutzung der komplexen Ortskoordinate $z = x + iy$ und der komplex geschriebenen Geschwindigkeit $w = u + iv = (A + iB) \cdot \bar{z}$ bzw. der konjugiert komplexen $\bar{w} = u - iv = (A - iB) \cdot z$ findet man sofort nach Gleichung (267)

$$\chi = \Phi + i\Psi = \frac{1}{2} \cdot (A - iB) \cdot z^2 \qquad (302)$$

Man erkennt hieraus, daß die Wirbelfreiheit allein nötig ist, um
ein Strömungspotential angeben zu können, und daß die Wirbelfreiheit zugleich mit der Quellfreiheit verlangt werden muß, wenn
man ein komplexes Strömungspotential benutzen will.

*47. Aufgabe. In welcher Weise tragen die einzelnen Rohrschüsse
einer Rohrleitung mit veränderlichem Querschnitt zur Anlaufszeit der
Strömung bei, wenn diese durch plötzliches Öffnen eines Hahnes bei
voll mit Flüßigkeit erfüllter Rohrleitung eingeleitet wird? (Die Reibung soll vernachlässigt werden.)*

Lösung. Der Anlaufvorgang läßt sich mit Hilfe der nichtstationären Bernoullischen Gleichung (257) berechnen. Diese Gleichung
enthält auf der rechten Seite eine unbestimmte Funktion der Zeit,
daher kann man aus ihr unmittelbar nur Zustandsunterschiede an verschiedenen Orten zur gleichen Zeit entnehmen. Bezeichnen wir den
Anfang der Leitung mit 1 und das Ende mit 2, sowie die Ausflußgeschwindigkeit zu einer beliebigen Zeit mit v_2, so folgt aus Gleichung (257):

$$p_1 - p_2 + \varrho\,(V_1 - V_2) = \frac{1}{2}\,\varrho\,(v_2{}^2 - v_1{}^2) + \varrho\,\frac{\partial}{\partial t}\,(\Phi_2 - \Phi_1) \quad (303).$$

Wir entnehmen hieraus, daß das Druckgefälle $p_1 - p_2$ vermehrt um
das Potentialgefälle aus $V_1 - V_2$ nur soweit dem Anlaufvorgang
dient, als es nicht schon zur Erzeugung der kinetischen Energie
am Austritt gegenüber dem Eintritt verbraucht ist. Dieses Anlaufs-
glied besteht, von der Dichte der Flüssigkeit abgesehen, aus der
zeitlichen Änderung des Strömungspotentials in seiner Differenz
zwischen Ende und Anfang der Leitung. Die Kontinuitätsgleichung
des voll mit Flüssigkeit angefüllten Rohres liefert zu jeder Zeit in
allen Querschnitten proportionale Geschwindigkeiten v_i, die dem
Rohrquerschnitt F_i an den verschiedenen Stellen umgekehrt proportional sind. Besteht die Rohrleitung aus verschiedenen zylindrischen Schüssen mit den Einzellängen L_i, so ergibt sich bei der
Integration des Strömungspotentials eine Summe von Gliedern der
Form $v_i\,L_i$. Benutzt man die augenblickliche Austrittsgeschwindig-
keit v_2 im Austrittsquerschnitt F_2, um mit Hilfe der Kontinuitätsgleichung die veränderlichen Geschwindigkeiten v_i durch die gegebenen Querschnitte F_i ausdrücken zu können, so läßt sich das
Strömungspotential in folgender Weise umformen:

$$\Phi_2 - \Phi_1 = \int_1^2 v \cdot dL = \Sigma\, v_i\, L_i = v_2 \cdot \Sigma\, \frac{F_2}{F_i}\, L_i \qquad (304)$$

Bestünde die Leitung nur aus einem einzigen zylindrischen Rohr vom Querschnitt F_2, so würde die rechte Seite in (304) durch $v_2 \cdot L_2$ gegeben sein, die neben v_2 auftretende Summe der rechten Seite von (304) stellt demnach die auf den Austrittsquerschnitt reduzierte Länge der Rohrleitung dar. Man erhält hier direkt aus dem Begriff des Strömungspotentials die durchaus einleuchtende Lösung, daß die Längen der einzelnen Schüsse im Verhältnis ihrer reziproken Querschnitte zur Anlaufszeit der Rohrleitung beitragen. Hiermit ist die eigentliche Frage der Aufgabe beantwortet.

Die Integration der Anlaufzeit ist eine mehr mathematische Angelegenheit, die hier nicht im einzelnen dargestellt werden soll. Es ergibt sich im Gegensatz zu Entleerungszeiten von Gefäßen und Behältern keine endliche Anlaufzeit. Bei konstantem Gesamtgefälle steigt die Ausflußgeschwindigkeit nach einem hyperbolischen Tangens, wobei die asymptotische Endgeschwindigkeit natürlich dem stationären Ausfluß entspricht.

48. Aufgabe. Um die Abhängigkeit des Auftriebes vom Anstellwinkel kennenzulernen, soll die Strömung um die ebene Platte unter verschiedenen Anstellwinkeln α berechnet werden.

Lösung. Durch die Abbildungsfunktion $Z = z + \dfrac{R^2}{z}$ kann man den Kreis auf eine Gerade, also den Zylinder auf eine ebene Platte abbilden. In § 57 haben wir die Umströmung des Zylinders ohne und mit Zirkulation kennengelernt. Längs des Zylinders ergaben sich dabei die Geschwindigkeiten (Gl. (275))

$$w = B \cdot R - 2V \cdot \sin\varphi = \frac{\Gamma}{2\pi R} - 2V \cdot \sin\varphi,$$

wenn Γ die bei Linksdrehung positive Zirkulation darstellt. Für einen positiven Auftrieb ist aber eine rechtsdrehende Zirkulation erforderlich, also eine Strömung, die das Spiegelbild von Abb. 98 gegenüber der x-Achse darstellt. Der Auftrieb hat dabei den Wert für die Längeneinheit der Zylinderachse (Gl. (276) und Gl. (280))

$$A = - \varrho \cdot V \cdot \Gamma.$$

Der hintere Staupunkt mit $w = 0$ liegt demnach bei positivem Auftrieb A auf negativen Winkeln φ:

$$\sin\varphi = - \frac{A}{4\pi R \cdot \varrho V^2}. \tag{305}$$

Bei der Abbildung des Kreises auf die Gerade lag bisher der hintere Endpunkt der Geraden auf dem Punkt R des Kreises auf der x-Achse, außerdem blieb die Strömung in unendlicher Entfernung völlig unverändert. Hieraus folgt, daß man vor der Abbildung die

Z-Ebene nur so zu drehen braucht, daß die X-Achse in die Richtung des Winkels φ zeigt (Abb. 112). Bildet man den Kreis dann auf
die Gerade ab (Abb. 113),
so kann man es errei-
chen, daß die Strömung
in großer Entfernung
unverändert bleibt und
daß der Staupunkt des
Zylinders auf die Hinter-
kante der Platte fällt.
Die Platte erhält dabei
den Anstellwinkel φ,

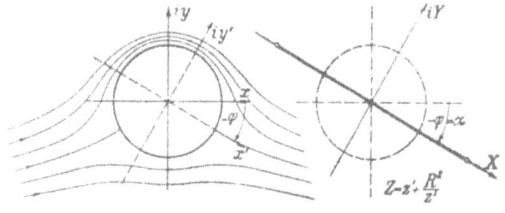

Abb. 112.
Abbildung des Zylinders auf die geneigte ebene Platte.

wenn man ihn in Richtung wachsender Winkel zählt. In der normalen
Zählung des Anstellwinkels $\alpha = - \varphi$ ergibt sich demnach aus Gl. (305)
die Beziehung

$$A = - 4 \pi R \cdot \varrho V^2 \cdot \sin \varphi = \tfrac{1}{2} \varrho V^2 \cdot 2 \pi b \cdot \sin \alpha. \qquad (306)$$

Die ebene Platte ist
wegen ihrer schar-
fen   Vorderkante
zwar ein wenig ge-
eignetes Profil für
die wirkliche Strö-
mung. Man kann
aber leicht geeigne-
tere Profile finden,
wenn man bei der-
selben Abbildungs-
funktion beliebige
andere Kreise be-
nutzt, die den Punkt
$- R$ umschließen
und mit dem bis-

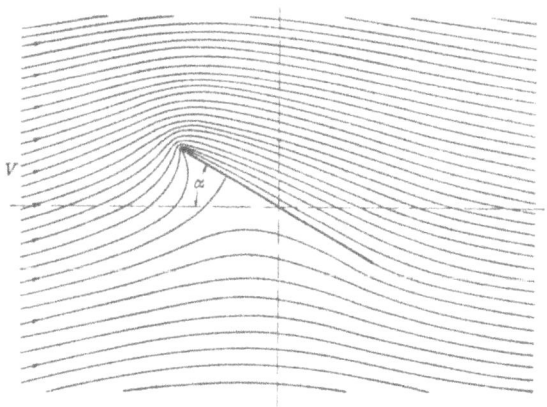

Abb. 113. Auftrieb an der ebenen Platte.

herigen Kreise den Punkt $+ R$ gemeinsam haben. Auf diese Weise
findet man die sogenannten Joukowsky-Profile (Abb. 114).

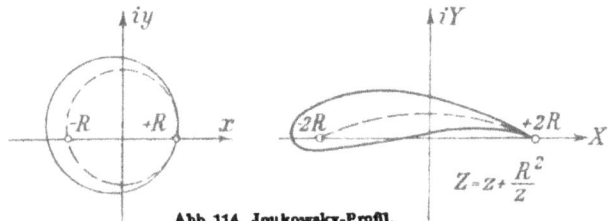

Abb. 114. Joukowsky-Profil.

Sachverzeichnis.

www.ingramcontent.com/pod-product-compliance
Lightning Source LLC
Chambersburg PA
CBHW031430180326
41458CB00002B/503